우리 정자

우리 정자

초판 1쇄 펴낸날 2021년 9월 20일
지은이 목심회
펴낸이 이상희
펴낸곳 도서출판 집
디자인 로컬앤드

출판등록 2013년 5월 7일
주소 서울 종로구 사직로8길 15-2 4층
전화 02-6052-7013
팩스 02-6499-3049
이메일 zippub@naver.com

ISBN 979-11-88679-11-9 03540

경상도 우리 정자

목심회 지음

집

《우리 정자》 발간에 부쳐

한국건축을 공부하고자 모여 1992년 1월 첫 답사를 시작한 청년들이 이제는 중년을 넘어 장년이 되었다. 한국건축과 관련된 업계나 학계에서 중추적인 역할을 하고 있는 이들은 그동안 답사를 통해 얻은 많은 경험과 자료를 후학에게 전해주고 싶다는 생각에 2015년 중요민속문화재(현 국가민속문화재)로 지정된 문화재를 모아 《우리 옛집》을 발간했다. 《우리 옛집》이 발간되고 나서 욕심이 생긴 회원들은 논의 끝에 "정자"를 주제로 두 번째 책을 발간하기로 뜻을 모았다.

국가지정문화재와 시도지정문화재로 지정된 모든 정자를 아우른다는 목표를 가지고 정리하다보니 예상보다 많은 수에 놀랐다. 이 가운데 살림집인 경우와 관아건축의 일부인 경우 등은 정자 고유의 성격에서 벗어난 것으로 보고 제외했다. 그럼에도 그 수가 많았다. 이를 감안해 회원을 4개 조로 나누어 정자에 대한 자료를 모으고 부족한 부분을 보충하기 위해 2015년 9월 전라도를 시작으로 2018년 말까지 전국의 정자를 답사해 실측하고 촬영했다. 총 350여 동으로 한 권으로 묶기에는 분량이 너무 많아 《우리 옛집》처럼 두 권으로 나누었다. 190여 동이나 되는 경상도를 한 권으로 묶고, 강원도·경기도·서울·전라도·충청도를 또 다른 한 권으로 묶었다.

답사를 통해 그동안 많이 알지 못했던 정자의 입지와 환경, 평면 구성, 구조 등을 자세히 볼 수 있었고 지역마다 특성이 있음을 알 수 있었다. 안타까운 점도 있었다. 관리를 위해 정자 주변을 담장으로 두른 경우가 많았는데 이로 인해 정자의 차경이 가려지고, 자연풍경 속 고유의 장소성도 소멸될 뿐만 아니라 자연환경과 어우러지는 정자 정체성이 사라지는 결과를 낳고 있어 안타까움이 많았다. 아쉬움도 남았다. 집필진이 여럿이다 보니 경험치와 인식의 정도가 서로 달라 다소 통일성이 부족한 측면이 있다. 그러나 한국건축을 바라보는 눈은 같아 전달하고자 하는 정보는 최대한 정확성을 유지할 수 있었다. 우리나라 정자 모두를 거의 망라해 이 책에 수록된 도면과 사진만 잘 분석해도 많은 논문 주제가 될 수 있을 것으로 자부한다.

이 책이 나오기까지 후배들을 독려하고 진두지휘한 이영식 전임회장, 눈 수술을 하는 어려운 여건에서도 전경 및 구조도, 세부도면을 도맡아 그려주신 이도순 초대회장, 간사를 맡아 원고와 부족한 자료 보충을 독려하고 출판사와 편집을 조정하느라 고생하신 유근록, 문화재 보존 일선에서 바쁜 와중에도 답사 자료와 일정, 분배 등을 해주신 이천우, 전체 방향과 원고 집필을 도와주신 김왕직, 각자 생업이 있는 와중에 짬을 내어 즐거운 마음으로 답사하고 촬영하고 원고를 집필해주신 목심회 회원 모두와 어려운 출판계 현실 속에서 출판을 결심해주신 도서출판 집의 이상희 대표에게 감사의 마음을 전한다.

이 책이 한국건축을 공부하는 학생과 후학, 한국건축에 관심을 가진 일반인, 한옥을 짓고자 하는 모든 이에게 조금이나마 도움이 되었으면 하는 바람이다.

2021년 6월 여름의 문턱에서

목심회를 대표해 김석순 쓰다

차례

우리 정자

발간 개요

한국의 정자를 모두 모아 놓았다. 그렇다고 해서 현존하는 전국의 모든 정자를 하나도 빠짐없이 실었다는 뜻은 아니다. 국가 및 시도문화재로 지정된 누정 목록을 1차로 만들고 여기서 1950년대 이후 새로 지었거나 용도 및 물리적 변형이 심해 그 가치가 현저히 떨어진다고 판단되는 정자를 제외하니 경상도 지역에서만 190여 동이 나왔다. 개인 주택 안에 있으면서 정자의 성격보다는 주거별당이나 사랑채로 사용되었던 것과 마을 어귀 등에 세워져 마을 공동생활에 사용되었던 모정(茅亭) 역시 성격이 달라 제외했다.

정자에는 대개 '정(亭)' 이외에도 '누(樓)', '대(臺)', '재(齋)', '정사(精舍)', '당(堂)', '각(閣)', '헌(軒)', '별야(別墅)' 등의 당호가 붙는다. 물론 '정(亭)'자가 붙은 당호가 가장 많다. 정자와 달리 '누(樓)'는 일반적으로 건립 주체가 관이나 왕실, 서원 및 향교, 사찰 등인 경우가 많고 높이 띄워서 마루만으로 구성한 다락형이 일반적이다. 경복궁의 경회루, 병산서원의 만대루, 봉정사 만세루, 부석사 안양루 등이 그 사례이다. 누 역시 정자처럼 접객, 유식(遊息), 차실 등으로 사용되기도 하지만 서원이나 향교, 관아 및 성곽의 문루와 포루 등 성격이 전혀 다른 것이 많다. 따라서 누는 수니 종류에서 매우 다양하기 때문에 누정으로 함께 묶기에는 어려운 점이 많아 별도로 다루어야 한다.

책에 소개한 모든 정자의 배치도와 평면도를 새로 그려 연구와 학술 자료로 활용할 수 있도록 했다. 또 다양한 시점에서 촬영된 사진을 풍부하게 수록해 관점에 따라 경관 또는 구조, 상세, 장식 등으로 구분해 탐구할 수 있도록 했다. 정자의 당호를 적은 현판 사진도 수록해 건립 당시 인문적 함의(含意)를 알 수 있도록 했다.

글은 건립 시기와 변천 과정 및 규모와 구조, 특징을 간략하게 다루었으며 주관적이고 자의적인 해석보다는 객관적인 내용을 서술하는데 초점을 맞추었다. 해석은 독자의 몫이기 때문이다. 조사, 도면 작성, 사진 촬영, 원고 작성은 모두《우리 옛집》을 지은 한국건축 답사동호회인 목심회(木心會) 회원들이 했다.《우리 옛집》은 전국의 살림집을 망라한 책으로 구성과 내용 면에서《우리 정자》의 길잡이가 되었다. 여러 해에 걸쳐 직접 답사하고 도면 그리고 사진 촬영하며 발로 뛴 노력의 결과물이다. 목심회는 건축을 전공한 문화재 관련 기술자, 건축사, 전문직공무원, 교수 등으로 구성된 전통건축분야 전문가 집단이다. 하지만 사진은 전문이 아니기 때문에 내용 중심으로 담았다. 전문가 사진에 비해 품질은 조금 부족할 수 있다. 정자에 걸려 있는 많은 시영(詩詠)의 해석을 통한 문학적 내용을 파악하는 인문학적인 연구 역시 부족한 부분이 있다.

정자의 의미와 역사

정자의 쓰임과 의미, 입지는 한·중·일이 모두 다르다. 그 시원인 상형문자에 따르면 '정(亭)'은 '언덕'이라는 의미와 '집'이라는 의미의 두 글자가 결합돼 만들어진 한자이다. 따라서 우리가 생활하는 일반적인 집과 달랐음은 확실하다. '자(子)'는 조사로 쓰인 것인데 보통 '정'을 명명할 때는 조사를 붙여 '정자'로 부른다. 대부분의 한자 사전에는 '정(亭)'의 훈과 음을 '정자 정'으로 표기하고 있으며 '관람하는 곳'으로 정의하고 있다.

고려시대 문신 이규보(李奎報, 1168~1241)는《사륜정기(四輪亭記)》에서 "작활연허창자위지정(作豁然虛敞者謂之亭)"이라고 해서 정자는 '사방이 트여 비어 있고 높게 지은 것'이라고 설명했다. 상형문자에서 '정'은 언덕 위의 집이라고 했는데 사방이 트여 있는 모습을 연상할 수 있어서 이규보의 정자 개념과 다름이 없다.

중국 북송의 문인인 소식(蘇軾, 1036~1101)은《희우정기(喜雨亭記)》에서

"관사의 북쪽에 정자를 짓고 앞에 연못을 만들어 쉬었다."고 기록했는데 이 기록에서 정자의 용도는 휴식하는 장소임을 알 수 있다. 중국 명나라 때 편찬된《삼재도회(三才圖會)》라는 백과사전에는 벽과 온돌뿐만 아니라 마루가 없는 사방이 트인 육각정 그림이 실려 있다. 비슷한 시기 우리의 정자는 육각형이나 팔각형은 거의 없고 대부분 온돌이 있는 것으로 미루어 본다면 그 모습이 사뭇 달랐음을 알 수 있다. 대부분 정자하면 남산의 팔각정이나 육각정을 떠올리는데 이것은 우리의 정자 모습이 아니다. 특히 조선시대에는 더더욱 그렇다.

중국 남방지역의 쑤저우(苏州)나 항저우(杭州)에는 귀족의 정원에 지어진 정자가 많다. 대개 물과 바위와 어우러져 있는데 평면 형태는《삼재도회》의 그림과 같이 육각형만 있는 것은 아니다. 방형, 육각형, 팔각형 등으로 다양하고 벽을 창호로 막거나 일부에만 벽체를 들인 것도 있다. 그러나 마루나 온돌은 거의 보이지 않는다.

일본에서는 '정'이라고 명명되는 우리와 같은 정자는 거의 없다. 용도로 본다면 정원에 지어진 차실(茶室) 정도가 우리의 정자와 같은 기능의 건물이라고 할 수 있다. 차실은 에도시대 선종의 영향을 받아 최소한의 규모로 매우 소박하게 짓는 것이 일반적이었으며 사원에서 시작되어 무사계급으로 널리 보급되었다. 일본 차실은 불교에서부터 시작되었지만 유학자들이 차를 나누며 교류하고 휴식한다는 면에서 한국의 정자와 같은 역할을 했다. 차실이라는 명칭도 에도시대에 생긴 것으로 이전 무로마치 시대에는 '끽다지정(喫茶之亭)'으로 불렸다. 이를 통해 정사에서 차를 마시기 시작했음을 알 수 있다. 일본 교토의 고다이지(高台寺)에는 '시우정(時雨亭)'과 '솔정(率亭)'이라 이름 붙인 차실의 원조격인 정자가 남아있다.

한국의 정자는 고조선 시대 선가(仙家)의 차 문화와 함께 시작된 것으로 추정하지만 남아있는 기록과 실물은 없다. 삼국시대에는 불교가 들어오면서 불가(佛家)에서 차 문화가 발전해 궁궐과 귀족에게 보급되었다. 한국에서 정자로 가장 이른 기록은《삼국유사》제1권 "사금갑(射琴匣)조" 에 비처왕(毗處王)이 즉위 10년(488)에 천천정(天泉亭)에 거동했다는 기록

1 한국 순창의 구암정
2 중국 쑤저우 사자림의 정자
3 일본 고다이지의 시우정과 솔정

이 있다. 또 《삼국사기》 권37 〈백제본기〉 중 "의자왕조"에는 의자왕 15년(655)에 왕궁 남쪽에 망해정(望海亭)을 지었다는 기록이 있다. 내용으로 미루어 두 정자 모두 궁궐 내에 있는 것은 아니지만 궁궐과 관련 있는 궁궐 정자였음을 추정할 수 있다.

신라의 화랑들은 산천경계를 유람하면서 심신을 단련하고 차를 즐겼으며 차를 마시기 위한 정자를 지었다. 1666년 홍만종(洪萬宗)이 쓴 《해동이적(海東異蹟)》과 《동국여지승람》이라는 지리지에서는 '한송정이 강릉부 동쪽 15리에 있는데 동쪽으로는 큰 바다에 접해 있고 소나무가 울창했다. 정자 곁에는 우물(茶泉)과 돌솥 및 돌절구가 있는데 술랑선도(術郎仙徒)들이 놀던 곳'이라고 했다. 강릉의 동해 일원에는 한송정만 남아있는 것은 아니다. 초당동 일대를 비롯한 송림과 해안에는 모두 화랑의 발자취가 남아있으며 한송정뿐만 아니라 경포대를 포함해 많은 건물이 차를 마시며 수련하는 장소로 사용되었다. 따라서 정자는 차 마시는 공간이지만 정자에서만 차를 마신 것은 아니다. 왕과 왕족은 동궁과 월지의 임해전과 같은 전각에서 차를 마셨으며 귀족은 사랑채와 별채에서 차를 마셨다. 지금도 강릉 한송정에는 신라 때 지은 것은 아니지만 후대에 지은 정자와 우물 및 돌절구 등의 유적이 남아있다.

《고려사》 18권, 〈세가18〉 "의종편"에는 의종 11년(1157)에 궐 동쪽에 이궁인 수덕궁(壽德宮)을 지었는데 여기에는 태평정(太平亭)을 지어 태자에게 편액을 쓰도록 하고 이름 있는 꽃과 기이한 과실을 심고 진귀한 물건을 좌우에 배치했다. 정자 남쪽에는 연못을 파고 관란정(觀瀾亭)을 짓고 그 북쪽 어구에는 양이정(養怡亭)을 짓고 청기와를 올렸다. 남쪽 어구에는 양화정(養和亭)을 짓고 지붕은 종려나무로 이었다. 또 마옥석(磨玉石)을 쌓아서 환희대(歡喜臺)와 미성대(美成臺)를 만들고 괴석을 쌓아 선산(仙山)을 만들었으며 멀리서 물을 끌어들여 비천(飛泉)을 만드니 매우 사치하고 화려했다. 의종은 여기서 신하들과 함께 주식연(酒食宴)을 베풀었다. 이처럼 정자는 이궁이나 별궁 조원의 필요 요소였으며 청자기와를 올리고 옥석으로 만든 대와 선산, 분수 등과 어울려 그 화려함을 짐작할 수 있다. 궁궐 정자에서는 차뿐만 아니라 술과 음식을 나누며 신하들과 즐기는 접객과 휴식의 시설로 이용되었음을 알 수 있다.

궁궐 정자의 이러한 문화는 귀족에게 전파되어 차 문화와 함께 널리 퍼진 것으로 볼 수 있다. 그 단편이 이규보의 《사륜정기》에 나타난다. 이규보는 바퀴가 달린 이동식 정자를 만들어 여러 곳을 옮겨 가면서 즐길 계획을 세우고 도면을 그렸다. 실제로 지었는지는 알 수 없으나 매우 구체적으로 설계하고 이용 방법을 구상했다. 건물을 가볍게 하기 위해 지붕은 대나무로 서까래를 올리고 대자리로 지붕을 이었으며 사방 6자로 만들고 6명이 함께 즐길 수 있도록 했다. 주인 1명과 거문고 타는 사람 1명, 노래하는 사람 1명, 시에 능한 승려 1명, 바둑 두는 사람 2명이다. 그 구성을 보면 무엇을 하며 즐겼는지 알 수 있다. 이 기록이 정자에 관한 가장 구체적인 기록이다.

조선시대에는 누정이 민간까지 널리 확대되어 다양한 성격과 모습으로 지어졌다. 정확한 숫자는 알 수 없으나 지리지인 《여지도서》에 기록된 정자만 해도 1023개에 이른다. 다른 기록을 참고하면 대체적으로 조선시대에 2500개 정도의 정자가 건립된 것으로 추정할 수 있다. 조선 중기에 이르러 정자의 건립은 빠르게 증가했으나 임진왜란과 호란 등으로 소실되고 그 수가 감소했다. 그러나 임란 후 조선후기로 오면서 사화와 당쟁을 피해 사림들이 대거 낙향하면서 서원과 함께 사림의 유가 정자가 급격히 증가했다. 궁궐 및 사찰 등의 누정과 달리 유가 정자는 서원과 함께 세력 규합의 장소였으며 독서와 강학, 관경(觀景), 은거 및 수양 등으로 다양하게 사용되었다. 따라서 조선시대 사림의 정자는 한국 정자의 쓰임을 다양화했으며 개방형 평면에서 온돌을 갖춘 정자로 평면 구성이 바뀌는데 큰 역할을 했다. 이러한 사회적 배경이 중국 및 일본과는 다른 독특한 한국만의 정자를 만드는 원인이었다.

정자의 종류

◉ 건립 주체 및 쓰임에 따른 종류

○ 궁궐의 정자

현존하는 조선시대 정자의 종류는 건립 주체 및 소속, 용도 및 성격, 입지, 건축형식 등에 따라 다양하게 분류할 수 있다. 우선 건립 주체나 소속을 기준으로 본다면 궁궐 정자와 관아의 정자를 들 수 있다. 정궁인 경복궁에는 누각인 경회루와 정자인 향원정이 있다. 향원정은 육각정으로 최근 발굴조사에서 온돌이 있었던 것으로 밝혀졌다. 궁궐 정자는 후원이 발달한 창덕궁에 가장 많다. 15개 정도가 있는데 다른 궁궐을 다 합쳐도 이 정도가 안 된다. 따라서 정자는 정원과 함께 어우러져 유원(遊園)시설과 휴식시설로 만들어졌음을 알 수 있다. 이 가운데 애련정은 연못 호안에 지어진 정자로 규모는 매우 작지만 조각처럼 아름답고 비례가 좋다. 관람정은 평면이 부채꼴이라는 것이 특징인데 유일한 평면 모양이다. 부용정 또한 '아(亞)'자형으로 다른 곳에서 찾아보기 어려운 독특한 평면형식이다. 후원 가장 안쪽에 있는 청의정은 단 칸이고 규모가 작으며 부재가 매우 세장하고 궁궐에서는 보기 드문 초가 정자라는 것이 특징이다. 궁궐 정자의 규모는 일반 개인 정자에 비해 오히려 작거나 크지 않다. 대부분 장식과 단청이 화려하고 온돌 없이 마루로 구성된다. 그리고 평면의 형태 역시 비교적 자유롭고 특이한 것이 다른 점이다. 경회루와 같은 궁궐 누각은 외국 사신의 접견, 궁궐연회 등의 행사나 의례에 주로 사용되었고 정자는 개인적인 휴식에 주로 이용되었다.

1,2 부채형 정자인 창덕궁 관람정
3 아자형 평면의 창덕궁 부용정
4 육각정인 경복궁 향원정
5 사모정인 창덕궁 애련정
6 초가정자인 창덕궁 청의정

ㅇ 관아의 정자

지방 감영 소속의 정자는《여지도서》와 같은 지리지에 목록이 실려 있다. 평안감영의 반구정(反求亭), 함경감영의 지락정(知樂亭), 황해감영의 백림정(栢林亭), 강원감영의 환선정(喚仙亭) 등의 이름을 볼 수 있다. 강원감영의 방문기록인《정선총쇄록(旌善叢瑣錄)》에는 후원의 연못 주변으로 정자가 두 개 더 있으며 연못 한가운데 봉래산에는 봉래각(6칸, 1684년 건축)이라는 정자가 있었다고 한다. 정자라고 해서 꼭 '○○정'으로 명명되지는 않았다. 기록에서 보이지 않지만 〈경기감영도〉에는 선화당 뒤쪽 연못가에 '○금정'이라는 단칸의 작은 사모정이 그려져 있다.《완산부지도》의 〈전라감영도〉에는 정자라고 표기된 건물은 나타나지 않는다. 감영에 정자 및 누각과 내아 등이 지어지고 규모가 커진 것은 조선후기 감영이 유영(留營)제도로 바뀌면서 관찰사가 가족과 함께 머물기 시작하면서부터이다. 누각과 함께 정자는 궁궐과 같이 접객과 휴식 공간으로 사용되었다. 관영 정자는 관아와 함께 없어지고 남아있는 것이 거의 없다. 다만 관영 누각으로 사용되었던 누각으로는 밀양 영남루, 진주 촉석루, 남원 광한루, 삼척의 죽서루, 제주 관덕정 등이 유명하고 잘 남아있다. 관아에서는 정자와 함께 누각을 지어 접객과 행사, 의례나 연회 등 다양한 용도로 사용했다.

1 밀양 영남루
2 진주 촉석루
3 함양 학사루

ㅇ 유가의 정자

궁궐의 정자나 관아의 정자는 건립 주체가 '관(官)'이라고 한다면 유가의 정자는 건립 주체가 '민(民)'이다. 민에는 개인과 문중 및 유림 등의 단체가 있다. 조선시대 현존하는 정자는 대부분 유가의 정자라고 할 수 있다. 유가의 정자는 궁궐 및 관영 정자의 휴식, 접객, 의례, 행사를 위한 공간이라기보다는 유식(遊息)과 은거, 강학, 향약, 종회, 재실 및 추모, 생활 등 다양한 용도로 사용되었다. 건립 당시의 용도 그대로 사용되는 경우는 거의 없고 시대에 따라 다양한 용도가 결합되며 복합적으로 사용된 것이 특징이다. 다만 유가 정자의 용도는 하나로 규정하기 어렵다. 다만 초창 때 어떤 목적으로 건립되었는지를 파악해 정자의 성격을 정의할 수는 있다.

17세기 이후 조선 후기에는 정자의 수가 급격히 증가했다. 이는 임진왜란과 사화 및 당쟁의 영향으로 많은 사림이 낙향한 것과 밀접한 관계가 있다. 정치에 회의를 느끼고 낙향해 정자를 짓고 초야에 은거하는 경우와 세력 규합을 위해 교류 및 강학의 장소로 정자와 서원을 세우는 경우가 많았다고 추정된다. 유가에서는 계곡 좋은 곳에 구곡(九曲)을 만들고 정자를 지어 시단(詩壇)과 유식, 수양의 장소로 사용하는 것이 사림의 유흥문화에서 일반적인 관행으로 자리 잡았기 때문에 많은 정자가 지어졌다. 존경하는 스승이나 집안의 조상을 추모하기 위해 유림 및 문중 등 단체나 개인이 지은 재실 성격의 정자도 있다. 이외에 본채와 떨어져 별당과 같이 지어 놓고 생활에 사용한 정자가 있으며 특이하게도 향약(鄕約)이나 동계(洞契)의 장소, 문중의 종회 장소로 쓰인 정자도 있다. 호남지방에는 온돌 없이 마루로만 구성된 초가 정자를 마을 공동으로 지어 놓고 공동 휴식 및 오락 등으로 사용한 일반 정자와는 성격이 많이 다른 모정이라는 유형이 있다. 정자는 이렇듯 용도와 기능이 워낙 다양해서 통일된 분류방식이 없다.

18~19세기는 전국적으로 정자가 가장 많이 늘어난 시기였다. 한양에서도 마찬가지였는데 특히 궁술을 배우는 사람들이 모여 궁술을 연습하기 위한 '사정(射亭)'이 많이 지어졌다.

1 휴식과 독서 공간으로 사용된 소쇄원의 광풍각과 제월당

2 다정으로 사용된 봉화 석천정사

3 사정(射亭)으로 사용된 서울의 황학정

◉ 평면 형태에 따른 종류

정자하면 마루가 깔린 육각정이나 팔각정을 떠올리지만 우리 정자는 장방형 평면에 온돌이 있는 유형이 압도적으로 많다. 물론 온돌 없이 마루로만 구성된 정자도 있으나 그 숫자는 극히 적으며 정자 온돌의 숫자는 1~2칸이 가장 많고 5~6칸에 이르는 것도 있다. 그러나 전체 온돌로만 구성된 정자는 없다고 보아야 한다. 한국의 정자가 온돌을 갖춘 이유는 여름에 잠시 머무는 정도의 정원에 부속된 관상용 정자가 아니라 정원과 관계없이 독립된 정자로 다양한 용도로 사용되었기 때문으로 추정된다. 이러한 다양성은 궁궐 및 관아 정자보다는 유가의 정자에서 두드러지게 나타나는데 이는 조선후기 두터운 사림층의 형성과 당쟁 및 사화 등에 의한 향촌으로의 낙향이 큰 영향을 미쳤다고 할 수 있다. 이러한 독특한 한국의 사회적 성격이 정자 문화에도 반영되어 중국 및 일본과는 다른 정자 문화를 형성했다고 할 수 있다.

궁궐 정자의 평면 형태는 방형, 육각형, 팔각형, 아자형, 부채형 등으로 다양하지만 온돌이 거의 없고 규모는 크지 않으며 조각과 장식이 화려한 것이 특징이다. 유가의 정자는 정방형은 드물며 장방형 평면에 좌우 온

정자의 평면 유형

평면형	대표 사례	평면도	사진
정방형	영천 모고헌 밀양 월연대	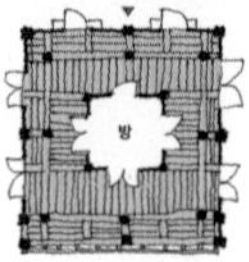	
장방형	안동 산수정 창원 관술정	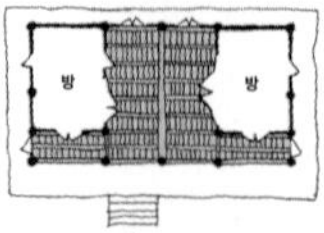	
육각형	경주 귀래정	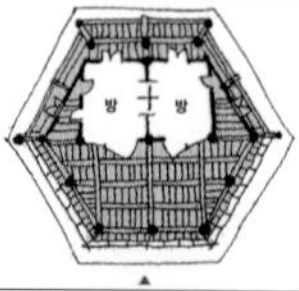	
팔각형	진주 용호정원	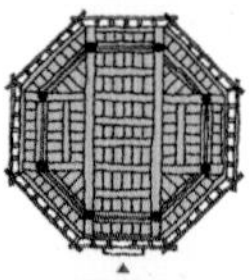	
아자형	창덕궁 부용정	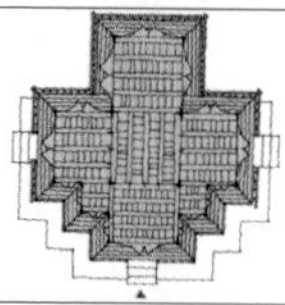	
부채형	창덕궁 관람정	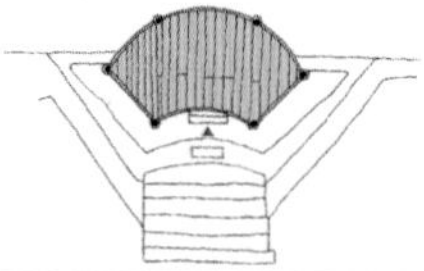	
ㄱ자형	창녕 부용정 상주 천운정사	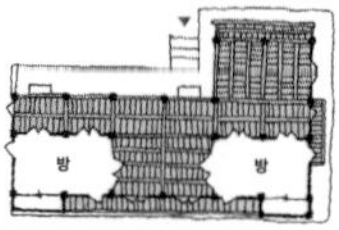	
ㄷ자형	안동 청원루	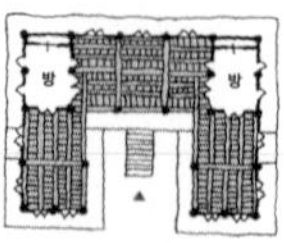	
丁자형	의성 만취당 안동 함벽당	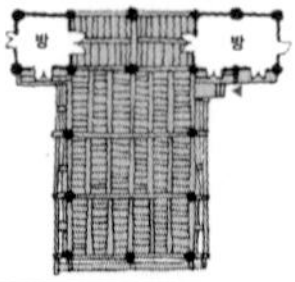	

돌을 갖춘 유형이 가장 많다. 이외에 정방형, 육각형, 팔각형, ㄱ자형, T자형 등이 있다. 평면의 전체 규모는 가장 작은 1칸부터 12칸까지 다양하지만 보통은 4~8칸 정도가 가장 많다.

◉ 입지에 따른 종류

정자는 일반건축과 달리 휴식과 은거를 목적으로 건립되는 경우가 많기 때문에 번잡한 마을이나 읍치에서 벗어난 한적하고 경치 좋은 곳에 입지하는 것이 일반적이다. 궁궐이나 관아의 정자는 후원에 정원과 함께 꾸며지는 것이 보통이어서 입지를 언급하기 어렵지만 개인이 건축하는 유가의 정자는 독립된 정자가 많아서 매우 다양한 입지적 특성을 갖는다. 중국의 정자나 일본의 차실이 궁궐, 개인, 사찰에 소속된 인공정원에 건축되는 것과는 차이가 있다.

입지의 종류는 같아도 입지에 따른 분류 명칭은 연구자들에 따라 조금씩 차이가 있다. 입지의 종류는 크게 수변과 산간, 평야, 마을이 있다. 다시 수변은 해변(海邊), 강변(江邊), 천변(川邊), 호안(湖岸)으로 세분되는데 강변은 대개 큰 물줄기가 흐르는 곳으로 지형적으로는 평야라는 것이 특징이다. 천변은 강의 지류라고 할 수 있는데 하류 쪽은 강과 같이 지형이 평야여서 전체적인 분위기는 강변과 같지만 상류 쪽은 계곡으로 입지의 분위기는 산간과 같다. 산간 정자는 물가나 물이 조망되지 않는 수림으로 둘러싸인 입지를 말한다. 민가에 부속된 정자나 추모를 위한 정자, 관아 소속의 정자는 읍치와 마을에 입지하는 경우가 많다. 분류 명칭은 한자를 빌려 '호내(戶內)'로 표기하기도 하지만 이해하기가 어려워 여기서는 마을형으로 분류했다.

호안형도 경포호와 같이 큰 호수를 접하고 있는 경우도 있지만 창덕궁 애련정과 같이 인공의 작은 연못에 접하고 있는 경우도 있다. 또 호수 안에 정자가 있는 경우와 호안에 접하는 경우, 약간의 거리를 두고 호수를 조망하는 경우 등 다양하며 경우에 따라 정자에서 느끼는 분위기는 매우 다르다.

입지에 따른 정자의 분류

입지종류		대표 사례	배치도	사진
수변형	해변형	동해시 해암정	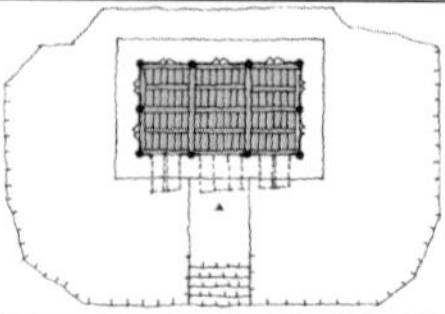	
수변형	강변형	밀양 곡강정 안동 낙암정	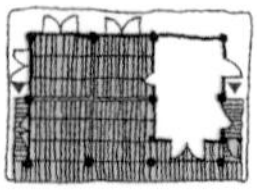	
수변형	천변형	함양 동산정 청도 삼족대	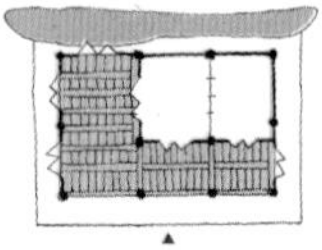	
수변형	호안형	안동 체화정 밀양 혜남정 진주 용호정원	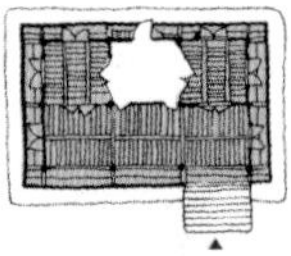	
산간형		의령 임천정 영덕 입천정	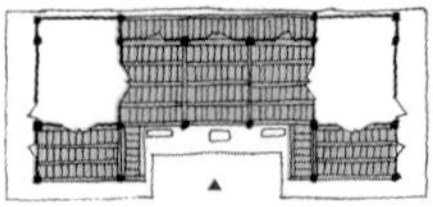	
마을형		합천 호연정	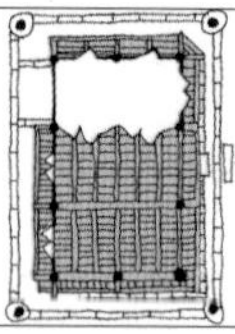	

입지 유형은 풍수형국론에 따라 분류하기도 한다. 풍수의 형국론은 오행을 기반으로 인물형국론, 동물형국론, 식물형국론, 물건형국론으로 나눌 수 있고 각 형국론별로 수없이 많은 형국이 있다. 인물형국론으로는 옥녀단장형, 옥녀세족형, 옥녀탄금형, 장군대좌형, 장군무검형, 선인독서형, 선인무수형, 오선위형, 호승배불형, 어부설망형 등이 있고, 동물형국론에는 맹호하산형, 복호형, 수호형, 맹호출림형, 사자형, 와우형, 옥마형,

면경형, 초사토설형, 반룡완월형, 비봉형, 비안투호형, 영구형, 천별형, 부해형, 단봉형, 구미형, 금계포란형, 금구몰니형, 금구입수형, 구룡형, 복구형 등으로 다양하다. 식물형국론으로는 작약반개형, 모란반개형, 도화낙지형, 연화출수형, 연화부수형 등이 있고, 물건형국론으로는 금반옥호형, 금반형, 옥병저수형, 완사명월형, 반월형, 일출형, 운련초월형, 사중옥수형, 부차형 등 풍수형국론은 셀 수 없이 많다. 따라서 풍수형국론으로 정자의 입지를 분류하는 것은 쉽지 않다.

경상지역 정자의 특징

◉ 지역별 평면 유형 및 구성

경상도의 정자는 지정되지 않은 것까지 하면 정확한 수량을 파악할 수 없을 정도로 많다. 그러나 국가 및 시도지정으로 지정된 것 중에서 정자의 성격으로 건립된 것을 추리면 193동이다. 대구를 경상북도에 포함하고 울산을 경상남도에 포함해 도별로 보면 경상북도가 124동이고 경상남도가 69동이다. 전체 66%가 경상북도에 분포한다는 것을 알 수 있으며 경상북도의 울진과 칠곡, 문경, 경상남도의 부산과 진해, 마산, 남해, 통영, 거제, 사천에는 정자가 한 동도 없다. 정자가 없는 시군은 대개 해안지역임을 알 수 있다.

경상북도는 안동이 29개로 가장 많으며 경상북도 전체의 23%를 차지한다. 다음으로는 봉화 17동, 영양 10동, 영천과 경주가 각각 9동, 구미와 청송 각각 6동 등이다. 경상북도에서는 안동을 중심으로 봉화, 영양, 영천, 경주 5개의 시군이 전체의 절반이 넘는 정자를 보유하고 있다.

경상남도의 경우는 합천이 13동으로 가장 많고 다음으로 밀양 11동, 거창 10동, 함양 7동 등이다. 이 4개의 시군에 경상남도 전체의 절반 이상이 분포하고 있다. 지정된 정자의 숫자가 시군별로 편차가 크며 남해의 바다에 면한 시군에는 정자가 거의 없음을 알 수 있다.

정자의 건립 주체는 관영은 거의 없고 개인이나 문중에서 건립한 유가 정자가 대부분이다. 따라서 관영 정자에서 주로 나타나는 마루형 평면이나 육각, 팔각 등 특수한 평면형식은 보기 드물고 유가 정자의 특징인 장방형 평면에 온돌이 있는 유형이 대부분이다.

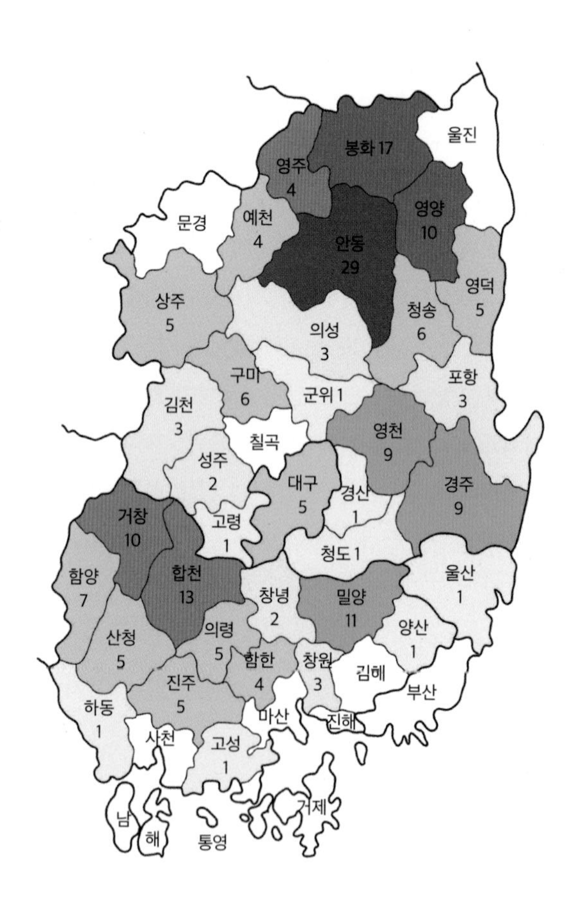

시군별 정자 분포도

정자의 평면 유형

시군별	정방형	장방형	육각	팔각	ㄱ자	ㄷ자	丁자
경산	1						
고령		1					
경주		4	1		3		1
구미	1	5					
군위		1					
김천	1	2					
봉화	3	10			2		2
상주		3			1		1
성주		2					
안동	1	23			2	1	2
영덕	1	4					
영양	1	9					
영주		4					
영천	1	5			3		
예천		4					
의성	1	1					1
청도		1					
청송	1	4			1		
포항		2					1
대구		5					
경북소계	12	90	1	0	12	1	8
거창		10					
고성		1					
밀양	1	9			1		
산청		5					
양산	1						
의령		4				1	
진주		4		1			
창녕		1			1		
창원		2	1				
하동		1					
함안	1	3					
함양		7					
합천	2	10			1		
울산		1					
경남소계	5	58	1	1	3	1	0
총계	**17**	**148**	**2**	**1**	**15**	**2**	**8**

정자의 평면형은 정방형, 장방형, 육각형, 팔각형, ㄱ자형, ㄷ자형, ㅜ자형이 있는데 대부분 장방형이다. 경상지역 193동의 정자 가운데 장방형이 148동으로 전체 77%에 이른다. 정방형이 17동, ㄱ자형이 15동이며, ㅜ자형이 8동이고 육각형은 2동, 팔각형은 1동에 불과하다. 따라서 경상지역의 정자는 장방형이 주류이며 특수형 평면은 적다는 것을 알 수 있다. 다음으로 정방형과 ㄱ자형이 많은데 모두 경상북도에 주로 분포한다.

장방형 정자는 평면 간살을 기준으로 분류하면 홑집과 겹집, 전툇집, 양통집으로 분류할 수 있다. 전체 148동의 장방형 평면 중에 양통집이 92동으로 62%를 차지해 압도적으로 많으며 다음이 전툇집인데 42동으로 28%를 차지한다. 홑집과 겹집은 각각 9동씩이다. 그런데 특이한 것은 경상남도 지역은 양통집이 장방형 58동 중에 43동으로 74%를 차지하는데 반해 경상북도 지역은 장방형 90동 중에 양통이 49동으로 54%를 점하고 있다. 경상남도에 비해 상대적으로 경상북도는 양통집 비율이 낮고 대신 전툇집이 38% 정도로 많다는 것이 특징이다. 따라서 전퇴형 정자가 경상북도 지역 정자의 특징이라고 할 수 있다. 경상북도의 전툇집은 정면 3칸, 측면 1.5칸으로 좌우에 온돌이 있고 중앙에 대청이 있는 유형이 전체의 70% 정도에 이른다. 나머지는 정면 4칸으로 좌우온돌이 있는 유형이다.

홑집은 매우 드문데 경상북도 성주의 기국정, 상주의 계정, 영천의 오회당, 경주의 수재정 정도이고 경상남도에서는 함양의 악양루, 거창의 만월당과 원청정, 밀양의 어변당 정도이다.

정방형 정자도 육각정이나 팔각정보다는 많지만 흔한 것은 아니다. 밀양의 월연대는 탑과 같이 정면, 측면 모두 3칸으로 중앙에 온돌 한 칸이 있다. 온돌 사방의 고주열은 평주보다 주칸이 넓어 기둥 열을 달리했다는 것이 구조적인 특징이다. 합천의 농산정은 정면과 측면이 모두 2칸이라는 것이 특징이며 내부 고주열과 평주열이 다르고 고주 안쪽도 마루를 깔았다. 구미의 채미정은 농산정과 같이 사방 3칸이고 중앙에 온돌 한 칸을 들였는데 고주열과 평주열이 동일하다는 점이 다르다. 김천 봉황대는 구미 채미정과 같이 사방 3칸이고 구조도 같으나 중앙 한 칸이 온돌이 아

장방형 양통집: 영덕 명서암

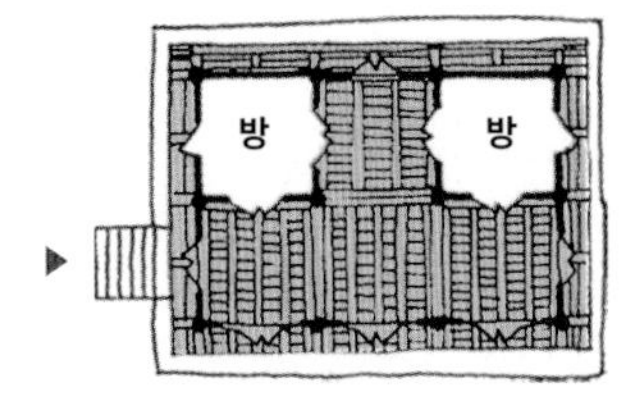

장방형 전툇집: 창원 관해정

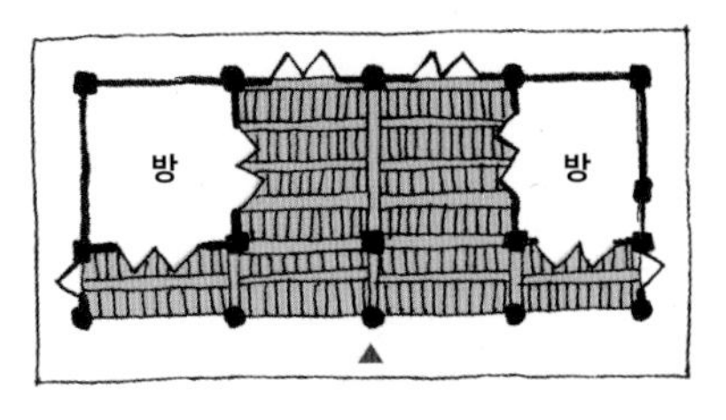

장방형 겹집: 밀양 칠산정

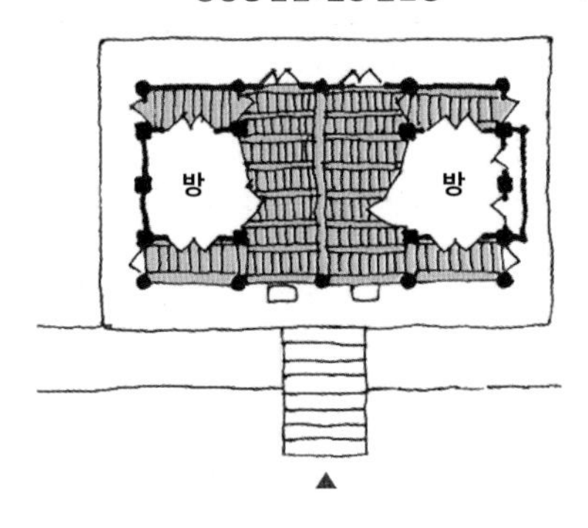

정방형: 합천 농산정

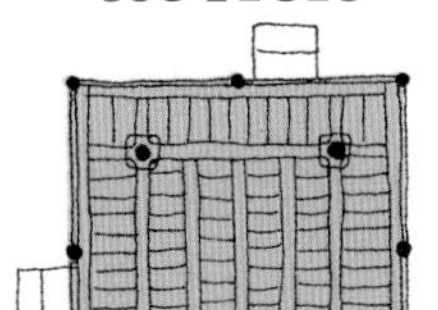

니라 마루라는 것이 다르다. 중앙 마루에는 장마루가 깔려 있는데 원래는 온돌이었을 가능성이 있다. 봉화의 경체정과 이오당은 사방 2칸이며 내부에 고주 없이 심주를 둔 가구형식이다. 배면 2칸에는 모두 온돌을 들였다. 영천의 모고헌은 사방 3칸 형에 중앙 고주열 한 칸은 온돌을 들인 구조로 기본적으로는 합천의 농산정과 같으나 사방으로 매우 좁은 툇간을 달아낸 것이 차이점이다. 기둥의 배열과 가구법에서 매우 특이한 사례이다.

정자의 전체 칸수는 1칸에서 최대 16칸까지 다양하다. 가장 많은 것은 6칸 형인데 전체 193동 중에 72동으로 37%에 해당한다. 이 중 정면 3칸에 측면 2칸의 양통형이 많고 그 다음이 정면 4칸, 측면 1.5칸의 전퇴형이다. 다음으로 8칸 형은 28동으로 전체 15%를 차지하고 있다. 8칸 형은 정면 4칸, 측면 2칸의 양통형이 가장 많다. 다음으로는 4.5칸 형이 23동으로 전체 정자의 12%를 차지한다. 4.5칸 형은 정면 3칸, 측면 1.5칸의 전퇴형이 모두 경상북도에 집중되어 있다는 것이 특징이다. 1칸 형은 정방형, 육각, 팔각이 각각 하나씩으로 모두 경상남도 지역에 있다는 것이 특징이며 가장 큰 16칸은 ㄱ자형으로 경상남도 밀양의 혜남정 하나이다. 객사누각으로 성격은 다르지만 밀양 영남루는 20칸 규모이다. 비교적 규모가 큰 11칸, 11.5칸, 12칸은 T자형 평면에서 나타났다. 전체적으로 경상지역의 정자는 정면 3칸, 측면 2칸의 6칸 양통형 정자가 표준형이라고 볼 수 있으며 4.5칸의 전퇴형은 경상북도 지역 정자의 특징이라고 할 수 있다. 8칸 형에서는 정면 4칸, 측면 2칸의 양통형이 일반적인데 경상남도 지역에서 압도적으로 많이 나타나고 있다. 따라서 경상남도 지역의 정자는 양통형이 주류를 이루고 있음을 알 수 있다.

정자의 규모

칸수	1칸	2칸	3칸	4칸	4.5칸	5칸	6칸	6.5칸	7칸	7.5칸	
경북	-	1	3	10	23	3	42	1	3	3	
경남	3	-	1	4	-	1	30				
계	3	1	4	14	23	3	72	1	3	3	
칸수	8칸	8.5칸	9칸	9.5칸	10칸	10.5칸	11칸	11.5칸	12칸	16칸	20칸
경북	13	1	6	1	4	1	2	1	2	-	-
경남	15	-	1	-	6	-	1	1	2	1	1
계	28	1	7	1	10	1	3	2	4	1	1

평면 구성은 온돌의 위치로 구분했는데 온돌 없이 전체가 마루로만 구성된 것을 '마루형'이라고 했다. 온돌이 있는 것은 평면을 전후로 구분했을 때 배면 칸 전체에 온돌을 들인 경우는 '배면 온돌형'으로 했고 정자를 바라보는 방향에서 칸 수에 관계 없이 한쪽에만 온돌이 있는 경우 '우온돌형'과 '좌온돌형'으로 구분했다. 또 칸 수에 관계 없이 양쪽에 온돌을 배치한 경우를 '좌우온돌형'으로 했으며 정중앙이 아니더라도 온돌 양쪽에 마루가 있는 경우는 '중앙온돌형'으로 구분했다. 이외에 아주 드물게 온돌을 분산시켜 배치한 경우와 전후로 온돌을 배치한 경우가 있었으나

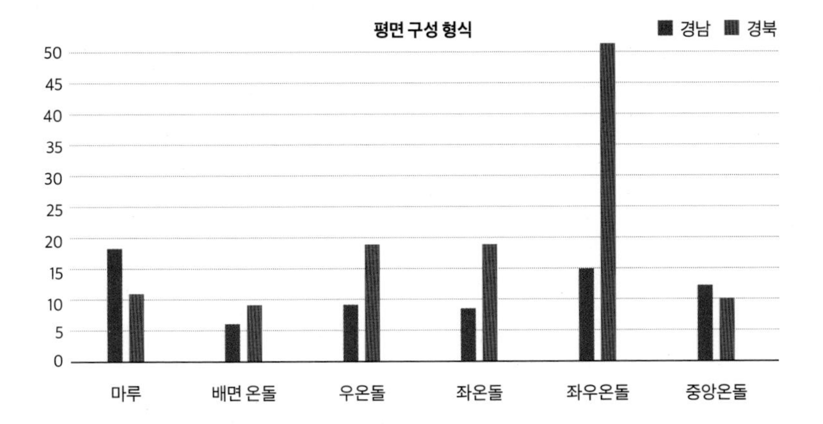

각각 1동씩으로 희귀하기 때문에 통계에서는 제외했다.

이를 기준으로 보면 경상도는 좌우온돌형이 가장 많으며 35%를 차지한다. 그런데 경상북도와 경상남도가 비율에서는 차이가 난다. 경상북도는 좌우온돌형이 54%인 반면 경상남도는 22%로 낮은 편이다. 그러나 전체적으로 경상의 정자 평면은 양통형에 좌우로 온돌이 있는 유형이 대표 유형이라고 할 수 있다. 마루로만 구성된 정자는 경상남도가 26%, 경상북도가 9%로 경상남도가 압도적으로 많은데 마루형은 초창 때에는 온돌이 있었는데 후대에 중건하면서 마루로 바뀐 것이 있기 때문에 정확한 비율로 보기는 어렵다. 중앙온돌형 역시 경상남도가 17%, 경상북도가 8%로 나타나 경상남도가 압도적이다. 따라서 경상남도의 정자는 중앙온돌형과 마루형이 경상북도에 비해 많다는 것을 확인할 수 있다. 경상도 전체적으로 마루형은 15%에 불과해 경상지역의 정자는 온돌을 갖춘 것이 일반적이라고 할 수 있다. 좌온돌과 우온돌까지를 합하면 온돌의 비중이 높은 것은 경상북도 지역이라고 할 수 있는데 지형적으로 북쪽이고 산악지대가 많은 것이 영향을 주었을 것으로 추정된다.

○ 입지 및 성격

정자의 입지는 다양한 방식으로 분류되며 분류 명칭도 연구자에 따라 차

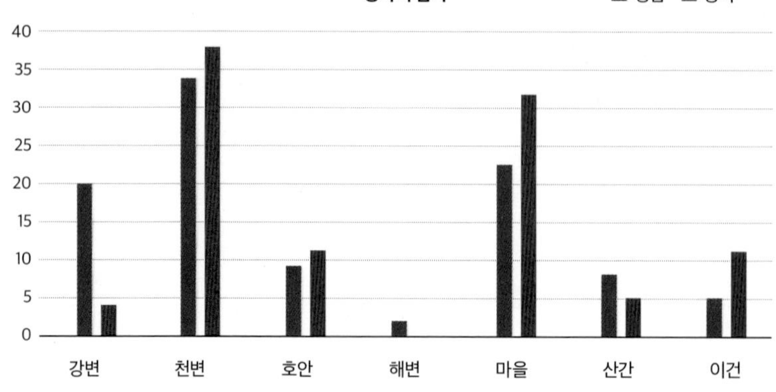

이가 있다. 여기서는 크게 수변형과 산간형, 평야형, 마을형으로 구분했다. 수변형은 다시 강변형, 천변형, 호안형, 해안형으로 세분했는데 강변형은 강으로 명명되는 큰 하천에 접해 있는 경우이고 천변형은 강의 지류나 계곡에 접한 경우이다. 산간형은 천이나 마을에 접하고 있지 않은 산속에 독립적으로 있는 정자를 말한다. 마을형은 마을이 형성된 곳에 자리한 정자로 대개는 평야형이라고 할 수 있다. 따라서 논밭이나 구릉과 같은 평야에 독립적으로 있는 평야형 정자는 거의 없고 마을에 자리하기 때문에 별도로 평야형은 구분하지 않았다.

이외에 댐 건설로 수몰을 피해 이건한 정자는 입지를 규정할 수 없는데 전체적으로 약 9% 정도에 이른다. 입지에 따르면 경상지역은 수변형이 57%로 주를 이루며 다음은 마을형이 28%, 산간형이 6% 정도이다. 나 홀로 산속에 지어진 정자는 매우 드물며 물과 함께 경치 좋은 곳에 입지하는 경우가 대부분이라는 것을 알 수 있다. 수변형 중에서는 천변에 위치하는 경우가 경상남도와 경상북도가 비슷하게 34%와 38% 정도로 가장 많았고 강변형은 경상남도가 20%, 경상북도가 4%로 차이가 있었다. 호안형은 경상남도가 9%, 경상북도가 11% 정도인데 호안형은 형식에 차이가 크다. 넓은 호수에 면한 것과 인공의 작은 연못에 면한 것, 호안형이면서 마을과 하천 등에 함께 면한 것 등이 있다. 각각에 따라 정자의 정취는 차이가 많다. 해변형은 창원의 이승만 정자가 유일한데 해안 시군에는 정자도 드물고 따라서 해변에 정자를 짓는 경우는 거의 없었음을 알 수 있다.

정자의 건립 주체가 밝혀진 것은 전체 186동인데 개인이나 문중에서 사적으로 건립한 것이 94%를 차지하며 제자 및 단체와 관영으로 건립된 공적인 건립은 6% 정도로 미미하다. 이것은 경상남도와 경상북도 지역에 구분 없이 유사하다. 따라서 정자 건립은 단체나 관영보다는 사적으로 건립하는 경우가 압도적임을 알 수 있다. 사적 건립은 개인과 문중으로 나눌 수 있는데 구분이 명확하지 않은 경우도 많다. 굳이 구분한다면 경상남도에 비해 경상북도가 문중보다는 개인 건립 비율이 높게 나타났다.

정자의 건립 주체

건립 주체	개인	문중	유림	관영
경남	39	22	2	-
경북	93	21	7	2

정자의 건립 목적은 중국과 일본에 비한다면 한국이 매우 다양하다. 물론 조선시대 이전에는 한국도 두 나라와 유사하게 정원의 조형물, 접객, 수양, 차실 정도로 유사했다. 그러나 조선시대에 들어서 임진왜란과 당쟁으로 많은 사림세력이 낙향하면서 독특한 유가 정자가 건립되면서 다양화했다. 따라서 정자의 건립 목적도 접객이나 차실보다는 은거와 휴식 및 수양, 또 세력을 규합하고 후학을 양성할 목적으로 건립된 강학과 추모 정자로 다양화했다. 그러나 하나의 정자에서도 쓰임은 다양하고 중건하면서 그 성격이 달라지기도 한다. 이 책에서는 초창 때 어떤 목적으로 건립되었는지를 기준으로 했으며 기록상으로 언급된 것만 대상으로 했다. 물론 처음부터 다양한 용도로 건축되는 경우도 많았는데 이 경우 주 용도를 고려해 성격을 구분했다.

정자의 건립 목적

건립 목적	강학	추모	은거 휴식	수양	별서별당	접객	경로	구휼
경남	14	23	7	1	3	2		1
경북	25	31	18	19	7	2	2	

성격 파악이 가능한 정자는 경상남도가 51동, 경상북도가 104동으로 전체 155동 정도였다. 이 중 추모를 목적으로 건립한 것이 전체 54동으로 가장 많다. 비율로 계산하면 경상남도가 45%이고 경상북도가 30%로 경상북도에 비해 경상남도가 추모 성격의 정자가 많다는 것을 알 수 있다. 추모는 개인 조상과 존경하는 스승을 대상으로 하며 정자를 건축하는 주체의 성향에 따라 추모 대상은 다양하다. 추모 정자의 건립 주체는 개인과 문중이 비슷하고 제자들 단체인 경우가 드물게 있다. 경상북도에 비해 경상남도가 문중 건립 비중이 높다. 추모 정자는 사당의 성격을 갖지만 의례를 행하는 장소보다는 추모 대상을 추억하는 기억의 장소로 사용되는 것이 일반적이다. 아주 드물게는 위패를 모시는 경우도 있다.

두 번째는 강학의 용도로 사용된 정자가 39동으로 많은데 그 비율은 경상남도와 경상북도가 비슷하다. 강학은 자식이나 후손들을 대상으로 하는 경우와 지역 및 학맥에 따른 불특정 제자들을 대상으로 하는 경우로 나눌 수 있다. 이 경우 개인보다는 불특정 제자들을 대상으로 하는 경우가 많았다. 강학 정자의 경우도 건립 주체가 문중인 비중이 경상북도에 비해 경상남도가 높게 나타났다. 다음은 은거와 휴식이 25동 정도이고 수양이 20동 정도로 나타났다. 이 둘은 성격이 비슷하기도 한데 은거와 휴식은 무위자연에 가깝고 수양은 본인의 학문적, 정신적 수련이 목적이기 때문에 좀 더 능동적 성격의 정자라고 할 수 있다. 비율로 보면 경상북도가 수양 용도로 지어진 정자가 경상남도에 비해 압도적으로 높은 것이 특징이다. 이외에 개인 주택이나 서원 등의 별서나 별당 또는 접객 용도로 지어진 정자가 있다. 매우 특징적으로는 진주의 용호정원은 구휼을 목적으로 지어진 정자이며 안동의 삼귀정과 애일당은 경로를 목적으로 지어진 정자이다. 종합하면 경상도의 유가 정자는 개인이나 문중에서 추모와 강학을 위해 건립하는 경우가 일반적이었음을 알 수 있다. 건립 주체가 개인인 경우는 경상북도가 비중이 높고 문중인 경우는 경상남도가 비중이 높은 것도 특징이다. 또 수양으로 건립된 정자는 경상남도에 비해 경상북도가 압도적으로 많다는 것도 특징이다.

거창 모현정

[위치] 경상남도 거창군 가조면 도리 4길 349 **[건축 시기]** 1898년
[지정사항] 경상남도 문화재자료 제346호 **[구조 형식]** 5량가 팔작기와지붕

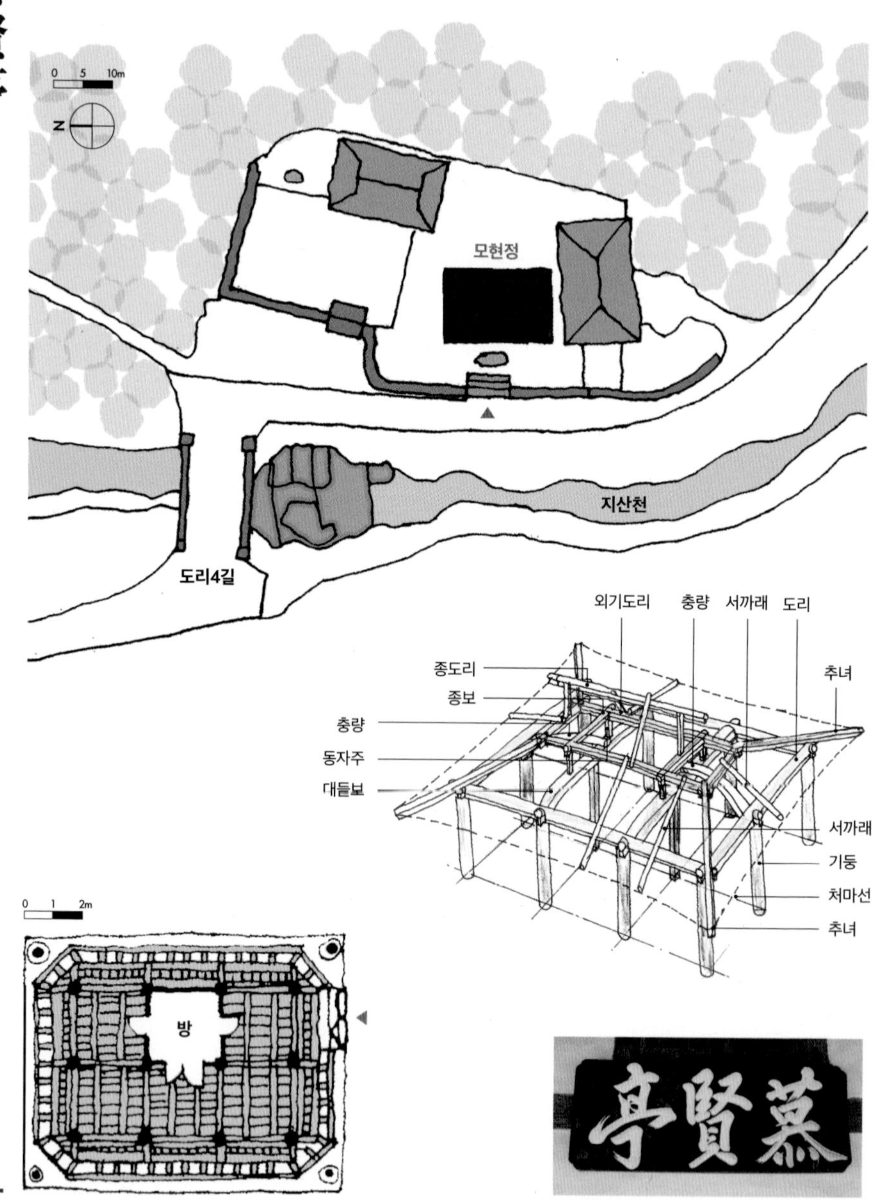

동방 5현으로 불리는 한훤당 김굉필(寒暄堂 金宏弼, 1454~1504), 일두 정여창(一蠹 鄭汝昌, 1450~1504)과 같이 학문한 평촌 최숙량(坪村 崔淑梁, 1456~1515)을 추모하기 위해 후손과 지방 유림을 비롯해 30여 고을의 1,000여 명이 정성을 모아 1898년 건립한 정자이다.

거창 오도산 계곡에 서향으로 자리하고 있다. 모현정 앞으로는 너럭바위가 적당히 어우러져 있는 계곡이 있어 풍광이 좋다. 지금은 콘크리트로 호안을 정비해 예스러운 맛이 없어 아쉽다.

모현정 왼쪽에는 재실인 오도재가, 오른쪽에는 관리사가 있다. 모현정은 정면 3칸, 측면 2칸 규모로 정칸 뒤쪽으로 1칸 온돌이 있다. 마루 끝에는 약 1자 반 정도 돌출된 계자난간이 있는데 난간 모서리가 사절되어 있다. 경상도 지역의 많은 정자에서 볼 수 있는 모습이다. 외벌대 자연석 기단에 자연석 초석을 올렸다. 기단 모서리에는 화강석 활주초석이 남아 있는데 활주는 없다. 활주가 받는 사래 끝에서 활주의 결구 흔적인 쌍장부를 볼 수 있다. 온돌 부분의 기둥만 각주이고 나머지는 원주를 사용했다. 초익공으로 익공 위에 봉황머리를 초각한 5량가 겹처마 팔작기와지붕이다.

거창지역의 정자는 중앙 배면 한 칸에 온돌을 들이는 것이 특징이다. 정자에 온돌을 두는 것은 여름철에도 소나기가 내리면 기온이 내려가 추울 수 있기 때문이다. 평면과 구조법은 고식을 따랐지만 공포는 조선 최말기의 양식으로 했다.

추녀 끝에 활주와 결구되는 쌍장부가 보인다.

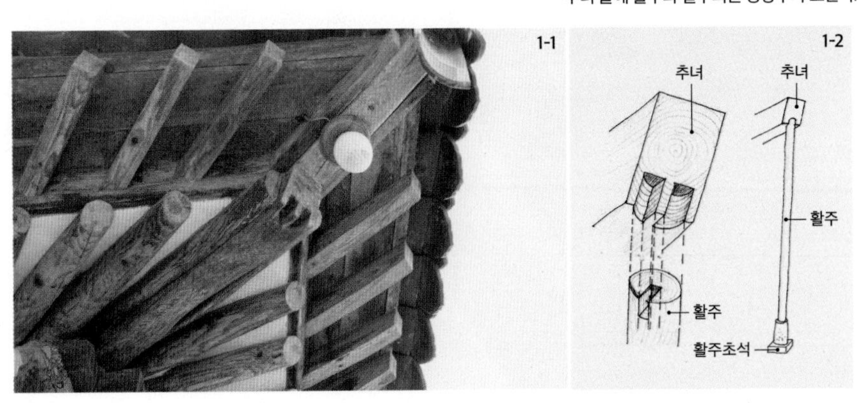

1

5

1 모현정 앞에는 너럭바위가 적당히 어우러져 있는 계곡이 있어 풍광이 좋다.

2 익공 위에 봉황머리를 초각했다.

3 삼분변작 가구법으로 외기도리의 간격이 좁고 뺄목이 긴 것이 특징이다.

4 온돌 정면 창호 위에 다락 출입문이 있다.

5 정면 3칸, 측면 2칸 규모로 정칸 뒤쪽으로 1칸 온돌이 있다.

6 가운데에 1칸 온돌을 두고 마루에는 계자난간을 둘렀다.

거창 원천정

[위치] 경상남도 거창군 가조면 장기리 778번지 **[건축 시기]** 초창 1587년, 중창 1684년
[지정사항] 경상남도 문화재자료 제251호 **[구조 형식]** 3량가 맞배기와지붕

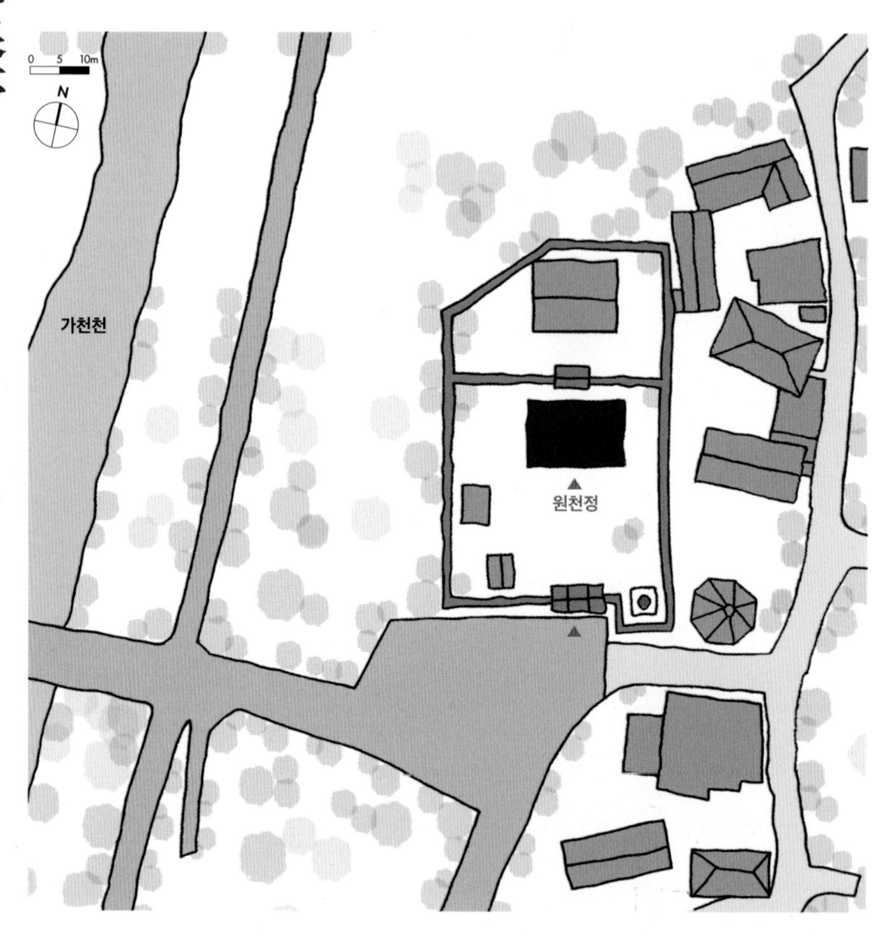

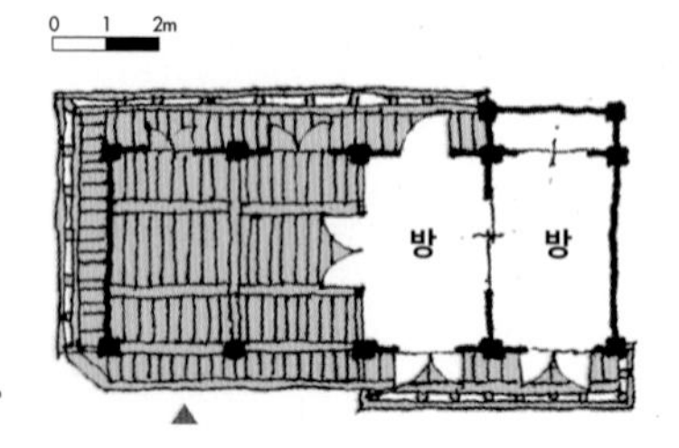

남명 조식(南冥 曺植, 1501~1572)의 제자였던 원천 전팔고(原泉 全八顧, 1540~1612)가 후배 양성을 위해 1587(선조20)년에 지은 정자로 임진왜란 당시 의병의 비밀 모임 장소로 사용되었다. 1684(숙종10)년 보수할 때 구조가 변경됐다. 거창의 우두산, 금귀산, 미녀산으로 둘러싸인 평야지대에 남향으로 자리하고 있다.

솟을삼문을 지나면 원천정과 사당이 앞뒤로 배치되어 있다. 정면 4칸, 측면 1칸으로 왼쪽 2칸은 마루, 오른쪽 2칸은 온돌이다. 이렇게 대청과 온돌을 나란히 둔 것으로 보아 서당으로 지어진 것을 정자로 사용했음을 알 수 있다. 온돌이 있는 부분의 전퇴에는 계자난간을 둘렀으며 배면에는 반침을 돌출시켰다. 특이한 점은 마루 쪽 배면이 판벽으로 되어 있음에도 툇마루를 두고 계자난간을 두었다는 점이다. 마루 쪽 전면 기둥 하나만 원주이고 나머지는 모두 각주이다. 두벌대로 된 자연석 기단, 자연석 초석을 사용했다. 3량가, 단순하며 공포가 없는 민도리집으로 검약하면서 강직한 느낌을 준다. 대공은 동자형 판대공을 사용했는데 하부 좌우에 받침을 둔 것이 특징이다. 굴뚝을 낮게 기단에 설치해 방충효과도 겸하게 한 것도 특징이라고 할 수 있다.

정면은 4칸인데 비해 측면은 단 칸으로 단출하다. 이를 보완할 목적으로 측면은 기둥 간격을 넓게 했다.

진입로에서 본 원천정

居昌 原泉亭

1 온돌 쪽 배면은 반침을 돌출시키고 마루 쪽 배면은 판벽으로 마감했음에도 툇마루를 두고 계자난간을 둘렀다.

2 측벽에도 판문이 있었을 것으로 추정되지만 지금은 판벽으로 바뀌었다.

3 기단에 구멍을 내어 굴뚝을 만들었다.

4 영역은 솟을삼문, 원천정, 사당 순으로 배치되어 있다.

5 중앙 기둥 하나만 원주이고 나머지는 모두 각주이다. 3량 구조, 맞배집이다.

6 왼쪽부터 2칸 마루, 2칸 온돌이 있다. 온돌 앞 툇마루에 계자난간을 둘렀다.

1
2
3

5

4

6

거창 건계정

[위치] 경상남도 거창군 거창읍 상림리 745 **[건축 시기]** 1905년
[지정사항] 경상남도 문화재자료 제457호 **[구조 형식]** 5량가 팔작기와지붕

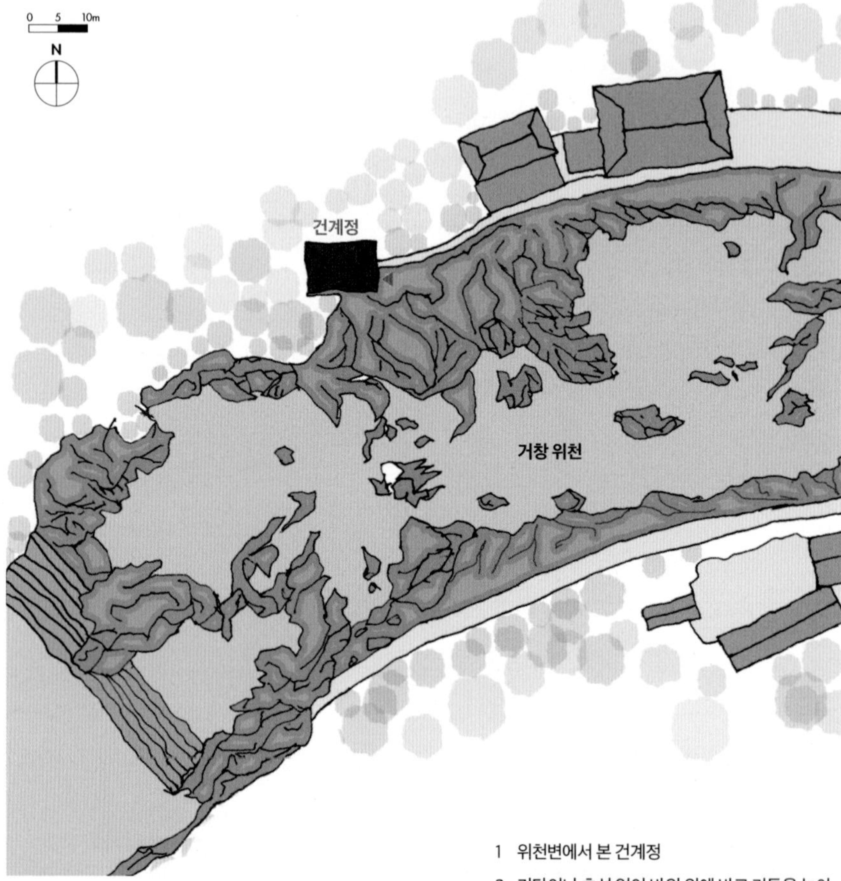

1 위천변에서 본 건계정

2 기단이나 초석 없이 바위 위에 바로 기둥을 놓아 울퉁불퉁한 바위와 흰 자연목 기둥이 자연스럽다.

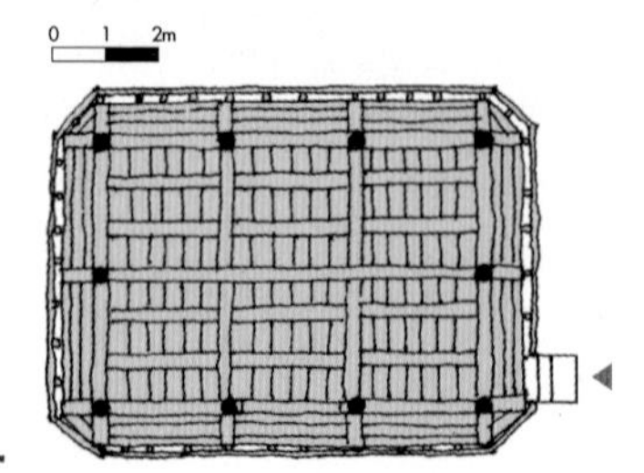

송나라 때 고려로 귀화한 거창장씨의 시조 충헌 장종행(忠獻 章宗行)을 기리기 위해 보은재 및 사적비와 함께 1905년 건립한 정자이다. '건계'는 장종행이 중국 건주(建州: 建溪)에서 건너온 것을 후손이 잊지 않도록 면우 곽종석(俛宇 郭鍾錫, 1846~1919)이 붙여 주었다고 한다. 곽종석은 조선 후기 유학자로 을미의병 이후 거창에서 지냈다. 정자에는 궁내부특진관을 지낸 조정희(趙定熙, 1845~?)가 1906년에 지은 "건계정기"를 비롯한 장씨 후손과 문중 번영을 기원하는 판상시 등이 있다.

건계정은 건흥산 남쪽으로 흐르는 거창 위천변 바위에 정면 3칸, 측면 2칸 규모로 남향하고 있다. 온돌 없이 사방이 개방되어 있는 누마루집이다. 배면 정칸에만 눈높이의 판벽이 있는데 온돌의 기능이 사라지면서 벽체만 일부 남은 것으로 보인다. 바위를 초석 삼아 기둥을 놓았는데 기단과 초석이 한몸처럼 아주 자연스러워 보인다. 더구나 바위에 바로 올라가는 누하주는 자연스럽게 휜 자연목을 그대로 사용해 초석 역할을 하는 울퉁불퉁한 바위와 자연스럽게 잘 어울린다. 누상주는 직재를 사용했다. 누상주에는 외진주만 두어 내부를 통칸으로 사용할 수 있게 했다. 겹처마 팔작기와지붕이며 충량을 사용한 5량가 초익공집이다. 마루에는 외부로 1자 반정도 돌출된 계자난간을 둘렀다. 난간 모서리는 45도로 모접었다. 활주가 섰을 때 통행을 원활하게 하기 위함으로 추정된다. 배면 중앙칸에 온돌 한 칸을 두고 마루 모서리를 접는 것이 거창지역 정자의 특징이다. 전체적으로 치밀한 가공보다는 적당히 가공한 자연친화적인 모습을 보이는 조선후기 건축양식을 보여주는 사례이다.

1 용마루에 너새기와를 두어 두 단으로 구성한 것이 특징이다.

2 배면의 가운데 칸에만 판벽을 설치했다.

3 왼쪽에 정자 진입용 돌계단이 있다.

4 충량이 대들보 위에 걸쳐 있다.

5 건계정은 거창 위천변 바위 위에 남향으로 자리하고 있다.

6 난간은 모서리에서 보통 직각으로 만나는데 건계정의 난간은 사절로 처리했다.

7 판벽으로 막은 배면 정칸 이외에 다른 부분은 모두 개방되어 있다.

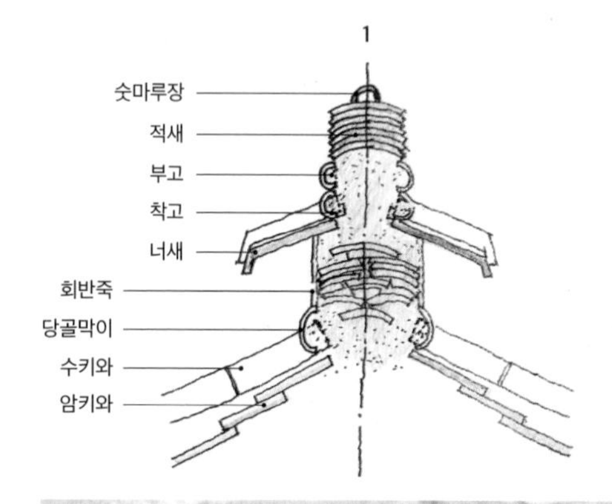

5

7

거창 일원정

[위치] 경상남도 거창군 남상면 밤티재로 863 **[건축 시기]** 1905년
[지정사항] 경상남도 문화재자료 제78호 **[구조 형식]** 5량가 팔작기와지붕

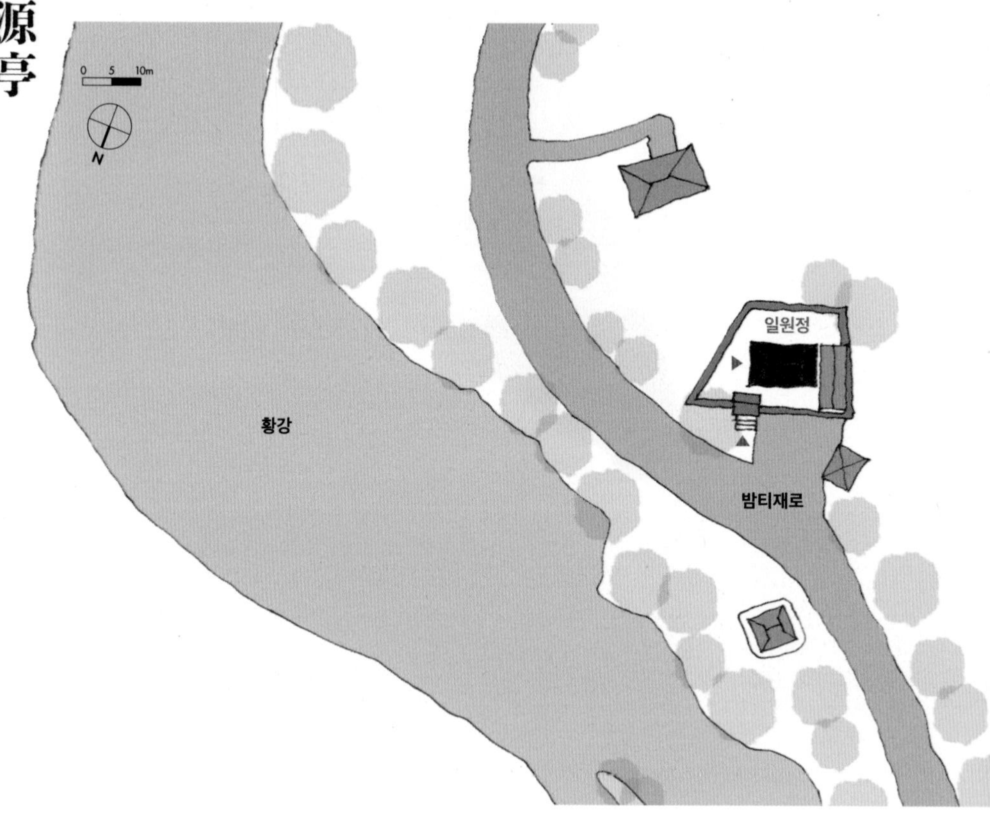

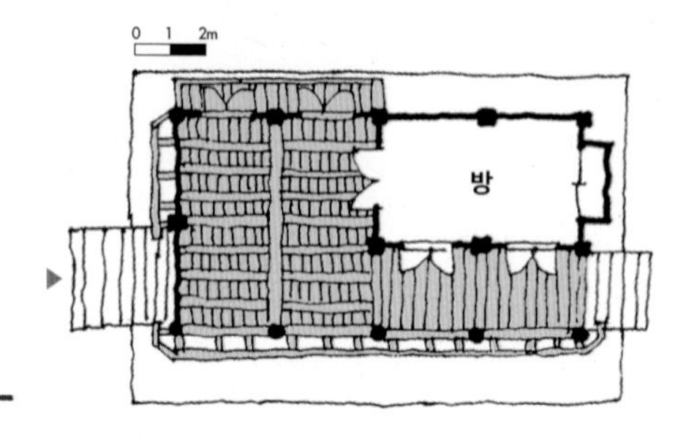

일원정은 선산김씨 김숙자(金叔滋, 1389~1456)의 후손과 유림들이 1905년에 지은 정자로 인재를 기르는 서원 역할도 했다. 정몽주(鄭夢周, 1337~1392), 길재(吉再, 1353~1419), 김숙자, 김종직(金宗直, 1431~1492), 김굉필, 정여창, 조광조(趙光祖, 1482~1519) 등 칠현을 제향한다.

거창을 관통하는 황강을 바라보며 북향으로 자리하고 있다. 2칸 대문채를 지나면 일원정이 있고 오른쪽에 관리사가 있다. 일원정은 정면 4칸, 측면 2칸 규모로 오른쪽 2칸이 온돌이다. 마루는 계자난간을 두른 전면을 제외하고 나머지는 판벽으로 막았다. 누하주가 짧은 누마루집으로 동쪽의 자연석 계단을 통해 누마루에 올라간다. 방을 구성하는 기둥만 방주이고 나머지는 원주이다. 익공이 사절된 초익공으로 홑처마, 팔작기와지붕집이다. 마루 뒤쪽과 좌측 판벽 위에는 원형 화반이 있는데 창방이 아닌 상인방 하부에 설치했다. 이익공처럼 보이게 하는 수법이다.

원천정처럼 서당으로 지어졌기 때문에 평면 구성이 같다. 일원정은 측면이 2칸이라는 점만 다르다.

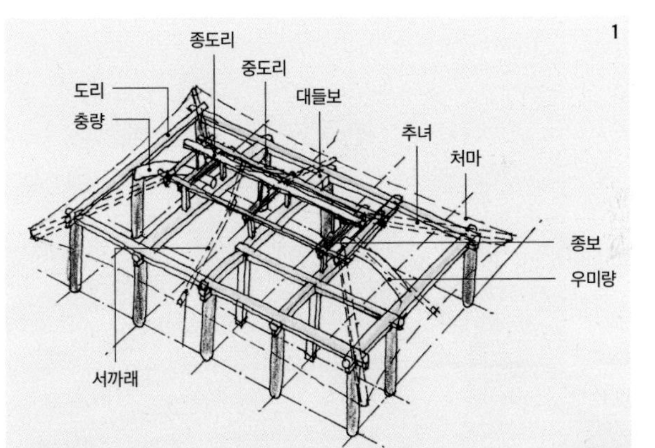

1 가구 구조도
2 2칸 대문채를 지나면 일원정이 있고 오른쪽에 관리사가 있다.

居昌 一源亭

1 보통의 누마루집에 비해 누하주가 짧다.

2 판벽 상부에 원형 화반을 놓았다.

3 온돌 쪽 측면에는 반침을 돌출시켰고, 마루 쪽 배면에는 쪽마루를 달았다.

4 방을 데우는 아궁이와 굴뚝이 나란히 있다.

5 내진주와 동자주 열이 맞지 않아 내진주 위로 벽을 억지로 구성했다.

6 동쪽의 자연석 기단에 장대석을 올린 계단을 통해 마루로 올라간다.

거창 심소정

[위치] 경상남도 거창군 남하면 양항리 958 **[건축 시기]** 1489년 초창, 1771년 중수, 1817년 보수
[지정사항] 경상남도 문화재자료 제58호 **[구조 형식]** 5량가 팔작기와지붕

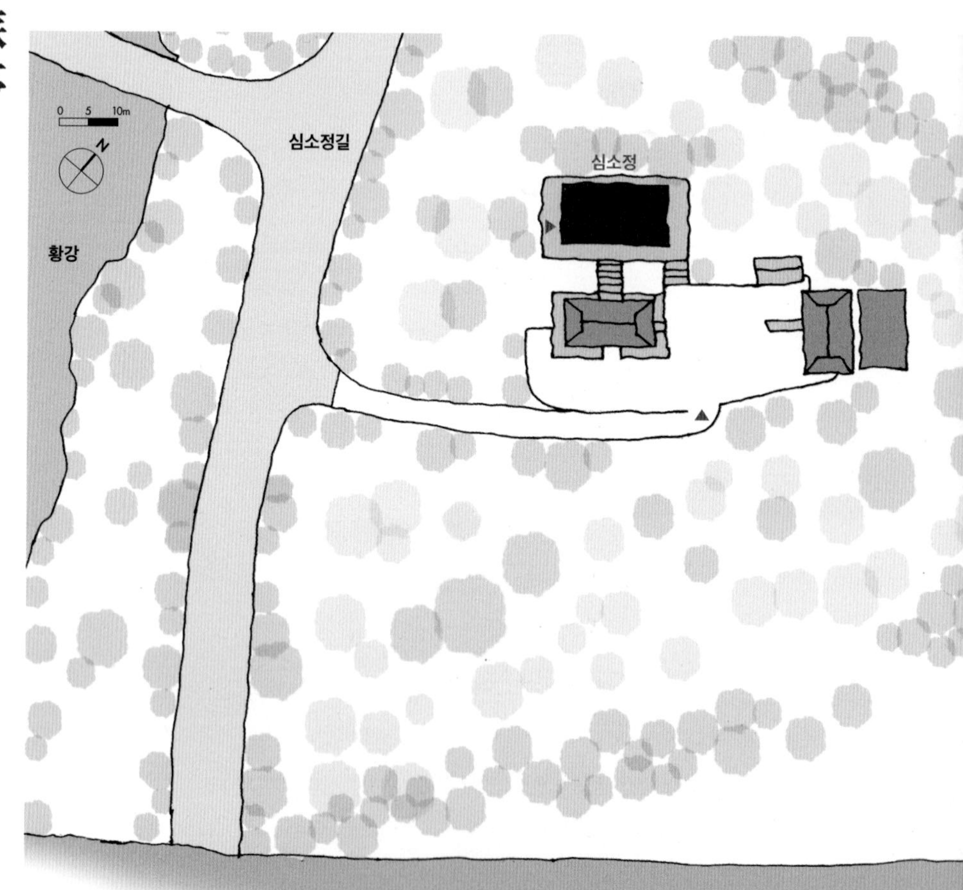

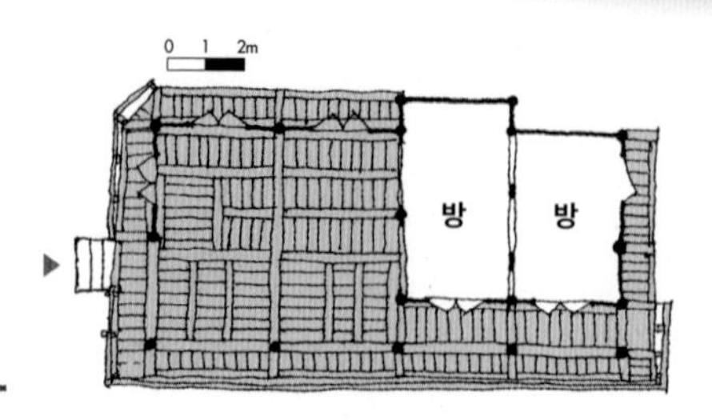

1 왼쪽에 있는 석재 계단을 통해 마루에 올라간다.

2 온돌이 있는 오른쪽 면

'마음을 되살리는 정자'라는 뜻의 심소정은 조선 세종 때 단성현감을 지낸 화곡 윤자선(華谷 尹孜善)이 1489년 건립한 정자이다. 윤자선은 정자와 함께 심연재(心淵齋)를 지어 산수를 즐기고 후학과 함께 강학했다. 1919년 일명 독립 청원운동인 파리장서운동을 준비하고 신간회 회장을 지낸 윤병수가 현 거창초등학교 전신인 창남의숙을 세워 교육하던 곳이기도 하다. 건물 옆에 윤공의 유허비가 있다.

거창 보해산자락 끝과 황강이 접하는 구릉지 위에 자리한 심소정은 정면 4칸, 측면 2칸으로 오른쪽 2칸은 온돌이다. 전면에는 원형주좌를 놓고 자연석 초석, 자연석 기단을 사용했으며 기둥은 모두 원기둥이다. 방쪽은 민도리구조이지만 전퇴와 대청은 익공구조로 되어 있는 점이 흥미롭다. 전면은 초익공의 일반적인 구조인 반면 대청이 있는 왼쪽 면과 배면에는 화반을 두어 마치 이익공처럼 보이게 하고 있다. 구조가 조금 특별한데, 대청은 전형적인 5량 구조이지만 방 쪽은 변형된 5량 구조이다. 방 앞쪽의 툇보에는 우미량을 사용했다. 우미량이 동자주에 결구되어 있는 점이 특이하다. 우미량은 일반적으로 평주나 고주에 결구되지 동자주에 결구되지는 않는다. 방을 구획하면서 상부구조를 고려하지 않고 독립적으로 가구구성을 했기 때문이다. 이익공처럼 보이게 하기 위해 화반을 창방 역할을 하는 인방 위에 설치한 것도 재미있다.

전면만 개방하고 나머지 면은 판벽이나 회벽으로 마감했다. 정면성을 확실히하면서 전면의 공포도 화려하게 구성한 셈이다.

심소정 역시 원천정, 일원정처럼 서당으로부터 출발했기 때문에 정자의 보편적 평면과 다르다.

1

2

1

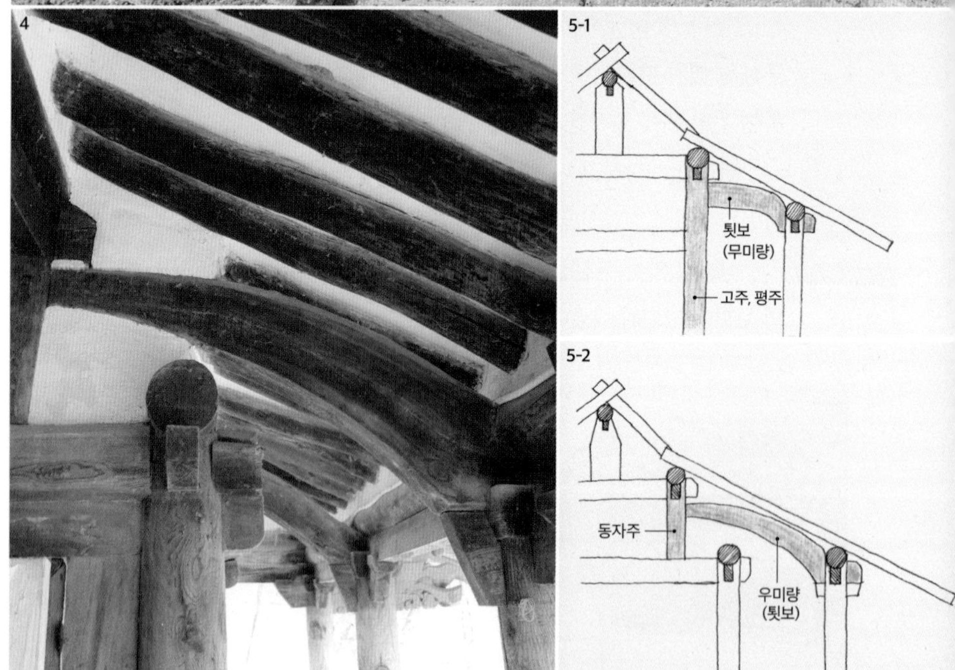

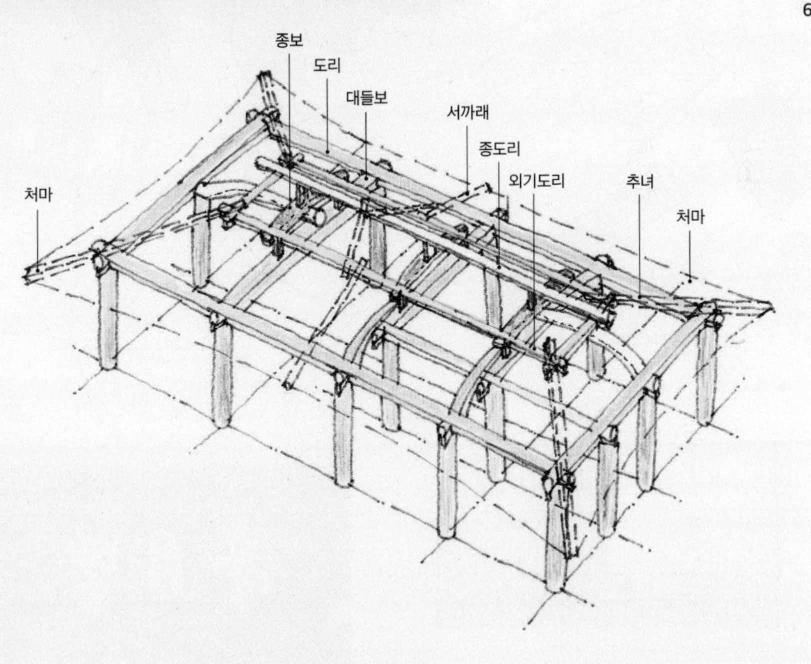

1 정면성을 강조하면서 앞면만 개방하고 나머지 면은 판벽이나 회벽으로 마감했다.

2 초익공집임에도 왼쪽 면과 배면에 이익공집에서 볼 수 있는 화반을 사용했다. 화반의 모양도 제각각이다.

3 온돌을 구성하기 위해 내진평주를 두 개나 두고 5량을 구성했다.

4 툇보를 기둥에 결구하지 않고 동자주에 결구했다.

5 툇보는 대개 기둥에 결구(5-1)하는데 이 집은 동자주에 결구(5-2)했다.

6 가구 구조도

거창 망월정

【위치】경상남도 거창군 동변1길 38-46 【건축 시기】1813년 이건
【지정사항】경상남도 문화재자료 제536호 【구조 형식】1고주 5량가 팔작기와지붕

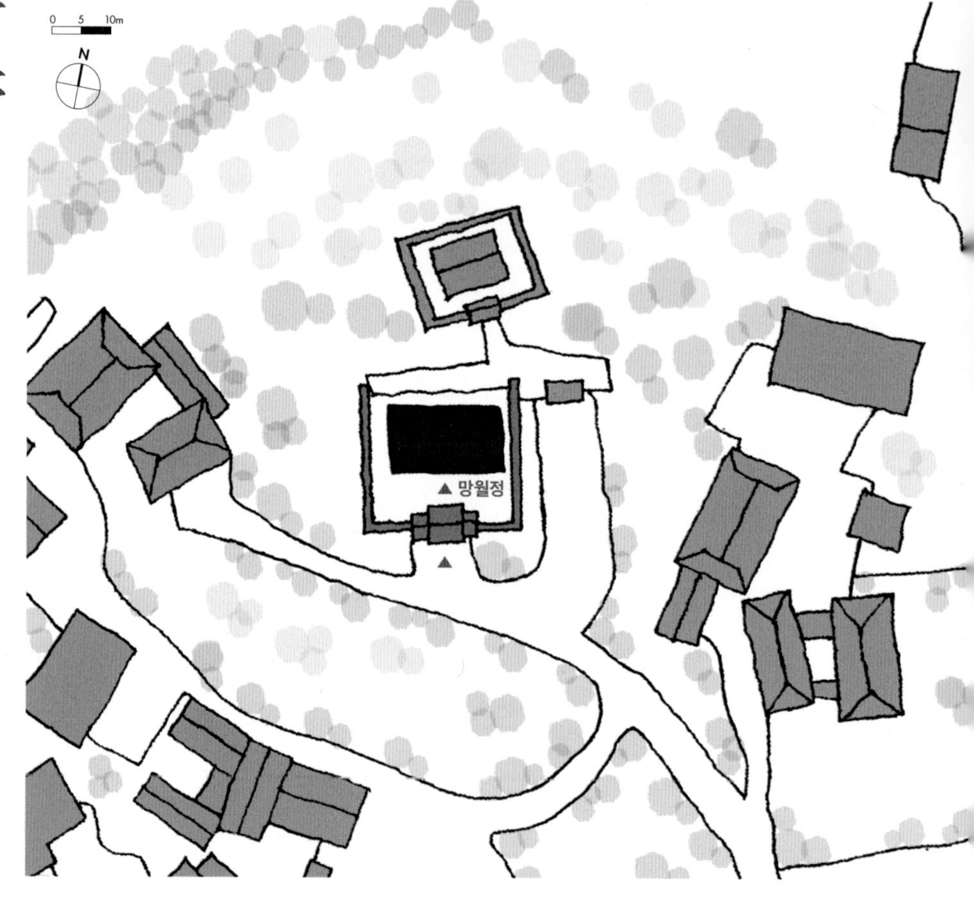

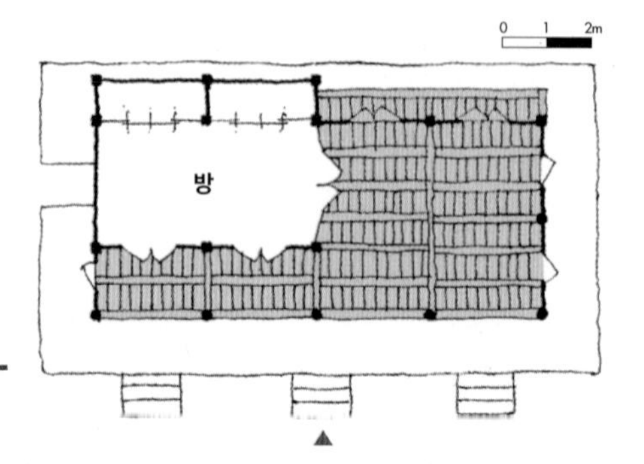

단종이 강원도 영월로 유배될 때 충신 고은 이지활(孤隱 李智活, 1434~)은 "불사이군은 안 된다" 며 벼슬을 버리고 거창 가조 박유산으로 들어간다. 망월정의 원래 자리는 이지활이 1455년 단종의 유배지 영월을 바라보며 "단심가"를 지어 부르며 통곡하다가 순절한 유서 깊은 곳이다. 산속에 있어 관리가 힘들어 1813(순조13)년에 현재 자리인 거창 모곡마을로 이건하고 매년 3월 추모 제례를 지내오고 있다.

정면에 삼문을 두고 담장으로 둘러싸여 있으며 뒤 언덕에 사당이 있다. 정면 4칸, 측면 2칸 규모로 왼쪽 2칸이 온돌이다. 마루 뒤에는 판벽이 있다. 네벌대 정도 되는 기단의 하부는 자연석으로, 맨 위만 최근에 설치된 장대석 가공석으로 되어 있다.

원천정, 일원정과 같이 서당의 평면구성을 하고 있는 것이 특징이다. 가구는 1고주 5량가이며 평주는 원주이지만 고주는 사모기둥으로 했다. 공포는 초익공형식으로 익공은 직절해 단순하게 만들었다. 창방과 장혀 사이에는 소로를 두어 민도리집보다는 장식성이 강하다. 중도리에서는 우물반자를 설치해 보편적으로 연등천장으로 하는 것과 차별화했다.

망월정과 삼문 사이 마당

居昌 望月亭

1

4

1 망월정은 네벌대 정도 되는 기단 위에 있다. 기단의 하부는 자연석이고, 맨 위만 최근에 설치한 장대석 가공석으로 되어 있다.

2 직절된 초익공을 사용했다.

3 합각벽의 와편 문양

4 전면 기둥만 원주로 하고 나머지는 각주를 사용했다.

5 정면 4칸, 측면 2칸 규모로 왼쪽에 2칸 온돌을 두고 마루의 측면과 배면은 판벽으로 마감했다.

거창 만월당

【위치】경상남도 거창군 북상면 농산리 314 【건축 시기】초창 1666년, 중건 1786년
【지정사항】경상남도 유형문화재 제370호 【구조 형식】5량가 맞배기와지붕

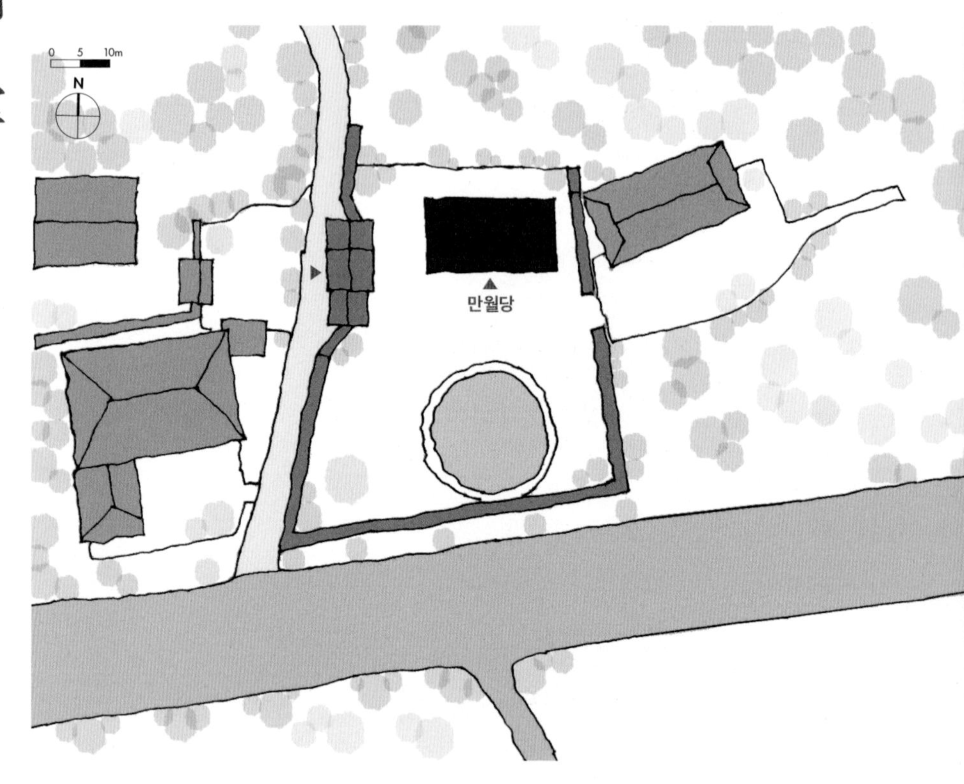

1 왼쪽 면. 환기를 위한 작은 문이 있다.

2 난간을 약간 기울어지게 설치한 것은 조금이라도 넓게 보이려는 의도로 보인다.

3 계자난간 구조도. 계자다리가 바깥쪽으로 기울어져 있다.

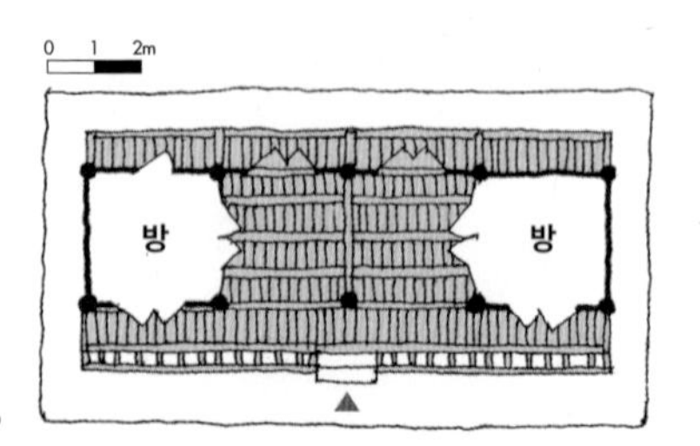

만월당 정종주(滿月堂 鄭宗周, 1573~1653)를 기리기 위해 1666(현종 7)년 지은 건물로 1786(정조10)년 중건했다. 만월당은 임진왜란 때 의병을 일으킨 분들의 정신이 살아 숨 쉬는 역사적 장소로 거창지역의 문인들과 관계를 맺어 향토문화의 뿌리를 내리는데 기여했다고 한다.

덕유산 자락 끝 평야 지대에 남향하고 있다. 대문채가 서쪽에 있어서 전면도로에서 진입하는 것이 아니라 측면에서 진입한다. 담장 안, 만월당 앞에는 원형 못이 있었음을 알려 주는 석축이 남아 있다. 평지에 자리하고 있어 두드러지지 않고 이렇다 할 조경 요소가 많지 않은데 원형 못을 두어 이 부분을 보완하려 한 것으로 보인다.

정면 4칸, 측면 1칸 규모로 양측 협칸에 온돌이 각각 1칸씩 있고 가운데 2칸이 마루이다. 정면에서 보면 좌우대칭을 이루는 모양새이다. 외벌대 기단, 자연석 초석, 원주를 사용한 초익공, 5량 구조, 부연이 있는 겹처마 맞배집이다. 방 천장은 고미반자이다.

전면과 배면 모두 툇마루가 있다. 정면에만 계자난간을 둘렀는데 계자난간이 약간 기울어져 있다. 대개는 수직으로 설치한다. 좁은 툇마루를 조금이라도 넓게 보이려는 의도로 보인다. 뒷면의 툇마루 귀틀 설치 또한 일반적이지 않다. 대개는 장귀틀에 동귀틀을 걸어 면 바르게 설치하는데 이 집은 기둥에서 나온 동귀틀이 장귀틀 밖으로 튀어나와 있다. 청판은 장귀틀과 직각으로 설치되는데 이 집은 평행하게 설치되어 있다.

2

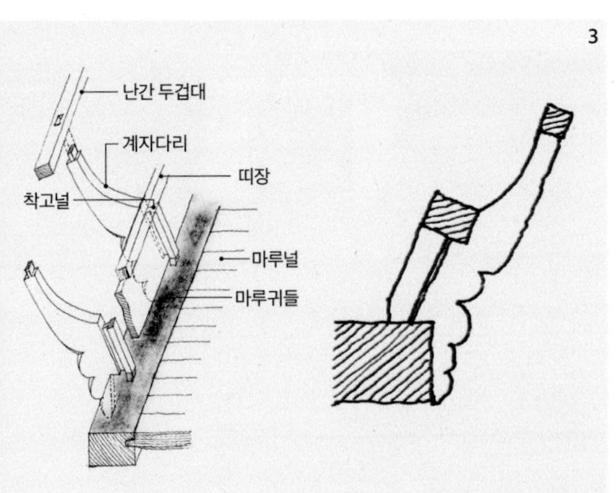

3

1

4

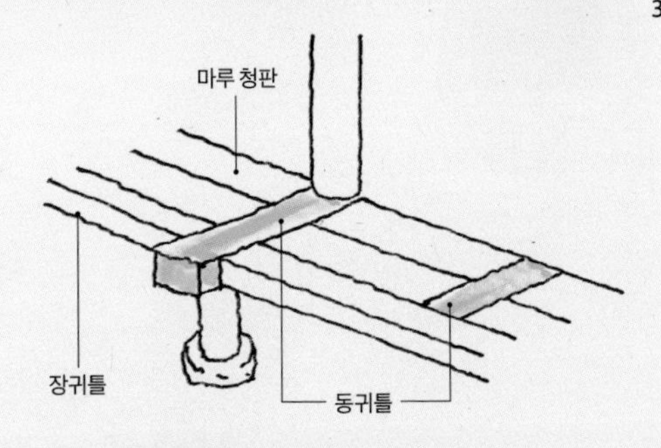

1 마루 배면은 판문으로 마감했다.

2 배면 툇마루는 동귀틀이 장귀틀 면 외부로 튀어나와 있다.

3 배면 툇마루 구성도

4 양측 협칸에 온돌이 각각 1칸씩 있고 가운데 2칸이 마루로, 정면에서 보면 좌우대칭을 이루는 모양새이다.

5 담장안, 만월당 앞에는 원형 못이 있었음을 알려 주는 석축이 남아 있다.

거창 용암정

[위치] 경상남도 거창군 북상면 농산리 63-0 일원 **[건축 시기]** 1801년
[지정사항] 경상남도 문화재자료 253호 **[구조 형식]** 5량가 팔작기와지붕

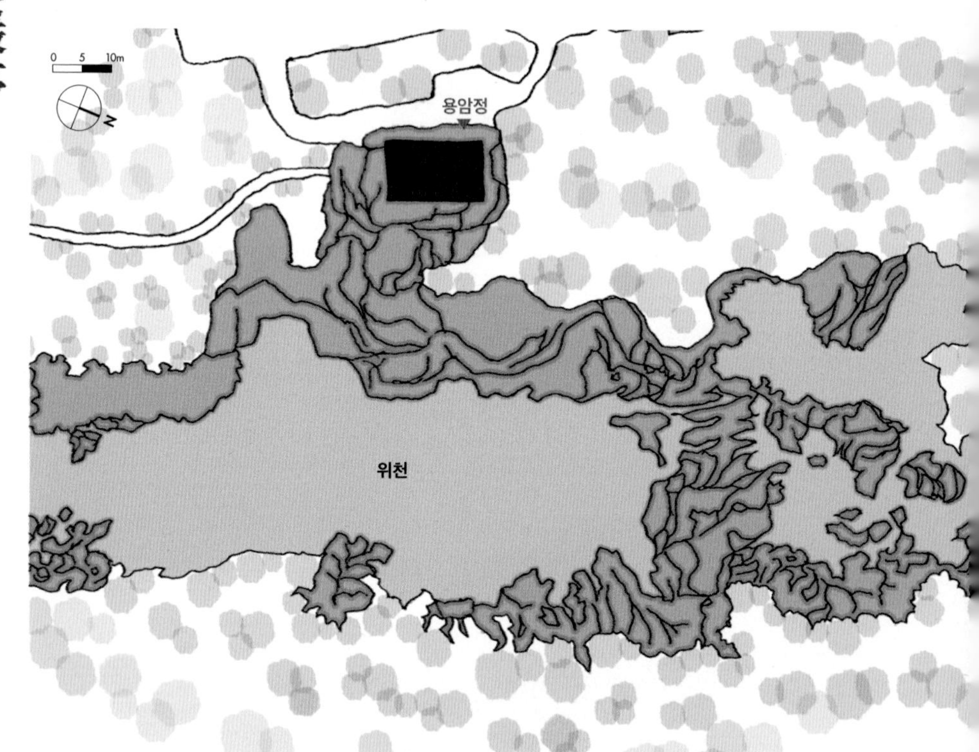

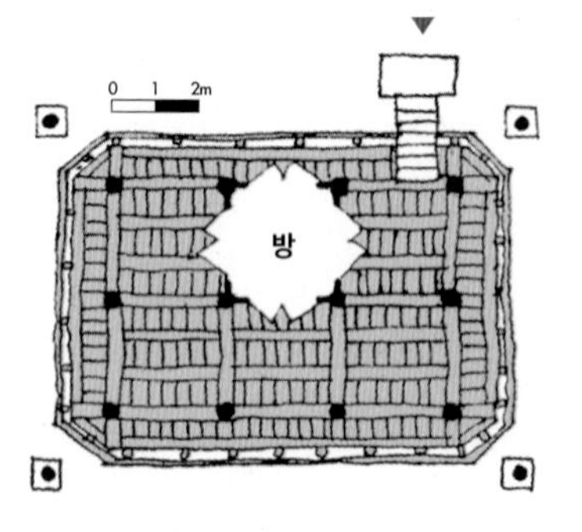

용암정은 용암 임석형(龍巖 林碩馨, 1751~1816)이 위천변 바위에 지은 정자로 1864(고종 원년)년 보수공사를 했다고 한다. 위천을 바라보면서 북동향한 용암정과 그 일원은 위천의 계류와 암반, 주변의 수목 등이 어우러져 아름다운 경관을 이루고 있다.

정면 3칸, 측면 2칸으로 정칸 뒤쪽에 1칸의 방이 있고 나머지는 개방된 마루이다. 마루 끝에는 약 2자 정도 돌출된 계자난간이 있다. 난간이 만나는 모서리는 사절해 모접어 놓았다. 기단 없이 자연석 초석을 사용했으며 기둥은 모두 원주이다. 팔각형으로 가공한 활주초석 위에 팔각형 활주가 있다. 초익공, 5량 구조, 겹처마 팔작집이다. 방 천장은 우물천장이다. 방을 구성하는 벽은 모두 이중으로 여닫을 수 있는 창호로 되어 있다. 모두 들문이고 들문 안에 또 다른 창이 있는 구성이다. 재미있는 것은 계단이다. 누마루집이어서 누상으로 올라가기 위한 계단이 있는데 통나무를 깎아 만들어 자연미가 물씬 난다.

모현정, 건계정과 함께 거창지역의 표준적인 정자의 모습이다.

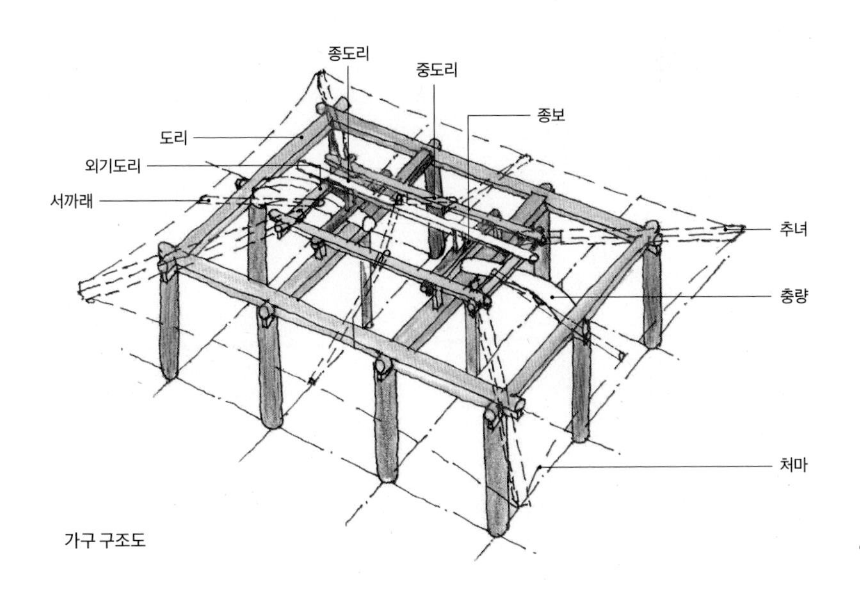

가구 구조도

居昌 龍巖亭

1 섬세하게 조각한 초익공

2 온돌의 사면 벽은 모두 이중으로 여닫을 수 있는 창호로 되어 있다.

3 온돌은 우물천장 마감했다.

4 위천의 계류와 암반, 주변의 수목 등이 어우러져 아름다운 경관을 이룬다.

5 배면. 마루에 올라가는 계단은 통나무를 적당히 깎아 만들었다.

6 왼쪽 면. 팔각형으로 가공된 활주초석 위에 팔각형 활주가 놓여 있다.

居昌 龍巖亭

거창 인풍정

[위치] 경상남도 거창군 신원면 양지리 301-1 304 **[건축 시기]** 1923년
[지정사항] 경상남도 문화재자료 제413호 **[구조 형식]** 5량가 팔작기와지붕

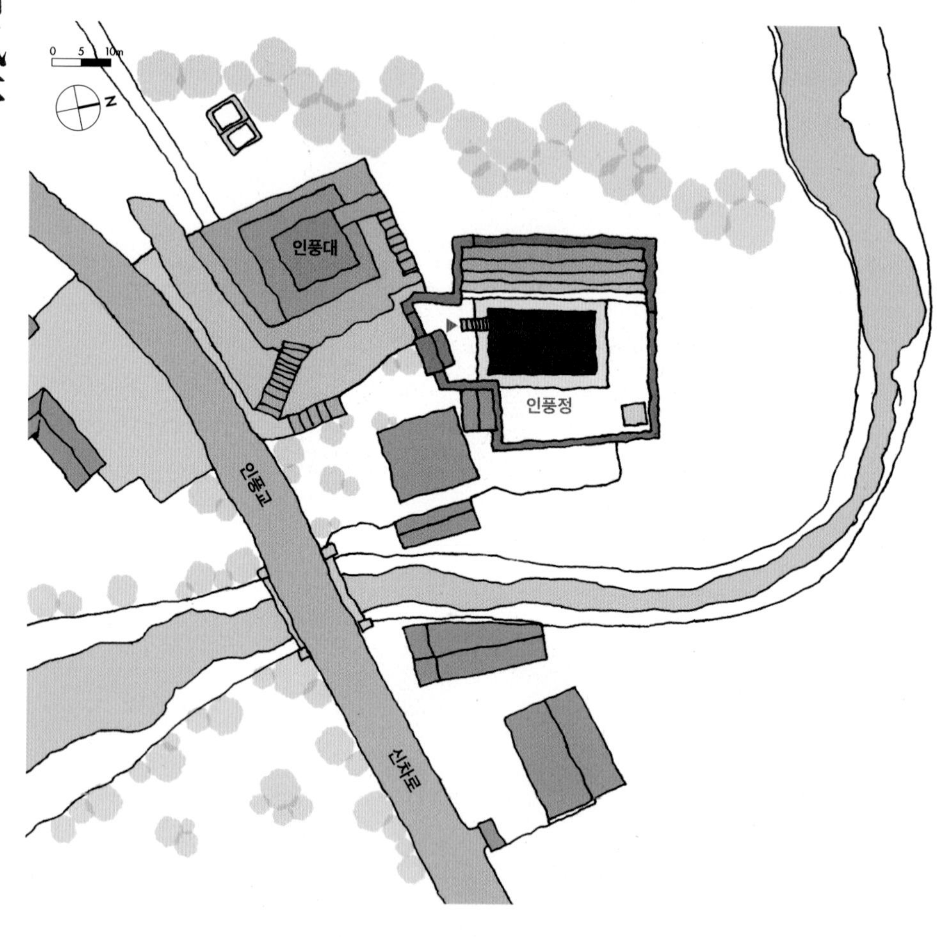

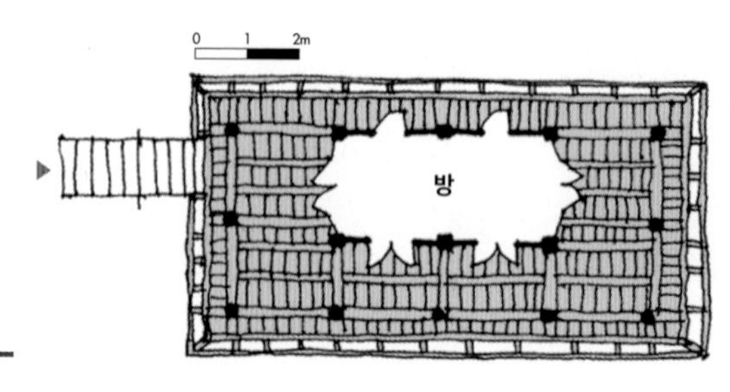

1923년에 신종학(愼宗學)이 지은 정자이다. 정자 이름은 신종학의 선조가 양지마을 경사진 곳을 정리하고 나무를 심어 인풍정이라 명명한 데서 유래했다. 주민들은 나무가 심어진 곳을 인풍대, 건물을 인풍정이라고 부르고 있다.

정면 4칸, 측면 2칸 규모인 인풍정은 양지마을 외곽 언덕 위에 동향으로 자리하고 있다. 배면 쪽은 경사가 심해 자연석으로 화계식 석축을 쌓았다. 중앙의 뒤쪽 2칸이 온돌이고 나머지는 마루이다. 사방에 계자난간을 둘렀으며 방 위에는 작은 광창이 있다. 남쪽의 자연석 계단을 통해 오르내릴 수 있으며 방이 있는 곳의 하부는 자연석으로 벽을 쌓아 둘렀다. 외벌대 자연석 기단, 자연석 초석을 사용했으며 방 부분만 방주를 설치했다. 익공이 사절된 초익공, 겹처마, 팔작집이다.

뒤 언덕에는 약 300년 정도 된 느티나무 6그루가 있다.

거창지역의 전형적인 정자형식이지만 정면을 4칸으로 구성함에 따라 온돌이 2칸이라는 것이 차이점이다. 온돌 주변에는 방주를 사용했고 외곽의 평주는 원주를 사용했다. 처마는 겹처마이지만 공포는 직절익공으로 단순하다. 소로수장집이고, 가구는 5량가이지만 측면의 기둥 간격이 좁아 동자주 사이의 거리가 가까운 것이 특징이다. 추녀 양쪽으로는 외기를 두고 정선자가 아닌 마족연으로 처리하여 투박해 보인다.

인풍정은 수령 300년 정도된 느티나무 6그루가 있는 인풍대 밑에 자리한다.

居昌 引風亭

1 정면 4칸 중 가운데 2칸이 온돌인데 온돌 부분 하부는 자연석으로 벽을 쌓아 둘렀다. 온돌 상부에는 작은 광창이 있다.

2 익공을 사절한 초익공집이다.

3 중도리 부분의 간격이 일반적인 변작보다 좁게 잡혀 있다.

4 남쪽의 자연석 계단을 통해 마루로 올라간다.

5 온돌 창호는 들어올려 전체를 개방할 수 있는 들문으로 되어 있다.

거창 요수정

[위치] 경상남도 거창군 위천면 황산리 766 **[건축 시기]** 1805년
[지정사항] 경상남도 유형문화재 제423호 **[구조 형식]** 5량가 팔작기와지붕

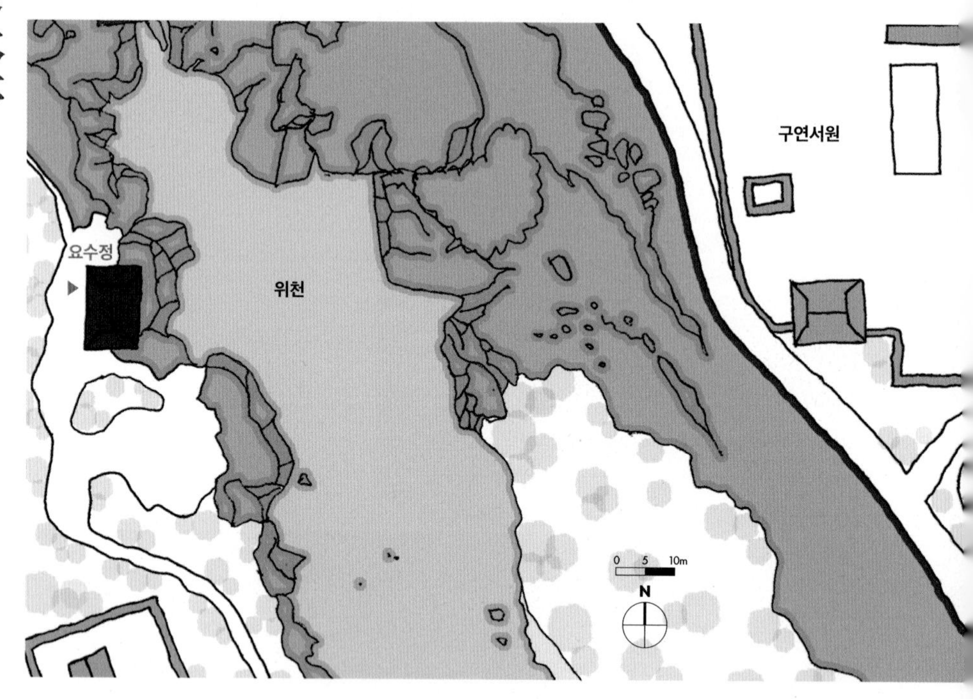

1 위천 계곡의 기암괴석 사이를 굽이쳐 흐르는 맑은 물과 주변을 둘러싼 나무들이 어우러진 곳에 자리한다.

2 착고와 부고 위에 너새기와를 끼워 용마루가 화려해 보이게 꾸몄다.

3 일반적 용마루(3-1)와 요수정의 용마루(3-2)

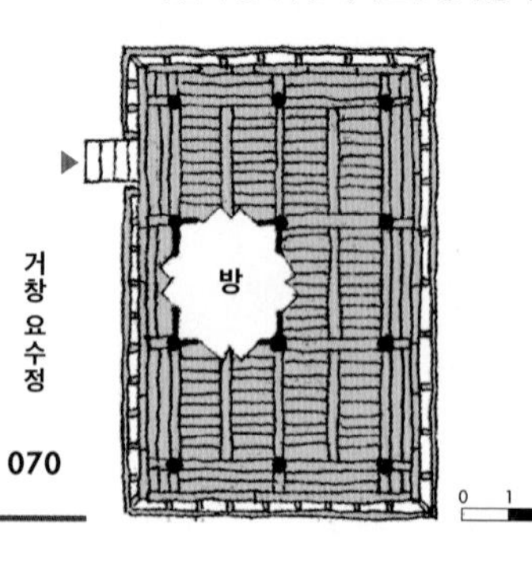

요수정은 요수 신권(樂水 愼權. 1501~1573)이 풍류를 즐기면서 제자를 가르치던 곳이다. 벼슬을 멀리하고 안빈낙도하던 신권이 1542(중종37)년 구연재와 남쪽 척수대 사이에 건립했다. 임란 때 소실되어 재건했으나 다시 수해를 입어 1805년에 후손들이 지금 자리에 옮겨 지었다. 상량문에는 1800년대 후반에 수리했다는 기록이 있다.

성령산 동쪽에서 흐르는 위천 계곡의 기암괴석 사이를 굽이쳐 흐르는 맑은 물과 주변을 둘러싼 나무들이 어우러진 아름다운 자연경관을 가진 수승대 너럭바위 위에 정자 요수정이 천변을 바라보며 동북향으로 자리하고 있다. 요수정에서 위천을 건너면 바로 요수를 배향한 구연서원이 있다.

정면 3칸, 측면 2칸이고 정칸 뒤쪽으로 1칸 온돌이 있고 나머지는 개방된 마루로 되어 있다. 마루 끝에는 약 2자 정도 돌출된 계자난간이 있다. 누마루집으로 바위 위에 있어 기단과 초석 없이 기둥을 세웠다. 방을 구획하는 내진주만 각주이고 나머지는 원주이며 초익공, 5량 구조, 겹처마, 팔작집이다.

방을 구성하는 벽의 사방 모두 창호로 되어 있는 것이 특이하다. 창호는 모두 두 가지 방식으로 열고 닫을 수 있다. 문을 들어올려 걸쇠에 걸 수 있는 방법과 들문 안의 여닫이창만 여는 방법이다. 문을 모두 들어올리면 사면을 모두 개방하게 된다.

대개 용마루는 착고나 부고를 두고 그 위에 적새를 올려 구성하는데 요수정의 용마루는 착고, 부고와 적새 사이에 너새기와를 끼워 화려해 보이게 꾸몄다. 경상도 지역에서 종종 볼 수 있는 기법이다.

2

3-1

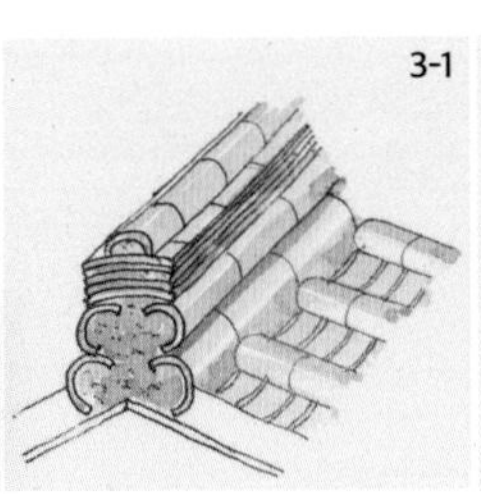

3-2

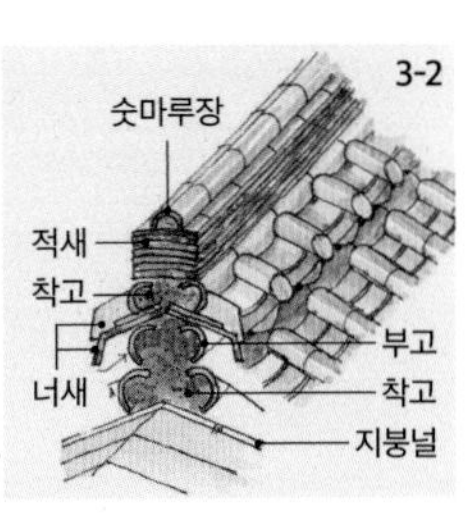

1

4

1 수승대 거북바위에 다양한 글이 새겨져 있다.

2 창호 위에 돌쩌귀가 있는 것으로 볼 때 들어올리는 들문이다. 들문 안에 여닫이창을 또 설치해 들문을 들어올리지 않을 경우를 대비했다.

3 두 가지 방식으로 여닫을 수 있는 들문 안 여닫이창

4 배면의 계단을 통해 마루로 올라간다.

5 수승대 너럭바위 위에 동북향으로 자리하고 있다.

고성 소천정

[위치] 경상남도 고성군 구만면 효락1길 149-29(효락리 50) **[건축 시기]** 1872년
[지정사항] 경상남도 문화재자료 제160호 **[구조 형식]** 3량가 팔작기와지붕

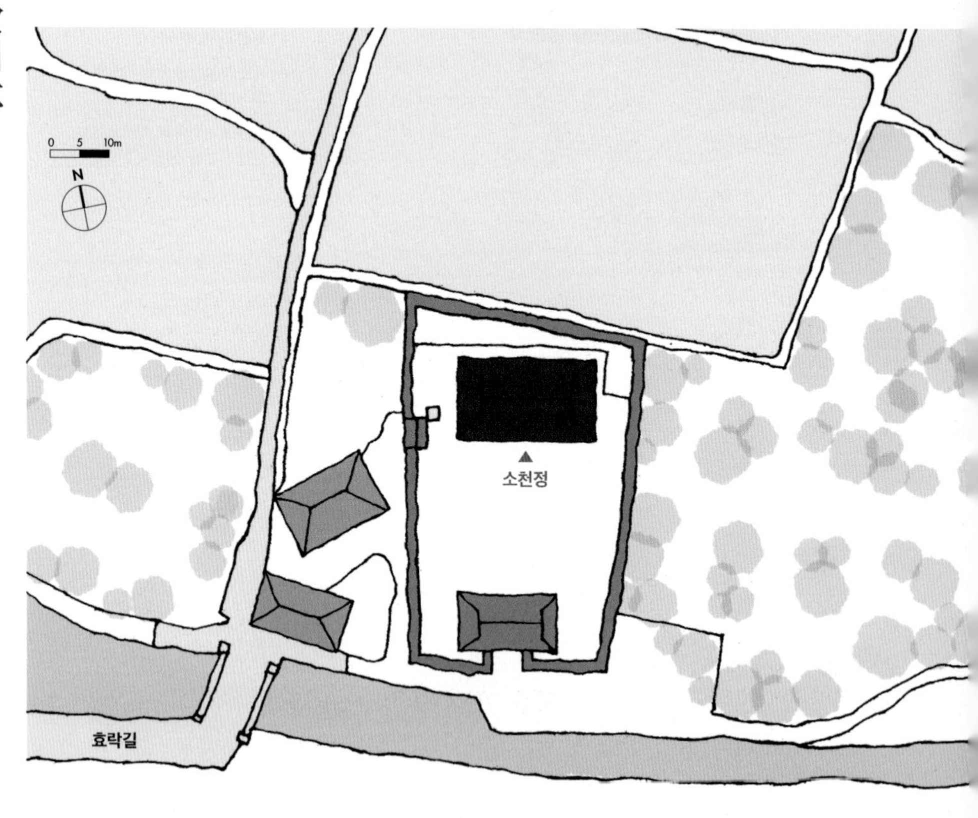

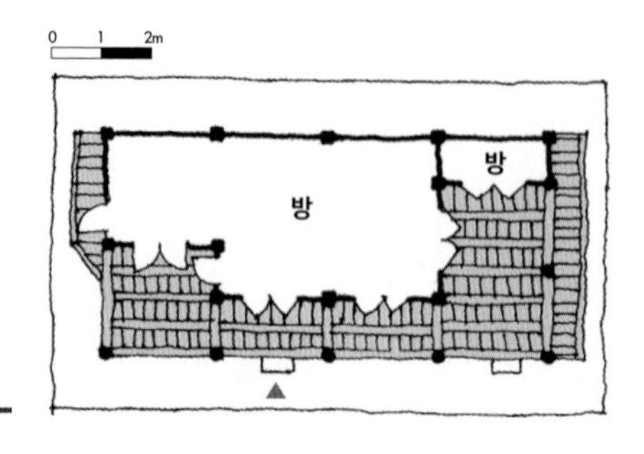

조선중기의 무신인 소계 최강(蘇溪 崔堈)을 기리기 위해 최강이 어릴 때 무술을 연마하던 곳에 1872년에 지은 정자이다. 소천정의 내력을 알 수 있는 "소천정기(蘇川亭記)"가 걸려 있는데, 갑술년(1934)에 유학자 하겸진(河謙鎭, 1870~1946)이 썼다.

정자가 보통 배산하는 것과 달리 소천정은 동쪽으로 높은 산을 면하고, 서쪽으로 넓은 들이 펼쳐진 땅에 자리하고 있다. 남쪽은 작은 개천에 면하고 있다. 소천정 정자와 정자 남쪽의 3칸 문간 두 동으로 구성되어 있으며 정자 북쪽으로는 자연석을 쌓아 만든 화계가 있다.

정면이 짝수 칸인 것, 중앙 온돌을 중심으로 양쪽에 마루를 둔 것, 출입문 상부에 눈꼽째기창을 설치한 것 등 지역 여느 정자와 많이 다르지 않다. 다만 마루가 비교적 낮아 난간이 없고 후면 퇴가 없으며 후대에 변형된 것인지는 모르겠으나 서쪽의 마루 1칸은 벽을 막아 방으로 만들었다는 점이 다르다.

가구법에서도 다른 부분이 보인다. 이 지역 정자는 대부분 5량가이지만 소천정은 3량가라는 점이다. 평면은 전퇴가 있어서 대들보와 툇보로 구성된 5량가의 모습이지만 고주나 동자주 없이 대들보 위에 판대공을 세우고 바로 종도리를 걸어 서까래를 받치도록 했다. 집의 규모는 5량가 정도이지만 3량가로 했기 때문에 서까래가 길어졌다. 또 협칸에 충량은 있지만 외기를 두지 않고 종도리 끝에 추녀를 걸어 우진각 지붕 형식으로 꾸몄는데 실제 지붕은 팔작이다.

기둥머리에서 사절한 익공과 창방이 결구되고 주두를 올린 다음 보와 도리 및 장혀가 십자로 결구되게 했다. 민도리집과 느낌은 비슷하지만 구조적으로는 익공집에 속한다. 처마의 안허리곡은 없지만 앙곡은 있으며 서까래의 배걷이와 사절이 현격해 매우 역동적으로 보인다. 협칸 충량에 새우등과 같이 굽은 목재를 사용한 것 역시 역동적인 분위기를 더해 준다. 출입문 위쪽의 광창에 격자살과 빗격자살을 교대로 섞어 사용하고 가운데 눈꼽째기창도 만자살로 하는 등 다른 정자에서 보기 드물게 창호에도 조형성을 가미했다.

固城 蘇川亭

1

4

5

6

7

1 정자 후면에는 자연석을 쌓아 만든 화계가 있다.

2 서까래의 배걷이와 사절이 현격해 매우 역동적으로 보인다.

3 광창에 격자살과 빗격자살을 교대로 섞어 사용하고 가운데 눈꼽째기창도 만자살로 구성하는 등 창호를 화려하게 장식했다.

4 민도리집처럼 보이지만 구조적으로 익공집에 속한다.

5 새우등과 같이 굽은 목재를 사용한 충량

6 고주나 동자주 없이 대들보 위에 판대공을 세우고 바로 종도리를 걸어 서까래를 받치도록 했다.

7 정면 4칸, 측면 2칸 규모로 가운데 2칸 온돌을 중심으로 양옆에 1칸 마루였을 텐데 현재는 서쪽 마루 1칸은 벽을 막아 방으로 만들었다.

8 가구 구조도

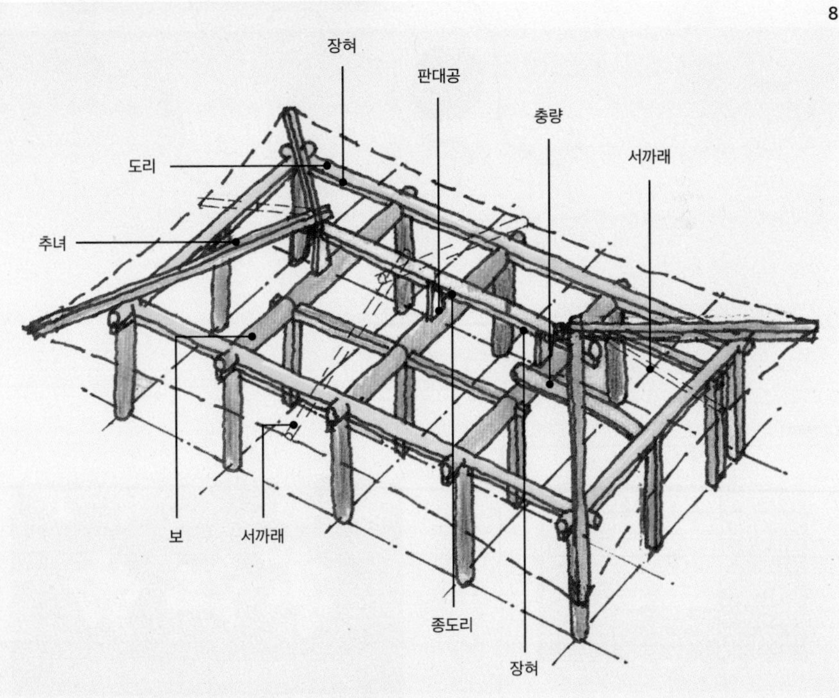

밀양 곡강정

[위치] 경상남도 밀양시 곡강길 9-15 (초동면) **[건축 시기]** 중건 1806년, 중수 일제강점기
[지정사항] 경상남도 문화재자료 제455호 **[구조 형식]** 5량가 팔작기와지붕

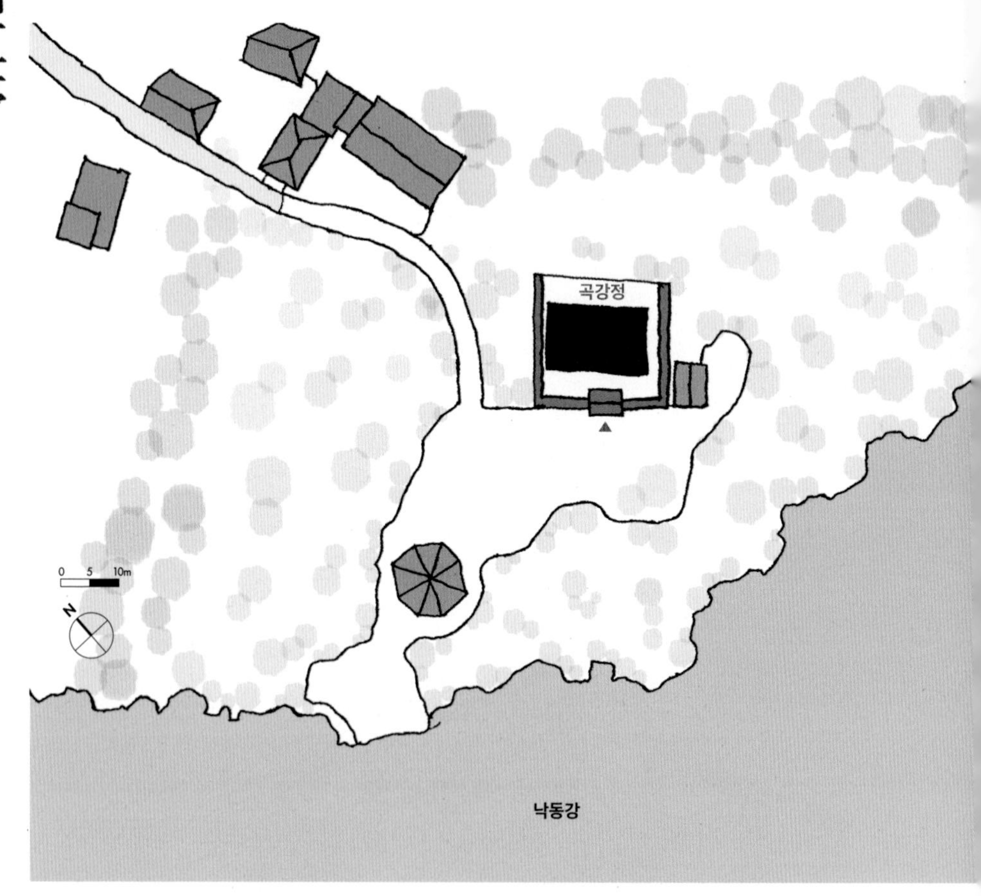

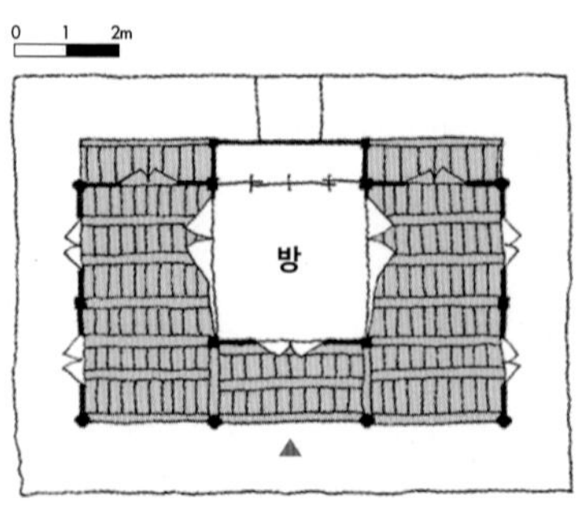

낙동강을 바라보며 강변에 남서향으로 자리한 곡강정은 중종반정의 정국공신인 이식(李軾)의 덕을 기리기 위해 그의 아들 이덕창(李德昌)이 1545(인종 원년)년에 건립한 정자이다. 1806(순조6)년에 후손들이 지금의 모습으로 중건하고 곡강정이라 이름 붙였다. 낮은 산을 배경으로 주변 고목과 함께 낙동강을 바라보는 경관이 일품이다.

사면에 담장을 두르고 전면에는 익공으로 장식한 일각문을 두었다. 곡강정은 정면 3칸, 측면 2칸으로 가운데 1칸 배면에 방을 꾸몄다. 일반적으로 가운데 온돌을 둘 경우 빛을 들이기 위해 전면에 창호지창을 설치하는데, 곡강정에서는 바깥쪽에 판문을 달고 그 뒤에 미서기창을 달았다. 서향의 빛을 가리기 위한 방편이다. 방 양측면에는 만살과 빗살이 결합된 삼분합문을 두어 마루와 개방할 수 있도록 했다.

또한 전면을 제외한 측면 외벽과 배면 외벽에 판벽과 판문을 설치해 폐쇄적인 느낌을 준다. 전면에만 소로수장을 둔 민도리집이다.

정자에서 바라본 낙동강 일대

密陽 曲江亭

1

4

1 사면에 담장을 두르고 전면에는 익공으로 장식한 일각문을 두었다.

2 측면과 배면은 판문과 판벽으로 마감해 폐쇄적인 느낌을 준다.

3 내부 기둥은 고주가 없고 평주를 대들보와 툇보에 걸었다. 대들보에는 측면에서 오는 충량이 얹혀 있다.

4 정면 3칸, 측면 2칸으로 가운데 1칸 배면 쪽에 방을 꾸몄다.

5 온돌은 바깥쪽에 판문을 달고 그 뒤에 미서기창을 달았다.

밀양 칠산정

【위치】경상남도 밀양시 단장면 구미3길 48-38 【건축 시기】초창 1863년, 중창 1906년
【지정사항】경상남도 문화재자료 제478호 【구조 형식】5량가 팔작기와지붕

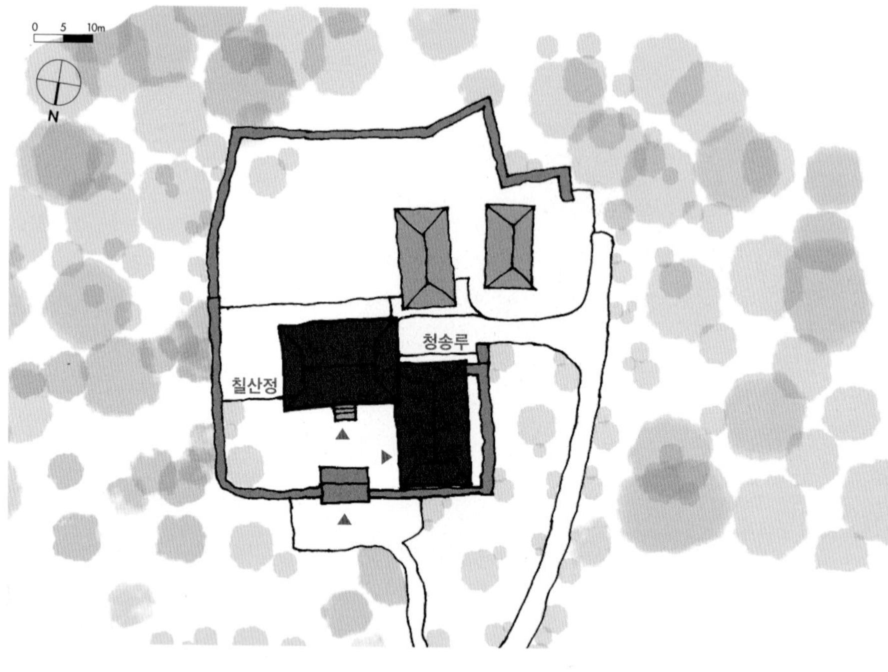

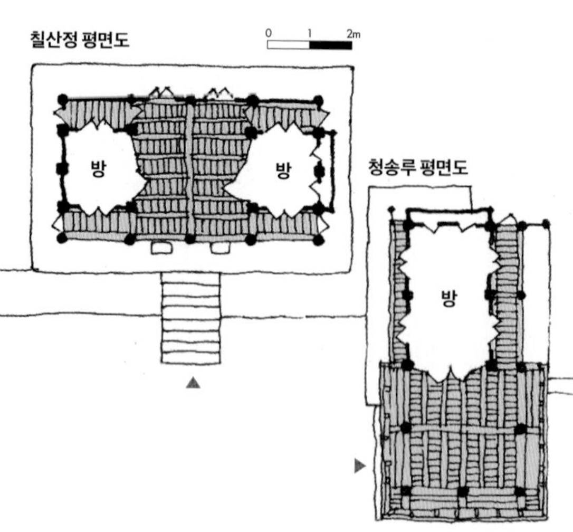

1 배면에서 본 청송루와 칠산정

2 칠산정 대청 가구.
외부는 납도리 집이지만 내부는 종도리에 약식 파련대공을 쓰고, 첨차를 걸어 격을 높였다.

3 청송루는 원형대공이 종도리를 받는다. 칠산정처럼 첨차를 걸어 격을 높였다.

칠탄산 북쪽 기슭에 단장천과 평정산을 바라보며 북향으로 자리한 칠산정은 칠산 손응용(七山 孫應龍, 1741~1822)의 묘제를 위해 1863(철종14)년에 창건했다가 소실된 것을 증손인 손건(孫建)이 1868년 중건하고 당호를 모선재(慕先齋), 구호당(龜湖堂)이라 했다. 그러나 1895년 다시 화재로 소실되어, 5대손 손기형(孫基亨)이 1906년 중창하고 칠산정으로 고쳐 불렀다.

경사지에 있는 사주문을 들어서면 칠산정이 높은 기단 위에 있고, 그 오른쪽에 경사진 지형을 이용해 전면에 누마루를 마련한 청송루(聽松樓)가 있다. 정자와 청송루 사이에 있는 협문을 나가면 방앗간으로 사용했던 3칸 건물이 있는데, 지금은 사용하지 않아 많이 퇴락되어 있다.

칠산정은 가운데 2칸 대청을 두고 좌우에 온돌을 두었다. 방 앞뒤에 퇴를 두어 전면은 마루로, 후면은 대청에서 문을 두고 창고로 사용하고 있다. 방과 대청 사이에는 삼분합들문을 두어 개방할 수 있도록 했다. 외부는 납도리집이지만 대청 내부는 종도리에 약식 파련대공을 사용하고, 첨차를 걸어 격을 높였다.

청송루는 정면 4칸, 측면 2칸으로, 2칸 대청과 2칸 방으로 구성되어 있다. 칠산정의 보조 기능을 하는 건물이지만 전면에 누를 두어 외부를 조망하기 더 용이하며, 사분합들문을 시설해 마루와 방을 개방할 수 있도록 했다.

1

5

1 사주문에서 본 칠산정과 청송루.
높은 기단 위에 칠산정이 있고, 오른쪽에 경사지를 이용해 전면에 누마루를 마련한 청송루가 있다.

2 칠산정과 청송루 사이에 있는 협문

3 칠산정은 방 앞뒤로 퇴를 두어 전면은 마루로 사용한다. 대청 쪽에는 삼분합들문을 달아 필요에 따라 개방할 수 있도록 했다.

4 대청에서 본 청송루 내부. 조망을 위해 전면에 누를 두었다. 대청 쪽 온돌에는 사분합들문을 달아 필요에 따라 개방할 수 있도록 했다.

5 칠산정 역시 지역의 다른 정자처럼 정면 4칸이다. 가운데 2칸이 마루이고 양 옆에 온돌을 두었다.

6 칠산정 배면. 후면 퇴는 대청에서 문을 두고 창고로 사용하고 있다. 현재 한쪽은 마루로 되어 있지만 당초에는 창고였을 것으로 추정된다.

밀양 반계정

【위치】 경상남도 밀양시 단장면 아불2길 43-102 (범도리) **【건축 시기】** 1775년
【지정사항】 경상남도 문화재자료 제216호 **【구조 형식】** 반계정: 5량가 팔작기와지붕, 반계정사: 3량가 맞배기와지붕

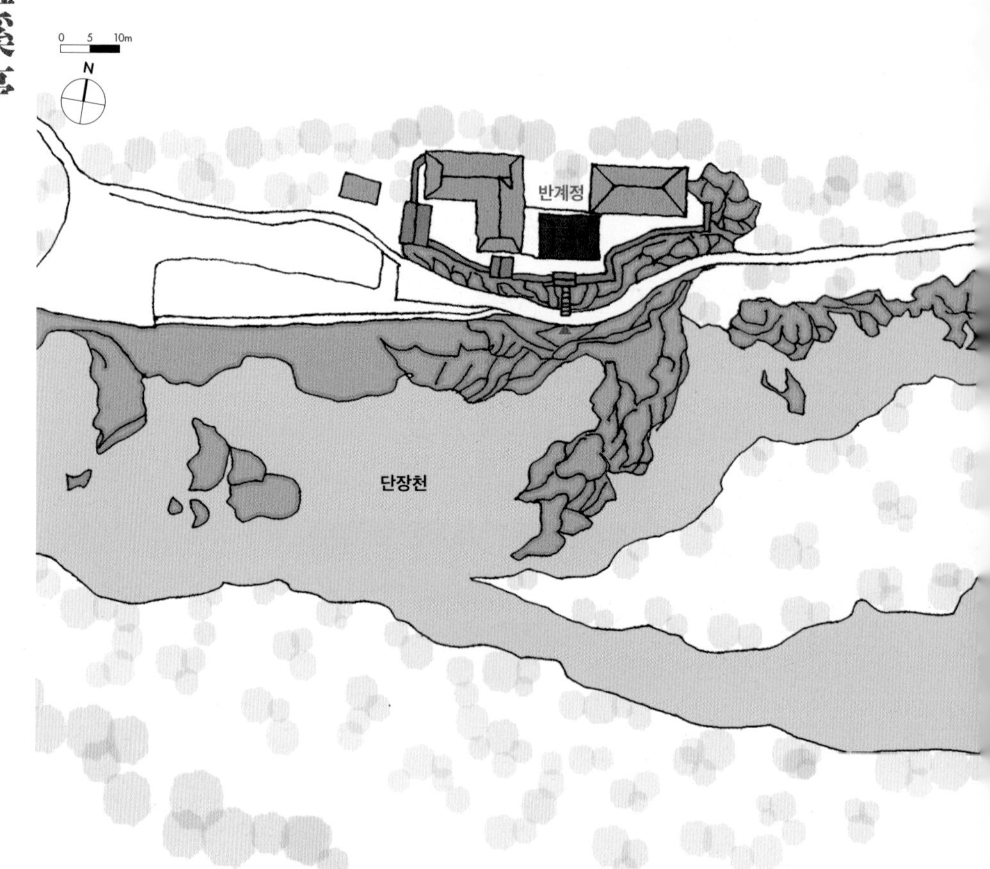

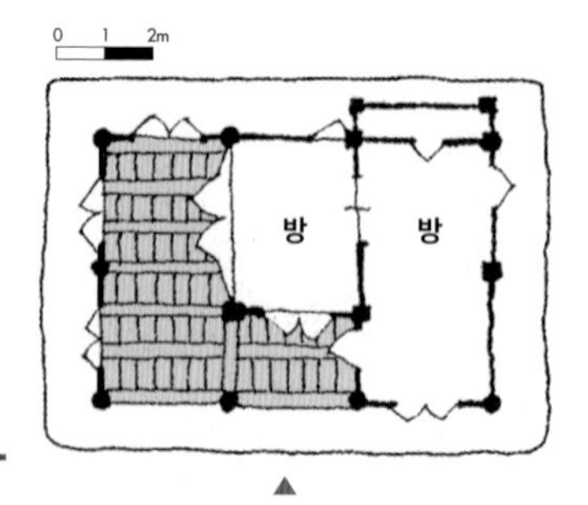

정각산 자락 끝에 밀양강의 지류인 단장천과 앞산을 바라보며 남서향으로 자리한 반계정은 영조 때 산림처사였던 반계 이숙(盤溪 李潚, 1720~1807)이 1775(영조 51)년에 지은 별서이다. 반계정은 반계라는 이름에서도 알 수 있듯이 단장천을 가로지르는 반석 위에 세운 집이다. 맑게 흐르는 천과 암반 그리고 그 위에 세워진 정자가 어우러져 경관이 일품이다. 반계정 현판 글씨는 조선 후기 대표적 문인서화가로 알려진 강세황(姜世晃, 1713~1791)이 썼다.

단장천에서 좁고 높은 계단을 올라 일각문을 들어서면 반계정이 암반 위에 있고, 그 뒤 오른쪽에 반계정사가 있다. 반계정 서쪽 편에는 근래에 신축된 관리사가 별도의 영역을 구성하고 있다.

반계정은 정면 3칸, 측면 2칸으로 오른쪽에 2칸 방을 들이고, 가운데 칸에는 전면에 툇마루를 두어 방에서 대청으로 통행할 수 있도록 했다. 방과 대청 사이는 사분합들문을 설치해 개방할 수 있도록 하고 대청의 서쪽과 북쪽은 햇빛과 바람을 막기 위해 판벽과 판문을 설치했다.
반계정사는 1980년에 자손들이 중건한 정면 4칸, 측면 1칸의 별당이다. 방과 대청 사이는 양쪽 모두 사분합들문을 설치해 개방성을 높였다.
"반계정십이경((盤溪亭十二景)"이라는 문인들이 이곳의 경치를 읊은 시가 현판으로 걸려 있다.

1 반계정 망와

2 문인들이 반계정의 경치를 노래한 "반계정십이경" 현판

密陽 盤溪亭

1 1980년에 자손들이 중건한 반계정사

2 반계정 측면

3 단장천에서 본 반계정.
맑게 흐르는 천과 암반 그리고
정자가 어우러진 경관이 일품이다.

4 방과 대청 사이에는 사분합들문을
설치해 개방할 수 있도록 하고,
대청의 서쪽과 북쪽은 햇빛과 바람을
막기 위해 판벽과 판문을 설치했다.

5 정면 3칸, 측면 2칸으로 오른쪽에
2칸 방을 들였다. 가운데 칸에는
전면에 툇마루를 두어 방에서
대청으로 통행할 수 있도록 했다.

3

5

밀양 어변당

【위치】 경상남도 밀양시 연상1길 31 (무안면) **【건축 시기】** 초창 1440년경, 중수 1841년
【지정사항】 시도유형문화재 제190호 **【구조 형식】** 3량가 맞배기와지붕

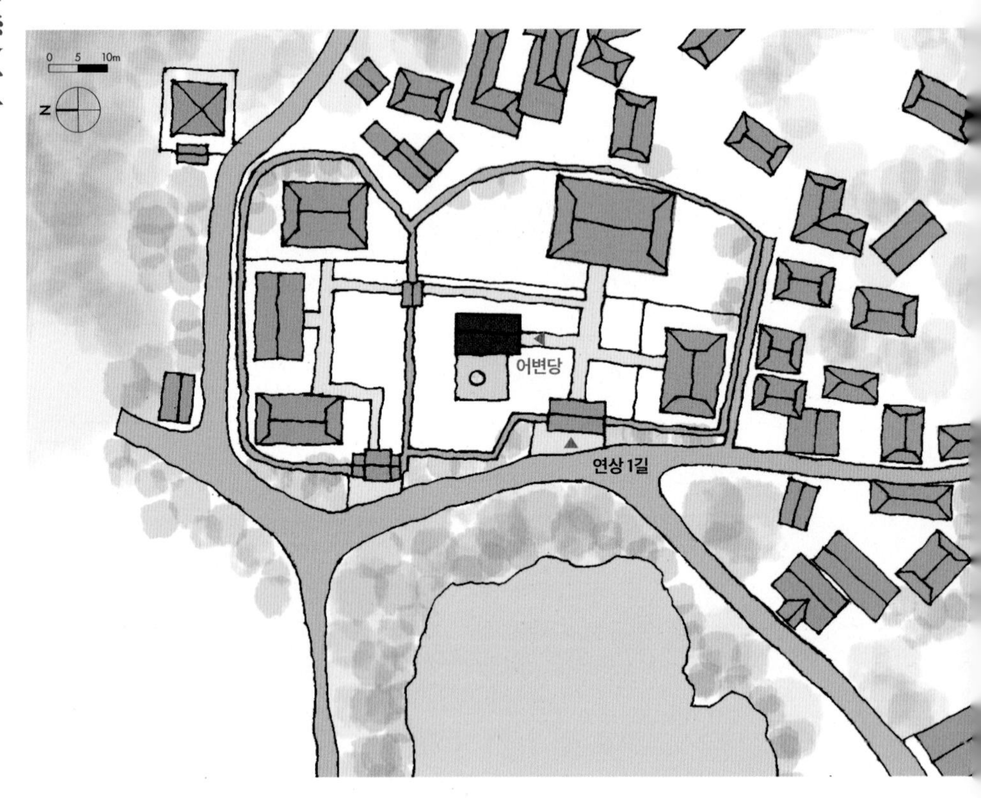

1 어변당은 보아지를 사용하지 않았다.
1-1, 1-4 밀양 어변당 구조
1-2 민도리 유형(장혀+보아지)
1-3 소로수장집

2 종도리의 제혀쪽매이음 부분

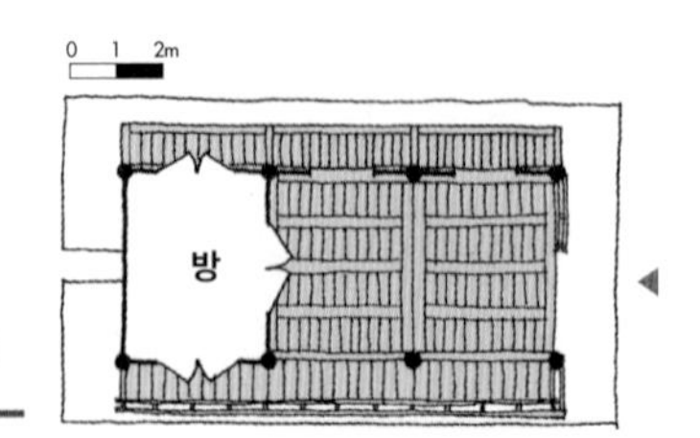

연상리 마을 입구에 서향으로 자리한 어변당은 조선 전기의 무신 어변당 박곤(魚變堂 朴坤)이 무예와 학문을 닦던 곳으로 초창은 1440년경으로 추정된다. 1841년에 중수했는데 중수기가 남아 있다. 현재 주변에는 충효사와 유물관이 있어 창건 당시의 모습은 찾아보기 어렵다.

정면 3칸, 측면 1칸 규모의 어변당 앞에는 건물 기단 폭에 맞춘 장방형의 못이 있다. 방지에는 원형 섬을 두고 나무 한 그루를 심었다. 집 이름인 어변당은 이 방지에서 유래한다. 박곤은 부모님께 효도하기 위해 이곳에 물고기를 길렀는데, 그의 효성에 감동한 붉은색 물고기가 비늘을 남기고 용이 되어 승천했다고 해서 방지를 적룡지(赤龍池), 건물을 어변당이라고 부른다고 한다.

2칸 대청과 1칸 온돌을 두었으며, 앞뒤로는 쪽마루를 두고 앞에만 계자난간을 둘렀다. 대청 배면에는 판벽과 판문을 설치해 통행할 수 없도록 하고, 대청의 옆면으로 출입하게 했는데, 맞배집에서 측면으로 출입하는 것은 보기 드문 경우이다. 가구는 3량 구조로 간단한데 비해 부재는 굵고 견실한 편이다.

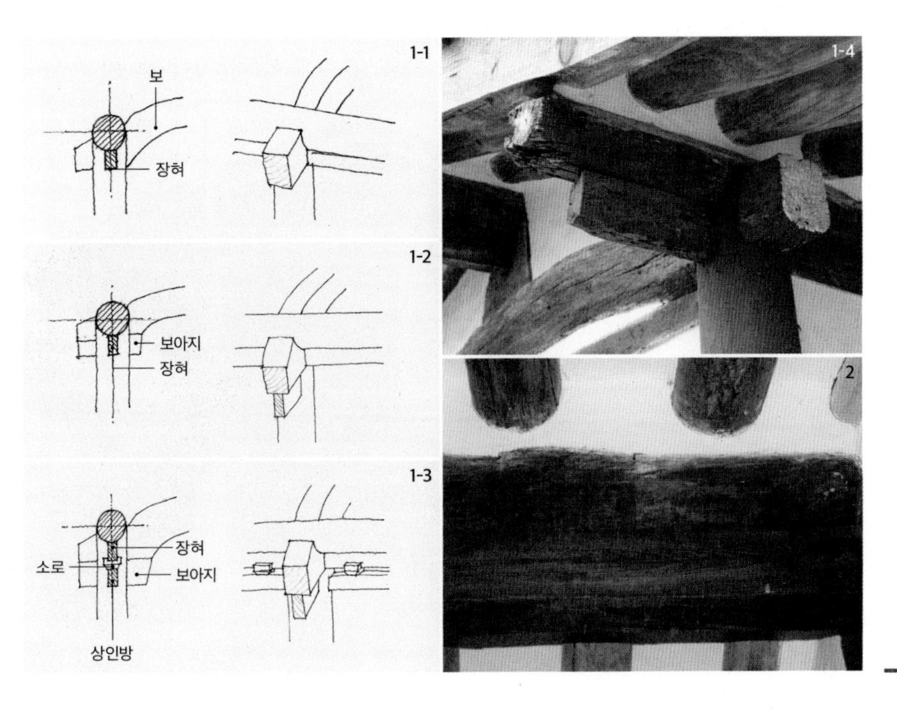

1

5

1 정면 3칸, 측면 1칸 규모의 어변당 앞에는 건물 기단 폭에 맞춘 방지인 적룡지가 있다.

2 어변당과 충효사로 들어가는 삼문

3 가구는 3량가로 간단한데 비해 부재는 굵고 견실한 편이다.

4 앞면과 뒷면 모두 쪽마루를 두고 앞쪽 쪽마루에만 계자난간을 둘렀다.

5 특이하게 맞배집임에도 측면에서 출입할 수 있게 했다.

6 대청 배면에는 판벽과 미서기문 형식의 판문을 달았다.

밀양 박연정

[위치] 경상남도 밀양시 상동로 1034-7 (상동면) **[건축 시기]** 1864년
[지정사항] 문화재자료 제235호 **[구조 형식]** 5량가 팔작기와지붕

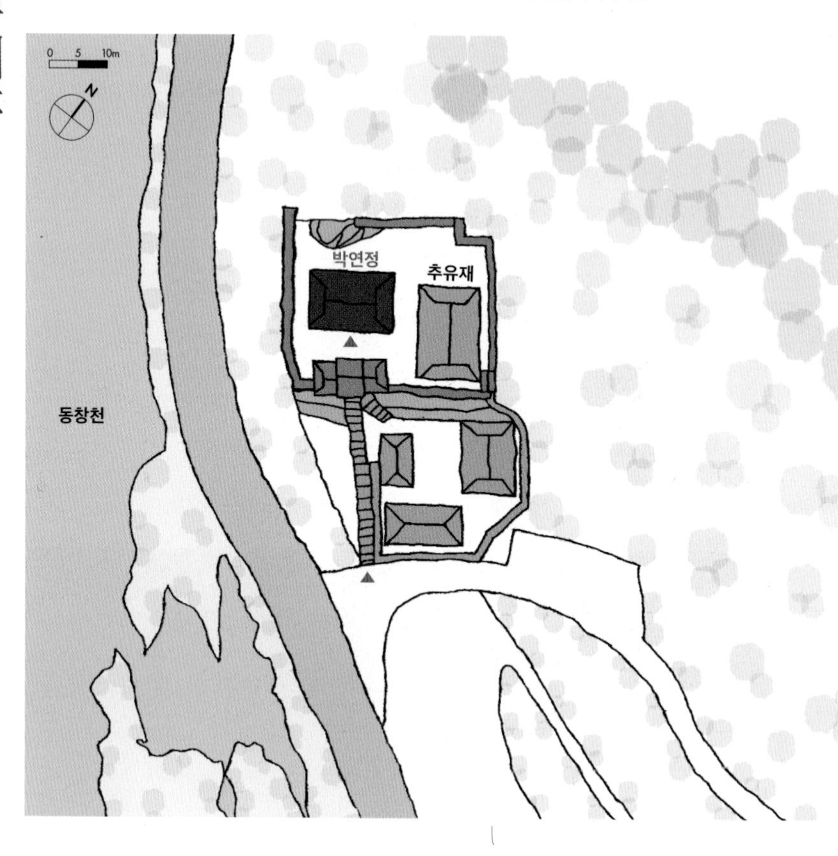

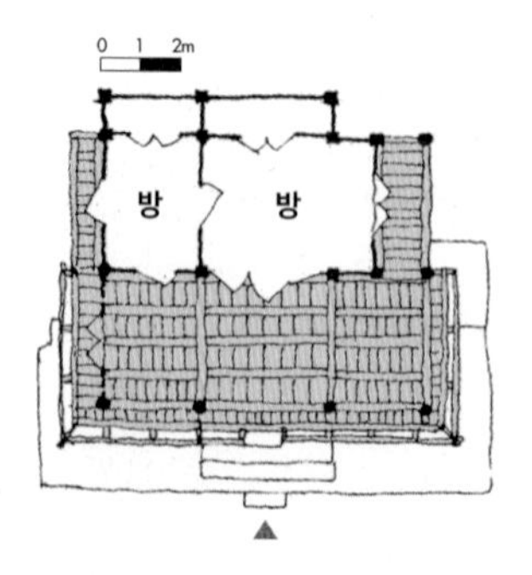

조선 중기 무신인 박연정 김태허(博淵亭 金太虛, 1555~1620)가 관직을 떠나 여생을 보내기 위해 1613(광해군5)년경에 지은 정자이다. 지금 있는 정자는 1682(숙종8)년 화재로 소실된 것을 1864(고종1)년에 후손 김난규가 중건한 것이다. 1938년에는 박연정 전면에 솟을삼문인 충의문을 지었고, 1966년에는 재실 기능을 갖춘 추유재를 박연정 오른쪽에 추가했다. 추유재는 정면 3칸, 측면 2칸으로 왼쪽 2칸이 온돌이고, 방 앞에 툇마루를 두었다.

정자의 북쪽에는 수어대가 있고, 동창천변의 벼랑에 빙허대, 그 위에 만년송이 있어 박연정과 함께 수려한 경관을 이루었는데, 정자 앞으로 도로가 생기면서 경관이 반감되었다.

박연정은 정면 3칸, 측면 2칸 규모로 정면은 기단을 낮춰 누마루를 만들고 후면에는 온돌을 들였으며, 마루에는 계자난간을 둘렀다. 방은 2칸 반을 들이고 우측면 온돌 옆에는 누마루보다 한 단 높여 장마루를 깔고 방에서 바로 출입할 수 있게 했다. 대개의 정자에서 개방성을 높이기 위해 방에 분합들문을 사용하는데, 박연정은 가운데 칸에만 삼분합들문을 달고 왼쪽에는 외여닫이문, 오른쪽 반칸은 벽으로 구성해 방과 마루의 연속성이 덜한 편이다. 천변 쪽으로 열려 있는 대청 왼쪽에는 판벽과 판문을 설치했는데, 이것은 평소에 서향 빛을 가리고 필요시에 판문을 개방하여 경치를 즐기고자하는 의도로 보인다.

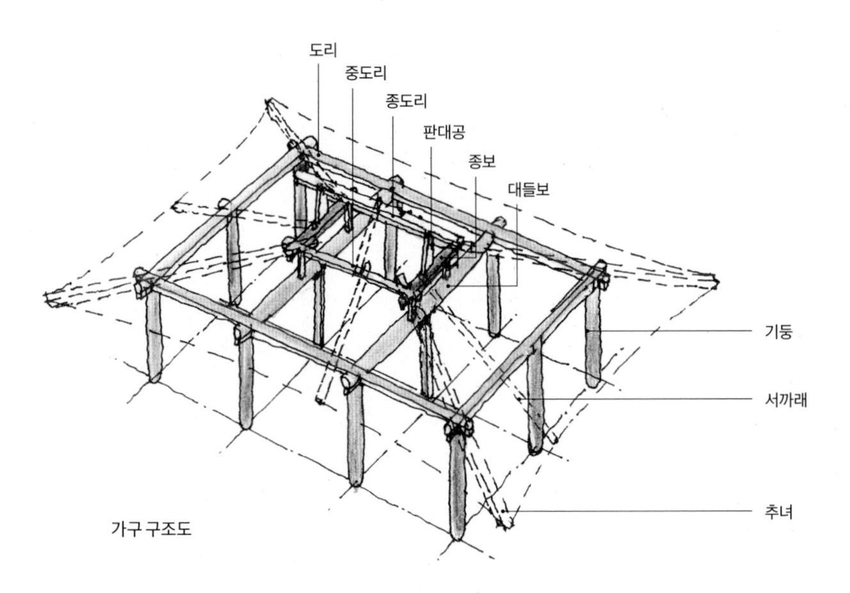

가구 구조도

1

4

1 우측면 온돌 옆에는 누마루보다 한 단 높게 장마루를 깔아 방에서 바로 출입할 수 있게 했다.

2 출입문인 충의문. 높은 곳에 있는 솟을대문과 홍살 그리고 충의문 현판이 이 건물의 위용을 높이고 있다.

3 내부 기둥은 고주가 아닌 평주이다. 이 평주에 대들보를 맞보 형식으로 걸고 맞보 위에 동자주를 놓고 중도리를 받았다. 마루에 노출된 대들보가 자연스러운 모양으로 된 것이 이채롭고 여유롭다.

4 정면 기단을 낮춰 누마루를 만들고 후면에는 온돌을 들였으며, 마루에는 계자난간을 둘렀다.

5 재실 기능을 갖춘 추유재는 정면 3칸, 측면 2칸으로 왼쪽 2칸을 온돌로 꾸몄다.

밀양 월연정

密陽 月淵亭

[위치] 경상남도 밀양시 용평로 330-7 (용평동, 월연정)
[건축 시기] 월연정 1757년, 월연대 1866년 보수, 재헌 1866년
[지정사항] 경상남도 유형문화재 제243호 **[구조 형식]** 5량가 팔작기와지붕

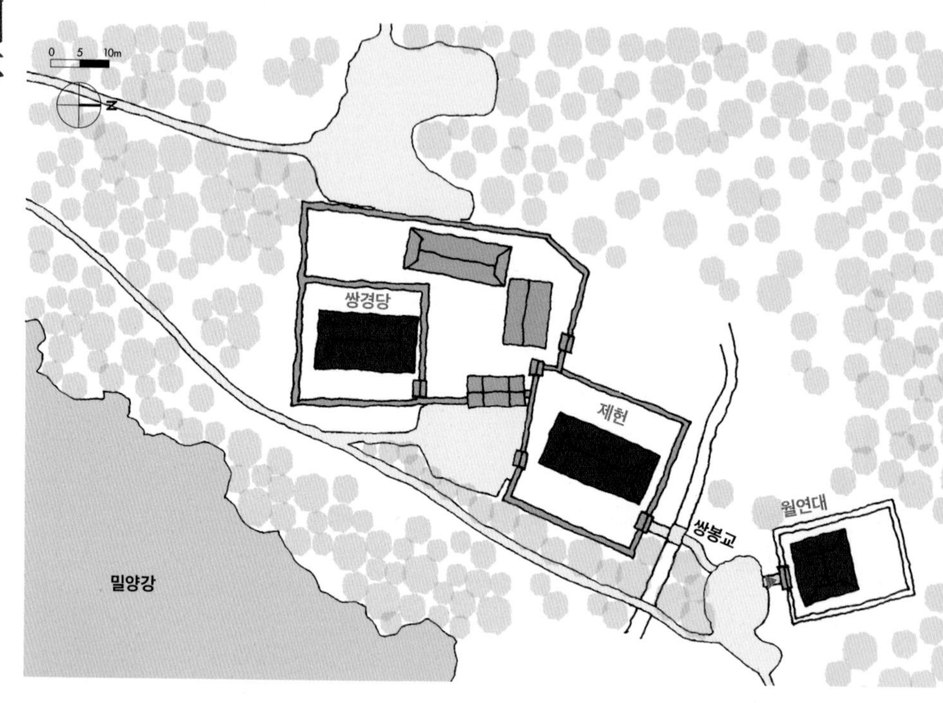

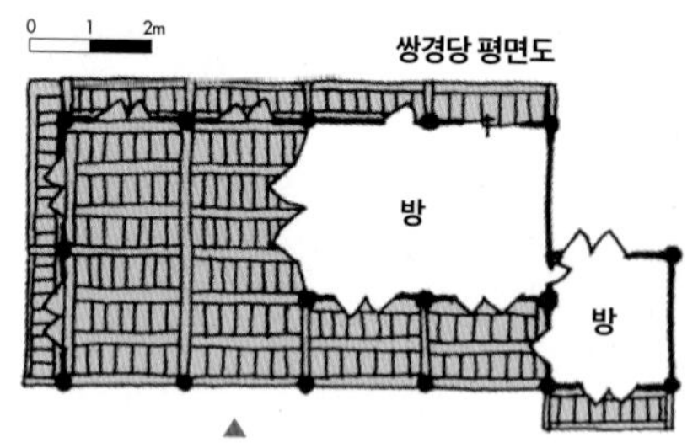

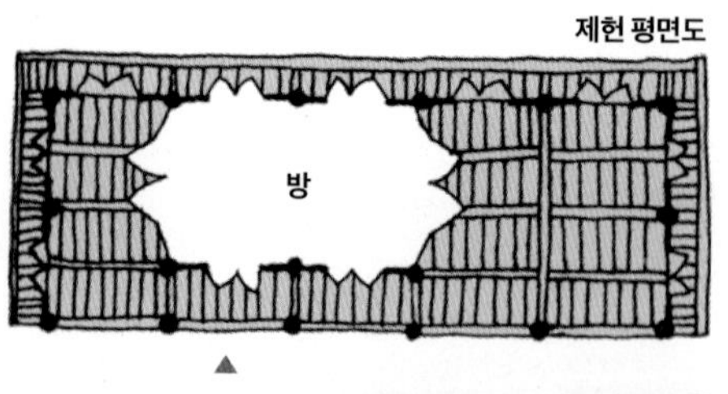

추화산 기슭의 밀양강과 동천이 합류되는 지점에 자리한다. 이 자리는 본래 월영사가 있던 곳으로 월영연(月影淵)이라 했다. 월연정은 한림학사 등을 지내다 기묘사화가 일어나자 벼슬을 버리고 낙향한 월연 이태(月淵 李迨)가 1520(중종15)년에 세운 정사로 대청인 쌍경당(雙鏡堂)은 임진왜란 때 소실되어 1757(영조33)년에 월암 이지복(月菴 李之復)이 중건했다. 1866(고종3)년에는 이종상(李鍾庠)과 이종증(李鍾增)이 정자 근처에 있는 월연대를 보수하고 제헌을 건립했다.

이 일원은 남쪽의 쌍경당, 제헌이 있는 영역과 북쪽의 월연대가 있는 두 개의 영역으로 구분된다. 두 영역 사이에는 작은 실개천이 지나가는데, 그 위에 다리를 놓아 통행할 수 있도록 했다.

대청인 쌍경당은 가장 남쪽에 동향하고 있으며 정면 5칸, 측면 2칸 규모로 남쪽부터 대청 2칸, 온돌 2칸, 후면에 아궁이를 둔 온돌 1칸이 있다. 대청과 온돌 사이에는 개방성을 고려해 사분합들문을 두어 대공간을 만들 수 있도록 했다. 제헌은 정면 5칸, 측면 2칸으로 왼쪽부터 대청 1칸, 온돌 2칸, 대청 2칸으로 이루어져 있다.

이 일원에서 가장 북쪽에 있는 월연대는 암반을 이용해 주변에 석축을 쌓아 다른 건물보다 높은 곳에서 남동향하고 있다. 정면 3칸, 측면 3칸으로 정방형에 가까운 평면이고 사방에 마루를 두었다. 중앙에는 사면에 두짝여닫이문을 둔 온돌 1칸을 두었다. 담양 소쇄원의 광풍각과 유사한 형태이나 월연대의 평면 비례가 더 정방형에 가깝다.

경관이 뛰어난 곳에 모여 있는 건물들은 주변의 경관을 감상하기 위한 정자이지만 각기 다른 형태로 지어져 있어 흥미롭다. 강변의 경사진 지형에 맞추어 각각 다른 평면을 가진 건물과 함께 월연정에서 보이는 밀양강변의 풍경 그리고 달이 떴을 때의 월주경(月柱景)이 일품이다. 이외에도 탄금암, 쌍천교 등의 유적과 백송, 오죽과 같은 희귀한 나무가 경관을 돋보이게 한다.

1

1 강 건너에서 본 월연대 일원. 밀양강변의 풍경과 달이 떴을 때 월주경이 일품이다. 월연대 12경 등 역사문화 경관을 지니고 있는 경승지이다.

2 월연대에서 본 풍경

3 월연대의 추녀와 사래. 부연 없이 사래를 둔 것이 이채롭다.

4 쌍경당은 정면 5칸, 측면 2칸으로 일원의 가장 남쪽에 자리한다.

5 월연대에서 본 제헌. 제헌 영역과 월연대 영역 사이에 작은 실개천이 지나고 있어 그 위에 다리를 놓아 통행할 수 있도록 했다.

月淵臺

1 월연대는 암반을 이용해 주변에 석축을 쌓고 다른 건물보다 높은 곳에 남동향하고 있다.

2 서까래 끝을 사선으로 잘라내고 끝부분 지름을 작게 한 이유는 처마 밑에서 서까래를 바라볼 때 끝이 뾰족하거나 굵게 보이는 착시 현상을 보정하기 위한 치목수법으로 보인다.

3 정면, 측면 모두 3칸의 정방형에 가까운 평면으로 담양 소쇄원의 광풍각과 유사한 형태이나 월연대의 평면 비례가 더 정방형에 가깝다.

4 쌍경당의 대청과 방 사이에는 사분합들문을 달아 필요에 따라 개방할 수 있도록 했다.

밀양 금시당·백곡서재

[위치] 경상남도 밀양시 활성로 24-183 (활성동) **[건축 시기]** 금시당 1743년, 백곡서재 1860년
[지정사항] 경상남도 문화재자료 제228호 **[구조 형식]** 금시당·백곡서재: 5량가 팔작기와지붕

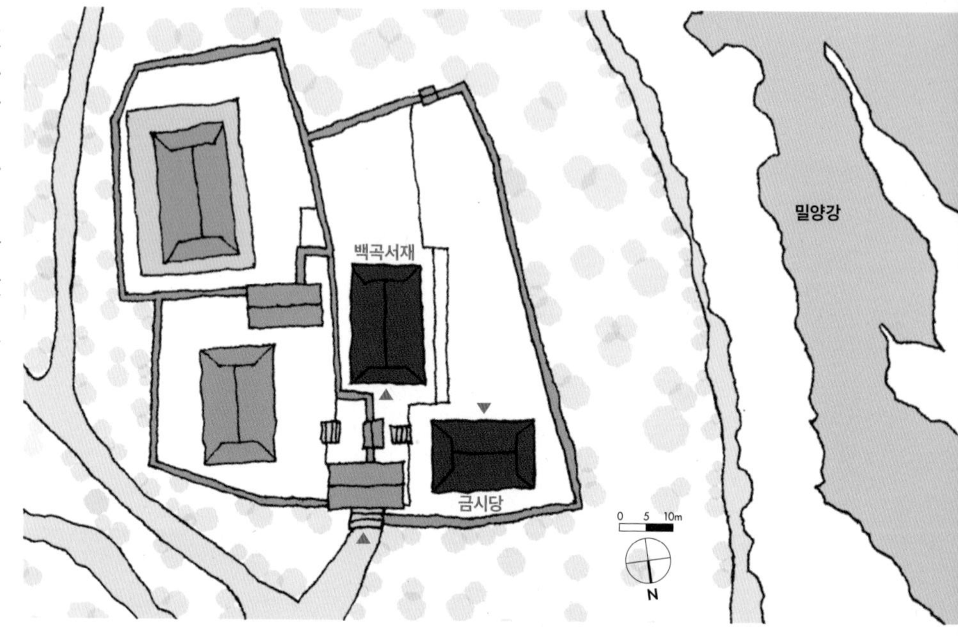

1 백곡서재 현판

2 금시당 현판

3 백곡서재는 툇간 상부를 우불반자로 마감했다.

4 오른쪽이 백곡서재, 왼쪽 낮은 곳에 있는 것이 금시당이다.

5 5량가구는 삼분변작이나 사분변작이 일반적인데 백곡서재는 삼분변작보다 넓은 이분변작에 가깝다. 자연스러운 모양의 곡재로 된 대들보가 인상적이다.

6 금시당의 가구 변작도 백곡서재와 비슷하다. 중도리 사이에 우물천장을 설치한 것이 이채롭다.

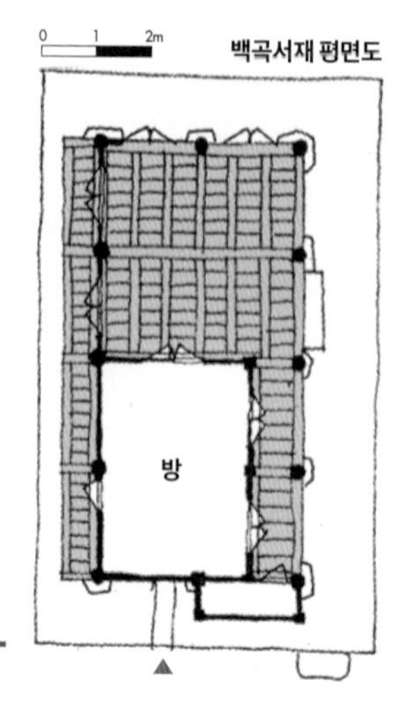

백곡서재 평면도

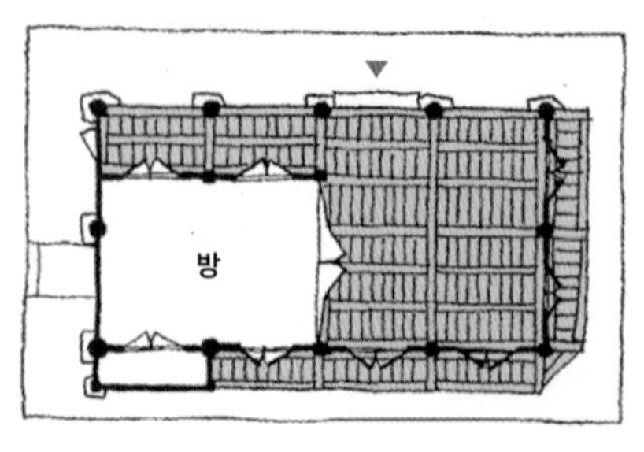

금시당 평면도

금시당과 백곡서재는 산성산 기슭 밀양강이 내려다보이는 곳에 자리한다. 금시당은 명종 때 좌승지를 지낸 금시당 이광진(今是堂 李光軫, 1513~1566)의 별서로 1566(명종21)년에 처음 세워졌고, 임진왜란 때 불에 타 1743(영조19)년 백곡 이지운(栢谷 李之運)이 다시 지었다. 백곡서재는 1860(철종11)년 이지운을 추모하기 위해 그의 6대손 이용구가 건립했다. 금시당과 백곡서재 사이에는 수령 150년 정도의 매화나무가 있고 일곽에는 이광진이 심었다는 은행나무가 있으며, 배롱나무, 백송 등이 있어 건물과 함께 아름다운 경관을 연출하고 있다.

3칸 대문채를 들어서면 전면에 관리사가 보이고, 오른쪽 담장에 협문이 있다. 이 문을 들어서면 오른쪽에 백곡서재가 있고 왼쪽 낮은 곳에 금시당이 있다. 금시당은 남서향, 백곡서재는 북서향해 직각으로 배치되어 있다.

두 건물은 모두 정면 4칸, 측면 2칸 규모로, 2칸 대청에 2칸 방이 있다. 방 앞에는 툇마루를 설치했다. 두 건물은 방과 대청의 위치가 바뀐 것 외에는 거의 동일한 평면을 가지고 있다.

密陽 今是堂·栢谷書齋

1 금시당은 백곡서재와 같은 평면인데 온돌과 마루의 위치만 다르다.

2 왼쪽부터 2칸 온돌, 2칸 마루로 구성되어 있는 백곡서재는 북서향으로 자리하고 있다.

3 금시당에서 본 백곡서재. 백곡서재 앞에는 수령 150년 정도의 매화나무가 있다.

4 백곡서재에서 바라본 금시당과 밀양강. 집안의 조경과 밀양강의 경치가 어우러져 경관이 일품이다.

5 금시당 방에는 불발기분합문을, 마루 뒤쪽에는 판문을 달았다.

6 백곡서재는 방과 대청 사이에 사분합들문을 달아 필요에 따라 방을 개방할 수 있도록 했다.

6
栢谷書齋

밀양 혜남정

密陽 惠南亭

【위치】경상남도 밀양시 산내면 원서2길 39 【건축 시기】1931년
【지정사항】경상남도 문화재자료 제436호 【구조 형식】5량가 팔작기와지붕

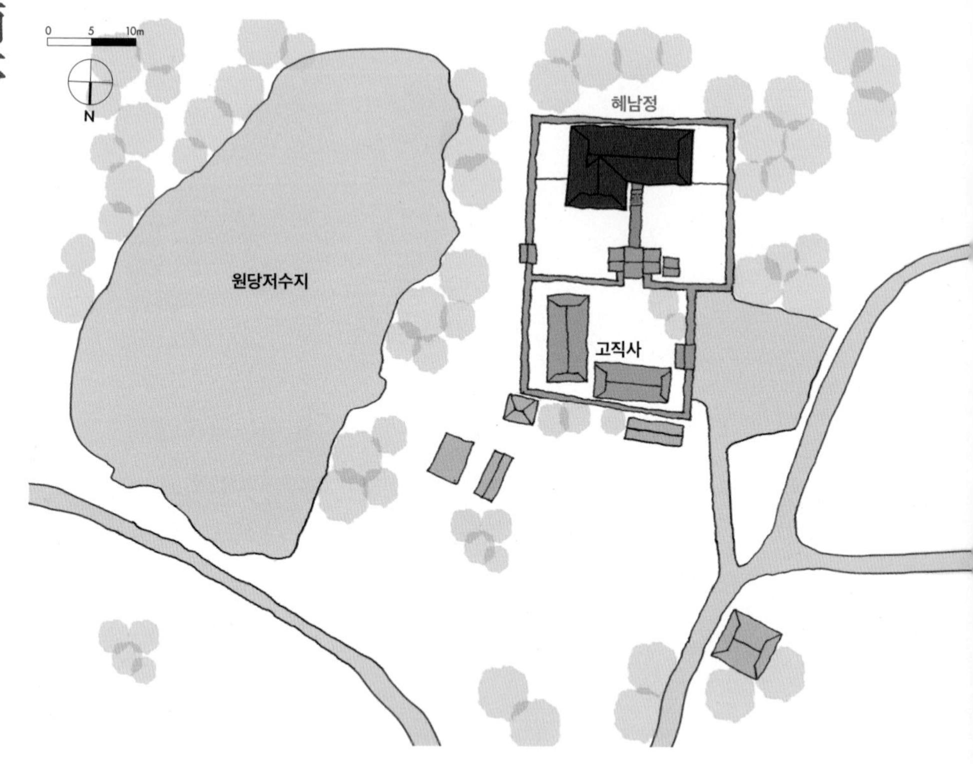

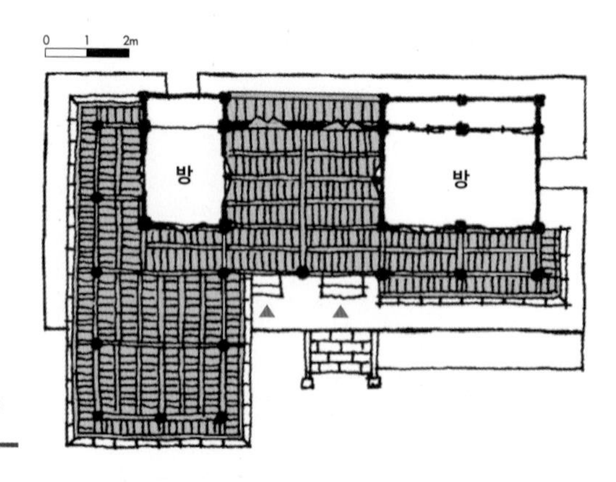

밀양시 산내면 실혜산 북쪽 기슭에 동천과 수리봉을 바라보고 있는 혜남정은 1931년에 유남 손창헌(維南 孫昌憲, 1866~1931)이 건립했다. 이후 차남인 손기정이 1942년에 증축했다. 종도리 받침 장혀에 "세재신미삼월이십삼일을축신시상량(歲在辛未三月二十三日乙丑申時上樑)"이라는 상량문이 있다.

고직사 영역과 혜남정 영역을 담장으로 구분했는데 혜남정은 고직사 마당을 지나서 들어갈 수 있다. 일각문을 들어서면 고직사 2동이 'ㄱ'자 형태로 배치되어 있고, 북쪽에 솟을삼문이 있다. 이 문을 들어서면 'ㄱ'자형으로 배치된 혜남정이 보인다.

높은 기단 위에 자리한 정면 6칸, 측면 2칸 규모의 혜남정은 왼쪽부터 1칸 마루, 온돌 1칸, 마루 2칸, 온돌 2칸으로 구성하고 전면에 퇴를 두었다. 왼쪽 4칸에는 기단을 낮춰 2칸 내민 누마루를 달고 개방했다. 기단은 정교하게 다듬은 화강석을 모르타르를 이용해 쌓았으며 기단 정면 중앙에는 장대석으로 된 4단의 계단이 있는데, 계단 앞쪽에는 각각 "인안의정(仁安義正)", "혜옹산정(惠翁山亭)"이라고 새겨져 있는 화강석 동자주 두 개를 세워서 이 정자의 건립 정신을 드러냈다. 정자 앞 대문은 철판을 오려 만든 '용(龍)'자와 거북이 모양의 빗장걸이 등으로 장식했다. 솟을삼문의 동쪽 1칸은 고방, 서쪽 1칸은 방으로 이용한다.

혜남정은 모르타르 물갈기, 석재 쌓기에 모르타르를 사용하는 등 일제강점기의 근대기법과 전통 목조건축의 견실한 부재 사용과 치목기법 등을 잘 보여주는 집이다.

정자 앞 삼문

1
4

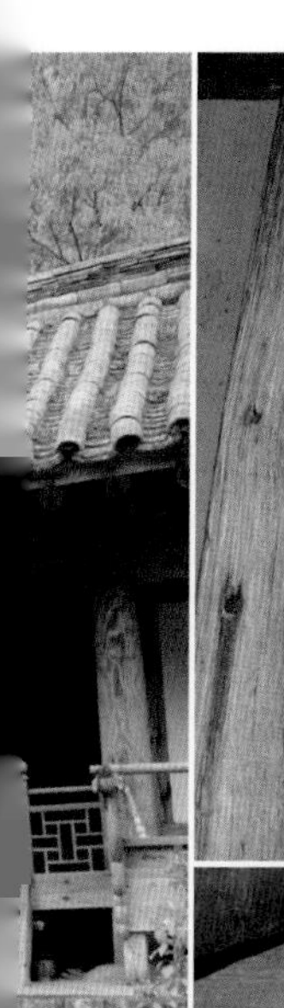

1 왼쪽 4칸에는 전면 기단을 낮추고 2칸 내민 누마루를 달고 개방했다.

2 대문에는 철판을 오려 만든 '용(龍)'자를 붙여 장식했다.

3 대문에 있는 거북이 모양의 철제 빗장걸이

4 기단에 원형으로 구멍을 뚫고 굴뚝으로 사용한다.

5 온돌의 마루 쪽에는 숫대살, 빗살, 만살 청판이 어우러진 들문을 달았다.

밀양 영남루

【위치】위치 경상남도 밀양시 중앙로 324 (내일동) 【건축 시기】1844년 중수
【지정사항】보물 제147호 【관리자】밀양시
【구조 형식】본루: 2고주 7량가 팔작기와지붕, 능파각·침류각: 5량가 팔작기와지붕

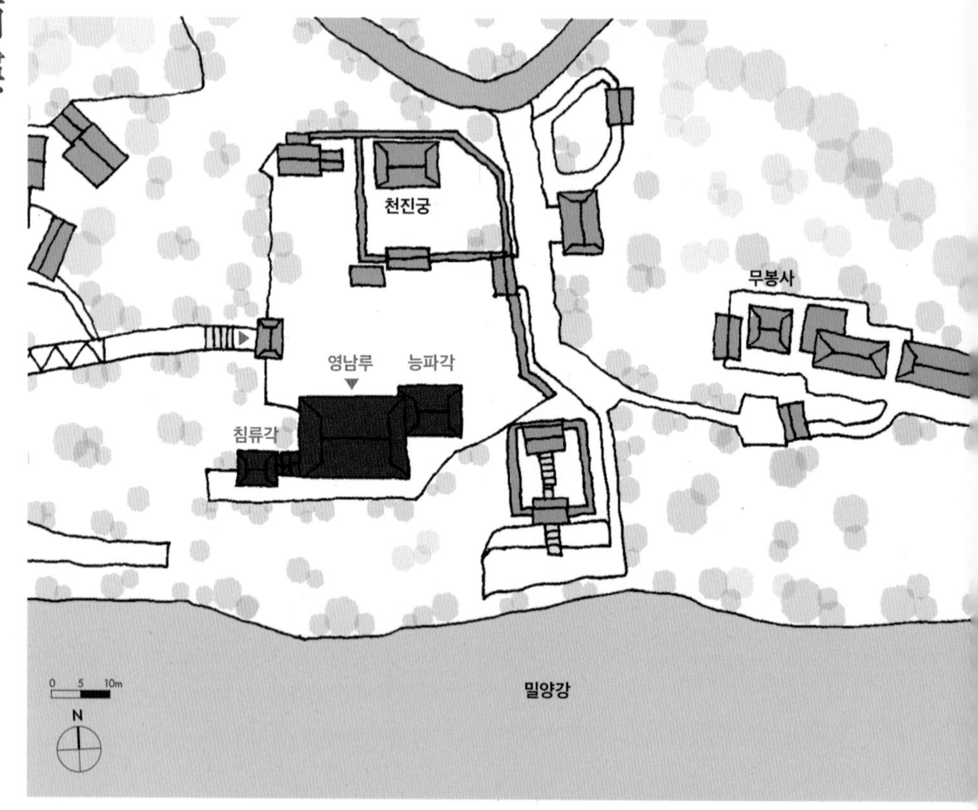

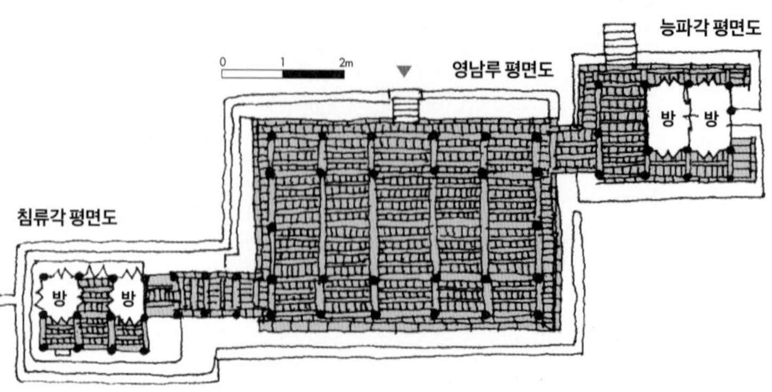

영남루는 밀양도호부의 객사에 포함된 누각으로 임진왜란 때 전체가 소실된 이후 몇 차례의 화재를 겪고 여러 차례 중건되었다. 1844년 본루 동서에 능파각과 침류각을 건축하고 층층각을 연결해 현재의 모습을 완성했다.

밀양강변의 암벽 위 너른 터에 자리한 영남루는 평양의 부벽루, 진주의 촉석루와 함께 조선 3대 명루에 속할 정도로 아름다운 누각이다. 지금은 암반에 대나무가 자라고 있어 고지도에서 보이는 풍광과는 다소 차이가 있으나 밀양강과 대나무 숲 위에 우뚝 솟아있는 영남루의 위용은 참으로 대단하다. 누각에서 바라보는 밀양강의 경치는 밀양십경에 포함될 정도로 경관이 우수하다.

건물은 정면 5칸, 측면 4칸의 본루가 중앙에 2층으로 웅장하게 자리 잡고 있으며, 그 동편에는 정면 3칸, 측면 2칸의 능파각이 본루보다 1칸 북쪽으로 돌출하여 배치되어 있다. 두 건물이 만나는 곳에는 마루를 설치하여 부진입 통로로 사용하고 있다. 본루 서편 낮은 곳에는 정면 3칸, 측면 2칸의 침류각이 밀양강 쪽으로 1칸 돌출되어 배치되어 있으며, 이 건물과 본루 사이에 있는 네 개의 단으로 구성된 층층각이 두 건물을 연결하고 있다. 이처럼 영남루는 지형을 이용하여 건물의 높낮이를 달리하고, 큰 건물과 작은 건물을 적절히 배치하면서 좁은 통로를 층층각으로 연결하는 등 건물 전체 배치의 조화 또한 우수하다. 특히 층층각은 만곡재의 목재를 사용하여 도리와 우미량을 하나의 부재로 만들었는데, 단칸 집에서 팔작을 구성하는 전형적인 사례를 보여주면서도 4단으로 구성하여 다른 곳에서는 찾아볼 수 없는 뛰어난 조형미가 있다.

1

4

1 밀양강 건너편에서 본 영남루

2 귀면을 조각한 본루 화반 상세

3 영남루 사방 선자연에는
각각 청룡, 백호, 현무,
주작을 그려넣었다.

4 영남루 본루는 정면 5칸, 측면 4칸
규모로 사면이 모두 열려 있다.

5 조선 3대 명루로 꼽히는 영남루는
본루를 중심으로 동쪽에 능파각,
서쪽 낮은 곳에 침류각이 있다.

1

3

1 본루보다 낮은 곳에 배치한 침류각과 본루를 이어주는 중층각은 네 개의 단으로 구성되어 있다.

2 층층각 가구 구성

3 본루보다 1칸 북쪽으로 돌출되어 있는 능파각은 정면 3칸, 측면 2칸 규모이다.

4 침류각과 층층각 전경. 지형의 높이 차를 이용해 침류각을 배치하고 층층각으로 연결했다.

밀양 모선정

[위치] 경상남도 밀양시 초동면 초동로 398-13 (신호리) **[건축 시기]** 조선 영조
[지정사항] 문화재자료 제285호 **[구조 형식]** 모선정·숭절재: 5량가 팔작기와지붕, 덕남사: 3량가 맞배기와지붕

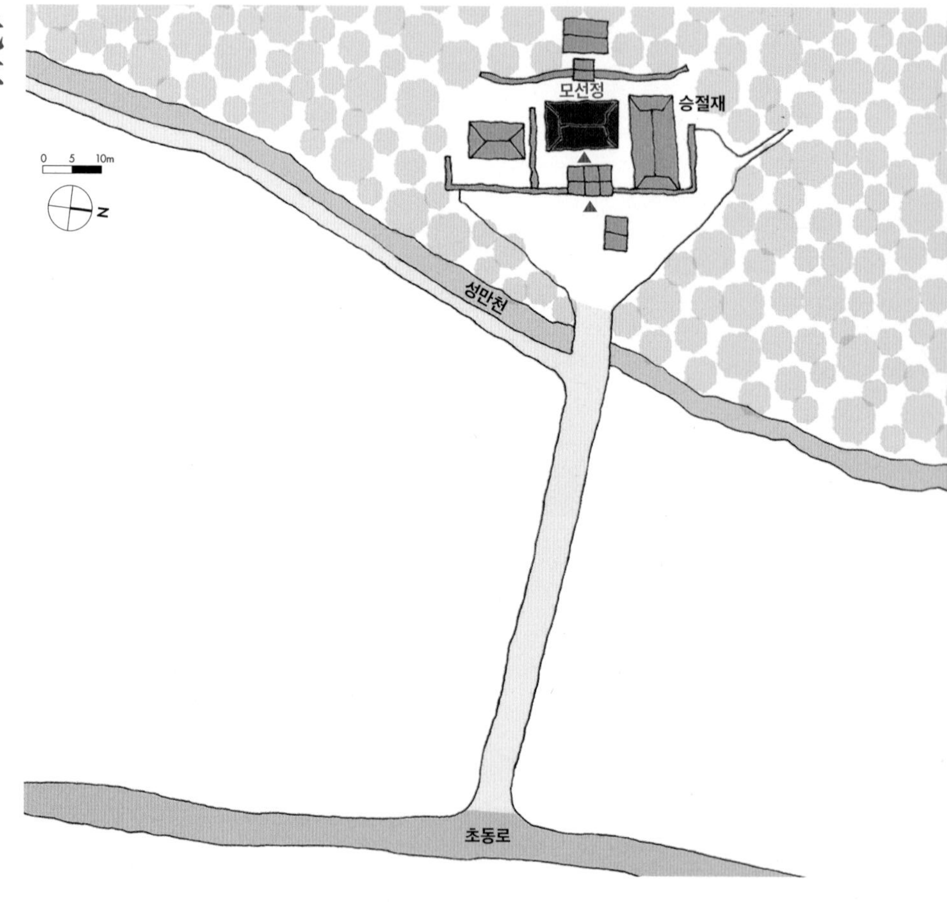

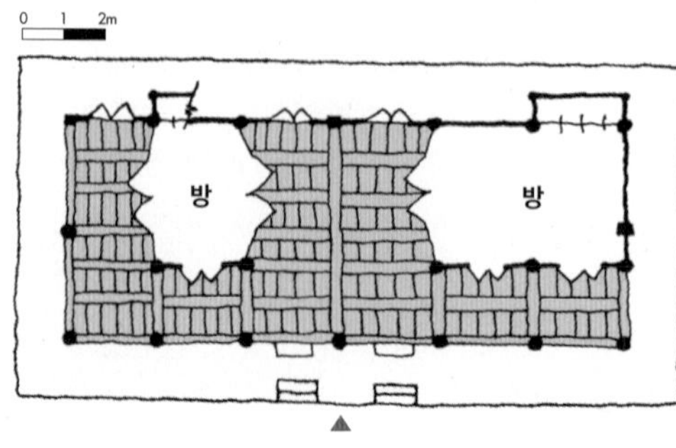

초동면 신호리의 낮은 산을 등지고 동향하고 있는 모선정은 조선 성종 때 성리학자인 모선정 박수견(慕先亭 朴守堅)의 효행을 기리기 위해 건립한 정자로 임진왜란 때 소실되었다가 영조 대에 다시 지어졌다. 정자의 이름은 '모선'이라는 글자에서 알 수 있듯이 박수견이 3년 시묘살이한 것에 감복해 그가 시묘살이하던 움막을 모선정이라 한데서 유래되었다.

솟을삼문인 구필문을 들어서면 모선정이 정면 높은 기단 위에 있고, 오른쪽에 후손들이 근대에 지은 숭절재가 있으며, 모선정 뒤에는 1933년에 지어진 충숙공 송은 박익(忠肅公 松隱 朴翊, 1332~1398)의 영정을 모신 사당 덕남사가 있다.

정면 6칸, 측면 2칸 규모인 모선정은 왼쪽 1칸을 한단 높여 마루로 꾸몄다. 그 옆에 차례로 방 1칸, 마루 2칸, 방 2칸이 있다. 전면에는 퇴를 두었다. 방과 마루 사이에는 사분합들문을 달아 개방할 수 있도록 했다. 초익공집으로 화려해지는 조선 후기의 양식을 보여준다. 숭절재는 정면 5칸, 측면 2칸 규모로, 오른쪽에 누마루를 두고 계자난간을 둘렀다. 덕남사는 정면 3칸, 측면 1칸의 초익공 양식으로 단청이 화려하다. 삼문은 규모가 작지만 일출목 이익공으로 장식해 가장 위계가 높은 건물임을 표현했다.

1 정자에서 본 구필문

2 화려하게 장식한 사당

密陽 慕先亭

1

5

6

7

8

1 정면 6칸, 측면 2칸 규모로 왼쪽부터 차례로 1칸 마루, 방 1칸, 마루 2칸, 방 2칸이 있다.

2 모선정 공포 상세. 초익공집으로 점점 화려해지는 조선후기의 양식을 잘 보여준다.

3 대공은 간소화되었지만 포대공 형식이 건물의 나이를 추정케 한다. 튼실한 대들보 하부에는 원형 문양이 있다.

4 대들보 하부 원형 문양 상세

5 전면에 비각이 있고, 솟을삼문인 구필문을 들어서면 높은 기단 위에 있는 모선정과 근대에 추가된 숭절재가 보인다.

6 정자 전면의 등불대

7 가장 왼쪽의 1칸은 한 단 높여 마루로 꾸몄다.

8 방에는 사분합들문을 달아 필요에 따라 개방할 수 있도록 하고 마루 후면에는 판문을 달았다.

9 근대에 지은 숭절재는 정면 5칸, 측면 2칸 규모로 오른쪽에 누마루를 두고 계자난간을 둘렀다.

밀양 서고정사

[위치] 경상남도 밀양시 퇴로1길 43 (부북면) **[건축 시기]** 1898년
[지정사항] 경상남도 문화재자료 제477호 **[구조 형식]** 서고정사·한서암: 3량가 팔작기와지붕

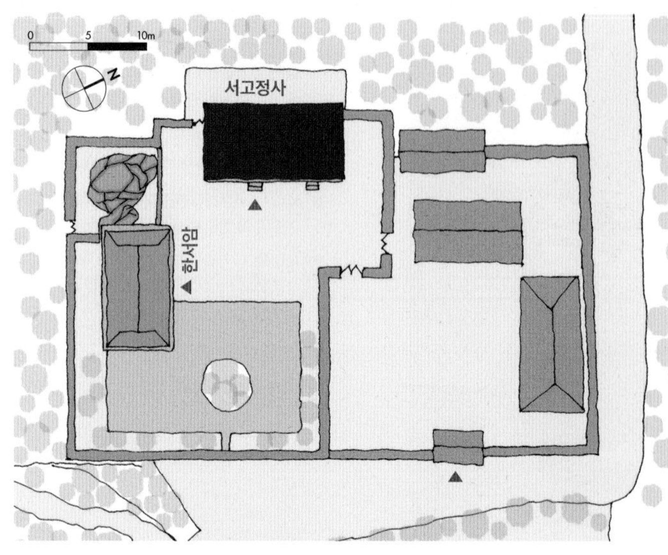

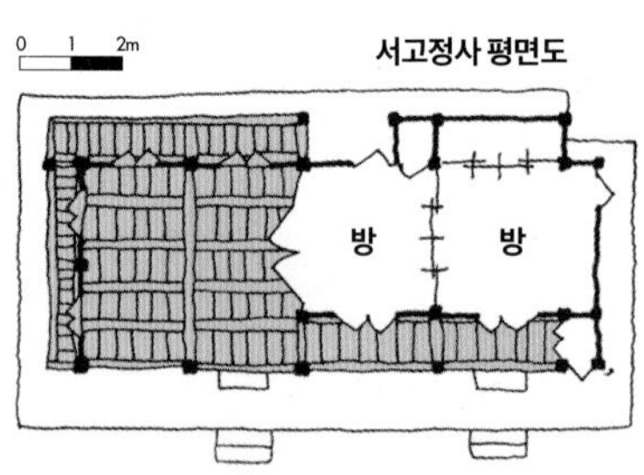

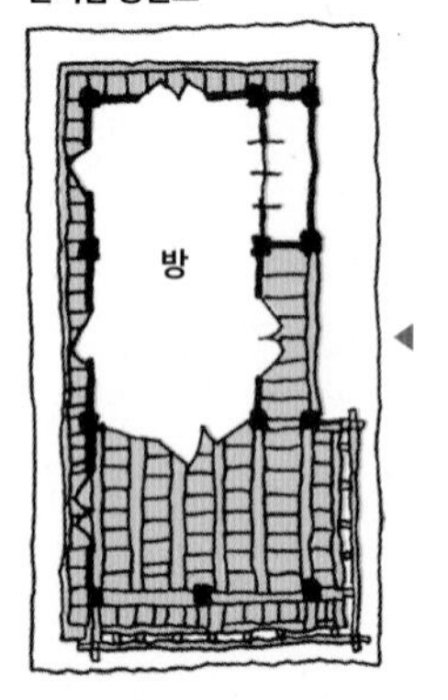

1 서고정사 현판

2 한서암 현판

퇴로마을 여주이씨 본가에서 서쪽으로 약 400m 떨어진 낮은 산기슭에 동남향으로 자리한 별서이다. 항재 이익구(恒齋 李翊九, 1838~1912)가 두 동생 능구, 명구와 함께 단장면 무릉에서 퇴로로 입거해 8년째 되던 1898(광무2)년에 주위의 경관을 즐기면서 교육과 독서를 위해 지었다.

정면 4칸, 측면 2칸의 서고정사와 정면 3칸, 측면 2칸의 별채인 한서암을 방지를 중심으로 ㄱ자 형태로 배치하고 주위를 담장으로 구획했다. 담장 밖 입구 쪽에는 관리사와 문간채를 ㄱ자 형태로 배치해 관리영역을 구성했다.

서고정사 동쪽의 방 2칸에는 항재(恒齋), 서쪽 2칸 마루에는 역락당(亦樂堂) 현판을 달았다. 방에는 네짝미서기문을 달아 두 개로 구획했으며, 북쪽에 책을 보관하는 반침을 두었다. 마루와 방 사이에는 세짝분합문을 달아 전체를 열 수 있도록 했다. 마루의 측면과 배면은 판벽과 판문으로 막고 못을 바라볼 수 있도록 남쪽은 개방했다. 방지의 한 모서리를 파고들어 지은 한서암은 대청이 방지를 향하도록 했다. 방지에는 자그마한 원형섬이 있고, 주변에 초화류와 조경수를 심었다. 정사와 한서암 사이에는 침우천(枕雨泉)이라는 샘이 있고, 그 옆으로 작은 기암괴석이 있어 경관이 좋았을 것으로 생각되지만 지금은 시멘트로 둑을 만들어 경관이 일부 훼손되어 있다. 두 건물 옆에는 작은 협문을 두어 뒷동산으로 산책할 수 있도록 배려했다.

지당에서 본 한서암과 서고정사. 왼쪽이 한서암이고 오른쪽이 서고정사이다.

1

4

1 서고정사에서 바라 본 한서암과 침우천. 샘과 작은 기암괴석이 있어 경관이 수려했을 것인데, 주변을 시멘트로 둘린 점이 이쉽다.

2 서고정사 대청에서 본 방과 툇마루. 마루쪽 온돌에는 삼분합들문을 달아 개방할 수 있도록 하고, 평소에는 가운데 문만 사용한다. 대청의 판문은 통판으로 만들었다.

3 서고정사와 마찬가지로 한서암 역시 마루 쪽 방에 삼분합들문을 두고, 가운데 문을 사용한다.

4 서고정사 오른쪽에는 아궁이와 작은 살문이 있어 입면이 아기자기하다.

5 서고정사 배면에는 반침하부 공간을 이용하여 방에 쪽문을 두고 뒤뜰로 출입할 수 있도록 했다. 측면에 뒤뜰 출입용 쪽문을 두었다.

1 한서암 앞 지당. 방형 지당의 모서리를 파고 한서암을 배치했으며, 지당 가운데에 원형섬을 두었다.

2 서고정사 대청 가구. 곡재의 충량을 걸고 종도리에 왕지를 틀어 추녀를 받고 있다. 말굽선자연을 걸었다.

3 한서암 대청 가구. 곡재의 충량을 걸고 추녀를 받아 말굽선자연을 걸었다.

4 서고정사 옆 침우천

5 서고정사 앞 협문. 관리사에서 정사로 들어가는 협문을 두 개 두어 주인과 관리인의 동선을 분리했다.

산청 읍청정

[위치] 경상남도 산청군 단성면 강누리 379-1 **[건축 시기]** 초창 1919년, 이건 2010년
[지정사항] 경상남도 문화재자료 제290호 **[구조 형식]** 5량가 팔작기와지붕

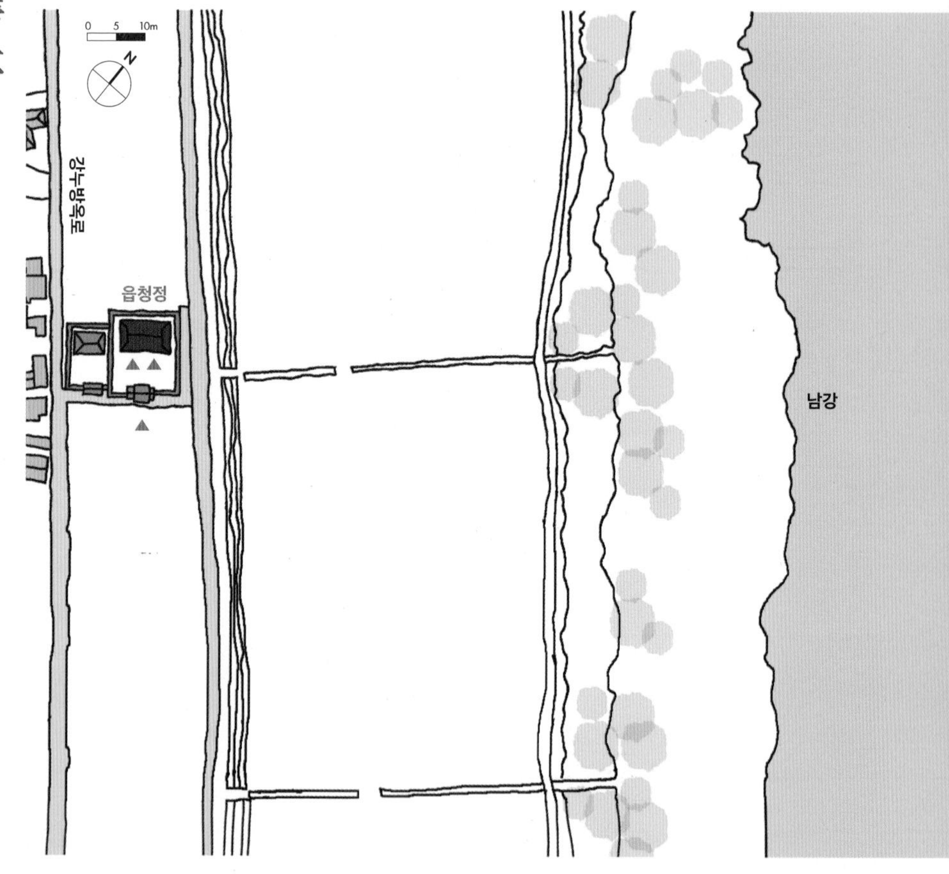

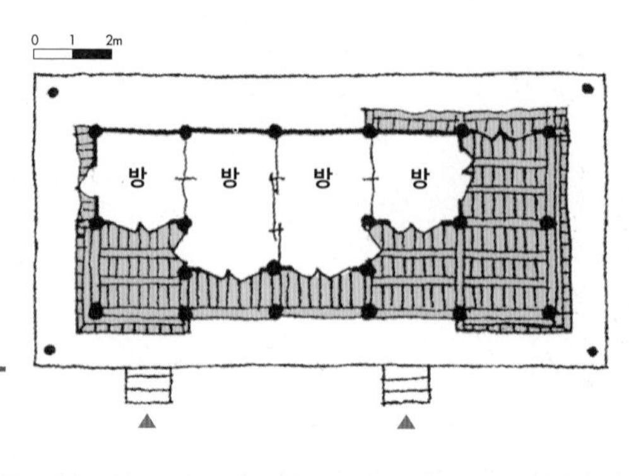

적벽산과 백마산이 병풍처럼 둘러있는 경호강변에 남서향으로 자리하고 있는 읍청정은 석초 권두희(石樵 權斗熙, 1859~1923)가 1917년에 짓기 시작해 1919년에 완성한 정자이다. 정자 앞에는 강이 휘돌아 지나면서 만들어진 모래사장이 있고 강 건너에는 적벽이 펼쳐져 있어 주변 경관이 매우 아름답다. 정자 이름 '읍청'은 석초가 자주 정자에 올라 시를 읊은 데서 유래한다.

정면 5칸, 측면 2칸 규모로 왼쪽에서부터 4칸 온돌을 두었는데, 가운데 2칸은 1칸반 방에 툇마루를 둔 데 비해, 양쪽에는 온돌과 마루를 각 1칸씩 앞뒤로 배치했다. 오른쪽 1칸은 전체를 마루로 꾸몄다. 양쪽의 대청은 툇마루보다 한 단 높여서 누마루로 만들고, 계자난간을 둘렀다. 대청 상부는 소로수장으로 하고 방 부분은 납도리로 간소하게 처리해 전면 대청의 위계를 높였다. 대청 배면은 판벽과 판문으로 차폐하고 전면과 측면은 경관을 고려해 개방했으며, 대청과 방 사이에는 사분합들문을 두어 필요할 때 개방할 수 있도록 했다. 온돌 배면에는 반침과 감실을 설치하고, 감실 하부에 아궁이를 설치했다.

정자 앞에는 솟을대문을 두었는데, 어칸의 상부 높이를 이용해 2층으로 만들고 계단을 두었다. 대문 2층에서 보는 경치도 일품이다.

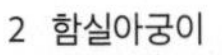

1 대청에서 본 솟을삼문

2 함실아궁이

1

2

山清 邑淸亭

1 대청 상부는 소로수장으로 하고 방 부분은 납도리로 간소하게 처리해 전면 대청의 위계를 높였다.

2 외기도리 반자. 우물반자의 소란을 화려하게 장식했다.

3 양쪽의 대청은 툇마루보다 한 단 높여서 누마루로 만들고, 계자난간을 둘러 위계를 높였다.

4 정면 5칸, 측면 2칸 규모로 가운데 방 3칸 이외에 왼쪽에 1칸 방과 마루를 앞뒤로 배치하고, 오른쪽 1칸은 전체를 대청으로 꾸몄다.

5 솟을대문 위에 마루를 걸어 2층으로 만들고 계단을 설치해 오를 수 있게 했다.

6 난간동자 끝에 올린 거북이 조각

7 온돌은 각 칸마다 미서기문을 설치해 깊이감과 안정감이 높다.

3

山淸 邑淸亭

5

6

7

산청 오의정

[위치] 경상남도 산청군 명지대포로236번길 158-12(생초면) [건축 시기] 초창 1872년, 이건 1909년
[지정사항] 경상남도 문화재자료 제543호 [구조 형식] 5량가 팔작기와지붕

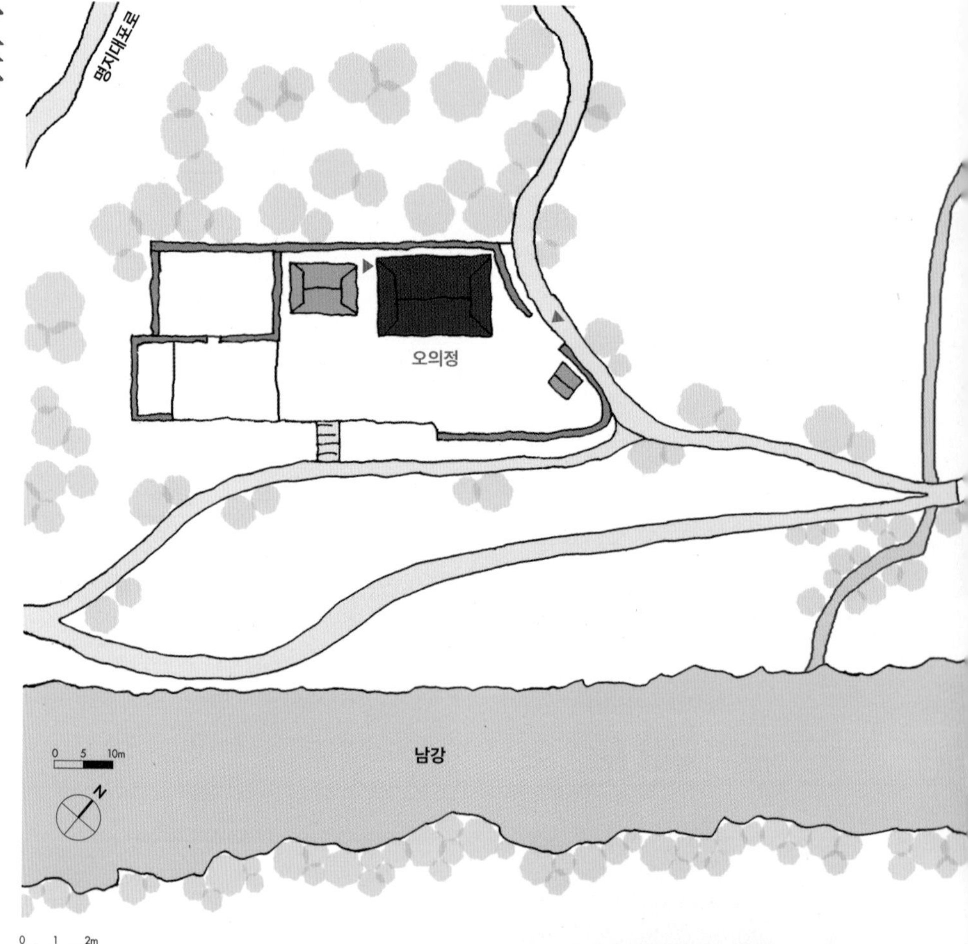

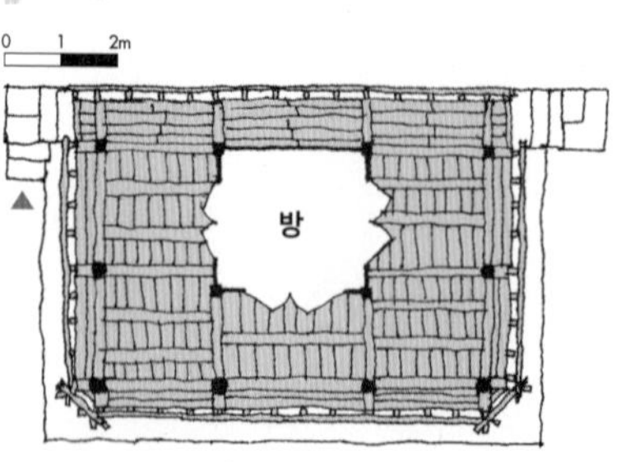

대포마을 입구에 남강과 전면의 작은 산을 바라보며 남동향해 자리하고 있는 오의정은 1872년 대포부락 북쪽 삼천동이라는 골에 초창되었다고 "오의정 기문"에 수록되어 있다. 37년이 흐른 1909년 송암 민동혁(松菴 閔東爀)이 삼천동 용강 뒷산 경호강 언덕으로 정자를 이건해 현재에 이르고 있다.

정자 후면은 기단을 높이고 전면 기단은 외벌대로 낮춘 후 누하주를 높이 세워서 전면에서 볼 때 웅장한 느낌을 준다. 정면 3칸, 측면 2칸 규모로 어칸 뒤편에 1칸보다 조금 넓은 방을 두었다. 배면에는 쪽마루를, 양측면 뒤쪽을 제외한 사면에 계자난간을 설치해 통행을 뒤쪽으로 유도하고 있다. 가운데 방을 둔 경우 분합들문을 설치해 개방성을 높이는 것이 일반적인데, 이 건물은 배면을 제외한 삼면에 양여닫이문을 두어 개방성보다는 실내 공간을 중요하게 생각한 것으로 보인다. 양측면 뒤쪽 칸에는 벽체가 없는 건물의 단점을 보완하기 위해 인방과 가새를 설치했다.

1 정자의 가운데 방을 둔 경우 분합들문을 달아 개방성을 높이는 것이 일반적인데, 오의정은 배면을 제외한 삼면에 양여닫이문을 달았다. 개방성보다는 실내 공간을 중요하게 생각한 것으로 보인다.

2 오의정에서 바라 본 남강

1

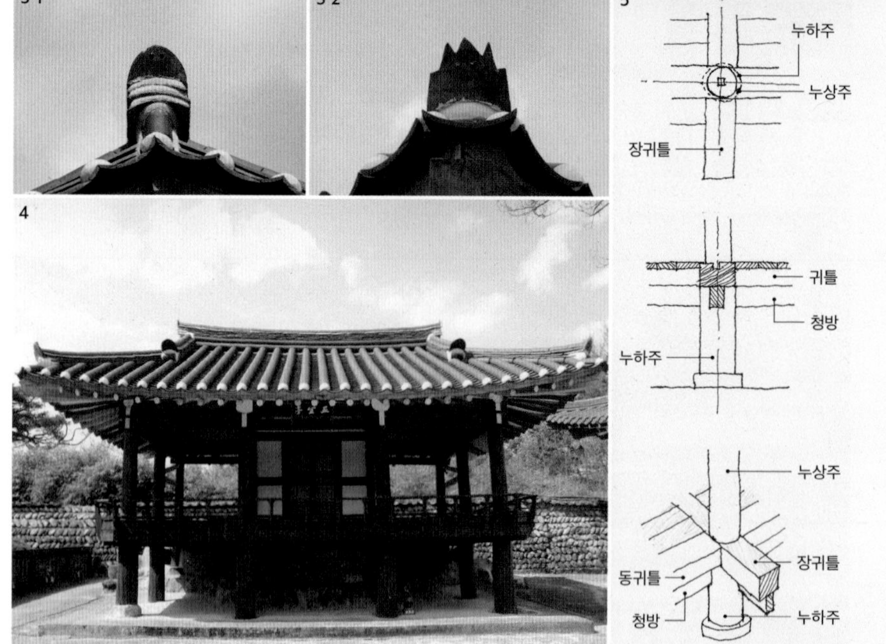
3-1
3-2
4
5
누하주
누상주
장귀틀
귀틀
청방
누하주
누상주
장귀틀
동귀틀
청방
누하주

1 마루 내민 부분의 난간처짐 방지를 위해 가운데 기둥 2곳에 판재를 넣고 난간대와 연결해 보강했다.

2 외부 기둥 안쪽에는 우물마루를, 바깥쪽에는 장마루를 깔았다.

3 명문 망와

4 정면 3칸, 측면 2칸 규모인 오의정은 정자 후면의 기단을 높이고 전면 기단은 외벌대로 설치한 후 누하주를 높이 세워서 전면에서 볼 때 웅장해 보인다.

5 누상주와 누하주가 만나는 부분의 귀틀 아래에는 청방을 덧대 구조보강을 했다.

6 벽체가 없는 건물의 구조적 단점을 보완하기 위해 양측면의 뒤쪽 칸에 인방과 가새를 설치해 건물의 견고성을 높였다.

산청 이요정

【위치】 경상남도 산청군 생초면 노은리 738 **【건축 시기】** 1874년
【지정사항】 경상남도 문화재자료 제55호 **【구조 형식】** 5량가 팔작기와지붕

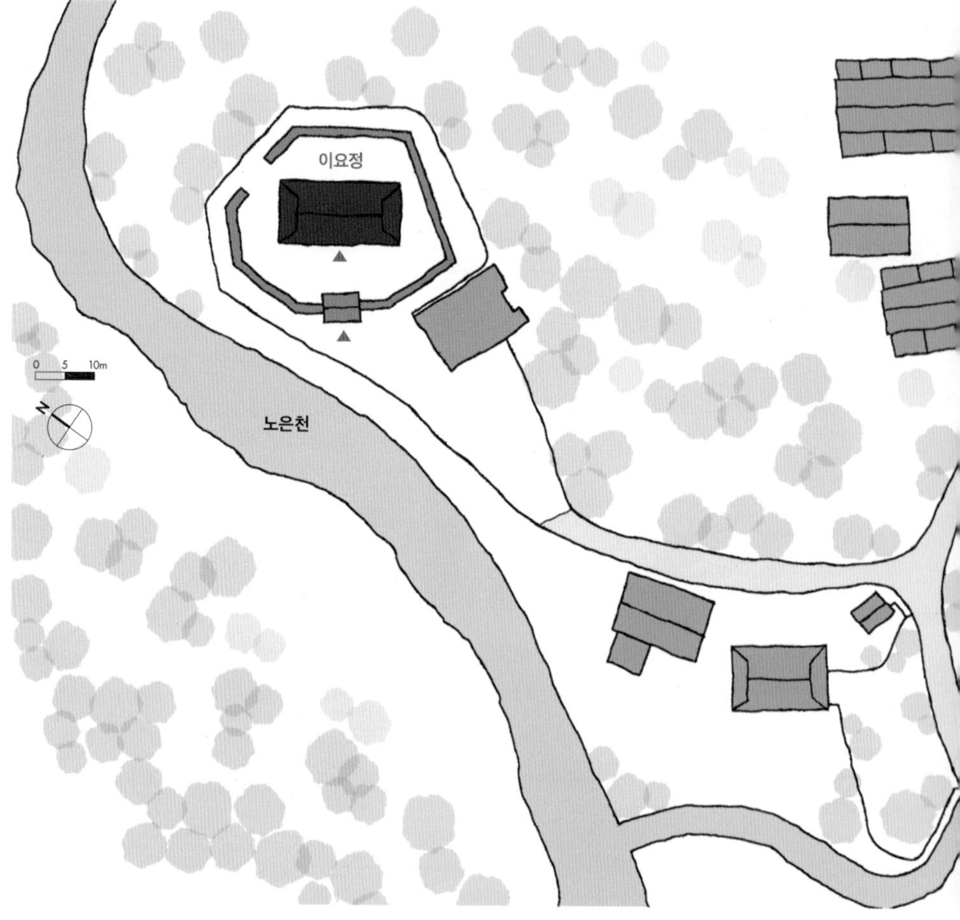

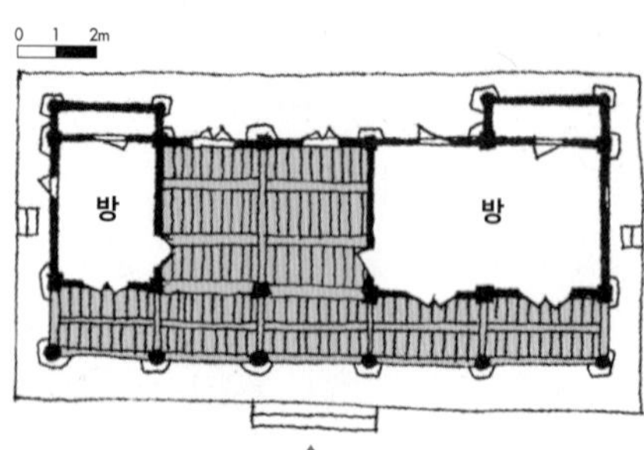

노은천을 바라보며 남서향하고 있는 이요정은 고려말 두문동 72현 중 한 분인 농은 민안부(農隱 閔安富)의 '부귀는 뜬구름과 같으니 경계하라(富貴浮雲戒)'는 뜻에 따라 노은마을에 은거한 이요당 민신국(二樂堂 閔信國)이 1874(고종 11)년에 건립한 서당이다. 정자 주변에는 담장을 두르고 전면에 사주문을 두었다.

정면 5칸, 측면 1칸 반 규모의 정자는 왼쪽부터 온돌 1칸, 마루 2칸, 온돌 2칸으로 구성되어 있으며 전면에는 툇마루를 두었다. 대청 전면의 툇마루는 한 단 낮춰서 댓돌을 이용하지 않고 마루에 오를 수 있도록 했다. 방과 대청 사이에 외여닫이문을 달아 방과 대청의 기능을 구분했다. 대청 전면에는 원기둥을 사용하고 소로수장했으나 배면의 방부분은 납도리로 간소하게 처리해 전면의 위계를 높였다. 건물에 걸린 '이요정' 현판은 대원군의 친필이라 한다.

1 대청에서 본 사주문 전경

2 휜 목재를 펴서 사용한 배면 기둥

1 지붕 가구 상세. 원형 판대공이 간소하면서 세련돼 보인다.

2 대청 전면은 원주를 사용하고 소로수장했으나 배면의 방 부분은 납도리로 간소하게 처리해 전면의 위계를 높였다.

3 일반적으로 방과 마루 사이에는 들문을 설치해 필요시 개방하는데, 이요정은 외여닫이문을 달아 방과 대청의 기능을 구분하고 있다. 대청 후면에는 판문을 달았다.

4 정면 5칸, 측면 1칸 반 규모로 왼쪽부터 방 1칸, 대청 2칸, 방 2칸이 있다. 대청 전면의 툇마루는 한 단 낮춰서 댓돌을 이용하지 않고도 마루에 오를 수 있도록 했다.

5 이요정 배면과 측면

3

5

산청 수월정

[위치] 경상남도 산청군 수월로 219-8(신안면) **[건축 시기]** 1915년
[지정사항] 경상남도 문화재자료 제454호 **[구조 형식]** 5량가 팔작기와지붕

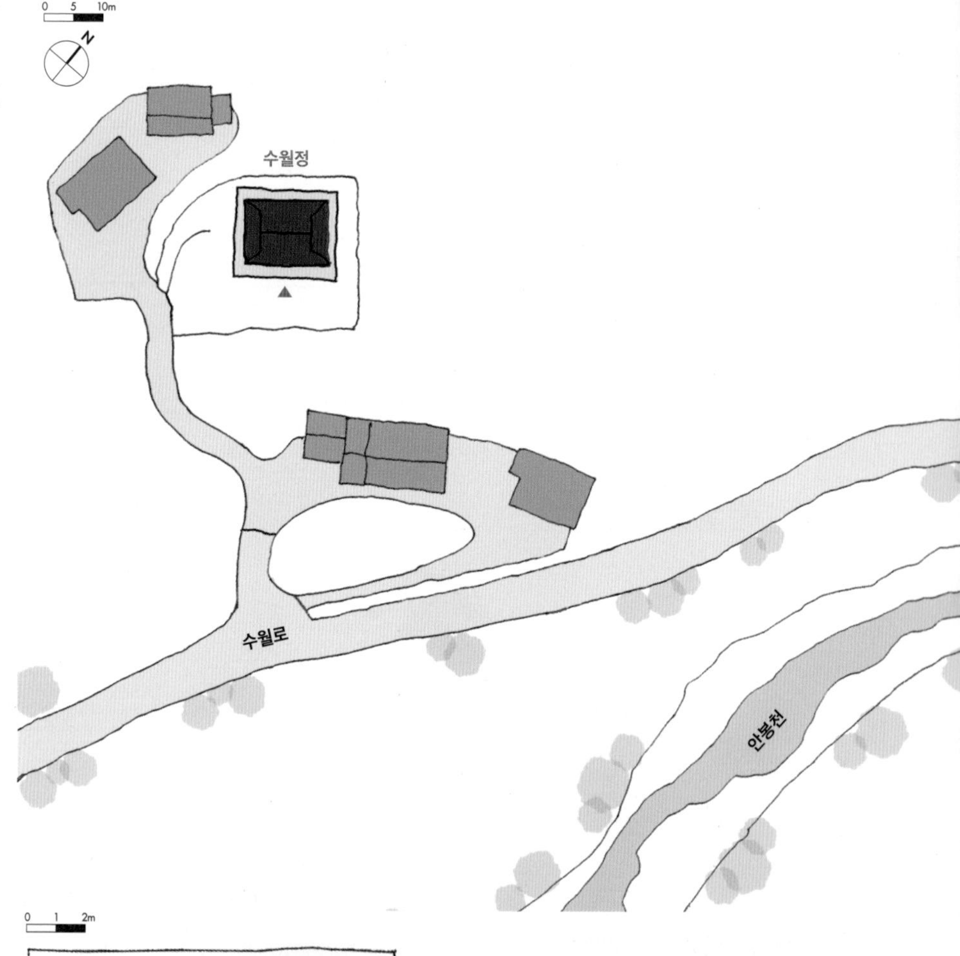

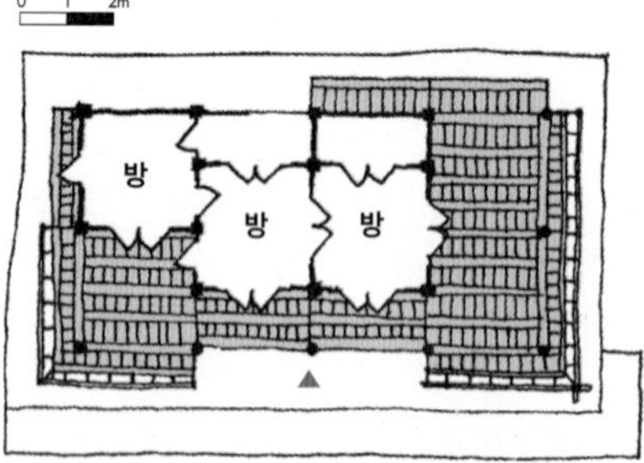

안봉리 수월산 기슭에 안봉천과 월명산을 바라보며 남동향하고 있는 수월정은 금재 권습(琴齋 權習, 1740~1805)을 기리기 위해 석초 권두희(石樵 權斗熙, 1859~1923)가 1915년에 건립한 정자이다.

정면 4칸, 측면 2칸 규모로 가운데 온돌 2칸을 두고, 왼쪽에 1칸 방과 1칸 마루를 앞뒤로 배치했으며, 오른쪽은 전체를 대청으로 꾸몄다. 가운데 2칸 온돌의 전면에는 툇마루를 두었다. 양쪽의 대청은 툇마루보다 한 단 높여서 누마루로 만들고, 계자난간을 둘렀으며, 대청 상부는 소로수장하고 방 부분은 납도리로 간소하게 처리해 대청의 위계를 높였다.

대청 배면은 판벽과 판문으로 차폐하고 전면과 측면은 경관을 고려해 개방했으며, 대청과 방 사이에는 사분합들문을 두어 필요에 따라 개방할 수 있도록 했다. 방 배면에는 반침과 감실을 설치하고, 감실 하부에 아궁이를 설치했다.

경북지역의 일반적인 정자는 마루를 중심으로 좌우에 방이 있는 중당협실형이 많은데, 수월정은 가운데 온돌을 중심으로 좌우에 마루를 두면서도 비대칭으로 구성해 기능성을 높였다. 근대한옥의 특징이다.

1 양쪽의 대청은 가운데 툇마루보다 한 단 높여서 누마루로 만들고, 계자난간을 설치해 위계를 높였다.

2 왼쪽 작은 대청 상부 가구. 툇마루와 큰방 그리고 작은방이 만나고 있어 상부 가구가 복잡하다.

長響石樓風
老栢牕前閒雲留鶴宿
感慕軒

1 방 전면 창호. 문 상부의 눈곱째기창은 근대기에 많이 사용되는 창으로 시기적인 특징을 보여주는 요소이다. 대청 쪽 방에는 사분합들문을 달았다.

2 문 상부의 눈곱째기창. 주로 환기에 사용된다.

3 대청 상부는 소로수장하고 방 부분은 납도리로 간소하게 처리해 대청의 위계를 높이면서 구조적으로 보강하고 있다.

4 대청 상부 가구. 휘어진 충량 위에 작은 우물반자가 있고, 그 안에 그려진 삼태극이 인상적이다.

5 가운데 온돌을 중심으로 양옆에 마루를 두면서도 비대칭으로 구성해 기능성을 높였다.

산청 용강정사·임리정

【위치】경상남도 산청군 신안면 외고리 823외 3필지 【건축 시기】조선말기 추정
【지정사항】경상남도 문화재자료 제238호 【구조 형식】용강정사: 5량가 맞배기와지붕, 임리정: 5량가 팔작기와지붕

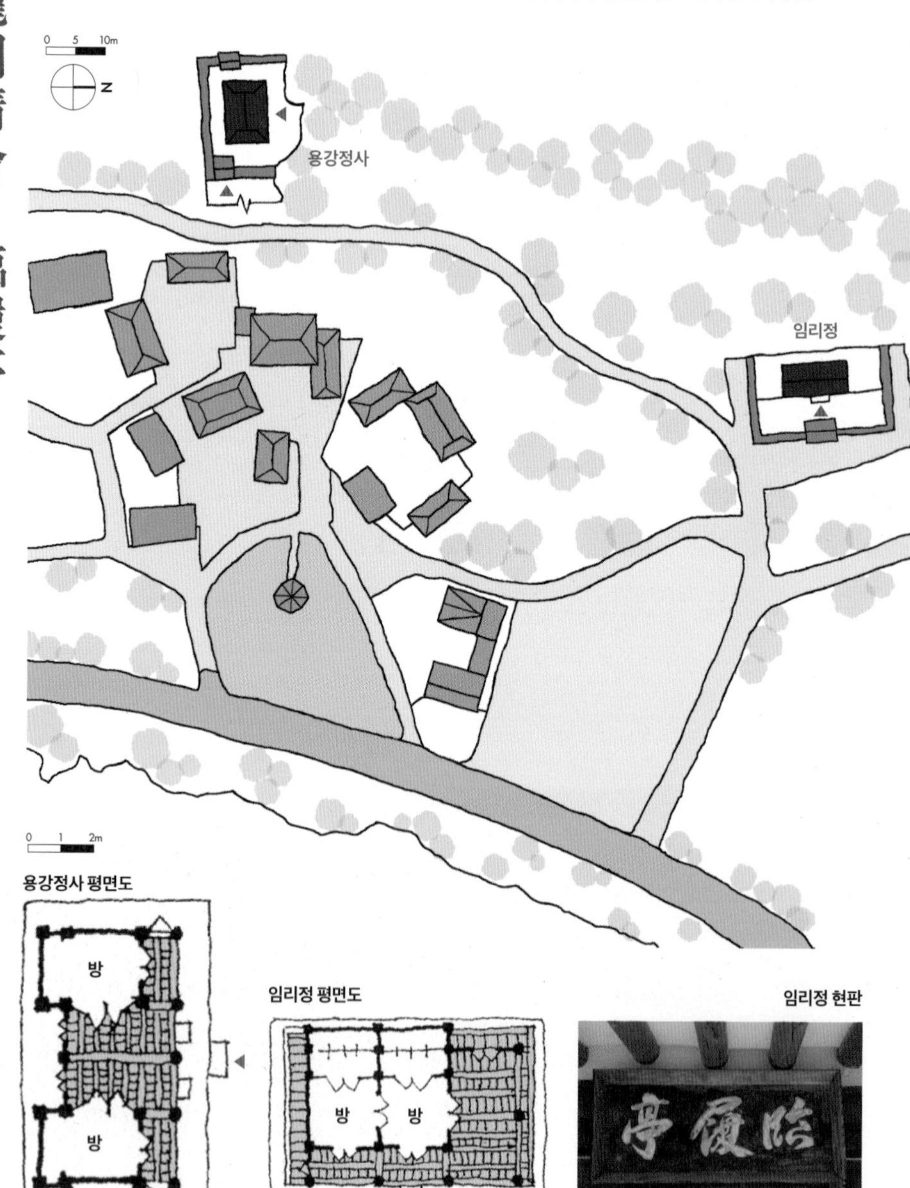

용강정사 평면도

임리정 평면도

임리정 현판

용강정사는 외고마을 북쪽 산기슭에 들을 바라보고 북동향으로 자리하고 있으며, 정사에서 산길을 따라 남서쪽으로 약 200m 올라가면 임리정을 만날 수 있다. 정확한 건립 시기를 확인하기는 어려우나 1919년 3.1운동 때, 프랑스 파리에서 개최되는 강화회의에 한국독립을 호소하는 장문의 서한을 작성하기 위해 유림들이 결집한 장소라는 기록이 있는 것을 보아 창건은 1919년 이전으로 추정할 수 있다.

용강정사는 정면 4칸, 측면 1칸 반 규모로 가운데 2칸 대청을 두고 양옆에 각각 1칸 온돌을 들인 중당협실형 구성이다. 전면에는 툇마루를 두고, 대청과 방 사이에는 사분합들문을 두어 필요시 개방할 수 있도록 했다. 마루 상부는 소로수장했으나 방 부분은 납도리로 간소하게 수장했다.

경사지에 자리한 임리정은 정자 측면에 있는 사주문으로 출입한다. 정자에서 앞에 있는 작은 계류로 나갈 수 있도록 사주문 반대편에 시멘트 기둥을 세워 출입구를 만들었다. 정면 3칸, 측면 2칸으로 왼쪽에 방 2칸을 들이고 오른쪽 1칸은 대청으로 꾸몄으며, 전면에는 툇마루를 두었다. 대청 배면은 판벽과 판문으로 차폐하고 전면과 측면은 경관과 진입부 시선을 고려해 개방했다. 전면 초석은 원형으로 하고, 활주 초석은 팔각으로 세워 격을 높였다. 건물 왼쪽에는 방보다 높게 설치한 쪽마루가 있는데, 기둥이 마루보다 높게 올라와 있다.

용강정사에서 산길을 따라 남서쪽으로 약 200m 올라가면 임리정을 만날 수 있다.

1

5

1 용강정사 전경. 가운데 2칸 대청을 두고 좌우로 각각 1칸 방을 들인 중당협실형 평면이다.

2 용강정사는 전면부는 소로수장하고 배면은 납도리로 간소하게 처리해 전면의 위계를 높였다.

3 용강정사 전면 소로수장 상세

4 임리정 왼쪽 쪽마루는 방보다 높이 설치했으며 쪽마루 기둥이 마루보다 높이 올라와 있는 보기 드문 결구를 하고 있다.

5 임리정은 입구에서 보이는 쪽은 개방적인 평면으로 구성하고 보이지 않는 왼쪽 면과 배면은 약간 폐쇄적으로 했다.

6 용강정사 마루. 전면에는 툇마루를 두고, 대청과 방 사이에는 사분합들문을 두어 필요시 개방할 수 있도록 했다.

梁山 禹奎東 別墅

양산 우규동 별서

[위치] 경상남도 양산시 어곡동 산5번지 **[건축 시기]** 1920년
[지정사항] 경상남도 문화재자료 제189호 **[구조 형식]** 3량가 모임기와지붕

양산 우규동 별서는 의금부도사를 지낸 우규동(禹奎東)이 1920년 매봉산 자락의 작은 계곡에 지은 정자이다.

우규동 별서에는 소한정과 세심당이라는 두 개의 정자가 있었으나, 소한정은 소실되고 지금은 세심당만 남아 있다. 세심당은 자연석 허튼층 쌓기 기단 위에 정면 1칸, 측면 1칸의 사모정으로 원형기둥을 사용한 납도리집이다. 내부 바닥에는 우물마루를 깔고, 출입구를 제외한 사면에 간단한 평난간을 돌리고 댓돌을 놓아 출입하도록 했다. 천장은 연등천장이다. 가구는 곡재로 된 우미량을 걸고, 그 위에 해학적 형태의 용 문양을 새긴 우미량을 하나 더 얹어서 추녀를 받았다. 우미량에는 상량묵서가 적혀 있다. 세심당의 4면 벽에는 소한정, 쌍청각, 세심당, 신선암, 삼미천, 도원, 죽원이라고 새긴 현판이 걸려 있었으나, 지금은 도난 예방을 위해 별도로 보관하고 있다.

기록에 의하면 정자 주위에 대나무, 백일홍, 매실나무, 회화나무 등을 심었다고 되어 있는데, 지금은 잡목과 풀이 우거져 있어 조경수목을 확인하기 어려워 주기적인 관리가 필요한 상황이다. 시냇물이 자연 암반을 따라 흐르는 아름다운 자연경관을 신선사상에 입각해 명명한 열두 개의 경관 요소 또한 잡풀과 이끼에 가려 찾아보기 어렵다. 일제강점기에 조성되어 건립 시기는 오래되지 않았지만 계류와 수목 그리고 건물이 어우러져 경관이 수려하고 원형을 비교적 잘 간직한 흔치 않은 별서이다. 세월이 흐르면서 기상의 변화로 식생이 천이되고, 조경 요소 또한 노후되는 것이 아쉽다.

바위에는 신선사상에 입각해 명명한 열두 개의 경관 요소에 관한 글이 새겨 있다

1 계류에서 본 세심당.
1칸 사모정의 소박한 건물이다.

2 우규동 별서에는 소한정과 세심당이라는 두 개의 정자가 있었으나, 소한정은 소실되고 지금은 세심당만 남아 있다. 세심당과 암반으로 된 계류가 보인다.

3 바위에 새긴 바둑판

4 세심당 지붕 가구.
충량처럼 걸쳐 놓은 용조각이 투박하면서도 이색적이다.

의령 칠우정

[위치] 경상남도 의령군 낙서면 낙서로3길 46-24 **[건축 시기]** 1914년 재건
[지정사항] 경상남도 문화재자료 제518호 **[구조 형식]** 5량가 팔작기와지붕

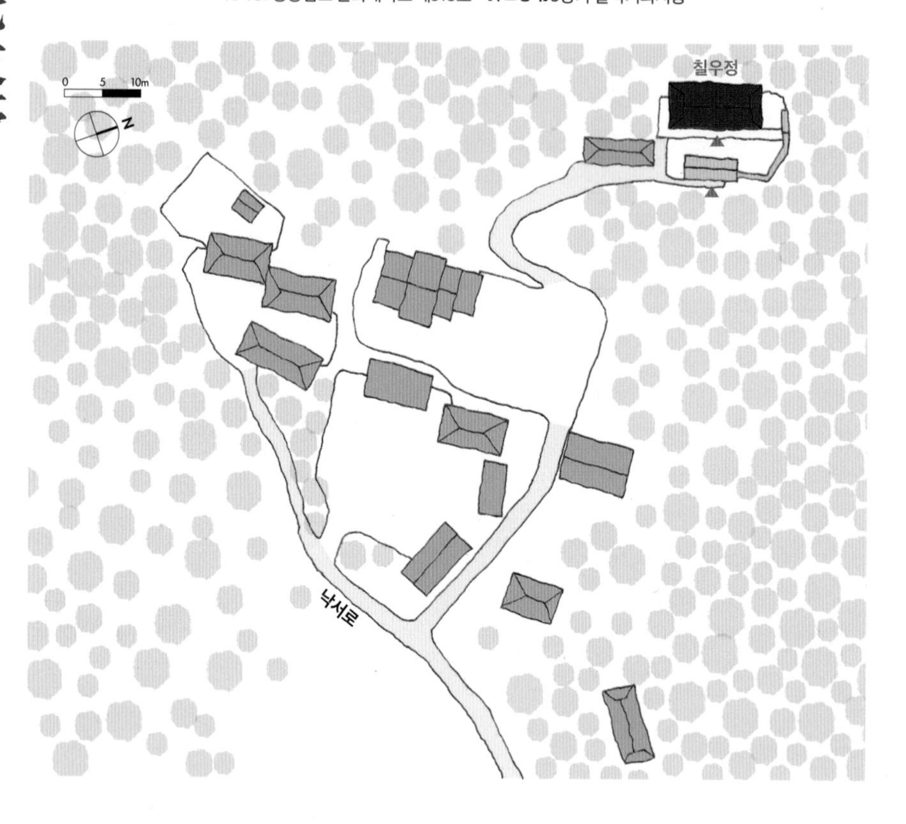

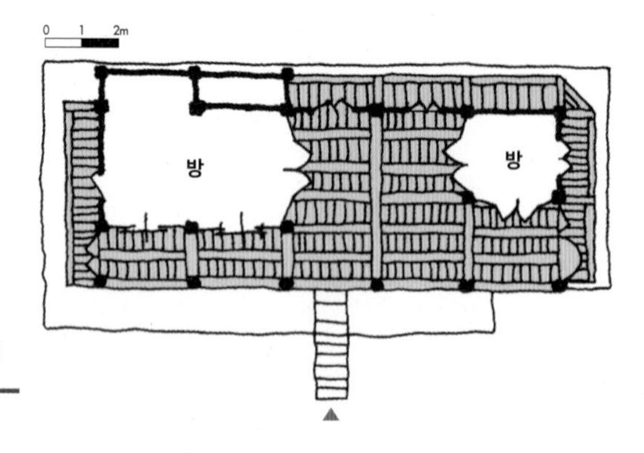

벽진이씨, 경산김씨, 선산김씨, 담양전씨, 경주최씨 등 다섯 성씨가 구름과 같이 모여 만들어졌다고 해서 오운마을이라고 불리는 마을에 칠우정이 있다. 오운마을은 앞으로는 낙동강이 흐르고 뒤로는 잔등산자락의 응봉과 예비봉 등이 병풍처럼 둘러싸고 있어 밖에서는 잘 드러나지 않는다. 그래서인지 비교적 옛 마을의 모습이 잘 보존되어 있다.

칠우정은 벽진이씨 운봉공파 이장성의 14대손 이운수가 다른 여섯 형제와 1914년에 재건한 정자이다. 원래는 칠형제의 부친인 침랑 이병일(寢郎 李秉一)이 환갑이 되던 해 본인이 못한 배움의 꿈을 대신해 슬하의 칠형제와 주변의 궁핍한 이웃을 돕기 위해 지었는데 폐허가 되었고, 다시 아들들이 지은 것이라고 한다. 아버지가 작고한 이후 집이 퇴락하자 7형제는 문학을 일으키고, 가난한 자를 구제하는 선친의 뜻을 이어 칠우정을 건립하였다고 한다.

자연석으로 조성한 2단의 기단 위에 정면 5칸, 측면 2칸 규모로 자리하고 있는 칠우정은 왼쪽부터 차례로 2칸 온돌, 2칸 대청, 1칸 온돌로 구성되어 있으며 전면에 퇴를 두었다. 건물 중앙에 칠우정(七友亭) 편액을 달고 계단을 설치해 대문에서부터 일직선의 축을 강조하고 있다. 가구는 5량 구조로 대청에는 대들보를 놓고, 방을 구성하는 곳에는 측면 기둥 열에 맞추어 기둥을 놓고 앞뒤로 툇보를 구성했다. 정면에는 가공한 원형 주초를, 배면에는 자연석 초석을 사용했으며 전면 기둥만 원형이다. 측면 기둥 중 가운뎃기둥은 온돌의 크기를 고려해 위치를 잡았는데 오른쪽은 중앙에 설치해 1칸 방을 구성한 반면 왼쪽 2칸의 온돌은 삼분변작한 자리에 가운뎃기둥을 놓아 전면으로 확장했다. 기둥 사이에 빗재를 설치해 횡력을 보강했다.

전면에 설치된 원형 기둥 중 오른쪽 귓기둥은 2단의 기단 중 아랫기단까지 내려와 있는데 이는 오른쪽 온돌의 아궁이 때문이다. 오른쪽에 설치된 쪽마루 역시 빗재를 설치해 우주기둥 하부 초석에서 같이 지지하고 있다. 또한 대청 가운데에는 전후를 통으로 가로지르는 견실한 대들보를 사용해 웅장해 보인다. 대들보 상부의 대공은 원형대공을 놓았다.

1 온돌의 크기를 고려해 가운데에 기둥을 설치하고 빗재를 추가해 횡력을 보강했다.

2 오른쪽 측면과 달리 왼쪽 측면은 삼분변작한 자리에 기둥을 놓아 전면으로 확장했다. 역시 빗재로 횡력을 보강했다.

3 자연석으로 조성한 2단의 기단 위에 자리한 정면 5칸, 측면 2칸 규모의 집이다. 건물 중앙에 '칠우정(七友亭)'이라는 편액을 달고 계단을 설치해 대문에서부터 일직선의 축을 강조하고 있다.

4 대청 가구는 5량가로 대청에는 대들보를 두고 온돌이 있는 쪽에는 측면 기둥 열에 맞추어 기둥을 놓았다.

5 전면에만 원형기둥을 사용해 정면성을 강조했다.

6 온돌에는 사분합문을 달고 대청 배면에는 판문을 달았다.

7 오른쪽에 설치된 쪽마루는 우주 하부 초석에 연결되는 빗재를 설치해 지지하고 있다.

8 오른쪽 귓기둥은 2단의 기단 중 아랫기단까지 내려와 있는데 온돌의 아궁이 때문이다.

七友亭

의령 의동정

[위치] 경상남도 의령군 낙서면 낙서로3길 46-33
[건축 시기] 1928년경 **[지정사항]** 경상남도 문화재자료 제519호
[구조 형식] 5량가 팔작기와지붕

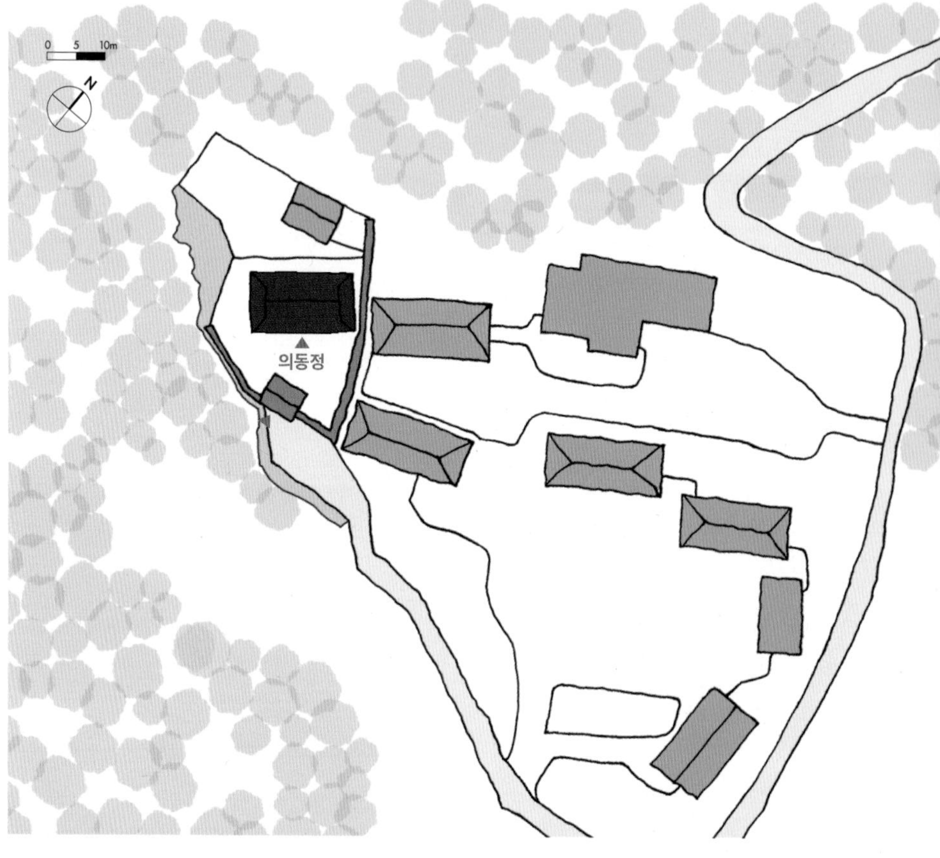

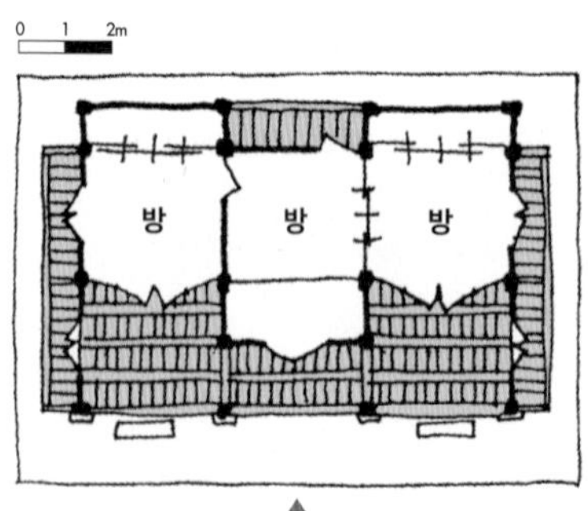

동원 이운모(東源 李雲模, 1865~1937)가 자신의 서실이자 후손의 강학소로 사용하기 위해 지은 정자이다. 이운모는 다른 형제들과 함께 근처에 있는 칠우정을 짓기도 했다. 이운모는 특히 후학의 양성에 많은 공을 들였다고 한다.

의동정은 오운마을 북측 산기슭에 있다. 마을에서 북쪽으로 오르다 보면 양 갈래 길이 나오는데 오른쪽으로 가면 칠우정이 있고, 왼쪽으로 가면 의동정이 나온다. 이사문(二思門)이라는 2칸 대문을 들어서면 의동정이 있고, 의동정 뒤로 1칸 사당이 있다. 의동정 왼쪽에는 계류를 집안으로 끌어들인 자유곡선형의 인공 연못이 있다.

자연석 기단 위에 방형기둥을 사용하고 정면 3칸, 측면 2칸 규모이다. 양측에 있는 온돌은 후면으로 1칸 물러 자리하며 전면 1칸은 대청으로 했다. 정칸의 온돌은 양측 온돌보다 반 칸 앞으로 더 나와 있다. 양측 온돌 뒤에는 벽장이 달려 있고, 정칸 온돌 뒤에는 쪽마루가 설치되어 있다. 기둥 위에 보아지와 툇보를 놓은 다음 주심도리를 놓아 연목을 받고 있다. 가운데 칸에 방을 구성하기 위한 별도의 기둥을 두고 그 위로 대들보와 툇보가 맞대어 이어져 있다.

양측 온돌에 세살청판사분합문을 달았는데 세살 위는 숫대살로 치장했다. 왼쪽 온돌 앞의 대청에는 연못을 감상할 수 있게 왼쪽에 판문을 설치하고 위에는 교살창을 달았다.

연못은 강돌로 꾸몄는데 연못뿐 아니라 뒤편 사당 석축도 강돌로 조성했다. 둥근 질감의 강돌로 쌓은 석축은 자연석으로 쌓은 석축보다 견고한 맛은 없지만 연못과 잘 어우러진다.

망와에는 주역의 괘상을 새겼다. 망와 중앙을 중심으로 위에는 '☰(건, 하늘)', 왼쪽에는 '☶(간, 산)', 오른쪽에는 '☳(진, 우레)', 아래에는 '☱(태, 연못)'를 조형했다.

宜寧 宜東亭

1 망와에는 주역의 괘상, '☰(건, 하늘)', '☶(간, 산)', '☳(진, 우레)', '☱(태, 연못)'를 새겼다.

2 가운데 칸에 방을 구성하기 위해 별도의 기둥을 두고 그 위로 대들보와 툇보를 맞대어 이었다.

3 의동정 왼쪽에는 계류를 집안으로 끌어들인 자유곡선형의 인공 연못이 있다.

4 왼쪽 온돌의 왼쪽면에 판문을 설치하고 위에는 교살창을 달았다. 뒤에 사당이 보인다.

5 반 칸 더 돌출된 중앙 온돌과 다르게 양측 온돌에는 빛을 더 많이 들이기 위해 광창을 두었다.

의령 청금정

【위치】 경상남도 의령군 벽계로1길 8-1(궁류면) **【건축 시기】** 1916년
【지정사항】 경상남도 문화재자료 제484호 **【구조 형식】** 5량가 팔작기와지붕

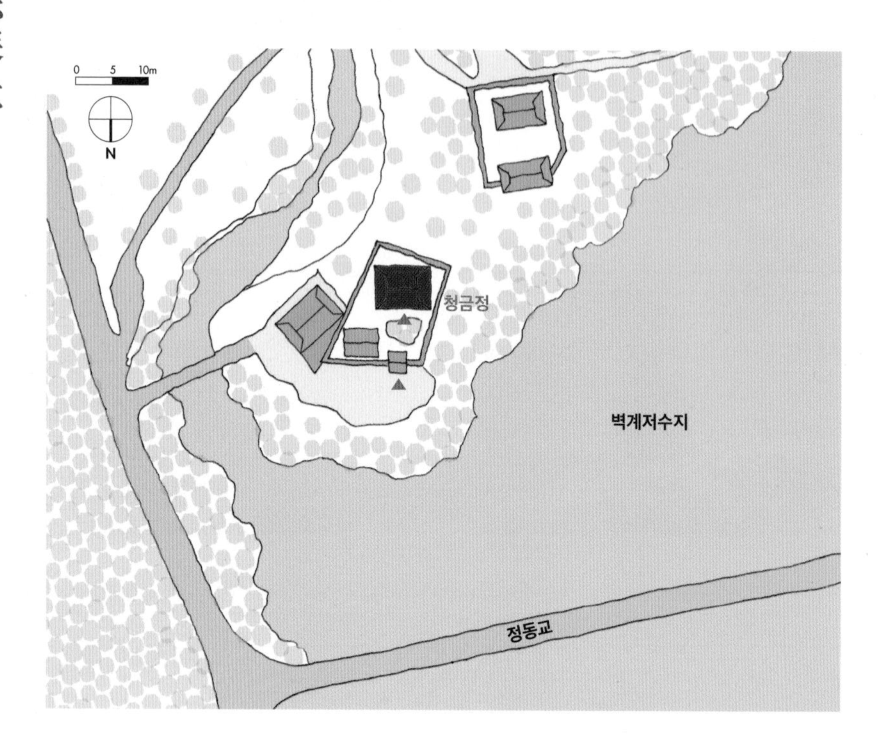

남쪽의 선암산을 주산으로 하고 북쪽의 벽계저수지를 바라보고 있는 북향 건물이다.

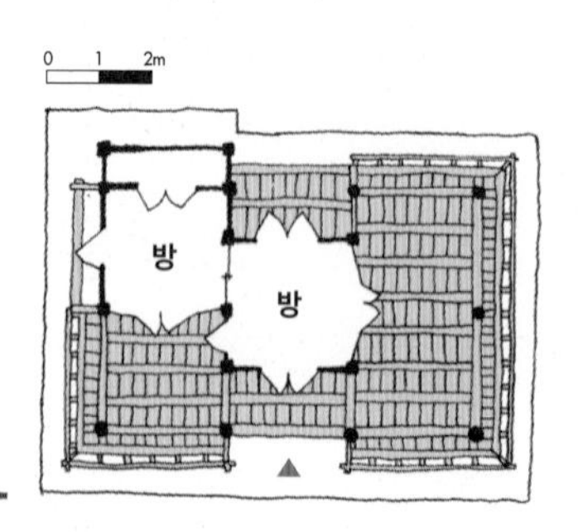

청금정은 흐르는 물소리가 거문고 같다고 해서 붙인 이름이다. 청금정 왼쪽 충량의 하부에 기록된 상량문에 따르면 1916(丁巳)년 건립되었음을 알 수 있다. 청금정은 소산 김종식(掃山 金鐘植, 1895~1961)이 아버지를 생각하며 지은 정자이다. 소산은 자신의 부친이 '세상에는 귀머거리가 되어서 산수만 사랑한다'는 의미로 호까지 농암(聾庵)으로 붙이고 정자 하나를 지어 쉬는 곳으로 삼으려 했지만 결국 이루지 못하고 별세하자 불초의 한이 되어 건립했다고 한다. 소산은 청금정에서 공부하고 손님을 맞이했다.

청금정은 남쪽의 선암산을 주산으로 하고, 북쪽의 벽계저수지를 바라보고 자리한 북향 건물이다. 1칸 대문을 지나면 자연석으로 조성한 화오가 보인다. 청금정 왼쪽 담장 넘어 선암산 골을 타고 내려오는 계류가 흘러 정자에서 거문고 소리와 같은 물소리가 들린다. 대청에 걸어둔 "청금정기"에 따르면 청금정의 위치가 '숲이 우거진 산은 수려하고, 물과 돌은 맑고 빠르게 흘러서 별도로 둔 하늘 같은 곳'이라 한다.

청금정은 정면 3칸, 측면 2칸으로 측면 2칸 중 전면 1칸과 오른쪽 협칸 전후면 2칸을 대청으로 구성했다. 대청에는 계자난간을 둘렀다. 난간대에는 고정을 위해 맞춤한 모양의 철물을 사용했다. 왼쪽 협칸 후면과 정칸에 있는 온돌은 별도의 기둥을 세워 반칸 앞으로 돌출시켜 전후퇴를 둔 구조이다. 가구는 사분변작한 5량가이다. 가운데 방이 있기 때문에 전후를 가르지는 대들보는 사용하지 않고 온돌 구성을 위한 기둥 위에서 대들보와 툇보를 결구했다.

두 단으로 쌓은 자연석 기단 위에 초석을 놓고 원형기둥을 세웠다. 방과 접하는 곳에만 방형기둥을 사용했다. 기둥 위에는 창방을 놓고 그 위에 주두를 설치해 대들보를 받도록 했는데 배면 정칸만 창방이 설치되지 않았다. 창방과 도리받침 장혀 사이에는 소로가 5개씩 설치되어 있다.

장호는 다양한 문양을 조합해 장식했다. 정면에서 보면 정칸은 소박하게 머름 위에 세살창이 설치되어 있지만 오른쪽 대청 방향의 사분합문과 왼쪽 온돌의 정면은 불발기창에서 사용하던 팔각교살청판분합문을 달아 화려함을 더했다.

1

5

6

1 온돌에서 본 화오와 1칸 대문.
화오는 석가산과 석등을 비롯해 다양한
초화류로 구성했다.

2 측면 2칸 중 전면 1칸과 오른쪽 협칸
전후면 2칸을 대청으로 구성하고
대청에는 계자난간을 둘렀다.

3 가운데에 온돌이 있어서 상부 전체를
관통하는 대들보는 사용하지 않고
온돌 구성을 위해 설치한 기둥 위에서
대들보와 툇보를 결구했다.

4 배면에는 한 단 정도로 자연석을 쌓아
화계를 구성했다.

5 대청에는 계자난간을 둘렀는데,
난간대 고정을 위한 철물을 따로
제작해 사용했다.

6 두 단의 기단 위에 원형초석을 놓고
원형기둥을 사용했다.

7 자연석을 쌓아 만든 화오 뒤에 정면 3칸,
측면 2칸 규모의 청금정이 있다.

의령 상로재

[위치] 경상남도 의령군 입산로2길 61(부림면, 탐진안씨재실) **[건축 시기]** 1722년
[지정사항] 경상남도 문화재자료 제483호 **[구조 형식]** 5량가 이형지붕

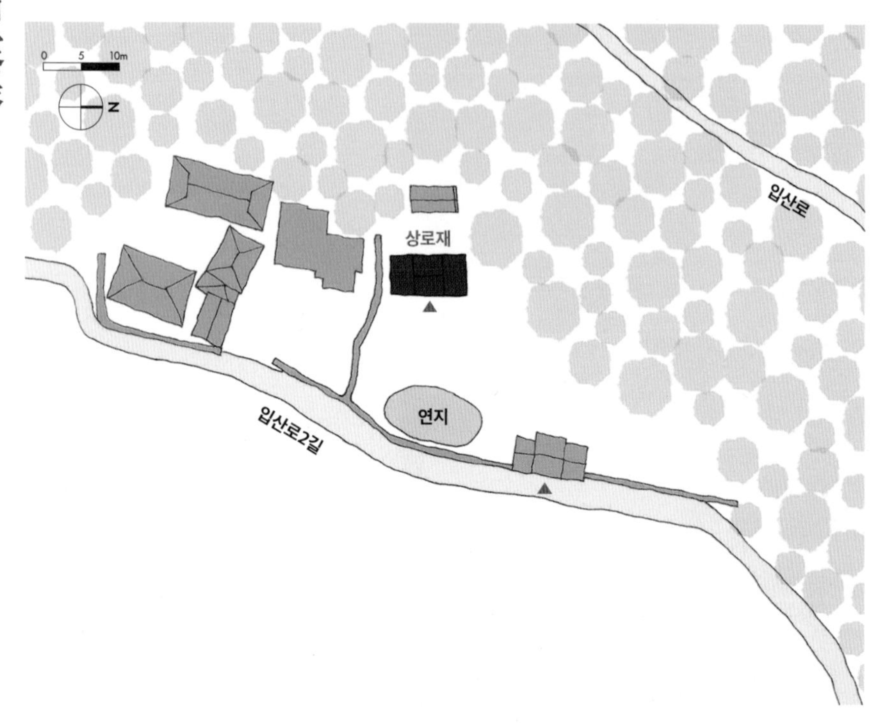

가구는 5량가로 중앙에 전후를 가로지르는 대들보를 놓고 대들보 중앙에는 양쪽에서 올라온 충량을 걸쳐 횡력에 대한 보강을 했다.

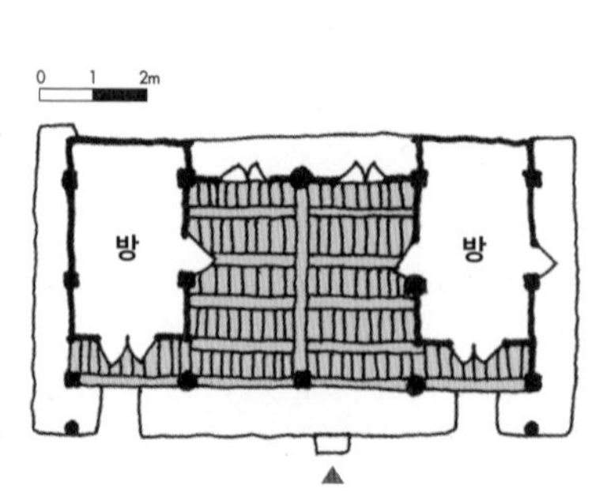

상로재는 탐진안씨의 제각으로 1722(경종2)년에 처음 건립되었다. 1908년에는 백산 안희제(白山 安熙濟, 1885~1943)가 이곳에 창남학교를 창설해 근대화 시기에 후학을 양성하는 곳으로 운영하기도 했다. 건물에 달린 "상로재중수서(霜露齋重修序)"에 따르면 '상로(霜露)'는 서리가 내리면 산소를 돌보면서 조상을 추모하는 정신을 가져야 하고 군자의 도로 제사해야 한다는 의미를 담고 있다.

상로재는 뒤로 방개봉을 두고, 앞으로 유곡천이 흐르는 터에 자리한다. 마을 입구에는 일제강점기에 독립운동을 한 백산의 묘가 있으며, 그 위로 백산 생가가 있다. 상로재는 생가를 지나 상로재와 유곡천 사이에 너른 논이 펼쳐 있는 입산리 북쪽 가장 끝자리에 있다. 토담을 두르고 이필문(二必門) 현판을 단 솟을삼문을 지나면 왼쪽에 수목으로 영역을 구분한 상로재가 보인다. 상로재는 사주문을 통해 진입한다. 상로재 앞에는 타원형의 못이 있으며 배면 석축 위에는 사당이 있다.

정면 4칸, 측면 2칸 규모로, 가운데 2칸은 대청이고 양쪽에 1칸 온돌이 있다. 콘크리트로 마감한 기단은 원래 자연석으로 축조되었을 것으로 보인다. 기단 위에 자연석 주초를 놓았으며 방형 기둥을 사용했다. 대청과 온돌이 만나는 부분에는 자연목 형태를 한 도랑주를 사용했다. 전면 기둥에는 주련이 달려 있다. 정면 가운데에 있는 기둥 위에는 초각된 첨차를 놓고 창방을 겸하는 받침 장혀를 놓은 다음 그 위에 도리를 놓았다. 가구는 5량 구조로 중앙에 전후를 가로지르는 대들보를 놓고 대들보 가운데에는 양쪽에서 올라온 충량을 걸쳐 횡력에 대한 보강을 했다. 온돌 앞에는 반칸 툇마루가 있다. 'S'자로 굽은 자연목을 대들보로 사용해 자연스러움을 강조한 구조미가 돋보인다.

상로재에서 가장 특이한 점은 지붕의 형태이다. 5량가 2칸의 맞배지붕에 수직으로 양측 3량가 맞배지붕이 결합된 형태인데 그 모습이 추녀를 사용하지 않은 팔작지붕과 유사하다. 이러한 구조를 위해 대청을 구성하는 주심도리와 양끝 온돌의 종도리를 동일한 높이로 맞춰 결구했는데 온돌 앞의 처마는 추녀 없이 많이 돌출되어 처짐의 우려가 있으므로 활주로 보강했다.

宜寧 霜露齋

1 이필문 현판을 달고 있는 솟을삼문

2 솟을삼문을 지나면 왼쪽에 수목으로 영역을 구분한 상로재가 보인다.

3 상로재 앞에는 타원형의 못이 있다.

4 온돌 앞의 처마는 추녀 없이 많이 돌출되어 처짐의 우려가 있으므로 활주로 보강했다.

5 정면 4칸, 측면 2칸 규모인 상로재는 지붕이 특이하다. 5량가 2칸의 맞배지붕에 수직으로 양측 3량가 맞배지붕이 결합된 형태이다.

6 대청을 구성하는 주심도리와 양끝 온돌의 종도리를 동일한 높이로 맞춰 결구했다.

의령 임천정

[위치] 경상남도 의령군 정곡7길 42-6 (정곡면) **[건축 시기]** 1928년
[지정사항] 경상남도 문화재자료 제485호 **[구조 형식]** 3량가 팔작기와지붕

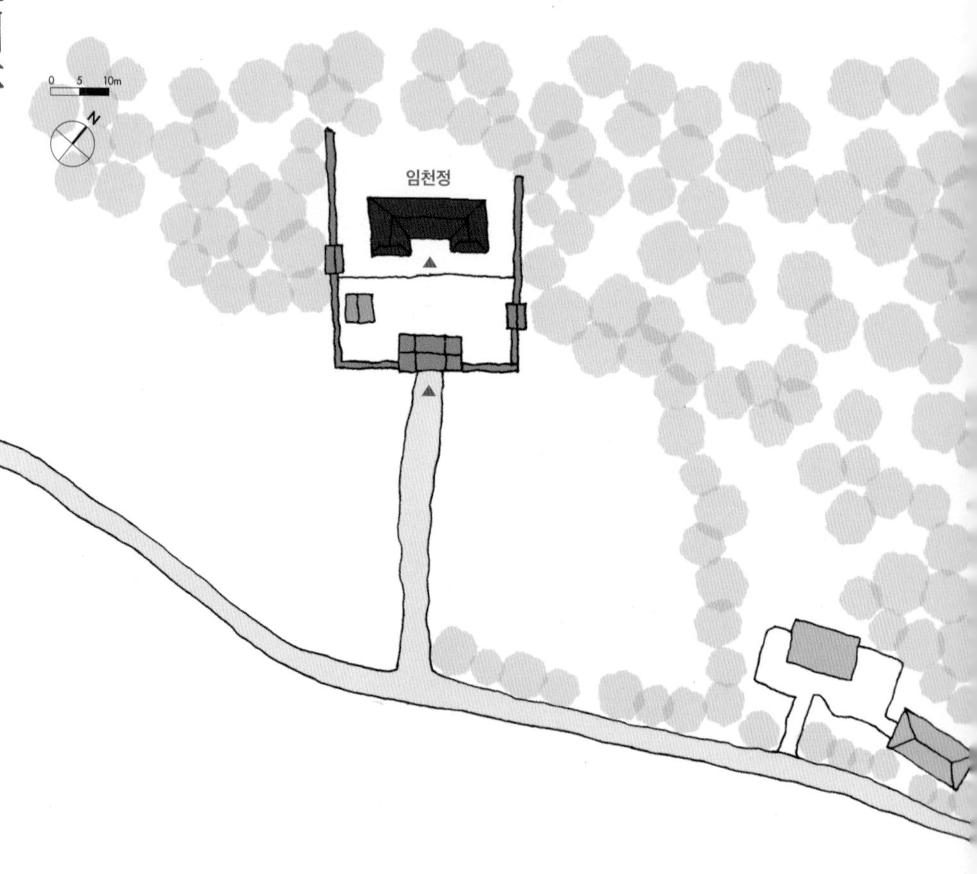

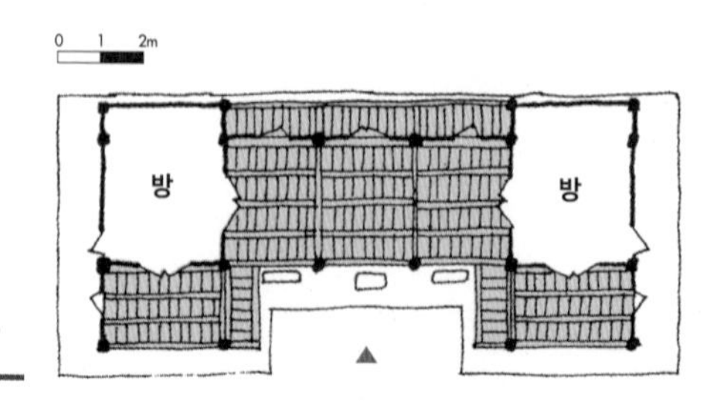

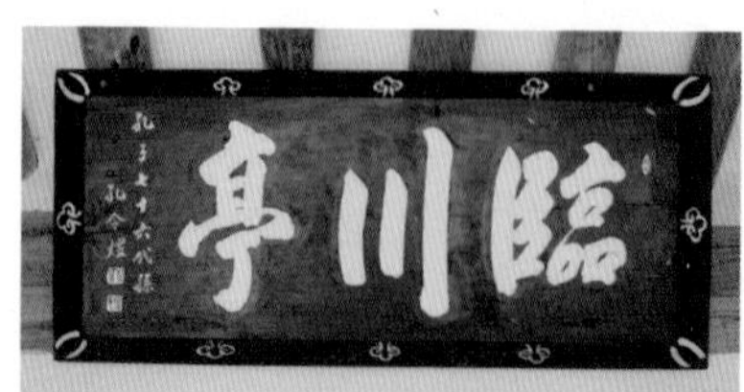

임천정은 독립운동가이며 유학자인 수산 이태식(壽山 李泰植, 1875~1952)의 처소이자 강학소였다. 이태식은 구한말 격동의 시기에 유학의 도를 지키고, 명맥을 유지하기 위해 일생을 보낸 분이다. 원래 행양서숙(杏陽書塾)이라는 글방으로 사용되었으나 이태식이 독립운동의 물결이 잠잠해질 무렵인 1928년에 개축한 후 임천정으로 당호를 붙였다.

임천정은 오방마을을 지나 산자락 가장 깊숙한 곳에 자리하고 있다. 오방마을 북쪽에는 월현저수지가 있다.

임천정은 서사문(逝斯門)이라 편액되어 있는 솟을삼문을 들어서면 6단 정도로 쌓은 석축 위에 자리하고 있다. 옛 사진을 보면 당초에는 이 기단 위에 사주문 형태로 구성되어 있었으나 근래 보수하면서 솟을삼문으로 확장한 것을 알 수 있다. 임천정 뒤에는 터를 다지기 위해 절삭한 바위의 흔적이 그대로 남아 있다.

가운데에 정면 3칸의 대청을 놓고 양끝에 1칸 온돌을 둔 정면 5칸, 측면 1칸 반 규모의 집이다. 온돌 앞에는 1칸 마루가 전면으로 돌출되어 있어 전체적으로는 'ㄷ'자 형태이다. 각 온돌에는 편액이 걸려 있는데 "임천정기"에 따르면 오른쪽에 있는 방은 조부의 산소를 바라보면서 마음속 깊이 사모의 마음을 새긴 '망추헌(望楸軒)'이라 명했고, 왼쪽 방은《주역》의 비괘(賁卦)에서 뜻을 취해 천문과 인문을 관찰한다는 의미로 '관문실(觀門室)'이라 이름 붙였다고 한다.

임천정은 정칸을 이루는 정면 기둥만 원형으로 해 격을 높였다. 대청 뒤에 있는 판벽에는 정칸에만 두짝 판문을 설치하고, 협칸에는 한 개의 판문만 설치했는데, 중앙을 강조했음을 알 수 있다. 대청 위에 대들보를 설치하고, 중앙에 판대공을 세우고 종도리를 설치한 3량가이다.

대청 양옆에는 방의 출입문으로 사용하는 세살궁판문이 있다. 그러나 전면으로도 방 출입이 가능하도록 대청 앞 양옆에 쪽마루를 붙였다. 이 쪽마루를 이용해 한 단 높인 온돌 앞 툇마루를 통해 세살문을 단 정면으로 출입할 수 있다. 대청 뒤로도 온돌에서 돌출된 벽장 사이에 쪽마루를 두어 대청 뒤로 드나들 수 있도록 했다. 사람의 눈, 코, 입이 성형된 인면와(人面瓦)를 망와로 사용해 조형미를 더했다.

1

5

1 가운데에 정면 3칸의 대청을 놓고 양끝에 1칸 온돌을 둔 정면 5칸, 측면 1칸 반 규모의 집이다.

2 사람의 눈, 코, 입이 성형된 인면와를 망와로 사용했다.

3 좌측면. 누마루 측면에 판벽과 판문을 두어 바람을 막고 필요에 따라 문을 열 수 있게 했다.

4 배면에는 방에서 돌출된 벽장 사이에 쪽마루를 두어 뒤에서도 대청에 드나들 수 있도록 했다.

5 온돌 앞은 한 칸 내밀어 누마루처럼 꾸몄다.

6 대청 위에 대들보를 설치하고, 중앙에 판대공을 세우고 종도리를 설치한 3량가이다. 방의 출입문으로 세살궁판문을 달고 후면의 판벽에는 판문을 달았다.

진주 부사정

[위치] 경상남도 진주시 금산면 금산순환로 279번길 17-1(가방리 659) **[건축 시기]** 1903년 중건
[지정사항] 경상남도 문화재자료 제197호 **[구조 형식]** 4평주 5량가 팔작기와지붕

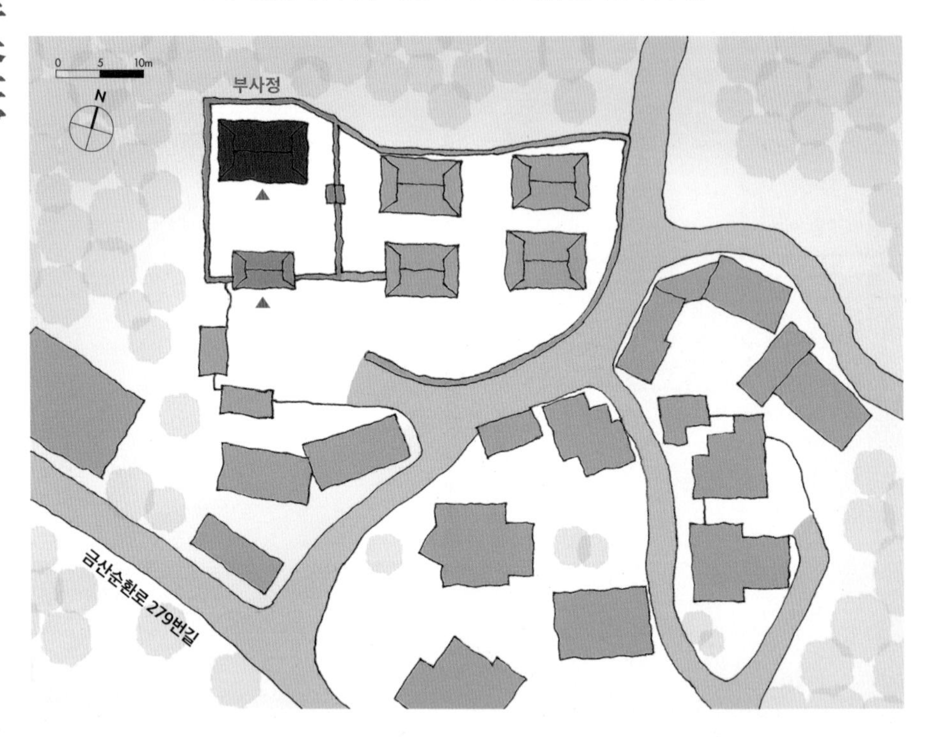

겹처마로 화려하게 처리했으나 안허리곡을 주지 않았다.

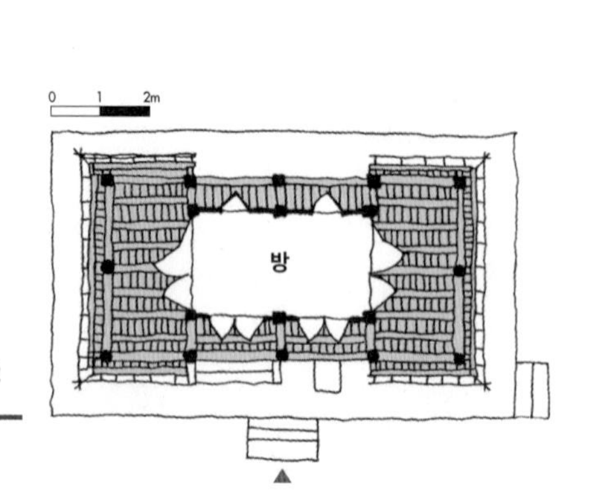

부사 성여신(浮査 成汝信, 1546~1632)을 기리기 위해 제자들이 짓고 서당처럼 사용하던 곳이다. 1785년에 화재로 주변 건물은 모두 소실되었으나 부사정도 함께 피해를 입었는지 알 수 없다. 건물에 걸려 있는 "부사정중수상량문" 현판에는 '숭정오회계묘(崇禎五回癸卯)'라는 기록이 있는데 1903년을 말한다. 또한 "부사정중건기" 현판에 계묘년을 의미하는 '소양단알(昭陽單閼)'이라는 중건 기록이 남아 있다. 따라서 현재의 모습이 만들어진 것은 1903년이라고 볼 수 있다.

부사정은 진주 남강 남쪽 남성골 마을 언덕 위에 자리하고 있으나 강을 등지고 있어 강이 조망되지는 않는다. 원래 자리는 이곳이 아니었고 1903년에 이축했다.

부사정은 정면 4칸, 측면 2칸으로 가운데 2칸은 온돌이고 좌우에 각 1칸 마루가 있다. 규모와 평면 구성이 비슷한 시기에 지어진 고산정과 닮아 있다. 고산정은 배면에 쪽마루를 두었고 부사정은 방의 규모를 줄이고 툇마루를 두었다는 점만 다르다.

외곽의 평주는 원주이며 내부 기둥은 방형이다. 온돌 전·후면에는 퇴를 두었으며 양쪽 마루보다 낮게 해 출입이 편하게 했다. 앞과 뒤 모두에서 출입이 가능하다. 양쪽 마루에는 계자난간을 두르고 마루를 평주 밖으로 조금 낸 것으로 미루어 고상식 누마루처럼 설치했음을 알 수 있다. 문 상방 위에는 여닫이 외짝 눈꼽째기창을 두었다. 이 지역의 특성을 반영한 것이다. 진주지역에서 온돌을 가운데 두고 마루를 양쪽으로 갈라놓은 것은 마루의 쓰임이 많았다는 것을 의미한다.

가구가 매우 특징적이다. 가운데 온돌 2칸을 형성하는 내부기둥은 방형으로 상부가구와 상관없이 앞뒤 툇간의 길이를 다르게 하기 위해 기둥의 높이를 평주와 같이 한 다음 원하는 위치에 놓고, 대들보와 앞뒤로 서로 다른 길이의 툇보를 걸었다. 중앙 대들보 위에는 동자주를 세우고 종보를 걸었는데 가구법으로만 보면 4평주 5량가라고 할 수 있다. 기둥 위치가 다르기 때문에 추녀 뒷뿌리는 외기에 의해 지지하도록 처리했다. 기둥이나 창방과 같은 부재에 둥근 모접기를 했는데 정자 건축에서 보기 어려운 모접기 방식이다.

浮査亭

晋州 浮査亭

1 정면 4칸, 측면 2칸으로 가운데 2칸은 온돌이고 좌우에 1칸 마루가 있다.

2 마루에는 계자난간을 두르고 마루를 평주 밖으로 조금 낸 것으로 미루어 고상식 누마루처럼 꾸몄음을 알 수 있다.

3 방과 마루 사이 분합문을 세 짝으로 처리한 것이 이채롭다. 한 짝과 두 짝으로 나눠 들어걸 수 있다.

4 진주지역 정자에서는 양 측면 마루에서 외기를 구성하고 눈썹천장으로 마감한 것을 볼 수 있다.

5 진주지역 정자의 공통적인 가구법으로 고주를 사용하지 않고 대들보를 중심으로 양쪽에 툇보를 걸고 동자주는 하부 기둥열과 관계없이 처리했다.

6 진주지역에서 흔히 볼 수 있는 쌍창과 쌍창 상부의 눈꼽째기창. 일반적인 눈꼽째기창으로 광창의 역할과 함께 겨울철 환기에도 이용했을 것이다.

진주 고산정

[위치] 경상남도 진주시 대평면 대평리 산131 **[건축 시기]** 17세기 초
[지정사항] 경상남도 문화재자료 제13호 **[구조 형식]** 2평주 5량가 팔작기와지붕

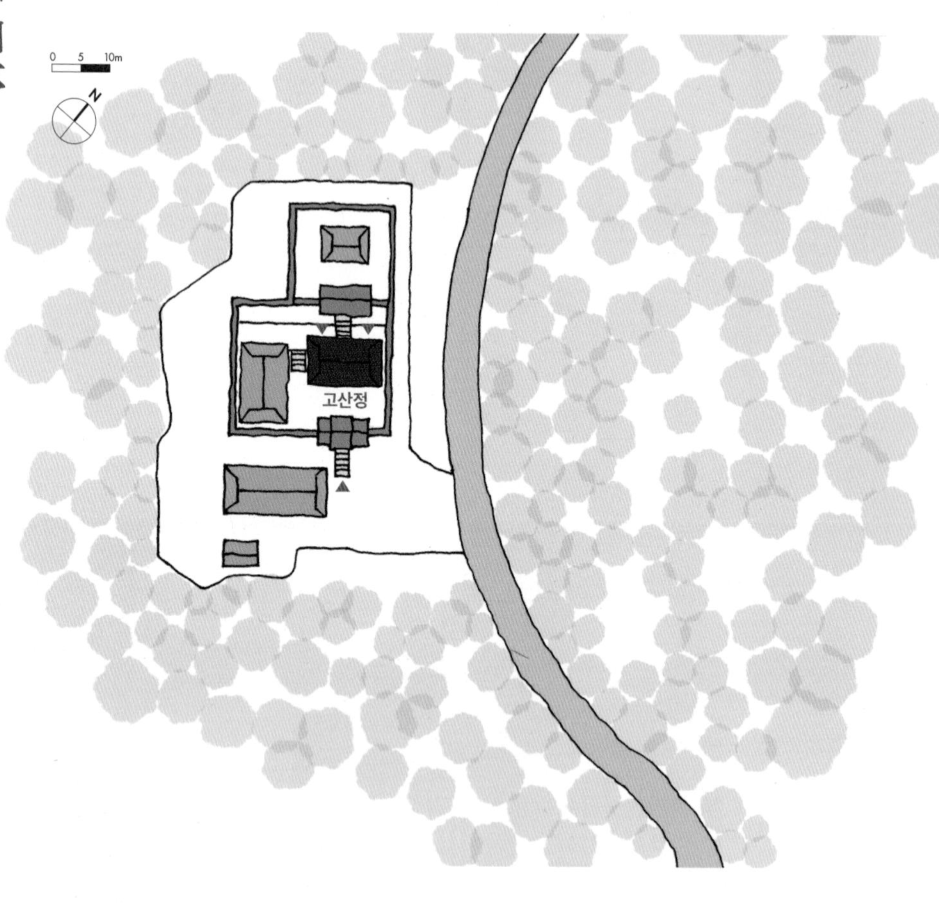

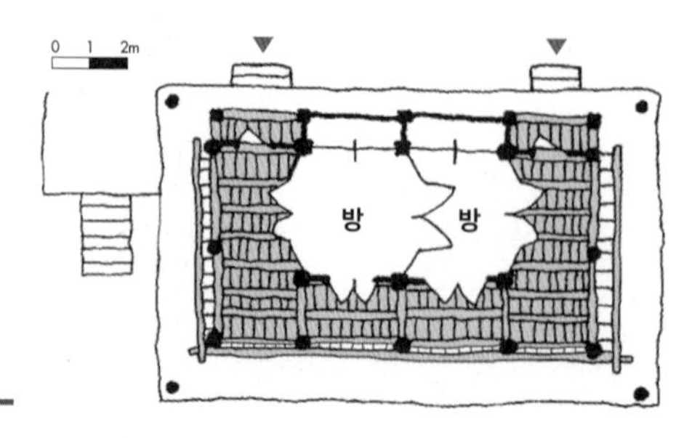

광해군 때 김정훤(金鄭暄, 1583~1647)이 낙향해 건립했으므로 17세기 초에 초창된 것으로 추정할 수 있다. 정자에 있는 김인섭(金麟燮, 1827~1903)이 작성한 "고산정중수기"에는 "정묘년(1867년 추정)에 규모를 늘려 수리했는데 전체가 6칸 규모이고 온돌을 중심으로 좌우에 마루가 있으며 난간이 있는 계단을 통해 오른다."고 했다. 처음에는 작은 정자로 건립되었다가 1867(고종4)년에 중수하면서 현재와 같은 모습으로 바뀐 것으로 추정할 수 있다. 원래는 고산에 있었는데 남강에 댐이 건설되면서 2006년 지금 자리로 이건했다. 모습은 똑같다고 하지만 부재는 많이 바뀌었다.

이건 전 고산정이 있었던 고산은 현재의 고산정과 멀지 않다. 현재 고산정으로 들어가는 입구에서 남강 쪽을 바라보면 저수지 중앙에 작은 섬이 하나 떠 있는데 여기가 고산이다. 댐이 건설되면서 섬이 되었으며 고산 정상 부근에 정자가 있었다.

고산정은 정면 4칸, 측면 2칸으로, 가운데 2칸이 온돌이고 양쪽은 마루이며 전퇴가 있다. 이러한 평면 구성은 진주지역 정자의 공통적인 특징이기도 하다. 고산정이 진주지역 다른 정자와 다른 점은 경사지에 자리하기 때문에 높이를 맞추기 위해 누하주를 사용했다는 점이다. 기단부분에 아궁이가 있어서 온돌에 불을 지필 수 있고 굴뚝은 배면으로 나가지만 지금은 사용하지 않아 아궁이와 굴뚝을 아예 없애버렸다. 진입은 배면 양쪽 쪽마루를 통해 이루어진다. 온돌에서는 배면으로 쪽마루 폭만큼 내밀어 처마 밑 벽장으로 사용하고 있다. 배면에 창 없이 벽장을 달아내고 온돌 상부는 더그매천장으로 해 다락을 두고 전면에 광창을 내는 것도 이 지역의 특징이다. 배면에 창이 없기 때문에 전면 출입문 상부에도 눈꼽째기창과 같이 작은 환기창을 내는 것도 진주지역에서 나타나는 특징이다.

원래 고산정이 있던 고산의 현재 모습.
댐 건설로 섬처럼 떠 있다.

1

4

5

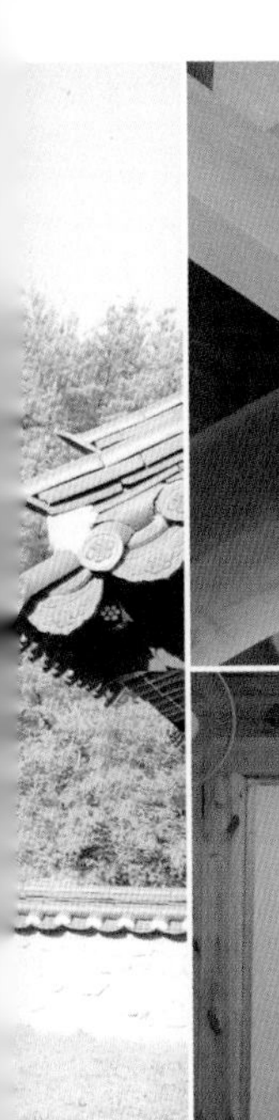

1 경사지를 활용해 전면에 누주를 두고 누각처럼 만들었다.

2 주두와 소로로 장식하고 익공집인 것처럼 두공을 사용한 소로수장집이다.

3 방과 방 사이에는 분합문을 달아 필요에 따라 개방할 수 있게 했다.

4 방 안에서 본 쌍창과 광창. 진주지역의 정자에는 대부분 이처럼 높은 곳에 좁은 눈꼽째기 광창을 두고 있다.

5 광창처럼 보이지만 천장 상부 벽장문이다. 세살문을 돌려서 벼락닫이처럼 달았다. 문이 큰 이유는 물건의 출입을 위해서이다.

6 후면에 있는 양쪽 쪽마루를 통해 들어와 주변 풍경을 감상하면서 정면으로 나온다.

진주 용호정원

[위치] 경상남도 진주시 명석면 진주대로1728번길 29 (용산리) **[건축 시기]** 1927년
[지정사항] 경상남도 문화재자료 제176호 **[구조 형식]** 팔모정

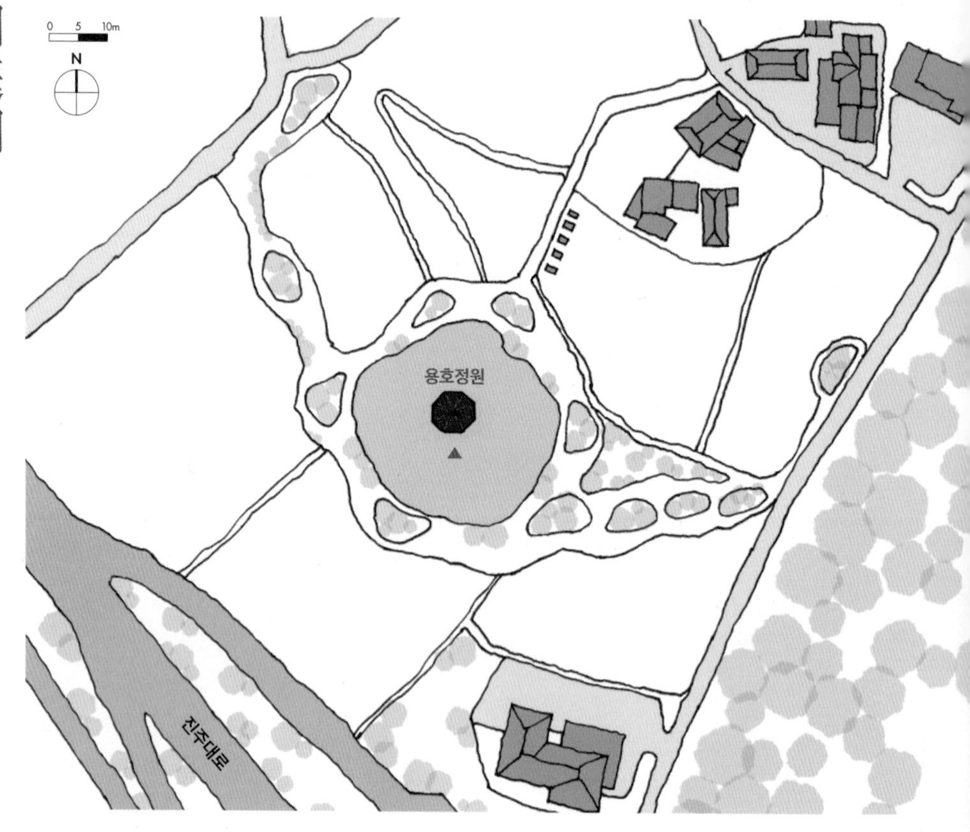

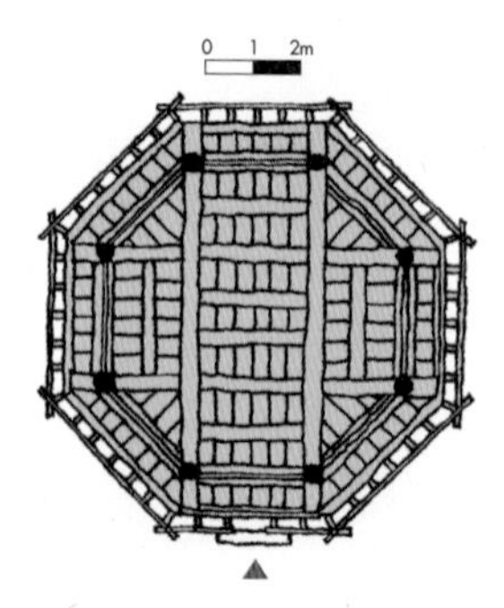

진주시 서북쪽 3번 국도 진주대로 옆 비실마을에 자리하고 있는 용호정원은 1928년 박헌경(朴憲慶, 1872~1937) 참봉이 굶주리는 마을 사람들을 구휼하기 위해 지은 것으로 알려져 있다. 논 한가운데에 정자를 중심으로 넓은 정원을 꾸몄다. 정자 자체의 건축적 가치보다는 주변 정원과 어우러진 정자로서의 가치가 중요한 유적이다.

전체 정원은 자루 모양으로 생겼는데 가운데 둥근 연못을 두고 연못 중앙에 팔각정을 지었다. 자루 모양을 한 연못의 외곽을 따라 중국 무산의 12봉을 모방해 작은 봉우리를 조성하고 나무를 식재했다. 연못에는 연꽃을 심었으며 정자에는 배를 이용해야 갈 수 있다. 정자는 팔각형인데 원기둥을 사용했고 연못 부분에서는 석주를 받쳤다. 정자 바닥에는 우물마루를 깔았으며 사방에 계자난간을 둘렀다. 기둥머리는 다포형식 건물과 같이 창방과 평방을 두고 그 위에 포를 올렸는데 간포는 각 칸에 두 개씩 배치했다. 제공과 익공은 연화가 만개한 모습으로 화려하게 조각하고 처마는 겹처마이다. 조선 말기의 장식적 경향을 그대로 반영한 모습이다. 용마루 부분은 암막새와 수막새로 2단을 쌓고 3번째 단은 암막새를 엎어 망와처럼 장식했다. 그리고 위에 연가 형태의 절병통을 올려 마감했다.

연못 주변과 정원의 경계를 따라 마치 민묘의 봉분 크기 정도로 무산 12봉을 모방해 봉우리를 만들었는데 다른 정원에서 볼 수 없는 풍경이다. 정원 입구에는 도로를 따라 주변의 각종 비석을 모아 일렬로 세워두었다.

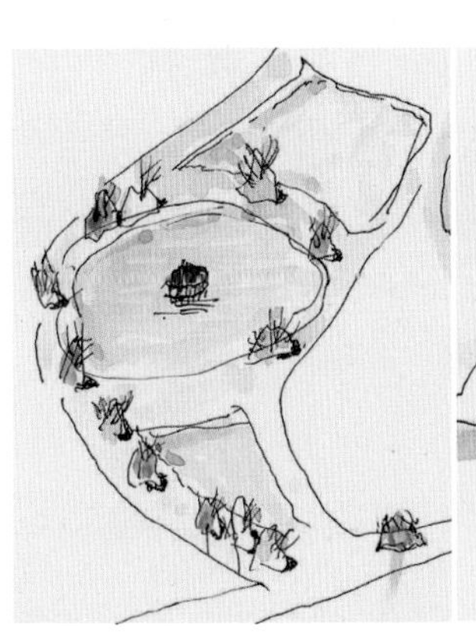

1 정자 지붕 꼭짓점에는 연가와 같이 생긴 절병통을 얹었다.

2 지붕 망와에는 정원을 만든 박헌경을 상징하는 '朴'자가 새겨져 있다.

3 못 가운데에 있는 정자는 배를 타고 출입한다. 정자는 팔각정으로 공포는 익공형식이나 다포형식과 혼용해 절충양식으로 화려하게 만들었다.

4 중국 무산의 12봉을 상징하는 봉우리를 못 주변에 꾸며 놓고 초화류로 장식했다.

5 못 중앙에 정자가 있으며 못 주변은 무산12봉과 초화류가 어우러져 경치가 일품이다.

6 정원 입구에는 이곳을 조성한 박헌경을 그리는 불망비를 포함해 각종 비석이 늘어서 있다.

1

2

4

3

5

6

진주 수졸재

【위치】 경상남도 진주시 사곡로156번길 24-6 (수곡면) 【건축 시기】 1916년
【지정사항】 경상남도 문화재자료 제567호 【구조 형식】 4평주 5량가 팔작기와지붕

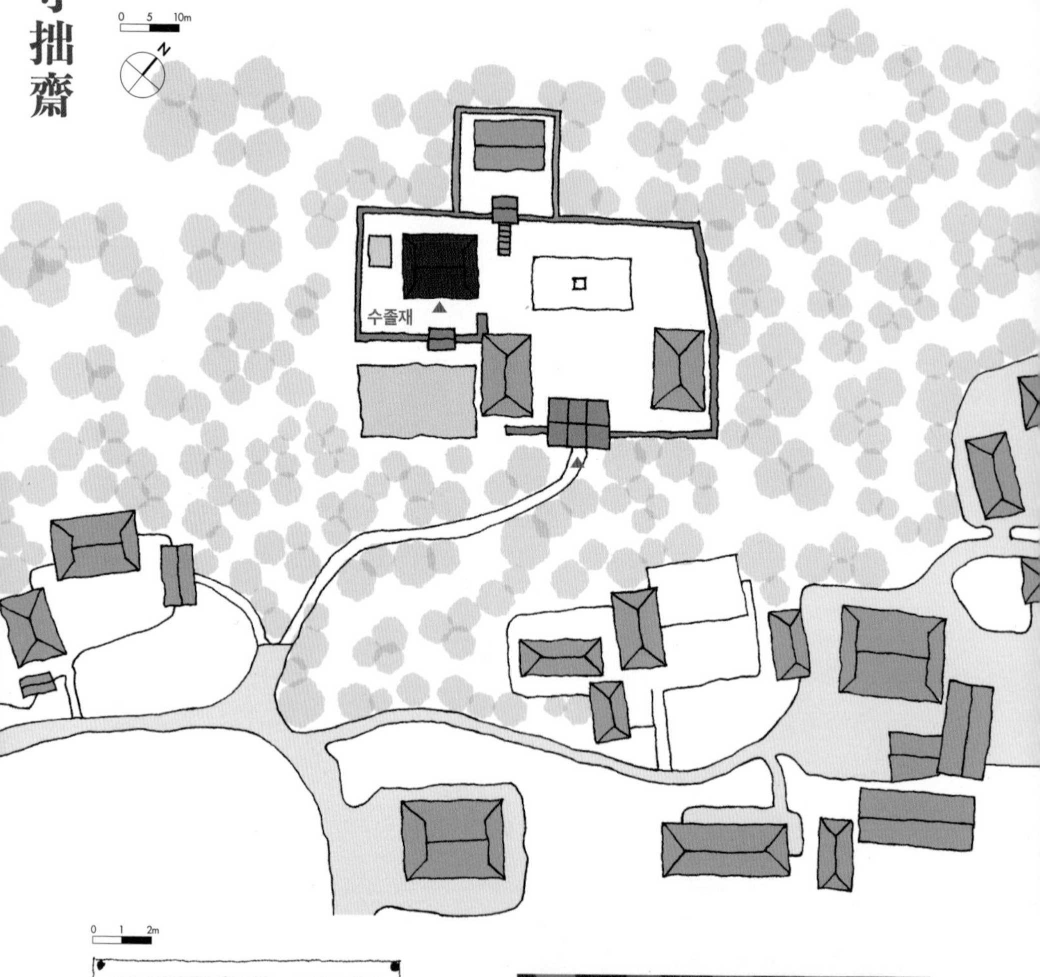

0 1 2m

방

사곡하씨의 집성촌인 사곡마을 동북쪽 주산 아래에 동남향으로 자리한 수졸재는 1916년에 건축된 사곡하씨 문중의 정자이다. 정자 남쪽에는 방형의 연못이 있으며 연못과 정자 사이는 담장으로 구분하고 담장에 일각문을 두어 출입할 수 있도록 했다. 담장 안 정자 서쪽에도 작은 연못이 있다. 작은 연못과 큰 연못은 담장 따라 난 수로를 통해 연결되어 있다. 연못에는 뒷산에서 흘러내리는 물이 유입된다. 담장 안의 작은 연못에는 석조를 두어 낙수 형태로 꾸몄는데 수량이 많지는 않지만 마르지 않고 청명해 연못의 수초와 돌담이 어우러져 만들어내는 풍경이 매우 아름답다.

수졸재는 정면 3칸, 측면 2칸으로 가운데에 온돌 1칸을 두었다. 정면을 4칸으로 하고 중앙 2칸을 온돌로 하는 진주지역의 다른 정자보다 정면이 1칸 적다. 하지만 가운데 온돌을 두고 양쪽에 마루를 배치했으며 누처럼 사방으로 난간을 두르고 활주를 세운 모습, 출입문 상부에 눈꼽째기창을 둔 모습 등은 지역의 여느 정자와 다르지 않다.

양측면은 중앙에 기둥이 있는 2칸 형식이지만 정칸 양쪽은 전후 퇴가 있는 4평주 5량가 형식이다. 앞뒤에 툇간이 있는 집임에도 고주로 처리되어야 할 내부 기둥이 평주와 같은 높이로 처리되고 대들보와 툇보가 같은 높이로 걸리며 동자주는 내부 기둥과 관계없는 위치에 있다. 내부 기둥머리는 사갈맞춤인데 보방향으로는 대들보와 툇보가 이어지고 도리방향으로는 헛창방과 헛장혀가 보와 직각으로 맞춤되었다. 대들보 중앙에서는 충량이 양쪽 측면 중앙기둥으로 연결되었으며 충량 위에서는 외기를 걸고 눈썹천장을 꾸몄다.

공포는 직절된 익공 양식이며 창방과 장혀 사이에는 소로를 끼웠다. 격식을 높인 소로수장집이다. 전면 평주는 원기둥이고 후면 평주는 방형기둥으로 해 정면성을 강조했다. 외기의 허주 단면에 태극과 음양을 먹으로 그려 넣었다. 모접기, 면접기 등이 세밀하고 활주를 포함한 평면간살과 입면 및 단면의 구성에서 작지만 완성도 높은 조형성을 보여주고 있다.

정자 뒤에는 담장너머 광명각(光明閣)이라는《주자어류(朱子語類)》책판(冊板)을 보관하고 있는 건물이 있다. 이 책판은 1904년 산청의 대원사에서 간행된 것이다.

1

3

5

4

1 온돌의 전면에는 세살문을 달고 양측면에는 불발기분합문을 달았다.

2 계자난간을 두르고 마루로 사용하고 있는 전툇간

3 외기 허주 하단에는 음양을 상징하는 도상이 먹으로 도안되어 있다.

4 정자에 사용된 팔각 우주초석

5 정자 서북쪽에 있는 작은 방지.
뒷산에서 흘러든 물을 모아 담장을 따라 흐르게 한 다음 담장 밖 큰 못으로 들어가게 했다.

6 지역의 사암으로 만든 매우 세장한 활주초석

7 정자 담장 밖에는 방지가 있다.

8 직사각형의 자연석을 세로로 쌓은 후원의 석축. 정사각형 석재를 세로쌓기한 견치식 석축과 유사해 보인다. 지금은 대부분 사라졌으나 우리나라 민가에서 사용하는 석축쌓기 방식 가운데 하나로 수평으로 석재를 쌓는 평축쌓기보다 견고하다.

9 진주지역 대부분의 정자는 정면 4칸으로 가운데에 온돌을 두는데, 수졸재는 정면 3칸 규모이고 1칸 온돌을 두었다.

진주 비봉루

[위치] 경상남도 진주시 창렬로 205-17 (상봉동887-1) **[건축 시기]** 1939년
[지정사항] 경상남도 문화재자료 제329호 **[구조 형식]** 2평주 5량가 팔작기와지붕

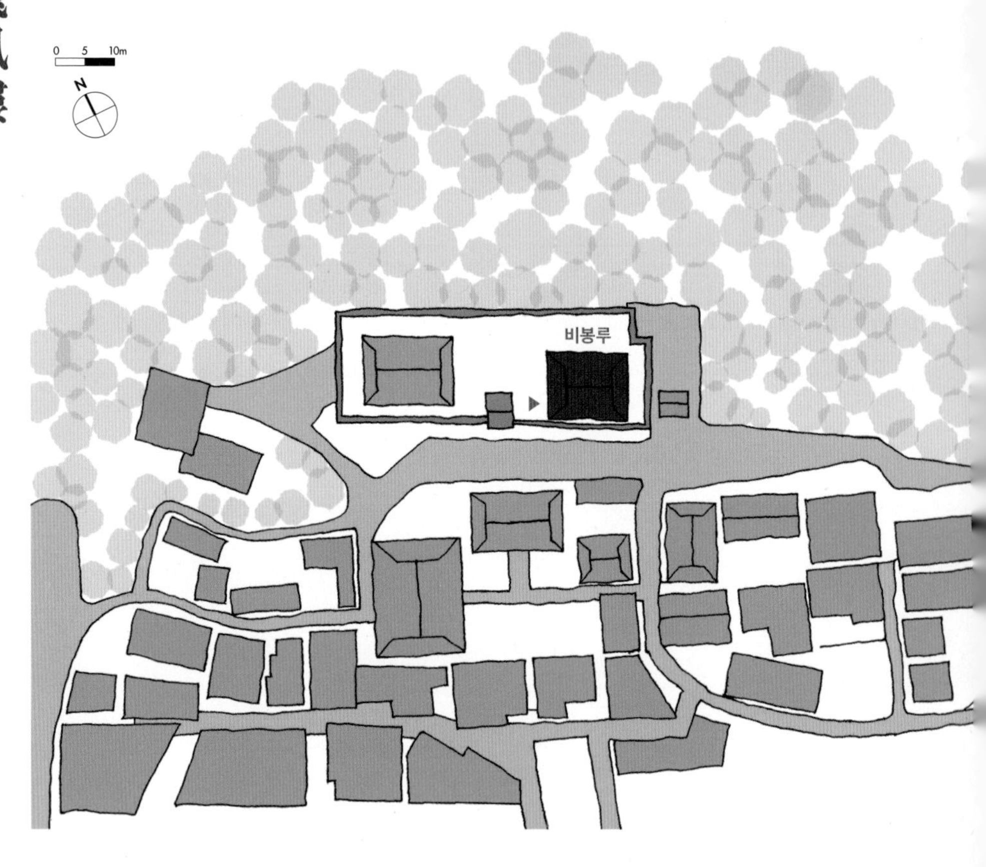

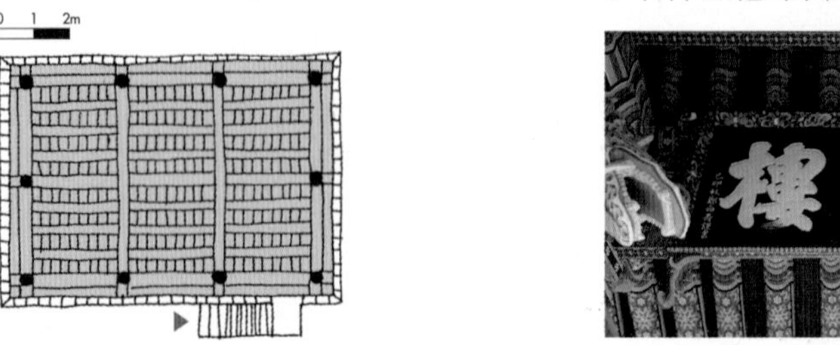

1 화반의 귀면과 연화 조각이 매우 정교하고 섬세하다.

2 누하주 초석은 지역에서 생산되는 사암으로 만들었다.

포은 정몽주(圃隱 鄭夢周, 1337~1392)를 기리기 위해 후손인 정상진이 1939년에 지은 누각이다. 누각의 이름은 진주의 주산인 비봉산에서 유래했다고 한다. 누각에 걸려 있는 "비봉루중건기" 편액은 신사년(辛巳, 1941) 7월에 정의열(鄭義烈)이 쓴 것이며 "비봉루" 현판은 을묘년(乙卯, 1939)에 정명수(鄭命壽)가 쓴 것이다. "비봉루상량문" 편액도 1939년에 제작되었다. 이러한 편액들이 이 건물이 1939년에 지어졌음을 증명하고 있다.

비봉루는 정면 3칸, 측면 2칸으로 크지 않지만 조각과 단청이 화려한 겹처마 익공집이다. 정칸 양쪽으로는 앞뒤 기둥 사이로 대들보를 건너지르고 양쪽 협칸은 대들보 중앙에서 충량을 걸어 외기를 지지하여 추녀를 걸었다. 중도리 간격이 매우 좁은 것이 특징이며 구조는 2평주 5량가이다. 누하주 초석은 팔각 사다리형인데 이 지역에서 생산되는 사암을 사용했다. 입구 사주문의 팔각석주와 거북 모양의 초석 역시 모두 사암을 사용했다. 사암은 결이 없어서 비교적 조각에 유리하기 때문에 섬세한 조각이 베풀어져 있으나 껍질처럼 일어나는 단점이 있다. 가까운 촉석루와 성곽에서도 사암을 사용한 사례를 볼 수 있다.

비봉루에 사용한 붉은 벽돌이나 장식 콘크리트 담장 등이 1939년이라는 지어진 시기의 분위기를 대변하고 있다. 누각의 치목도 기계를 사용한 흔적이 있으며 단청문양과 형식에서도 전통건축에서 나타나지 않는 근대기의 모습을 볼 수 있다.

1 2

1 경사지 높은 곳에 지어 정면이 한눈에 들어오지 않는다.

2 대문 문설주 초석. 지역에서 생산되는 사암을 사용했다. 초석을 거북 모양으로 한 것이 특이하다.

3 2평주 5량가로 가구를 구성했으나 중도리가 중심부분에 가깝게 모여 있다.

4 선자연 하부에 벽화를 그려 놓은 것이 이색적이다.

5 익공을 비롯한 공포 부분은 매우 구체적인 모양으로 장식했는데 조선후기에 나타나는 경향이다. 다른 곳에서 보기 어려운 문양도 볼 수 있다.

6 정면 3칸, 측면 2칸으로 크지 않지만 조각과 단청이 화려하다.

7 누각의 바닥에는 우물마루를 깔았다. 이곳에서 내려다보면 진주 시내와 남강이 한눈에 들어온다.

창녕 문암정

[위치] 경상남도 창녕군 계성면 사리 산 10
[건축 시기] 1836년 **[지정사항]** 경상남도 문화재자료 제25호
[구조 형식] 문암정: 5량가 팔작기와지붕, 영정각: 3량가 맞배기와지붕,
비각: 3량가 맞배기와지붕, 주사: 3량가 우진각기와지붕

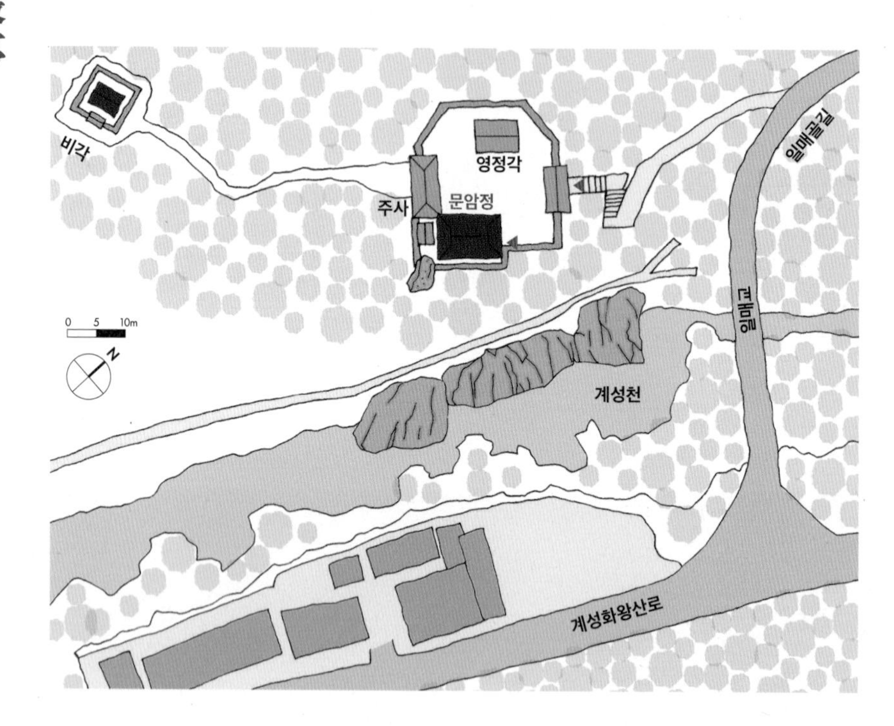

1 계성천에서 바라본 문암정. 주변에는 신초장군이 정자를 짓고 노년을 보내면서 심은 배롱나무가 있다.

2 문암정 대청 가구. 대들보와 충량에 자연스럽게 휜 곡재를 사용했는데 창건 당시 부재가 여전히 사용되고 있는 것으로 추측된다.

3 전면은 소로수장으로 위계를 높이고 측면과 배면은 납도리집으로 처리했다.

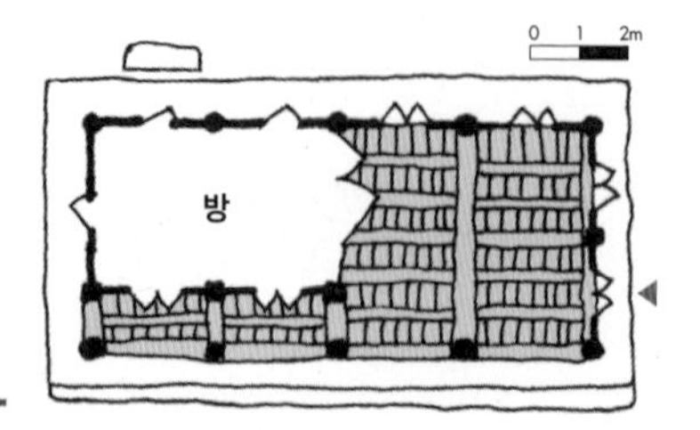

창녕 구현산 기슭의 절벽 위에 계성천을 바라보며 남동향으로 자리잡은 문암정은 임진왜란 때 의병장 신초(辛礎, 1568~1637)장군을 배향한 곳으로 1836(헌종2)년에 건축되었다.

계성천에서 3칸 대문채를 들어서면 문암정과 영정각이 좌우로 있으며, 그 너머에 주사가 있다. 현재의 대문채는 근래에 신축된 것으로 당초에는 주사 바깥에 있는 비각을 지나 주사에 딸린 대문을 통해서 통행했다. 대문채에서 약 50m 바깥에 있는 비각에는 장군의 사적비가 있고, 영정각에는 장군의 영정과 위패가 봉안되어 있다.

문암정은 정면 4칸, 측면 2칸의 소로수장집으로 왼쪽에 방 2칸이 있고, 오른쪽에 2칸 대청이 있다. 주사는 정면 4칸, 측면 1칸 규모로 오른쪽부터 대문, 방, 대청 2칸으로 구성되어 있다. 대청 2칸 중 1칸은 단을 높이고 계자난간을 둘러 위계를 표현했다. 주사는 2칸 대청과 1칸 방 그리고 1칸 대문을 두었는데, 대청 좌측은 단을 높여 누마루로 구성하고 하부에 창고를 두었다. 평면의 구성이 살림집의 형태인 일반적 주사와 차이가 나는 것을 볼 때, 당초에는 이 건물만 사용했을 가능성이 있다고 생각된다.

문암정에서 바라보는 계성천 주변에는 백일홍이 무성하여 경치가 아름답다. 이 배롱나무는 신초장군이 정자를 짓고 노년을 보내면서 심은 것으로 전한다.

昌寧 聞巖亭

1 주사에 딸린 대문을 나와 약 50m 바깥에 있는 비각에는 장군의 사적비가 있다.

2 주사 배면. 현재 주출입으로 사용되는 대문이 생기기 전에는 주사에 딸린 대문을 통해서 문암정에 출입했다.

3 주사는 정면 4칸, 측면 1칸 규모로 오른쪽부터 대문, 방, 대청 2칸이 있다.

4 문암정은 정면 4칸, 측면 2칸의 소로수장집으로 왼쪽에 방 2칸이 있고, 오른쪽에 2칸 대청이 있다.

5 주사는 대청을 2단으로 나누고 높은 쪽에만 난간을 둘러 위계를 구분했다. 주사에 이처럼 단이 나눠지는 경우는 드물다.

6 문암정 대청 쪽 방에는 세짝만살문을 달고 대청 후면에는 판문을 달았다.

昌寧 聞巖亭

창녕 부용정

【위치】경상남도 창녕군 성산면 곽천대산로 94-9 (냉천리) 【건축 시기】창건 1582년, 중건 1955년
【지정사항】경상남도 문화재자료 제248호 【구조 형식】5량가 팔작기와지붕

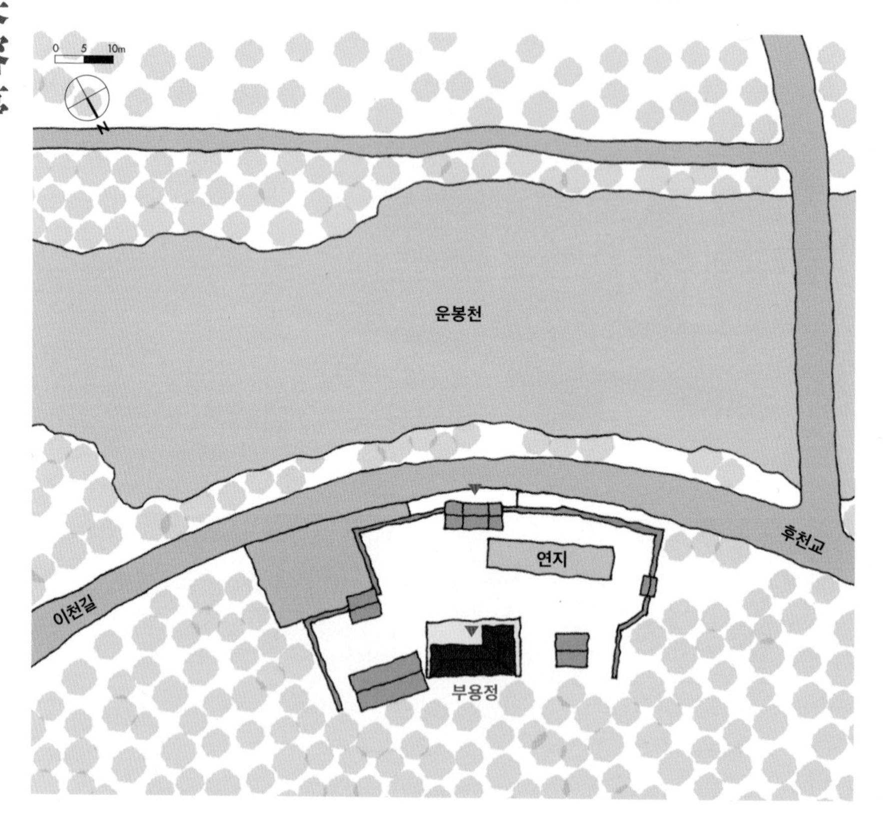

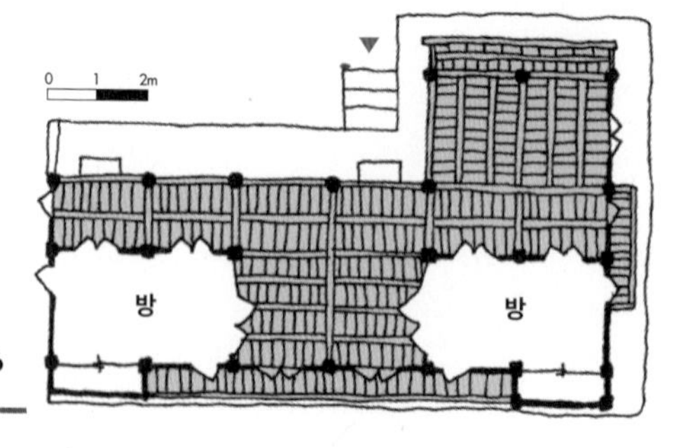

1 운봉천에서 바라본 부용정

2 성안의의 영정을 모신 사당인 경현사와 부용정. 사당 전면에는 장방형의 방지가 있다.

3 풍욕루에서 본 풍경

창녕 냉천리마을 산기슭에 운봉천을 바라보며 남서향으로 자리잡은 부용정은 1582(선조15)년에 한강 정구(寒岡 鄭逑, 1543~1620)가 강학을 위해 창건하고 후에 부용당 성안의(芙蓉堂 成安義, 1561~1629)에게 넘겨 주었다고 한다.

정자는 초창 이후 1727(영조3)년에 화재로 소실되어 1780(정조4)년에 다시 지었으나 한국전쟁 때 다시 훼손되었다. 현 건물은 1955년에 당초의 모습대로 다시 지은 것이다.

운봉천 앞의 솟을삼문을 들어서면 높은 기단 위에 'ㄱ'자형의 부용정이 정면에 자리잡고 있으며, 오른쪽에 관리사가, 왼쪽에 성안의 영정을 모신 경현사가 있다. 경현사 앞에는 방지가 있다.

부용정은 정면 6칸으로 왼쪽 2칸은 전면으로 1칸을 내밀어 마루로 꾸미고 풍욕루라는 현판을 달았다. 가운데 2칸은 대청, 오른쪽에는 전면에 툇마루가 있는 방 2칸을 두었다. 가운데 대청 양쪽의 방은 삼분합들문을 달아 6칸을 통으로 개방할 수 있도록 했다. 전면 초석은 둥굴게 가공하고 원기둥을 사용해 위계를 높였다.

1 대청에서 본 풍경

2 풍욕루에서 본 몸채. 둥굴게 가공한 초석 위에 원기둥을 올려 전면의 위계를 드러낸다.

3 대청에서 본 방과 풍욕루. 대청 쪽 방에는 삼분합들문을 달았다.

4 정면 6칸으로 왼쪽 2칸은 전면으로 1칸을 내밀어 마루로 꾸미고 가운데 2칸은 대청, 오른쪽에는 전면에 툇마루가 있는 방 2칸을 두었다.

5 왼쪽 2칸은 앞으로 1칸 내밀어 마루로 꾸미고 풍욕루라는 현판을 달았다.

창원 관해정

[위치] 경상남도 창원시 마산합포구 관해정길17 (교방동) **[건축 시기]** 창건 조선 중기, 중건 1886년
[지정사항] 경상남도 문화재자료 제2호 **[구조 형식]** 3량가 팔작기와지붕

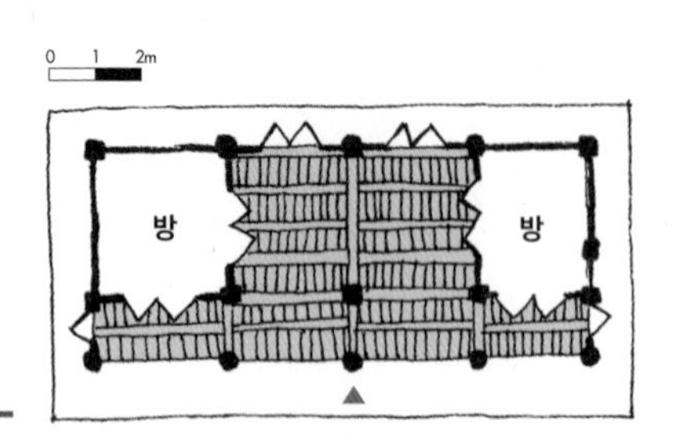

조선중기 학자 한강 정구(寒岡 鄭逑, 1543~1620)를 추모하기 위해 그의 제자들이 세운 회원서원 경내에 있던 건물로 지금은 대원군의 서원 철폐로 없어지고 관해정만 남아 있으며, 1886년 중건한 것으로 알려져 있다. 해마다 3월 9월 정구와 허목(許穆, 1595~1682)의 제사를 지내고 있다. 관해정 앞에는 440년된 은행나무가 있는데 한강이 심었다고 한다.

관해정은 회원서원이 있다 해서 서원곡이라고 부르는 무학산 계곡 입구 일대에 동남향으로 자리하고 있다. 창원 도심과 무학산 경계에 있다 보니 주변이 산만한 측면이 있다. 산을 등지고 계곡을 바라보며 자리잡고 있는데 경내가 좁은 편이다. 현재는 관해정과 솟을삼문, 관리사만 있고 주변은 돌담을 둘러 경계지었다. 관해정은 정면 4칸, 측면 2칸으로 왼쪽에 1칸, 오른쪽에 1칸씩 방이 있고 가운데 2칸은 대청이다. 정자라기보다는 살림집 같은 분위기이다.

대청에는 없어도 될 내진주가 있다. 기단은 경사진 대지에 맞춰 높낮이를 달리해 장대석으로 구성했으며 초석은 전면 쪽은 원형주좌를 가진 가공석을 사용하고 다른 곳은 자연석이 아닌 약간 가공한 것을 사용했다. 전면에만 원주를 사용했다. 민도리집으로 가구는 3량 구조이다. 건물 규모로 볼 때 5량 구조로 할 만하다. 관해정으로 들어가는 삼문에는 거북이 모양의 빗장걸이가 있다. 장수를 바라는 의미가 있는데 투박하지만 재미가 있다.

1 관해정 현판

2 동쪽 온돌에 걸려 있는 취백당 현판

1 돌담을 둘러 주변과 경계 짓고 솟을삼문을 두었다.

2 막새에 아기자기한 문양을 새겼다.

3 솟을삼문 빗장걸이는 장수를 기원하는 의미로 거북이 모양으로 장식했다.

4 정면 4칸, 측면 2칸으로 가운데에 2칸 대청을 두고 양 옆에 1칸 방을 두었다.

5 5량으로 꾸며도 될 만한 규모이지만 3량가이다. 가운데에 없어도 되는 내진주가 있다.

창원 관술정

[위치] 경상남도 창원시 의창구 내리동 38번지
[건축 시기] 1726년 건립, 1877년 이건 **[지정사항]** 경상남도 문화재자료 제124호
[구조 형식] 5량가 팔작기와지붕

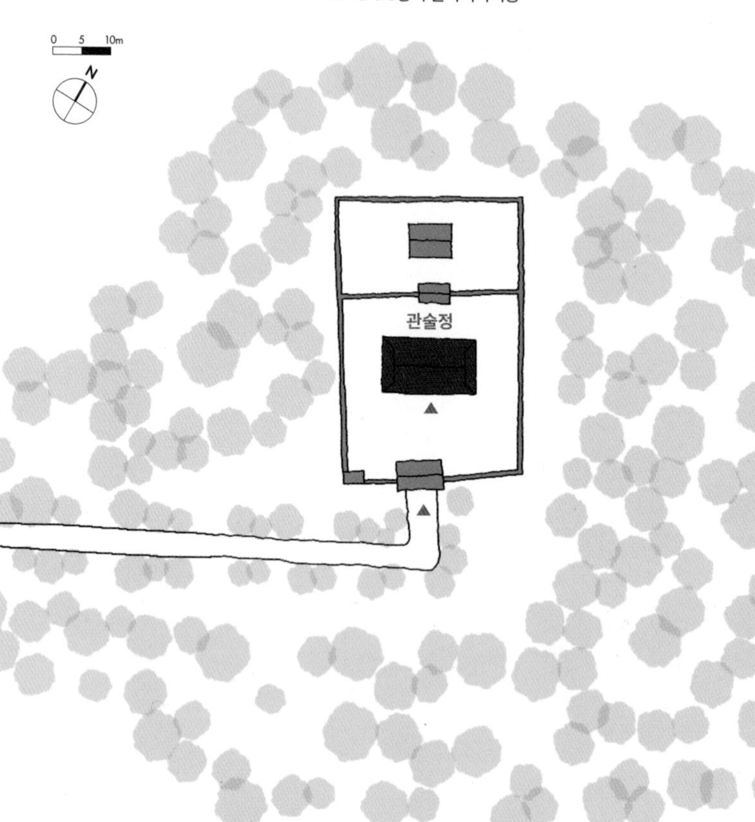

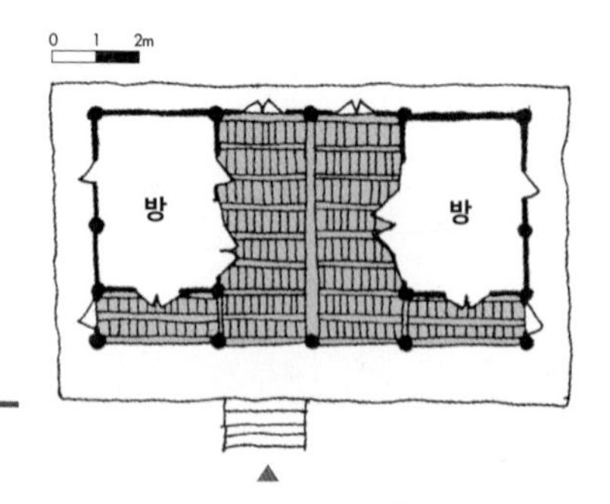

반룡산 남동쪽 기슭의 군사보호구역 안에 자리잡고 있는 관술정은 1726(영조2)년 건립한 창원향교의 육영재를 회산감씨 문중에서 인수하여 1877(고종14)년 이건한 것이다. 1936년에 관술정 뒤편에 삼렬사를 지어 임진왜란 당시 이순신의 진영에서 공을 세운 무인 관술정 감경인(觀術亭 甘景仁, 1569~1648), 감경륜(甘景倫) 형제를 모시고 있다.

정면 3칸, 측면 2칸 규모의 삼문인 불사문을 들어가면 전면에 관술정이 있고, 그 뒤로 상장문과 삼렬사가 경사지를 따라서 일렬로 배치되어 있는 모습이 보인다. 삼문 앞에는 감경인의 후손으로 동학농민운동을 평정하는 공을 세워 용양위 사과를 제수 받은 감재원(甘在元)의 행덕비와 송덕비가 있다.

화강석 초석 위에 원형 기둥을 세운 관술정은 정면 4칸, 측면 2칸 규모이다. 가운데에 2칸 대청을 두고 양쪽에 각각 전퇴가 있는 1칸 방을 두었다. 평면 형태는 중당협실형으로 경상도의 다른 정자와 다를 바 없으나, 당초 육영재로 건립된 건물이어서 이익공으로 화려하고, 기둥이나 대들보 등의 부재 규격 또한 견실하며, 보존 상태도 양호하다.

답사하려면 군부대의 허락을 받아야 한다.

1 주심포 상세
2 종도리 대공상세
3 익공 내부 상세
4 화반상세
5 전경

1

4

1 대청에서 본 풍경

2 귀포. 육영재를 이건한 건물이어서 이익공으로 화려하다.

3 기둥, 대들보 등에 사용한 부재의 규격이 견실하며, 보존 상태가 양호하다.

4 가운데 2칸 대청을 두고 양쪽에 1칸 온돌을 둔 중당협실형으로 전형적인 경상도 지역 정자의 평면이다.

5 대청 쪽 방에는 삼분합들문을 달고 대청 후면에는 판문을 달았다.

창원 이승만 전 대통령 별장 및 정자

[위치] 경상남도 창원시 진해구 현동 71번지 **[건축 시기]** 초창 미상, 일제강점기 추정
[지정사항] 경상남도 문화재자료 제265호 **[구조 형식]** 별장: 팔작기와지붕, 정자: 3량가 모임초가지붕

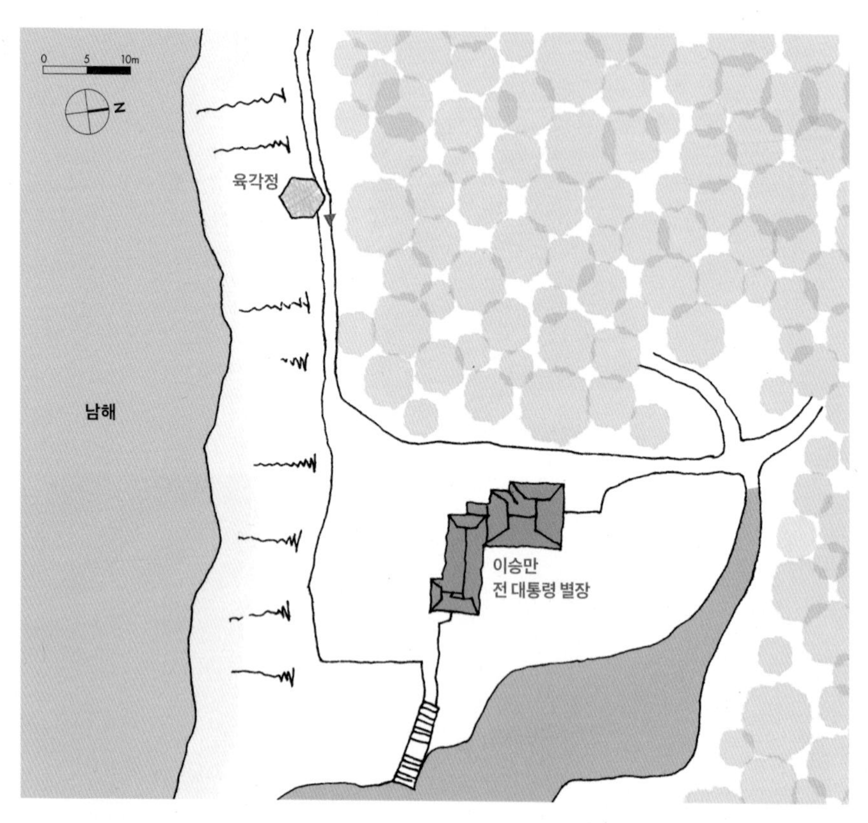

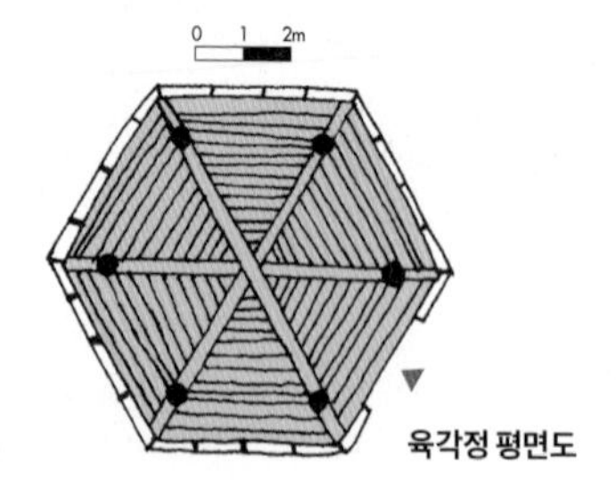

육각정 평면도

진해 앞바다를 바라보며 진해 군사구역 내에 자리한 이 별장의 초창 시기와 용도는 정확히 알 수 없다. 일제강점기에 일본군 통신대가 사용했고, 1945년 해군에서 인수해 수리 후 이승만 대통령 별장으로 사용했다.

별장은 집무실과 기타 부속실로 구성되며, 지붕은 팔작기와지붕이다. 건물의 비례로 볼 때, 기와는 나중에 얹은 것으로 추정된다.

별장에서 서쪽으로 오솔길을 따라 가면 해변에서 약 50m 떨어진 곳에 육각정이 있다. 육각정은 1949년 이승만 대통령과 장개석 총통이 아시아 집단 방위체제 구상을 위한 예비회담을 했던 곳이다. 정자에는 회담 당시에 앉았던 의자가 있는데, 나무로 만들어 어설퍼 보이지만 앉아보면 굉장히 편안하다. 의자에 앉아서 보는 진해 바다의 경관이 일품이다. 건물은 경사진 지형을 이용해 하부에 철근콘크리트조 기둥을 세우고 슬래브를 친 후, 그 위에 목조로 건축한 누각형 정자이다. 지붕은 기둥과 기둥 사이에 3개의 대들보를 걸고 간략한 중도리를 올려 선자서까래를 걸쳤으며, 지붕은 갈대로 덮었다. 도리받침과 보아지 등의 형태에서 간략해지는 근대기의 모습을 엿볼 수 있다.

별장 앞에는 작은 못이 조성되어 있다.

1

4

5

6

1 별장에서 서쪽으로 오솔길을 따라 가면 해변에서 약 50m 떨어진 곳에 육각정이 있다.

2 기둥과 기둥 사이에 3개의 대들보를 걸고 간략한 중도리를 올려 선자서까래를 걸쳤으며, 지붕은 갈대로 덮었다.

3 도리받침과 보아지 등의 형태에서 간략해지는 근대기의 모습을 엿볼 수 있다.

4 일제강점기에 일본군 통신대가 사용했고, 1945년 해군에서 인수해 수리 후 이승만 대통령 별장으로 사용했다. 건물의 비례로 볼 때, 기와는 나중에 얹은 것으로 추정된다.

5 별장 내부

6 육각정 측면 전경

7 정자에는 1949년 이승만과 장개석이 아시아 집단 방위체제 구상을 위한 예비회담 당시에 앉았던 의자가 있다.

하동 악양정

[위치] 경상남도 하동군 화개면 상덕길 21(덕은리 815) **[건축 시기]** 1901년 중건, 1920년 중수, 1994년 보수
[지정사항] 경상남도 문화재자료 제220호 **[구조 형식]** 5량가 팔작기와지붕

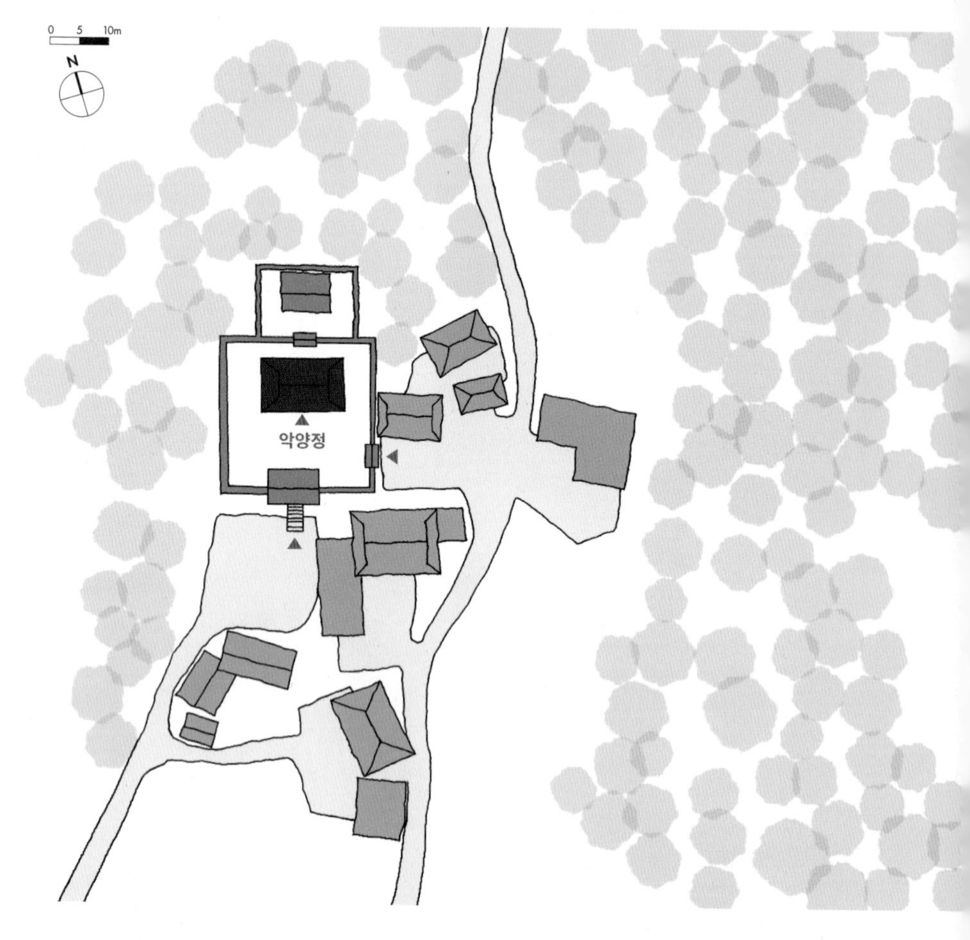

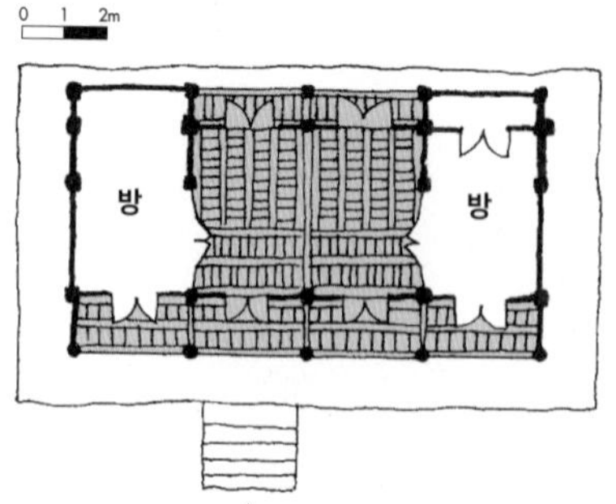

상덕마을 위쪽에 섬진강을 바라보며 남서향으로 자리잡은 악양정은 일두 정여창(一蠹 鄭汝昌, 1450~1504)이 은거하면서 학문을 연구하고 강학하던 정자로 15세기 말경에 창건된 것으로 추정된다. "악양정 중건기"와 "악양정 중수기"에 따르면 1901년에 중건하고, 1920년에 3칸이던 건물을 4칸으로 확장했으며, 1994년에 크게 보수해 창건 이후 많은 변화가 있었음을 알 수 있다.

외삼문을 들어서면 높은 기단 위에 있는 악양정이 보인다. 그 뒤로 높은 위치에 사당인 덕은사가 있다. 전학후묘의 배치이다. 악양정 오른쪽에 있는 협문을 지나면 관리사가 나온다.

악약정은 정면 4칸, 측면 2칸으로 왼쪽부터 방1칸, 대청 2칸, 방 1칸으로 구성되어 있으며, 4칸 모두 전퇴를 두었다. 대청에서 출입하는 방의 문은 삼분합들문과 사분합들문을 설치해 필요에 따라 전체를 개방할 수 있도록 했다. 대청 전면에는 사분합들문을 달고 후면에는 쌍여닫이문을 달아 모두 닫고 폐쇄적으로 사용할 수 있게 했다. 배면의 양쪽 방 뒤에는 반침을 설치하고 대청 뒤에는 마루를 깔았다. 악양정 마당에는 기이한 형태의 소나무 한 그루와 매화나무가 여러 그루 있다. 악양정 현판은 석촌 윤용구(石村 尹用求, 1853~1939)의 글씨이다.

이 정자는 유식기능의 일반 정자와 달리 사당과 서당의 성격을 갖는 정자라고 할 수 있다.

악양정 뒤 높은 곳에 사당인 덕은사가 있다. 전학후묘의 배치이다.

1 전면 툇간은 툇마루로 꾸몄다.

2 높은 기단 위에 자리한 악양정은 정면 4칸, 측면 2칸으로 왼쪽부터 방 1칸, 대청 2칸, 방 1칸으로 구성되어 있다.

3 전면은 소로수장으로 위계를 높이고 측면과 배면은 납도리집으로 처리했다.

4 둥글게 가공한 초석을 사용했다.

5 대청 배면에도 마루를 두었다.

6 삼문 근처에는 기이한 형태의 소나무와 매화나무가 있다.

2

6

함안 동산정

[위치] 경상남도 함안군 가야읍 상검길 22-20(검안리)
[건축 시기] 1459년 초창, 1935년 중건
[지정사항] 경상남도 문화재자료 제441호 **[구조 형식]** 3량가 팔작기와지붕

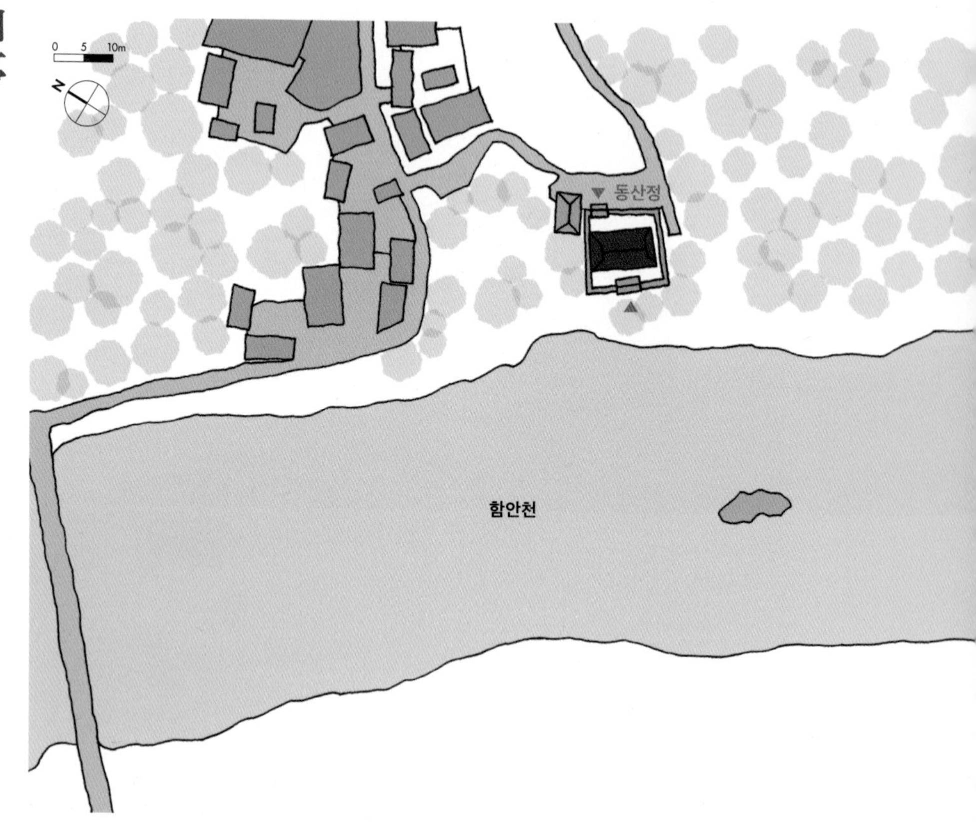

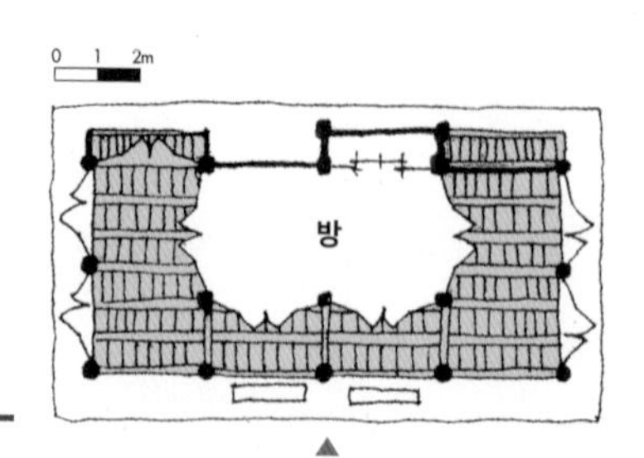

1459(세조5)년에 정헌대부병조판서 겸 오위도총부도총관이었던 동산 이호성(東山 李好誠, 1397~1467)이 벼슬을 그만두고 낙향해 풍류를 즐기고자 세웠다. 1505년에 손자인 옥포만호 이희조(李希祖, 1450~1520)가 이호성의 덕을 기리기 위해 초정(草亭)으로 단장하고 동산정으로 이름을 붙였다. 현재 모습은 1935년에 중건한 것이다.

동산정은 상검마을에서 함안천을 따라 설치된 보행로 옆으로 설치된 계단을 따라 올라가 비교적 높은 곳에 있어 함안이 한눈에 조망된다.

정면 4칸, 측면 2칸으로 가운데 2칸에 온돌을 두고, 온돌을 ㄷ자 형태로 둘러 우물마루를 두었다. 온돌에만 각기둥을 사용했다. 측면 중앙 기둥에 충량을 놓고 보 위에 설치된 원형대공 안쪽으로 걸었다. 이 원형대공 위로 종도리장혀와 종도리가 순서대로 놓이는데, 종도리 상부에 방형받침목을 놓았다. 이 방형받침목이 외기 역할을 한다. 추녀가 놓이고 추녀를 중심으로 마족연을 걸어 합각지붕으로 구성했다. 소로수장집이지만 외면에는 창방이 돌아가고 그 위에 주두를 놓은 다음 사개맞춤으로 장혀를 놓고 그 위에 다시 굴도리를 놓았다. 방과 연결되는 경우 창방은 주두만 받치는 역할을 하는데, 바깥면은 직절, 안쪽면은 사절했다. 외진주 열에 있는 창호 하부는 풍혈이 있는 난간을 설치하고 그 위로 삼분합문을, 배면 양 끝 칸에는 사분합문을 달았다. 또한 쪽마루를 가설했다.

방은 내부 기둥을 전면으로 반 칸 앞으로 내어 구성했다. 앞면과 옆면에는 사분합격자문을 달았다. 인방 상부에는 채광을 고려해 교살의 고창을 달았으며, 전면에는 고창의 중앙부에 격자문양의 작은 환기창을 시설했다. 배면 북쪽 칸에 아궁이를 시설하고, 남쪽 칸은 반 칸 내어 벽장처럼 사용한다.

입구에는 사주문인 소원문(溯源門)이 3량가의 홑처마 맞배집으로 있고 정자 후면에는 장독대가 있다.

1

4

1 정면 4칸, 측면 2칸으로 가운데 2칸에 온돌을 두고, 온돌을 ㄷ자 형태로 둘러 우물마루를 두었다.

2 측면 중앙 기둥에 충량을 놓고 보 위에 설치된 원형대공 안쪽으로 걸었다.

3 대들보와 같은 높이에서 형성된 툇보가 일반적인 굵기보다 굵고 방형이 아닌 원형으로 된 것이 이채롭다.

4 출입문인 소원문은 3량가 홑처마 맞배집이다.

5 소로수장집이지만 외면에는 창방이 돌아가고 그 위에 주두를 놓은 다음 사개맞춤으로 장혀를 놓고 그 위에 다시 굴도리를 놓았다.

함안 악양루

【위치】경상남도 함안군 대산면 대법로 331-1 (서촌리) 【건축 시기】1857년, 1963년 재건
【지정사항】경상남도 문화재자료 제190호 【구조 형식】3량가 팔작기와지붕

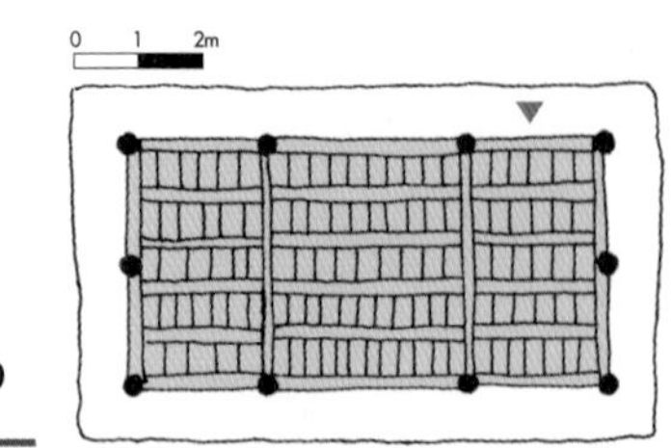

1857년에 악은 안효순(岳隱 安孝淳, 1790~1846)이 관의 허락을 받아 건립한 것을 같은 해에 후손인 안정호가 중수하였다. 한국전쟁으로 파괴된 것을 1963년에 다시 고쳐지어 오늘까지 전해지고 있다.

함안천과 남강이 만나는 악양마을 북쪽 자양산에 서향하여 자리하고 있다. 높은 지점에 있어 전면으로 법수면의 들판과 제방이 한눈에 들어오며, 멀리 합천의 국사봉, 한우산과 의령의 벽화산도 조망된다. 절벽 아래로 난 좁고 가파른 계단을 올라서면 정면 3칸, 측면 2칸 규모의 전체 우물마루를 깐 악양루가 있다.

3량가의 팔작지붕집을 만들기 위해 충량머리를 판대공에 걸어서 설치했다. 소로수장집으로 창방머리와 보아지를 운두형으로 초각한 것이 정자의 위상이 높았음을 말해준다. 대들보 위에는 판대공을 설치했는데, 측면 기둥에서 올라온 충량이 판대공을 뚫고 반대편까지 튀어나와 고정되었다. 충량 위로 춤이 높은 소로가 종도리장혀를 받치고 있다. 판대공 상부에 종도리장혀를, 그 위에 종도리를 놓았다. 추녀를 걸고자 종도리 끝부분에 받침목을 설치했다. 충량은 보 위에 놓는데, 3량가에서는 충량을 보 위에 걸치면 대공을 놓을 공간이 확보되지 않는다. 그래서 악양루는 판대공을 설치하고 하부에 구멍을 내어 충량머리를 받도록 하였다. 절벽 위에 있고 협소해 기단 밖으로는 공간이 없다. 기둥 사이에도 창호가 없어 주목적이 외부 조망임을 알 수 있다.

1

4

1 함안천과 남강이 만나는 악양마을 북쪽 자양산 높은 곳에 서향으로 자리하고 있다.

2 창호를 두지 않은 것에서 외부 조망을 주목적으로 하는 누정임을 알 수 있다.

3 소로수장집으로 창방머리와 보아지를 운두형으로 초각한 것이 정자의 위상이 높았음을 말해준다.

4 절벽 아래로 난 좁고 가파른 계단을 올라서면 정면 3칸, 측면 2칸 규모의 전체 우물마루를 깐 악양루가 있다.

5 3량가의 팔작지붕집을 만들기 위해 충량머리를 판대공에 걸어서 설치했다.

함안 광심정

【위치】경상남도 함안군 칠북면 봉촌2길 277(봉촌리) 【건축 시기】1569년
【지정사항】경상남도 문화재자료 제217호 【구조 형식】5량가 팔작기와지붕

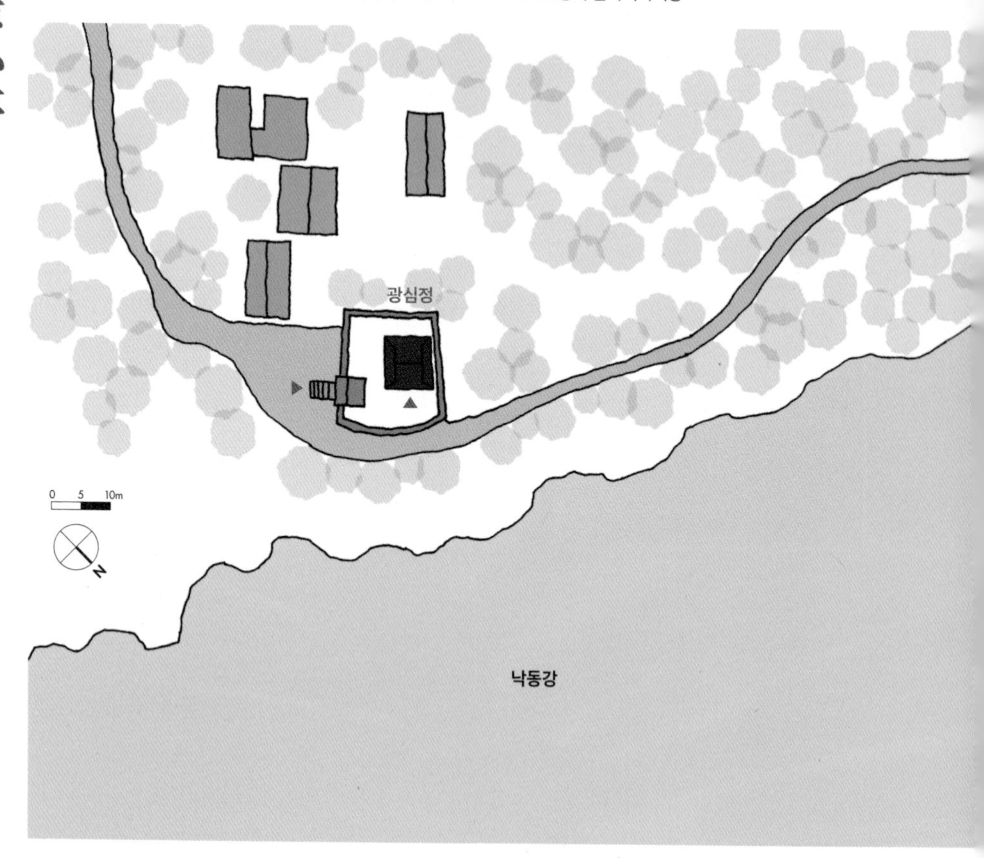

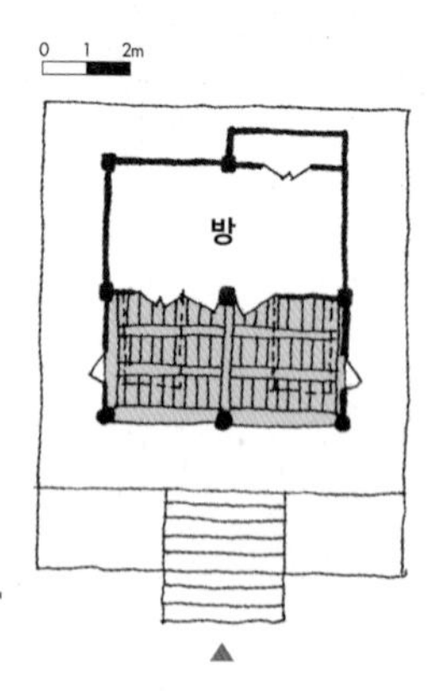

1 좌측면 기단 아래에 굴뚝 구멍이 보인다.

2 광심정 배면

1569(선조2)년 용성송씨 문중에서 학문을 위해 건립한 정자로 1664(현종5)년에 성리학자인 송지일(宋知逸, 1620~1675)이 선비들과 학문을 하기 위해 자신의 호를 따 편액하였다. 임진왜란 때 파손되어 여러 번 고쳐지었다고 한다.

광심정은 함안시에서 멀리 떨어진 칠북면의 낙동강변 절벽 위에 북향으로 자리하고 있다. 정면 2칸, 측면 2칸으로 뒤쪽 2칸은 온돌, 앞쪽 2칸은 마루이다. 마루의 양쪽 벽은 판벽이다. 경사지이다보니 기단은 경사를 따라 2단으로 조성하고 자연석을 사용했으며 기단 중간에 자연석으로 계단을 설치했다. 앞쪽은 자연석초석 위에 원형으로 가공한 초석을 덧대어 사용했고 나머지는 자연석을 사용했다. 개방된 앞쪽에만 원주를 사용했다. 앞면 마루쪽은 초익공으로, 방쪽은 민도리로 앞쪽을 화려하게 구성했다. 정사각형 평면이지만 5량 구조이다. 중도리까지는 연등천장, 중도리에서 종도리까지는 우물천장이다.

충량을 놓은 위치가 여느 정자와 다르다. 대개 도리방향으로 놓는데 광심정에서는 도리방향과 직각방향으로 설치했다. 평면이 정사각형이 된 것은 방의 위치와 관계가 있다. 방을 뒤쪽에 두면서 대들보를 도리방향으로 설치했기 때문이다. 원래는 직각방향으로 대들보를 설치해야 되는데 그럴 경우 대들보로 인해 마루 천장이 답답해지기 때문에 방향을 바꾼 것이다. 그러면서 충량의 방향도 바뀐 것이다.

방의 외벽은 회벽으로 되어 있는데 마루와 통하는 면은 창호로 구성되어 있다. 들문에 여닫이창을 단 이중창호이다. 필요한 경우 들문을 들어 올리고, 평소에는 여닫이 창과 문을 통해 출입하거나 외부를 살필 수 있다.

1

2

1

5

1 광심정에서 바라본 낙동강 일대

2 충량이 측면이 아닌 정면에 걸려 있다.

3 방 천장은 고미반자로 되어 있다.

4 자연석 초석 위에 원형으로 가공한 초석을 덧대어 초석을 이중으로 만들었다.

5 경사지이다보니 기단은 경사를 따라 2단으로 조성하고 자연석을 사용했으며 기단 중간에 자연석으로 계단을 설치했다.

6 벽이 모두 창호로 되어 있고 모두 들문을 달았다. 들문 안에 여닫이문과 창을 설치해 들문의 개폐 상황에 따라 달리 사용할 수 있다. 창호 구성 또한 기하학적이어서 재미가 있다.

함안 무진정

咸安 無盡亭

[위치] 경상남도 함안군 함안면 괴산4길 25(괴산리) **[건축 시기]** 1542년 이전, 19세기 초 중수, 1929년 중건
[지정사항] 경상남도 문화재자료 제158호 **[구조 형식]** 3량가 팔작기와지붕

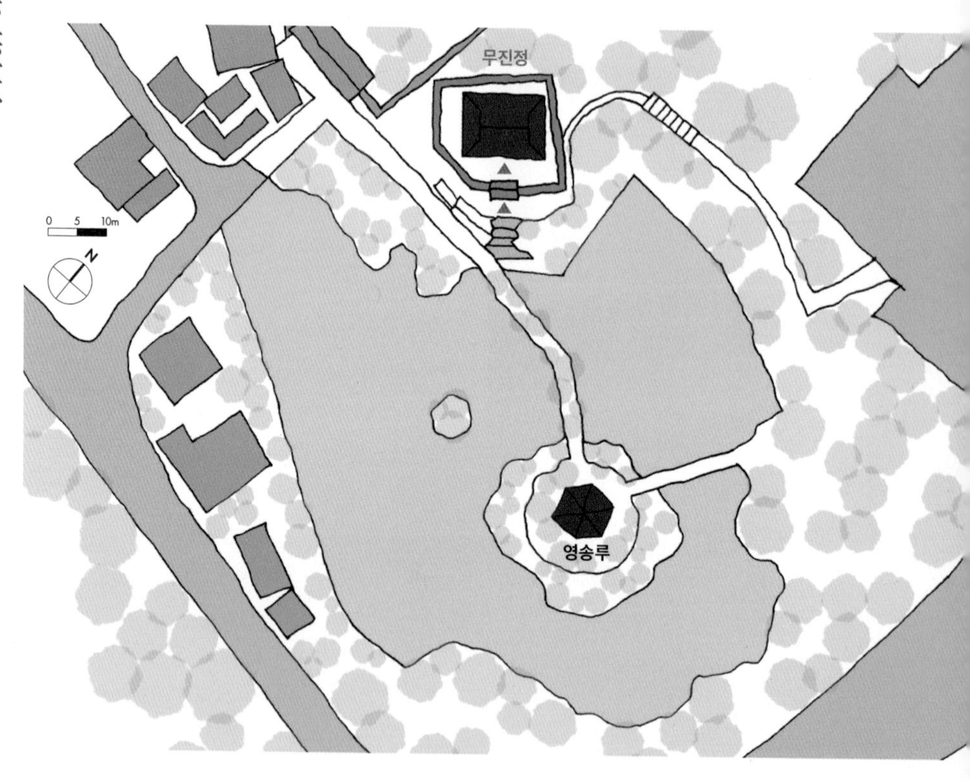

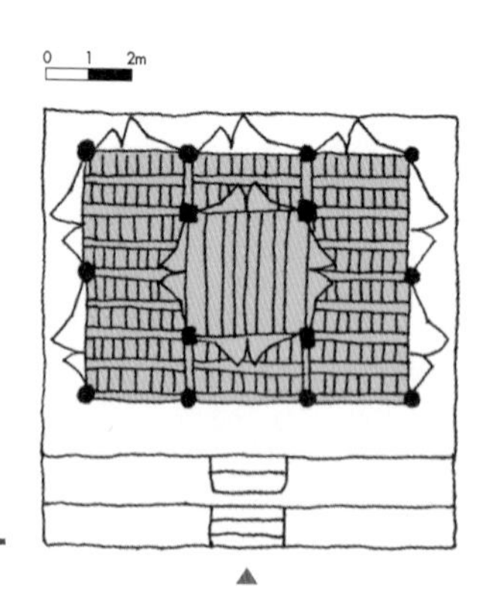

기와로 장식한 합각벽

사헌부집의 겸 춘추관편수관을 지낸 무진 조삼(無盡 趙參, 1473~1544)이 주세붕(周世鵬, 1495~1554)에게 요청한 "무진정기(無盡亭記)"에 따르면 1542(중종37)년 이전에 이미 건립되어 있었다. 18세기 무렵 훼손과 관리 부실로 한 차례 소실된 것을 19세기 초 다시 중수했지만 또 붕괴되었고, 1929년에 중건되어 현재까지 전한다.

조남산 동쪽에 동향해 자리하고 있다. 정자 앞에는 함안천의 물을 끌어와 연못을 조성했다. 연못 중앙의 가장 큰 섬에 근래에 만든 육각정인 영송루(迎送樓)가 있다.

정면 3칸, 측면 2칸 규모로, 중심에 마루방을 두고 마루방 밖에는 마루방을 ㅁ자형으로 둘러싸고 우물마루를 두었다. 방 상부는 구조재를 '井'자형으로 쌓아 외기를 구성한 점이 특이하다. 방도 온돌이 아닌 마루방으로 만들어 특별한 목적 없이 풍류의 공간으로만 활용했다. 마루창호는 측면과 후면에만 설치하고 전면 마루는 항상 개방되도록 했다. 또한 측면과 후면 일부에만 머름이 있는 난간을 설치하고 모두 삼분합문을 달았다. 삼분합문 위에는 채광과 통풍을 위한 고창을 달았다.

기단은 대충 다듬은 돌을 사용하여 3단 정도 허튼층쌓기하였는데, 뒤쪽은 지대가 높아지면서 1단 정도만 쌓았고 윗면은 시멘트 마감을 했다. 초석은 단면 사다리꼴 형태의 다듬은 돌을 사용했다.

소로수장집이며 마루방을 중심으로 전면과 후면은 보로 바로 연결되어 마치 중앙부 전면과 후면은 툇간처럼 구성했고 측면에는 외기를 만들기 위해 충량을 설치했다. 충량은 측면에서 보 위의 1단의 부재에 걸려 있고, 2단과 3단의 부재에서 외기가 돌출되면서 충량이 외기도리장혀를 받치고 있다. 외기 상부에는 작은 순각마루가 가설되었다. 중앙에는 기둥을 추가해 1칸을 온전히 마루방으로 꾸미고 한 단 높게 구성했다. 마루방 전면에는 삼분합문을, 측면과 배면에는 사분합문을 달았다. 특히 전면 인방 상부에 채광을 고려해 아자형 고창을 설치했으며, 중앙부에 작은 환기창을 시설했다.

건물은 돌흙담장이 둘러싸고 있으며, 입구 중앙에 일각대문인 동정문(動靜門)이 있다.

咸安 無盡亭

1

5

1 정면 3칸, 측면 2칸 규모로, 가운데에 마루방을 두고 마루방을 ㅁ자형으로 둘러싸고 우물마루를 두었다.

2 측면과 후면 일부에만 머름이 있는 난간을 설치하고 삼분합문을 달았다. 삼분합문 위에는 채광과 통풍을 위해 고창을 달았다.

3 마루방 전면 상부에 채광을 고려해 설치한 아자형 고창이 있다.

4 측면은 외기를 만들기 위해 충량을 설치하고 외기 상부에는 작은 순각마루를 가설했다.

5 중앙에는 기둥을 추가해 1칸을 온전히 마루방으로 구성했는데 주변 마루보다 한 단 높게 설치했다.

6 소로수장집이며 마루방을 중심으로 전면과 후면은 보로 바로 연결해 마치 툇간처럼 구성했다.

咸安 無盡亭

함양 군자정

【위치】 경상남도 함양군 육십령로 2590(서하면) 【건축 시기】 1802년 초창, 1987년 중수
【지정사항】 경상남도 문화재자료 제380호 【구조 형식】 2평주 5량가 팔작기와지붕

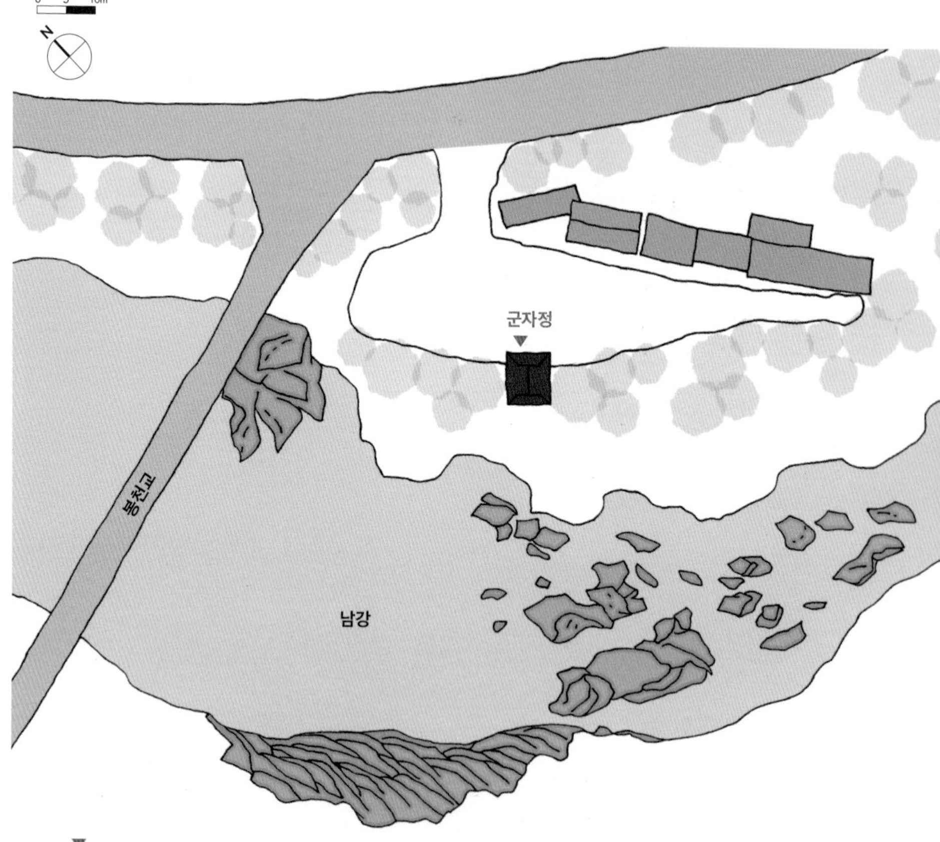

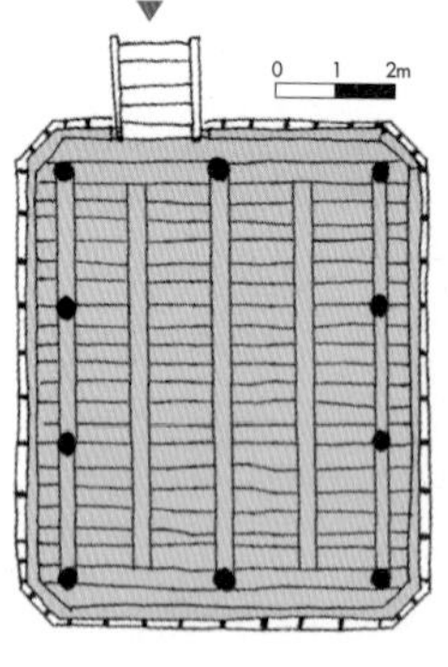

1802(순조2)년 일두 정여창(一蠹 鄭汝昌, 1450~1504)의 처가가 있는 마을에 정여창을 기리기 위해 짓고 군자가 머무르던 곳이라 해서 군자정이라 이름 붙였다고 한다. 정자에 남아있는 상량묵서가 1802년 창건을 증명하고 있으나 지금은 많이 흐려져서 확인하기 어려운 정도이다. 그러나 1862년에 작성된 두 편의 시를 새긴 현판이 걸려 있어서 간접적으로 건립 시기를 추정할 수 있다. "군자정중수기"에 따르면 1987년 중수가 한 차례 있었다.

군자정은 1872(고종9)년에 지은 거연정과 1895(고종32)년에 건립한 동호정 사이에 있다. 황석산과 대봉산 천왕봉을 서에서 동으로 흐르는 남강변 너럭바위 위에 높직하게 자리하고 있다. 남강의 빼어난 풍경과 잘 어울리는 정자로 남강변 세 정자 중에서는 창건 시기가 가장 빨라 거연정과 동호정의 모본이 되었을 것으로 추정된다. 정자의 형식과 구조의 공통점이 이를 증명한다.

군자정은 정면 3칸, 측면 2칸 규모이며 2평주 5량가이다. 공포는 창방과 주두 및 소로를 사용한 직절익공 형식이며 홑처마 팔작지붕집이다. 세 정자 중에서 유일하게 단청을 하지 않았는데 기둥 하부에만 삼청으로 단청한 것이 특징이다. 누하주는 최근에 모두 교체되어 아쉽다.

기둥은 원기둥이며 가구는 삼분변작법을 사용했고 동자주는 포형동자주 형식으로 익공과 행공으로 구성했지만 장식은 전혀 없이 심자로 짜 맞췄다. 양쪽 충량 위에는 외기를 걸었는데 그 빠짐이 적어 반자를 구성하지는 않았다.

함양지역 정자의 평면에서는 모서리를 접었다는 공통점이 보인다. 지형상의 특징으로 다른 정자와 달리 측면 진입한다. 정자 건너편 바위에는 '영귀대(詠歸臺)'라고 새긴 암각이 있다. 영귀대는 이곳 말고도 대전, 칠곡, 오산서원 등 많은 곳에서 볼 수 있는데 선비들의 소요음영(逍遙吟詠)을 상징하는 것으로 정자와 잘 어울린다.

咸陽 君子亭

1 정자 건너 바위에는 선비의 소요음영을 상징하는 영귀대 글자가 새겨 있다.

2 군자정 스케치

3 두 개의 충량 위에 별도의 반자를 구성하지 않은 채 외기를 걸었다.

4 정면3칸, 측면2칸 규모로 측면에 설치한 목재 계단으로 진입한다.

5 함양지역 정자의 평면에서는 모서리를 접었다는 공통점이 보인다. 누상주 하부에만 삼청으로 단청한 것이 특징이다.

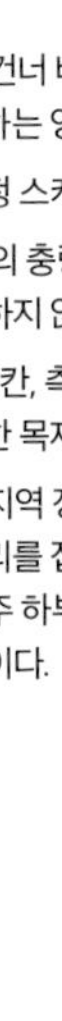

함양 동호정

[위치] 경상남도 함양군 서하면 황산리 842 **[건축 시기]** 1895년 초창, 1936년 중수
[지정사항] 경상남도 문화재자료 제381호 **[구조 형식]** 2평주 5량가 팔작기와지붕

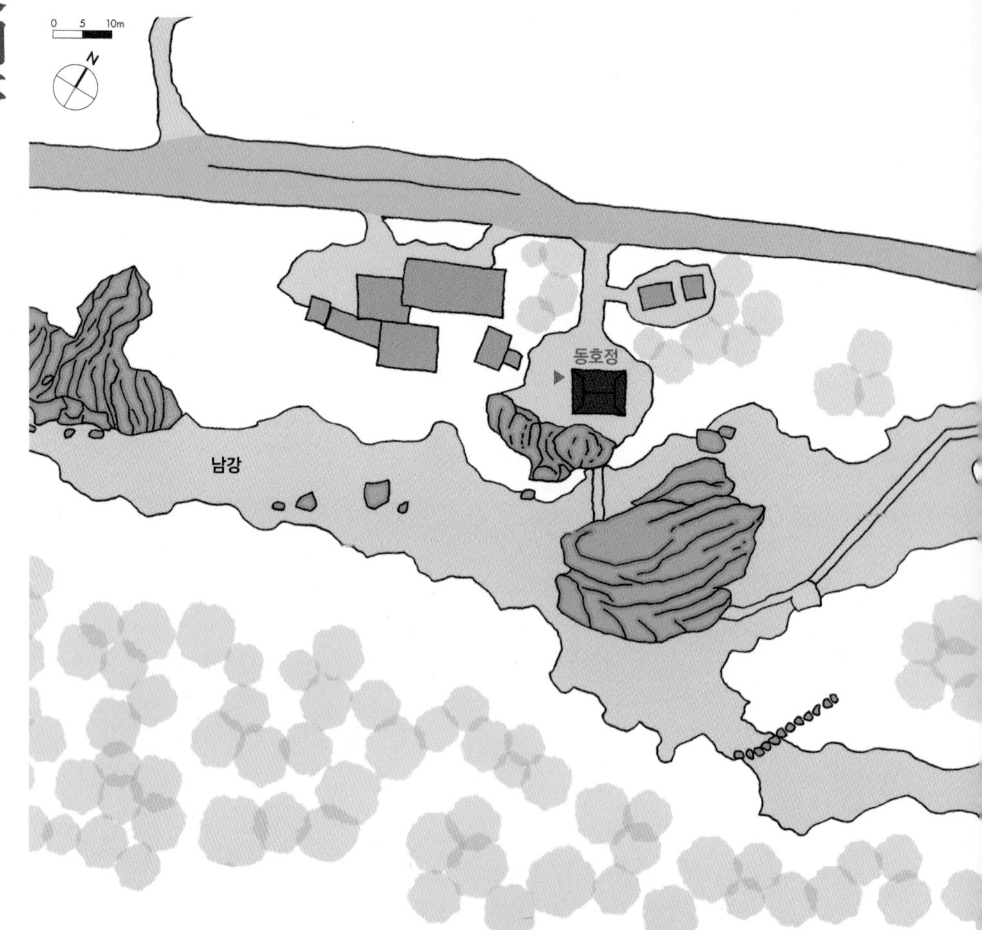

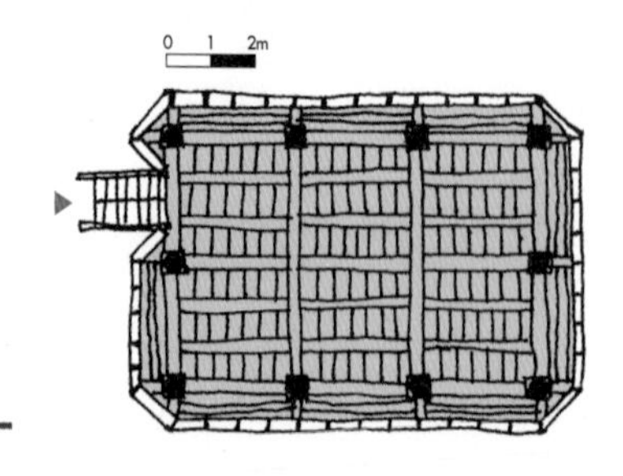

"동호정상량문"에 있는 "상지이십이년을미(上之三十二年乙未)"에 의해 1895(고종32)년에 지어졌음을 알 수 있다. 1936년에 중수가 있었다고 한다.

남강변의 세 정자 중에서 가장 크고 화려하며 가장 하류에 있는 정자이다. 남강의 옥녀담에 있는 물이 찰랑찰랑하는 너럭바위에 자리한다. 강 가운데에는 노래 부르던 장소인 영가대(詠歌臺)와 악기를 연주하던 금적암(琴笛岩), 술을 마시며 즐기던 차일암(遮日岩)이라는 글을 새긴 너럭바위가 있는데 강과 어우러져 수려한 경관을 자랑한다.

정자는 정면 3칸, 측면 2칸으로 현재는 모두 마루가 깔려 있으나 귀틀에 기둥을 세웠던 장부 흔적이 남아 있고 배면에는 판벽이 있는 것으로 미루어 배면 중앙 한 칸에는 온돌이 있었을 가능성이 있다. 공포는 익공형식으로 두 단의 제공과 익공 및 보머리 끝에 운공을 달아 화려하게 장식했다. 또 대주두와 소주두 사이에는 대첨차와 소첨차가 사용되고 주간에는 화반이 놓일 정도로 창방과 장혀 사이가 넓고 장식적이다. 가구는 2평주 5량가인데 중도리와 중도리 사이가 매우 좁은 것이 특징이다. 창방과 장혀 사이가 매우 넓어 화려한 화반이 사용되었으며 동자주의 익공과 행공이 날렵하고 크며 고식적이며 격식이 높고 화려하다. 동자주 높이는 낮고 중도리 간격은 매우 좁아 지붕가구의 구성이 합리적이지는 않다고 판단되지만 억지스럽지는 않다.

누하주가 높고 단청과 공포 및 가구형식이 화려해 누각의 느낌에 가깝다. 충량머리에 용머리를 조각해 사찰장식과 같은 느낌을 준다.

마루의 모서리를 모접기 한 것은 함양지역 정자의 공통적인 특징을 반영한 것이며 누상주 하부에는 나무초석을 받쳤는데 이는 거연정과 함께 다른 정자에서는 볼 수 없는 특징이라고 할 수 있다. 사방에는 매우 얇은 활주를 사용했는데 심원정에도 거의 같은 활주가 사용되었다. 이 지역 정자가 모서리를 접은 것은 이 활주와 관련이 있다고 판단되며 구조적인 용도가 아니라 미학적인 용도인 것으로 판단된다.

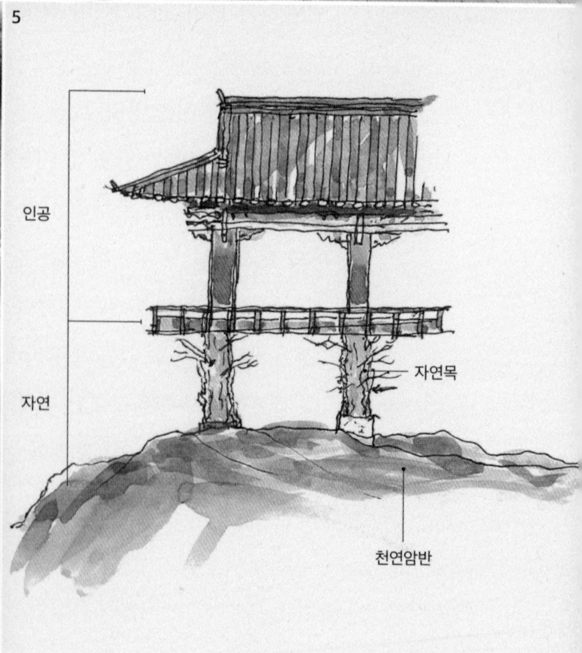

1

4

5

인공
자연
자연목
천연암반

1 정자 앞에 펼쳐진 바위와 물의 조화로운 풍경이 매우 뛰어나다.

2 정자의 화려함을 나타내는 원형 화반과 단청

3 누상주에는 나무초석을 받쳤다.

4 함양지역 정자에서 볼 수 있는 활주와 세장한 활주초석

5 누상주와 누하주의 구성

6 정면 3칸, 측면 2칸 규모로 남강의 옥녀담에 있는 물이 찰랑찰랑하는 너럭바위에 자리한다.

1

1 귀틀에 기둥을 세웠던 장부 흔적이 남아있고 배면에는 판벽이 있는 것으로 미루어 배면 중앙 한 칸에 온돌이 있었을 가능성이 있다.

2 자연스런 곡보와 충량의 어울림이 돋보이지만 중도리 사이가 극히 좁아 옹색해 보안다.

3 공포는 3익공 형식으로 화려하다.

4 굽은 자연목을 그대로 사용한 누하주

5 소박하고 우람한 통나무 계단

6 충량을 용으로 장식한 것은 사찰건축에서나 볼 수 있다.

咸陽 東湖亭

함양 거연정

[위치] 경상남도 함양군 육십령로 2590(서하면) **[건축 시기]** 1872년 초창, 1934, 1940년 중수
[지정사항] 경상남도 문화재자료 제433호 **[구조 형식]** 2평주 5량가 팔작기와지붕

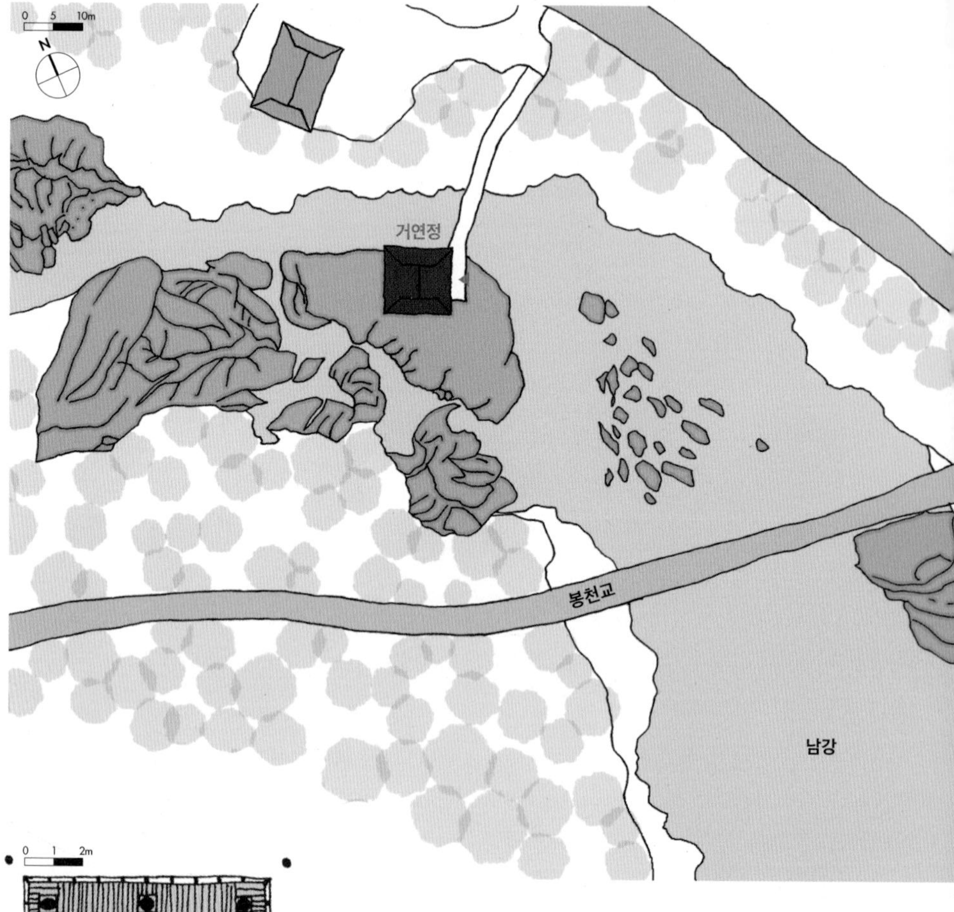

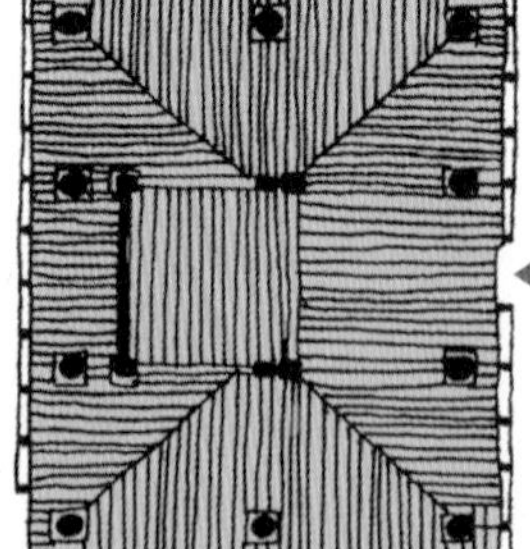

거연정은 건물에 남아 있는 상량묵서의 "숭정기원후오임갑오월(崇禎紀元後五壬申五月)"이라는 기록에 의해 1872(고종9)년에 지었음을 알 수 있다. 정자의 건립 연대를 입증할 수 있는 또 하나의 자료는 "거연정중수기"이다. 조선말기 순국지사 송병선(宋秉璿, 1836~1905)이 썼다. 두 번의 중수기록이 나오는데 "숭정오갑술(崇禎五甲戌)"과 "숭정후오병진(崇禎後五丙辰)"이다. 각각 1934년과 1940년을 가리킨다.

거연정이 있는 남강변은 산이 높고 물이 깊으며 깨끗한 물이 사계절 풍부하여 수경이 매우 아름다운 곳이다. 남강 한가운데 바위 위에 자리한 거연정에는 다리를 지나 진입할 수 있다. 지어질 당시에는 작은 배를 이용하지 않았을까 추정된다.

정자는 정면 3칸, 측면 2칸으로 모두 마루를 깔았다. 배면 가운데 한 칸에는 별도로 사방에 기둥을 세우고 머름을 설치하고 문을 달았던 흔적이 있다. 현재는 북쪽 판벽만 남아있으나 좌우와 전면에도 판벽의 흔적이 있다. 가운데 한 칸은 온돌을 들인 사례가 종종 있어 온돌로 사용했을 것으로 추정하지만 막상 온돌을 꾸몄던 흔적은 발견되지 않았다. 마루방에 벽만 들여 바람막이 정도의 기능을 했을 수도 있다.

공포는 직절익공형식으로 굴도리와 장혀를 사용한 소로수장집이다. 마루는 현재 장마루인데 재사용한 귀틀부재에는 동귀틀 장부 흔적이 남아 있는 것으로 미루어 우물마루가 원형이었을 것으로 추정된다.

누상주 기둥 하부에는 방형의 나무초석을 받쳤다. 나무초석을 사용한 사례는 한국건축에서 좀처럼 찾아보기 어려운 것인데 거연정과 가까운 동호정에서도 사용한 것을 볼 때 함양지역의 특징이거나 같은 계열의 목수에 의해 지어졌을 가능성이 있다.

곡보의 아름다움이 돋보이는 정자이며 주칸 크기의 조정에 따라 외기가 매우 작게 나와 있는 것도 다른 정자와 차이점이다. 무엇보다도 거연정은 수경이 좋은 곳에 자리하고 있지만 현재 거연정에 진입할 수 있게 놓인 다리가 지나치게 크고 육중하고 마구잡이로 걸린 현수막과 표지판 등이 경관을 해치고 있다. 누하주 사이의 바위 틈을 거니는 것도 정자의 멋을 즐기는 또 다른 방법이 될 수 있다.

1

4

1 정자 앞의 너럭바위

2 정자로 건너가는 다리는 다소 과해 보이고 다리 옆에 걸린 현수막과 소방시설이 경관을 해친다.

3 인근 동호정과 마찬가지로 누상주에 나무초석을 사용했다.

4 산이 높고 물이 깊으며 깨끗한 물이 사계절 풍부하여 수경이 매우 아름다운 남강변에 자리한다.

5 정면 3칸, 측면 2칸 규모로 배면 가운데 한 칸에 판벽이 남아있다.

1

5

1 암반 높이에 따라 초석을 두기도 하고 두지 않기도 하고 길이도 제각각인 누하주

2 대들보 양쪽에 충량을 걸어 마감했다.

3 직절익공으로 굴도리와 장혀를 사용한 소로수장집이다.

4 마루 하부 모습은 귀틀과 마루청판에 많은 변화가 있었음을 보여준다.

5 현재는 장마루인데 재사용한 귀틀부재에는 동귀틀 장부 흔적이 남아있다. 이것으로 미루어 우물마루가 원형이었을 것으로 추정된다.

6 별도로 사방에 기둥을 세우고 머름을 설치하고 문을 달았던 흔적으로 보아 온돌이었을 것으로 추정되는데 막상 온돌을 꾸몄던 흔적은 보이지 않는다.

함양 심원정

【위치】경상남도 함양군 안의면 하원리 1353 【건축 시기】1845년 재건, 1948년 중수
【지정사항】경상남도 문화재자료 제382호 【구조 형식】5량가 팔작기와지붕

0 5 10m
N
심원정
지우천

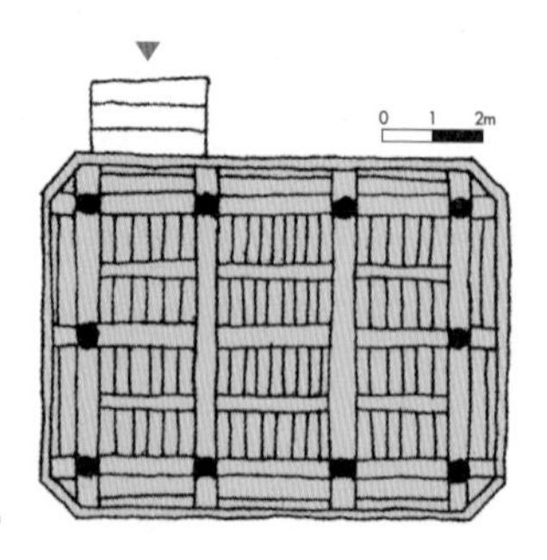

심원정은 용추계곡 입구에 있는 지우천의 첫 번째 담소인 청심담의 거북바위 위에 북동향하고 있다. 1558(명종13)년 돈암 정지영(遯庵 鄭芝榮)이 덕추폭포 근처에 초가로 건립했으나 임란과 풍수해로 훼철되었다. 1845(헌종11)년에 그의 7세손 정복운 등이 지금의 자리에 재건하고, 1948년에 중수한 정면 3칸, 측면 2칸 규모의 누각이다.

누하주는 지름이 큰 원주를 대강 다듬어 암반의 높낮이에 맞춰 길이를 달리해 세우고 누상주는 모두 가공한 원주를 사용했다. 정자의 4면에는 기둥 바깥쪽으로 평난간을 둘렀다. 난간을 끊은 배면 모퉁이에 설치된 계단을 통해 누상으로 올라갈 수 있다. 각 면의 추녀 끝부분에는 누상주에 비해 가느다란 활주를 세웠다. 소로수장집으로 종보 위에 반자를 설치하고, 충량 머리에 용두를 초각하고, 전체적으로 단청을 올려 건물의 격을 높였다.

심원정은 원학동 수승대, 화림동 농월정과 함께 삼가승경(三佳勝景)으로 불릴 정도로 정자에서 본 청심담과 농암 그리고 주변과 어우러진 경관이 일품이다.

1 지우천의 첫 번째 담소인 청심담의 거북바위 위에 자리한 정면 3칸, 측면 2칸 규모의 누각이다.

2 정자의 충량을 용으로 조각한 것은 주로 사찰에서 볼 수 있는데 함양의 심원정 외에 동호정에서도 나타나며 단청이 화려한 것도 특징이다.

3 공포는 직절익공형식으로 소박하지만 단청이 화려하다.

1
4
5
尋源亭
鄭遯庵蔵
修之所

1 활주 초석은 세장하지만 안정적이다.

2 눈 같기도하고 나뭇잎 같기도 한 풍혈의 모습은 다른 곳에서 보기드문 형상이다.

3 누하주는 지름이 큰 목재를 도끼벌 흔적이 남아 있을 정도로 대강 다듬어 바위 위에 길이를 달리해 세웠다.

4 청심담 건너 보이는 농암

5 바위에 새겨진 심원정 각자

6 정자에서 본 청심담

咸陽 光風樓

함양 광풍루

[위치] 경상남도 함양군 안의면 강변로 303 **[건축 시기]** 1412년 초창, 1425년 이건, 1494년 중건
[지정사항] 경상남도 문화재자료 제92호 **[구조 형식]** 2평주 5량가 팔작기와지붕

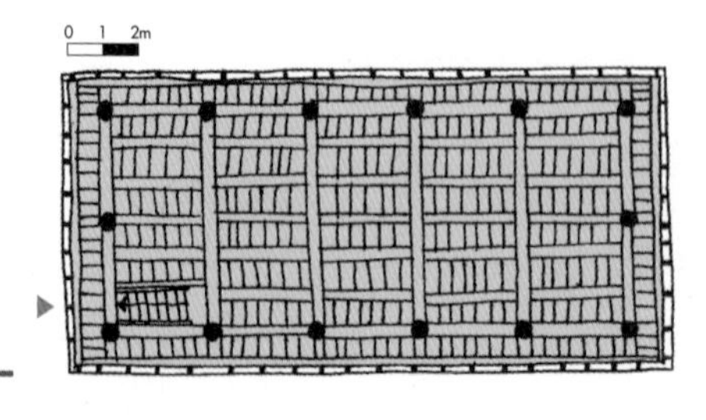

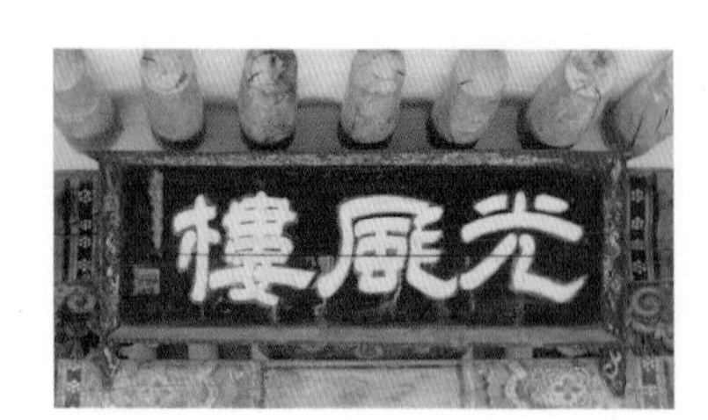

광풍루는 1412(태종12)년 이안(현 안의)현감이었던 전우(全遇)가 선화루(宣化樓)라는 이름으로 초창한 것을 1425(세종7)년에 김홍의(金洪毅)가 지금의 자리로 옮겼다. 1494(성종25)년에 안의현감으로 부임한 일두 정여창이 중건하면서 지금의 이름인 광풍루로 바꾸었다고 한다.

남강변에 자리한 광풍루는 동북향하고 있다. 누각 남쪽에 안의교에서 안의 시내를 관통하는 광풍로가 놓여 있어서 주변이 소란스러운 느낌이다.

광풍루는 정면 5칸, 측면 2칸으로 바닥 전체에 우물마루를 깔고 기둥 바깥쪽에 좁은 마루를 둔 헌함을 사방에 들이고 계자난간을 둘렀다. 난간청판에 풍혈을 뚫지 않고 단청으로 마감한 것이 특징이다. 원주를 사용하고 기둥머리는 창방으로 연결하고 주두를 올려 익공과 행공을 걸었다. 공포는 소주두가 없는 이익공 형식인데 초익공은 끝이 뾰족하지만 이익공은 운공 형태로 해서 일반적인 이익공 양식과는 차이가 있다. 가구는 2평주 5량가로 내부에는 고주 없이 시원하게 트여 있다.

정칸의 대들보가 과중할 정도로 굵어서 육중한 느낌이 든다. 그러나 보 양쪽은 소매걷이 하고 단청은 모로인데 중앙의 계풍에는 용을 그려 화려하게 치장했으며 동자주는 낮지만 익공과 행공으로 구성된 관영건축의 격식을 갖추었다. 대공은 판대공을 기본 형식으로 했지만 연화를 새겨 마치 파련대공을 모방한 것처럼 화려하다.

고맥이 흔적이 있는 것으로 미루어 다른 곳의 초석을 옮겨와 사용한 것으로 추정된다.

咸陽 光風樓

1 부연의 소매걷이가 강조된 고식 느낌의 겹처마집이다.

2 초익공으로 하단에 별도의 받침목과 상단에 운공을 두어 높이를 강조했다.

3 정면 5칸, 측면 2칸으로 남강변에 위풍당당하게 자리하고 있다.

4 옮겨 지은 것이지만 남강의 차경은 그대로 느낄 수 있다.

5 대들보와 종보가 매우 굵고 투박해 틈새가 없을 정도로 중량감을 준다.

6 익공의 뒷초리는 보아지 역할을 한다.

3

5

6

咸陽 光風樓

함양 교수정

[위치] 경상남도 함양군 지곡면 개평리 143 **[건축 시기]** 1398년 초창, 1930년 중건, 2002년 중수
[지정사항] 경상남도 문화재자료 제76호 **[구조 형식]** 3평주 5량가 팔작기와지붕

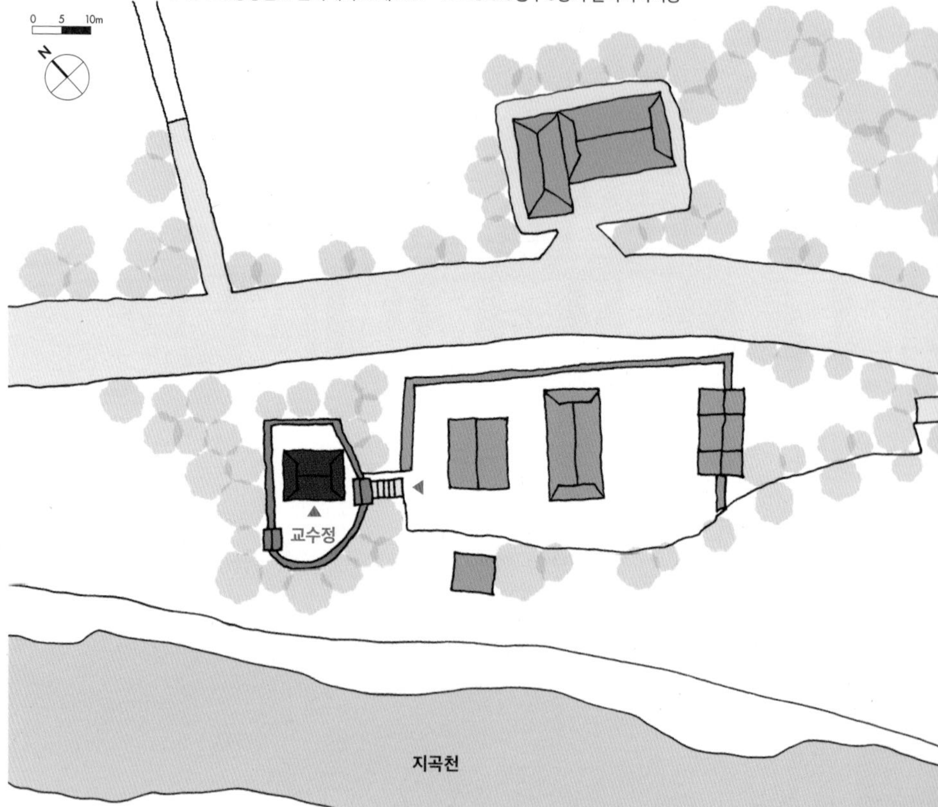

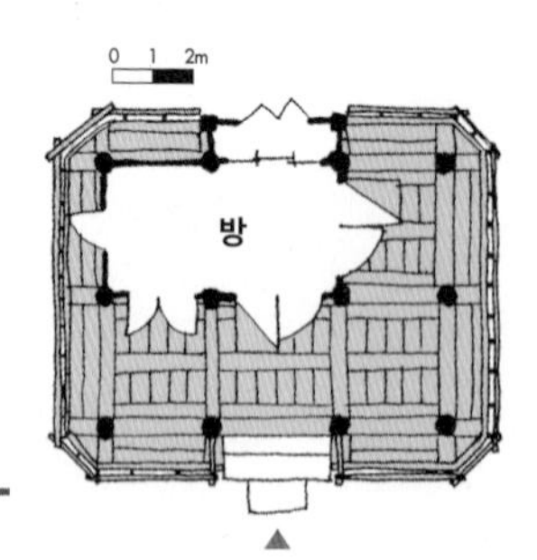

교수정은 두문동 72현 중 한 분인 조승숙(趙承肅, 1357~1417)이 인재양성을 위해 1398년에 지었다고 한다. 여러 번 중수했겠지만 현재 남아있는 기록은 1930년 3월에 중건했다는 "교수정중건기"와 2002년에 중수했다는 "교수정중수기" 현판이 있다.

지곡면 덕암마을 입구에 남동향으로 자리한 교수정은 정면 3칸, 측면 2칸 규모의 작은 정자이다. 사방에 담장을 두르고 담장 밖 경사지에 소나무를 심어 잘 보이진 않지만 정자에서는 외부가 한눈에 들어온다.

누하주가 있고 사방에 난간을 둘렀으나 높이가 높지 않아 누각처럼 보이지는 않는다. 지역의 다른 정자에 비해 규모가 작으며 평면 역시 다른 정자와 달리 비대칭이다. 배면 왼쪽 2칸을 온돌로 꾸미고 나머지에는 우물마루를 깔았다. 온돌 한 칸에는 처마 아래로 벽감을 두었다. 온돌의 천장을 우물천장으로 한 것이 특이하다.

앙서형 초익공 형식으로 장혀형 창방 위에 소로가 있는 소로수장집이다. 연화를 세밀하게 조각하고 짧은 보머리에 익공을 덧댄 것은 조선말기의 양식이다. 조선전기의 모습은 거의 사라지고 조선말기 중건 때의 모습이 남아있는 것으로 판단된다. 서까래의 소매걷이가 강하고 외기 달동자 하부에 거북 1개와 연잎 3개를 장식했는데 장수와 군자의 청정함과 고고함을 표현한 것이다. 정자에 걸려 있는 '미국(薇菊)'이라는 현판 또한 선비의 충직함과 절개를 상징한다.

조선후기의 양식으로 중건된 작은 정자이지만 완성도가 높고 부재간의 비례가 아름다운 정자이다. 함안조씨 문중에서 관리하고 있으며 사전에 연락해야 관람이 가능하다.

정자에 걸려 있는 '미국' 현판은
선비의 충직함과 절개를 상징한다.

咸陽 教授亭

1 익공 부재는 앙서형이고 보머리에 닭머리를 장식한 것은 조선 끝무렵의 양식이다.

2 장수를 상징하는 거북 조각이 외기 달동자 하부에 달려 있다.

3 방 안의 천장을 우물반자로 한 것은 매우 드문 사례이다.

4 태자봉과 같이 뾰족한 작은 동산 위에 자리잡았다.

5 맞보와 충량이 한 지점에서 만나는 3평주 5량가의 드문 형식이다.

6 정면 3칸, 측면 2칸 규모로 높이는 낮지만 사방에 난간을 갖춰 마치 누각과 같다.

教授亭

咸陽 學士樓

함양 학사루

[위치] 경상남도 함양군 함양읍 학사루길 4 **[건축 시기]** 1692년 중건
[지정사항] 경상남도 문화재자료 제90호 **[관리자]** 함안조씨 문중
[구조 형식] 2평주 5량가 팔작기와지붕

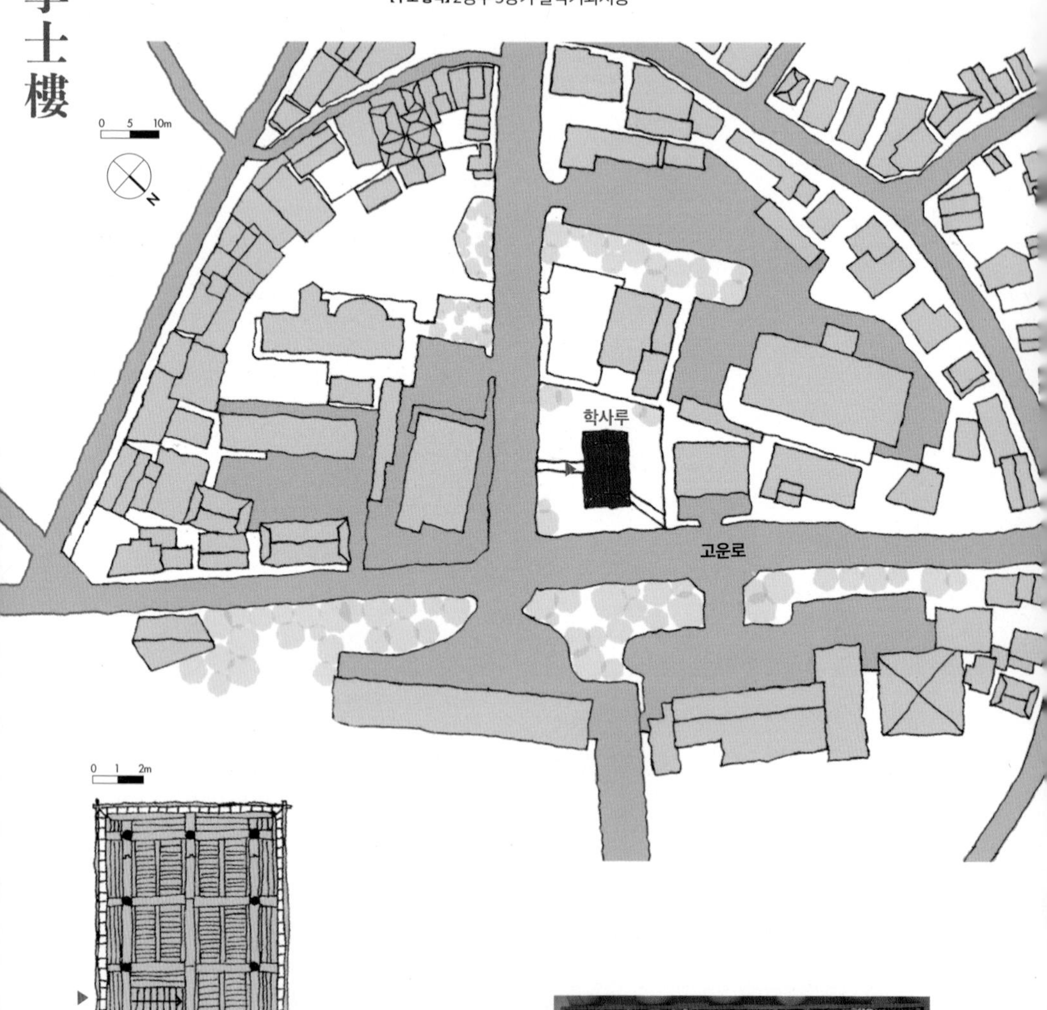

0 1 2m

學士樓

"학사루이건기"에 따르면 정확한 초창 연대는 알려져 있지 않고 임진왜란 때 불탄 것을 1692(숙종18)년에 중건했으며 1979년에 지금 위치로 옮기면서 단청을 새로 했다고 한다. 함양객사의 부속 누각으로 지어진 관영 누각으로 현 함양초등학교에 있었다. 현재 누각은 함양군청과 함양초등학교 정문 앞, 관공서들이 모여 있는 시내 한복판에 있다.

정면 5칸, 측면 2칸 규모로 안의 광풍루와 비슷하다. 누상주와 누하주 모두 원기둥을 사용했으며 우물마루를 깔았고 마루 외곽에 헌함을 달아내고 계자난간을 둘렀다.

공포는 출목이 있는 이익공 형식이다. 행공과 운공을 사용한 것으로 미루어 광풍루보다 격식을 높게 했음을 알 수 있다. 동자주는 높지 않으나 동자주에도 주두를 놓고 동자주익공과 통행공을 사용한 점 등은 광풍루와 같은 관영건축의 격식을 보여준다. 대공은 연화를 새긴 파련대공으로 화려하며 외기부분의 우물반자와 대들보의 화려한 단청, 굴도리 및 뜬장혀와 소로의 사용 등 곳곳에서 건물의 격식을 높이려는 의도를 읽을 수 있다. 처마는 부연이 있는 겹처마이며 지붕은 팔작이다. 공포는 익공형식이지만 익공의 끝부분을 마치 다포형식의 앙서처럼 만들고 연화를 새겼으며 운공을 사용한 것 등은 여느 익공집과 다른 점이다. 조선후기의 양식으로 추정된다.

1 계풍에 그려진 소나무와 학의 모습이 정교하고 화려하다.

2 화려한 연화형 화반

1 화려한 조각과 단청이 잘 조화된 대공

2 익공과 행공으로 구성된 화려한 동자주

3 정면 5칸, 측면 2칸 규모로
높고 위풍당당한 관영 누각이다.

4 우물마루를 깔고 마루 외곽에 헌함을
달아내고 계자난간을 둘렀다.

5 다른 누각과 달리 출목이 있는
익공계 3포 형식으로 공포가 화려하다.

3

5

합천 농산정

[위치] 경상남도 합천군 가야면 가야산로 1519 **[건축 시기]** 1936년 중건, 1990년 보수
[지정사항] 경상남도 문화재자료 제172호 **[구조 형식]** 2고주 5량가 팔작기와지붕

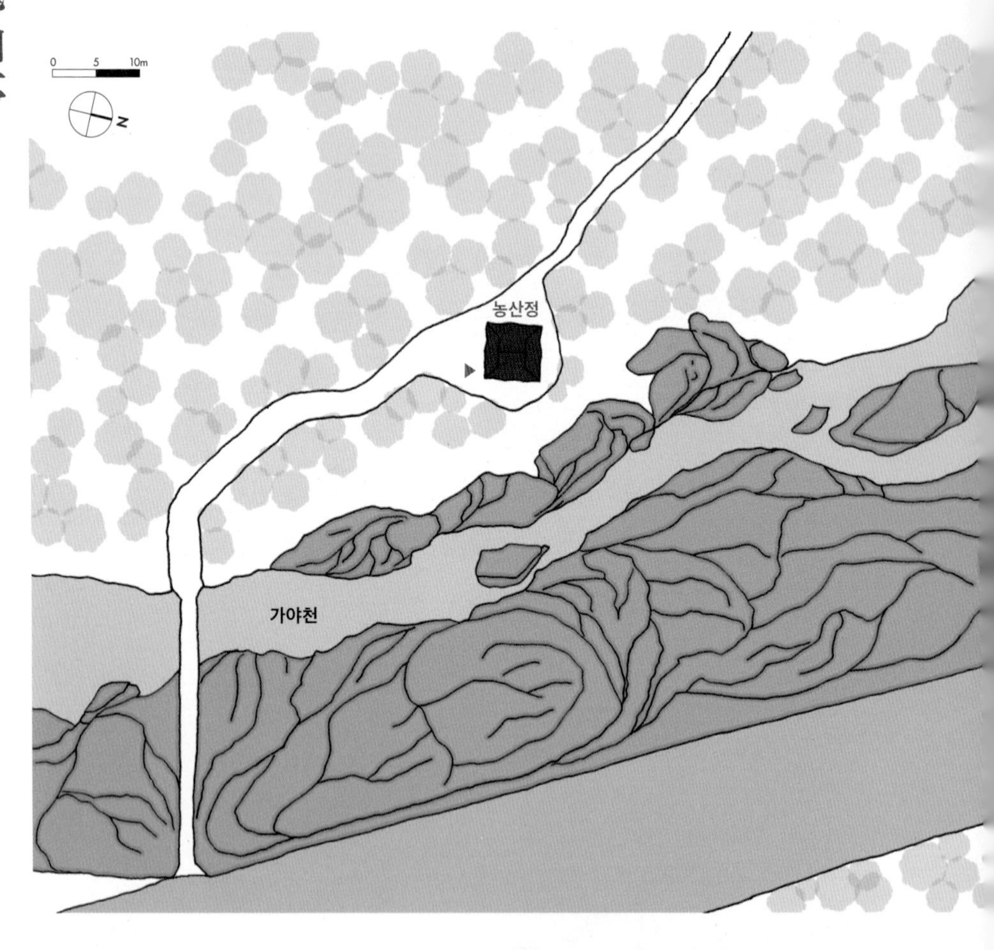

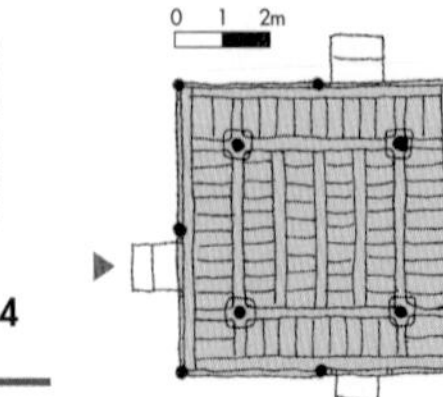

'홍류동정자'라고도 불리는 농산정은 신라말의 학자 고운 최치원(孤雲 崔致遠, 857~?)이 지은 정자이다. 초창은 알 수 없으며 현재 모습은 최치원의 후손과 유림이 1936년에 중건하고 1990년에 전반적으로 보수한 것이다.

정자의 전면 계곡에는 치원대(致遠臺) 혹은 제시석(題詩石)이라 불리는 암반이 있는데 거기에 고운의 칠언절구 둔세시(遁世詩)가 새겨 있다. 둔세시는 세속을 벗어난 삶의 소회를 노래한 것이다. '농산'이라는 정자 이름은 이 시의 한구절에서 가져왔다. 최치원은 당에서 유학하고 신라로 돌아와 정치개혁을 이루고자 했으나 뜻을 이루지 못하고 가야산에 은거했다. 이때 농산정을 짓고 휴식처로 삼았다.

가야 19명소로 꼽히는 농산정은 청현천의 지류인 홍류동 계곡에 접해 있다. 정자 주변의 가을 단풍이 너무 붉어서 계곡물에 투영되어 보인다 해서 홍류동이라 하며 계곡의 물소리와 바람소리, 새소리를 같이 들을 수 있어 소리 길이라고도 한다.

농산정은 정면 2칸, 측면 2칸 규모로 별도의 기단 없이 화강석 가공초석 위에 외부기둥을, 자연석 초석 위에 내부기둥을 설치했다. 외부기둥인 평주 상부는 장혀 하부에 소로 및 단혀를 설치한 직절익공 형태이고 내부기둥인 고주 상부는 장혀 하부에 소로 및 장혀를 설치한 소로수장집 형태이다. 평주와 고주의 귓부분은 추녀에서 결구되고 평주의 중앙부분은 중도리 하부의 장혀와 맞춤한 우미량 형태의 부재로 결구해 구조보강했다.

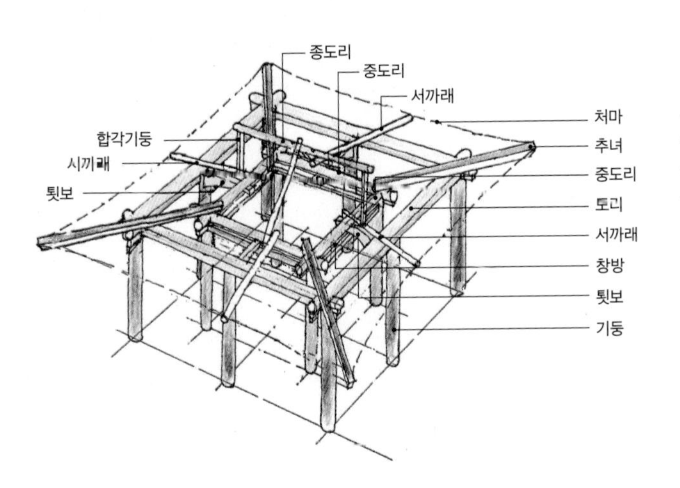

툇보는 기둥에 걸리는 것이 일반적이나 농산정은 기둥이 아닌 창방 위에 걸려 있어 충량처럼 보인다.

1 툇보는 원래 기둥에 걸어야 하는데 기둥이 아닌 창방 위에 걸었다.

2 천장은 내진주를 중심으로 상부가구가 보이지 않게 우물반자를 설치했다.

3 가야 19명소로 꼽히는 농산정은 청현천의 지류인 홍류동 계곡에 접해 있다.

4 정자의 전면 계곡에는 치원대 혹은 제시석이라 불리는 암반이 있는데 거기에 고운의 칠언절구 둔세시가 새겨져 있다.

5 정면 2칸, 측면 2칸 규모로 별도의 기단 없이 화강석 가공초석 위에 외부기둥을, 자연석 초석 위에 내부기둥을 설치했다.

합천 춘우정

【위치】경남 합천군 가회면 함방리 212 【건축 시기】1911년
【지정사항】경상남도 문화재자료 제362호 【구조 형식】3량가 팔작기와지붕

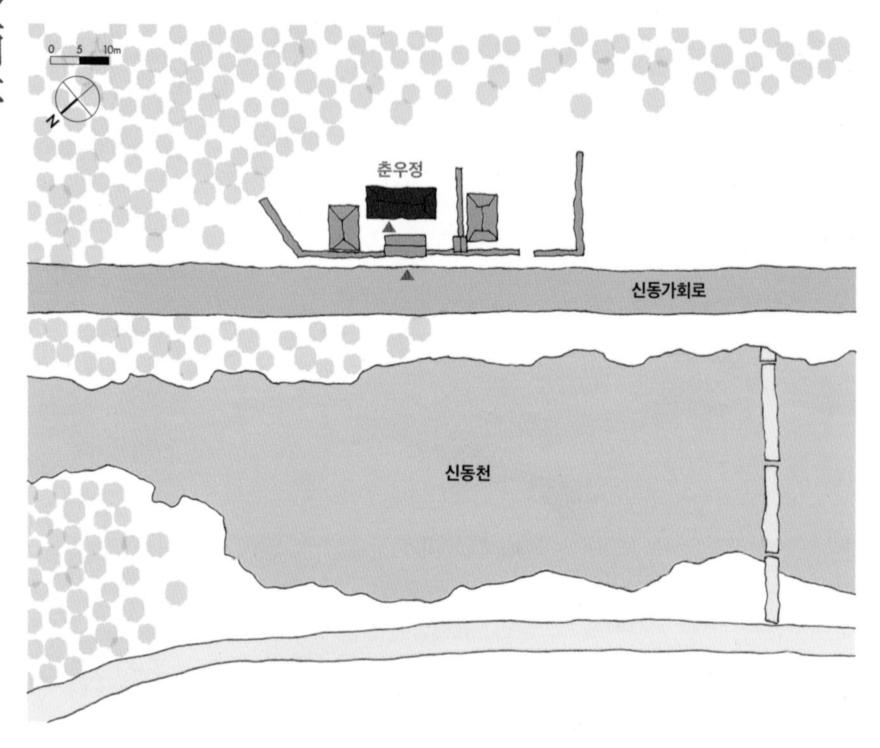

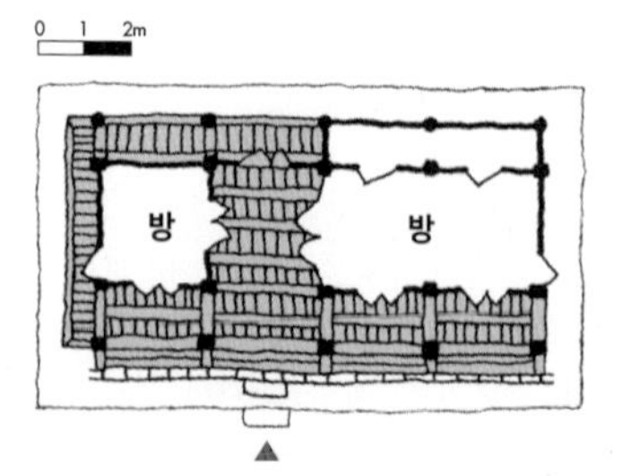

함방리 산기슭에서 신동천을 바라보며 북서향해 자리한 춘우정은 1911년에 자익 윤우벽(子翼 尹右辟, 1585~1659)의 공덕을 기리고 강학하기 위해 문중에서 건립한 정자이다.

3칸의 대문채를 들어서면 춘우정이 보인다. 왼쪽에는 창고 형태의 3칸 건물이 하나의 영역 안에 담장으로 구획되어 있다. 오른쪽에 협문이 있고, 이 문을 나가면 관리사로 생각되는 건물이 춘우정과 등지고 배치되어 있다.

춘우정은 정면 4칸, 측면 2칸 규모로 왼쪽부터 온돌, 마루, 온돌, 온돌이 1칸씩 있다. 온돌과 대청 사이에는 사분합들문과 쌍여닫이문을 설치해 대청과의 개방성을 높였다. 전면에는 반 칸 툇마루가 있다. 왼쪽 측면은 전면보다 한 단 높여 마루를 설치하고 후면에는 반 칸을 덧달아 마루와 반침을 설치했다. 전면 마루에는 계자난간, 측면에는 평난간을 두었으나 배면에는 난간을 설치하지 않는 것으로 위계를 구분했다. 기단은 넓직한 자연석을 정연하게 쌓고, 다듬은 초석을 놓았으며, 그 위에 각기둥을 세웠다. 구조는 3량으로 자연 곡재의 대들보 위에 제형 판대공을 세워 종도리를 받고, 툇간에서는 툇보를 걸었다.

넓직한 자연석 기단 위 다듬은 초석 위에 정면 4칸, 측면 2칸 규모로 자리한다.

陜川 春雨亭

1

4

5

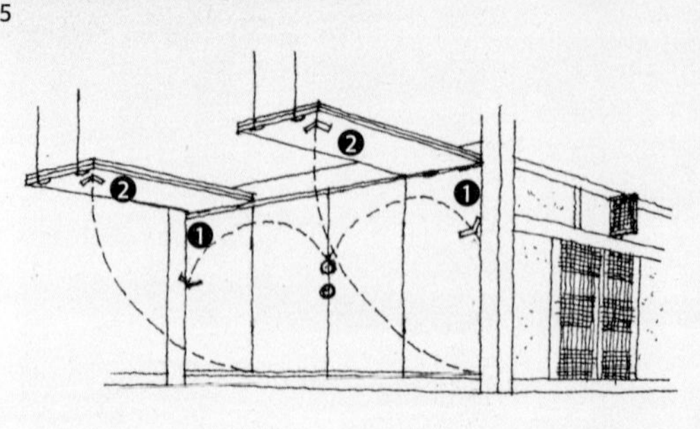

6

陜川 春雨亭

1 3칸 대문채를 들어서면 춘우정이 보인다. 춘우정 오른쪽 협문을 지나면 관리사로 추정되는 건물이 보인다.

2 마루에서 본 삼문. 양쪽에 판문을 달고 창고로 사용하고 있다.

3 간략한 문양을 새긴 막새

4 자연 곡재의 대들보 위에 제형 판대공을 세워 종도리를 받고, 툇간에서는 툇보를 걸었다.

5 온돌에는 들어열개 방식의 접이문을 달아 필요에 따라 문을 들어올려 개방할 수 있게 했다.

6 후면에는 반 칸을 덧달아 마루와 반침을 설치했는데 정면과 달리 난간을 두르지는 않았다.

7 대개 쪽마루에는 난간을 설치하지 않는데 이 집은 평난간을 설치했다.

8 왼쪽 온돌부분은 대청보다 한 단 높여 마루를 설치하고 평난간을 둘렀다.

2
3

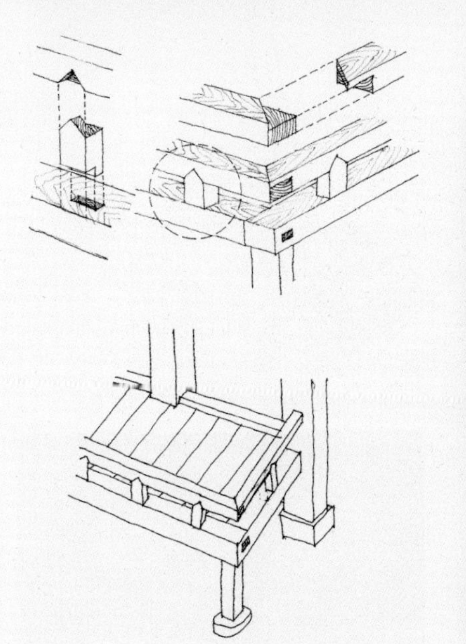
7-1

7-2

8

합천 사의정

【위치】경상남도 합천군 서부로 2551-3(대병면) 【건축 시기】1922년
【지정사항】경상남도 문화재자료 제103호 【구조 형식】2평주 5량가 팔작기와지붕

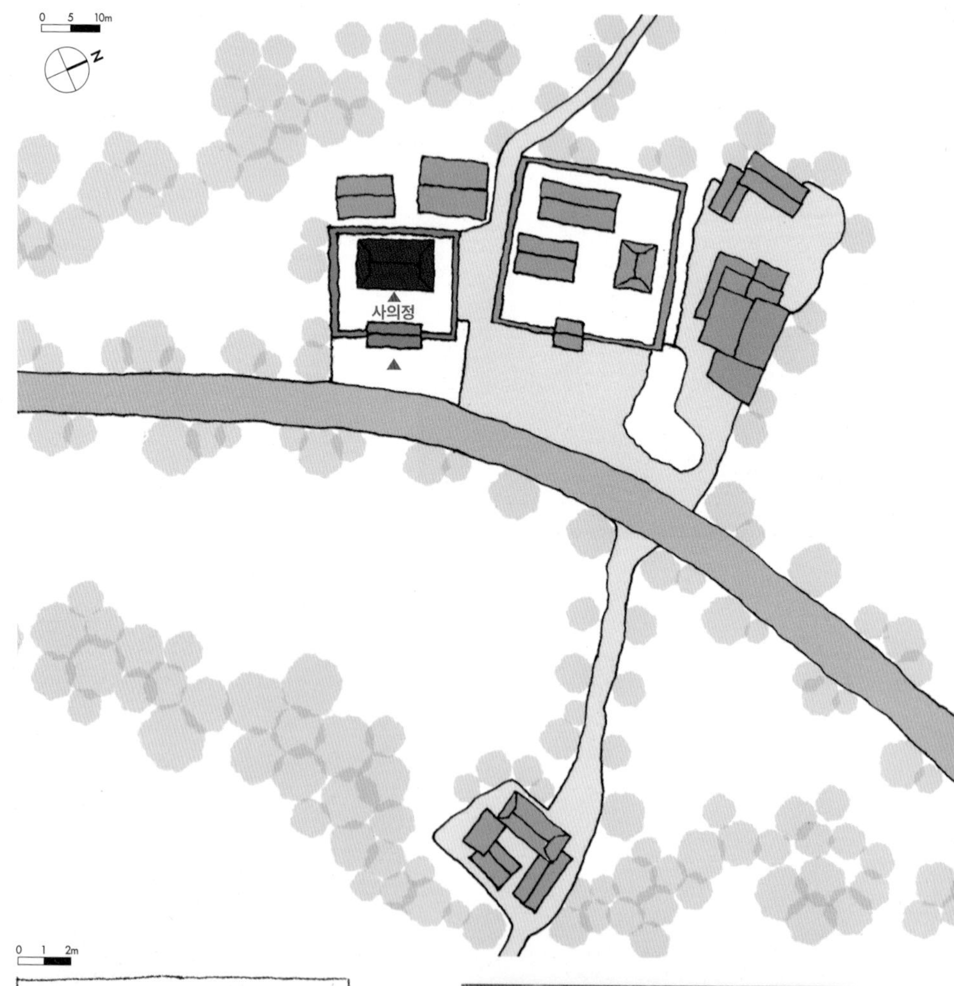

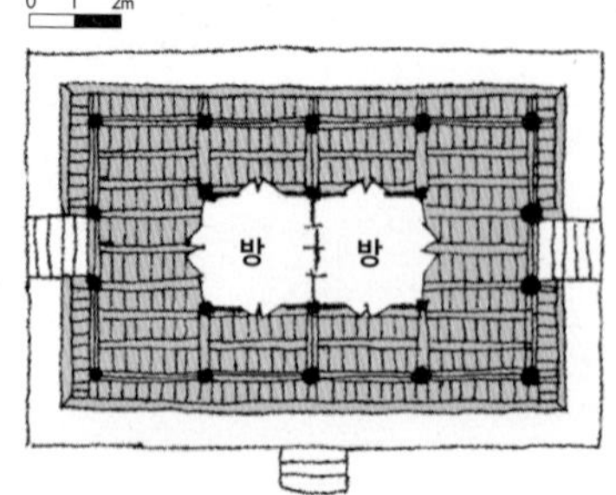

1922년 은진송씨 문중에서 손님이 묵어갈 수 있는 객사로 지었다. 원래는 이곳에서 1km 정도 떨어진 유전리에 지었으나 합천댐 공사로 현재의 장소로 이건되었다. '사의정'이라는 당호의 유래는 정확히 알 수 없다. 다만 정자의 기능으로 볼 때 평안북도 태천군 태천읍에 있던 정자인 사의정처럼 산악 풍경, 강물 풍경, 고을 풍경, 벌판 풍경을 즐기자 이야기한 '사의송객(四宜送客)'에서 차용한 것으로 추측해볼 수 있다.

정면 4칸, 측면 3칸 2층 규모로 자연석 기단에 자연석 초석을 올렸다. 장혀, 두공, 창방을 사용한 소로수장집이다. 대청 가운데에 정면 2칸, 측면 1칸의 온돌을 들이고 온돌 부분 누하부에 막돌로 쌓은 아궁이와 굴뚝을 설치했다. 온돌을 구성하는 내부의 간주는 보와 도리로 잡아주고 외부 기둥과는 툇보와 충량으로 결구해 잡아주었다. 측면에서 보면 어칸의 간살이가 협칸의 간살이보다 좁은데 흔치 않은 경우이다. 방을 구성하는 내부 기둥의 간살이가 외부 기둥의 간살이보다 넓다.

종도리 하부는 반자에 가려 정확하게 알 수 없으나 대청에서 보이는 종도리 하부는 충량 상부에 받을장 업힐장으로 멍에목을 설치하고 위에 주두를 얹은 후 장혀와 도리로 결구했다. 외기 부분은 눈썹천장을 설치하고, 천장에는 판재를 깔았다. 난간은 계자난간인데 난간 띠장 중 상방이음은 장부이음으로 하고 돌란대와 하엽, 계자다리 동자는 철물로 감싸 보강했다.

좌우 대청에 면해 있는 방의 창호는 네짝 들문으로 되어 있고 정면과 배면의 문은 두짝 여닫이문인데 정면의 문은 이중문이다.

배면 이외에 양측면에 놓인 목재 계단을 이용해 마루에 오른다.

1

5

1 자연석 기단, 자연석 초석을 사용한 정면 4칸, 측면 3칸 규모의 소로수장집으로 양측면에 마루로 올라가는 목재 계단을 두었다.

2 가운데에 방을 구성하기 위해 평주 높이로 기둥을 세우고 위로 툇보와 대들보를 놓고 수직으로 도리를 맞춤했다. 여기에서 도리는 서까래를 받지않고, 온돌의 천장부를 둘러감싸는 흙벽을 받고 있다.

3 온돌을 구성하는 내부의 간주는 보와 도리로 잡아주고 외부 기둥과는 툇보와 충량으로 결구해 잡아주었다.

4 온돌 부분 누하부에 막돌로 쌓은 아궁이와 굴뚝을 설치했다.

5 대청 가운데에 정면 2칸, 측면 1칸의 온돌을 들였다.

6 온돌에는 불발기 창호를 달았으며 창호 위에는 채광을 위한 빗살 광창이 있다.

합천 광암정

【위치】경상남도 합천군 회양관광단지길 28-4(대병면, 광암정) 【건축 시기】조선 고종 때 초창, 1985년 이건
【지정사항】경상남도 문화재자료 제101호 【구조 형식】2고주 5량가 팔작기와지붕

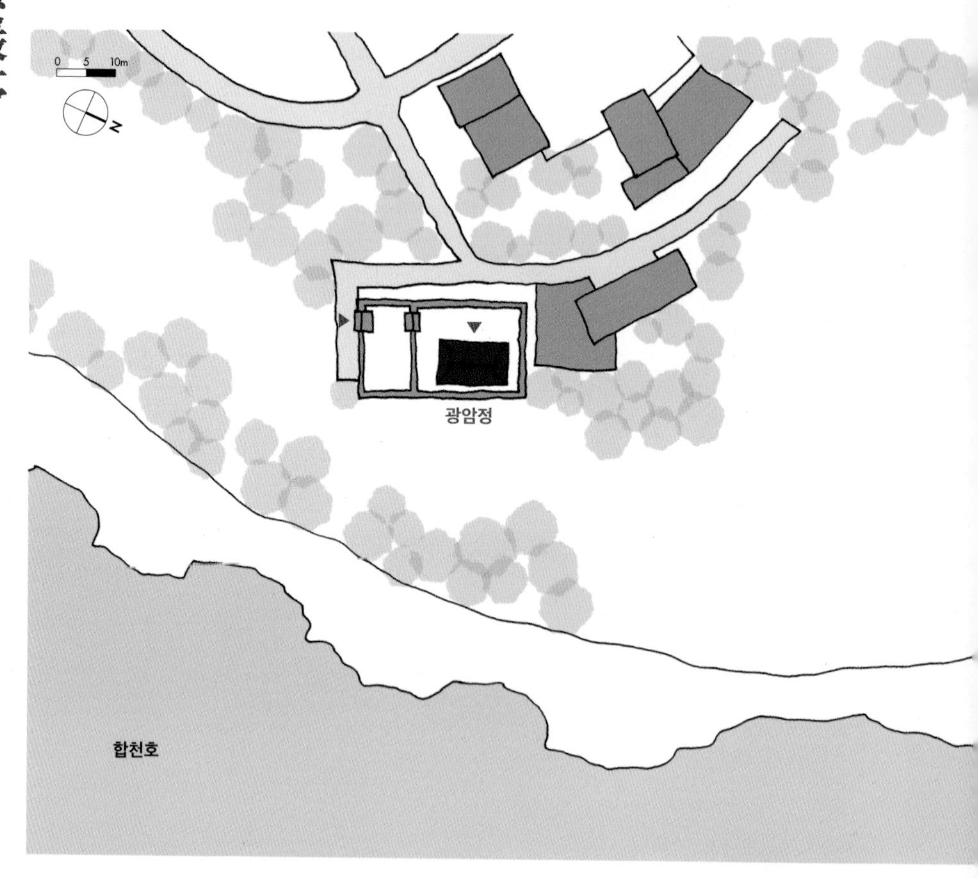

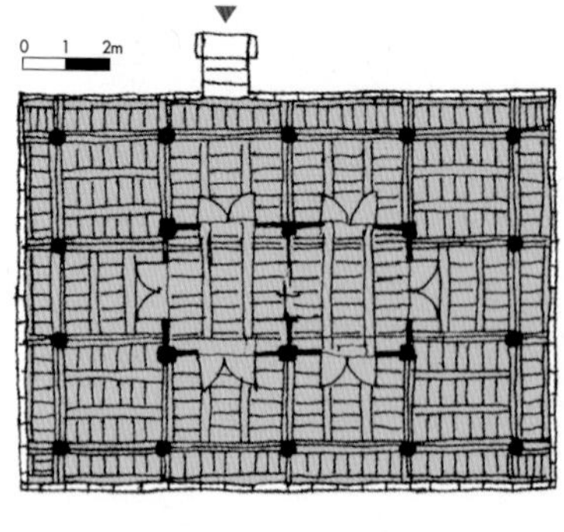

1

2

조선 고종 때 매와거사 권정기(梅窩居士 權正基)가 중추원 의관을 지낸 부친 권병덕(權秉德)을 위해 지은 정자이다. '광암정'은 부친의 호이다. 원래 이 정자는 창리의 황강변 자연암반 위에 있었는데 합천댐 공사로 인해 1985년에 현재 장소인 합천호반으로 이건했다.

정면 4칸, 측면 3칸, 2층 규모로 가운데 2칸이 마루방이다. 방에는 칸마다 네짝불발기문을 들문으로 설치해 개방성을 강조했다. 별도의 기단은 없고 화강석 장초석에 누하주를 두었다. 2고주 5량가이며 방으로 꾸며진 간주는 고주이다. 고주 상부에 도리를 설치해 고주끼리 잡아주고 툇보와 충량으로 외부 평주와 결구해 구조 보강했다. 고주 상부 대들보나 충량 위에 동자주를 세워 중도리를 꾸몄고 측면의 합각 구성을 위해 연목 위에 허가연을 설치한 것으로 보인다. 단청은 모로단청이다. 정자 사방에 기와를 얹은 막돌담장을 두르고 서남쪽에 출입문인 일각문을 두었다. 정자와 일각문 사이에 다시 담장을 두르고 협문을 설치했다. 일각문과 협문 사이에 화장실 건물이 있다.

누하부의 장초석은 높이가 제각각인데 자연지형에 설치했던 초창 당시 초석을 그대로 옮겨와 설치했을 것으로 추정된다. 마루 위 주심도리 부분은 창방 위에 주두, 소로, 장혀가 있는 이익공집이다. 마구리가 직절된 직절익공이다. 내부 기둥은 외부 평주에 비해 익공 부재 하나 정도 높은 고주이다. 추녀와 사래의 형태 및 높낮이 차이로 보아 하나의 부재로 이루어졌거나 사래가 부식되어 덧댄 부재로 추정된다. 귀부분의 처짐을 방지하기 위해 추녀 하부에 활주를 설치했다.

측면은 3칸인데 칸수가 홀수인 경우 가운데 어칸이 측면 협칸보다 간격이 넓거나 같게 구성하는 게 일반적인데 광암정은 충량을 외기도리 위에 걸치기 위해 어칸의 간격을 협간 간격보다 좁게 했다.

1 현재 걸려 있는 현판

2 원 현판

1

4

1 사방에 기와를 얹은 막돌담장을 두르고 서남쪽에 출입문인 일각문이 있다. 정자와 일각문 사이에는 다시 담장을 두르고 협문을 설치했다.

2 마구리를 직절한 직절익공집으로 모로단청을 했다.

3 고주 상부에 도리를 설치해 고주끼리 잡아주고 툇보와 충량으로 외부 평주와 결구해 구조 보강했다.

4 남서쪽에서 바라본 광암정. 정면 4칸, 측면 3칸 규모로 가운데 2칸이 마루방이다. 누하부의 장초석 높이가 제각각이며 귀부분의 처짐을 방지하기 위해 활주를 설치했다.

5 서쪽에서 바라본 광암정

합천 수암정

[위치] 경상남도 합천군 대양면 대목리 1032-1 **[건축 시기]** 1917년
[지정사항] 경상남도 문화재자료 제527호 **[구조 형식]** 2평주 5량가 팔작기와지붕

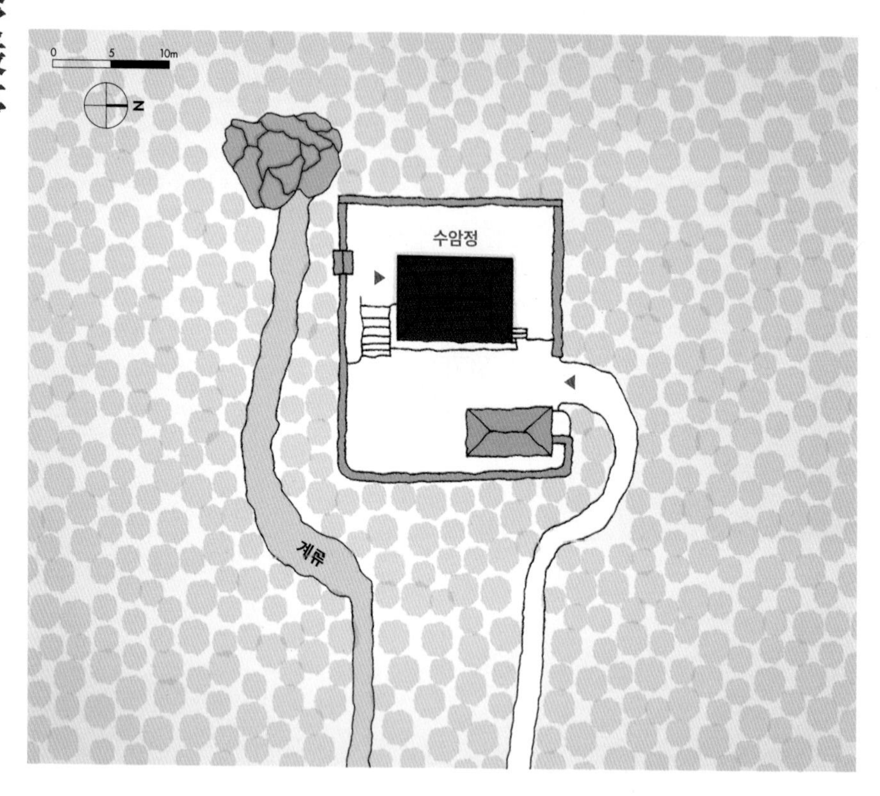

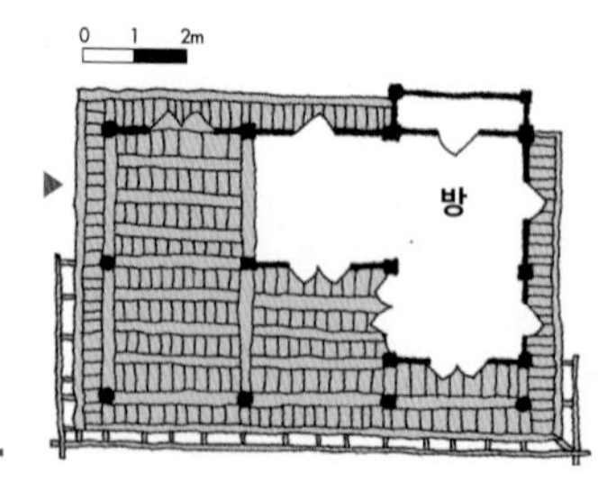

수암정은 정자를 지은 심능백(沈能百, 1783~1862)의 호이다. 정확한 초창 연대는 알 수 없으나 《수암정시집(修巖亭詩集)》 첫번째 권에 실린 상량문에는 갑인(1914)년에 상량했다는 기록이 있다. 〈수암정기〉에는 상량 3년 뒤인 정사(1917)년 봄에 완공된 것으로 기록되어 있다. 원래는 이계 소류지 계곡 주변에 있었는데 훼손이 심해 증손인 심종환(沈鍾煥, 1876~1933)이 500m 위쪽인 현재 자리에 중창했다고 한다.

수암정은 정면 3칸, 측면 2칸 규모로 동향하고 있다. 정면은 자연지형을 이용한 2층 형식의 누각으로 되어 있고 배면은 단층이다. 기단과 초석 모두 자연석을 사용하고 장혀와 두공을 둔 무익공 소로수장집이다. 왼쪽부터 전후로 마루 2칸, 마루와 온돌 각 1칸, 온돌 2칸으로 구성되어 있다. 정면 누하부 1층에 난방시설이 설치되어 있다. 대청에 면해 있는 방의 문은 모두 들문으로 오른쪽 및 배면 외기에 면하는 창호를 1짝 여닫이문으로 해 폐쇄적이다.

오른쪽의 온돌은 측면 2칸 크기로 대들보 아래 간주를 세워 크기를 조정했다. 가운데 온돌 상부에는 벽장을 설치했는데 대들보 상부에 인방을 대고 빗살창호를 설치했다. 중도리 장혀 하부와 상인방 사이에는 소로를 설치했으며 벽장 바닥에는 판재를 깔았다. 왼쪽 대청 중도리 하부는 동자주로 받았는데 대청 상부 외기 부분은 중도리 장혀 하부에 소로 및 뜬 장혀를 설치하고 충량 상부에 맞춤해 구조 보강하고 눈썹천장을 설치했다. 합각 부분은 빈지널로 막았는데 원형은 아닌 듯하다.

아궁이와 다락, 벽장 등을 설치해 어느 정도 살림을 할 수 있게 하고 남쪽은 작은 계곡과 연계해 왼쪽에 넓은 대청을 두고 지형을 이용해 정면에 누각 느낌을 준 것은 주변의 지형과 어우러진 구성이다.

수암정은 대목리 이계마을 굽은 길을 따라 500m 정도 오르면 보인다.

陜川 修巖亭

1 가운데 온돌 상부에는 대들보 상부에 인방을 대고 중도리 장혀 하부와 상인방 사이에 소로를 덧대고 벽장을 설치했다. 벽장에는 빗살창호를 달고 밑면은 판재로 마감했다.

2 대청 상부 외기 부분은 중도리 장혀 하부에 소로 및 뜬장혀를 설치하고 충량 상부에 맞춤해 구조 보강하고 눈썹천장을 설치했다.

3 온돌은 측면 2칸 크기로 대들보 아래 간주를 세워 크기를 조정했다.

4 정면은 자연지형을 이용한 2층 형식의 누각으로 하고 배면은 단층으로 했다. 합각 부분은 빈지널로 막았는데 임시로 덧댄 것으로 보인다.

5 정면 3칸, 측면 2칸 규모로 왼쪽부터 마루, 마루와 온돌, 온돌로 구성되어 있다.

6 난간 상세

7 난간 이음 상세. 난간두겁대와 상방은 반턱이음하고 계자다리와 상방은 장부맞춤했다.

1
2
3

5

4

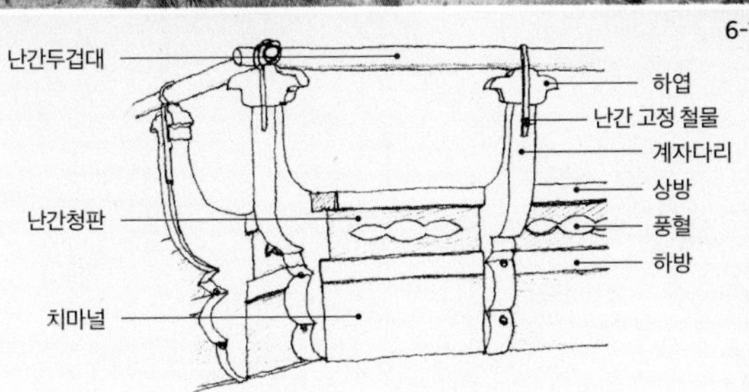

6-1

6-2

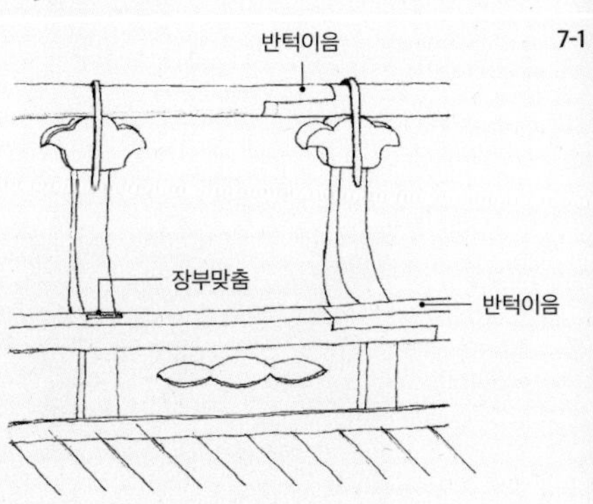

7-1

7-2

합천 호연정

【위치】 경상남도 합천군 문림길 40-19(율곡면) **【건축 시기】** 조선 선조 때 초창, 1711년 재건
【지정사항】 경상남도 유형문화재 제198호 **【구조 형식】** 2평주 5량가 팔작기와지붕

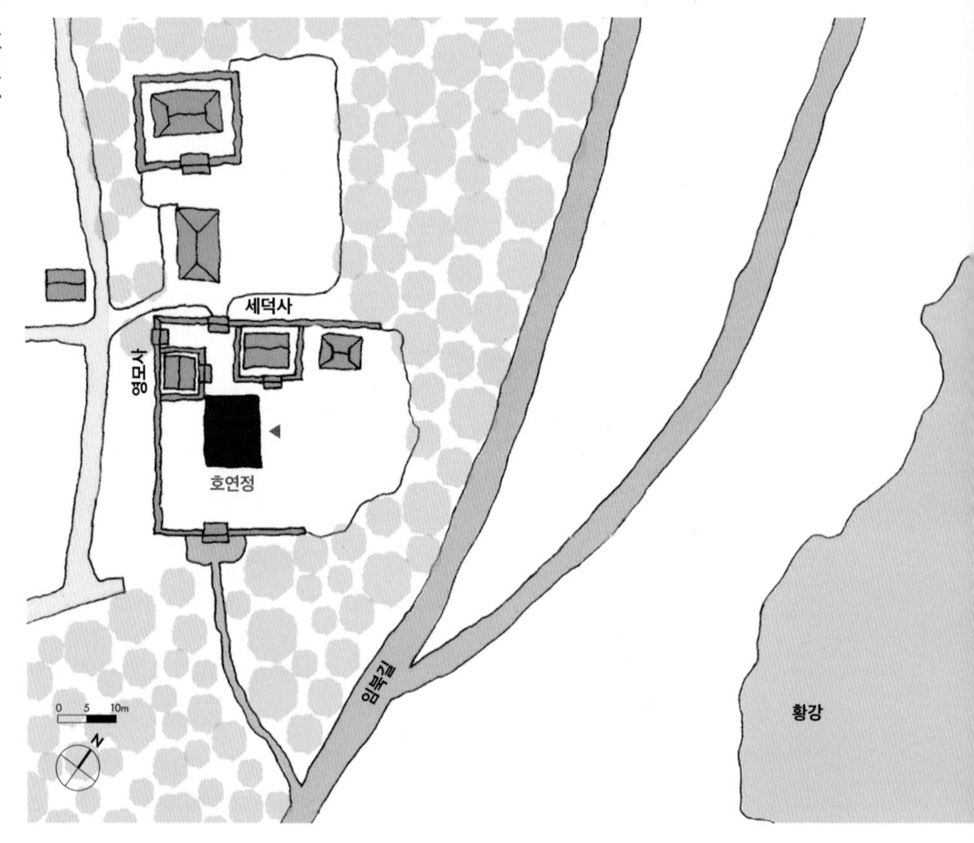

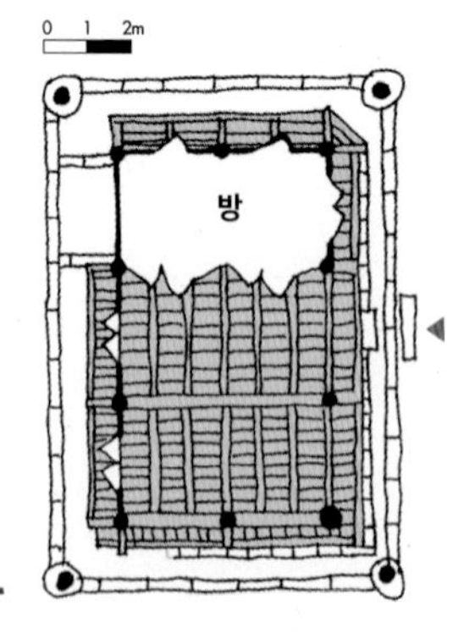

조선 선조 때 예안현감을 지낸 이요당 주이(二樂堂 周怡, 1515~1564)가 귀향해 제자들을 교육하던 곳으로 호연정 이름은 '호연지기(浩然之氣)'에서 따왔다. 원래의 정자는 임진왜란 때 소실되어 후손들이 인조대에 중건했고 1711년에 다시 지었다고 한다.

대개 정자는 풍경이 뛰어난 계곡에 있는데 호연정 역시 경관을 넓게 조망할 수 있는 곳에 자리한다. 호연정 남쪽으로 대암산, 북쪽으로 만대산이 있고 서쪽에서 동쪽으로 황강이 굽이쳐 흐르고 있다. 황강변 언덕에 자리한 호연정은 주변에 수령이 오래된 은행나무와 배롱나무, 대나무 등을 비롯한 다양한 조경수가 있어 계절마다 변화하는 풍경을 느낄 수 있다.

정면 3칸, 측면 2칸 규모로 오른쪽에 정면 1칸, 측면 2칸 규모의 온돌이 있다. 영역 주변으로 막돌담장을 둘렀다. 외벌대의 화강석 기단 위에 자연석과 화강석을 혼용한 초석을 사용했다. 창방과 재주두, 두공 및 출목이 있는 익공집인데 기둥과 기둥 사이에 간포가 있다. 가구는 2평주 5량으로 오른쪽에 방을 설치하기 위해 대들보 밑에 간주를 세웠다. 중도리와 종도리 하부의 대공은 단순한 형태의 동자주를 세웠다. 단청은 색이 없는 백골집이지만 부재를 화려하게 꾸몄다.

일반적으로 익공집은 기둥 위에만 포를 두고 기둥과 기둥 사이에는 화반을 설치해 상부의 하중을 분산시키는데 호연정은 기둥과 기둥 사이에 화반 대신 간포를 설치했다. 다포계 건물과 다른 점은 평방 위에 간포를 설치한 것이 아니라 창방 위에 설치하고 내부에서 우미량 형태의 부재를 사용해 중도리 부분에서 중도리와 간포를 서로 연결해 잡아주었다는 점이다. 방이 있는 부분에서는 우미량 형태의 부재를 사용하지 않고 기둥 위 포재와 간포를 장혀나 출목장혀, 출목두공으로 잡아주었다. 대청의 정면과 측면의 창방과 일부 기둥에는 가공을 최소화한 자연목을 사용해 자연스러움과 조형미를 함께 살렸다.

대청 쪽 방에는 세살삼분합들문을 설치해 필요에 따라 열어 사용할 수 있게 했다. 북서쪽 외부에 면해 있는 방 창호는 머름이 없고 문인방 사이 하부를 판재로 막아 문을 작게 설치했는데 나중에 바람을 막기 위해 작게 만든 것으로 추정된다.

陜川 浩然亭

1 정면과 측면의 창방과 일부 기둥에는 가공을 최소화한 자연목을 사용하고 합각면도 장식하는 등 조형성이 돋보인다.

2 간포와 귀포를 구성하기 위해 첨차를 연이어 만든 병첨을 설치했다.

3 기둥과 기둥 사이에 화반 대신 간포를 설치했는데 간포는 평방이 아닌 창방 위에 설치했다.

4 외기부를 지지하기 위해 측면 중앙의 기둥 위에서 대들보 위로 놓인 충량의 굽은 형태의 자연미가 탁월하다.

5 장주초를 사용한 활주초석

6 전면의 헌함과 측면의 쪽마루를 연결하기 위해 고삽마루를 설치했다.

7 외부에 면해 있는 온돌의 창호는 머름이 없고 문인방 사이 하부를 판재로 막아 문을 작게 설치했다.

8 가구 구조도

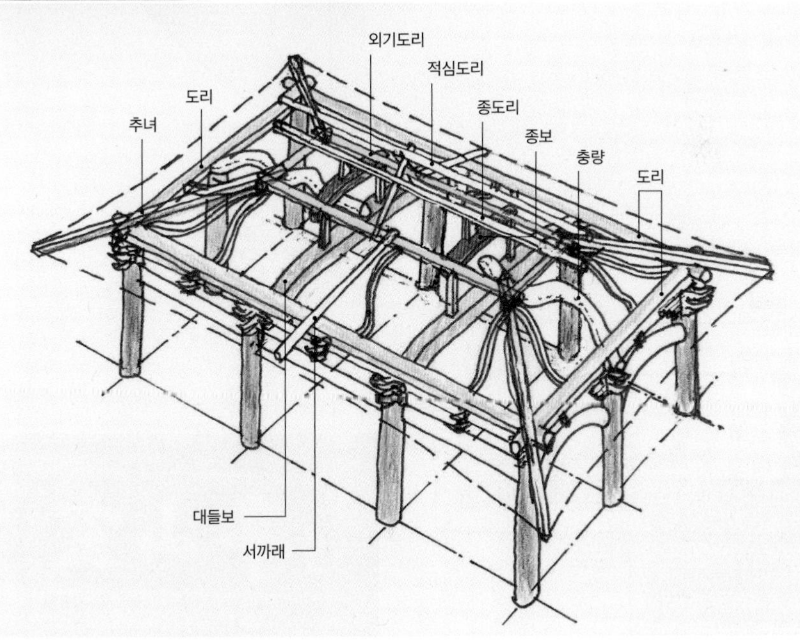

합천 현산정

[위치] 경상남도 합천군 서부로 4107-13(봉산면) **[건축 시기]** 1926년
[지정사항] 문화재자료 제156호 **[구조 형식]** 5량가 팔작기와지붕

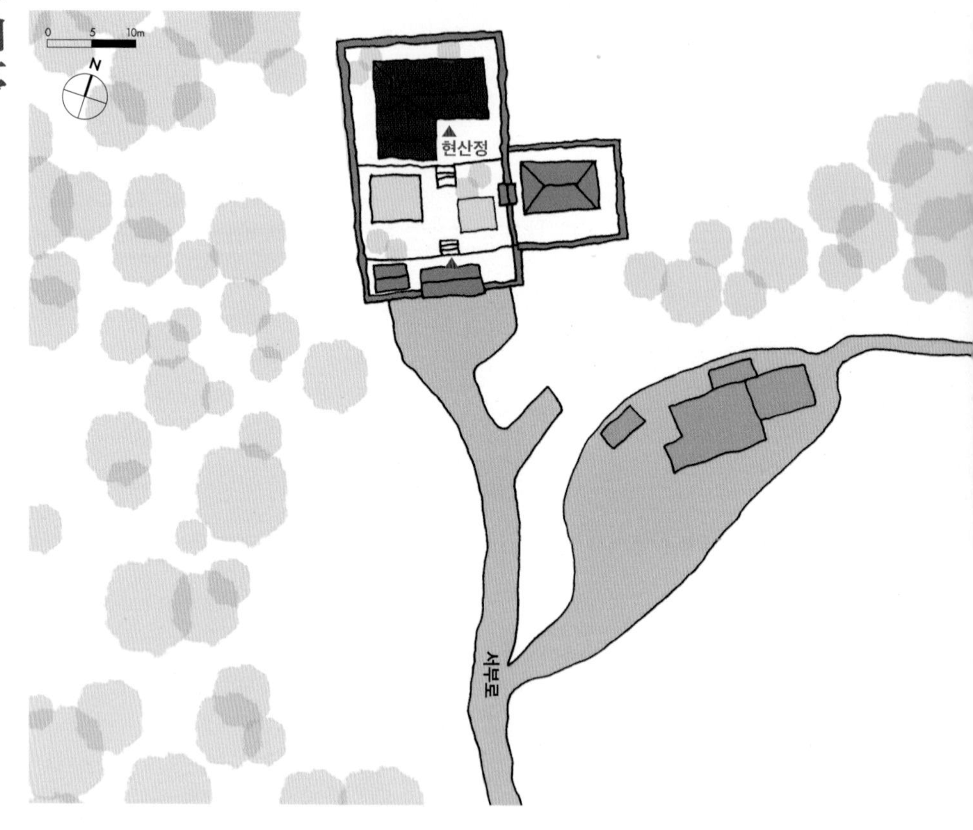

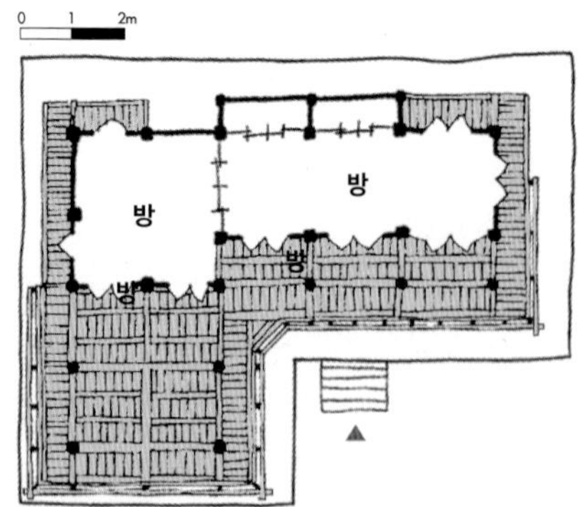

망일산 기슭에서 합천호를 바라보며 남동향하고 있는 현산정은 현초 김시용(玄樵 金時鏞)을 기리기 위해 1926년에 지은 정자이다. 1988년 합천댐을 건설하면서 이곳으로 이건했다. 원래는 노파리에 있었다.

삼문인 읍향문을 들어서면 경사지를 이용해 자연석으로 조성한 4개의 단 가운데 세 번째 단과 네 번째 단에 자리한 정자가 보인다. 두 번째 단에는 크기가 다른 두 개의 방지가 있다. 정면 5칸, 측면 4칸 규모로 왼쪽 2칸은 3단과 4단에 걸쳐 2층 누각으로 만들고, 그 뒤쪽 4단에 5칸의 단층 건물을 배치해 전체 'ㄱ'자형을 이룬다. 누마루는 3면을 열고 계자난간을 둘렀다. 누마루 뒤에 방을 설치했다. 누마루 오른쪽에는 한 칸 물러 방을 들이고 사분합들문을 달았다. 자연스러우면서도 견실한 부재를 사용하고, 초석을 치밀하게 가공하고 다양한 창호를 사용한 것으로 보아 많은 공력을 기울였음을 알 수 있다. 연목 하부를 빗반자로 마감한 것, 벽장을 둔 것, 광창을 시설한 것 등 근대기의 특징을 볼 수 있다.

1 경사지를 이용해 높게 쌓은 자연석 기단 위에 자리한 현산정은 정면 5칸, 측면 4칸 규모이다.

2 활주 초석 하부에 가공된 초반석을 두었다.

陜川 玄山亭

1 은거한다는 의미의 '가둔(嘉遯)' 글자를 새기고 장식한 막새

2 자연스럽게 휜 목재를 대들보로 사용하고 연목 하부를 빗반자로 마감했다.

3 전면은 소로수장으로 위계를 높이고 측면과 배면은 납도리집으로 구성했다.

4 본채보다 한 단 아래 누각을 두었다. 누각은 삼면을 모두 개방했다.

5 현산정 앞에는 양 옆에 크기가 다른 방지가 있다. 방지의 가운데에는 나무 한 그루가 있는 원형 섬이 있는데 천원지방 사상을 반영한 것이다.

6 마루 쪽에 면한 방에는 대개 들문을 설치하는데 현산정은 쌍여닫이세살문을 달았다.

1

2

3

5

陜川 玄山亭

4

6

합천 뇌룡정

陜川 雷龍亭

【위치】경상남도 합천군 삼가면 외토리 618-1 【건축 시기】1548년 초창, 1883년 중건
【지정사항】경상남도 문화재자료 제129호 【구조 형식】5량가 팔작기와지붕

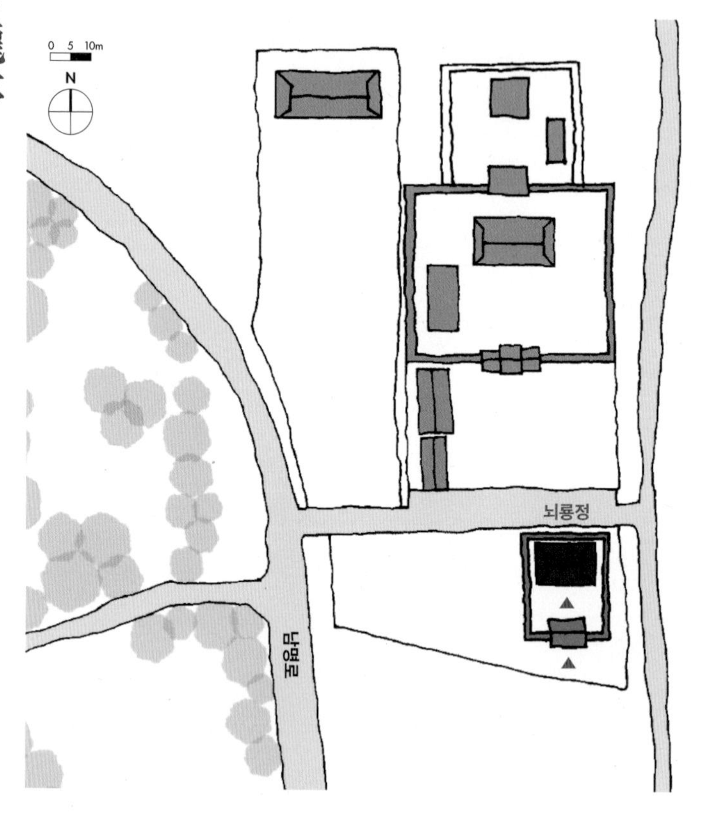

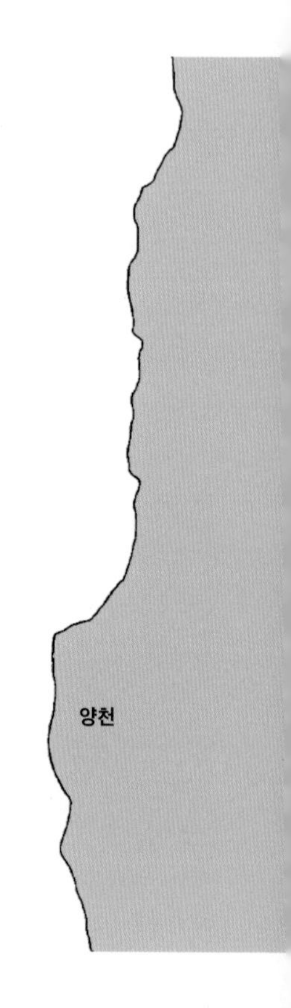

1 자연스럽게 휜 목재를 사용한 대들보가 그나마 이건 전 정자의 분위기를 보여 주는 듯하다.

2 마루 쪽 방 창호는 세살문을, 마루 배면에는 판문을 달았다.

3 기단에 있는 굴뚝

4 뇌룡정 일원. 강변에서 이건되면서 부재가 많이 바뀌고 환경도 달라져 창건 당시 분위기를 느끼기 어렵다.

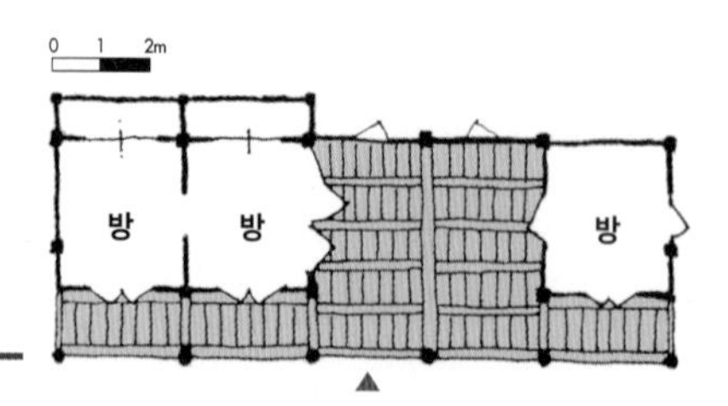

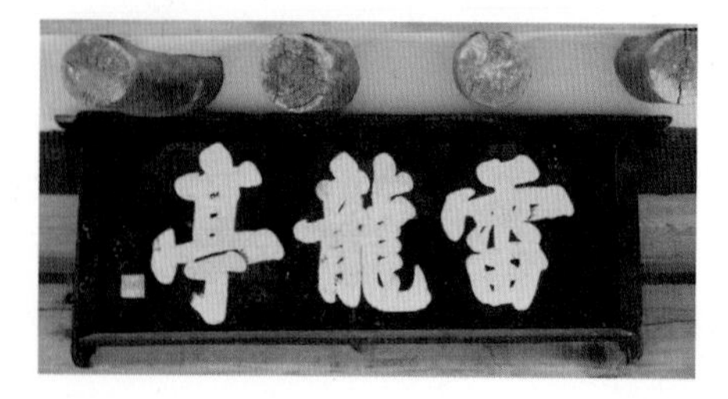

외토리 토동마을 양천강 근처 들판에 조성된 뇌룡정은 남명 조식(南溟 曺植, 1501~1572)이 1548(명종3)년 학문 수양과 제자 육성을 위해 계부당과 함께 건립한 정자로 용암서원의 부속건물이다. 서원 훼철령으로 용암서원과 함께 훼철된 것을 1883(고종20)년 허위(許蔿, 1855~1908)를 비롯한 유림들이 중건했다. 현 건물은 2011년 제방을 다시 쌓으면서 현재의 위치로 이건한 것이다.

'뇌룡'은《장자》에 나오는 "연묵이뢰성 시거이용현(淵默而雷聲 尸居而龍見)"에서 유래한 것으로 "시동처럼 가만히 있다가 때가 되면 용처럼 나타나고, 깊은 연못과 같이 묵묵히 있다가 때가 되면 우뢰처럼 소리친다."라는 의미라고 한다.

정자 전면에는 3칸 대문채가 있고 주변에 담장을 둘렀으며, 대문을 들어서면 정면에 뇌룡정이 보인다. 정면 5칸, 측면 2칸 규모로 왼쪽부터 방 2칸, 대청 2칸, 방 1칸으로 구성되어 있고 전면에 툇마루를 두었다.

이건되면서 부재가 많이 교체되고 주변 환경이 변해 창건 당시의 분위기를 느끼기 어려워 아쉬움이 남는다.

합천 관수정

【위치】 경상남도 합천군 성산큰길 63-15 (쌍책면) **【건축 시기】** 조선후기 추정
【지정사항】 경상남도 문화재자료 제221호 **【구조 형식】** 5량가 팔작기와지붕

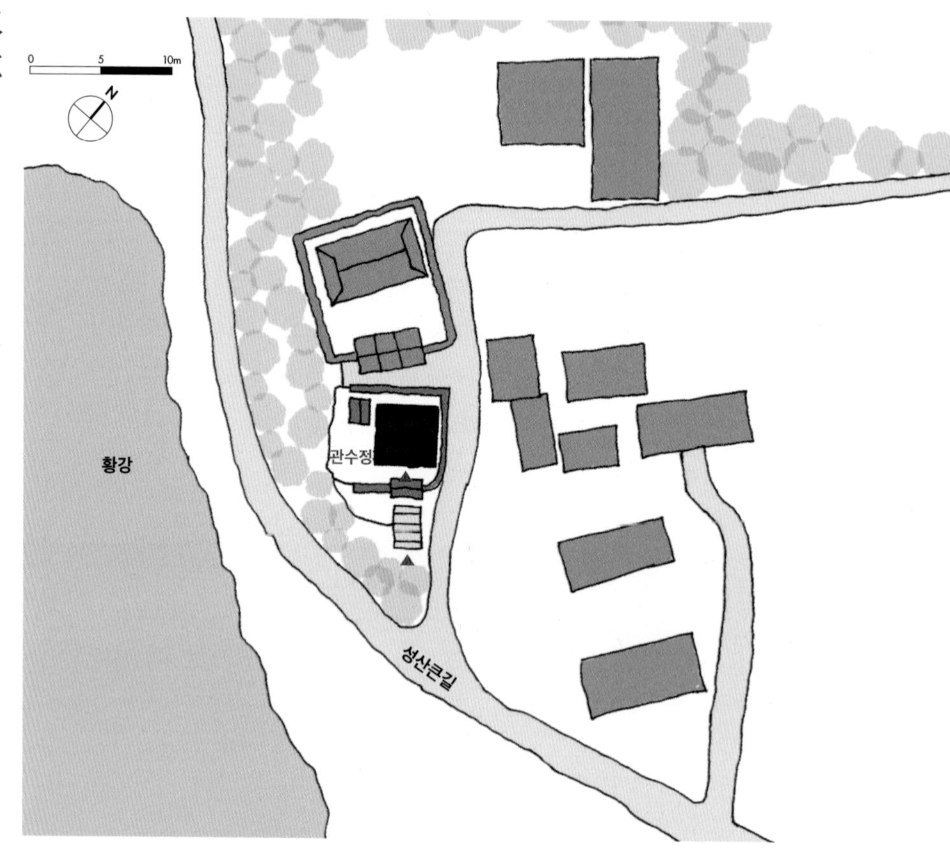

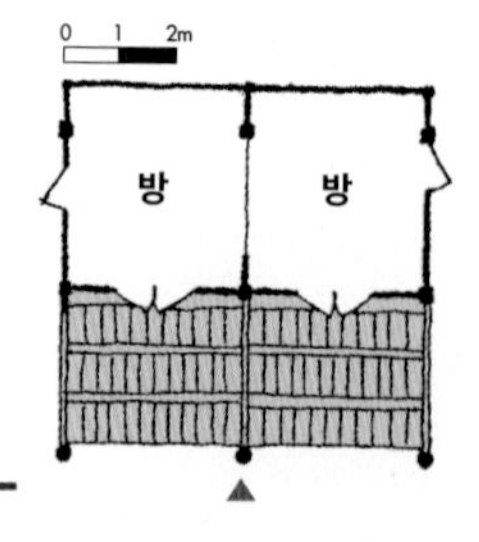

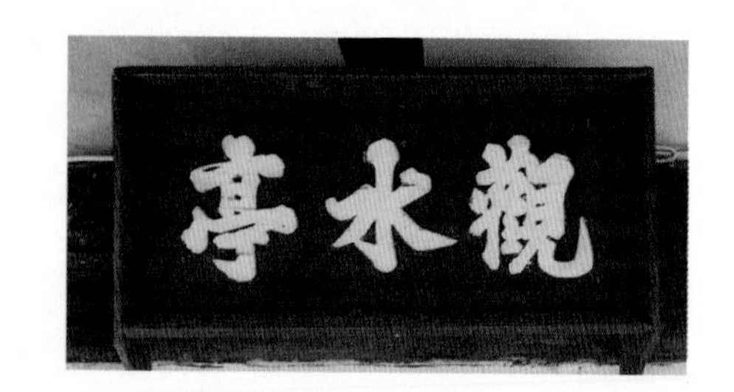

쌍책면 성산리 합천이씨 전서공파의 집성촌인 내촌마을 위쪽 황강변에 남동향으로 자리한 관수정은 창건 시기를 정확히 알 수 없다. 1519년 기묘사화로 화를 입은 기묘명현 가운데 한 사람인 이윤검(李允儉, 1451~1520)의 8대손인 이봉서가 지은 것으로 추정하고 있다. 정자는 황강변의 기암 절벽 위에 있는데 도로보다 높은 곳에 있는 협문인 유술문을 들어서면 작지만 당당한 형태의 관수정이 보인다. 유술문과 관수정이라는 이름은 《맹자》의 "진심장"에 나오는 "관수유술(觀水有術)"에서 가져왔다고 한다. 관수정 뒤에는 황강 이희안을 기리는 황강정이 있다.

정면 2칸, 측면 2칸 규모의 정방형 건물로 전면에 마루 2칸을, 뒤에 온돌 2칸을 들였다. 마루에는 난간을 달지 않았다. 가구는 가운데 기둥을 중심으로 사방에서 맞보를 걸고 외기도리를 걸어 서까래를 받았다. 방 천장은 우물반자로 마감했다.

관수정 일대는 주변의 푸른 버들과 흰 모래가 어우러진 경관이 매우 아름다운 곳으로 꼽히던 곳이었지만 도로가 지나가고 강이 퇴적되어 그 모습이 많이 변해 아쉬움이 남는다.

1 원경

2 관수정은 황강변의 기암 절벽 위에 자리한다.

3 협문인 유술문을 들어서면 관수정이 보인다.

1

1 마루에서 본 황강

2 가운데 기둥을 중심으로 사방에서 맞보를 걸고 외기도리를 걸어 서까래를 받았다.

3 판대공 상세

4 2칸 온돌 사이에 미서기문을 두어 둘로 나누어 사용했다.

5 정면 2칸, 측면 2칸 규모의 정방형 건물로 전면에 마루 2칸을, 뒤에 온돌 2칸을 들였다.

6 관수정 뒤에는 황강 이희안을 기리는 황강정이 자리집고 있다.

합천 가남정

[위치] 경상남도 합천군 빙연길 7-9 (야로면) **[건축 시기]** 1919년
[지정사항] 경상남도 문화재자료 제80호 **[구조 형식]** 2평주 3량가 팔작기와지붕

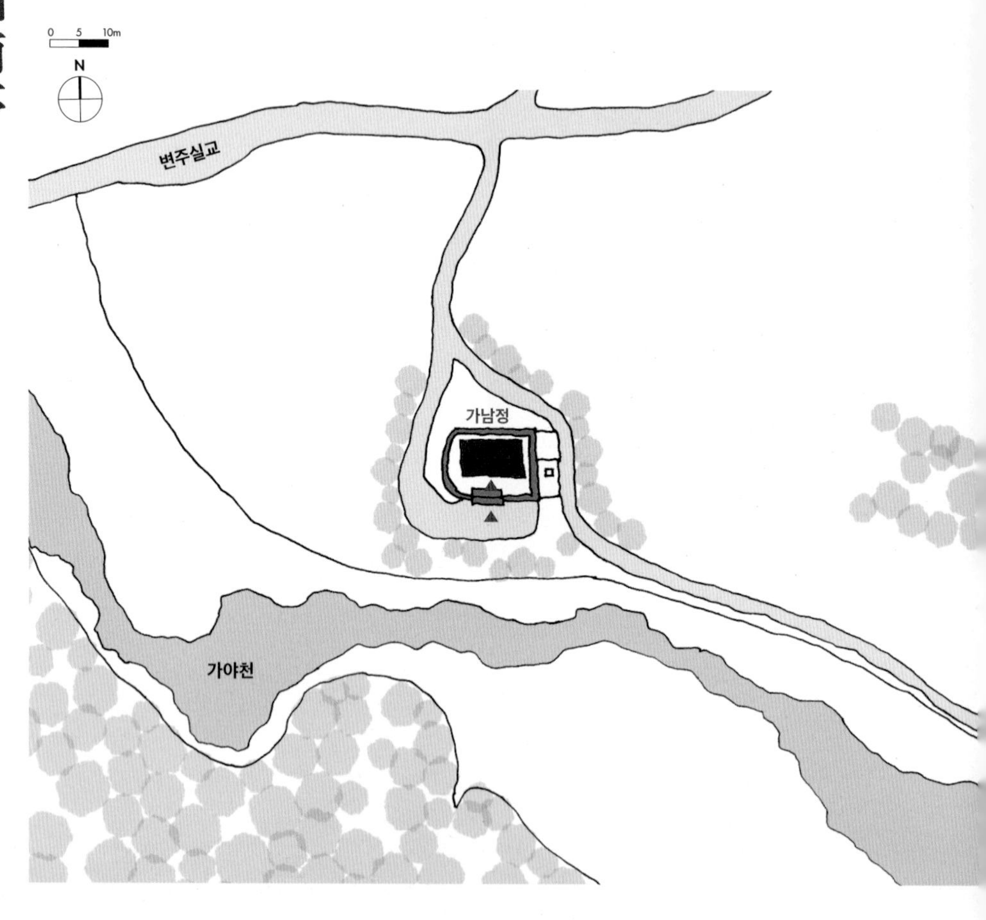

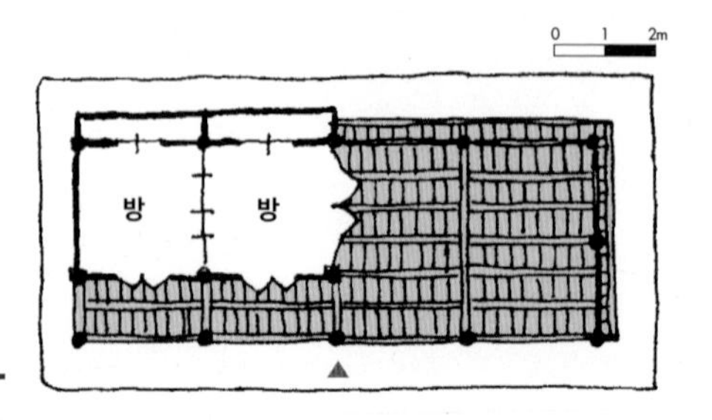

가남정은 임진왜란 때 공을 세운 서산정씨 4형제, 정인기(鄭仁耆, 1544~1617), 인함(仁涵, 1546~1613), 인휘, 인지를 추모, 배향하는 곳이다. 사형제는 종형인 의병대장 정인홍(鄭仁弘, 1535~1623) 휘하에서 의병으로 활동했다. 인함은 사후에 이조판서를 추종받았다. 4형제는 1738(영조14)년에 세워진 세덕사(世德祠)에 시조와 함께 배향되었다. 세덕사는 1862(철종13)년에 운계서원으로 승격되었는데 대원군의 서원철폐령으로 폐지되었다. 운계서원을 이어 1919년에 지은 것이 가남정이다. 사우정(四友亭)이라는 별칭이 있다.

가남정은 남쪽으로 홍류동 계곡에서 흘러 내려오는 가야천이 감도는 낮은 구릉 위에 남향으로 자리하고 있다. 정자 사방으로 기와를 얹은 토석담장을 두르고 남쪽에 일각문을 설치해 출입문으로 사용한다. 동쪽 담장 너머에 정인함의 신도비가 있다. 정자 주변에는 400년 넘은 느티나무가 있고 신도비 주변에 몇 그루의 소나무를 조성해 놓아 고즈넉한 분위기이다. 강가의 인공구조물과 향락객이 남기고 간 흔적이 이런 고즈넉한 분위기를 깨뜨려 아쉽다.

자연석 기단과 자연석 초석을 사용한 정면 4칸, 측면 2칸 규모로 왼쪽 2칸에 온돌을 들였다. 온돌 부분에는 아궁이와 벽장을 설치했다. 단청은 색이 없는 백골집이다. 정자 왼쪽으로 대들보에 방형 간주를 설치하고 2칸 방을 꾸몄다. 가남정은 3량가로 종도리 하부에는 동자대공을 설치하고 측면 중앙기둥 위로 대들보에서 내려오는 충량을 설치해 추녀 및 연목 상부 합각부의 구조를 보강했다. 충량 위 종도리를 받치는 대공은 원형으로 가공해 설치했다. 기둥 상부 주두 위에 장혀와 도리를 설치하고 주두 하부에 수장 폭 두께의 창방을 설치한 소로수장집인데 민도리집보다는 격이 있고 보통의 소로수장집에 비해서는 단순한 형태이다.

대청의 정면은 열려 있으나 배면과 우측면은 빈지널 벽체에 당판문을 달아 개방적인 정자의 느낌보다는 폐쇄적인 살림집 느낌이다. 외기에 면하는 모든 창호 하부에 머름을 설치했는데 바람 때문일 것으로 생각된다.

陜川 伽南亭

1 기둥 상부 주두 위에 장혀와 도리를 설치하고 주두 하부에 수장 폭 두께의 창방을 설치한 소로수장집이다.

2 종도리 하부에는 동자대공을 설치하고 측면 중앙기둥 위로 대들보에서 내려오는 충량을 설치해 추녀 및 연목상부 합각부의 구조를 보강했다.

3 전면 툇간 정도의 간살이가 형성되는 지점의 대들보에 방형 간주를 설치하고 2칸 방을 꾸몄다.

4 사방에 기와를 얹은 토석담장을 두르고 남쪽 담장의 가운데쯤에 일각문을 설치해 출입문으로 사용한다.

5 정면 4칸, 측면 2칸 규모로, 왼쪽 2칸에 온돌을 들였다.

6 주변 개울의 자연석을 디딤돌로 사용하고 있다.

4

6

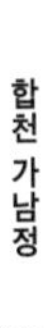
합천 가남정

합천 벽한정

[위치] 위치 경상남도 합천군 손목3길 94 (용주면) **[건축 시기]** 1639년
[지정사항] 경상남도 문화재자료 제233호 **[구조 형식]** 2평주 5량가 팔작기와지붕

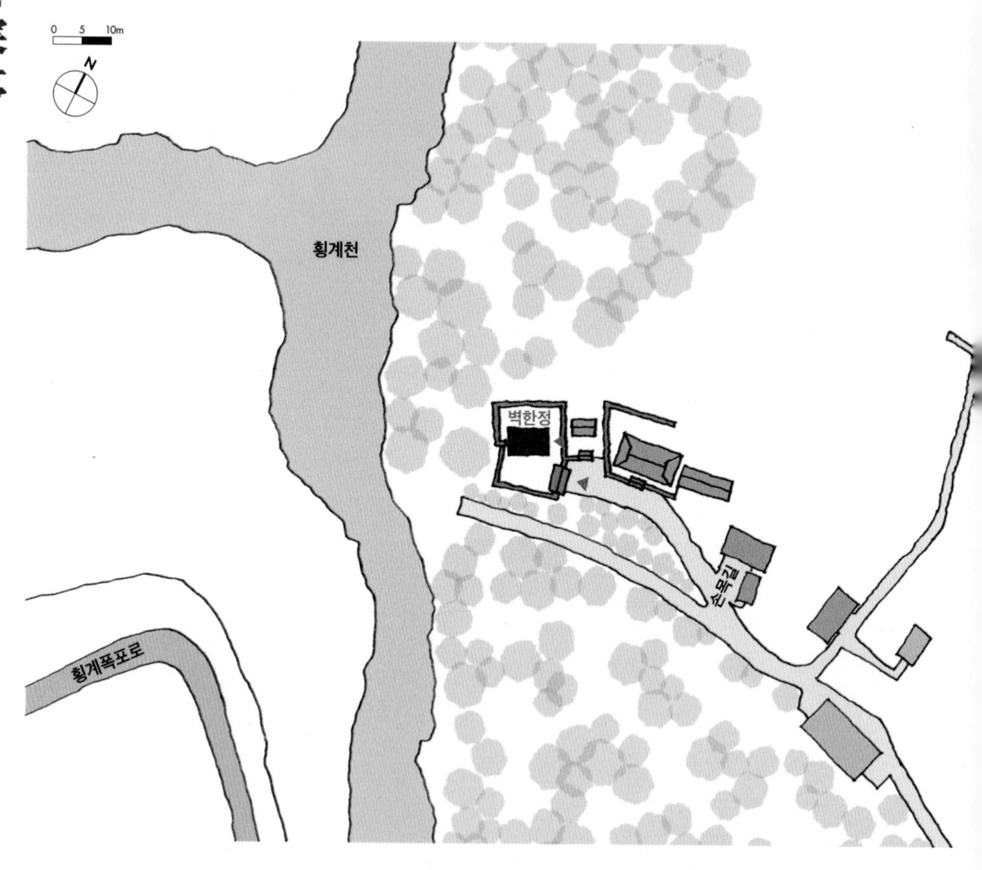

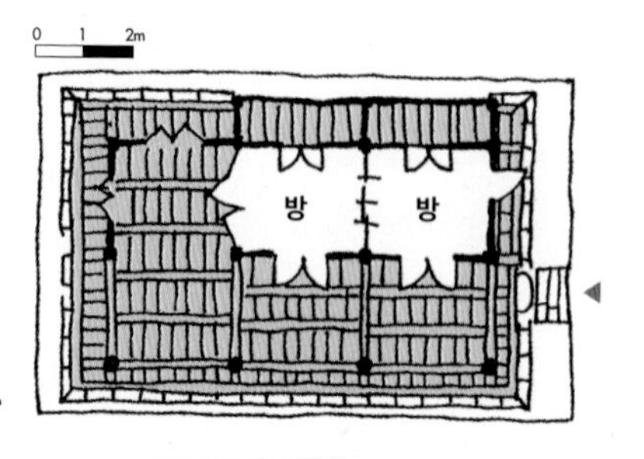

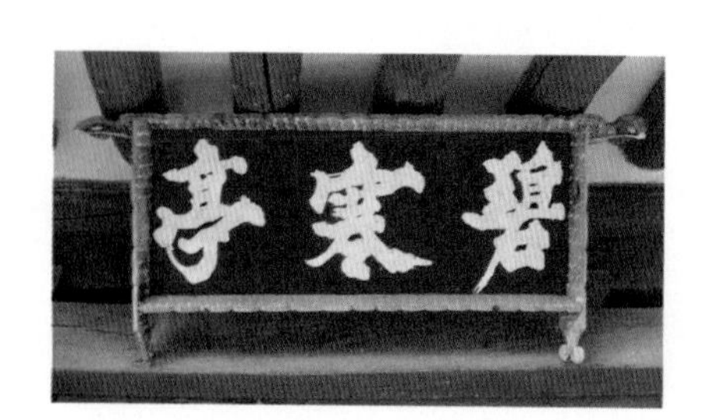

남명 조식(南冥 曺植, 1501~1572)의 학문을 계승한 무민당 박인(無悶堂 朴絪, 1583~1640)이 학문을 닦고 연구하던 서재로 1639(인조17)년에 지어졌다. 박인은 병자호란 끝에 인조가 청 태종에게 항복했다는 소식을 듣고 임헌(臨軒)이라는 호를 무민당으로 바꾸고 일생을 향리에서 산림처사로 지냈다. 임헌은《주역》의 임괘(臨卦)에서 가져온 것으로 "대개 군자가 남을 가르치는 생각은 무궁하여 백성을 보존함이 끝이 없다."는 뜻이다.

벽한정은 황강의 지류인 황계천을 끼고 있는 낮은 언덕에 남동향으로 자리하고 있다. 정자 사방에는 기와를 얹은 막돌담장을 둘렀으며 남동쪽에 3칸 평삼문을 설치해 출입문으로 사용한다. 정면 3칸, 측면 2칸 규모로 오른쪽 2칸이 온돌이다. 자연석 기단과 자연석 초석을 사용했으며 가칠단청을 했다. 장혀와 두공이 있는 소로수장집으로 2평주 5량 구조이다. 대들보 밑에 간주를 세우고 2칸 온돌을 꾸몄다. 대들보에서 측면 기둥 위로 충량을 설치해 추녀 및 지붕을 구성하는 외기부를 지지하고 대청으로 돌출된 중도리 부분에는 눈썹천장을 설치했다. 중도리는 단장혀와 소로로 받았다. 추녀에 연목을 설치한 부분에서 나란히 서까래 부분과 선자연으로 처리한 부분이 있는데 추녀부분의 처짐을 방지하기 위해 보수할 때 선자연으로 처리한 것으로 보인다.

대청의 전면은 개방하고 배면에는 판벽과 판문을 달았다. 온돌의 대청 쪽 창호는 들문을 달아 필요에 따라 넓게 활용할 수 있게 했다. 정면과 좌우에 계자난간을 둘렀다.

1 선자서까래

2 나란히서까래

1

4

陜川 碧寒亭

1 정자 사방에는 기와를 얹은 막돌담장을 둘렀으며 남동쪽에 있는 3칸 평삼문을 통해 출입한다.

2 용마루 끝부분. 합각 위로 수키와를 세로로 세워 돌출된 적새를 지지하도록 했다.

3 추녀에 연목을 설치한 부분에서 나란히 서까래 부분과 선자연으로 처리한 부분이 있는데 추녀부분의 처짐을 방지하기 위해 보수할 때 선자연으로 처리한 것으로 보인다.

4 정면 3칸, 측면 2칸 규모로 오른쪽 2칸이 온돌이다.

5 대들보에서 측면 기둥 위로 충량을 설치해 추녀 및 지붕을 구성하는 외기부분을 구조보강하고 대청으로 돌출된 중도리 부분에는 눈썹천장을 설치했다.

합천 임강정

[위치] 경상남도 합천군 임북5길 2-3 (율곡면) **[건축 시기]** 1865년
[지정사항] 경상남도 문화재자료 제480호 **[구조 형식]** 5량가 팔작기와지붕

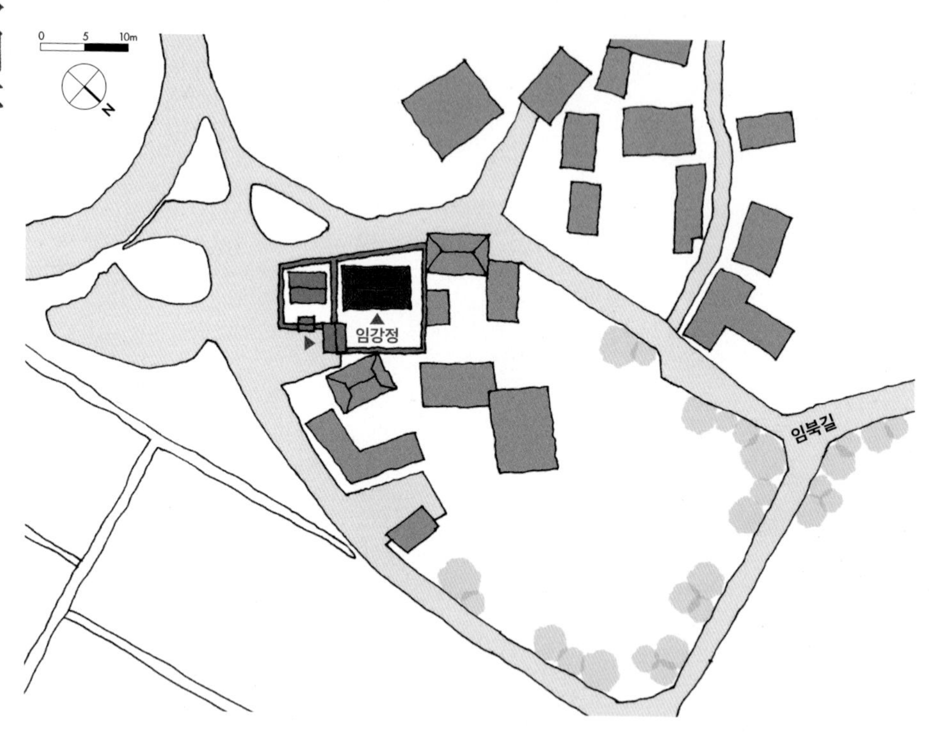

1 망와에는 건립 연대를 추정할 수 있는 연호인 '동치사년을축'이 새겨 있다.

2 첨차와 소로를 사용한 포대공

3 골뱅이 문양으로 장식한 외기도리 달동자

4 좁은 골목으로 들어가면 왼쪽에 사당인 삼현사가 아담한 크기의 사주문을 달고 담장으로 둘러있는 것이 보인다.

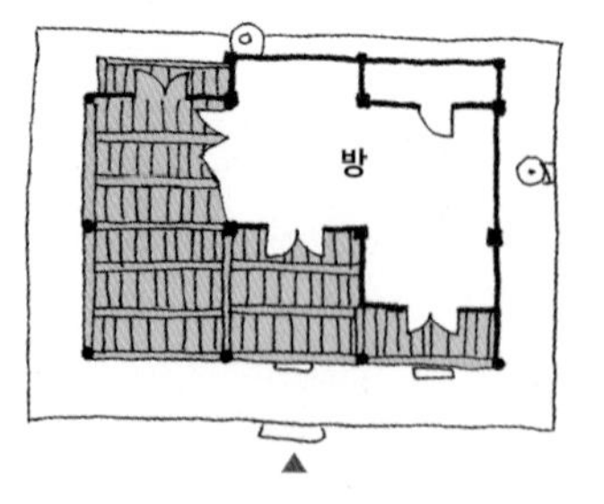

율곡면 임북마을 초입에 황강을 바라보며 북동향으로 자리하고 있다. 망와에 '동치사년을축(同治四年乙丑)'이라고 표기된 것을 보아 1865년에 건립되었음을 알 수 있다. 임강정으로 가는 좁은 골목 왼쪽에 사당인 삼현사가 있는데 주변에 담장을 두르고 아담한 크기의 사주문을 달았다. 이 사주문을 지나면 임강정으로 들어가는 2칸 대문이 보인다. 대문을 들어서면 마당을 두고 대문과 직각 방향으로 낮은 기단 위에 자리한 임강정이 있다.

정면 3칸, 측면 2칸 규모로 'ㄴ'자형 대청 3칸과 'ㄱ'자형의 온돌 3칸이 서로 마주보며 배치되어 있다. 온돌 전면에는 양여닫이 세살문을 두고, 대청과 만나는 부분에는 삼분합들문을 두어 필요에 따라 개방할 수 있도록 했다. 온돌의 중간에는 문을 달아 두 개의 공간으로 구분했는데 오른쪽은 전면 툇마루를 한 단 높게 설치했다.

대청 상부에 대들보를 걸고, 대들보에 충량을 걸었으며 외기도리 하부만 우물천장으로 하고, 나머지는 연등천장으로 구성했다. 선자연을 간결하게 처리하고 벽장과 광창을 시설한 점 등에서 근대기의 특징을 볼 수 있다.

1

5

1 'ㄴ'자형 대청 3칸과 'ㄱ'자형의 온돌 3칸이 서로 마주보며 배치되어 있다.

2 창방과 장혀 사이를 구조 보강하고 장식을 더한 소로수장집이다.

3 대청 상부에 대들보를 걸고, 대들보에 충량을 걸었으며 외기도리 하부만 우물천장으로 하고, 나머지는 연등천장으로 구성했다.

4 종도리 장혀 상량 묵서의 "정해윤삼월칠일정사묘시입주동일미시상량(丁亥閏三月十七日丁巳卯時立柱同日未時上樑)" 기록으로 1947년 윤2월 17일에 대대적인 보수가 있었음을 알 수 있다.

5 정면 3칸, 측면 2칸 규모로 온돌 전면에는 양여닫이 세살문을 달고 상부에 광창을 달았다.

6 대청 배면은 판벽과 판문으로 마감하고 상부에는 빗살창을 달았다.

합천 함벽루

【위치】경상남도 합천군 죽죽길 80 (합천읍) 【건축 시기】1321년
【지정사항】경상남도 문화재자료 제59호 【관리자】합천군
【구조 형식】2평주 5량가 팔작기와지붕

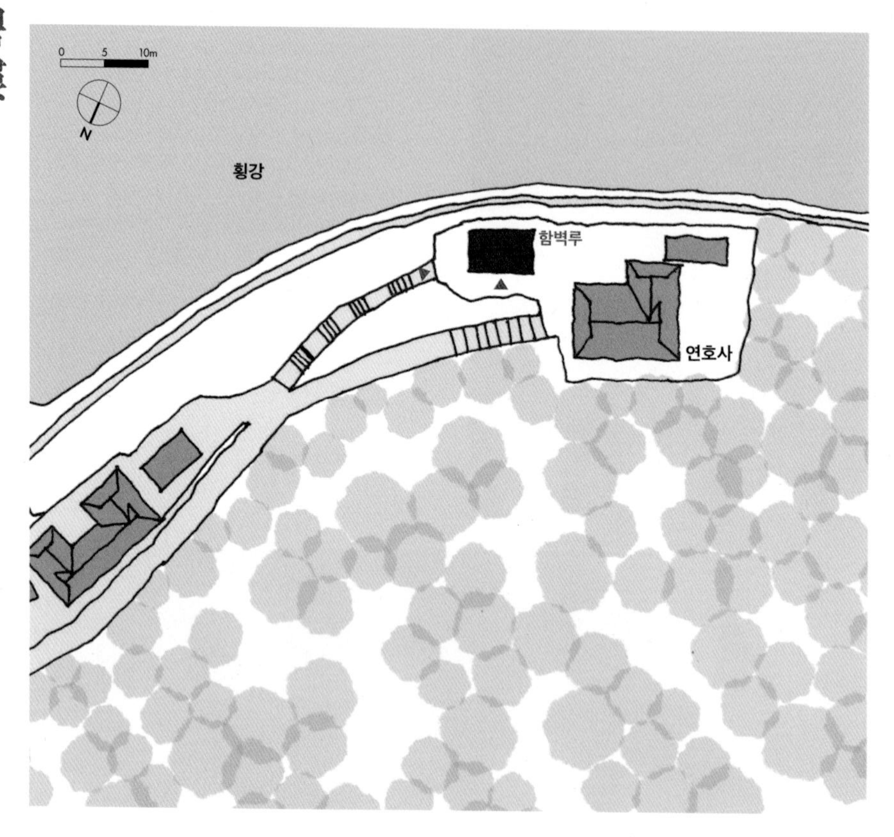

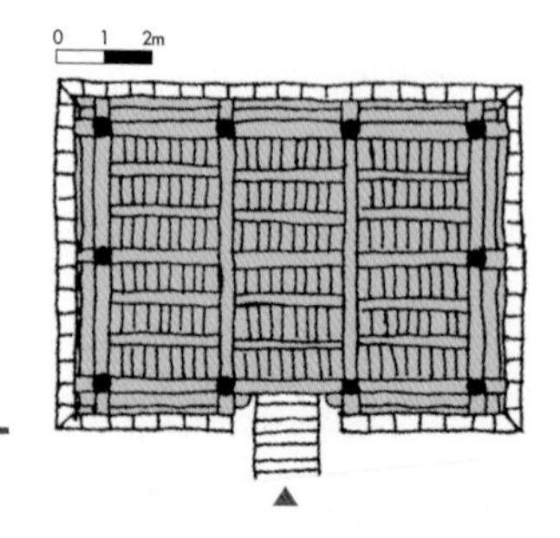

1321(고려 충숙왕8)년에 합주지주사(陜州知州事) 김영돈(金永旽, 1285~1348)이 창건하였는데 이에 대한 내용은 안진(安震, ?~1360)의 기문에 나온다. 누각에는 이황, 조식, 송시열 등 조선시대 명유의 글이 걸려 있다.

함벽루는 대야성 기슭, 황강 정양호가 보이는 곳에 자리하고 있다. 원래 누각 처마에서 떨어지는 물방울이 황강에 떨어지도록 지어졌다고 하는데 관람 및 통행용 탐방로를 너무 가깝게 설치해 건축 당시의 의도를 잃어버렸다. 인근 연화산의 인공구조물 역시 함벽루 왼쪽에 바짝 붙어 설치된 점도 아쉽다. 뒤쪽 암벽에는 '함벽루'라 새긴 송시열의 글씨가 있다.

정면 3칸, 측면 2칸 규모로 자연석 기단과 자연석 초석을 사용했으며 누상부의 바닥은 전체가 마루로 구성되어 있다. 공포는 조선 중·후기에 주로 나타나는 재주두 없는 이익공 양식이다. 초창 연도가 고려시대라는 점을 생각하면 후에 변형된 것으로 보인다. 지붕은 팔작기와지붕이며 처마는 부연이 있는 겹처마이다. 가구는 2평주 5량 구조로 좌우 양쪽에 충량을 설치해 구조보강했다. 중도리 하부에 파련대공을 사용하고 주심도리 하부, 기둥과 기둥 사이는 화반으로 지지했다. 단청은 모로와 긋기단청을 같이 사용했다. 누하주 가운데 일부에 남아 있는 흔적을 통해 손대패가 아닌 자귀로 다듬었음을 알 수 있다.

1 정면 3칸, 측면 2칸 규모로, 누상부 바닥은 전체가 마루로 구성되어 있다.
2 암벽에 새긴 '함벽루' 글씨는 송시열의 글씨이다.

陜川 涵碧樓

1 추녀에 평서까래와
선자 서까래를 동시에 사용했다.

2 좌우 양쪽을 충량으로 구조보강했다.

3 중도리 하부에 파련대공을 사용하고
주심도리 하부, 기둥과 기둥 사이는
화반으로 지지했다.

4 대야성 기슭, 황강 정양호가
보이는 곳에 자리하고 있다.

5 누하주 가운데 일부에 남아 있는
흔적을 통해 손대패가 아닌 자귀로
다듬었음을 알 수 있다.

6 누마루 사면에는 계자난간을 둘렀다.

4

6

울산 이휴정

[위치] 울산광역시 남구 이휴정길 20 (신정동)
[건축 시기] 1940년 이건, 2005년 복원 **[지정사항]** 울산광역시 문화재자료 제1호
[구조 형식] 5량가 팔작기와지붕

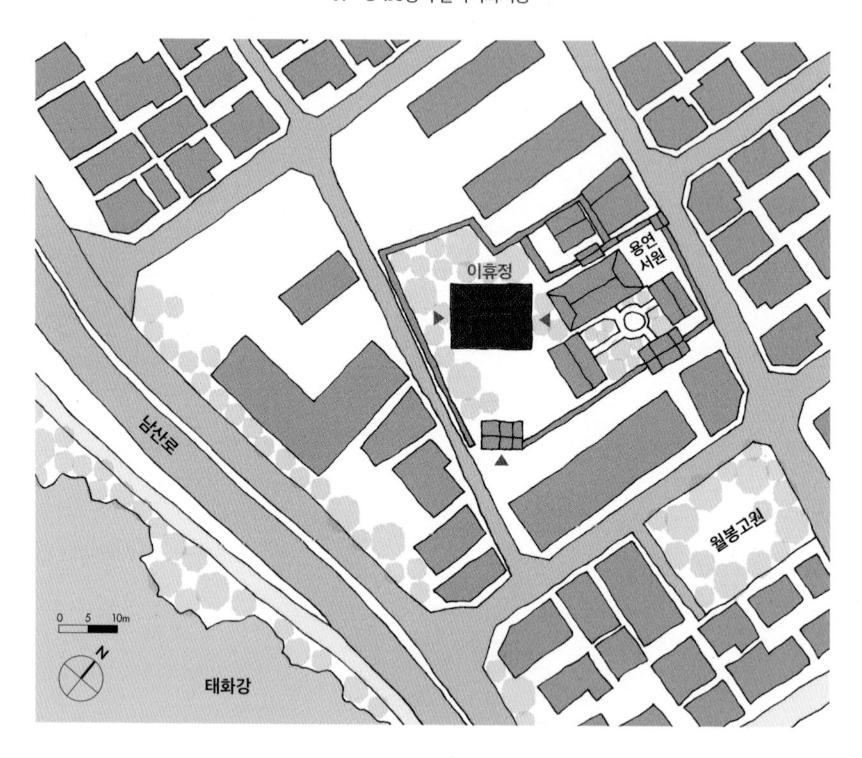

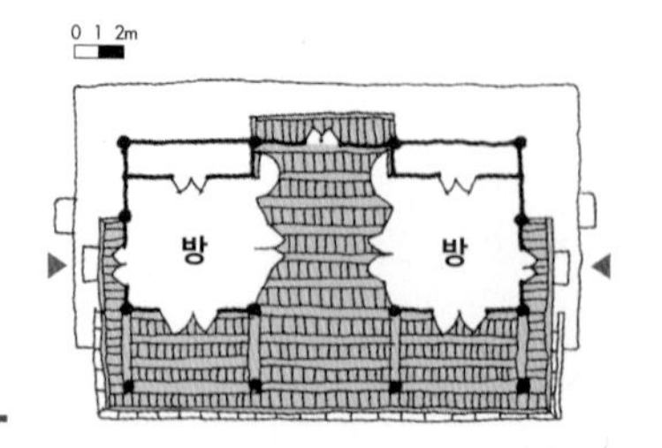

태화강변에 은월봉을 바라보며 남서향으로 자리한 이휴정은 본래 울산 도호부의 객사인 학성관의 남문루였다. 울산 태화루(太和樓)가 없어진 후 이 건물에 옛 태화루 현판을 달아 한때는 태화루라 부르기도 했다. 원래 울산공립보통학교(현 울산초등학교) 교문 근처에 있었으나, 1940년에 울산초등학교가 교정을 확장하면서 헐릴 위험에 처한 것을 학성이씨 월진문회에서 매입해 지금 자리로 이건했다.

이건하면서 건물의 형태를 고쳤는데, 1층으로 출입하던 2층 누각에서 1층을 낮춰 전면만 누각형으로 하고, 2층 평면은 전체가 마루인 형태에서 중앙에 대청을 두고 좌우에 방을 둔 정자 형식으로 변경했다.

정면 3칸, 측면 3칸 규모로 기둥 간격이 넓고 굵직한 부재를 사용한 초익공집이다. 조선 후기 문루의 흔적이 남아있다. 건물의 이름 또한 학성이씨 월진파의 정각이었던 것을 이휴정으로 고친 것이다. 2003년 화재로 소실된 것을 2005년에 복원해 옛 모습이 거의 남아 있지 않다.

1 기둥 간격이 넓고 굵직한 부재를 사용한 초익공집이다.

2 마당에 있는 돌벼루. 시화를 열어 시문과 정담을 나눌 때 사용했을 것으로 추정된다.

蔚山二休亭

1 2평주 5량가이며 내부 기둥은 툇간을 구획하기 위한 보조기둥이다.

2 우주 포 상세. 겹처마에 굴도리와 장혀가 갖추어진 격식 높은 관아건물 형식이다.

3 평주 포 상세. 초익공 형식이지만 익공 아래에 제공을 두어 포의 높이를 높이고 주간에는 화반이 있는 격 높은 건물의 형식을 보이고 있다.

4 대청에서 본 외부

5 당초 울산도호부 객사의 남문루여서 규모가 장대하고 우람하다.

6 후대에 보조기둥을 세워 퇴를 들였으며 툇간이 넓은 특징을 보인다.

7 일반 정자와 달리 마루방으로 했고 우물천장에 단청이 있는 모습은 관영건축의 모습이다.

8 규모가 커서 마루방 측면에는 드물게 6짝 분합문을 달았다.

1
2
3

5

4
6
7
8

경산 구연정

[위치] 경북 경산시 진량읍 내리리 176-1번지
[건축 시기] 1848년 추정 **[지정사항]** 경상북도 문화재자료 415호
[구조 형식] 5량가 팔작기와지붕

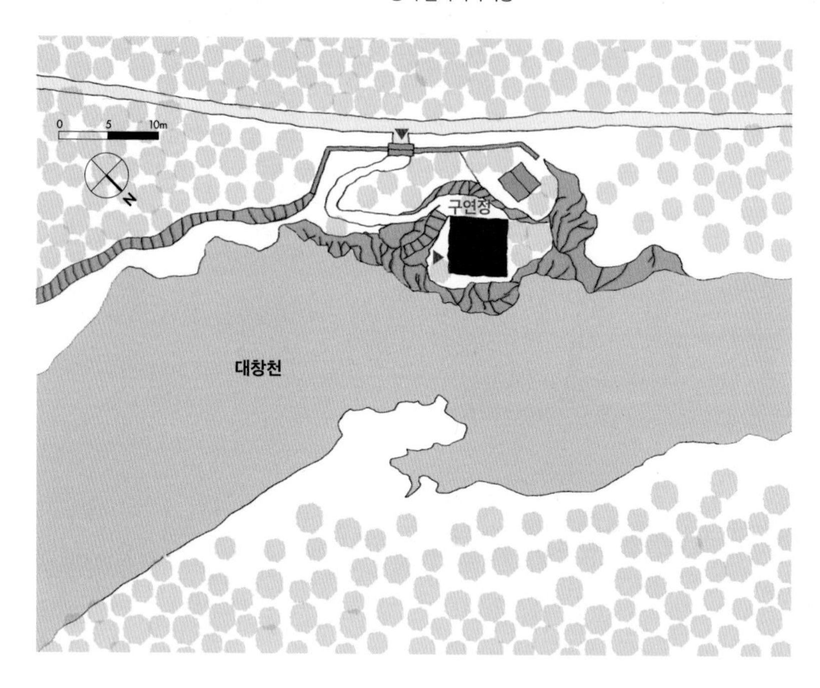

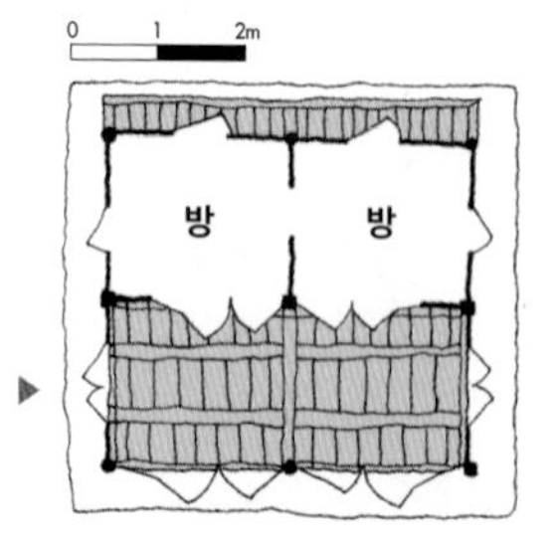

1 정자에 앉아 있으면 정자 이름과 같이 거북이 등을 타고 강을 헤엄쳐 나가는 느낌이다.

2 구연정에 진입하려면 밧줄을 타고 바위 절벽을 올라가야 한다.

3 작은 바위 절벽에 축대를 쌓고 겨우 건물 터를 조성하고 지었다.

현 대구대학교 구내에 자리하고 있는 구연정은 1848년 조선후기 학자인 김익동(金翊東, 1793~1861)이 강학공간으로 지었다고 한다. 1974년에 중수가 있었음을 알 수 있는 중수비가 있는데 어느 정도 수리되었는지 내용은 알 수 없다. 정자 옆에는 언덕 위에 1칸 규모의 사당이 있으나 다른 곳에서 옮겨온 것으로 정자와는 관계없다.

구연정은 금호강과 만나는 샛강 하류 강과 접한 절벽 위에 북향으로 배치했다. 작은 바위 절벽에 축대를 쌓고 겨우 건물 터를 조성하고 지었는데 바위가 강쪽으로 돌출되어 있다. 정자에 앉아 있으면 정자 이름과 같이 거북이 등을 타고 강을 헤엄쳐 나가는 느낌이다. 이러한 위치 선정과 배치가 구연정의 가장 큰 특징이다.

구연정은 정면, 측면 모두 2칸으로 정방형 평면이다. 강 쪽의 전면 2칸은 마루이고 뒤쪽 2칸은 온돌인데 한쪽에는 '직방재(直方齋)', 다른 쪽에는 '낙완재(樂玩齋)'라는 편액이 걸려 있다. 편액에서 서당이라는 기능을 짐작할 수 있다. 영주의 소수서원에도 학생들의 기숙사 건물로 직방재라는 같은 이름의 건물이 있다.

암반에 단차가 있어서 정자 전면에는 팔각의 장주초를 사용했다. 평주초석도 팔각초석이 있는 것으로 미루어 기둥이 팔각이었거나 다른 곳에서 옮겨온 초석을 재활용해 지었을 것으로 추정된다. 연화형 익공을 사용했으며 소로수장집이다.

慶山 龜淵亭

1 암반에 단차가 있어서 정자 전면에는 팔각의 장주초를 사용했다.

2 연화형 익공

3 정면, 측면 모두 2칸으로 정방형 평면이다. 강 쪽의 전면 2칸은 마루이고 뒤쪽 2칸은 온돌이다.

4 정자 전면에 사용한 팔각 장주초

5 팔각장주초와 기둥 접합 상세 스케치

6 구연정은 금호강과 만나는 샛강 하류에 바로 접해 있으며 강을 볼 수 있도록 북향하고 있다.

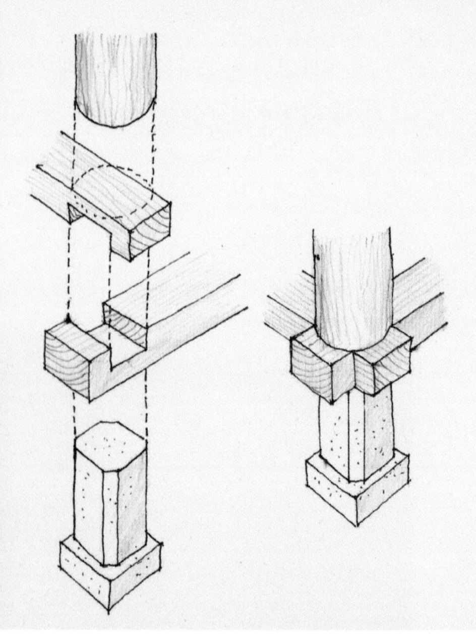

3

6

경주 삼괴정

[위치] 경상북도 경주시 강동면 삼괴정길 14-19 (다산리) **[건축 시기]** 1815년
[지정사항] 경상북도 유형문화재 제268호 **[구조 형식]** 3평주 5량가+3량가 맞배기와지붕+가적지붕

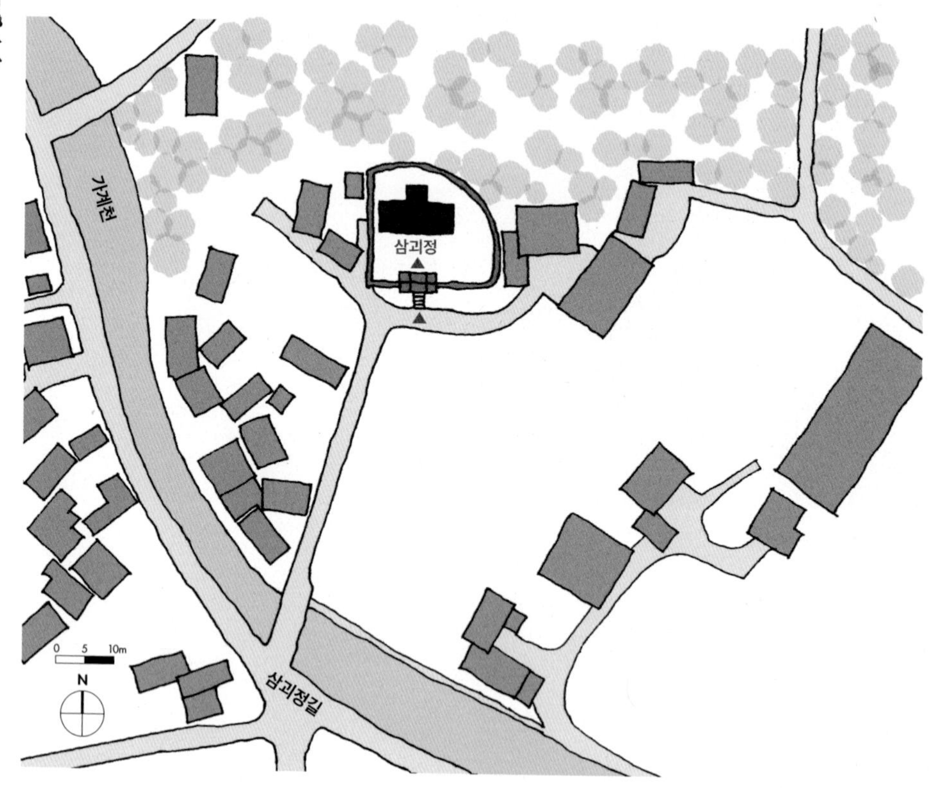

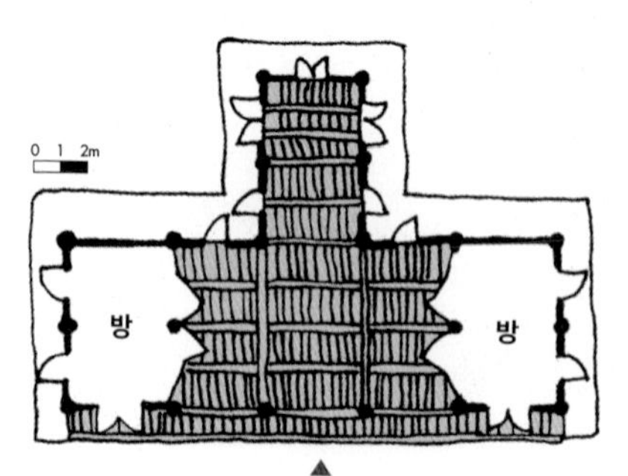

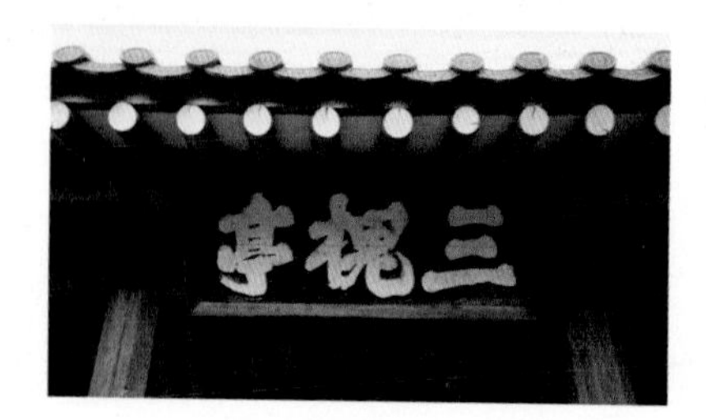

1592(선조25)년 임진왜란 때 경주에서 의병을 일으킨 이방린(李芳隣, 1574~1624)과 유린(有隣), 광린(光隣) 3형제를 기리기 위해 1815(순조15)년에 7대손인 이화택(李華宅)이 세운 정자로, 경주 문중산 자락 끝 다산리 평지에 서향으로 자리하고 있다. 삼문과 삼괴정 사이 마당에는 연못이 있었을 것으로 추정되나 흔적이 남아있지는 않다.

삼괴정은 정면 5칸 가운데 세 번째 칸 뒤에 정면 1칸, 측면 2칸 규모의 마루방을 덧붙인 'ㅗ'형으로 구성되어 있는데 드문 사례이다. 몸채 양 끝에 각각 1칸 온돌이 있고 가운데는 모두 마루이다. 마루는 누마루 형식으로 되어 있다. 뒤에 붙인 마루는 몸채보다 2자 정도 높여 강당과 같은 느낌을 준다. 이 마루방을 '상청'이라고 하는데 이방린을 기리는 공간이다. 이 마루방에는 '필경재'라는 현판이 붙어 있으며, 왼쪽 온돌에는 '화수당', 오른쪽 온돌에는 '포죽헌' 현판이 붙어 있다. 두 동생을 기리는 공간이다.

팔각으로 되어 있는 대청 정면 기둥 3개를 제외한 나머지 기둥은 모두 원주이다. 대개 방주를 기본으로 특별한 곳에 원주를 사용하는데 이 집은 격을 더 높여 원주를 기본으로 사용하고 특별한 곳에 팔각기둥을 사용한 것이다. 공포는 개방된 마루에만 익공을 두고 나머지는 민도리 구조이다. 익공은 이익공 구조이지만 익공을 하나만 둔 초익공 형태를 하고 있다. 이익공 구조에서 보이는 화반을 사용했다. 앞쪽 몸채는 3평주 5량 구조이고 뒤쪽 몸채는 3량 구조이다.

팔모기둥의 각 면에서는 쌍사를 볼 수 있다. 쌍사는 고급스러운 기법인데 이 건물에서는 마루를 중심으로 한 부분의 부재인 장혀 하부와 면, 판벽 궁판, 창호 울거미 등에도 사용했다. 치장하겠다는 의미이다.

구조에서도 재미있는 부분이 있다. 뒤쪽 몸채의 종도리와 앞쪽 몸채의 중도리 높이가 맞지 않아 굽은 부재를 사용해 결구했다. 모양은 상당히 자연스럽다.

지붕은 앞쪽 몸채는 팔작지붕과 모양이 비슷한 가적지붕이고 뒤쪽 몸채는 맞배지붕으로 되어 있다. 가적지붕은 팔작지붕 모양을 내면서 가구 구성이 쉬운 지붕으로 이 지역에서 많이 보이는 지붕 모양이다. 출입구인 삼문 지붕도 같은 구성을 한 것이 재미있다.

1

4

1 출입문으로 사용하고 있는 삼문의 지붕 역시 정자 본채처럼 가적지붕으로 구성했다.

2 앞쪽 몸채 중도리와 뒤쪽 몸채 종도리의 높이가 맞지 않아 굽은 부재로 양쪽의 높이를 맞춰 결구했다.

3 이익공 구조이지만 익공은 하나이다. 익공 아래 팔모기둥 면에는 쌍사를 두었다.

4 삼괴정은 정면 5칸 규모이고 지붕은 가적지붕으로 구성했다.

5 몸채의 가운데 칸 뒤로 2칸을 덧대어 마루방으로 꾸몄다. 마루방은 2자 정도 높게 구성했다.

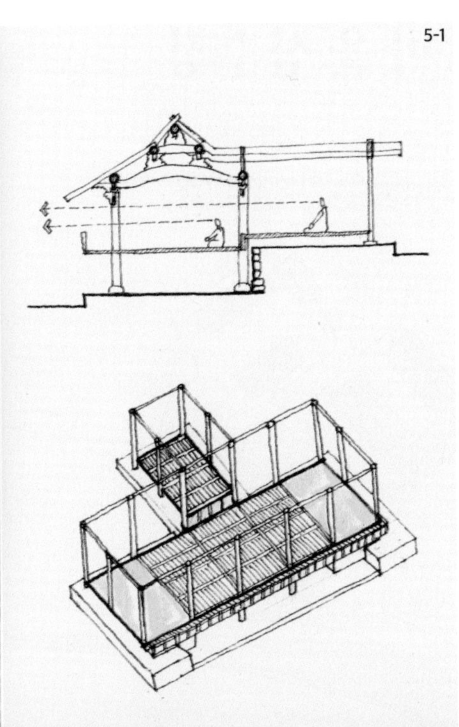
5-1

1 파련형 대공과 동자를 사용했다.

2 판벽 청판은 하나의 부재로 구성했는데 쌍사를 두어 3조각을 모아 붙인 것처럼 보인다.

3 원주를 기본으로 사용하고 대청 정면 3개의 기둥만 팔각으로 다듬어 사용해 격을 높였다.

4 세살창 위에 목재 덧창이 있는데 둔테 구성이 특이하다.

5 몸채보다 한 단 정도 높게 설치한 마루방

5-2

경주 양동마을 심수정

[위치] 경상북도 경주시 강동면 양동마을길 138-5 (양동리) **[건축 시기]** 1560년 초창, 1917년 중창
[지정사항] 국가민속문화재 제81호 **[구조 형식]** 2평주 5량+3량가 팔작기와지붕

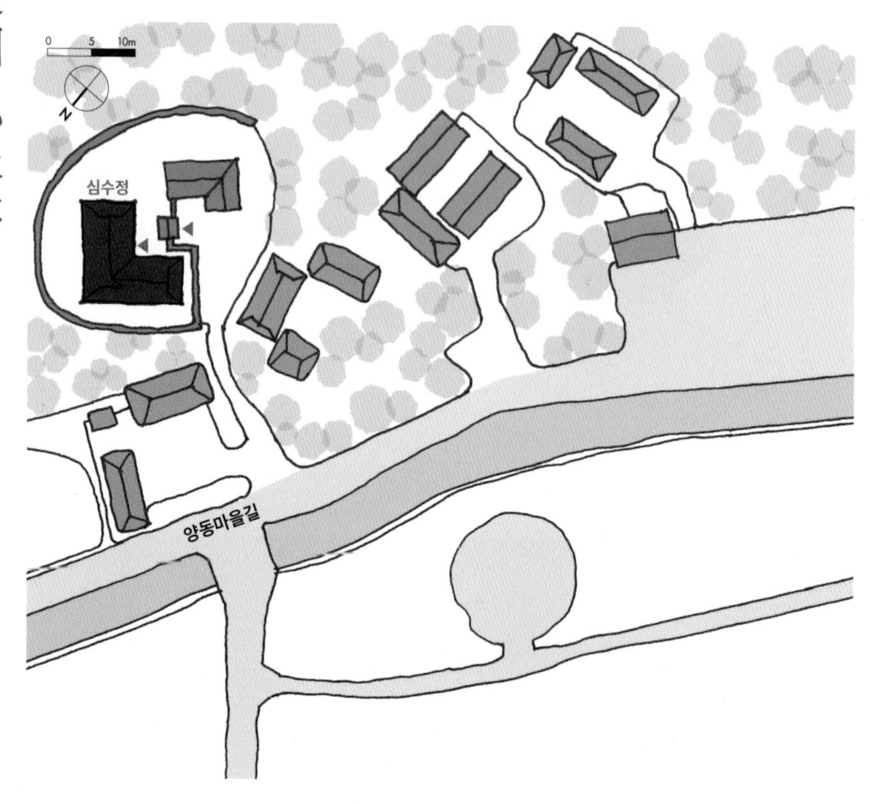

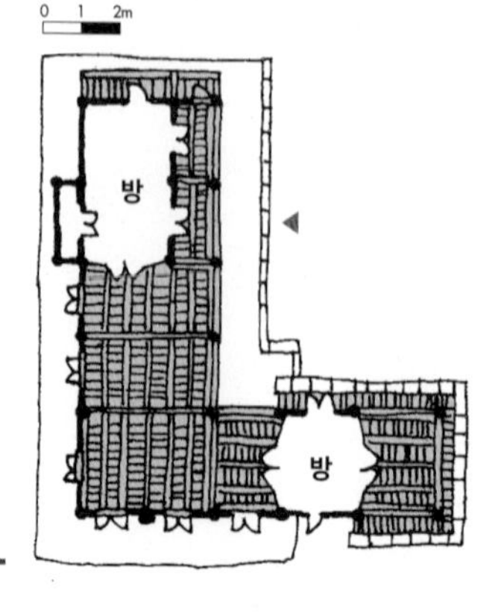

형인 이언적(李彦迪, 1491~1553)을 대신해 벼슬을 마다하고 노모를 모신 농재 이언괄(聾齋 李彦适, 1494~1553)을 추모하기 위해 1560(명종15)년경에 여강 이씨 문중에서 지은 정자이다. 철종 때에 행랑채를 빼고 화재로 모두 타버려 1917년 원래 모습을 살려 다시 지었다. 양동마을에서 가장 큰 정자로 안락정과 강학당이 지어지기 전까지 마을의 서당 역할을 했다고 한다.

심수정은 양동마을 진입로에서 조금 지나 있는 산자락에 남서향으로 자리하고 있다. 산자락을 올라가면 먼저 행랑채가 보이고 행랑채와 별도로 담장으로 둘러싸인 ㄱ자형의 심수정이 있다.

주 몸채는 정면 5칸, 측면 2칸이고, 돌출몸채는 정면 3칸, 측면 1칸이다. 주 몸채의 오른쪽 2칸이 온돌이고 나머지는 대청이다. 돌출몸채는 앞에 누마루가 있고 그 뒤에 1칸 온돌이 있다. 마루 뒤쪽은 모두 판벽으로 막았다.

초석은 배면에만 자연석 초석을 사용하고 나머지는 가공석을 사용했다. 기둥은 모두 원주를 사용했는데 누마루 하부 기둥은 팔각형이다. 원주와 팔모기둥을 함께 사용한 것이 삼괴정과 같다. 대공은 파련대공인데 위치마다 조금씩 모양이 다르다. 동자는 포동자주인데 익공 모양과 같고 화려하다. 가구는 주 몸채는 2평주 5량이고 돌출몸채는 3량 구조이다. 주 몸채는 삼분변작으로 되어 있다. 공포는 초익공인데 익공 1개를 2개로 분리해서 익공이 두 개처럼 보이게 했다. 멋을 부린 것인데 정식 구조로 할 경우 화반을 두어야 하고 이럴 경우 너무 화려하게 보이는 문제가 있다. 이를 적당한 선에서 정리한 것으로 보인다. 익공 모양은 고식으로 보인다.

심수정 누마루에서 바라보면 종택인 무첨당과 형이 동생을 위해 지은 향단이 보이는데 애초 심수정을 지을 때부터 무첨당과 향단을 바라볼 수 있게 지었다고 한다. 심수정의 좌향이 남서향인을 고려할 때 집의 좌향을 정할 때 해가 잘 드는 것도 중요하지만 바라보이는 경관이 중요한 요소였음을 알 수 있다.

외부로 드러나는 부분은 화려하게 처리하고 눈에 띄지 않는 부분은 간소하게 처리한 것이 특징이다.

1

4

1 누마루에서 보이는 양동마을 초입부. 집의 좌향을 정할 때부터 바라보이는 경관을 중요한 요소로 생각하고 지었다고 한다.

2 누마루 쪽 온돌에는 육각형 불발기창이 있는 사분합들문을 달았다. 선자연이 노출된 처마가 인상적이다.

3 심수정의 배면은 모두 판벽 마감했다.

4 심수정은 양동마을 진입로에서 조금 지나 있는 산자락에 남서향으로 자리하고 있다.

5 돌출몸채 대청

1 주 몸채 대청의 가구는 삼분변작으로 하고 파련대공과 포동자주를 사용했다.

2 5량의 주몸채와 3량의 돌출몸채가 만나다보니 3량의 종도리가 5량의 중도리와 결구되었다.

3 ㄱ자형으로 배치된 심수정의 주 몸채는 정면 5칸, 측면 2칸이고, 돌출몸채는 정면 3칸, 측면 1칸이다.

4 오른쪽 면. 온돌 부분의 쪽마루를 조금 더 높게 설치했다.

5 주 몸채 대청

三觀軒

경주 양동마을 안락정

[위치] 경북 경주시 강동면 양동마을길 92-19 (양동리) **[건축 시기]** 1776년
[지정사항] 국가민속문화재 제82호 **[구조 형식]** 3량가 맞배기와지붕

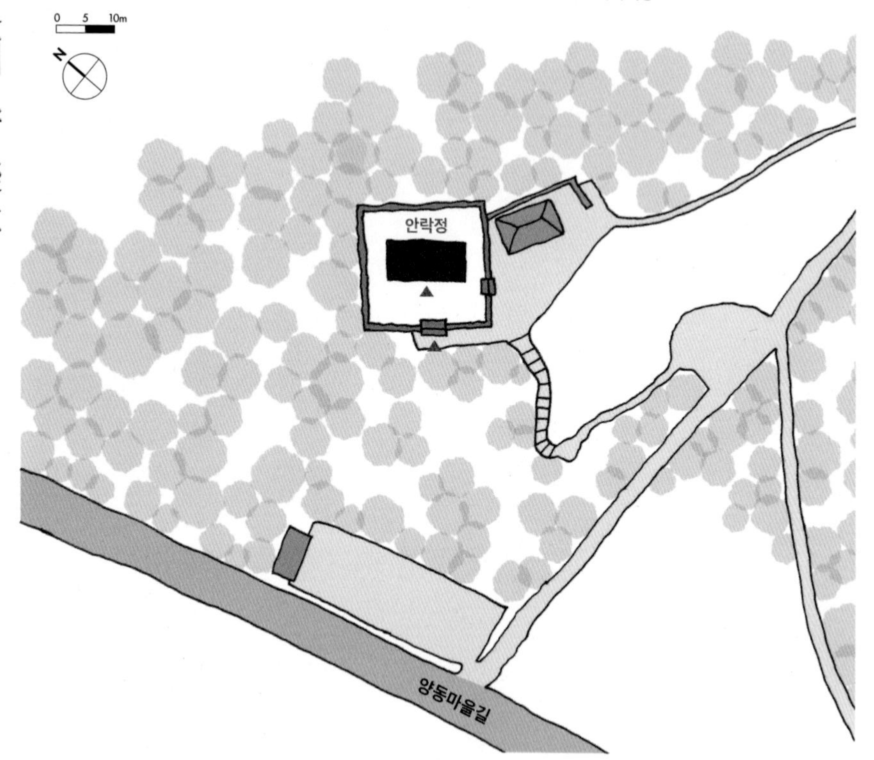

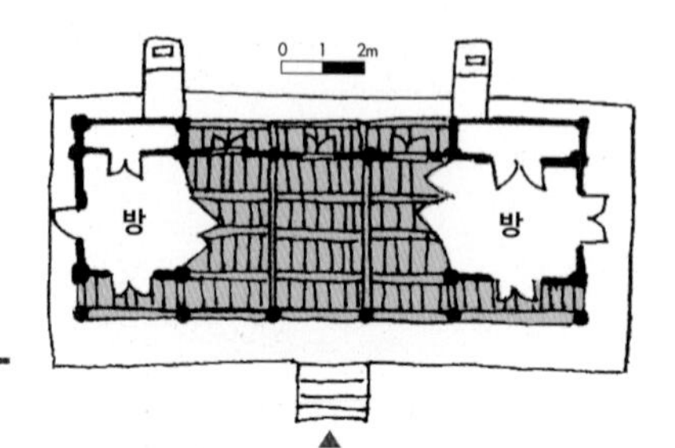

안락정은 월성손씨 문중 정자로 여강이씨 문중에서 지은 서당인 강학당과 쌍벽을 이루던 서당이다. 1776(영조52)년경에 지었다고 한다. 대청 앞에는 '안락정'이, 뒷면에는 '성산재'라는 현판이 걸려 있다.

양동마을 오른쪽 언덕 위, 안강평야가 한눈에 들어오는 넓은 평지에 남서향으로 자리하고 있다. 마을에서 떨어져 있으며 주변은 수목으로 우거져 있다.

정면 5칸, 측면 1칸 반 규모로 좌우 양 끝에 각각 1칸 온돌이 있으며 전퇴는 마루로 꾸몄다. 온돌 배면에는 반침이 있다. 가운데 3칸이 대청인데 전면을 제외한 나머지 면은 판벽으로 마감했다. 전면과 대청 배면에만 원주를 사용하고 나머지 기둥은 모두 방주로 했다. 3량 구조의 민도리, 홑처마 맞배집으로 풍판이 있다. 기단과 초석은 모두 자연석을 사용했다. 민도리집임에도 불구하고 정면 기둥 상부에는 익공이 있다. 변칙적인 방법으로 익공은 짧다. 이익공처럼 보이기 위해 익공이 두 개인 것처럼 초각했다.

측면 하인방이 재미있다. 바닥이 평평하기 때문에 대개 하인방에는 직재를 사용하는데 이 집은 굽은 부재를 사용했다. 방 쪽 인방 높이와 툇마루 쪽 인방 높이가 달라 툇마루 쪽 인방이 위로 솟아오르지 않게 하기 위해 굽은 부재를 사용해 높이를 맞추려고 한 것이다. 그것도 모자라 인방에 단을 주어 높이를 맞췄다.

안락정은 약간 치장된 부분도 있지만 전반적으로 단순하고 검소한 건물이다. 서당이어서 굳이 치장할 필요도 없었을 것이다. 대들보나 인방 등에 굽은 부재를 사용해 자연스러운 느낌을 주고 있다.

1

3

1 안락정에서는 안강평야가 한눈에 들어온다.

2 오른쪽 온돌의 간주가 인방 위에 있는 것이 이채롭다. 기둥이 마루 밑으로 내려가고 인방이 기둥 옆에 결구되는 것이 일반적인데 그 관계가 거꾸로 되어 있다.

3 자연석 기단, 자연석 초석을 사용한 정면 5칸, 측면 1칸 반 규모의 서당이다.

4 온돌 배면에는 반침이 달려 있다.

慶州 良洞 安樂亭

1 민도리집인데 변칙적으로 익공을 두었다. 이익공처럼 보이기 위해 익공이 두 개인 것처럼 초각했다.

2 대공은 초각한 파련대공을 사용했다.

3 현재 관리사로 사용하고 있는 행랑채가 있으며 옆에 담장으로 영역을 구분한 안락정이 있다.

4 대청의 정면에는 '안락정', 배면에는 '성산재'라는 현판이 걸려 있다. 대들보로 굽은 부재를 사용해 자연스러운 멋이 있다.

5 대개 하인방에는 직재를 사용하는데 안락정은 굽은 부재를 사용했다. 방 쪽 인방 높이와 툇마루 쪽 인방 높이를 맞추기 위한 방편이다.

3

5

경주 양동마을 수운정

[위치] 경북 경주시 강동면 양동마을안길 45-20 (양동리) **[건축 시기]** 1582년
[지정사항] 국가민속문화재 제80호 **[구조 형식]** 3평주 5량가 팔작기와지붕

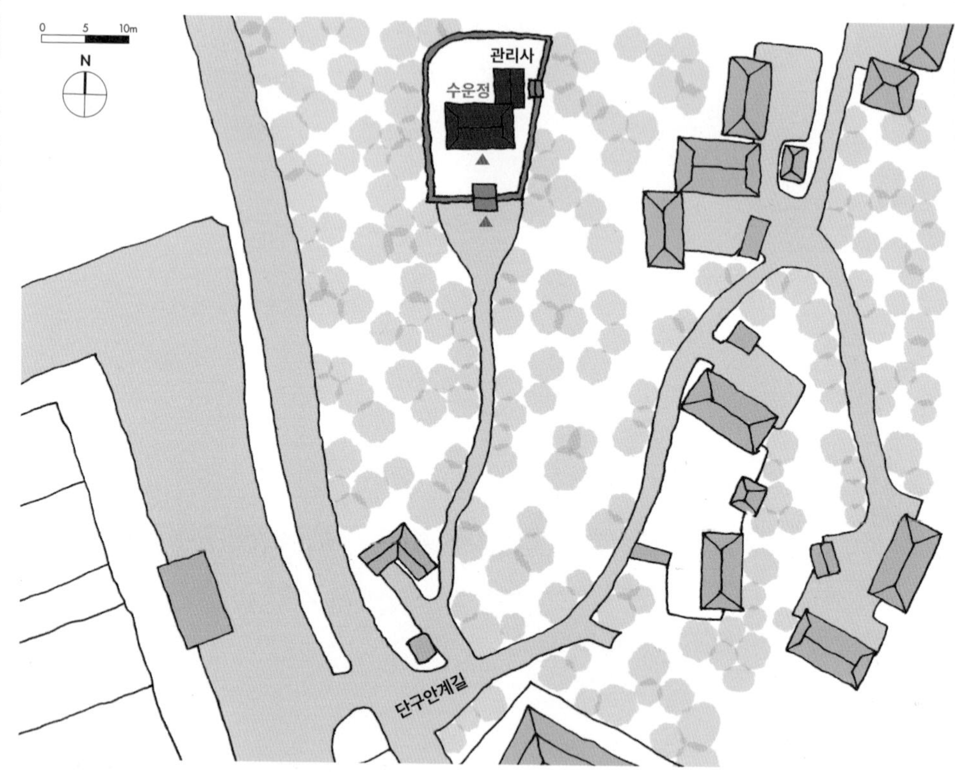

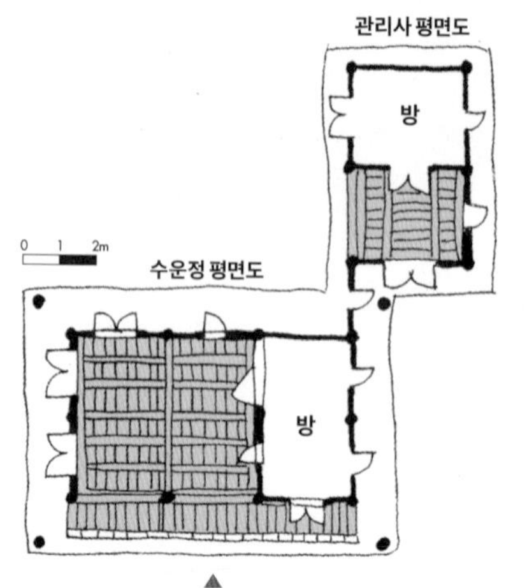

수운정은 1582(선조15)년경에 우재 손중돈(愚齋 孫仲暾, 1463~1529)의 손자 청허재 손엽(淸虛齋 孫曄, 1544~1600)이 지은 정자이다. 임진왜란 때 태조 이성계의 어진을 이곳에 이안하여 난을 피할 수 있었다고 한다. 수운정 이름은 물과 같이 맑고 구름과 같이 허무하다는 의미의 수청운허(水淸雲虛)에서 가져왔다고 한다.

수운정은 양동마을 북서쪽 끝자락 산줄기 정상에 남향으로 자리하고 있다. 뒤로는 산자락이 있고 남쪽과 서쪽을 바라보면 넓은 안강평야가 한눈에 들어온다. 워낙 양동마을 끝에 있어 조용하고 아늑하다. 2칸 규모의 관리사가 수운정 끝에 직각으로 배치되어 있다. 수운정은 정면 3칸, 측면 2칸으로 오른쪽에 1칸 온돌이 있다. 전면에는 툇마루를 두고 계자난간을 둘렀다. 자연석 기단, 자연석 초석 위 원주를 사용한 초익공집이다. 전면에는 익공을 2개처럼 보이게 했다. 익공 모양은 비교적 고식이다. 섬세하게 초각한 대공과 주두를 둔 포동자형 동자주를 사용했다. 3평주 5량 구조이고 삼분변작으로 되어 있다.

작은 건물임에도 활주를 사용했다. 처마가 겹처마이고 비교적 많이 내밀어 있기 때문인 것으로 보인다. 그리고 난간에 사용한 풍혈 모양이 특이하다.

양동마을에는 많은 정자가 있다. 대부분 가옥에 붙어 있는데 수운정은 독립적인 정자이다. 산자락 정상에 홀로 있어 독립성을 유지하고 있을 뿐만 아니라 고고한 느낌을 주고 있다.

1 수운정 전경

2 수운정에서 바라본 풍경

1
4
5
6

1 정면 3칸, 측면 2칸 규모로 오른쪽 1칸이 온돌이다. 처마를 비교적 많이 내밀어 처짐을 방지하기 위해 활주를 두었다.

2 섬세하게 초각한 대공과 주두를 둔 포동자형 동자주를 사용했다. 가구는 삼분변작이다.

3 초익공 구조인데 익공이 두 개로 보이게 했다.

4 수운정 뒤 직각방향에 관리사가 있다.

5 난간 풍혈 모양이 특이하다.

6 온돌의 대청 쪽 창호는 두 가지가 있다. 왼쪽에는 맹장지가 포함된 들문이, 오른쪽에는 외여닫이문이 있다.

7 대청 가구. 측면에서 충량이 나와 대들보 위에 얹혀 있고 그 위에 외기도리가 있다.

경주 유연정

[위치] 경주시 강동면 사라길 79-19 (왕산리) **[건축 시기]** 1811년
[지정사항] 경상북도 문화재자료 제345호 **[구조 형식]** 5량가 팔작기와지붕

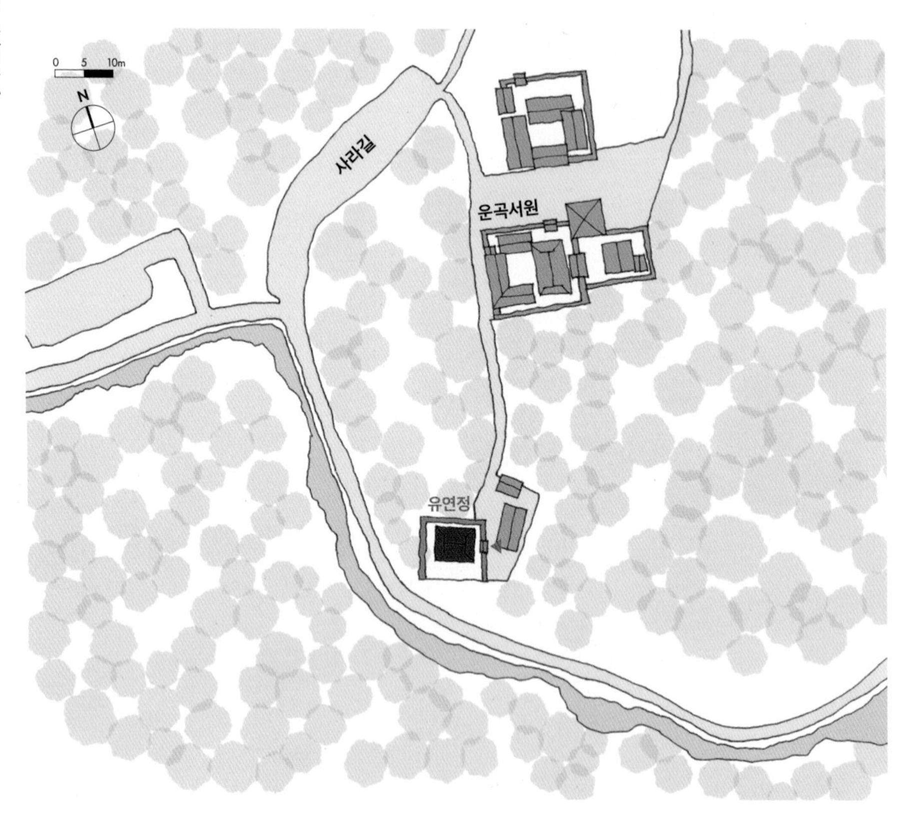

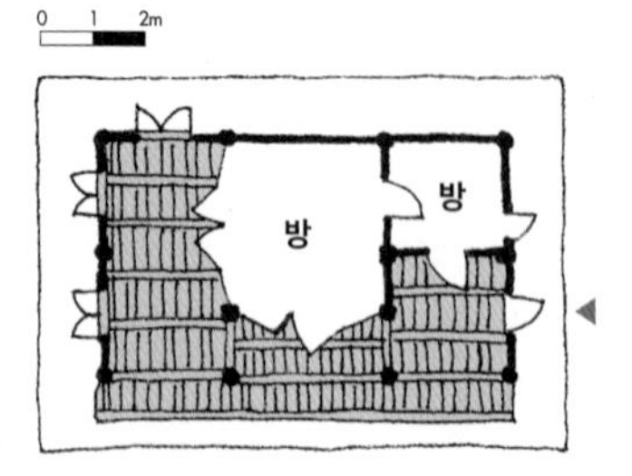

경주 유연정은 1811(순조11)년 안동권씨 종중에서 지은 정자로 운곡서원에 딸린 건물이다. 안동권씨 시조인 고려태사 권행(權幸)과 죽림 권산해(竹林 權山海, 1403~1456), 구봉 권덕린(龜峰 權德麟, 1529~1573)의 위패를 모시고 있다.

운곡서원에서 남쪽으로 50m 떨어진 곳에 홀로 있다. 주변이 수목으로 울창하고 바로 앞에는 골이 깊은 계곡이 흐르고 있다. 지금은 대나무가 울창해 유연정에서 계곡이 바로 보이지는 않지만 흐르는 물소리가 대나무 잎사귀를 흔들어 오묘한 소리가 음악처럼 들린다.

정면 3칸, 측면 2칸 규모로, 1칸 뒤로 물러 오른쪽 2칸에 크기가 다른 온돌이 있다. 정자로 들어가는 출입구가 오른쪽에 있어서 출입구 쪽에 있는 온돌은 조금 더 뒤로 물릴 수밖에 없기 때문이다.

자연석 기단과 자연석 초석을 사용하고 내부 기둥을 제외한 모든 기둥은 원주인 초익공집이다. 충량과 대들보는 모두 자연스럽게 휜 목재를 사용했다. 중도리 반자에는 추녀를 잡아주는 강다리가 모이는데 닻과 같은 모양이다. 외기도리에는 초각이 잘 된 달동자가 걸려 있다.

온돌이 있는 오른쪽에 출입구가 있어서 두 온돌의 크기가 다르다.

1

4

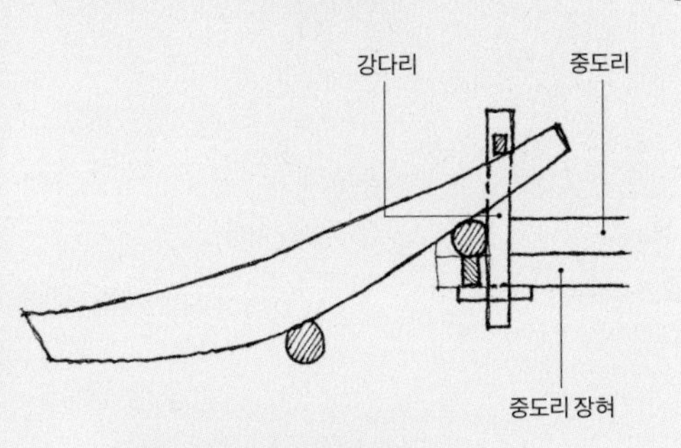

1 수목이 울창하고 바로 앞에는 골이 깊은 계곡이 흐르는 곳에 홀로 자리한다.

2 달동자와 강다리

3 강다리의 결구 스케치. 추녀의 들뜸을 막기 위해 추녀를 관통하는 목재를 도리와 장혀 밑까지 내려 서로 결구되도록 했다.

4 앞에 깊은 계곡이 있어 정면에 난간을 둘렀다.

5 배면에 아궁이와 굴뚝이 나란히 있다.

1

4

1 대청. 자연스럽게 휜 부재를 충량으로 사용하고 보아지도 화려하게 초각했다.

2 익공

3 보아지

4 대청이 있는 왼쪽 면은 판문으로 마감했다.

5 오른쪽 면. 정자 출입문, 온돌 창호가 어우러져 변화무쌍한 입면을 보여 준다.

경주 귀래정

【위치】 경상북도 경주시 강동면 천서길 7 (다산리) 【건축 시기】 1755년
【지정사항】 보물 제2052호 【구조 형식】 5량가 팔작육모기와지붕

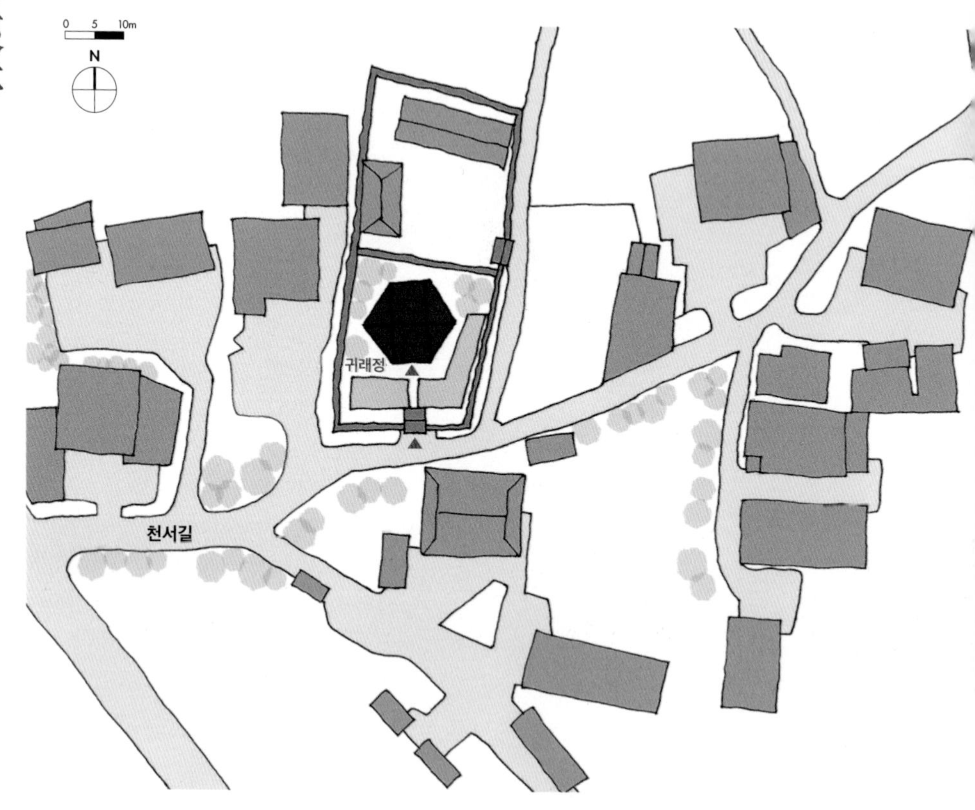

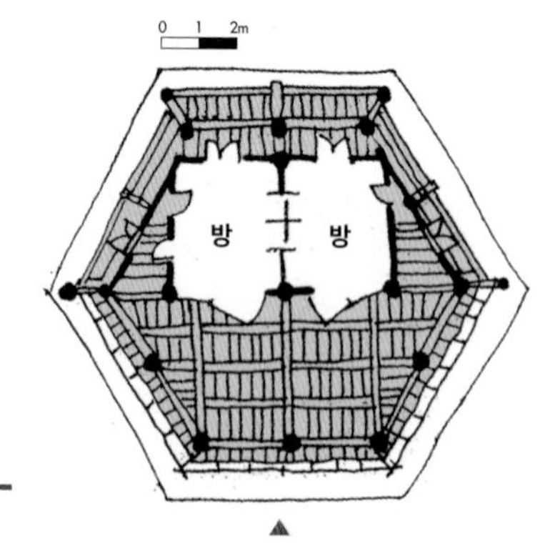

1755(영조31)년 여강이씨 천서문중에서 글방으로 세운 정자이다. 지을 당시에는 육화정(六花亭)이라고 했다가 1930년경부터 '귀래정'으로 이름을 바꾸었다. 조선 중종 때 문과에 급제해 여러 벼슬을 지낸 지헌 이철명(止軒 李哲明, 1477~1523)이 벼슬을 버리고 고향으로 돌아온 뜻을 기린다는 의미를 담고 있다.

평지 마을 중심부에 안채와 사랑채가 남쪽과 북쪽에 각각 자리하고 있는 주택이 있는데 귀래정은 이 주택의 남쪽에 자리한 사랑채이다.

외부에 여섯 개의 원형 기둥을 세우고 기둥과 기둥 사이에 방주 기둥 여섯 개를 추가로 세웠다. 주 칸이 길어 힘을 받기 위해 추가로 기둥을 세운 것이다. 내부에는 고주 성격을 가진 세 개의 기둥을 두었다. 내부 기둥을 중심으로 뒤에 온돌 2칸이 있고 나머지는 개방된 마루이다. 앞쪽 개방된 마루 끝에는 계자난간을 둘렀다. 방이 있는 배면에는 난간이 없다.

가구 구성이 재미있는데 육각 모에 있는 외부 기둥에서 육각의 중심점에 있는 기둥으로 각각 보를 걸었다. 다시 이 보 위에 육각형으로 중도리를 걸었다. 육각 모 사이에 있는 기둥은 가구 결구 없이 단지 기둥머리에 공포만 있다. 기둥 주심도리와 중도리 사이 천장은 서까래가 노출되는 연등천장으로 하고 중도리 안은 빗천장과 우물천장을 같이 구성했다.

익공이 한 개만 있는 것과 두 개 있는 것을 동시에 사용한 초익공집이다. 익공이 한 개만 있는 것은 육모에 있는 기둥에서, 두 개 있는 것은 육모 사이에 있는 기둥에서 볼 수 있다. 익공 방향은 외부가 아닌 내부를 향하고 있다. 흔하지 않은 모양이다.

지붕은 절병통을 중심으로 모인 육모지붕이 아니다. 팔작지붕을 바탕으로 양 측면에 모를 한 번 더 준 육모지붕으로 흔하지 않은 사례이다.

귀래정은 여러 가지로 독특한 건물이다. 평면, 가구, 지붕 모두 흔하게 볼 수 없는 구성이다. 배치도 독특하다. '⌟'형으로 꺾인 연못과 연못이 배경이 되면서 마치 섬 안에 있는 건물처럼 보이게 했다. 만약 연못이 꺾인 형태가 아니고 돌다리도 없는 평범한 방지였다면 귀래정은 섬에 떠 있는 것처럼 보이지 않았을 것이다. 방지와 주변 수목이 이런 현상을 배가시켜 주는 것으로 보인다.

慶州 歸來亭

1 초익공구조인데 익공이 두 개이다. 익공이 외부가 아닌 내부를 향하고 있다.

2 계자난간 치마널 하부를 초각한 것처럼 눈에 잘 보이지 않는 곳도 세련되게 치장했다.

3 연못에 떠 있는 섬처럼 보인다.

4 귀래정 우측면. 일반적인 육모지붕이 아닌 팔작지붕의 양 측면에 모를 한 번 더 준 육모지붕이다.

5 사주문을 들어서면 돌다리가 보이고 돌다리 너머 자연석 석축으로 된 섬 위에 건물이 있는 것처럼 보인다. 돌다리 질감이 너무 이질적이다.

3

5

1

4

1 귀래정 배면. 아궁이가 보이고 그 옆에 놓인 쪽마루가 보인다.

2 중앙 기둥에 보를 걸고 그 위에 중도리를 걸친 후 보와 같은 방향으로 추녀를 걸었다. 기둥 주심도리와 중도리 사이 천장은 서까래가 노출되는 연등천장이고 중도리 안은 빗천장과 우물천장이다.

3 중앙 기둥(내진주) 하나에 보 여섯 개가 육각 주두 위에 얹혀 있다. 보아지 모양이 예사롭지 않다.

4 내부 기둥을 중심으로 뒤에 온돌 2칸이 있고 나머지는 개방된 마루이다. 마루에는 계자난간을 둘렀다.

5 온돌 창호. 육각의 불발기와 여닫이가 합해진 들문이 기둥 양옆에 대칭으로 있고 궁판이 가로방향이 아닌 세로 방향으로 기둥에 면해 있는 것이 이채롭다.

1

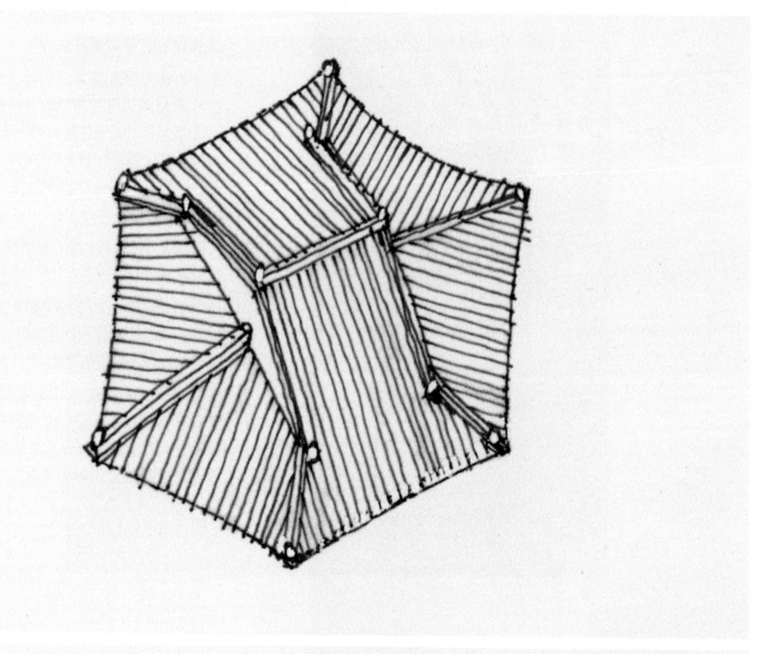

2

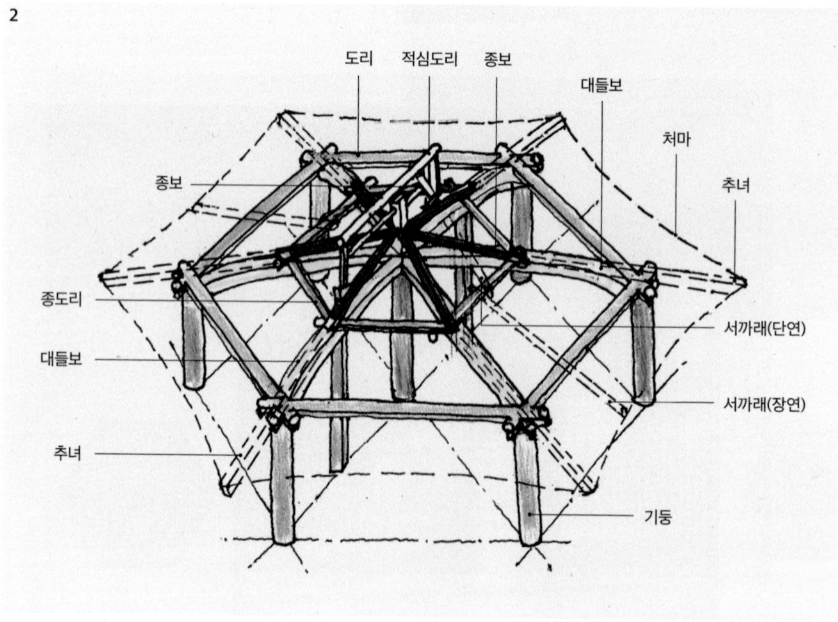

1 투상도

2 가구 구조도

3

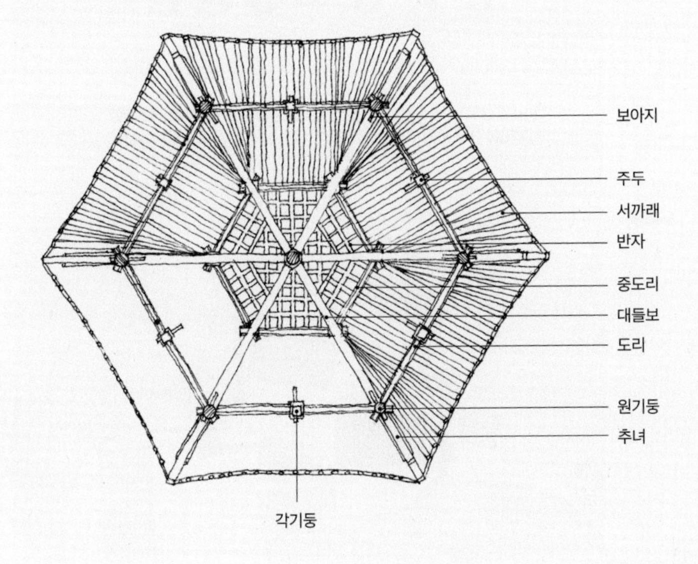

4

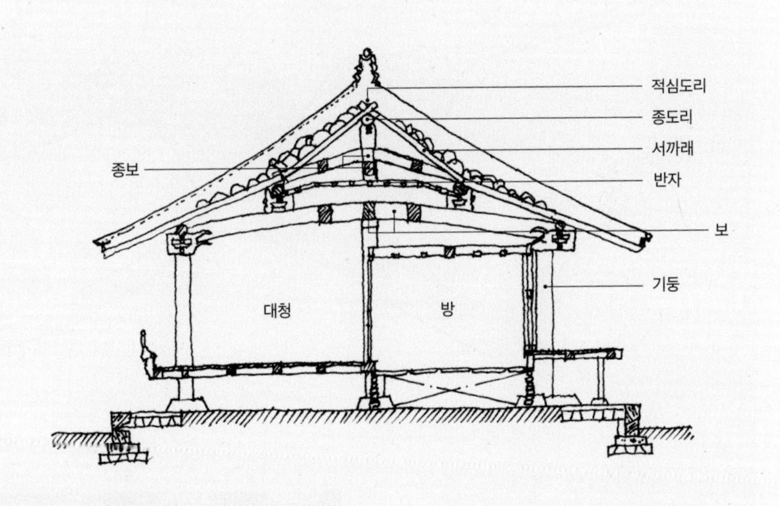

3 앙시도

4 단면도

경주 종오정일원

[위치] 경상북도 경주시 손곡3길 37-39 (손곡동) **[건축 시기]** 1745년
[지정사항] 경상북도 기념물 제85호 **[구조 형식]** 3량가 가적기와지붕

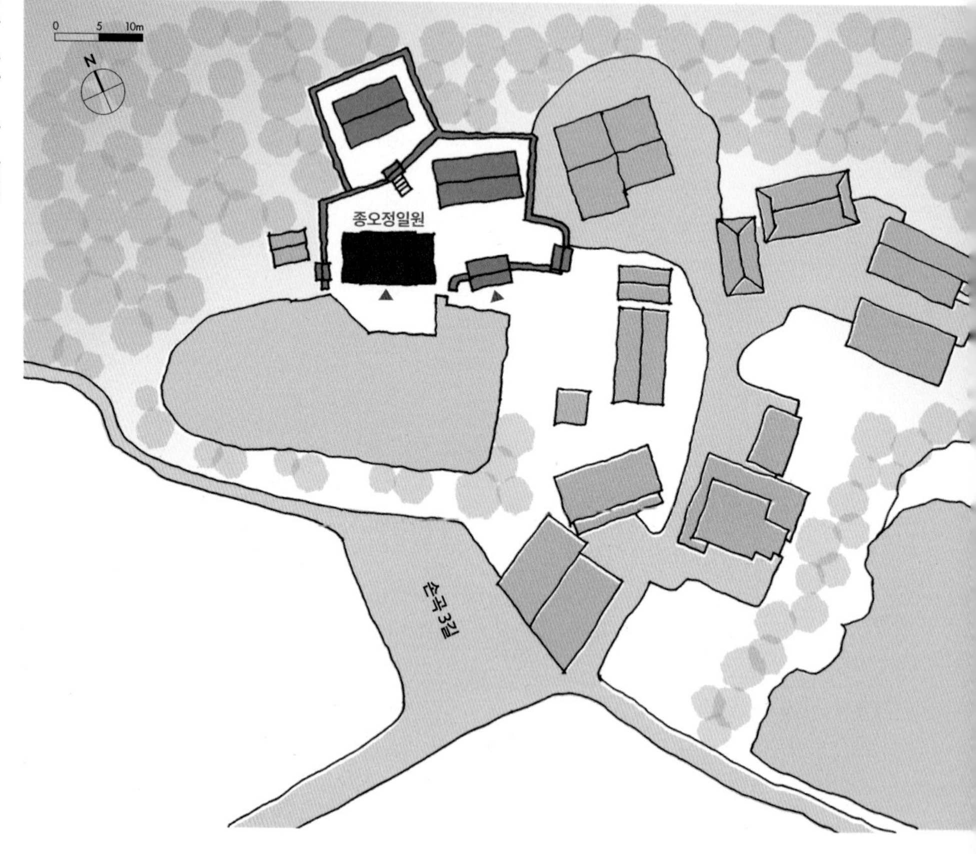

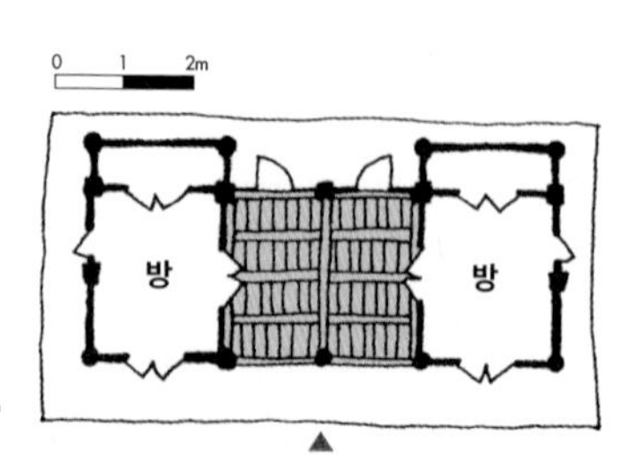

종오정일원은 《역대시도통인(歷代詩道統引)》, 《심경집(心經集)》 등의 책을 남긴 학자 자희옹 최치덕(自喜翁 崔致德, 1699~1770)의 유적지로 종오정, 귀산서사(龜山書社), 연당 등으로 구성되어 있다. 최치덕이 돌아가신 부모의 제사를 위해 일성재(日省齋, 1745)를 짓고 그곳에서 기거할 때 그에게 학문을 배우려고 온 제자들이 그 옆에 종오정과 귀산서사를 지었는데 이것이 오늘날의 종오정일원이다.

종오정은 경주 시내 동쪽 무장산 산줄기 끝자락에 남향으로 자리하고 있다. 종오정 뒤에는 사당이, 오른쪽에는 귀산서사와 기념관 등이 있다. 앞에는 방형의 넓은 연지가 있다. 종오정에서 바라보는 연지의 경치가 일품이다. 앞에 넓은 논이 펼쳐 있어 시야도 탁 트여 있다.

종오정은 정면 4칸, 측면 2칸으로, 양 끝에 각 1칸 규모의 온돌이 있고 가운데 2칸이 대청이다. 대청에서 바로 연지가 보인다. 초석은 방형으로 낮고 거칠게 가공한 가공석 초석을 사용하고 전면 기단에는 잘 가공한 길고 폭이 넓은 장대석을 사용했는데 재활용된 석재일 것으로 생각된다. 나머지 면에는 자연석을 사용했다. 전면 기둥만 원주이고 다른 쪽은 방주를 사용했다. 3량 구조, 민도리집이다.

1 정면 4칸, 측면 2칸으로 양 끝에 1칸 규모의 온돌이 있고, 가운데에 2칸 마루가 있다.

2 가적지붕을 정면에서 바라보면 팔작지붕처럼 보인다.

1 가적지붕의 뺄목이 길어 처지는 것을 막기 위해 보아지 성격의 부재를 장혀 밑에 덧댔다.

2 3량 구조로 원형 대공을 사용했다.

3 방의 천장을 서까래가 노출된 연등천장으로 마감했다.

4 종오정 뒤에는 사당이, 오른쪽에는 귀산서사와 기념관 등이 있으며, 앞에는 넓은 방형 연지가 있다.

5 정면 왼쪽에서 가적지붕의 구조가 선명하게 보인다.

6 배면. 아궁이와 굴뚝이 같이 있다.

4

6

경주 수재정

[위치] 경상북도 경주시 안강읍 하곡리 29 **[건축 시기]** 1636년 창건, 1728년 중건
[지정사항] 경상북도 문화재자료 제166호
[구조 형식] 3량가 맞배기와지붕

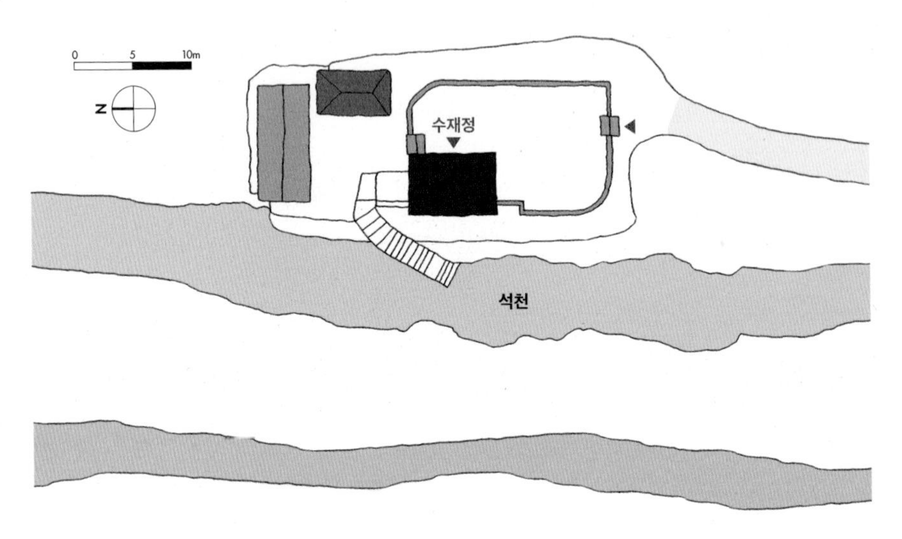

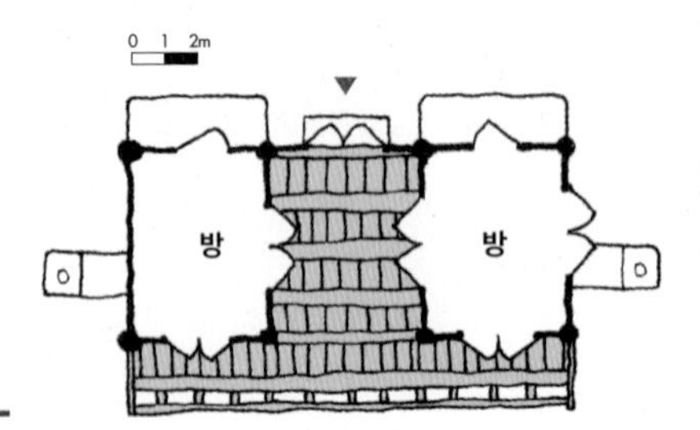

쌍봉 정극후(雙峯 鄭克後, 1577~1658)가 초가로 지었다고 한다. 여러 창건 연대가 제시되지만, '숭정병자(崇禎丙子)'명 기와가 확인되어 1636(인조14)년에 창건된 것으로 추정된다. 이후 정극후의 5대손인 식호와 정엽(式好窩 鄭燁, 1695~1775)이 1728(영조4)년에 중건했다고 하며, 이후 정충필(鄭忠弼, 1725~1789), 정호검(鄭好儉)이 보수했다고 한다.

자옥산을 주산으로 하고 정면의 성산과 석천을 바라볼 수 있도록 서향으로 자리잡고 있는데 규모가 큰 4단 축대 위에 걸쳐 있는 듯한 모습이다. 출입문은 두 개인데, 왼쪽에는 시지문(是之門), 오른쪽에는 취야문(取也門) 현판이 붙어 있다. 시지문을 통해 석천으로 내려갈 수 있다.

정면 3칸, 측면 1칸으로 양 끝에 각 1칸 규모의 온돌이 있고 가운데에 마루가 있다. 마루에는 석천을 향해 쪽마루를 두었는데, 계곡에서부터 높은 기둥이 받치고 있으며, 계자난간을 둘러 마치 계곡에 떠 있으면서 조망하는 느낌을 준다. 마루 배면에 양여닫이세살문을 두어 출입구로 사용하고, 양쪽 방에는 외여닫이세살창을 두었다. 일견 문처럼 보이나 바로 아래에 흙으로 크게 만든 아궁이가 있어 출입이 쉽지 않다.

마루는 우물마루이고, 마루 쪽의 온돌 창호는 사분합문이다. 마루 전면은 개방되었으며, 방 앞까지 연장된 쪽마루가 설치되었다. 쪽마루 양 끝에는 홍살문처럼 생긴 가림막이 있다. 오른쪽 방 측면에는 머름이 있는 양여닫이세살문을 두었다.

측면에는 도리와 상인방 머리가 돌출되어 소로와 베개목을 사용하여 받쳤다. 들보 위에는 판대공을 놓고 그 위에 첨차와 소로를 설치해 종도리장혀와 종도리를 받고 있는 3량 구조이다.

익공은 과다하게 하늘로 솟은 앙서와 연화, 연봉이 있는 형식으로 되어 있는데 조선후기의 양식으로 보이지만, 상인방 머리를 받치는 베개목 단면의 사절된 형태, 판대공 첨차의 사절형태는 고식으로 보인다.

작은 규모의 정자이지만, 계곡에 축대를 만들어 쪽마루를 축대 밖으로 돌출시켰다. 기둥 열에 맞추어 보조 기둥을 계곡부터 쪽마루까지 설치했으며, 쪽마루 전면에는 궁판이 있는 계자난간을 설치했다. 전면에서 보면 웅장한 멋이 있다.

慶州 水哉亭

1

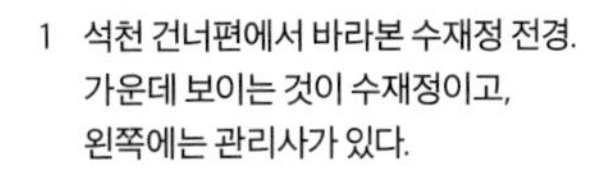

1 석천 건너편에서 바라본 수재정 전경. 가운데 보이는 것이 수재정이고, 왼쪽에는 관리사가 있다.

2 뒷마당에는 비교적 높은 화계가 조성되어 있다.

3 왼쪽에 시지문이 있다.

4 마루에 붙은 쪽마루를 축대 밖으로 돌출시키고 계곡에서부터 높은 기둥을 받쳤다. 쪽마루에는 계자난간을 두르고 양끝에는 가림막을 두었다.

5 익공. 과다하게 하늘로 솟은 앙서와 연화, 연봉이 있는 형식으로 조선후기의 양식이다.

6 규모가 큰 4단 축대 위에 걸쳐 있는 듯한 모습으로 서향하고 있다.

7 수재정 배면 전경. 출입은 배면에서 대청으로 들어간다. 수재정 오른쪽에는 취야문이 있다.

경주 덕봉정사

[위치] 경상북도 경주시 정자3길 11-6 (마동) **[건축 시기]** 1905년
[지정사항] 경상북도 문화재자료 제313호 **[구조 형식]** 2평주 5량가 팔작기와지붕

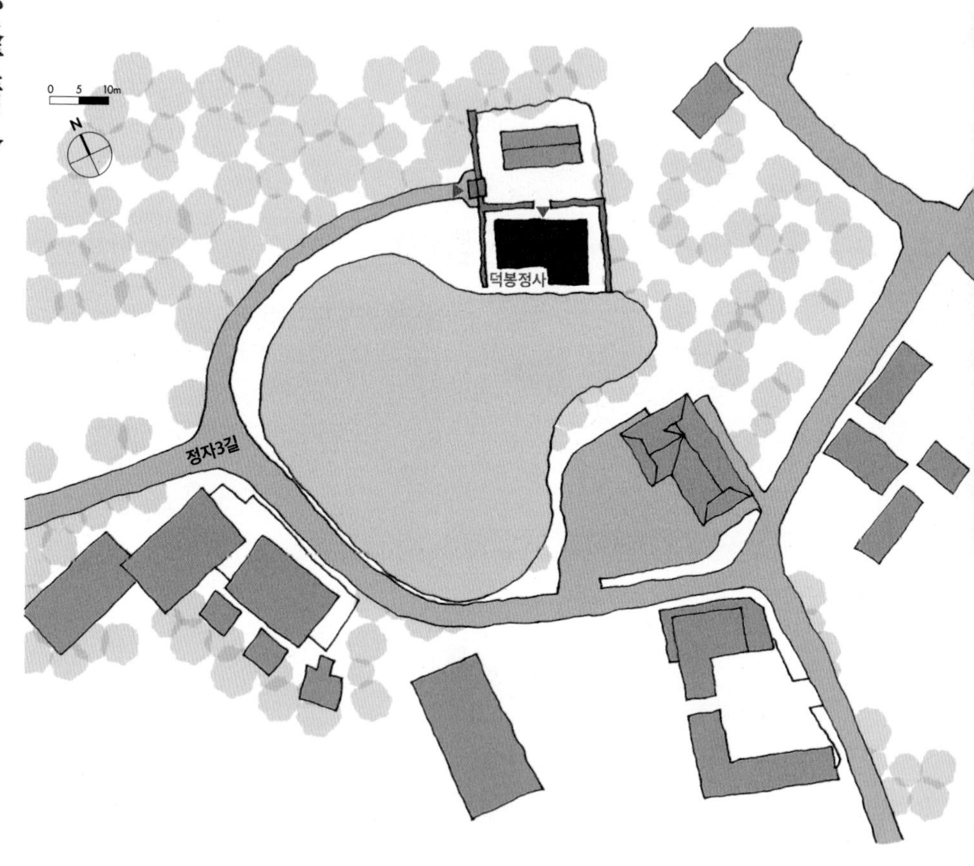

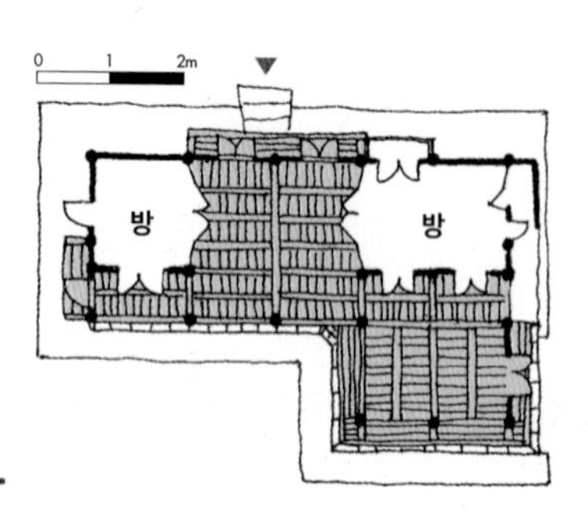

덕봉정사는 덕봉 이진택(德峰 李鎭宅, 1738~1805)이 말년에 후학을 양성하고 학문을 연마하던 곳에 증손 이우영(李祐營, 1822~1913)이 1905년에 덕봉을 추모하기 위해 지은 정사이다. 덕봉은 조선 정조대에 문과에 급제해 예조정랑, 병조정랑, 사헌부장령을 지내고 사노비 혁파를 주장하는 상소를 올려 사노비를 없애는 데 결정적 계기를 제공했다.

덕봉정사는 토함산 줄기 끝자락 정자마을에 자리하고 있다. 정사 북쪽으로는 송림이 울창하고 서쪽으로는 약 800평 정도 되는 자연곡선형 연못이 있다. 기록에 의하면 이 연못은 정사가 지어지기 이전에 조성되었다. 지금은 그 주변에 집들이 있어 옛 정취를 찾기 어렵지만 과거에는 경치가 좋았을 것이다.

정면 5칸, 측면 3칸 규모로 몸채와 돌출몸채가 ㄱ자형을 이룬다. 주몸채의 양 끝에 각 1칸 온돌이 있으며 정면 2칸, 측면 1칸 규모의 돌출몸채는 마루로만 구성되어 있다. 자연석과 가공석을 혼용해 구성한 기단에 가공된 장초석을 사용하고 내진주는 방주로, 외진주는 모두 원주로 구성했다. 화려하게 초각한 익공이 있는 초익공집으로 2평주 5량 구조, 삼분변작이다. 원형대공을 사용하고 충량은 끝에 용두를 조각했다.

장초석은 한 부재를 가공해서 사용한 것이 아니라 부재 두 개를 가공해 사용했다. 주좌가 낮은 초석을 두고 그 위에 석주를 세워 장초석을 만든 것으로 주좌의 초각 모양이 제각각이다. 아마도 경주 주변에 산재해 있던 초석을 재활용한 것으로 보인다.

덕봉정사는 건물이 비교적 화려한 편이다. 초익공임에도 불구하고 전면에는 화반을 사용했고 장초석을 사용해 마루를 누마루처럼 꾸몄다. 건물의 조형성이 뛰어나고 정사 앞에 넓은 연못이 있어 경관의 완성도를 높여 준다.

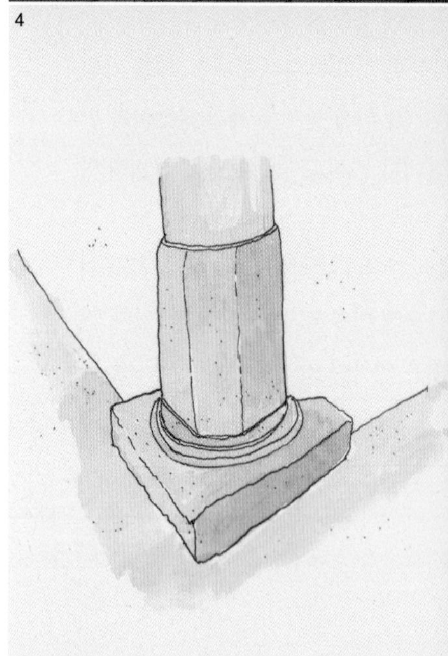

1 덕봉정사에서 넓은 연못이 한눈에 들어와 운치를 더한다.

2 측면에서 나온 충량이 대들보 위에 얹혀 있고 그 위에서 외기도리를 구성하고 있다.

3 2평주 5량 구조로 삼분변작이다. 원형대공을 사용하고 보아지는 화려하게 초각해 사용했다.

4 장초석 스케치. 한 부재가 아닌 두 개의 부재를 가공해 사용했다.

5 연화문양을 새긴 주좌

6 주좌가 낮은 초석을 두고 그 위에 석주를 세우는 방식으로 장초석을 만들어 사용했는데 주좌의 모양이 제각각이다.

7 대청에 면한 온돌에는 사분합들문을 사용했다. 마루 배면은 판문으로 마감하고 개방된 전면에는 계자난간을 둘렀다.

1

3

2-1

2-2

1 정사 앞 커다란 연못은 조형성이 뛰어난 정사와 잘 어우러지며 훌륭한 경관을 연출한다.

2 익공을 화려하게 장식했다.

3 주 몸채와 돌출몸채가 ㄱ자형을 이루며 돌출몸채는 장초석을 사용해 누마루처럼 꾸몄다.

4 측면은 판벽으로 마감하고 비교적 높은 곳에 반침을 달았다.

4

고령 벽송정

[위치] 경북 고령군 영서로 3009 (쌍림면) **[건축 시기]** 1930년경 이건
[지정사항] 경상북도 문화재자료 제110호 **[구조 형식]** 5량가 팔작기와지붕

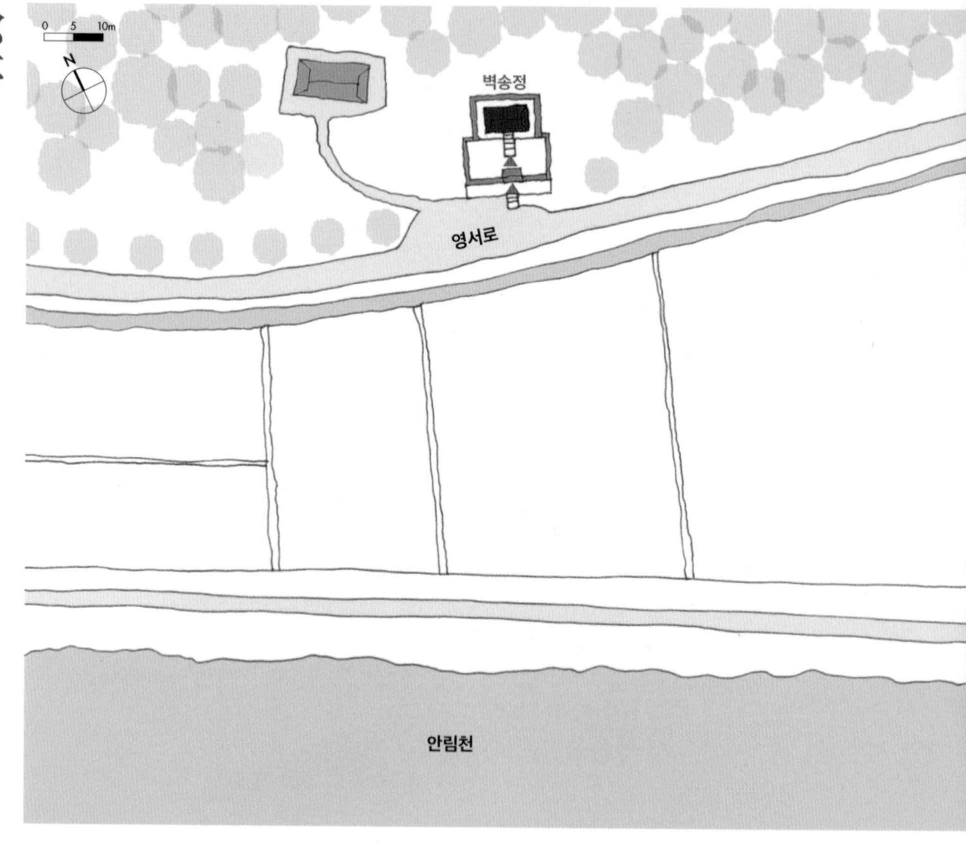

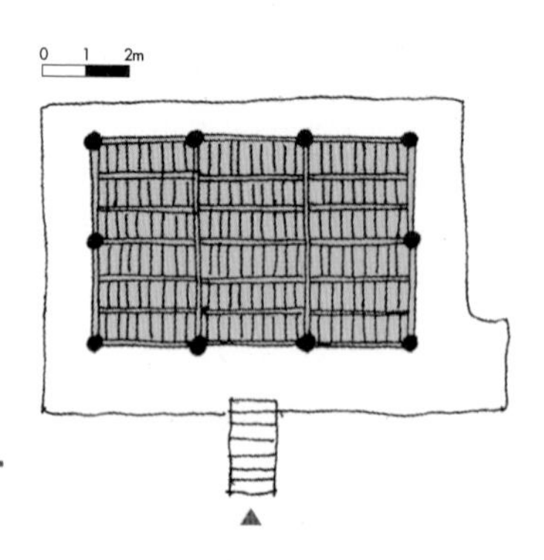

벽송정은 고령군 쌍림면 신촌리 봉진마을의 뒷산인 학산 기슭에 노태산을 바라보고 남서향으로 자리한다. 봉진마을은 고운 최치원(孤雲 崔致遠, 857~?)이 가야산 해인사에 기거할 때 자주 들렀던 마을이다. 벽송정은 지역 유림들이 최치원의 덕을 기리고 유생들을 교육하기 위한 공간으로 지었다고 한다. 원래 안림천변에 있었으나, 1930년경 대홍수로 일부 유실된 것을 지금 자리로 이건했다. 최치원, 김굉필(金宏弼, 1454~1504), 정여창(鄭汝昌, 1450~1504)의 시문과 "벽송정중수기" 현판이 남아있어 건물의 유래를 짐작할 수 있다.

전면도로보다 약간 높은 곳에 일각대문을 두고 경사진 지형을 따라 담장을 방형으로 둘렀다. 대문을 들어서면 마당이 있고, 그 뒤로 경사지를 이용해 두 단의 석축 화계를 설치하고, 그 위에 정자를 배치했다. 건물을 경사지 높은 곳에 둠으로써 위엄을 높이고, 전면 들과 산의 조망성을 높였다.

전면 3칸, 측면 2칸으로 전체를 우물마루로 꾸미고 문을 두지 않고 사면 모두 개방했다. 측면 기둥에 장부구멍이 있는 것으로 보아 처음부터 모두 개방하지 않았을 가능성도 있다. 자연석 기단과 초석 위에 정자 건물로는 다소 굵어 보이는 부재로 기둥과 보를 올렸다. 가구는 5량 구조로 보아지 끝을 직절한 소로수장집이다.

벽송정에는 현판이 두 개 걸려 있다. 건물 내부 배면(1)과 전면 외부(2)에 걸려 있다. 두 현판 모두 누가 썼는지 확인되지 않는다.

1 자연스럽게 휜 튼실한 굵기의 부재를 사용한 충량

2 어칸 대들보에 휜 충량을 걸어 외기도리를 받았다.

3 5량 구조로 보아지 끝을 직절한 소로수장집이다.

4 전면 도로보다 약간 높은 곳에 일각대문을 두고 경사진 지형을 따라 담장을 둘렀다.

5 높은 곳에 있어 막힌 곳 없이 일대 풍경을 조망할 수 있다.

6 측면 기둥에 장부구멍이 있는 것으로 보아 원래는 지금처럼 전체를 개방하지 않았던 것으로 추측된다.

7 두 단 높이의 석축을 설치하고 그 위에 정자를 배치해 위엄을 높이고 전면 들과 산의 조망성을 높였다.

4

6

7

구미 매학정일원

【위치】경북 구미시 고아읍 강정4길 63-6 (예강리)
【건축 시기】1533년 초창, 1654년 중창, 1862년 재창 【지정사항】경상북도 기념물 제16호
【구조 형식】3평주 5량가 팔작기와지붕

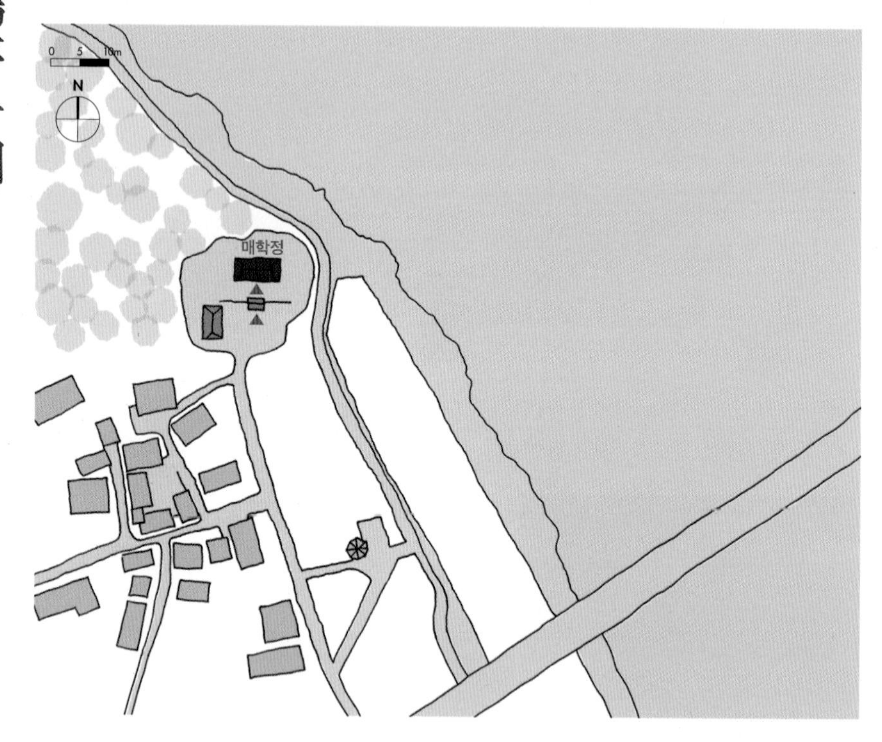

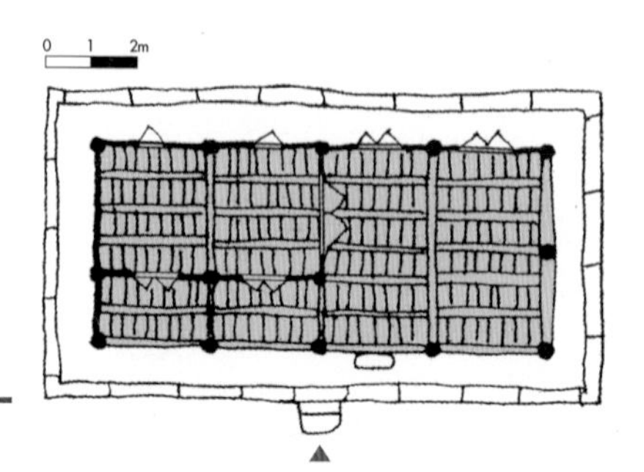

고산 황기로(孤山 黃耆老, 1521~1575)가 할아버지인 상정 황필(橡亭 黃琿, 1464~1536)의 말년 휴양지였던 낙동강변에 1533(중종28)년에 정자를 짓고 서재로 사용했다. 이후 사위인 옥산 이우(玉山 李瑀, 1542~1609)의 소유가 되었다. 1592년 임진왜란 때 화재로 소실되던 것을 1654(효종5)년 옥산의 증손 이동명(鶴汀 李東溟, 1624~1692)이 중건하고 옆에 귀락당(歸樂堂, 1675)을 지었다. 1862(철종13)년에도 재차 화재로 소실되었는데, 황기로의 7대 후손 황민술(黃敏述)이 원래 자리에 재창건한 정자가 현재까지 남아 있다.

매학정은 낙동강 지류에 인접한 보천산 남쪽 강정마을에서 고산을 배산으로 남쪽기슭에 강을 보며 자리한다. 정면 4칸, 측면 2칸 규모로 왼쪽 2칸은 마루방으로 꾸미고 앞에 툇마루를 두었다. 마루방 전면 창호 아래에는 머름을 설치하고 대청 쪽에는 2단 궁판을 지닌 사분합문을 달았다. 대청은 우물마루로 꾸몄다. 누각처럼 마루 하부를 지표면에서 들어올려 설치해 바람이 잘 통하게 하고 사방에 난간을 두르지 않았다.

화강암으로 쌓은 세벌대 기단 위에 막돌 주초를 놓고 기둥을 세웠다. 공포가 없는 민도리 형식으로 조선 말기의 살림집에서 많이 사용하는 형식이다. 기둥 상부에서 대들보나 툇보 보머리는 짧게 하고, 마구리는 직절했으며 내부 보아지는 둥글게 초각했다. 창방 위에 소로가 있는 소로수장집이다. 대청 상부는 연등천장이기 때문에 합각부와 만나는 곳은 우물천장을 만들어 달대공을 설치했다. 단청은 모두 뇌록칠과 석간주칠로 마감하였다. 조선 후기의 양식으로 중수된 정자로 주변 자연을 최대한 이용하는 건축 수법을 지니는 완성도가 높고 부재 간 비례가 아름답다.

정자에는 "매학정중수기(梅鶴亭重修記)", "매학정중수낙성운(梅鶴亭重修落成韻)", "차왕고운(次王考韻)", "매학정서(梅鶴亭序)", "매학정중수및귀락당재건기(梅鶴亭重修및歸樂堂再建記)" 등과 같은 편액이 걸려 있다.

1

5

6

7

1 매학정이 지라한 곳은 산과 강, 들이 펼쳐진 경상도지방의 명승지 가운데 하나이다.

2 매학정 앞에는 오래된 향나무 두 그루가 있다.

3 경치가 좋은 곳에 대청을 두고 난간도 두르지 않고 완전히 개방했다.

4 화강암으로 쌓은 세벌대 기단 위에 막돌 주초를 놓고 기둥을 세웠다. 정면 4칸, 측면 2칸 규모로 왼쪽 2칸에 온돌을 두었다.

5 기둥 상부에서 대들보나 툇보 보머리는 짧게 구성하고, 마구리는 직절했다. 내부 보아지는 둥글게 초각했다.

6 대청 상부는 연등천장이기 때문에 합각부와 만나는 곳은 우물천장을 만들어 달대공을 설치했다. 충량은 곡선의 자연재를 설치하고, 부재는 모두 뇌록칠과 석간주칠로 마감했다.

7 마루방 전면 창호 아래에는 머름을 설치하고 앞에는 툇마루를 두었다.

8 대청은 우물마루로 꾸미고 대청 쪽 마루방에는 2단 궁판을 지닌 사분합문을 달았다.

구미 채미정

【위치】 경북 구미시 남통동 249번지 등 **【건축 시기】** 1768년
【지정사항】 명승 제52호 **【구조 형식】** 5량가 팔작기와지붕

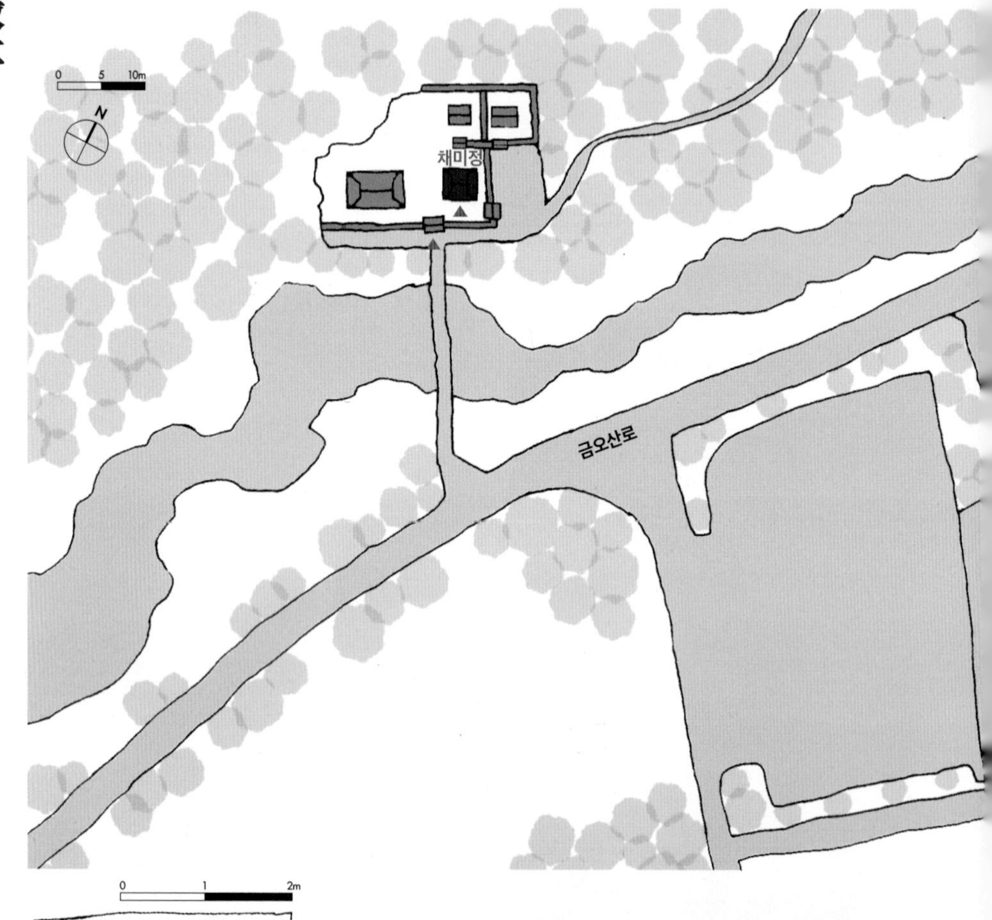

0 1 2m

방

고려 말기 충신이며 대학자인 야은 길재(冶隱 吉再, 1353~1419)의 충절과 학문을 추모하기 위해 1768(영조44)년에 지었다. 당호인 '채미(採微)'는 길재가 고려 왕조에 절의를 지킨 것을 중국의 충신 백이·숙제가 고사리를 캐던 고사에 비유하면서 붙인 이름이다.

채미정은 금오산 초입 맑은 계류와 수목이 어우러진 경관이 뛰어난 곳에 자리한다. 정면 3칸, 측면 3칸 규모로 가운데 1칸을 온돌로 꾸미고 나머지는 마루이다. 가운데에 온돌을 두는 경우는 이 지역에서는 흔하지 않다. 화강석 바른층쌓기로 세벌대 기단을 구성했다. 기단 바닥에는 전돌을 깔고 소맷돌 없이 계단을 설치했다. 기둥은 16개인데 모두 원주를 사용했다. 이익공 형식으로 앙서형 익공을 사용하고 마구리 면은 사절했다. 보머리는 짧지만 운공형으로 장식했다. 춤이 큰 창방 위에 소로가 있는 소로수장집이다. 서까래의 소매걷이가 강하고, 부연도 내밀기가 많아 전체적으로 처마의 깊이가 크다.

온돌의 앞과 뒤는 사분합격자살 창호를 달고 창호 가운데에 세살창을 덧달았다. 양 옆은 삼분합문으로 했는데, 온돌의 모든 창호는 들어올려서 필요에 따라 개방해 사용할 수 있다.

채미정은 금오산 초입 맑은 계류와 수목이 어우러진 경관이 뛰어난 곳에 자리한다.

採薇亭

1 화강석 바른층쌓기로 세벌대 기단을 구성하고 원주를 올렸다, 가운데 1칸 온돌을 두었다.

2 앙서형 익공을 사용한 이익공 형식이다. 익공의 마구리 면은 사절했다.

3 우주의 귀한대 내측은 운공형으로 장식했다.

4 온돌의 앞뒤에는 격자살 창호를 달고 가운데에 세살창을 덧달았다.

5 온돌의 양 측면에는 삼분합들문을 달았다.

구미 삼가정

【위치】경북 구미시 해평면 수류길 32-19 (일선리) 【건축 시기】1674년 초창
【지정사항】경상북도 문화재자료 제50호 【구조 형식】5량가 팔작기와지붕

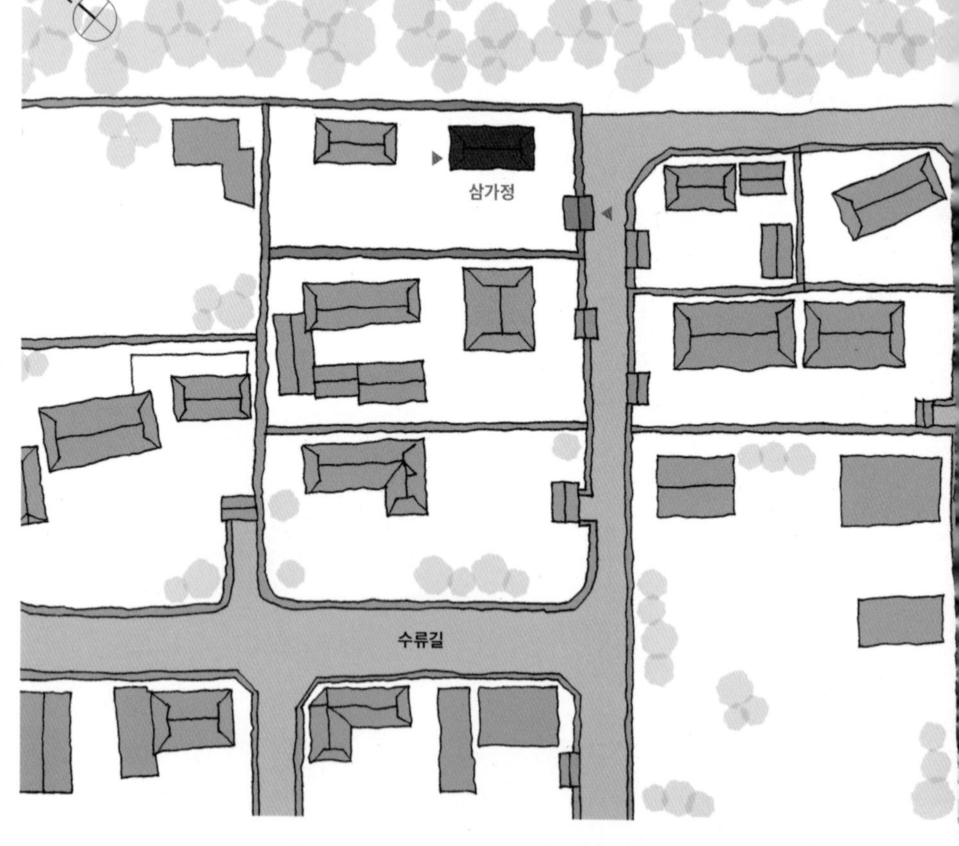

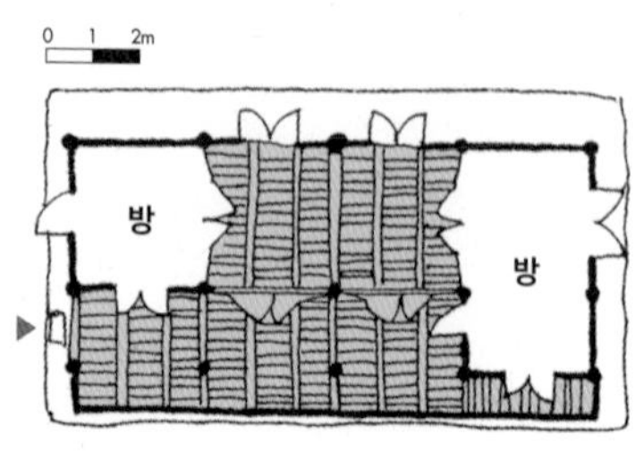

삼가정은 류봉시(柳奉時, 1654~1709)가 수곡리에서 분가해 아들 형제의 수학을 위해 임동면 위동으로 옮기면서 지은 정자이다. 두 아들이 학문에 전념해 학덕과 벼슬이 세상에 드러나길 바라는 마음으로 집 앞에 세 그루의 개오동(가죽)나무를 심고, 1674(현종15)년에 정자를 짓고 삼가정이라는 이름을 붙였다. 1922년 안동시 임동면 박곡리로 이건되었다가 1987년 임하다목적댐 건설로 인해 1988년 현재 자리로 이건되었다.

1987년 임하다목적댐 건설로 안동지방 전주류씨의 여러 마을이 수몰되었는데, 마을의 70여 호가 집단으로 이주한 곳이 일선리 문화재마을이다. 경상북도 지정문화재 10개소가 이 마을에 있으며, 삼가정은 이 마을의 높은 곳에서 남향으로 자리하고 있다. 마을 앞쪽으로는 낙동대로가 있고 낙동강이 흐른다.

정면 4칸, 측면 1칸 반 규모로 양 끝에 각각 1칸 온돌을 두고 가운데 2칸이 대청이다. 오른쪽의 온돌은 툇간까지 확장해 1칸 반 규모로 사용하고 전면에 쪽마루를 두었다. 대청 전퇴 부분의 쪽마루에는 머름난간이 있는 헌함을 두고, 온돌 앞으로는 쪽마루만 두어 영역을 구획했다. 대청 전면에는 완전 개방할 수 있게 사분합세살들문을 달았다. 대청 상부는 연등천장이고, 온돌은 고미반자와 종이 벽지로 마감했다.

포 없는 민도리집으로 보머리는 직절했는데 툇보는 가운데 부분을 곡선으로 마름질해 사용하고, 보아지 내측을 사절해 둥근 부분과 어울리게 했다. 대들보는 평주와 내부 전면 중도리의 높이를 맞추기 위해 굽은 부재를 사용했다. 종보 역시 대들보와 비슷한 모양으로 사용했다. 보 중앙에는 두 장의 판재가 겹쳐진 판대공을 설치했다. 대청 쪽 온돌 창호는 불발기사분합들문을 달았다. 대청 전면 상부에는 교살 고정창을 달고 배면 벽체는 장판문으로 마감했다. 난간은 머름에 풍혈이 있으며, 동자기둥과 철물로 보강했는데 고식이다. 합각부는 박공판 아래 삼각형의 전체 면을 기와로 메우고 가운데에 목재 동자주를 설치해 보강한 것이 특징이다.

조선 중기의 양식으로 건립된 정자로 경상북도 지방 정자 가운데 마루를 전면부까지 확장해 사용한 드문 사례이다.

1

5

1 정면 4칸, 측면 1칸 반 규모로 양 끝에 1칸 온돌을 두었다. 오른쪽 온돌은 전퇴 공간까지 확장해 온돌로 사용하고 앞에 쪽마루를 덧붙였다.

2 합각부는 박공판 아래 삼각형의 전체 면을 기와로 메우고 가운데에 목재 동자주를 설치해 보강했다.

3 평주와 내부 전면 중도리 높이를 맞추기 위해 굽은 곡재를 대들보로 사용했는데 종보 또한 대들보와 비슷한 모양으로 사용했다. 두 장의 판재가 겹쳐진 판대공을 설치했다.

4 툇보는 가운데 부분을 곡선으로 깎아 사용하고, 하부 보아지 단면을 사절해 둥근 부분과 어울리게 했다.

5 대청 배면에는 장판문을 설치했다.

6 제사와 같이 넓은 공간이 필요할 때 문을 들어올려 한 공간처럼 사용할 수 있도록 온돌과 대청 사이에 사분합불발기들문을 달았다.

7 온돌 천장은 고미반자와 종이 벽지로 마감했다.

8 난간은 풍혈을 지닌 난간머름을 두었으며, 동자기둥은 철물로 보강했다.

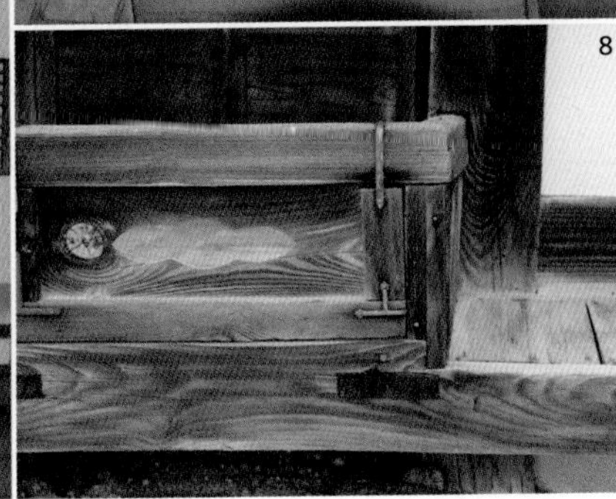

구미 동암정

【위치】 위치 경북 구미시 해평면 수류길 32-20 (일선리) **【건축 시기】** 1796년
【지정사항】 경상북도 문화재자료 제62호 **【구조 형식】** 1고주 5량가 팔작기와지붕

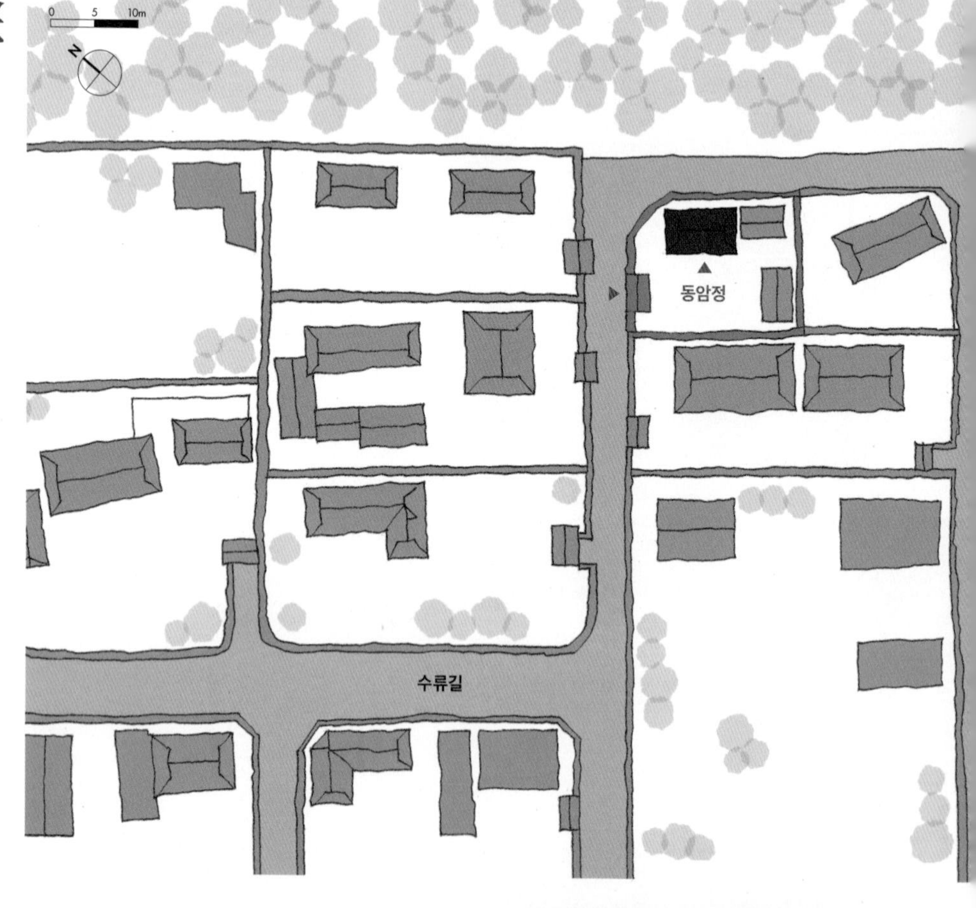

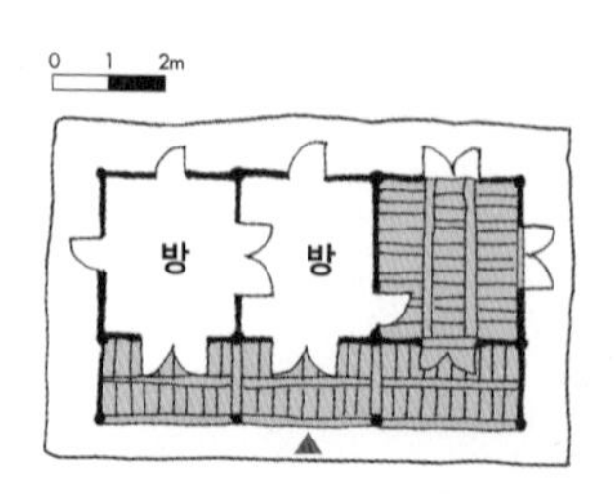

동암 류장원(東巖 柳長源, 1724~1796)이 1796(정조20)년에 후학을 양성하기 위해 지은 정자이다. 원래 안동시 임동면 수곡리에 있었으나, 1987년 임하 다목적댐 건설로 인해 지금 자리로 옮겨왔다. 일선리 문화재마을 오른쪽 가장 높은 곳에 남향으로 자리하고 있다. 본채를 지나 사주문을 들어서면 마당 왼쪽에 정면 3칸, 측면 1칸 반 규모의 정자가 있다. 막돌로 쌓은 기단 위에 막돌 덤벙주초를 놓고 전면 기둥은 원주를, 나머지는 방주를 사용했다.

왼쪽과 가운데에 1칸짜리 온돌을 두고 오른쪽 1칸은 마루방으로 꾸몄다. 전면에 툇마루가 있으며, 양 끝은 판벽으로 마감했다. 마루방에는 전면에 판벽과 궁판을 지닌 세살쌍여닫이문을 달았다. 포 없는 민도리집으로 보 머리는 짧게 하고 직절했다. 툇보는 춤이 큰 직선재를 사용해 길이의 1/3지점에서 사면으로 깎고 통로 부분인 안쪽으로 모죽임을 했다. 눈여겨볼 만한 공간이 마루방이다. 마루방에는 제사를 위한 감실이 설치되어 있는데, 온돌처럼 천장 마감을 고미반자로 한 것은 여느 정자와는 다른 모습이다. 양끝의 툇마루 부분을 판벽으로 마감한 것 역시 제례 공간으로서 집중성을 높이기 위한 방편으로 보인다. 마루 앞 툇마루 끝부분에 있는 귀틀은 왼쪽 온돌의 귀틀과 달리 곡을 주어 마루면과 턱이 지지 않게 했다. 또한 온돌 사이에 격자쌍여닫이문을 설치해 서로 출입이 가능하게 했다. 벽체 문틀 주선에는 조상에게 입춘을 알리는 "감고병인입춘전년십이월이십육일오시('敢告丙寅立春前年十二月二十六日午時)"가 표기되어 있다.

조선 중기의 양식으로 중수된 작은 정자이지만 완성도가 높고 부재간 비례가 아름답다. 특히 정자에 사당 개념을 도입한 건물로 대청 및 방을 모두 고미반자 천장으로 한 것은 다른 곳에서는 볼 수 없는 모습이다. 유교적인 선비의 모습을 잘 반영한 정자이다.

1

5

1 왼쪽에 1칸짜리 온돌 두 개를 두고 오른쪽 1칸은 마루방으로 꾸몄다. 전면에 툇마루를 두고 양 끝은 판벽으로 마감했다.

2 마루방은 연등천장이 아닌 고미반자로 마감했다.

3 마루방 벽체 상부에 왕찌를 설치하고 선자연을 가지런하게 두었다.

4 판문 지도리를 넣기 위한 문둔테가 간결하다.

5 정자임에도 마루방에 감실을 두었다.

6 마루방은 판벽과 궁판을 지닌 세살쌍여닫이문으로 했다.

7 툇보 하부 구조보강을 위해 보아지를 놓았는데 보아지 하부에 초새김을 두어 장식 효과를 더했다.

8 툇보는 춤이 큰 직선재를 사용해 길이의 1/3지점에서 사면으로 깎고 통로 부분인 안쪽으로 모죽임을 했다.

9 마루 앞 툇마루 끝부분의 귀틀은 왼쪽 온돌의 귀틀과 달리 곡을 주어 마루면과 턱이 지지 않게 했다.

구미 대야정

龜尾 大埜亭

[위치] 경북 구미시 해평면 수류길 44-22 (일선리) **[건축 시기]** 1770년
[지정사항] 경상북도 문화재자료 제54호 **[구조 형식]** 3량가 맞배기와지붕

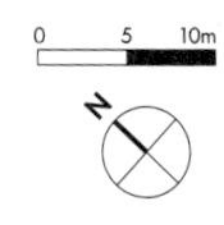

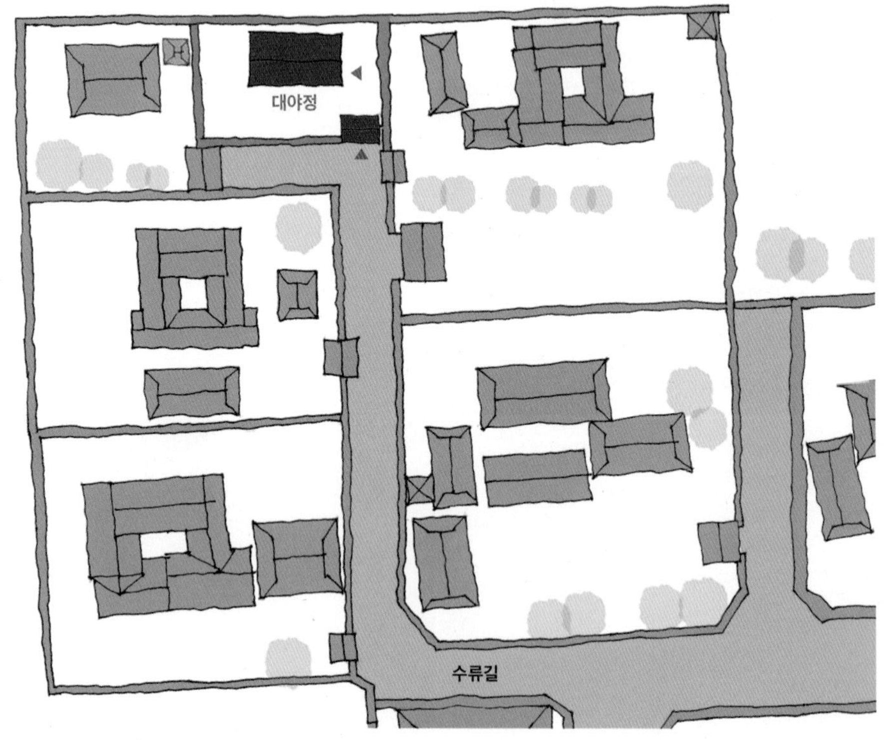

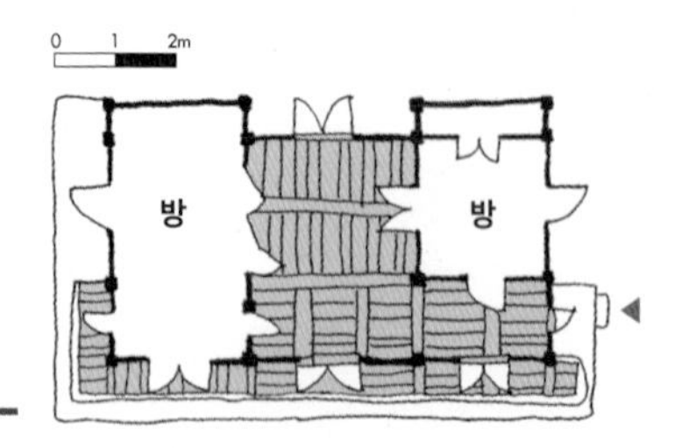

대야 류건휴(大埜 柳健休, 1768~1834)가 지은 정자로 알려져 있다. 류건휴는 정조와 순조대에 활동한 유학자로 선유들의 글을 모아 엮은《동유사서해집평(東儒四書解集評)》과《대야집(大埜集)》 등 많은 저술을 남겼다.

당호가 '대야'여서 류건휴와 밀접한 관계가 있을 것으로 생각되지만 건립 연도인 1770년은 류건휴가 세 살 때이므로 아마도 그의 부친인 류충원(柳忠源)이 지은 것으로 판단된다. 원래는 안동시 임동면 수곡리에 있었으나 임하댐 건설로 1987년 일선리 문화재마을로 옮겨 왔다. 대야정은 마을 북쪽에 자리한다. 방형으로 둘러싼 토담 남동쪽에 사주문이 있고 문을 들어서면 마당 북쪽에 있는 대야정이 보인다.

정면 3칸, 측면 2칸 규모로 양 옆에 1칸 온돌이 있고 가운데 1칸 마루가 있다. 왼쪽의 온돌은 툇마루 없이 전체가 온돌로 된 반면 오른쪽 온돌은 앞에 툇마루가 있다. 양쪽 온돌 후면에는 벽장을 설치해 수납할 수 있도록 했다. 5단으로 쌓은 높은 자연석 기단 위에 주초를 놓고 방형 기둥을 세웠다. 화려하지 않은 민도리집으로 대들보에 대공을 세우고 종도리를 올린 3량 구조이다.

높은 기단 위에 있지만 전면에 계단도 두지 않고 쪽마루를 놓고 난간을 설치해 진입할 수 없게 했다. 진입은 양측면의 온돌 툇마루를 거쳐서 하도록 했다. 보통 여름 공간으로 사용되는 대청이나 툇마루는 개방성이 중요하다. 시원한 바람과 함께 자연이 선물한 경관도 대청에서 느낄 수 있는데 대야정은 대청 전면에 판벽을 설치해 폐쇄적이고 엄숙하게 구성했다. 판벽에는 판문을 달았는데 부엌의 판문과는 다르게 상부에 정자살창을 두어 최소한의 채광이 가능하도록 했다. 이런 폐쇄적 구성은 산간지방 겨울의 혹독한 기후환경에 대처하기 위한 대안이었을 것이다.

류건휴는 과거에 급제하고도 관직에 나가지 않고 오로지 이곳에서 학문에만 전념했다고 하는데 대야정의 폐쇄적 구성이 세상과 거리를 둔 류건휴의 삶과 연관이 있지 않을까 생각해 볼 수 있다.

1
大埜亭
4
5
6
7

1 5단 높이의 높은 기단 위에 있음에도 오르는 계단이 없다. 게다가 전면 툇마루 앞에는 난간을 둘러 진입할 수 없게 했다.

2 마루 앞을 판벽으로 마감하고 판문을 달았다. 판문 상부에는 정자살을 두어 채광이 가능하게 했다.

3 합각이 처지지 않게 가새로 지지했다.

4 대들보에 대공을 세우고 종도리를 올린 3량 구조이다.

5 정자살창 안 바라지창으로 세살창을 설치했다.

6 필요할 때마다 적절하게 사용되었을 왼쪽 온돌의 창과 문의 배치가 이채롭다.

7 오른쪽 면 툇마루에는 대청에 오를 수 있게 디딤돌을 놓았다.

8 왼쪽 면 툇마루에서 온돌로 바로 들어갈 수 있다.

구미 만령초당

【위치】경북 구미시 해평면 수류길 44-33 (일선리) 【건축 시기】1680년대
【지정사항】경상북도 문화재자료 제58호 【구조 형식】5량가 팔작기와지붕

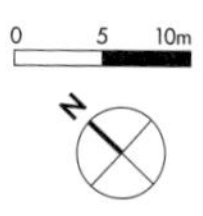

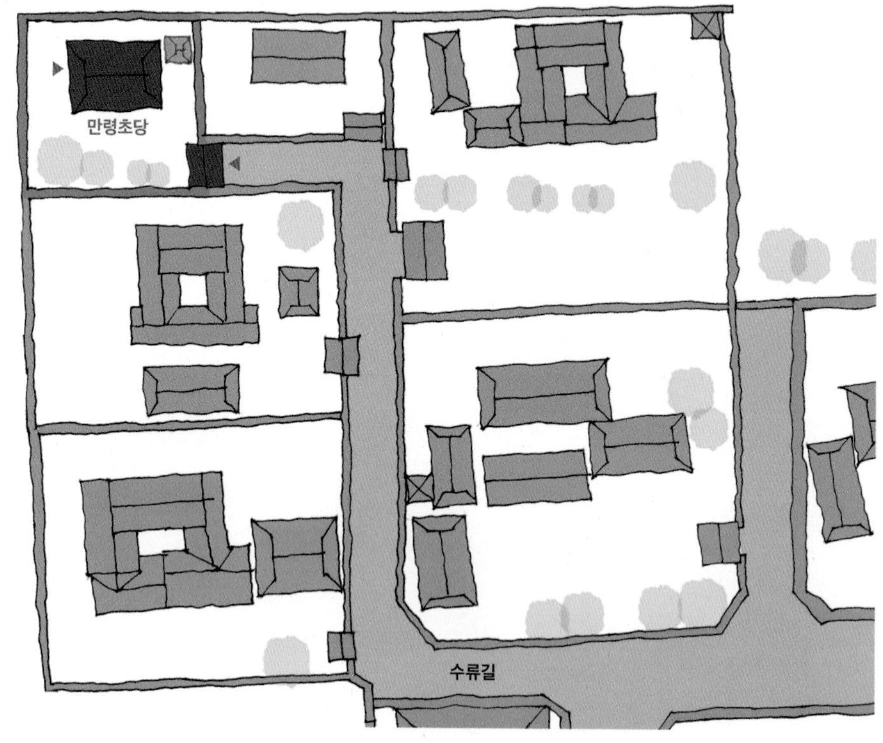

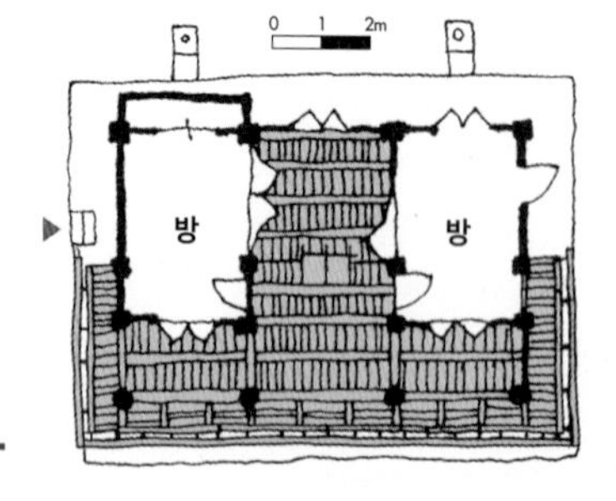

만령초당은 만령 류익휘(萬嶺 柳益輝, 1629~1698)가 안동시 임동면 가르편 마을에 1680년대에 건립한 것으로 알려져 있다. 전주류씨가 경상도에 온 것은 시조인 완산백 류습(柳濕, 1367~1439)으로부터 7세 후손인 류윤선(柳潤善) 때로 류익휘는 류윤선의 내손이다. 만령초당이 있는 일선마을은 임동면에 살던 전주류씨 500여 가구 중 임하댐 건설로 73가구가 옮겨와 전주류씨의 집성촌을 형성하며 명문가의 명맥을 이어나가고 있는 곳이다.

일선마을은 남서향으로 냉산자락 서쪽 끝에서 낙동강을 바라보고 있다. 만령초당은 일선마을 북측 가장 깊숙한 곳에 대야정과 연접해 있는데, 대야정 앞으로 난 골목에 들어서면 만령초당의 사주문이 나온다. 사주문 안에는 조경수목과 돌확이 있는 마당이 보이고 마당 안쪽에 남서방향의 만령초당이 있다. 정면 3칸, 측면 2칸으로 중앙에 대청을 놓고, 양옆에 온돌을 두었다. 전면에는 반 칸 규모로 툇간을 설치했는데 툇간을 둘러싸고 밖으로 다시 헌함을 두어 개방적 공간을 확장했다.

1단의 기단 위에 높은 축대를 쌓은 후 전면에 누하주를 놓고, 공간을 구성했다. 전면에만 원주를 사용하고, 나머지는 방주를 사용했다. 민도리집으로 대들보를 놓고 동자주 위에 종보와 판대공을 올린 5량 구조이다.

만령초당 정면에는 계단이 없다. 건물 안으로 들어가기 위해서는 양측면의 계단을 올라 헌함의 개방된 부분을 통해야 한다. 특히 왼쪽에 있는 계단을 오를 경우 대문에서 만령초당 앞으로 식재된 조경수와 차를 우릴 수 있는 돌확을 구경할 수 있다. 대청 양옆에는 온돌을 들어갈 수 있는 세살여닫이문과 필요한 경우 들어올려 대청으로 확장할 수 있는 분합문이 설치되어 있다. 왼쪽 온돌에는 사분합들문을, 오른쪽 온돌에는 이분합문을 설치했는데, 왼쪽 온돌 뒤에는 벽장이 있다.

전면 툇마루를 눈여겨볼 만하다. 툇간을 구성하기 위한 툇보가 정칸 양옆으로 곡선을 이루고 있는 것이 무지개처럼 아름답다. 또한 툇간 밖으로 설치된 헌함은 단출하지만 자칫 답답할 수 있는 툇간의 공간감을 넉넉히 살려놓았다.

1

5

1 일벌대 기단 위에 높은 축대를 쌓은 후 전면에 누하주를 놓고, 정면 3칸, 측면 2칸 규모의 정자를 꾸몄다.

2 민도리집으로 대들보를 놓고 동자주 위에 종보와 판대공을 올렸다.

3 툇보가 정칸 양옆으로 곡선을 이루고 있다.

4 툇간 밖으로 설치된 헌함은 단출하지만 자칫 답답할 수 있는 툇간의 공간감을 넉넉히 살려놓았다.

5 초당에 들어갈 수 있는 계단이 가운데가 아닌 왼쪽에 놓여 있다.

6 오른쪽 면에 설치된 계단으로 오르면 헌함의 개방된 곳을 통해 대청으로 진입할 수 있다.

군위 양암정

[위치] 경상북도 군위군 소보면 내의길 63 (내의리 629) **[건축 시기]** 1612년 초창, 1888년 재창
[지정사항] 경상북도 문화재자료 제216호 **[구조 형식]** 3량가 팔작기와지붕

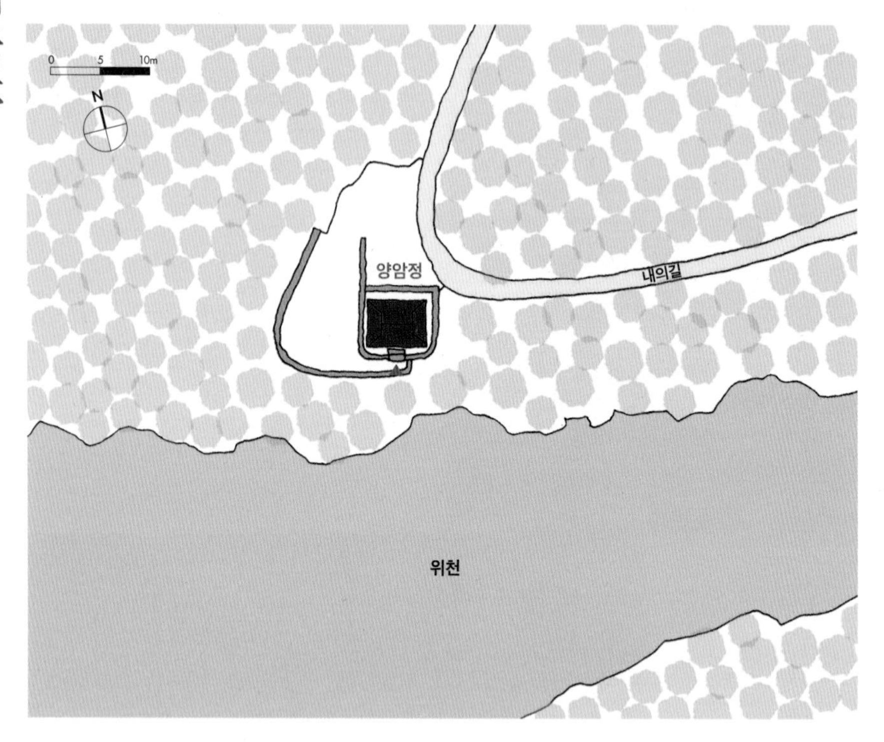

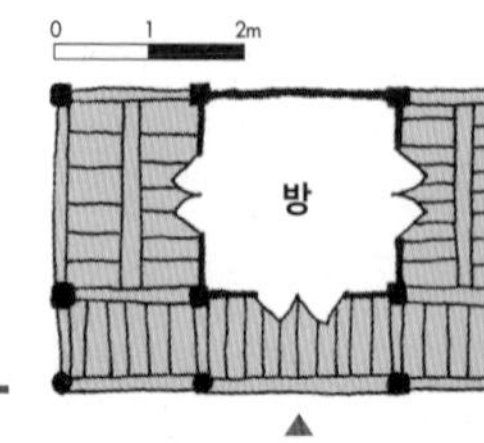

양암정은 서담 홍위(西潭 洪瑋, 1559~1624)가 자연의 빼어난 경관을 보고 즐기면서 벗들과 더불어 도학을 연마하고, 개인적으로는 성리학 공부에 더욱 정진하고 매진하기 위해 1612(광해군4)년에 지은 정자이다. 1868(고종5)년에 화재로 소실된 것을 1888(고종25)년에 다시 지어 현재에 이른다.

양암정은 군위읍에서 북쪽으로 12km 떨어진 풍광이 수려한 위천 옆 절벽 끝에 자리한다. 정자 주위에 토석담장이 둘러 있어 밖에서는 정자 내부가 보이지 않는다. 담장 오른쪽을 따라 가면 정자에 들어갈 수 있는 일각대문이 있다. 일각대문 오른쪽에는 '양암대(兩岩臺)'라고 새긴 암석이 있다.

정면 3칸, 측면 2칸 규모로 가운데 1칸 온돌을 두고 양옆에 마루를 두었으며 전면에 툇마루가 있다. 바위 위에 둥그스름하게 다듬은 주초석을 놓고 기둥을 세웠는데, 전면에는 원주를, 측면에는 팔각기둥을, 배면과 내진주에는 방주를 세웠다. 기둥 상부는 포 없는 민도리 형식으로 보머리는 짧고 마구리는 직절했다. 보를 받치는 보아지는 사절해 사용하고, 상부에는 판대공을 설치해 종도리를 받았다.

경관 조망을 위해 위천이 보이고 들이 펼쳐진 전면 왼쪽은 담장을 주변보다 한 단 낮게 설치한 것이 눈에 띈다.

일각대문 오른쪽에는 '양암대(兩岩臺)'라고 새긴 암석이 있다.

1 가구는 3량가이지만 내부에 평주를 두어 맞보형식으로 이음해 툇간을 구성했다. 보 하부는 사절된 보아지로 보강했다.

2 온돌 천장은 반자 없이 연등천장으로 마감했다. 판대공으로 종도리를 받았다.

3 포 없는 민도리 형식으로 보머리는 짧고 마구리는 직절했다.

4 정자 주위에 토석담장이 둘러 있어 밖에서는 정자 내부가 보이지 않는다.

5 경관 조망을 위해 위천이 보이고 들이 펼쳐진 전면 왼쪽은 담장을 주변보다 한 단 낮게 했다.

6 외부기둥은 원형 초석에 원주를, 내부 기둥은 온돌 구성을 위해 방주를 사용했다. 내외 기둥 사이는 마루로 꾸몄다.

7 가운데 1칸 온돌을 두고 양옆에 마루를 두었으며 전면에 툇마루가 있다. 온돌을 중심으로 삼면이 모두 개방되어 있다.

1
2
3

5

4

김천 봉황대

金泉 鳳凰臺

【위치】경북 김천시 교동 820-1번지 【건축 시기】1896년, 1978년 중수
【지정사항】경상북도 문화재자료 제 15호 【구조 형식】5량가 팔작기와지붕

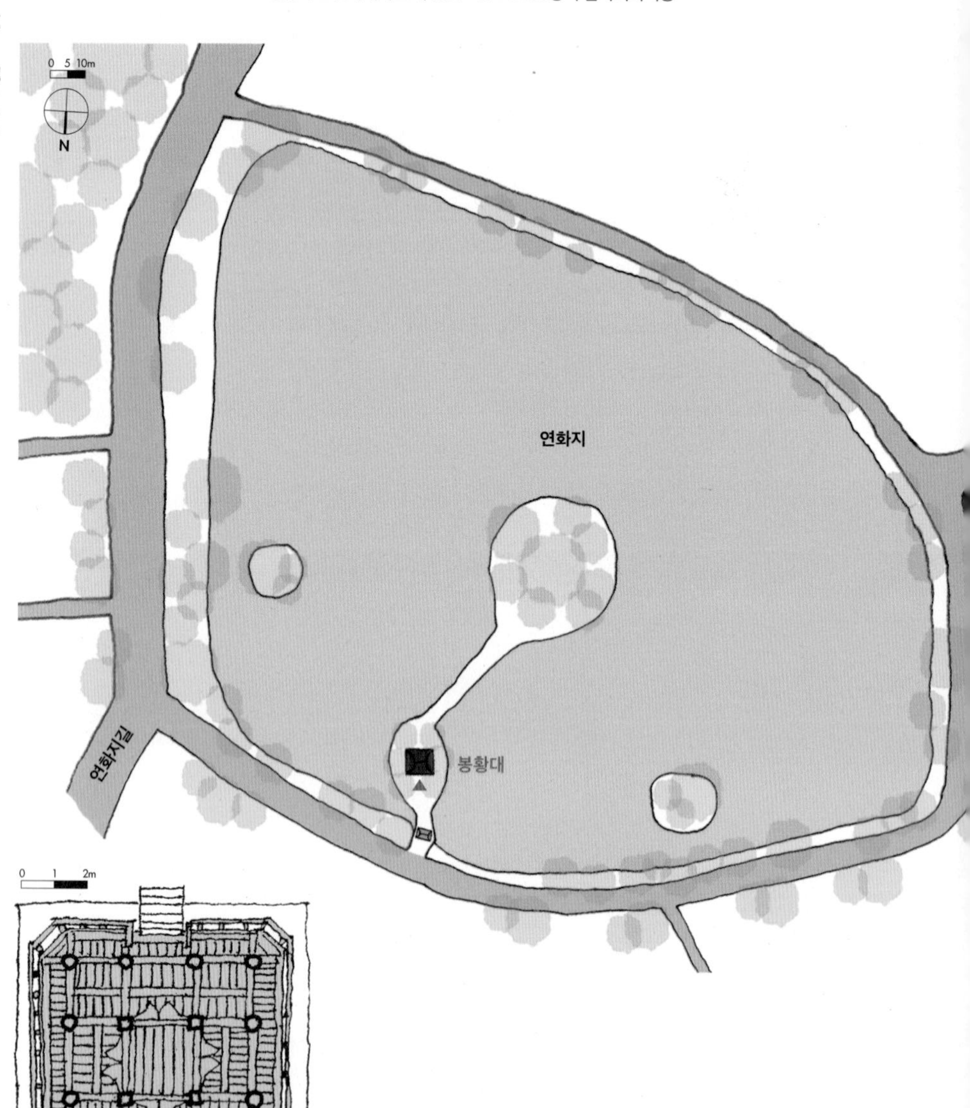

봉황대는 김천시 교동 연화지에 있는 누각형 정자로, 1771(영조47)년에 군수 김항주(金恒柱)가 구화산에서 산 밑으로 이건하고, 1792(정조16)년 군수 이성순(李性淳)이 중수했으나 1838(헌종4)년 붕괴되었다. 같은 해 군수 이능연(李能淵)이 지금의 자리로 옮겨 지었다. 1896(고종33)년과 1978년에 중수가 있었다. 연화지는 내부가 약 200m나 되는 큰 저수지로 가운데에 4개의 크고 작은 원형 섬이 있다. 이 가운데 북쪽에 있는 섬에 북향으로 봉황대가 자리하고 있다. 봉황대 북쪽에 조양문이란 현판이 붙은 일각문을 지나 다리를 건너 봉황대로 들어갈 수 있다. 연화지와 함께 어우러진 봉황대의 풍경이 일품이다.

봉황대는 전면 3칸, 측면 3칸의 누각형 건물로 외곽 기둥은 원주를, 내부의 방을 구성하는 기둥은 각주를 사용했다. 가운데에 방을 설치하고, 4면에 사분합들문을 달아 전체를 개방할 수 있도록 했다. 바닥에는 장마루를 깔고 천장은 우물반자로 마감했다. 방 이외 부분에는 우물마루를 깔고 연등천장으로 마감했다. 4면에 계자난간을 둘렀으며, 문을 두지 않았다. 방의 들문을 개방할 경우 전체를 통으로 사용할 수 있다. 정자는 남북 양쪽에 있는 목재 계단을 통해서 진출입한다. 정자에서 중앙에 방을 둔 것은 방초정과 유사하나 바닥을 마루로 설치한 점이 다르다. 가구는 5량 구조로 2개의 대들보를 건너지르고 내부 기둥에 보아지를 설치해 대들보를 받았다. 이익공집으로 익공에는 연화가 만개하였으며, 당초문 화반을 설치하고, 내부 기둥의 보아지에는 용두를 장식했다. 화려해지는 조선 후기의 형태이다. 관아에서 지은 건물답게 모로단청으로 외관도 화려하다.

연화지와 함께 어우러진 봉황대의 풍경이 일품이다.

1

5

1 조양문 현판이 붙은 일각문을 지나 다리를 건너 높은 계단 위에 자리한 봉황대로 진입한다.

2 내부 기둥의 보아지에는 용두를 장식했다.

3 두 개의 대들보를 건너지르고 내부 기둥에 보아지를 설치해 대들보를 받았다.

4 방의 바닥에는 장마루를 깔고 마루의 바닥에는 우물마루를 깔았다.

5 익공에는 연화가 만개하였으며, 당초문 화반을 설치했다.

6 3x3칸 건물의 가운데는 방을 두고 사분합들문을 달아 전체를 개방할 수 있게 구성했다. 천장은 우물반자로 마감했다.

김천 방초정

[위치] 김천시 상좌원1길 41 (구성면) **[건축 시기]** 1625년 초창, 1727년 중건
[지정사항] 보물 제2047호 **[구조 형식]** 5량가 팔작기와지붕

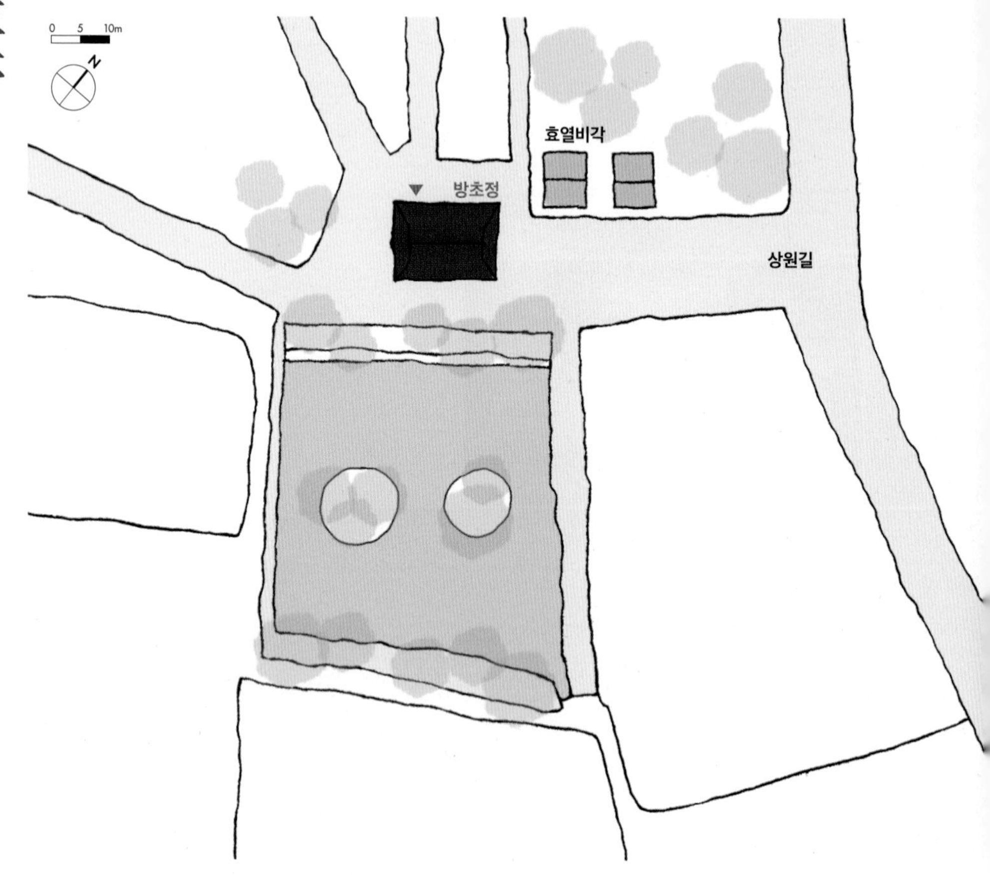

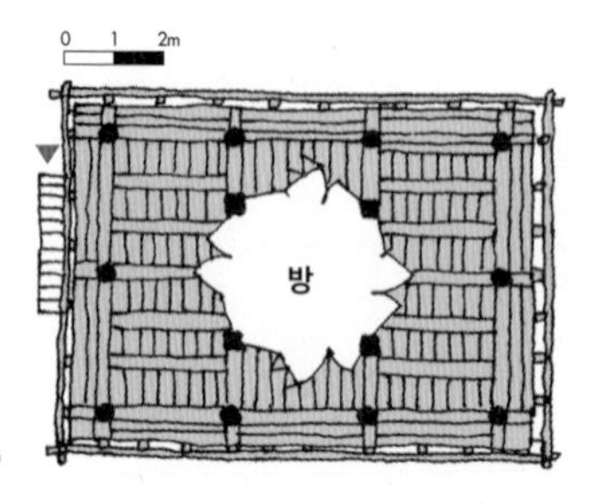

방초정은 김천시 구성면 상원리 원터마을의 동쪽 어귀에 남동향으로 자리한 2층 정자이다. 선조 때 부호군을 지낸 이정복(李廷馥, 1575~1637)이 1625(인조3)년 창건했으나, 1723(경종3)년 홍수로 유실되어 1727(영조3)년에 중건한 것이 현재에 이른다. 정자 남쪽에는 한 변이 약 25m인 방형 못을 석축으로 조성하고, 못 안에 원형 섬 2개를 나란히 두고 수목을 심었다. 방초정과 방지, 일대 들과 산이 어우러진 풍경이 일품이다.

정면 3칸, 측면 2칸의 2층 누각으로 누상의 가운데에 방을 설치하고, 4면에 삼분합들문을 달아 전체를 개방할 수 있도록 했다. 방의 정면과 배면에는 가운데 들문에 작은 양여닫이문을 달아 평소에는 이 문으로 환기하고 조망할 수 있게 배려했다. 방 이외 부분에는 우물마루를 깔고, 4면에 계자난간을 둘렀으며, 문을 두지 않고 개방했다. 누상에는 서쪽에 별도로 설치한 계단을 통해 오를 수 있다. 누하부는 방 부분에 구들을 두어 난방을 하고 나머지 공간은 흙바닥으로 마감했다. 누하부에 구들을 설치하고 누상부에 방을 두는 경우는 이 지역에도 다소 있으나, 건물 가운데 온돌을 두는 것은 호남지역의 특징으로 이 지역에서는 찾아보기 드문 형태이다. 5량 구조, 이익공집으로 꽃문양을 음각한 화반을 설치했다. 누상에서 바라본 빼어난 경치 10개를 시로 읊고 10편의 시 제목을 목판에 새겨 기둥에 달아 두었는데, "방초정 10경"이다. 시의 뜻을 음미하며 외부의 경치를 바라보는 것도 방초정을 감상하는 또 다른 방법이다.

1 방지에서 바라본 방초정

2 누상에서 바라본 방지와 일대 풍경

1 "방초정 10경" 시의 제목을 목판에 새겨 기둥 옆에 달았다.

2 귀포 상세. 다소 둔탁하지만 간결한 초각이 눈에 띈다.

3 화반에는 꽃문양을 음각했다.

4 방초정과 방지, 일대 들과 산이 어우러진 풍경이 일품이다.

5 방의 사면에는 삼분합들문을 달아 전체를 개방할 수 있도록 했다. 또한 정면과 배면의 가운데 들문에는 작은 양여닫이문을 달아 평소에는 이 문만 열어도 되도록 배려했다.

6 협칸부 가구. 자연 곡재의 충량 위에 외기도리를 얹고, 눈썹반자는 널판으로 간단히 마감했다.

7 온돌 부분 누하부 굴뚝

8 누하부에 설치된 아궁이

9 계단 주변 상세. 계단 끝에 참이 없고 각재가 설치된 것으로 보아 당초에는 계단참이 있었을 것으로 생각된다.

4

金泉 芳草亭

6

7

8

9

김천 율수재

[위치] 김천시 봉산면 인의리 769 **[건축 시기]** 1686년 초창, 19세기 후반 중수
[지정사항] 경상북도 문화재자료 제541호 **[구조 형식]** 5량가 팔작기와지붕

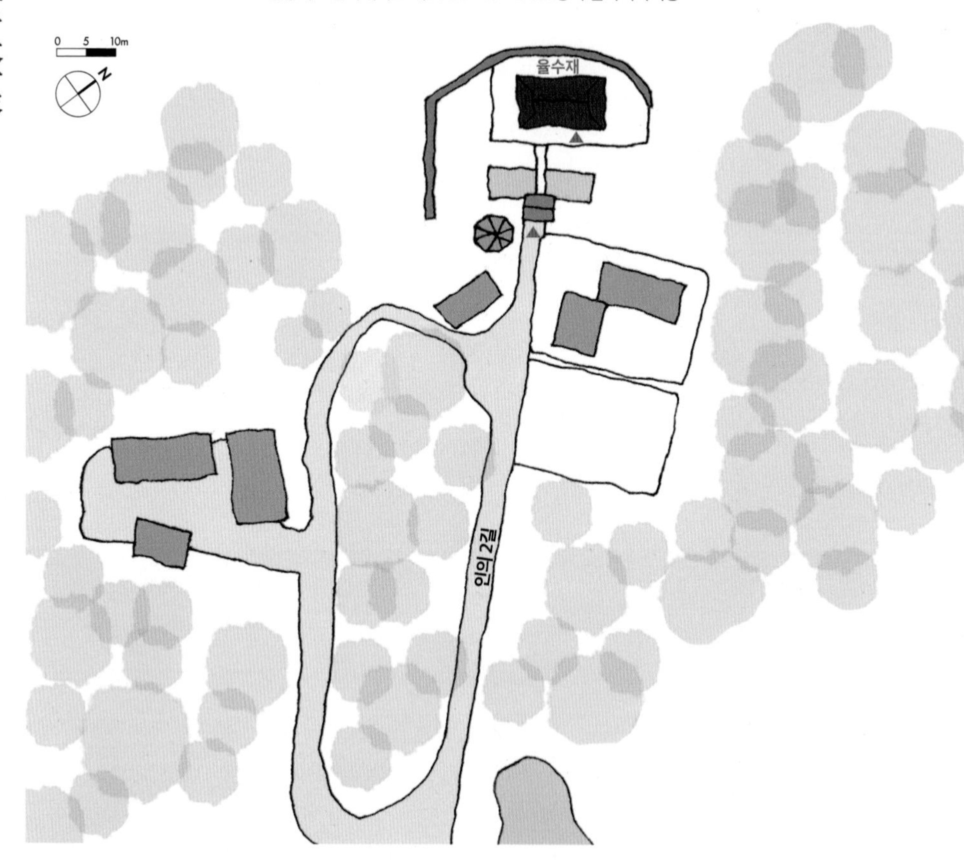

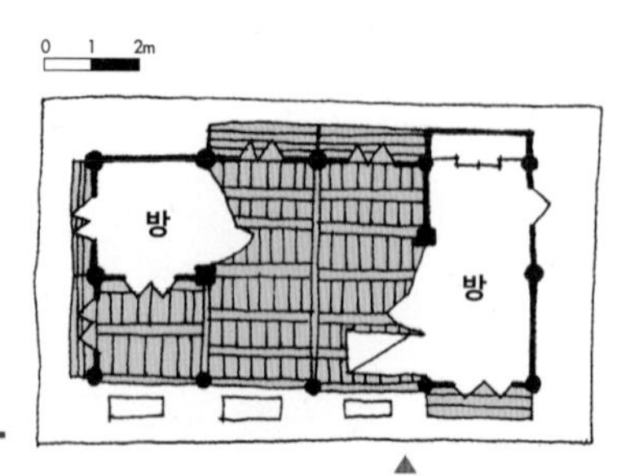

율수재는 봉산면 인의리 봉계마을 뒷산인 극락산 기슭에 남동향으로 자리하고 있는 강학소 겸 휴식처이다. 매계 조위(梅溪 曺偉, 1454~1503)가 태어나 어린 시절을 보낸 유허지에 업적을 기리기 위해 지은 정자이다. 중수 때 종도리 장혀에 다시 기록한 상량문 "숭정기원후병인사월초파일(崇禎紀元後丙寅四月初八日)"을 통해 1686(숙종12)년에 창건된 것으로 추정할 수 있다. 왼쪽 가운데에 걸린 '매계구거(梅溪舊居)' 현판에서도 창건 연대를 추측할 수 있는데, 현판을 쓴 이가 우암 송시열(尤菴 宋時烈, 1607~1689)이라는 점이다. 중수기록을 적은 편액이 있는데 그것만으로는 초창 당시의 구조양식이 유지되고 있는지 확실히 알 수는 없다.

'도덕문(道德門)' 현판이 달린 사주문을 들어서면 가운데에 돌다리가 놓여 있는 장방형에 가까운 못이 보인다. 다리 건너 나지막한 축대 위에 율수재가 있다. 축대 위에는 배롱나무와 향나무가 한 그루씩 있다. 부지 외곽으로 담장을 둘렀고 남동쪽에 협문이 있다.

정면 4칸, 측면 2칸으로 가운데 2칸이 대청이다. 왼쪽에는 한 칸 물러 온돌을 두었으며, 온돌 앞은 마루로 꾸몄다. 오른쪽에는 측면 2칸 규모의 온돌이 있다. 왼쪽은 온돌을 꾸미기 위해 가운데 기둥을 중심으로 맞보를 걸었다. 익공은 초익공으로 완성도는 떨어지지만 내부에 작은 연봉을 초각하는 등 간결하면서도 힘이 느껴진다.

1 대청 왼쪽 가운데에 걸려 있는 '매계구거' 현판은 우암 송시열의 글씨이다.

2 진입로에서 본 율수재. 도덕문 현판을 단 사주문을 지나면 율수재가 보인다.

3 사주문을 들어서자마자 보이는 장방형 못과 돌다리

1

5

1 사주문을 들어서면 돌다리가 놓여 있는 장방형에 가까운 못이 보이고 다리 건너 나지막한 축대 위에 자리한 율수재가 보인다.

2 대들보 위에 삼분법으로 도리를 걸어 추녀와 처마의 처짐을 방지했다.

3 익공 보아지 상세. 초익공으로 완성도는 떨어지지만 작은 연봉을 조각하는 등 간결하면서도 힘이 느껴진다.

4 맞보 부분 상세. 결구에서 탄탄함이 느껴진다.

5 한 칸 물러 온돌을 둔 왼쪽은 온돌을 꾸미기 위해 가운데 기둥을 중심으로 맞보를 걸었다.

6 왼쪽과 달리 오른쪽은 측면 2칸을 모두 온돌로 꾸미고 세살궁판문을 달았다.

봉화 청간당

[위치] 경북 봉화군 물야면 오록3길 81-2 (오록리) **[건축 시기]** 19세기
[지정사항] 경상북도 문화재자료 제151호 **[구조 형식]** 5량가 팔작기와지붕

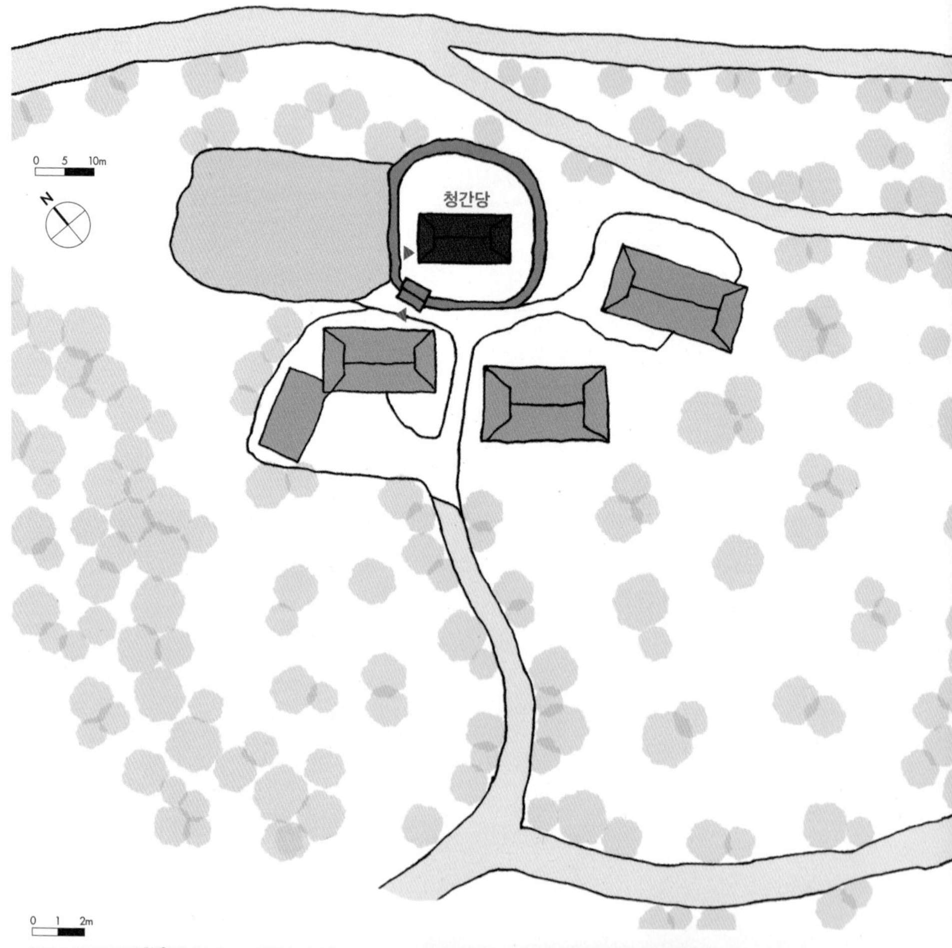

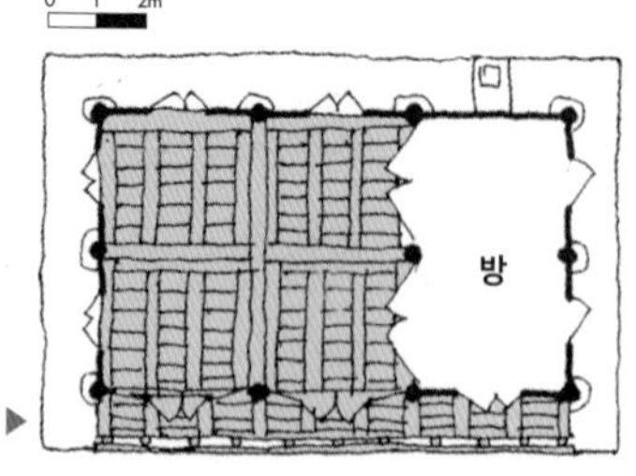

청간당은 오록리 너다리마을 뒤편 야산을 등지고 남향으로 자리한다. 청간당 김정원(淸澗堂 金鼎元, 1655~1735)의 학덕을 추모하고 자손의 강학 장소로 사용하기 위해 그의 후손 김탁연(金卓然)이 건립한 정자이다.

둥근 모양으로 쌓은 담장 안쪽에 건물을 배치하고, 담장의 왼쪽에 출입용 일각문을 설치했다. 정면 3칸, 측면 2칸 규모의 소로수장집이다. 왼쪽 2칸은 우물마루를 깐 대청이고, 오른쪽 1칸은 온돌이다. 전면 쪽마루에 계자난간을 두른 것으로 볼 때 창건 당시에는 전면 기단이 높았으나 근래 어느 시기에 전면 마당을 높이면서 기단 높이가 낮아진 것으로 추정된다. 원기둥을 사용한 5량 구조이다. 기둥과 대들보 등 구조재는 규격이 매우 큰 부재를 사용하고 있는데 반해 서까래와 같은 부재는 상대적으로 규격이 작은 부재를 사용했다. 기둥 높이가 직경에 비해 매우 낮고, 창방의 맞춤 방식과 굽이 높은 소로 등을 감안할 때 다른 용도의 건물이 이건되면서 변형되었을 것으로 추정된다. 온돌은 물론 대청까지 문을 달아 폐쇄적으로 구성했다. 대청 상부의 휜 부재를 그대로 사용한 충량과 대들보, 초각된 달동자와 눈썹반자, 선자연과 외부의 말굽서까래 등은 눈여겨 볼 만하다. 온돌 천장은 고미반자로 마감했다.

1 대청에서 내다본 외부 전경. 주민의 증언에 의하면 원래 담장이 없었다고 한다.

2 귓기둥 상부 창방뺄목. 전체적으로 부재의 규격이 크다.

3 온돌 천장은 고미반자이다.

1

4

1 둥근 모양으로 쌓은 담장 안쪽에 건물을 배치하고, 담장의 왼쪽에 출입용 일각문을 설치했다.

2 창방의 소매걷이가 정교하다.

3 대청 상부의 휜 부재를 그대로 사용한 충량과 대들보, 초각된 달동자와 눈썹반자, 선자연이 눈에 띈다.

4 전면 쪽마루에 계자난간을 두른 것으로 볼 때 창건 당시에는 전면 기단이 높았으나 근래 어느 시기에 전면 마당을 높이면서 기단 높이가 낮아진 것으로 추정된다.

5 대청에는 우물마루를 깔고 후면 판문의 문울거미는 연귀맞춤했다.

봉화 장암정

[위치] 경북 봉화군 물야면 오록1길 19-24 **[건축 시기]** 1724년 초창, 1900년대 초 중건
[지정사항] 경상북도 문화재자료 제150호 **[구조 형식]** 5량가 팔작기와지붕

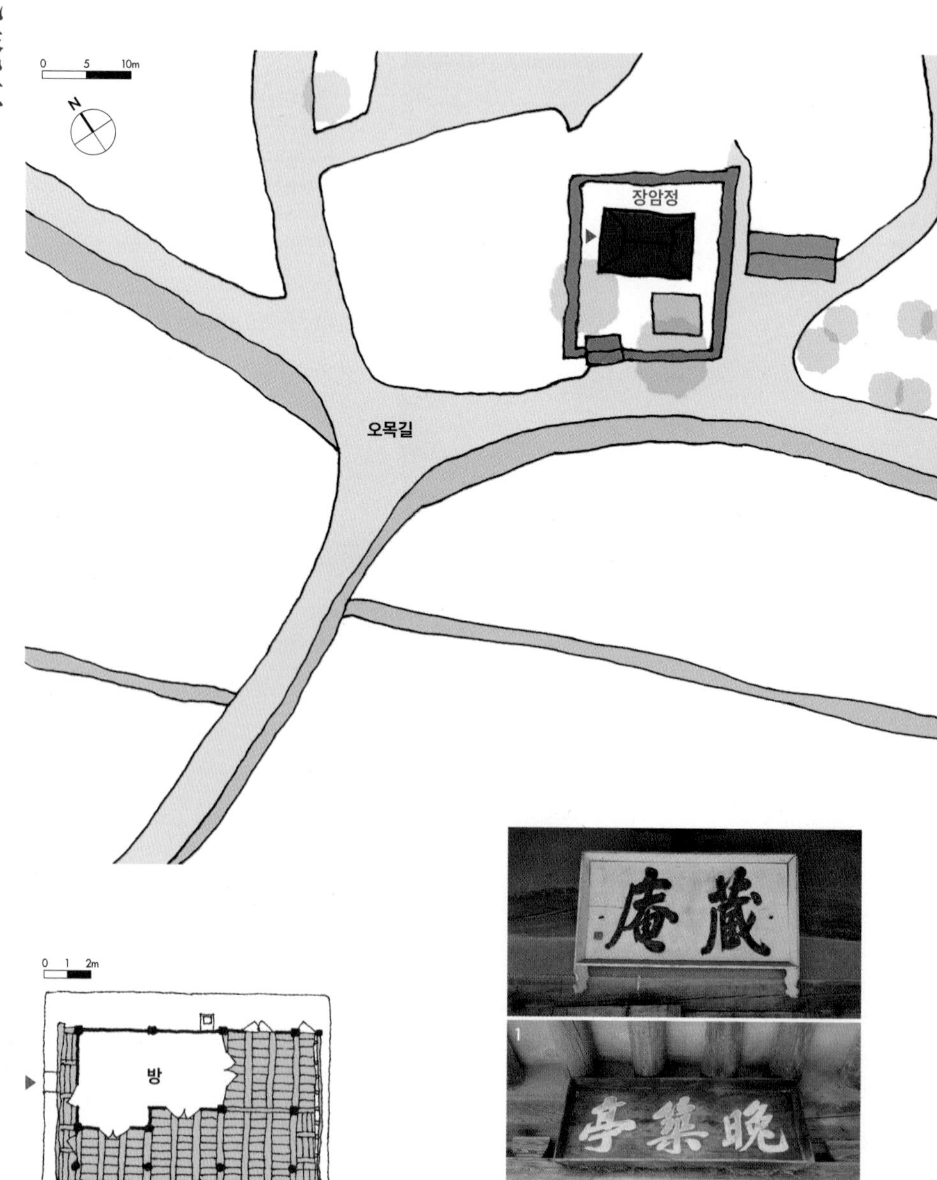

1

장암정은 갈봉산 앞쪽 넓게 펼쳐진 골짜기에 있는 오록마을 어귀에 자리한다. 오록마을은 마을 앞에 큰 창고가 생기면서 창촌(倉村)으로 불리다가 다시 오록이라는 원래 이름으로 불리는 마을이다.

장암 김창조(藏庵 金昌祖, 1581~1637)의 유덕을 기리기 위해 풍산김씨 문중에서 지은 정자로 학문 수학과 후학을 양성하던 곳이었다. 만축정(晩築亭)이라고도 한다. 들판에서 일하는 사람들을 바라볼 수 있게 배치한 정면 3칸, 측면 2칸 규모의 누각형 정자이다. 오른쪽 1칸에 대청을 두고 왼쪽 2칸이 온돌이다. 전면에는 계자난간을 두른 툇마루가 있다. 대청 앞에는 방지가 있다. 출입을 위한 사주문은 방지를 피해 왼쪽에 있다. 한식 막돌담장을 둘렀다.

온돌 2칸 가운데 대청에 가까이 있는 오른쪽 1칸은 조금 뒤로 물러 있는데, 이로 인해 양쪽 중앙에 설치한 기둥의 위치가 다르고, 가구 구성 또한 특이하다. 전면과 좌우측면 마루가 설치되는 부분에만 창방을 설치한 소로수장집으로 장식하고, 좌측면과 후면은 도리와 장혀로만 가구를 구성했다. 대청에 면한 온돌에는 사분합불발기창호를 달아 필요에 따라 들어올려 개방할 수 있게 했다.

5량 구조로 외부에는 말굽서까래를 설치하고, 내부는 판재를 이용해 선자연으로 꾸몄다. 건물 내부는 현재 대청 후면과 왼쪽 전면 툇마루를 통해 출입할 수 있다. 벽체가 없는 전면에는 원기둥을 세우고 초각한 보아지와 굴도리를 사용했다. 다른 부분에는 방형기둥을 세우고 사절한 보아지와 납도리로 했다.

2

1 장암정은 만축정으로도 불린다.

2 마을 어귀에 자리해 들에서 작업하는 모습을 바라볼 수 있다.

1

5

1 한식 막돌담장을 둘러 영역을 구분했다.

2 대청이 있는 왼쪽에 방지가 있다.

3 정자에서 들판이 잘 보이게 배치했다.

4 전면에만 원기둥을 사용하고 보아지를 초각해 사용했다.

5 중앙에 위치한 온돌은 좌측 온돌에 비해 뒤쪽으로 물러 설치했다. 이로 인해 좌우측 중앙에 설치한 기둥의 위치를 다르게 설정했고 가구 구성 또한 독특한 모양이 되었다.

6 현재는 대청 후면과 왼쪽 전면 툇마루를 통해 출입할 수 있으나 전면의 기단이 높은 것으로 보아 과거에는 배면으로만 출입했거나 왼쪽면 전면에 계단이 있었을 것으로 생각된다.

봉화 경체정

[위치] 경북 봉화군 법전면 경체정길 10 **[건축 시기]** 1858년
[지정사항] 경상북도 유형문화재 제508호 **[구조 형식]** 5량가 팔작기와지붕

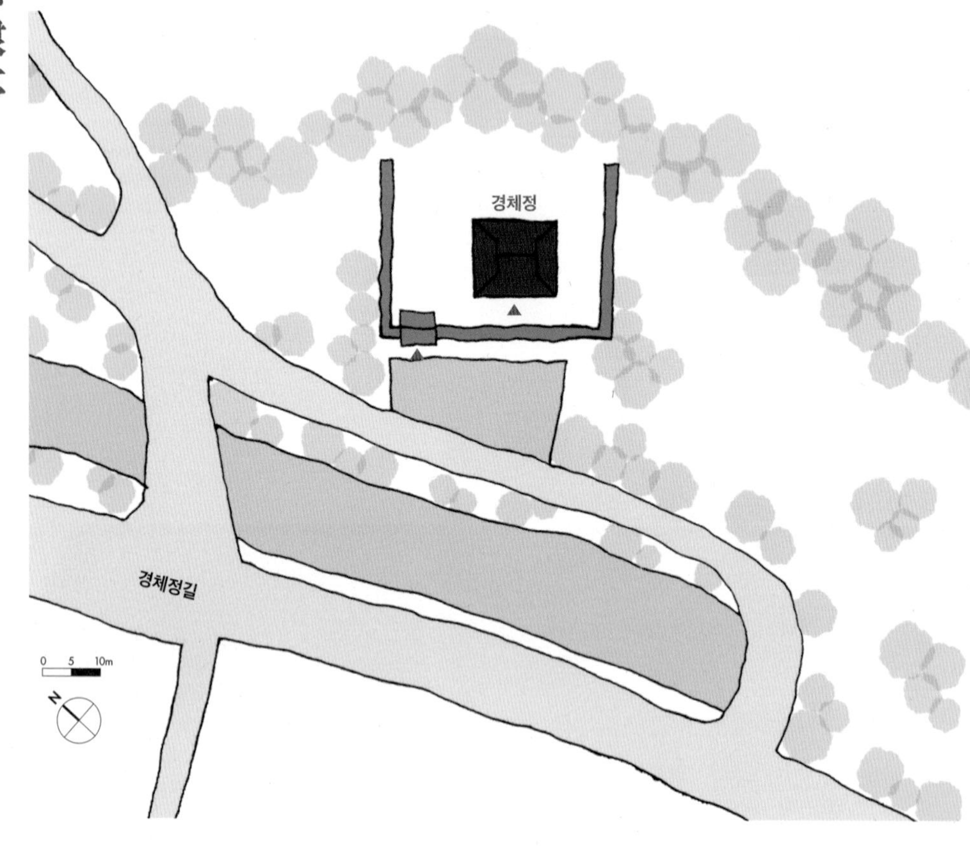

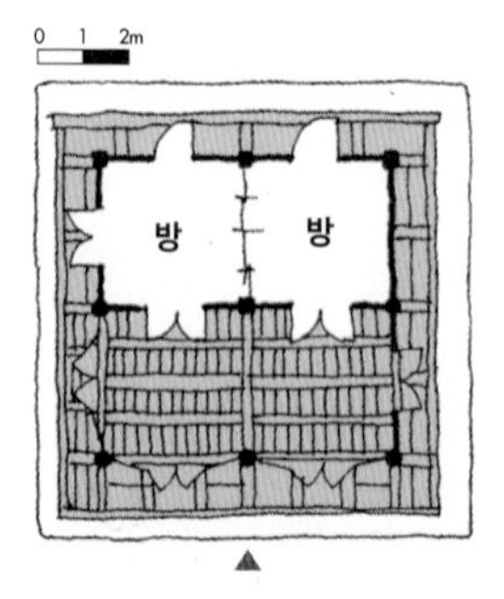

법전면 음지마을 입구의 낮은 산기슭에 법전천을 바라보며 북동향으로 자리한 경체정은 예조좌랑과 승지를 지낸 강윤(姜潤, 1711~1782)과 강완(姜浣), 강한(姜瀚) 3형제의 우애와 덕행을 추모하기 위해 강윤의 증손자인 강태중(姜泰重, 1778~1862)이 1858(철종9)년에 지은 정자이다.

정자 앞에는 못이 있는데 법전천과 연결해 물을 끌어들이고 배수했을 것으로 추정된다. 못에 물이 차고 주변 수목과 어우러져 운치 있었을 텐데, 지금은 못과 법전천 사이에 도로가 지나가면서 마른 못이 되어 아쉽다.

정면 2칸, 측면 2칸 규모로 전면 2칸은 마루, 배면 2칸은 온돌로 꾸몄다. 이 집은 창과 벽체의 구성을 눈여겨볼 만하다. 온돌과 마루 사이에는 하부에 머름을 둔 쌍여닫이문을 달고, 문 양쪽의 벽은 외엮기 흙벽이 아닌 문과 동일한 두께의 건식벽으로 구성했다. 평상시에는 여닫이문을 이용하고, 많은 사람이 모일 경우 벽체와 문을 모두 들어올려 4칸을 통으로 사용할 수 있다. 사면에 마루를 설치하고 전면과 측면에만 '만(卍)'자형 난간을 설치했다. 동선을 배면 쪽으로 유도하는 장치이다. 기단은 전면을 외벌대로 하고, 배면은 높게 해서 의도적으로 전면을 누마루로 구성했다. 기둥은 전면과 측면 가운데만 원기둥을 사용해 정면성을 높였다.

현판은 추사 김정희가 썼다고 한다. 배면 암반에 경체정 각자가 있다. 내부에는 다양한 형태의 편액이 잘 보존되어 있다. 대청 상부에는 추녀와 연목의 마구리를 가리기 위해 외기도리 안쪽에 반자를 설치했는데, 외기도리 달동자의 음양 문양이 이색적이다. 마루의 청소를 위한 문틀 하부의 원형 청소 구멍이 재미있다.

1 정면 2칸, 측면 2칸 규모로 전면 2칸은 마루, 배면 2칸은 온돌로 꾸몄다.

2 사면에 마루를 설치하고 전면과 측면에만 '만(卍)'자형 난간을 설치했다.

奉化 景棣亭

1 대청 상부에는 추녀와 연목의 마구리를 가리기 위해 외기도리 안쪽에 반자를 설치했다.

2 마루의 청소를 위한 문틀 하부의 원형 청소 구멍

3 낮은 뒷산을 배경으로 법전천을 바라보며 자리하고 있다. 법전천의 물을 이용한 못이 정자 전면에 있다.

4 온돌과 마루 사이에는 하부에 머름을 둔 쌍여닫이문을 달고, 문 양쪽의 벽은 외엮기 흙벽이 아닌 문과 동일한 두께의 건식벽으로 구성해 필요에 따라 벽체와 문을 모두 들어올려 4칸을 통으로 사용할 수 있도록 했다.

5 기단은 전면은 외벌대로 하고, 배면은 높게 해서 의도적으로 전면을 누마루로 구성했다.

3

5

1 내부에 걸려 있는 다양한 편액

1-1

1-2

1-4

1-3
1-5
光風霽月

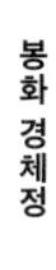

봉화 뇌풍정

奉化雷風亭

[위치] 봉화군 법전면 법전리 168 **[건축 시기]** 1907년
[지정사항] 경상북도 문화재자료 제606호 **[구조 형식]** 5량가 팔작기와지붕

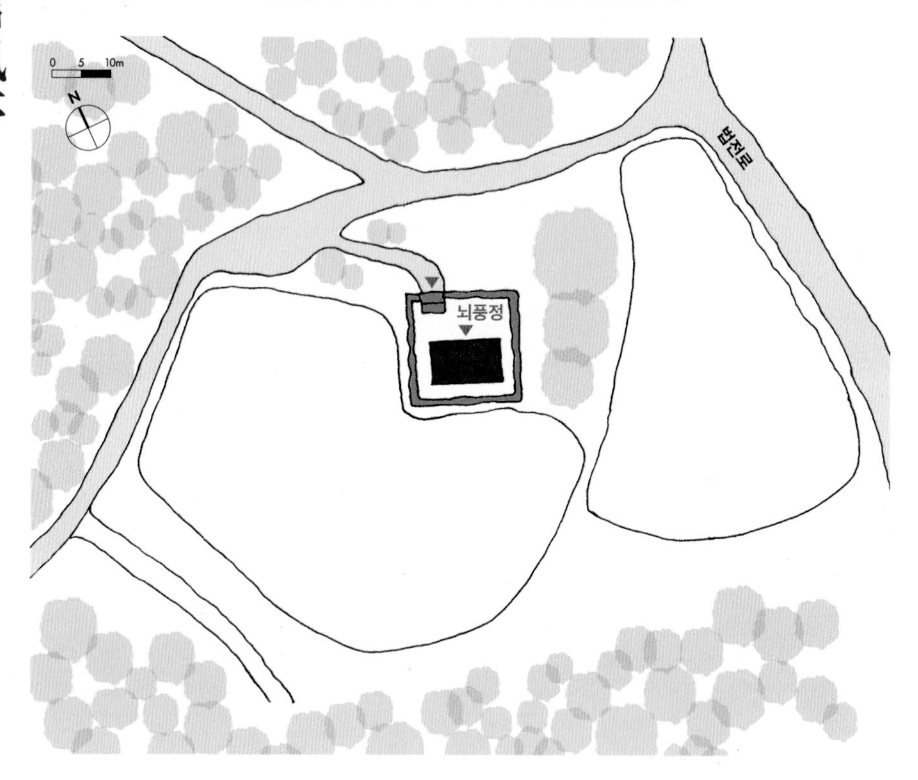

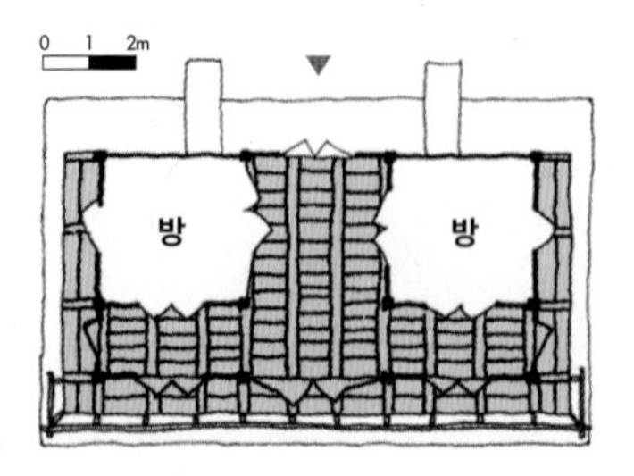

법전면 성잠마을 나지막한 산자락에 북향으로 자리한 뇌풍정은 담장 주변에 전답이 있고, 그 좌우를 낮은 산능선이 감싸고 있어 아늑한 느낌을 준다. 구릉지의 암반 위에 건축된 특이한 정자로 기록되어 있으나 현재는 토사에 묻혀 암반이 잘 보이지 않아 기록과 같은 분위기를 느낄 수 없어 아쉽다.

정자는 기호학파의 노론 계열인 입재 강재항(立齋 姜再恒, 1689~1756)과 설죽당 강재숙(雪竹堂 姜再淑, 1677~1758) 형제를 기리기 위해 요육재 강립(了育齋 姜鋰, 1866~?)이 1907년에 지었다. 정면 3칸, 측면 1칸 반 규모로 가운데 대청을 중심으로 양쪽에 1칸 온돌을 들이고 전면은 툇마루로 꾸몄다. 전면 어칸에는 사분합세살문을 달고 협칸에는 쌍여닫이세살문을 달았으며, 측면 툇마루 칸에는 판문을 달아 폐쇄적인 느낌이 강하다. 전면에는 계자난간을 두고 양측면에는 쪽마루를 두어 측면을 통해 전면으로 출입하도록 동선을 유도하고 있다. 대청 양쪽의 내부 방 문을 제외하면 외부에서는 좌우가 완벽한 대칭 평면을 이루고 있다.

뇌풍정은 담장 주변에 전답이 있고, 그 좌우를 낮은 산능선이 감싸고 있어 아늑한 느낌을 준다.

1 가구상세. 툇기둥에 대들보와 툇보, 문인방이 모이는 것을 고려해 툇보를 대들보보다 낮게 설치하고 그 위에 동자주를 올렸다.

2 툇마루. 온돌 전면에 툇마루를 두어 건물의 동선을 길게 유도하고 전면 창호를 두어 폐쇄성과 개방감을 동시에 취했다.

3 뇌풍정은 담장 주변에 전답이 있고, 그 좌우를 낮은 산능선이 감싸고 있어 아늑한 느낌을 준다.

4 오른쪽 면. 전면 툇마루는 기단을 낮추고 짧은 누하주를 이용해 누각으로 처리했다.

5 내부 왼쪽 방. 일반적으로 방과 대청 사이에는 들문을 달아 개방할 수 있도록 하는데, 이 집은 왼쪽 방에는 삼분합문을, 오른쪽 방에는 쌍여닫이문을 달아 왼쪽만 개방할 수 있도록 했다.

3

5

봉화 이오당

【위치】 경북 봉화군 법전로 103-4 (법전면) **【건축 시기】** 1679년 초창, 1938년 중수
【지정사항】 경상북도 문화재자료 제156호 **【구조 형식】** 5량가 팔작기와지붕

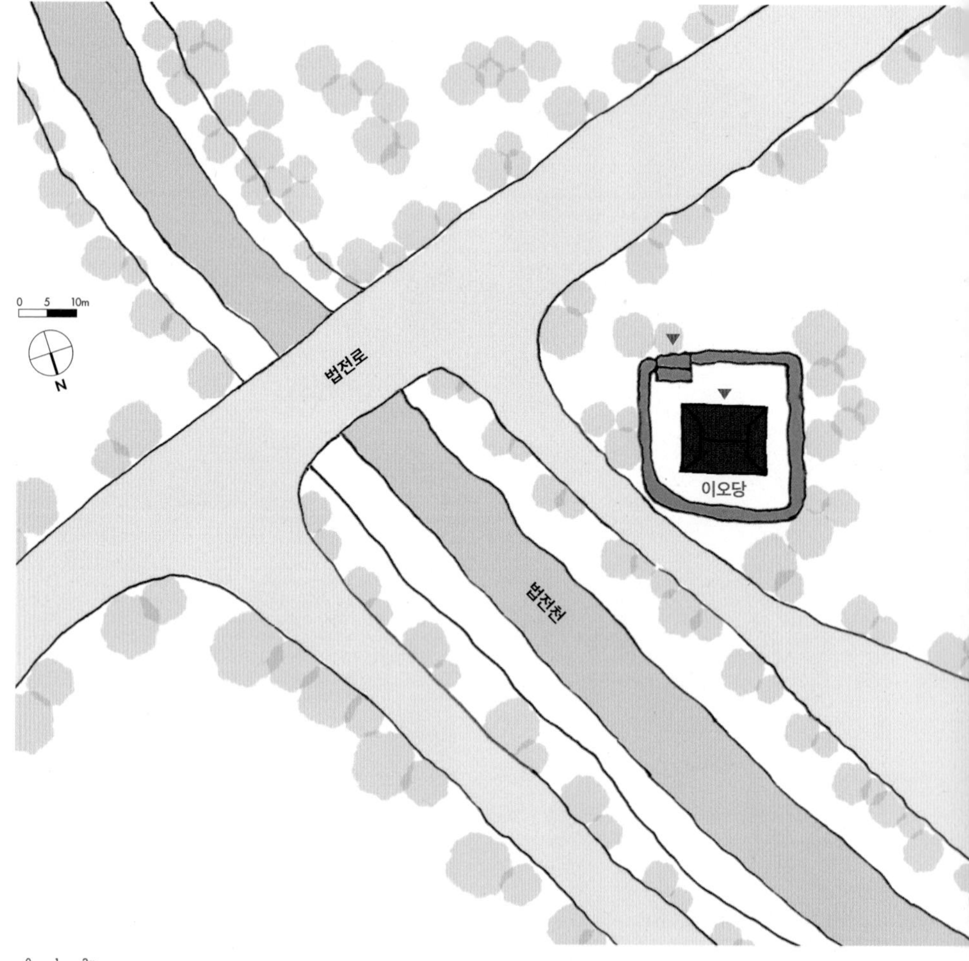

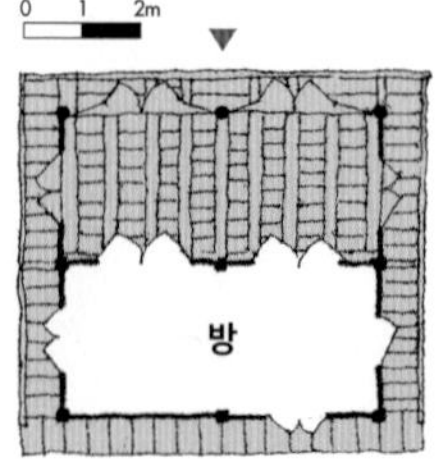

법전면 법전천이 휘돌아가는 모퉁이에 남향으로 자리한다. 지어질 당시에는 법전천과 어우러진 경관이 뛰어났을 것으로 추정되지만 지금은 주변에 도로와 건물이 생겨 운치를 잃은 듯해 아쉽다. 이오당은 잠은 강흡(潛隱 姜恰, 1602~1671)을 추모하기 위해 1679(숙종5)년에 지은 정자로, 1938년에 중수했다.

정자 주변의 완만한 경사로를 따라 사방에 담장을 두르고, 전면에 일각문을 두어 출입하도록 했다. 정면 2칸, 측면 2칸의 정사각형 건물로 전면 2칸은 통으로 마루를 구성하고, 배면은 2칸을 통으로 온돌을 꾸몄다. 약 300m 정도 거리에 있는 경체정과 많이 흡사하다. 두 건물 모두 법전 강씨문중의 정자이고 정방형 평면이다. 2칸 온돌의 가운데에 인방이 있는 것을 고려하면 지어질 당시에는 경체정처럼 2칸 온돌이 나누어져 있었을 것으로 추정된다.

정자 사면에는 쪽마루를 설치하고 전면과 측면에만 '만(卍)'자형 난간을 설치해 동선을 배면 쪽으로 유도했다. 기단의 전면은 외벌대로 하고, 배면은 높게 해 의도적으로 전면을 누마루로 구성했다. 기둥은 전면과 측면 가운데 것만 원기둥을 사용하여 정면성을 높였다.

1 정자 주변의 완만한 경사로를 따라 사방에 담장을 두르고, 전면에 일각문을 두어 출입하도록 했다.

2 이오당 옆에 있는 거북이 모양 돌

奉化 二吾堂

1 대청 내부 가구. 곡재의 충량 위에 외기도리를 올리고 반자는 간단히 판재로 마감했다.

2 우측과 배면 모서리. 배면의 마루는 전면과 위계를 달리해 난간을 두지 않아 배면으로 출입을 유도했다. 배면 쪽마루에는 폭이 좁은 디딤돌을 두어 오르내리도록 했다.

3 정면 2칸, 측면 2칸의 정사각형 건물로 전면 2칸은 통으로 마루를 구성하고, 배면은 2칸을 통으로 온돌을 꾸몄다.

4 난간 모서리 상세. 난간대에 쌍사를 양각하고 철띠로 보강했다.

5 난간대와 난간동자에 쌍사를 두고 철띠로 보강하는 등 공력을 들인 '만(卍)'자형 난간이다.

6 마루 귀틀 상세. 대개 마루는 장귀틀에 동귀틀을 결구하는데 이 건물의 마루는 기둥과 기둥을 건너지른 창방 위에 귀틀을 걸고 청판을 끼웠다. 경북지역에서 주로 사용되는 마루 귀틀 구조이다.

7 방과 대청 사이에는 사분합들문을 두어 개방할 수 있도록 하면서도 문 하부에 머름을 두어 두 공간을 구분하고 있다.

3

7

봉화 창랑정사

[위치] 경북 봉화군 법전면 소천리 247-1번지 **[건축 시기]** 1901년
[지정사항] 경상북도 문화재자료 제434호 **[구조 형식]** 5량가 팔작기와지붕

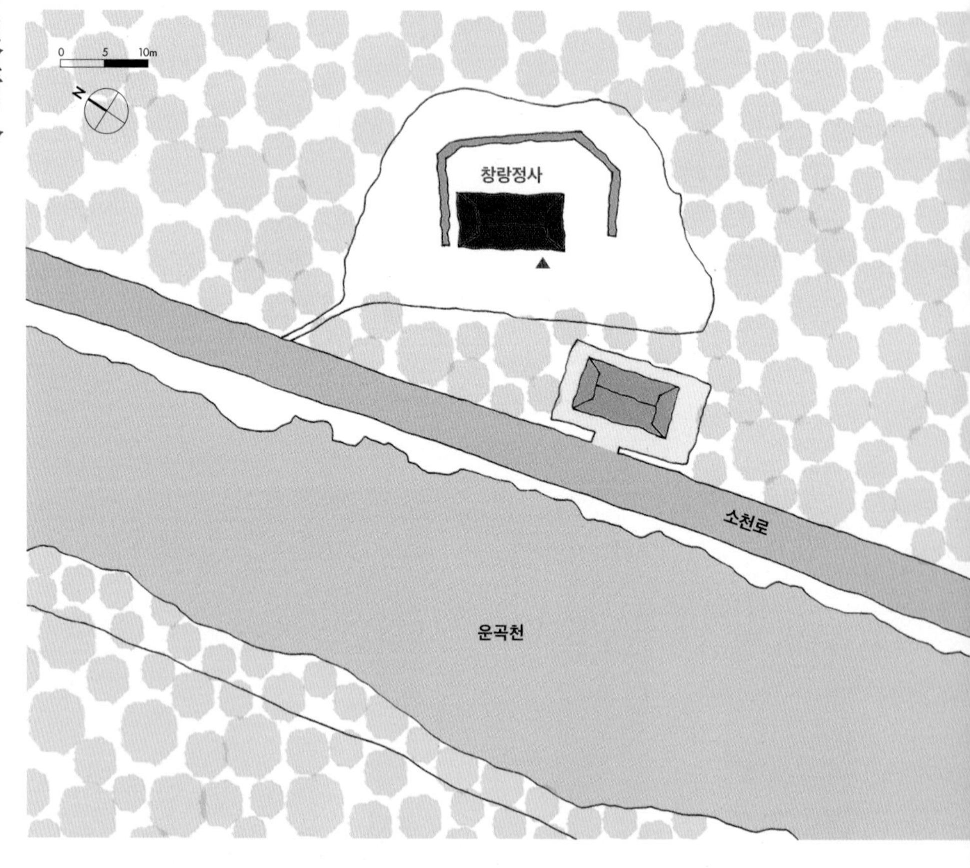

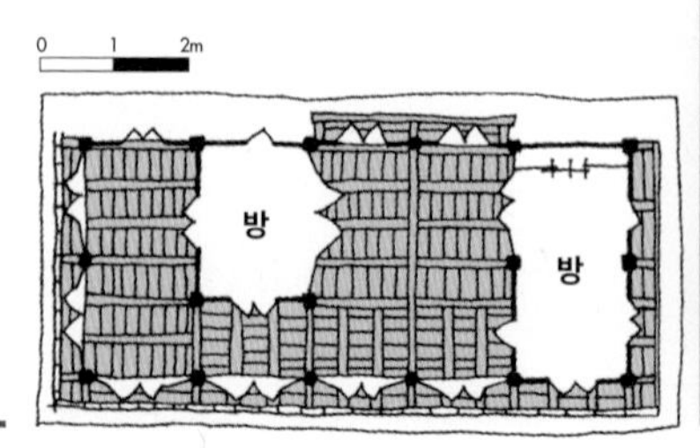

법전면 소천리에 운곡천과 어지천이 만나는 모서리의 산기슭에 서남향으로 자리한 창랑정사는 1901(고종38)년 두릉 이제겸(杜陵 李濟謙, 1683~1742)의 후손들이 이 마을 입향조인 두릉을 추모하기 위해 지었다고 한다. 당호인 창랑(滄浪)은 두릉이 지은 "선천억고산운시(宣川憶故山韻詩)"에서 따온 것이다.

정면 5칸, 측면 2칸 규모로 대청을 중심으로 양쪽에 온돌을 두고 왼쪽 끝은 누마루 방으로 꾸몄다. 좌우 온돌 모두 대청 쪽으로 사분합들문을 설치해 개방할 수 있도록 하고, 누마루와 방 사이에는 쌍여닫이 띠살문을 달아 통행할 수 있도록 했다. 대청 뒷벽은 판벽에 판장문을 달았다. 왼쪽 끝 2칸 누마루 방은 온돌보다 1자 반 정도 높게 해 우물마루를 깔았고, 앞쪽과 왼쪽에는 머름을 높게 설치한 후 사분합들문을 달아 필요에 따라 개방할 수 있도록 했으며, 뒷벽에는 판벽에 쌍여닫이 판장문을 설치했다. 측면과 앞쪽에 계자난간을 두르고 누하주를 높게 받쳤다.

대청 앞쪽 기둥 두 개만 원기둥을 세우고 기둥 위에는 주두를 얹어 소로수장으로 꾸몄고, 나머지 부분은 각기둥으로 하면서 딱지소로를 붙여 치장했다. 5량 구조로 치목 수법이 세련되고 세부 솜씨가 매우 섬세하다.

창랑정사는 1935년부터 1965년까지 법전초등학교 임시교사로 사용되었다. 창랑정사에서 바라보면 운곡천 건너편 북쪽에 창애정이 자리잡고 있다.

1 배면. 대청 부분은 소로수장, 다른 부분은 납도리로 했다.

2 전면에서 바라본 대청과 왼쪽 온돌. 대청 쪽 방에는 사분합들문을 달아서 필요에 따라 개방할 수 있도록 했다.

奉化 滄浪精舍

1 입구에 본 전경.
산기슭에 서남향으로 자리한다.

2 외부는 소로수장집이지만
내부는 첨차를 사용해 격을 높였다.

3 외부는 보아지를 직절했으나
내부는 보아지에 초각을 해
격을 높였다.

4 왼쪽 온돌에서 본 누마루방 입구.
왼쪽 끝에 있는 누마루방은
온돌보다 1자 반 정도 높게 구성하고
우물마루를 깔았다.

5 오른쪽 온돌 내부. 방 한쪽에 감실을
두고, 천장은 고미반자로 마감했다.

6 계자난간 모서리 상세.
건물 규모에 맞게 작은 크기의
계자난간을 설치했다.

7 왼쪽 면. 왼쪽 끝 2칸 누마루 방은
온돌보다 1자 반 정도 높다.

봉화 창애정

[위치] 경북 봉화군 소천로 140-105 (법전면) **[건축 시기]** 1742~1778년경으로 추정
[지정사항] 경상북도 문화재자료 제237호 **[구조 형식]** 5량가+3량가 팔작+맞배기와지붕

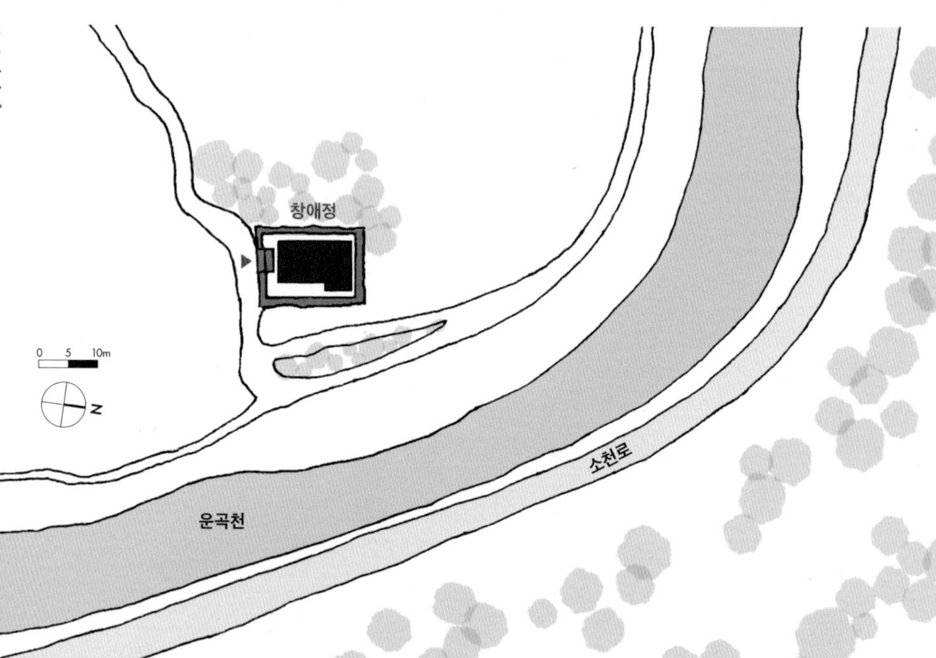

0 1 2m

방

방

대청에 창애정 현판이 있었으나 현재는 붙어있지 않다, 'ㄱ'자로 꺾인 누마루에는 '차강헌'이라는 현판을 붙여 대청과 달리 누마루 공간을 강조하고 있다.

법전면 소천리 운곡천이 휘돌아가는 천변에 앞산을 바라보며 동북향으로 자리한 창애정은 창애 이중광(蒼崖 李重光)이 1742년에서 1778년 사이에 건립한 것으로 추정된다. 정자 배면 지붕에 있는 "창애정(蒼崖亭) 가경(嘉慶) 육년(六年) 신유(辛酉)"명 막새(망와를 막새로 사용함)를 통해 1801년에 중수가 있었음을 확인할 수 있다. 운곡천 건너편 암반에는 정자의 이름에 걸맞게 '수운동(水雲洞)'이라는 명문이 있고, 오른쪽에 창랑정사가 있다.

이 지역 대부분의 정자가 '一'자형인데 비해 창애정은 정면 4칸, 측면 3칸의 'ㄱ'자형 평면이다. 정면 4칸, 측면 1칸 반으로 구성된 몸채는 중앙에 2칸 대청을 두고, 양 옆에 온돌을 둔 중당협실형이고 오른쪽 온돌 앞에 누마루를 덧달아 'ㄱ'자형 평면이 되었다. 누마루 오른쪽은 벽을 치고 판문을 달았는데, 시선을 차단하기 위한 장치로 생각된다. 대청 전면에는 세짝분합문을, 가운데는 판문을 두고 양쪽은 궁판세살문을 되어 있다. 오른쪽 방의 대청에 면한 문은 두짝분합문인데 한쪽은 판문이고 다른 쪽은 궁판세살문으로 되어있다. 일반적으로 분합문은 무게를 줄이기 위해 세살문으로 하는데, 판문과 세살문을 섞어서 처리한 것이 특이하다. 이것은 들어올리는 문의 창호지가 잘 찢어지는 단점을 보완하기 위함이라 생각된다.

평지에 누마루를 만들기 위해 기단을 높이는 대신 누마루 하부의 기단을 낮게 하고 누하주를 세웠다. 마루는 우물마루인데, 동귀틀을 보방향으로 걸고 툇마루까지 내민 형태이다. 이 지역 마루 구성의 특징을 잘 보여주고 있다. 마루 전면에는 계자난간을, 측면에는 평난간을 둘렀고, 배면에는 난간 없는 쪽마루를 설치해 정면성을 강조했다. 몸채는 5량 구조이고 덧댄 누마루 부분은 3량 구조이다. 오른쪽 지붕의 양쪽을 박공으로 처리해 전체 지붕이 'T'자형으로 보인다.

1

4-1

4-2

4-3

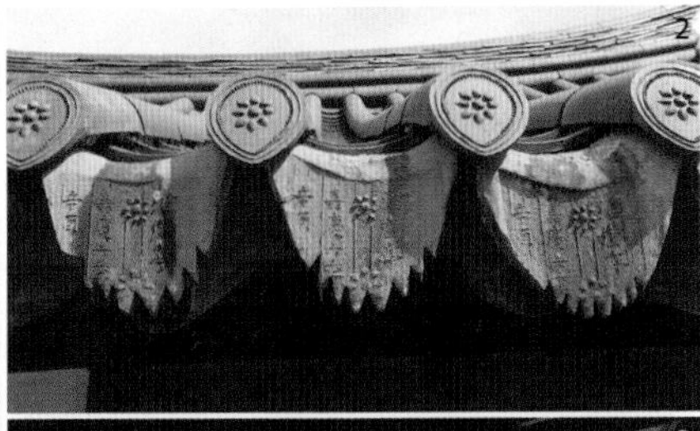

1 운곡천 건너편에서 본 창애정

2 "창애정(蒼崖亭) 가경(嘉慶) 육년(六年) 신유(辛酉)"명 막새를 통해 1801년에 중수가 있었음을 알 수 있다.

3 왼쪽에 마루에 올라갈 수 있는 좁은 계단을 두었다.

4 몸채에는 간단한 평난간을 설치하고, 누마루에는 계자난간을 두어 누마루의 위계를 높이고 있다.

5 누마루에서 본 운곡천과 수운동 글씨가 새겨진 암반

奉化 滄厓亭

1 대청은 5량가로 간결하지만 결구가 세밀해 탄탄한 느낌을 준다.

2 누마루에서 본 대청과 온돌

3 오른쪽 온돌 앞에 누마루를 덧대 평면은 ㄱ자형을 이룬다.

4 방에서 본 대청 쪽 살문 사이에 판문을 설치해 빛을 조절했다.

5 마루에서 본 대청 전면 창호. 살문 사이에 판문을 설치한 것은 들어올리는 문의 창호지가 잘 찢어지는 단점을 보완하기 위한 방편으로 생각된다.

6 대청 배면 감실

1

2

4

3

5

6

봉화 사미정

[위치] 경북 봉화군 법전면 소천리 554 **[건축 시기]** 1727년
[지정사항] 경상북도 유형문화재 제477호 **[구조 형식]** 5량가 팔작기와지붕

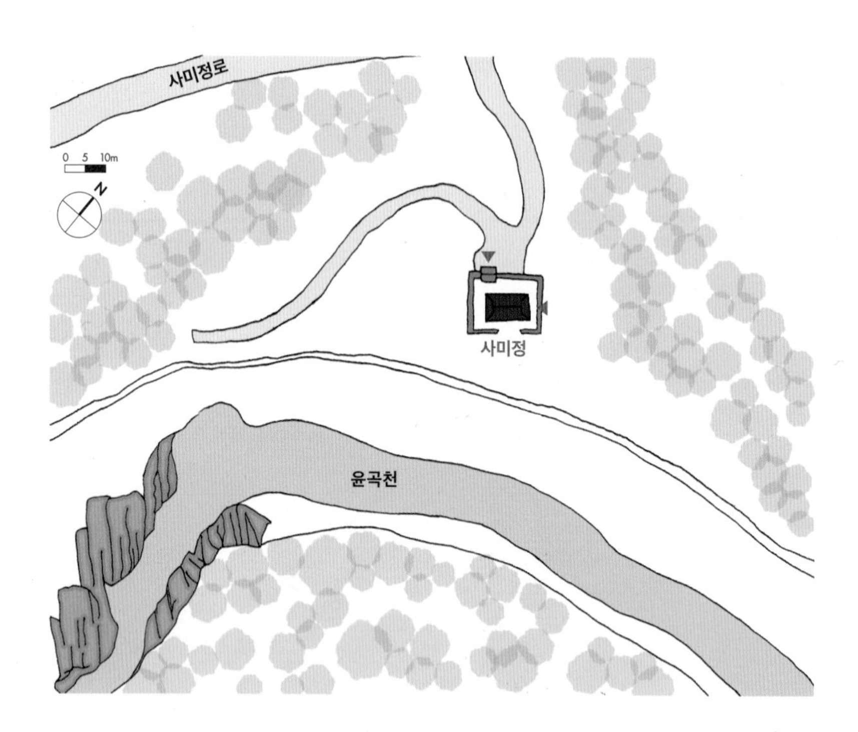

1 사미정에서 바라본 계곡

2 배면에는 배수로를 두고 돌을 깔아 건널 수 있게 했다.

3 전면은 계곡으로 경사가 급해 출입용 협문을 배면에 두었다.

4 정면 3칸, 측면 1칸 반 규모의 '一'자형으로 가운데에 1칸 대청을 두고, 양쪽에 온돌을 배치했다.

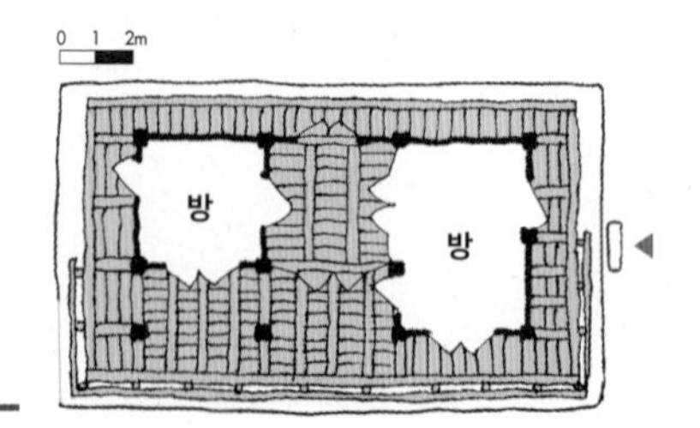

법전면 소천리 운곡천이 휘돌아가는 천변에 앞산을 바라보며 남동향으로 자리한 사미정은 옥천 조덕린(玉川 趙德隣, 1658~1737)이 1727(영조3)년에 지은 정자이다. 경사가 급한 산지를 절토해 후면은 낮은 석축으로 화계를 만들고, 전면은 경사지를 그대로 이용해 앉혔다. 배면과 측면, 전면 양 끝에는 담장을 둘렀으나 건물 앞에는 담장을 쌓지 않고 경치가 뛰어난 율곡천의 맑은 물(옥계)을 바라볼 수 있도록 했다.

정면 3칸, 측면 1칸 반 규모의 '一'자형으로 가운데에 1칸 대청을 두고, 양쪽에 온돌을 배치한 중당협실형 평면이다. 왼쪽 방은 1칸인데 비해 오른쪽 방은 1칸 반을 통으로 크게 꾸며 건물의 좌우 대칭을 깨뜨렸다. 대청 앞에는 사분합세살문을 달아 개방할 수 있도록 했다. 전면에는 툇마루를 두고 계자난간을 둘렀다. 마루는 동귀틀을 보방향으로 걸고 툇마루까지 내밀었다. 일반적으로 건물 전면은 기단을 낮춰 누마루를 형성하는데, 이 집은 기단을 낮추지 않았다. 전면의 경사지가 높아 전면을 누마루로 만들 필요가 없었던 것으로 생각된다. '사미정' 현판과 함께 대청에 걸려 있던 '마암(磨巖)' 현판은 채제공(蔡濟恭, 1720~1799)의 친필로 전해지는데, '마암' 현판은 현재 보이지 않는다.

奉花 四未亭

1 막새에는 숭정후재갑자구월일(崇禎後再甲子九月日) 연호가 새겨 있다.

2 내부 기둥에 툇보와 인방이 사면에서 결구되어 약해질 수 있으나, 이 건물은 결구가 정교해 이런 단점이 보이지 않는다.

3 경사가 급한 산지를 절토해 후면은 낮은 석축으로 화계로 만들고, 전면은 경사지를 그대로 이용해 앉혔다.

4 오른쪽 방 대청 창호는 세살분합문을 달아 개방할 수 있도록 했다.

5 대청과 왼쪽 방 앞에는 툇마루를 이용해 출입한다.

6 대청 앞에는 사분합세살문을 달아 개방할 수 있도록 했다.

3

5

6

봉화 사덕정

【위치】경북 봉화군 법전면 풍정길 80 (풍정리) 【건축 시기】1641년 초창, 1863, 1928년 중수
【지정사항】경상북도 문화재자료 제249호 【구조 형식】5량가 팔작기와지붕

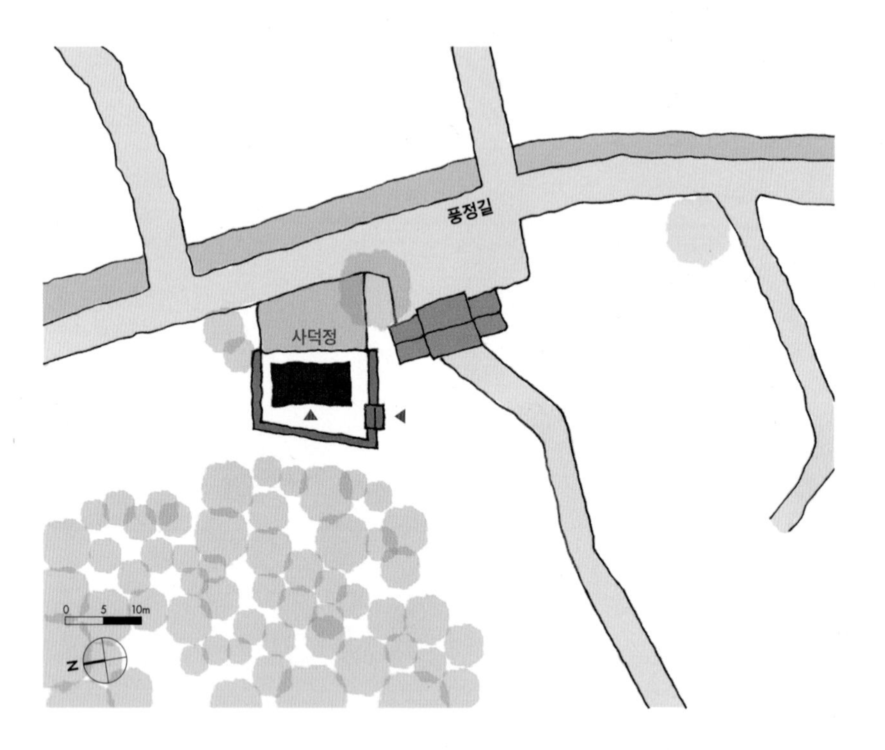

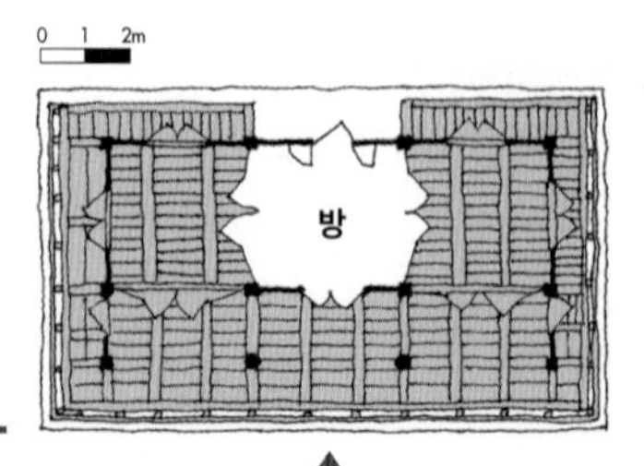

법전면 풍정리의 '시드물'이라 불리는 마을 입구의 산기슭에 동향으로 자리한 사덕정은 추만 이영기(秋巒 李榮基, 1583~1661)가 1641(인조19)년에 건립한 정자이다. 1863(철종14)년과 1928년 중수했다.

정자와 인접해 있는 종택의 삼문을 지나 정자로 들어갈 수 있다. 완만한 경사지를 절토해 전·후면에 낮은 석축을 쌓고, 전면을 제외한 삼면에 담장을 두르고, 왼쪽 뒤쪽에 사주문을 두었다. 전면에는 담장을 쌓지 않고 연지를 조성해 정자에서 연지와 바깥 풍경을 바라볼 수 있도록 했다.

정면 3칸, 측면 1칸 반의 '一'자형 평면으로 가운데 온돌을, 양옆에 마루를 두고 전면 반 칸은 툇마루로 꾸몄다. 지역 정자가 대부분 가운데에 마루를 두고 양옆에 온돌을 둔 것과 달리 가운데에 온돌을 두었는데, 호남지역에서 주로 볼 수 있는 평면이다. 건물 전면과 측면에는 계자난간을 두르고 배면에는 쪽마루만 설치해 건물 진입을 뒤에서 하도록 유도하고 있다. 누하주를 설치해 건물이 높게 보이도록 했다.

1 마루방 들문 삼배목.
들문을 들 때는 꽂이쇠를 끼고, 문 전체를 탈부착할 경우에는 삼배목의 꽂이쇠를 뺄 수 있도록 별도로 걸어두었다.

2 마루방 상부의 가구와 선자연.
연목과 선자연을 정교하게 짜서 연등천장으로 하고, 외기도리 하부는 우물반자로 깔끔하게 마감했다.

3 왼쪽 마루방에서 본 온돌 창호.
방과 마루 사이에 사분합들문을 설치해 필요에 따라 방과 마루를 통으로 사용할 수 있도록 했다. 온돌의 채광을 고려해 불발기창으로 했다.

1 툇마루의 측면은 판벽과 판문을 달고 쌍사와 띠장으로 장식했으며, 하부에는 머름, 상부에는 안상이 있는 궁판을 설치했다.

2 전면에는 담장을 쌓지 않고 연지를 조성해 정자에서 연지와 바깥 풍경을 바라볼 수 있도록 했다.

3 전면과 측면에만 난간을 둘렀다.

4 온돌의 좌우는 들문이고, 배면 상부에는 감실을 두었으며 천장은 고미반자이다.

1

3

俟德亭

봉화 도암정

[위치] 경북 봉화군 봉화읍 거촌2리 502번지 **[건축 시기]** 1650년
[지정사항] 경상북도 민속문화재 제54호 **[구조 형식]** 5량가 팔작기와지붕

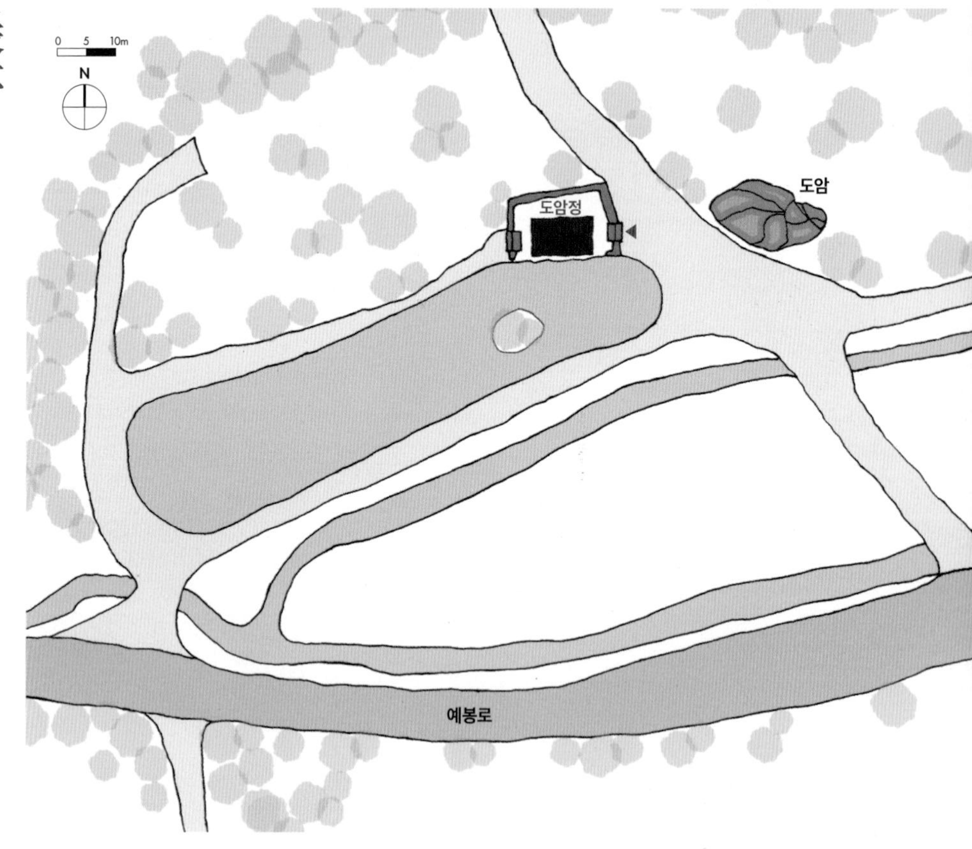

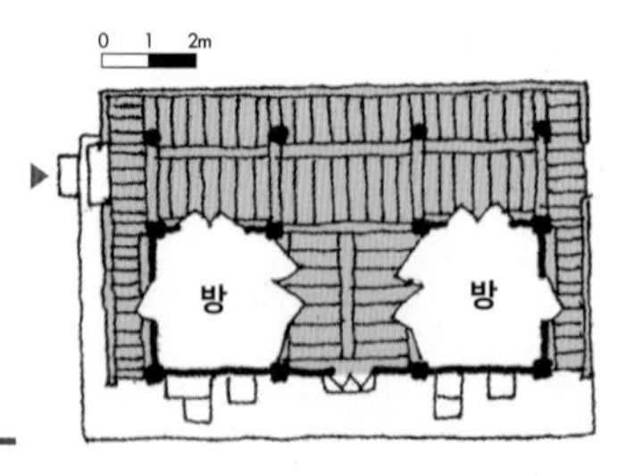

의성김씨 집성촌인 거촌 황전마을 어귀에 1650년 황파 김종걸(黃坡 金宗傑, 1628~1708)이 지은 정자로 정기적으로 수계(修稧)를 열어 시문을 짓고 풍류와 여흥을 즐기기 위한 별서의 중심공간이었다.

'도암'이라는 이름은 정자 옆에 있는 바위의 형태가 둥글고 큰 항아리처럼 생긴 것에서 따온 이름이다. 정자 왼쪽에 항아리 형태의 바위 3개와 함께 황파가 직접 심은 소나무가 있어 '송정(松亭)'이라고도 한다. 황파는 주변 바위들에 이름을 붙였는데, 정자의 곁에 부여잡고 올라가는 돌은 제암(梯巖), 동쪽에 홀로 서 있는 것은 병암(屛巖), 서쪽에 옆으로 누운 것을 은암(隱巖)이라고 했다. 귀암(龜巖), 별암(鼈巖), 인석(印石), 반석(盤石), 탁영암(濯纓巖) 등도 있다. 정자 앞에 못을 만들고 '영소(暎沼)'라 불렀으며, 못 가운데에는 세 봉우리를 쌓고 '화서(花嶼)'라고 했다. 이 모든 것을 통틀어 '도암동천(陶巖洞天)'이라고 했다.

정자를 못 가장자리에 바짝 붙여 앉혀서 연못이 마치 건물의 일부처럼 느껴지도록 하고, 나머지 삼면에는 담장을 쌓았다. 좌우 양쪽 담장에 각각 출입을 위한 사주문을 설치했다. 정면 3칸, 측면 2칸 규모로 가운데 대청을 두고, 양옆에 온돌을 설치해 완전한 대칭 구조를 취했다. 타원형에 가까운 장방형 연못 가운데에는 소나무와 향나무를 심은 원형의 당주(當州)를 배치해 천원지방(天圓地方) 사상을 표현했다. 건물에는 '도암정(陶巖亭)', '연비어약(鳶飛魚躍)' 현판과 함께 '송정회음녹후서(松亭會飮錄後序)' 등 여러 편의 시문이 걸려 있고, 종도리장혀에 상량묵서가 기록되어 있다.

건물은 누정 형태로 전면과 양 측면에 계자난간을 둘렀다. 온돌은 고미반자, 전면 툇마루는 우물반자, 대청은 연등천장으로 마감했다. 툇마루 및 대청 부분은 소로수장으로 장식하고, 다른 부분은 도리와 장혀만 사용했다. 전면에만 원주를 사용하고, 나머지는 모두 방주를 사용했다.

1

5

1 정자를 못 가장자리에 바짝 붙여 앉혀서 연못이 마치 건물의 일부처럼 느껴지도록 했다.

2 가구는 5량가로 삼분변작법을 사용해 추녀와 처마의 처짐을 방지했다. 전면 툇마루는 우물반자, 대청은 연등천장으로 마감했다.

3 종도리장혀에 기록되어 있는 상량묵서

4 형태가 둥글고 마치 큰 항아리처럼 생긴 바위 위에 기둥을 올렸다.

5 정자 주변에는 다양한 모양의 바위가 있는데 집을 지은 김종걸은 각 바위에 이름을 붙여 의미를 부여했다.

6 정자 왼쪽에 항아리 형태의 바위 3개와 함께 황파가 직접 심은 소나무가 있어 '송정(松亭)'이라고도 한다.

봉화 청암정

[위치] 경북 봉화군 봉화읍 충재길 44(유곡리 931) **[건축 시기]** 1526년 창건
[지정사항] 명승 제60호 **[구조 형식]** 청암정: 5량가 팔작기와지붕, 충재:3량가 맞배지붕

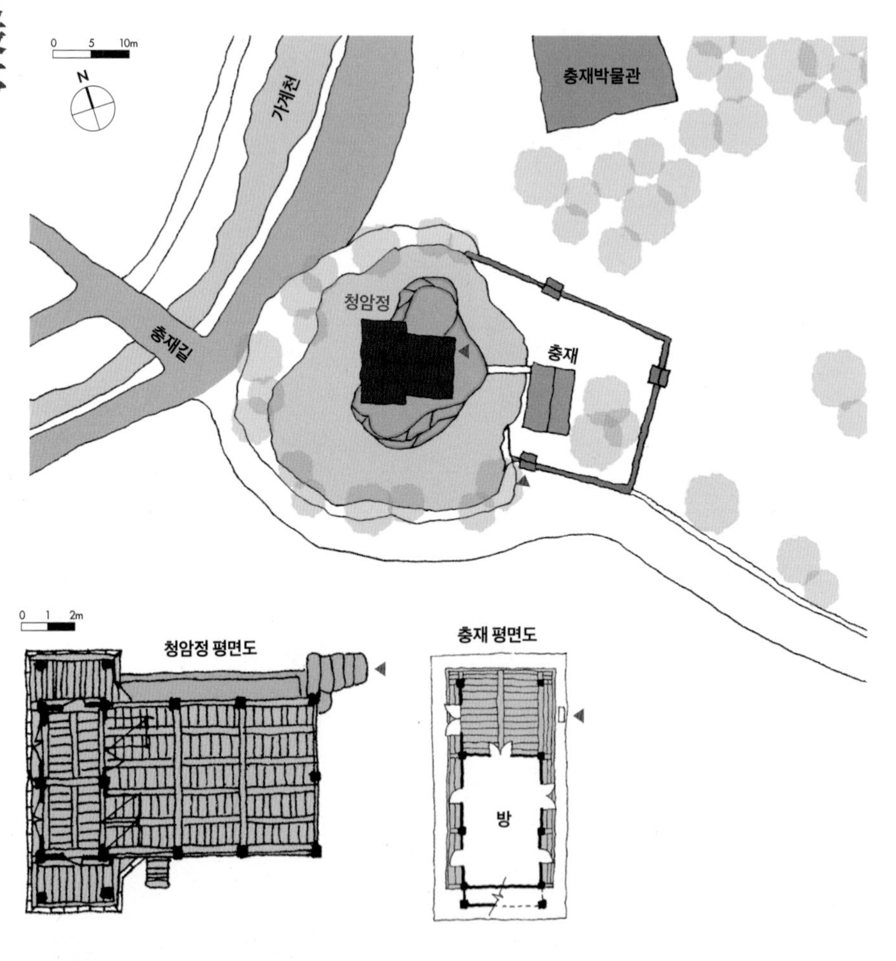

1 청암정 현판

2 충재 현판

청암정과 충재가 있는 유곡리는 충재 권벌(冲齋 權橃, 1478~1548)의 선조가 처음 개척한 곳으로 마을의 입지가 닭이 알을 품고 있는 '금계포란형(金鷄抱卵形)'이라 해서 닭실마을로 불린다.

권벌은 1526(중종21)년 봄 자신의 집 서쪽에 3칸 독서당인 충재를 소박하게 짓고, 다시 그 서쪽으로 8칸 정자를 바위 위에 지어 청암정이라고 했다. 정자 주변에는 수로를 내고 물길을 만든 후 돌다리로 정자에 출입할 수 있게 했으며, 주위에 각종 나무와 초화류를 심어 풍광이 수려하다.

청암정으로 건너가는 돌다리 앞에 있는 충재는 정면 3칸, 측면 1칸 규모로 2칸 온돌, 1칸 마루를 두고 대청을 통해 방에 출입하도록 했다. 청암정을 바라보는 창호는 판문과 궁판살문을 두었는데 서향 빛이 들어오는 것을 줄이기 위한 방편으로 생각된다. 쌍여닫이 창호는 모두 오래된 건물에서나 보이는 중간설주가 있는 영쌍창이다.

청암정은 거북이처럼 생긴 둥글고 볼록한 바위 위에 자리한다. 거북바위 주변에는 물을 돌린 후 장대석 판석 하나로 된 돌다리를 설치했는데, 돌다리의 설치기법이 간결하면서도 안정적인 것이 인상적이다.

건물은 거북바위 위에 초석자리를 깎아 장초석과 장대석을 설치하여 누하층을 만든 후 기둥을 세우고 가구를 올렸다. 건물은 외관에서 보기에 간소해 보이나, 지붕가구는 출목도리를 둔 5량가로 화려하면서도 정제된 기법을 보이고 있다.

마루방 좌우로 누마루처럼 각 반 칸을 내어 달고 계자난간을 둘렀는데, 처음 지은 것이 8칸임을 감안하면 양쪽의 반 칸 누마루는 창건 이후에 확장된 것으로 추정된다. 원래는 대청 외부에 살문이 달려 있었다고 하나 지금은 인방과 주선만 남아있고 문짝 없이 트여 있다. 정자에는 '청암정' 당호와 함께 '청암수석(靑巖水石)'이라는 미수 허목(眉叟 許穆, 1595~1682)이 쓴 편액이 걸려 있다.

1

4

1 청암정은 암반 위에 '丁'자형으로 자리한다.

2 '청암정' 각자

3 청암정과 충재 사이에 설치된 돌다리. 장대석 판석 하나로 된 돌다리로 설치기법이 간결하면서도 안정적이다.

4 청암정 전경. 마치 거북이 바위 위에 건물을 지은 듯하다.

5 배면은 박공지붕으로 처리하고, 하부는 장초석과 장대석으로 마감했다.

1

1 청암정 대청에서 본 풍경.
수목과 어우러진 경관이 일품이다.

2 화려하게 초각된 청암정 파련대공

3 청암정 내부는 6칸으로 트인
마루 옆에 2칸짜리 마루방을 두고,
방과 마루 사이에는 이분합들문을
설치하여 필요시 개방할 수 있도록 하였다.
방 뒤편 창호는 쌍여닫이 영쌍창을 달았다.

4 청암정 외목도리 상세. 간단한 방식으로
외목도리를 설치하였다.

5 청암정 지붕가구. 대들보와 충량 등
가구부재의 가공이 정교하다.

6 청암정 누마루 회첨부 가구 상세.
연목에는 회첨추녀를 사용하고,
부연은 직각으로 만나도록 했다.

1

4

1 청암정과 충재 사이에 설치된 돌다리. 이 다리를 건너야 청암정으로 들어갈 수 있다.

2 충재 대청. 우측 창은 서향 빛을 차단하기 위해 판문으로 설치하였다.

3 충재 창호. 오래된 건물에서나 보이는 중간설주가 있는 영쌍창이다.

4 충재와 청암정.
충재는 오른쪽부터 1칸 마루, 2칸 온돌로 구성된다. 온돌 왼쪽 일부에 아궁이를 설치했다.

5 청암정에서 바라본 충재

봉화 석천정사

[위치] 경북 봉화군 봉화읍 충재길 25-36(유곡리 945) **[건축 시기]** 1535년 창건
[지정사항] 명승 제60호 **[구조 형식]** 수명루: 5량가 팔작기와지붕, 독이재: 3량가 맞배기와지붕

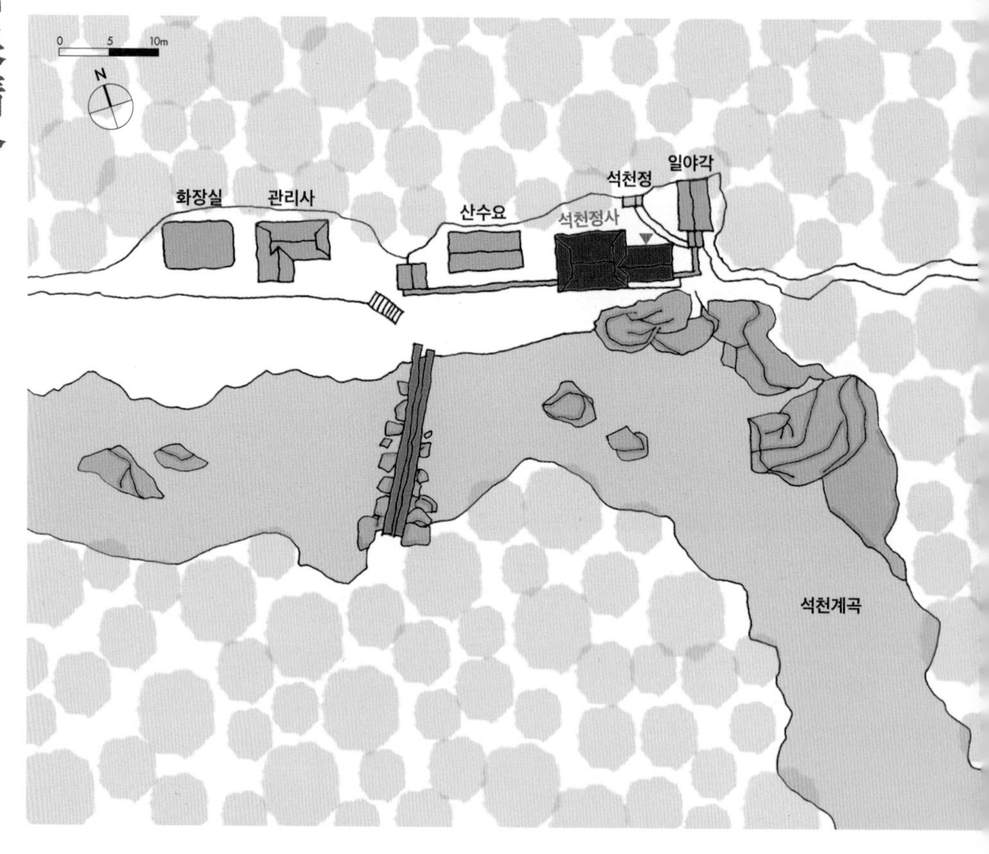

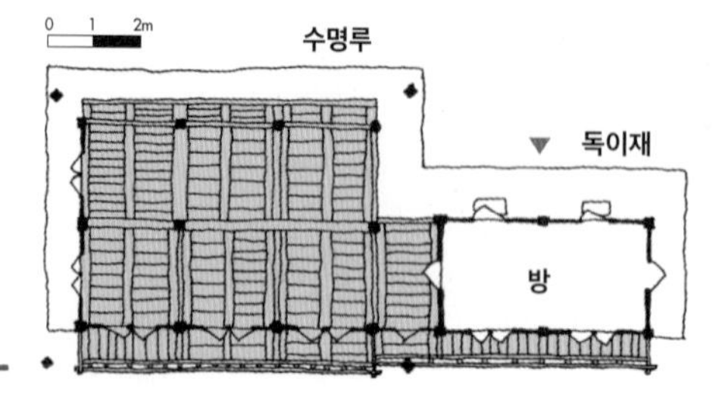

석천정사는 봉화읍 유곡리 닭실마을 앞을 흐르는 석천계곡에 자리한 정자이다. 닭실마을 입구는 현재 다덕로를 통해 들어가고 있으나, 과거 충재의 선조가 입향할 시기에는 석천계곡을 통해 들어왔다. 계곡을 따라 들어가면 가장 먼저 만나는 것이 바위에 새겨진 청하동천(靑霞洞天) 각자이고, 조금 더 들어가면 계곡 너머에 수명루 현판이 걸려있는 석천정사가 있다. 계곡은 작은 통나무 다리로 건너고 있다. 정사는 1526(중종21)년에 충재가 계곡에 대(臺)를 쌓아 쉼터를 만들었고, 1535(중종30)년 청암 권동보(靑巖 權東輔, 1518~1592)가 그 위에 건물을 짓고 '석천정사(石泉精舍)'라고 이름 붙였다. 이후 석천 권래(石泉 權來, 1562~1617)가 온돌을 추가했다. 청암이 지은 정사가 현재의 수명루(水明樓)이고, 석천이 지은 온돌이 독이재(讀易齋)로 보인다. 이처럼 석천정사는 3대에 걸쳐 완성되었고, 기타 건물은 그 후대에 세워진 것으로 추정된다.

닭실마을에서 정사로 가다보면 근래에 지어진 화장실과 관리사가 있고, 이것을 지나면 석천정사 일곽으로 들어갈 수 있는 사주문이 있다. 일곽에 들어서면 산수요(山水寮)가 먼저 눈에 들어오고, 이것을 지나면 규모가 큰 건물이 보이는데, 이 건물이 수명루 현판을 달고 있는 정면 3칸, 측면 2칸 규모의 석천정사이다. 정사는 중간에 반 칸 통로를 두고 정면 2칸 반, 측면 1칸의 독이재와 연결되어 있다. 정사 뒤쪽 언덕 밑에는 석천정이라는 샘이 있고, 그 옆에 일야각(一夜閣)이라는 부엌 하나, 방 하나가 있는 2칸 규모의 건물이 있다. 일야각 옆에는 계곡으로 나갈 수 있는 협문이 붙어 있다. 수명루는 전체가 마루방인데, 많은 사람이 모임하는 공간으로 정사 출입구에서 향 우측에만 우물천장을 설치해 공간의 위계를 높이고 있다. 수명루와 독이재의 계곡 방향 창호는 오래된 건물에서나 보이는 중간설주가 있는 영쌍창이다.

석천정사가 있는 석천계곡은 한여름에도 시원한 물이 암반을 타고 흐르며, 수림이 울창해 정사와 어우러진 풍광이 수려하다.

1

4
石泉精舍

5

1 석천정사 전경. 전면 계류와 어우러진 경관이 일품이다.

2 석천정사 내부 지붕가구. 간결하면서도 부재의 가공이 견실하다.

3 석천정사 수명루 내부. 출입구에서 향 우측에만 우물천정을 설치하여 공간의 위계를 높이고 있다.

4 석천정사 대청. 넓은 면적을 마루로 꾸몄다. 기둥을 세워 오른쪽 한 칸을 구분하고 이 부분의 천장만 우물반자로 마감했다.

5 석천정사 수명루에서 본 독이재. 반 칸 마루로 연결하면서 진출입 마루로 사용하고 있다.

6 석천정사 독이재 내부

1 샘물 앞 바위에 새겨진 석천정 각자

2 석천정사 수명루에서 본 석천계곡

3 석천정사 옛 진입부에 새겨진 청하동천 각자

4 사주문에서 본 석천정사. 산수요가 앞에 있고, 그 뒤로 수명루가 보인다.

2

4

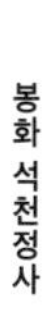

봉화 몽화각

[위치] 경북 봉화군 몽화각길 13-10 (봉화읍)
[건축 시기] 1700년대 중반으로 추정 **[지정사항]** 경상북도 문화재자료 제155호
[구조 형식] 5량가 팔작기와지붕

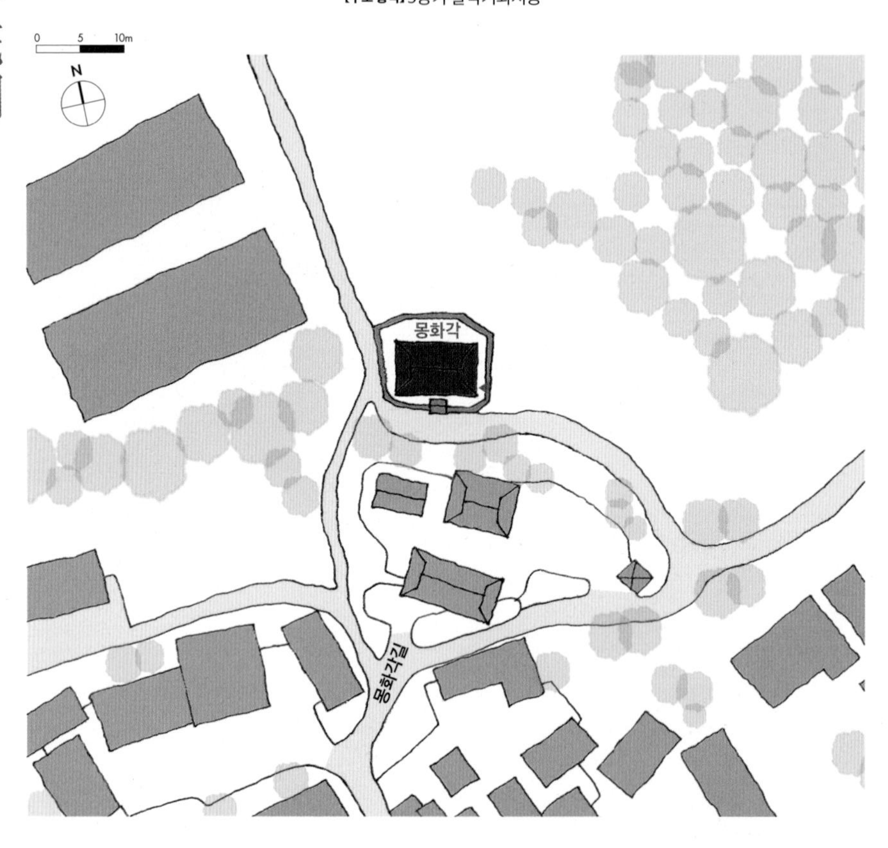

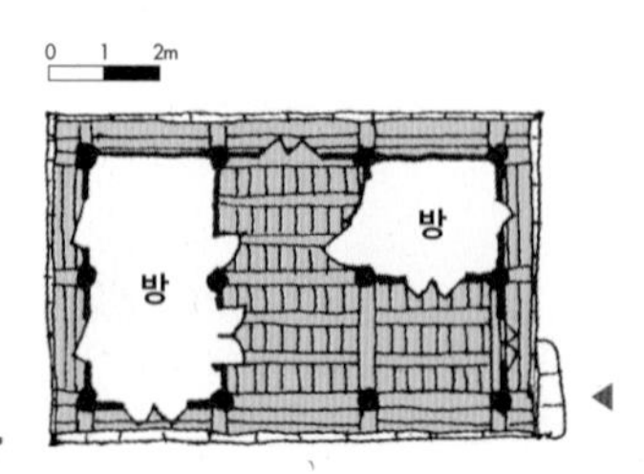

봉화읍 화천리 화천마을 뒤편에 남서향으로 자리한 몽화각은 송파 박전(松坡 朴全, 1514~1558)과 부인 주씨(朱氏)를 추모하기 위해 후손들이 지은 정자이다. 주씨는 남편이 죽은 후 순흥 화천리로 이사해 아들 박선장(朴善長, 1555~1616)이 남삼송의 가르침을 받게 했다. 박선장이 문과에 급제하고 크게 되니 후세 사람들이 주씨 부인의 유덕을 추모해 세운 것이다. 몽화각이라는 당호는 주씨 부인이 꿈의 계시에 따라 꽃 '화(花)'자가 든 화천리로 옮겨 아들이 크게 번성했다는 일설에 따라 붙였다고 한다.

정면 3칸, 측면 2칸 규모의 '一'자형 평면으로 가운데에 대청을 두고, 양옆에 온돌을 두었다. 왼쪽 온돌은 2칸을 통으로 하고, 오른쪽은 1칸만 온돌로 꾸미고 앞은 마루로 해 좌우대칭을 깨뜨렸다. 오른쪽 앞에 계단을 설치하고 쌍여닫이 울거미판문을 두어 건물로 출입할 수 있도록 했다. 이 지역에서는 흔하지 않은 형태이다. 온돌과 대청 사이는 들문으로 개방하는 것이 일반적인데, 이 집은 오른쪽 온돌과 대청 사이에만 들문을 두어 개방한 것도 특징이다. 방 천장은 우물반자로 마감했다. 사면에 모두 쪽마루를 두고, 계자난간을 둘렀다. 자연석 기단 위에 단주를 세운 누각형 건물이다. 정자 주위에는 담장을 두르고 전면에 사주문을 두어 통행하도록 했다.

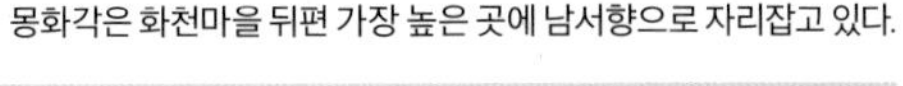
몽화각은 화천마을 뒤편 가장 높은 곳에 남서향으로 자리잡고 있다.

奉化 夢花閣

1 화반 상세

2 초익공 상세. 투박한 듯 하나 깊은 음각으로 조각하여 강직한 느낌을 준다.

3 정자 주위에는 토담을 두르고 전면에 사주문을 두어 통행하도록 했다.

4 몽화각 전면 낮은 위치에 창원황씨 추원사와 정자 건물이 자리잡고 있다.

5 몽화각 측배면. 아궁이는 전면과 측면에 두고 배면에는 굴뚝을 설치했다.

3

5

奉化 夢花閣

1 왼쪽의 큰방은 우물반자로 마무리했다.

2 오른쪽의 큰 방은 고미반자로 마무리하고, 고미보에는 먹으로 동그라미와 세모가 조합된 문양을 그려넣었다. 아마도 하늘과 사람을 상징하는 문양인 듯하다.

3 오른쪽 칸의 자연스런 곡재의 우미량이 인상적이다. 두툼한 인방을 덧대어 가구를 견실하게 꾸미고 있다.

4 자귀질로 거칠게 다듬은 팔각 누하주가 자연스런 멋을 보여준다.

5 지붕 가구. 중도리 대공은 첨차가 없으나, 포대공의 형태를 지니고 있어 고식의 기법을 보여준다.

6 중도리를 주심(기둥 위)에서 잇지 않고 주간(기둥과 기둥 사이) 에서 잇고 있다. 3칸 건물에서는 외기도리와의 균형을 잡기 위해 주간 이음이 더러 보인다. 뜬창방과 화반으로 이를 보강하고 있다.

7 대청 배면의 판문은 가운데 문설주가 있는 영쌍창이다.

8 오른쪽의 온돌과 대청. 오른쪽 온돌과 대청 사이에는 들문을 두어 개방할 수 있도록 했다.

5
6

8

봉화 종선정

奉化 種善亭

[위치] 경북 봉화군 상운면 상운로 476 (문촌리)
[건축 시기] 1554년 초창, 1721년 중수 **[지정사항]** 경상북도 유형문화재 제264호
[구조 형식] 5량가 팔작기와지붕

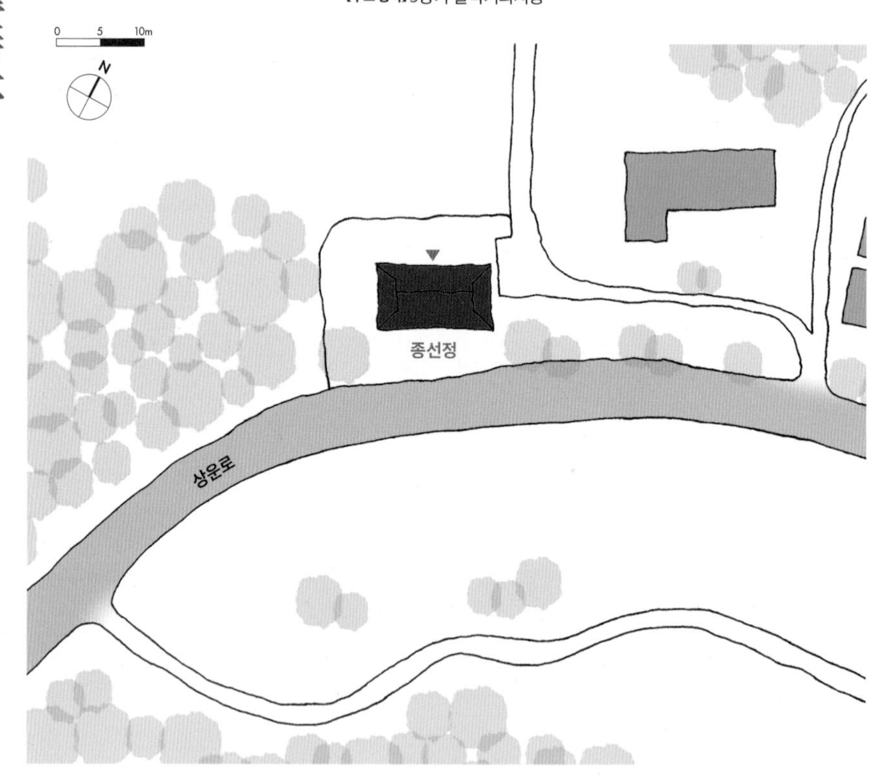

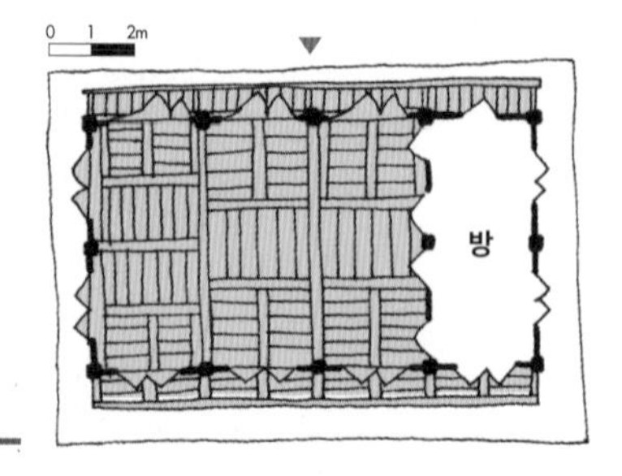

비봉산 아래 봉화금씨 집성촌인 문촌을 굽어보는 산기슭에 북동향으로 자리한 정자로 기민구휼(饑民救恤)의 선행을 펼친 금응석(琴應石, 1508~1583)이 1554년에 지었다. 퇴계 이황(退溪 李滉, 1501~1570)이 손수 '종선정(種善亭)'이라 쓰고 걸게 했다고 한다. 1721(경종 원년)년에 기울고 허물어져 비가 새는 건물을 헐어 새롭게 보충하고, 단청을 했다. 건물의 유래와 관련해 권두경(權斗經, 1654~1725)이 쓴 종선정중수기(種善亭重修記, 1721) 와 중수기(重修記, 1994), 종선정(種善亭) 현판이 걸려 있다.

정면 4칸, 측면 2칸 규모의 물익공집으로 경사지에 자리한다. 앞에 누하주를 세워 전체 높이를 맞추었다. 전면은 계자난간을 두른 누정 형태로 처리하고, 건물의 후면 쪽마루에서 진입하도록 했다. 왼쪽 3칸은 대청, 오른쪽 1칸은 온돌이다. 5량 구조로 부재를 화려하게 초각해 사용했는데 종대공은 파련대공, 중대공은 주두 위에 받침첨차를 사용하고, 익공 부재는 내외부 모두 초각해 장식했다. 대들보와 충량 또한 정갈하게 치목해 사용했다. 추녀 뒷뿌리 부분은 눈썹반자로 하고, 달동자를 설치했다. 온돌 내부천장은 우물반자로 마감했다. 전반적으로 매우 공들여 지은 집이다. 온돌 전면 창호 및 대청 창호의 문지방과 문인방에 장부 홈 흔적이 있는 것으로 보아 원래는 영쌍창이었는데 후대에 변형된 것으로 보인다. 온돌에 설치된 창호의 문얼굴은 연귀맞춤하고, 원 인방재는 벽체에 묻어 보이지 않게 처리했다. 건물 내부의 목재에는 단청 흔적이 남아있으나 퇴락해 단청의 종류 및 문양은 알 수 없다.

경사지형을 이용해 전면에 누하주를 두고 누정 형태로 구성했다.

奉化 種善亭

1 물익공 겹처마 집이다.

2 대들보와 충량을 정갈하게 치목해 사용했다. 추녀 뒷뿌리 부분 외기도리는 우물반자로 하고, 달동자를 설치했다.

3 5량 구조로 부재를 화려하게 초각해 사용했는데, 종대공은 파련대공, 중대공은 주두 위에 받침첨차를 사용했다.

4 문촌마을이 내려다보이는 산기슭 도로변에 자리한다. 도로가 확장되면서 정자 앞 지형이 일부 훼손된 것이 아쉽다.

5 온돌은 현재 통칸으로 되어 있으나, 가운데 기둥을 중심으로 대칭되게 설치되어 있는 창호를 볼 때, 당초에는 둘로 나눠진 방으로 추정된다.

6 온돌 측면에 설치된 창호의 문얼굴은 연귀맞춤하고, 원 인방재는 벽체에 묻어 보이지 않게 처리했다. 고식기법이다.

4

6

봉화 한수정

[위치] 경북 봉화군 춘양면 의양리 134 **[건축 시기]** 1608년
[지정사항] 보물 제2048호 **[구조 형식]** 5량가 맞배+팔작기와지붕

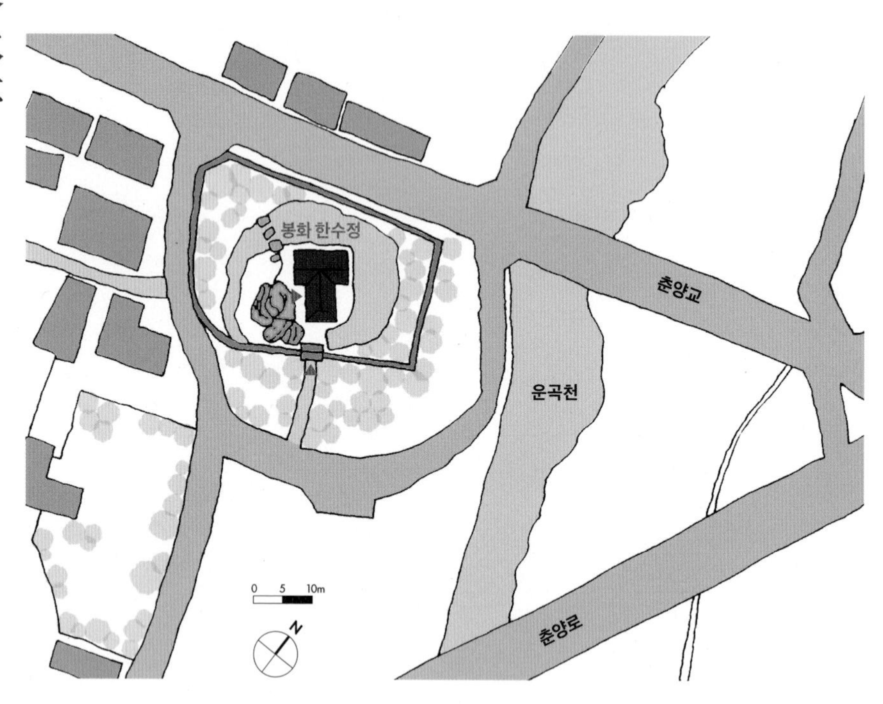

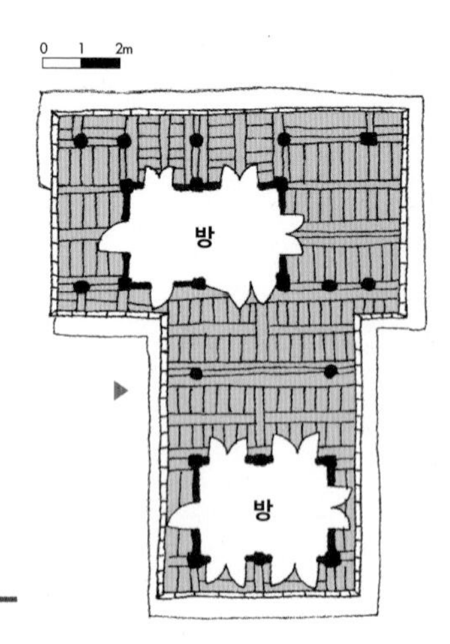

한수정은 1608(선조41)년 석천 권래(石泉 權來, 1562~1617)가 춘양면 동촌마을에 세운 정자로 운곡천과 중조천이 'ㅓ'자형으로 만나는 모서리 지점에 자리한다. 현재 건물은 1991년 화재로 일부 손상되어 복원한 것이다. 시기적으로나 구조적으로 조형미가 뛰어난 건물인데, 화재로 일부 소실된 점이 아쉽다. 한수정은 '찬물과 같이 맑은 정신으로 공부하라'는 의미로 붙인 이름이라고 한다. 이름처럼 정자 3면을 둘러싼 못을 파고 개천을 끌어와 와룡연(臥龍淵)이라 했다. 정자를 굽이도는 하천과 연지, 고목이 어우러져 경치가 일품이었을 것으로 생각된다.

정면 3칸 반, 측면 1칸 규모의 맞배지붕 몸채 앞에 정면 3칸, 측면 2칸 규모의 팔작지붕 부속채가 붙어 'ㅜ'자형 평면을 이룬다. 몸채는 바닥을 한 단 높이고 지붕도 높게 구성해 한수정의 중심부임을 표현했다. 남쪽 건물은 지붕은 낮게 연결하면서 정면성을 강조하고자 팔작으로 구성했고, 초연대(超然臺) 앞에서 건물의 입구를 설정하고 있다. 아담한 크기의 계자난간을 물이 있는 삼면에 돌리고 출입부에만 난간을 두지 않았다. 같은 높이의 지붕으로 구성할 경우 밋밋해질 수 있는데 두 채의 지붕에 단차를 두어 조형미를 높였다.

건물에 사용된 가공 초석과 북쪽의 장대석 석축은 사찰에서나 사용됐을 법한 석재로 약 1km 지점에 서동리 삼층석탑이 있는 것을 볼 때, 폐사지에서 옮겨 사용한 것으로 판단된다.

1 돌다리에서 본 협문. 현재 주차장에서 출입하는 사주문은 주사채에서 들어오는 문이고, 마을 쪽에서는 이 돌다리를 건너 협문으로 들이었을 것으로 생각된다.

2 와룡연 위에 놓인 돌다리

3 정자 앞에 대를 쌓아 초연대라 명하고, 큰 바위에 이름을 새겨 놓았다.

奉化 寒水亭

1 건물의 본채와 부속채의 위계를 구분하기 위해 본채의 층고를 높게 계획했다.

2 초석. 가공이 정교하여 인근 사찰에서 옮겨온 것으로 추정된다.

3 본채 영역은 임의로 층고를 높이고 지붕을 간략하게 처리하면서 부속채와 위계를 달리했다.

4 맞배지붕의 몸채와 팔작지붕인 부속채가 '丁'자형으로 결합되어 있다.

5 대청에서 본 내부. 마루쪽 온돌 창호는 삼분합들문을 달아 필요에 따라 들어올리고 통칸으로 사용할 수 있도록 했다.

6 와룡연에서 본 한수정. 건물을 휘돌아나가는 와룡연과 주변 경관이 일품이다.

4

6

봉화 와선정

[위치] 경북 봉화군 춘양면 학산리 244 **[건축 시기]** 1600년대 초창 추정, 조선 후기 중수 추정
[지정사항] 경상북도 문화재자료 제532호 **[구조 형식]** 5량가 팔작기와지붕

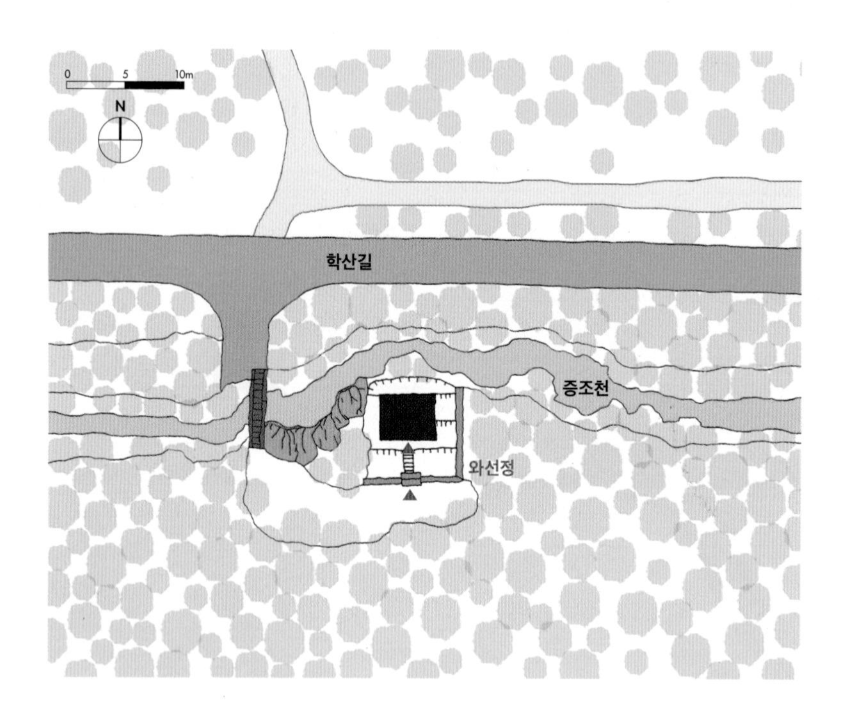

1 도로 건너편에서 본 와선정

2 와선정에서 본 폭포

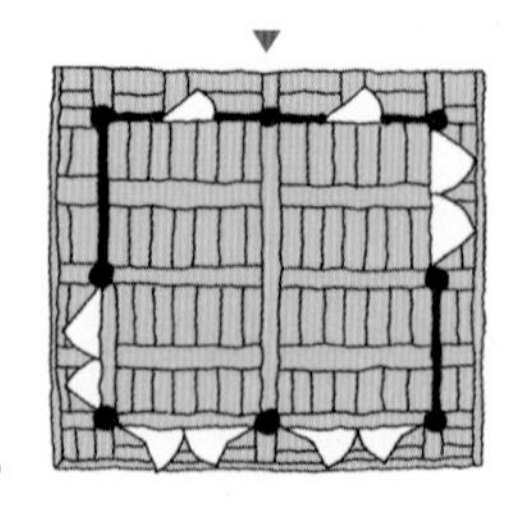

춘양면 학산리 골띠마을의 낮은 산기슭에 실개천을 바라보며 북향으로 자리한 와선정은 태백오현이 병자호란의 치욕으로 벼슬을 버리고 이곳 태백산 아래 은거하면서 울분을 달래고 우의를 다지던 터 위에 지은 정자이다. 정확한 건립연대는 알 수 없다. 주변에 기암이 있어 마치 암반 위에 올라선 것처럼 보인다. 옆에는 작은 폭포가 있고 폭포가 떨어져 내를 이룬다. 이 모든 경관이 일품이다. 그러나 지금은 전면에 도로를 만들면서 생긴 옹벽 때문에 경관이 많이 훼손되어 아쉽다.

정면 2칸, 측면 2칸 규모이지만 도리 방향의 주 칸을 1자 길게 한 직사각형 평면으로 4칸 전체를 우물마루로 꾸몄다. 4면에 쪽마루를 설치하고 전면과 측면에는 궁판이 있는 평난간을 설치했다. 난간이 없는 배면으로 정자에 오른다. 배면 기단은 외벌대로 하고, 전면 기단은 의도적으로 높게 설치해 누마루 형식으로 구성했다. 전면 누하주는 팔각기둥을, 누상주는 모두 원기둥을 사용했다.

지붕은 정면 가운데에 대들보를 걸고 측면에 충량을 걸어 중도리를 받치도록 하고, 팔작지붕을 구성했는데, 합각을 안쪽으로 많이 넣어서 합각 면이 작고 용마루 길이가 짧게 보인다. 익공을 직절한 형태의 소로수장집인데, 도리 방향의 창방뺄목을 2자 정도 길게 뺐다. 무슨 의도인지 궁금하다. 도리는 팔각형을 사용했다.

1

2

1

4

1 정면과 측면 쪽마루에는 궁판이 있는 평난간을 설치했다.

2 중도리 결구 상세

3 창방이 측면에 길게 빠져나와 있다.

4 지붕은 정면 가운데에 대들보를 걸고 측면에 충량을 걸어 중도리를 받치도록 하고, 팔작지붕을 구성했다.

5 배면은 판벽과 판문으로 마감했다.

봉화 옥류암

[위치] 경상북도 봉화군 봉성면 동양리 산수유길 202-80 (봉성면) [건축 시기] 1637년 창건, 1756년 중건
[지정사항] 경상북도 문화재자료 제531호 [구조 형식] 5량가 팔작기와지붕

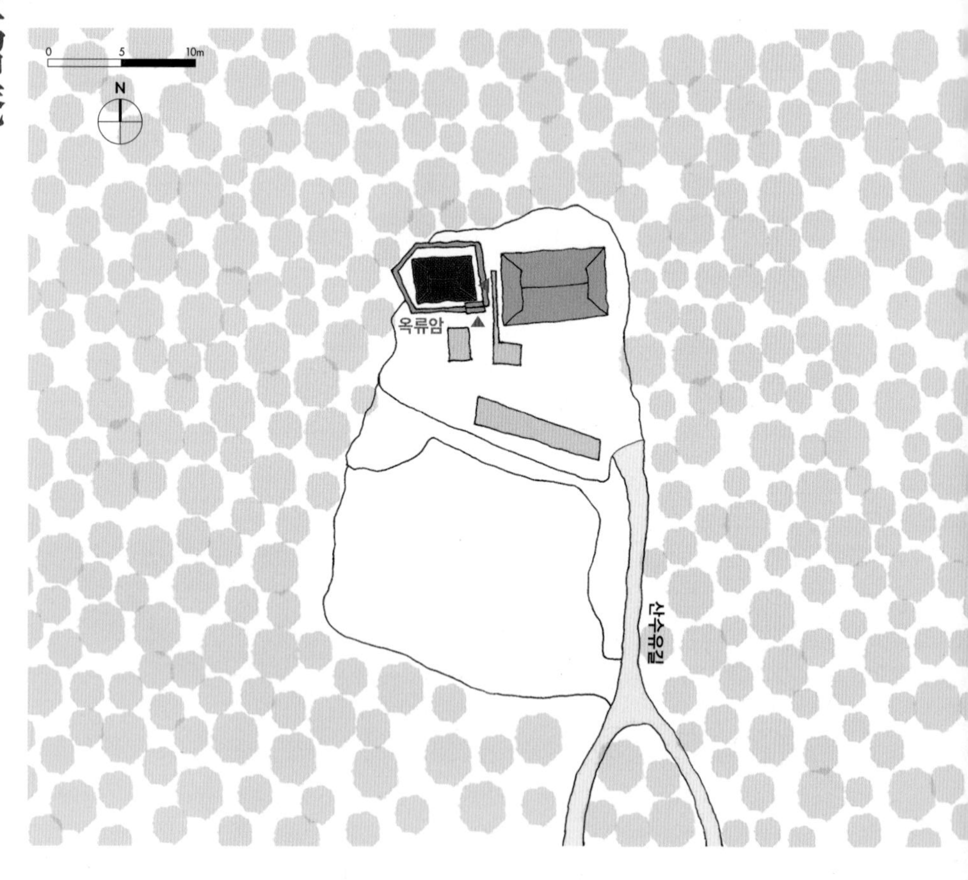

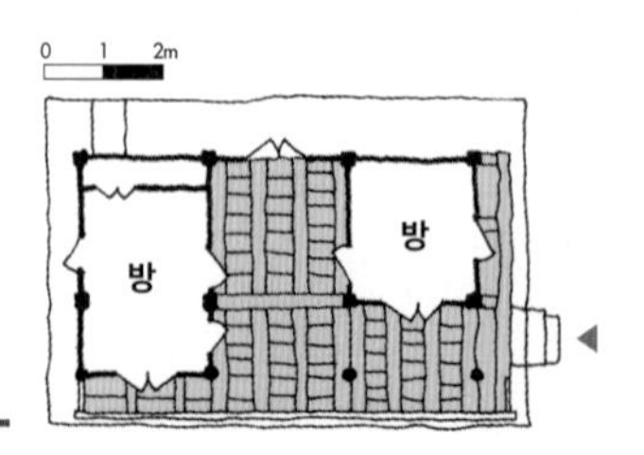

두곡 홍우정(杜谷 洪宇定, 1595~1654)은 인조의 삼전도 항복 소식을 듣고 척화의 뜻을 품은 채 문수산 두곡촌에 낙향해 정자를 짓고 은거했다. 두곡은 이곳에서 학문에 매진하며 태백오현으로 추앙받던 학자들과 교류했다. 두곡은 1746(영조22)년에 이조참의로 추증되고, 숭정처사라는 칭호를 받았으며, 1816(순조16)년에는 이조판서로 추증되고 이듬해에 개절공(介節公)이란 시호까지 받았다.

대산 이상정(大山 李象靖, 1711~1781)의 《옥류암기(玉溜庵記)》(1770)를 보면 1756(영조32)년 기와집으로 중건하고, 미수 허목(眉叟 許穆, 1595~1682)이 쓴 편액을 걸었다고 한다.

터가 경사지여서 후면에 석축을 쌓아 부지를 정리하고 주변에는 담장을 두르고, 전면 오른쪽에 있는 협문을 통해 드나들 수 있게 했다. 담장 오른쪽 뒤에는 건물의 건립 연원과 관련되어 주변을 석재로 쌓은 샘물이 있는데, 이맛돌에 '옥류천(玉溜泉)'이라고 음각되어 있다. 이곳 샘물은 석재로 정리된 수로를 통해 정자 앞에 있는 세 개의 연못에 물을 공급한다.

옥류암은 정면 3칸, 측면 1칸 반 규모의 물익공집이다. 가운데 대청을 두고 양옆에 온돌을 두었는데, 두 방의 크기가 다르다. 기둥은 전면 열에만 원주를 사용하고, 나머지는 방주를 사용했다. 기둥 상부에는 창방을 사용하지 않고, 두공첨차를 사용했다. 대청 상부는 연등천장으로 하고 온돌은 고미다락으로 했다. 덧달아내지 않은 벽장을 다채롭게 꾸몄다.

담장을 두르고, 전면 오른쪽에 있는 협문을 통해 드나들 수 있게 했다.

1 목재가 풍부한 지역임을 말해주 듯이
난간 받침귀틀에 하나의 긴 목재를 사용했다.

2 온돌에는 다양한 크기의 벽장을 설치했다.

3 송림 사이 경사지에 자리한다.
전면의 주사는 최근에 지은 것으로 보인다.

4 담장 오른쪽 뒤에는 주변을 석재로 쌓은
샘물이 있는데 석재로 정리된 수로를 통해
정자 앞에 있는 세 개의 연못에 물을 공급한다.
이맛돌에 '옥류천(玉溜泉)'이라고 음각되어
있다.

5 후면에 석축을 쌓아 정리한 부지에 정면 3칸,
측면 1칸 반 규모로 자리한다.

3

5

1 툇보를 포함해 건실한 목재를 사용했다.

2 삼분변작법을 사용했다.

3 물익공집으로 기둥 상부에는 창방을 사용하지 않고, 두공첨차를 사용했다.

4 정자에서 내다본 풍경

5 마루에는 우물마루를 깔고 배면은 판장문으로 막았다. 왼쪽에는 측면 2칸 온돌을 들였다.

6 오른쪽 온돌은 측면 1칸으로 구성해 좌우 온돌의 크기를 달리했다.

4

6

상주 용산정사

[위치] 경북 상주시 낙동면 양진당길 17-40, 217호 (승곡리) **[건축 시기]** 1849년 초창, 1914년 중수
[지정사항] 경상북도 문화재자료 제438호 **[구조 형식]** 1고주 5량가 팔작기와지붕

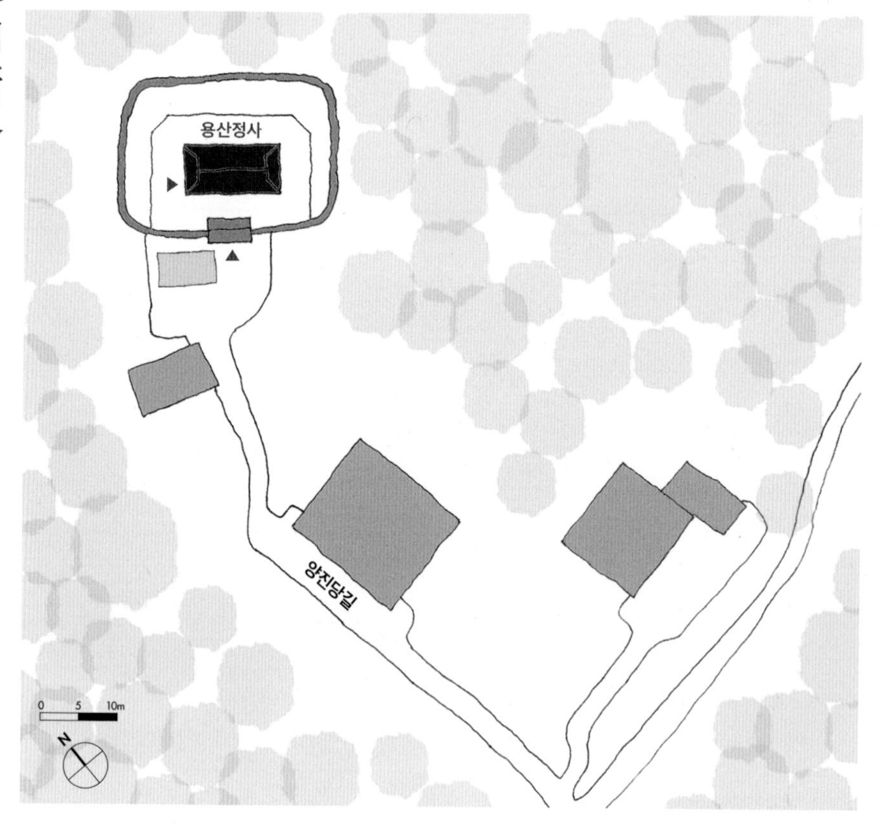

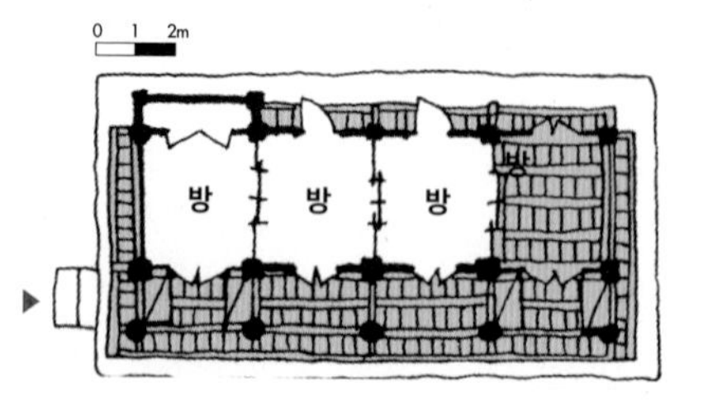

1849(헌종9)년에 지어진 용산정사는 대청에 누우면 집 앞 연못이 보인다 해서 와연당(臥淵堂)으로도 불린다. 용산은 갑장산 구룡의 한줄기가 내려온 곳에 있다 해서 붙은 이름이다. 뒤로 낮은 산이 있고 앞에는 안산인 복우산이 멀리 보인다. 산 끝자락 경사진 땅에 누각 형식으로 남향하고 있다. 사방에 판축 담장을 둘렀으며 전면에 삼문이 있다. 삼문 앞에는 방지가 있다. 방지는 산에서 내려오는 물을 모이게 하여 건물에 지장이 없게 하는 역할도 하는 조경 요소이다.

정면 4칸, 측면 1칸 반 규모로 '一'자형 평면이다. 왼쪽부터 온돌 3칸, 마루방 1칸이 있다. 왼쪽에 출입용 계단을 설치하고 반 칸 툇마루를 두어 정자에 오를 수 있게 했다. 전면 누하주는 방형으로 가공한 장초석을 사용하고 배면에는 자연석 초석을 사용했다. 기단은 자연석을 사용했는데 전면을 반 칸 물려 경사지에 맞춰 조성했다. 기둥은 전면쪽 열은 원주를 사용했고 나머지는 방주를 사용했다. 공포는 직절된 초익공과 민도리 구조가 공존한다. 익공은 전면 개방된 툇마루 쪽에서만 사용되었고 나머지는 민도리 구조이다. 정면의 격을 높이기 위함이다.

용산정사는 마을 주변 산 바로 아래 있어 고즈넉하다. 낮은 삼문을 통과하려면 고개를 숙여야 하는데 문을 지나 다시 고개를 드는 순간 누마루의 정사가 눈앞에 펼쳐진다. 좁은 대지에 누마루로 되어 있어 압도되는 느낌을 주지만 뒤쪽 경사지를 따라 만들어진 판축담장이 토속적이라는 점에서 친숙하다.

경사지에 자리한 용산정사는 사면에 판축담장을 둘렀으며 정면에 출입용 삼문이 있다.

1

5

6

7

1 담장 밖에는 산에서 내려오는 물이 모이게 해 건물에 지장 없게 하는 역할과 함께 조경 요소도 되는 방지가 있다.

2 "갑인사월('甲寅四月')"을 새긴 망와를 통해 1914년 중수가 있었음을 알 수 있다.

3 직절해 사용한 초익공

4 전면 누하주에는 방형으로 가공한 장초석을 사용했다.

5 왼쪽에 있는 목재 계단을 통해 정자에 올라간다.

6 오른쪽 면의 마루방 벽은 고급스러운 세살쌍여닫이 우리판문으로 되어 있다.

7 툇보를 건 툇간의 외진주는 원주, 내진주는 방형으로 되어 있다.

8 정면 4칸, 측면 1칸 반 규모로 왼쪽부터 온돌 3칸, 마루방 1칸이 있다.

상주 청간정

【위치】 경북 상주시 낙동면 운평리 154 **【건축 시기】** 1650년 초창, 1870년 중수
【지정사항】 경상북도 문화재자료 제558호 **【구조 형식】** 5량가 팔작기와지붕

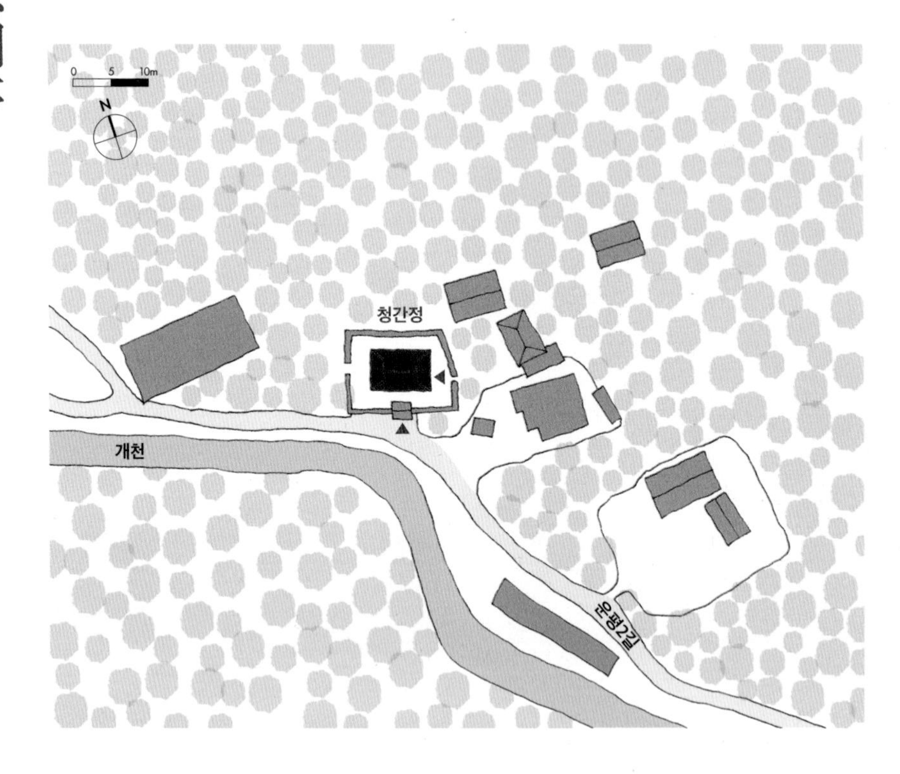

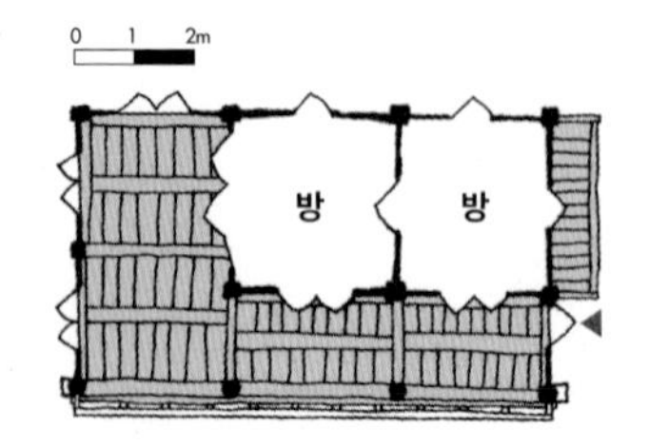

가곡 조예(柯谷 趙秇, 1608~1661)가 1650년경 지은 정자로 상주 식산계곡 냇가에 남향으로 자리하고 있다. 토석담장에 둘러 있으며 앞에 있는 사주문을 통해 출입한다. 청간정에서 남쪽을 바라보면 양쪽으로 산줄기가 보이고 멀리 논밭이 시야에 들어온다. 조예의 아들인 조원윤(趙元胤, 1633~1688)과 조진윤(趙振胤, 1633~1688)이 미수 허목(眉叟 許穆, 1595~1682)에게서 현판을 받아 걸었다고 한다. 청간정이라는 당호는 계곡의 물소리를 들으면서 마음 깊숙이 내면의 소리에 귀 기울인다는 뜻이라고 한다. 1870년경 쇠락한 건물을 자손들이 중수했다.

정면 3칸, 측면 2칸 규모로, 왼쪽부터 1칸 마루, 2칸 온돌이 있다. 전면에 툇마루를 두고 계자난간을 둘렀다. 자연석 초석을 사용했다. 전면은 누하주가 있고 기단이 그 뒤로 물려 있다. 전면에만 원주를 사용하고 나머지는 방주를 사용했다. 민도리 구조, 팔작기와지붕집인데 앙곡이 약간 강한 편이다.

눈여겨볼 부분은 전면의 기둥이다. 누하주와 누상주로 구분되는데 한 부재로 된 것이 아니라 각각 다른 부재로 되어 있다. 누하주 위에 마루귀틀을 짜고 그 위에 별도의 누상주를 올렸다. 이때 보통 누상주는 마루귀틀과 촉으로 연결된다.

청간정에는 초서와 전서로 된 청간정 현판 이외에 전서로 쓴 익암서당과 조씨가숙이라는 현판이 있어 눈길을 끈다.

1

4

5

6

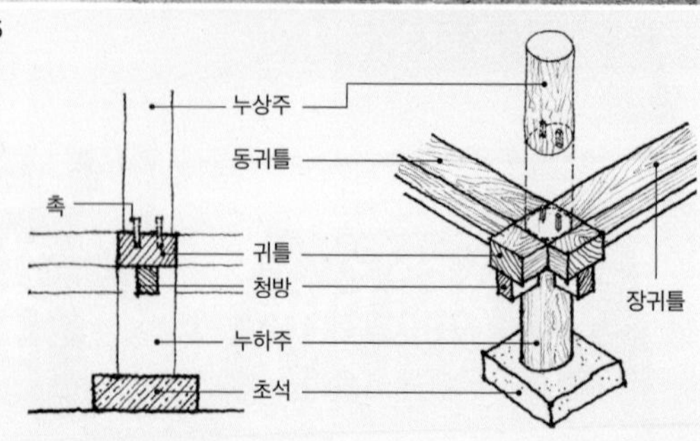

1 정면 3칸, 측면 2칸 규모로, 왼쪽부터 1칸 마루, 2칸 온돌이 있다. 전면에 툇마루를 두고 계자난간을 둘렀다.

2 삼분변작보다 중도리 간격이 좁게 구성되어 있다.

3 방 천장은 고미반자로 했다.

4 토석담장에 둘러 있으며 앞에 있는 사주문을 통해 출입한다.

5 누하주와 누상주 연결 부분. 누하주 위에 마루 귀틀이 올라가고 그 위에 누상주가 얹혀 있다.

6 누하주와 누상주 연결 상세도

7 마루 측면 벽은 판벽과 우리판문으로 마감했다. 측면의 합각 크기가 규모에 비해작은 편이다.

상주 천운정사

[위치] 경북 상주시 외답2길 46 (외답동) **[건축 시기]** 1700년경
[지정사항] 경상북도 민속문화재 제76호 **[구조 형식]** 3량가 팔작+맞배기와지붕

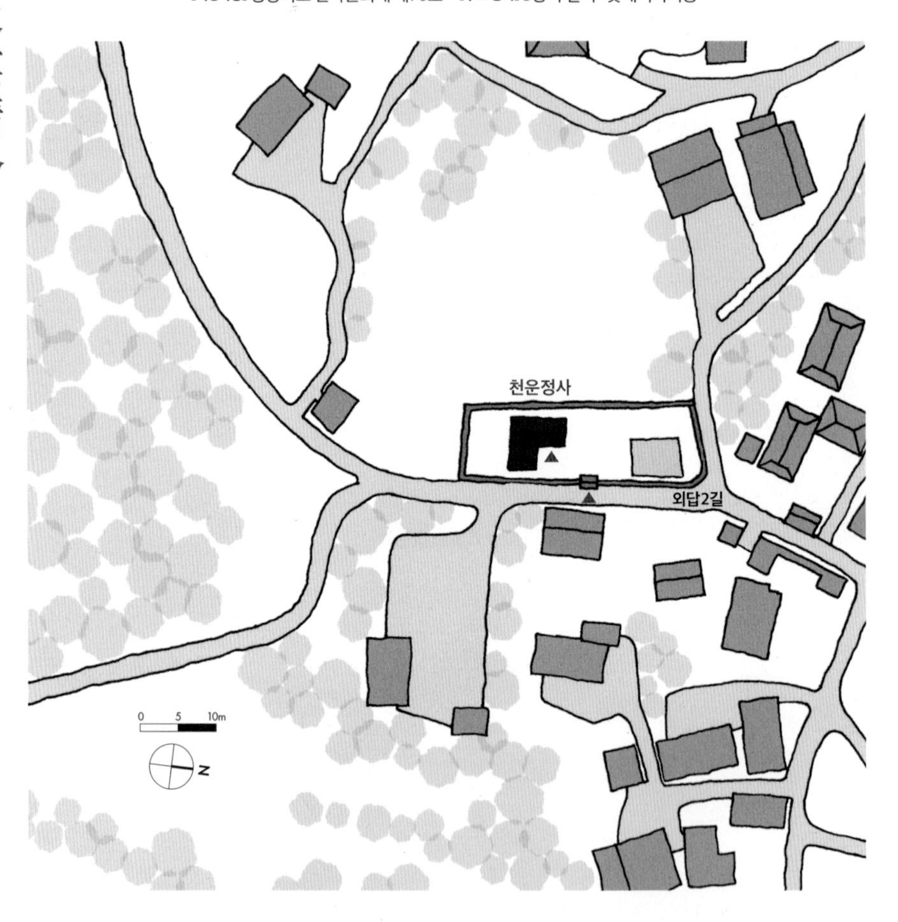

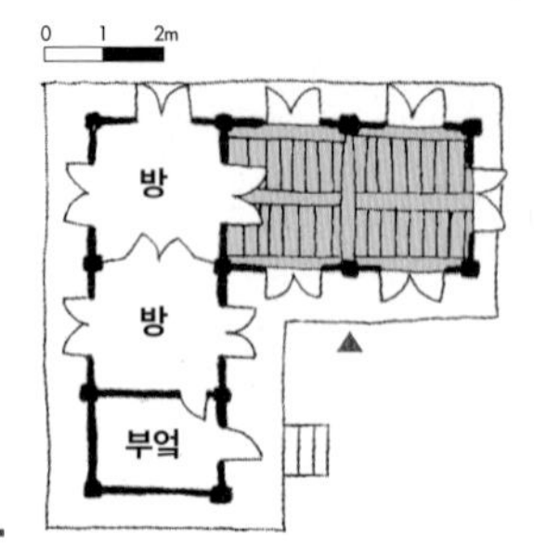

조선 영조 때 실학자이며 대문장가인 식산 이만부(息山 李萬敷, 1664~1732)가 1700년경에 지은 정자이다. 이만부는 실학, 유학은 물론 음악, 회화, 예악에도 능했다. 이만부는 《노곡기》에 천운정사 전체 구성에 관해 기록해 두었다고 한다. '천운'이라는 당호는 주자의 시구 "반무방당일감개 천광운영공배회(半畝方塘一鑑開 天光雲影共徘徊)"에서 가져왔다고 한다. 당호 이외에 방에도 이름이 있는데 마루방은 '천운당', 온돌은 '양호료'이다.

식산 북쪽 산 끝자락 경사지에 북향으로 자리하고 있는데 지형상 어쩔 수 없는 선택으로 보인다. 사방에 토석담장을 두르고 경사지를 세 구역으로 나누어 높은 곳부터 '정사-화단-방지'를 조성했다. 가장 아래에 있는 방지의 이름은 '조감당'이다.

'ㄱ'자형으로 구성된 천운정사는 2칸 온돌, 2칸 마루방, 1칸 부엌으로 구성되어 있다. 자연석 초석과 자연석 기단을 사용했는데 경사지여서 전면 기단이 가장 높다. 기둥을 모두 방주로 한 민도리집이다.

천운정사 지붕에서 꺾인 부분 지붕 용마루 연결이 조금 부자연스럽다. 합각 위치 때문인데 합각이 용마루보다 조금 바깥으로 나와야 구성이 자연스러운데 용마루선에서 합각을 만들다 보니 추녀마루와 합각마루 연결이 부자연스럽게 된 것이다.

정사를 둘러싸고 석축이 있는데 경사지에 집을 짓기 위해 쌓은 석축으로 쌓은 모양이 매우 자연스럽다. 그랭이가 잘 되어 있고 석재 크기가 다름에도 균형이 잘 잡혀 있다. 요즘 석축 쌓기에서 볼 수 없는 모양이다.

천운정사는 길고 경사진 대지를 잘 정리해서 공간에 위계를 두고 주변을 잘 다듬어 조형적으로 균형을 이루고 있다. 정사에서 바라보면 멀리 마을이 한눈에 들어와 시원한 느낌을 주는 것이 상쾌하다.

경사진 땅을 세 구역으로 나누어 단차를 두고 높은 곳부터 '정사-화단-방지'를 조성했다.

1 집의 규모에 비해 초석이 매우 커서 부담스러운 느낌도 있지만 자연에 순응해 지었다는 생각도 든다.

2 그랭이가 잘 되어 있고 석재 크기가 다름에도 균형이 잘 잡혀 있다. 요즘 석축 쌓기에서 볼 수 없는 모양이다.

3 ㄱ자형으로 구성된 천운정사는 2칸 온돌, 2칸 마루방, 1칸 부엌으로 구성되어 있다 경사지여서 전면 기단이 가장 높다.

4 지붕을 보면 추녀마루와 합각마루 연결부분에서 합각마루가 길게 나와 있어 부자연스럽다.

5 전면의 기단을 높게 쌓은 반면 배면은 자연석으로 낮은 기단을 쌓고 자연석 초석을 사용했다.

6 'ㄱ'자형 집이다보니 종도리가 서로 'ㄱ'자로 만나 결구되면서 한쪽 종도리에 다른쪽 종도리를 얹고 여기서 추녀와 회첨추녀를 걸었다.

7 3량 구조인 마루방 바닥은 우물마루로 구성했다.

8 천운정사에서 내려다보면 전면에 방지가 보이고 마을이 시원하게 보인다.

3

5

6
7
8

상주 우복종택: 대산루 부 계정

【위치】경북 상주시 외서면 채릉산로 799-46 (우산리) 【건축 시기】대산루 1602년, 계정 1603년
【지정사항】국가민속문화재 제296호 【구조 형식】5량가 팔작기와지붕

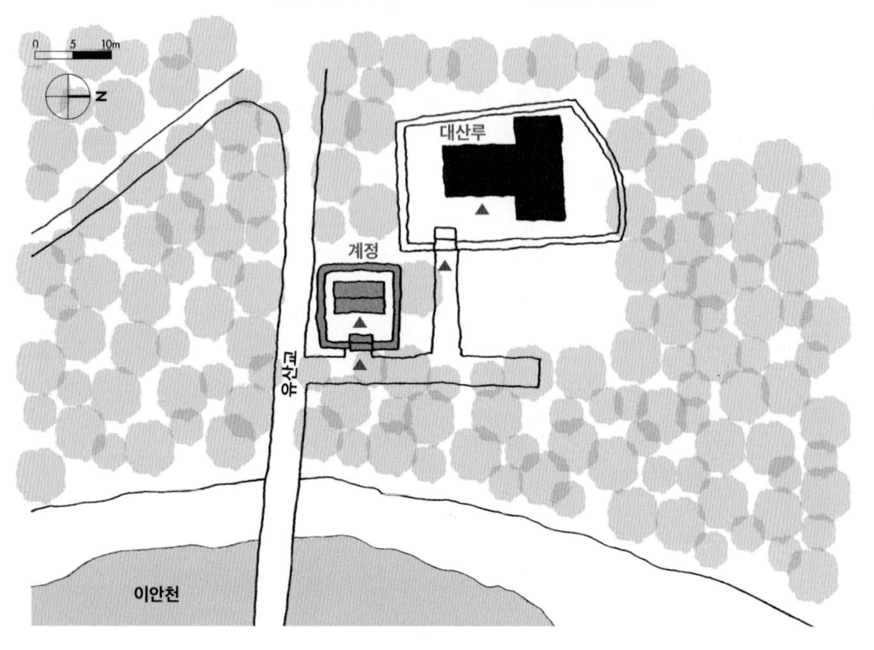

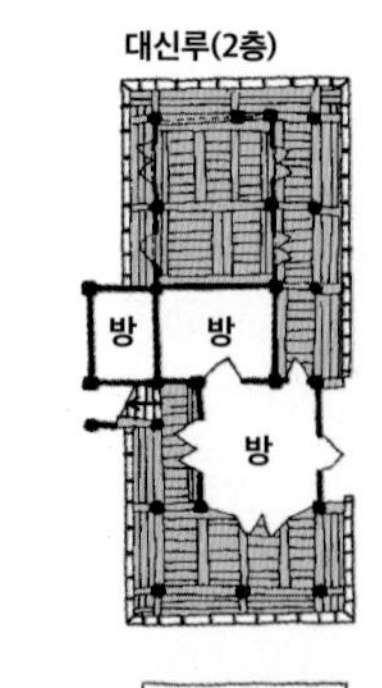

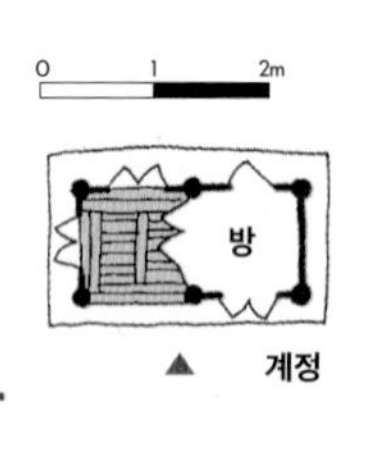

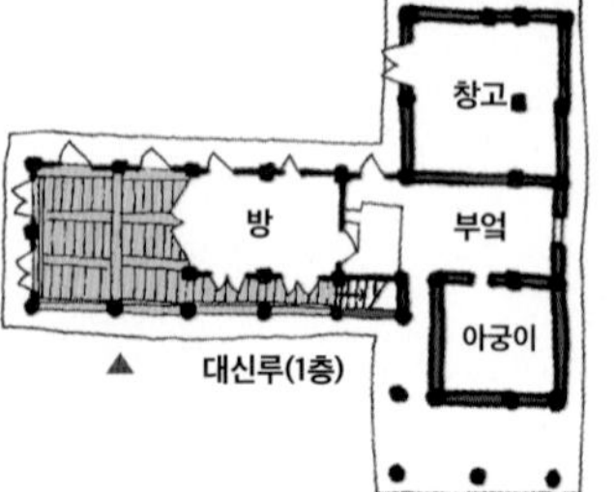

대산루와 계정은 인조대에 대제학을 지낸 우복 정경세(愚伏 鄭經世, 1563~1633)의 6대손 정종로(鄭宗魯, 1738~1816)가 크게 확장한 가옥과 부속 정자이다. 우복은 1602년에 대산루를, 1603년에 계정을 지었는데 계정은 청간정(廳澗亭)이라 부르기도 한다.

대산루와 계정은 상주 낙동강 지류인 이안천을 동쪽에 두고 산자락 끝에 동향으로 자리한다. 전면인 동쪽에는 이안천이 흐르고 뒤로는 산림이 우거져 있다. 대산루 뒤 언덕에는 우복종택이 있다. 우복종택은 안채, 사랑채. 행랑채, 사당이 튼 ㅁ자형으로 배치되어 있다. 대산루와 계정은 별서기능을 가진 종택의 별당과 접객공간 역할을 했다.

대산루는 1층 건물과 2층 누각이 연결된 'T'자형 건물로 흔치 않은 구성이다. 1층 건물은 강학 공간이고 2층 누각은 휴식과 접객공간이다.

1층 건물은 정면 5칸, 측면 1칸 반으로 2층 누각 쪽으로 온돌 2칸이 있고 나머지는 마루이다. 마루에서 계정과 종가가 보인다. 2층 누각은 정면 5칸, 측면 1칸 반으로 1층 벽은 전체가 토석벽으로 되어 있고 부엌과 창고로 사용했던 것으로 보이는 공간이 있다. 2층에는 방 두 개와 서고로 쓰였을 것으로 보이는 마루방이 있다. 1층과 2층 평면은 역동적인 느낌을 주며 각 공간의 독립성이 유지될 뿐만 아니라 주위 경관을 잘 끌어들일 수 있게 배치되어 있다.

초석과 기단은 모두 자연석을 사용하고 기둥은 노출되거나 개방된 부분은 원주를 사용했고 폐쇄적인 부분에는 방주를 사용했다. 다만 1층 내부 기둥은 팔모 기둥과 삼십이모 기둥도 있다. 민도리집으로 비교적 단순하고 검소하다. 1층 건물이나 2층 누각 모두 5량 구조로 삼분변작에 가깝다.

1층 건물의 토석벽에는 'ㅍ'이라는 문양을 집어넣었는데 의미를 알 수 없으나 단순하면서 효과적이다. 2층 대청에는 청판 사이에 긴 타원형 구멍이 있는데 흔치 않은 흔적이다. 2층 누각 처마에는 출목도리가 있다. 민도리집이지만 처마 처짐을 막기 위해 설치한 것으로 보인다.

대산루와 계정은 우리나라에서 흔치 않게 1층 건물과 2층 건물을 연결하고 내부 공간 배분이 매우 역동적이다.

1

4

1 대산루와 계정 앞에 이안천이 있고 뒤로 멀리 종가가 있다.

2 1층 건물의 토석 벽에는 의미를 알 수 없는 'エ'이라는 글자가 새겨 있다.

3 2층 온돌에서 문을 열면 배면 쪽 툇간이 살짝 보인다.

4 대산루는 1층 건물과 2층 누각이 연결돼 'T'자형을 이룬다. 오른쪽에 계정이 있다.

5 계정

1 출목도리 구조 상세

2 2층의 누각 서까래가 있는 부분을 자세히 보면 출목도리가 나온 것을 볼 수 있다. 처마가 길어 처짐을 방지하기 위해 설치한 것으로 보인다. 흔치 않은 방법이다.

3 가구 구소도

4 2층으로 올라가는 계단이 석재로 되어 있다.

5 2층 누각 부분의 오른쪽 면. 누각 1층의 벽은 모두 토석벽이다.

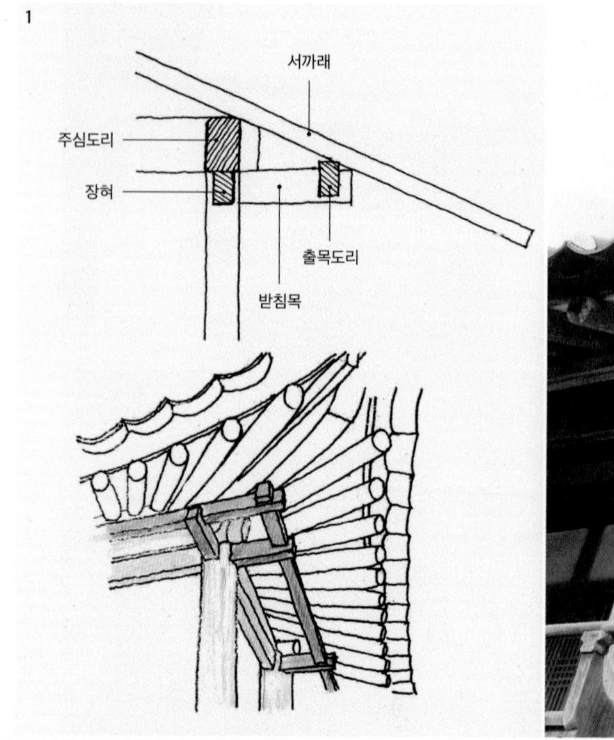

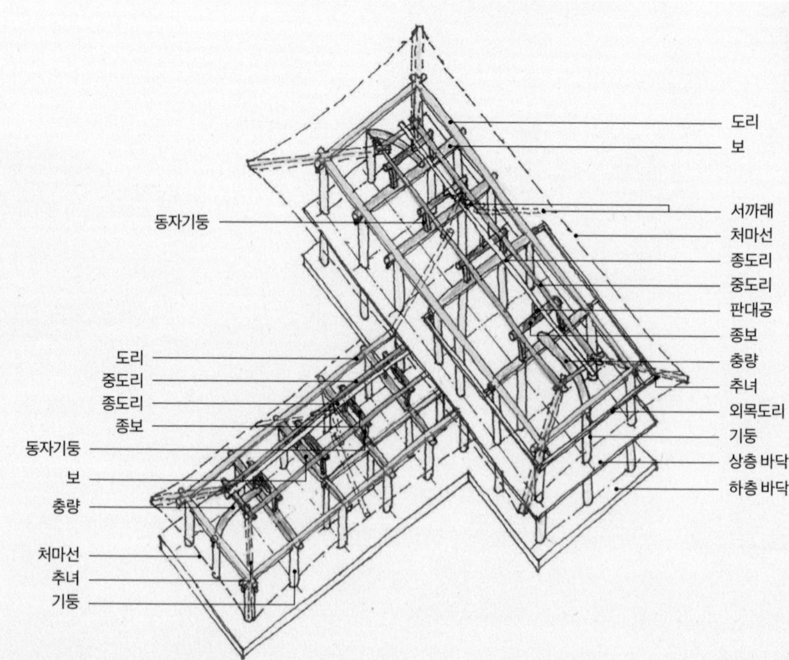

2

4

5

1 2층 툇마루에서 바라본 풍경

2 측면에서 나온 충량이 대들보 위에 얹히고 그 위에 눈썹천장이 짜여 있다.

3 충량 위에 있는 눈썹천장의 중도리가 많이 긴 편이다.

4 1층과 2층이 만나는 부분의 가구가 분리되어 있다.

5 2층 누각 마루. 청판 사이에 긴 타원형 구멍이 있는데 용도는 알 수 없으나 흔치 않은 흔적이다.

6 2층 누각 하부. 2층 기둥보다 굵은 누하주 머리에 창방과 귀틀을 얹고 투박한 면이 드러난 청판 을 깔았다.

7 대산루 지붕 투상도와 내부 투상도

8 2층 마루방 내부

9 2층 온돌에 불을 피우기 위한 아궁이가 토석벽 상부에 있다.

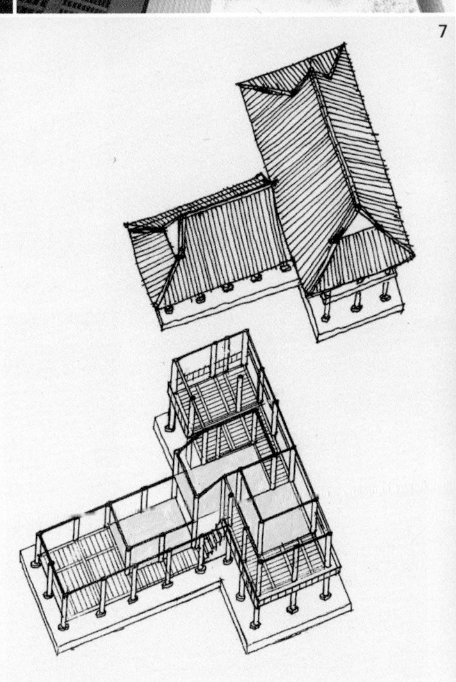

1 1층에 있는 팔모 기둥

2 1층에 있는 삼십이모 기둥

3 1층 마루 밑 청판 하부를 보면 자귀질한 흔적이 있는데 이 흔적을 통해 오래된 부재임을 알 수 있다. 요새 치목은 전동공구로 하는 경우가 많아 이런 질감을 얻을 수 없다.

4 토석벽으로 둘러싸인 1층 부엌. 가운데에 아궁이를 설치하기 위한 구멍이 있다.

5 1층 마루 가구. 삼분변작으로 되어 있다.

6 토석벽으로 둘러싸인 1층

4

6

상주 쾌재정

[위치] 경북 상주시 이안면 가장리 230-1, 함창로 41-61 **[건축 시기]** 18세기 후반 중건
[지정사항] 경상북도 문화재자료 제581호 **[구조 형식]** 5량가 팔작기와지붕

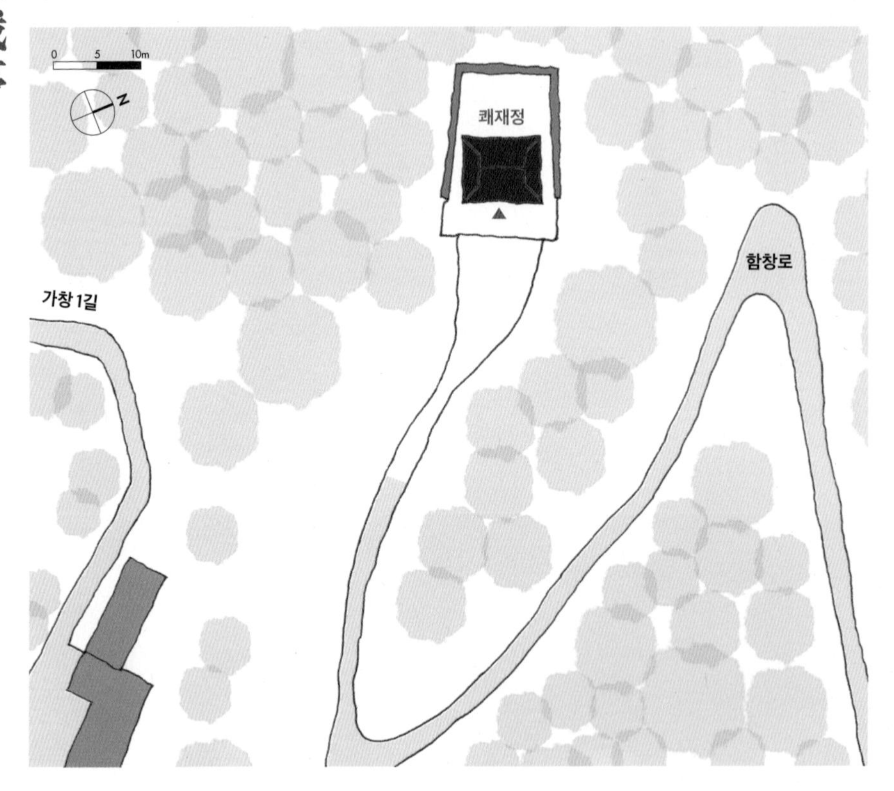

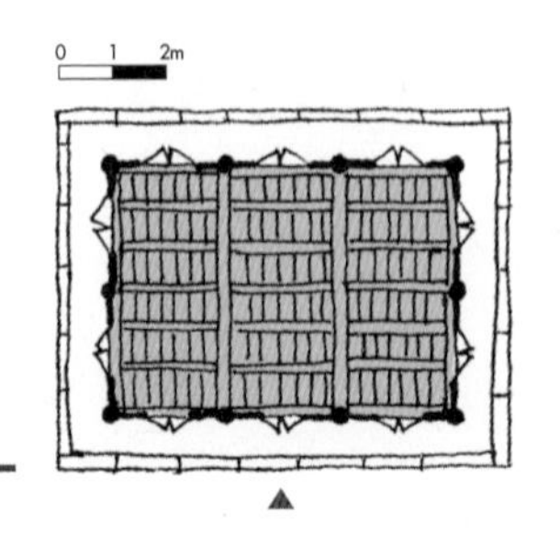

중종반정공신으로 인천군에 책봉되었던 나재 채수(懶齋 蔡壽, 1449~1515)가 이조참판 자리에서 물러나 낙향해 지은 정자이다. 이 정자에서 채수는 《홍길동전》(1618년 추정)보다 약 100년 앞선 최초의 한글 소설 《설공찬전》을 저술했다고 한다. 지금의 정자는 18세기 후반에 중건한 것이다.

쾌재정은 이안천변 언덕 정상 평지에 동향으로 자리하고 있다. 정상이어서 사방이 개방되어 있고 이안천과 그 너머 넓은 평야가 한눈에 들어온다. 서쪽인 배면에만 낮은 담장을 둘렀다.

정면 3칸, 측면 2칸 'ㅡ'자형 건물로 방은 없고 전체가 마루로 되어 있으며 사면을 판벽으로 막아 폐쇄적이다. 장대석 외벌대 기단에, 기둥 굵기와 비슷한 크기로 된 원형의 가공석 초석을 사용했다. 기둥은 모두 원주이다. 공포는 재주두 없는 이익공으로 화려한 초각을 한 화반이 있다. 5량 구조이고 삼분변작이다. 동자는 포동자, 대공은 판대공을 사용했다. 처마는 겹처마인데 약간 앙곡이 센 편이다.

쾌재정의 특이한 점 가운데 하나가 주두 위치이다. 일반적으로 주두는 사면이 모두 같은 위치에 있기 마련인데 이 정자에서는 보 칸의 주두 위치와 도리 칸의 주두 위치가 서로 다르다. 보 칸에서는 창방 바로 위에 있지만 도리 칸에서는 훨씬 높은 장혀 밑에 있다. 약 한자 정도 차이가 난다. 이런 경우는 흔치 않다.

쾌재정은 언덕 정상에 있어 개방적이고 경치가 한눈에 들어오는 정자로서는 최적의 장소에 있다. 다만 원주를 사용한 점, 이익공으로 처리한 점, 사면에 모두 판벽을 단 점 등 여느 정자보다 화려한 편이어서 정자라기보다는 권위 있는 건물인 것처럼 보인다. 내부는 상대적으로 단순한 편이다.

왼쪽 귀주 주두 위치가
오른쪽 평주 주두 위치보다 낮다.

1

5

1 정면 3칸, 측면 2칸 '—'자형 건물로 방은 없고 전체가 마루로 되어 있으며 사면을 판벽으로 막아 폐쇄적이다.

2 측면에서 충량이 나와 대들보에 직각으로 얹혀 있다.

3 포동자주

4 이익공 구조로 익공은 물론 화반 또한 화려하게 조각해 사용했다.

5 배면. 장대석 외벌대 기단에, 기둥 굵기와 비슷한 크기로 된 원형의 가공석 초석을 사용했다.

6 내부는 방 없이 통칸으로 되어 있다. 둥근 대들보와 그 위의 가구구성이 강건하게 보인다.

성주 만귀정

[위치] 경북 성주군 신계2길 38 (가천면) **[건축 시기]** 1851년
[지정사항] 경상북도 문화재자료 제462호 **[구조 형식]** 5량가 팔작기와지붕

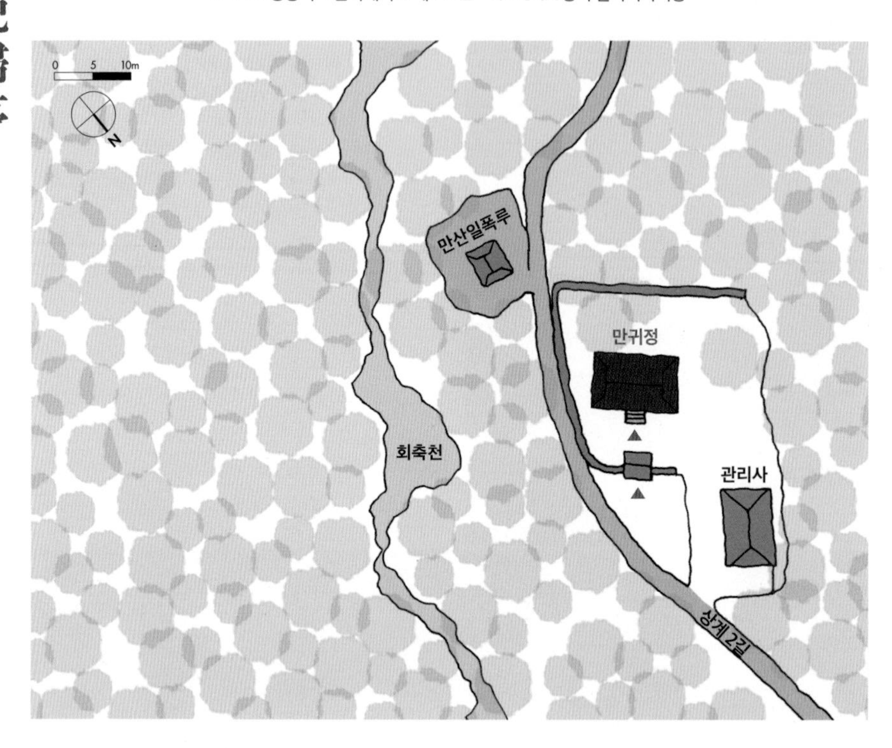

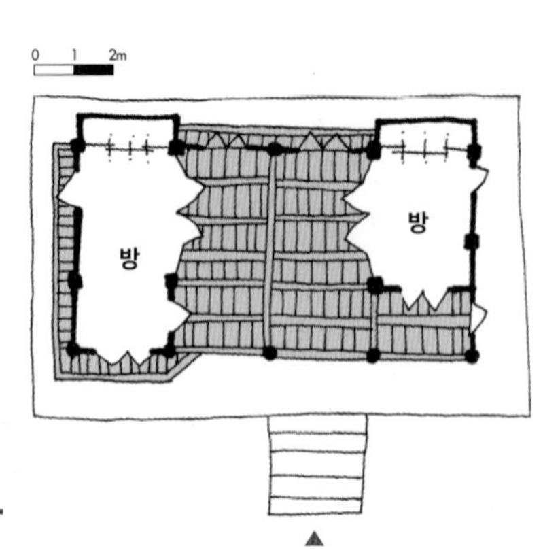

1

성주 포천계곡의 제9곡인 화죽천 옆에 북동향으로 자리한 만귀정은 철종 대에 공조판서를 지낸 응와 이원조(凝窩 李源祚, 1792~1871)가 1851년에 지은 정자이다. 만귀정 당호는 40년 동안 관직 생활을 하고 만년이 되어서야 비로소 수양과 강학에 전념할 수 있다고 한 데서 붙인 이름이다. 정면 4칸, 측면 1칸 반 규모로 가운데 2칸 대청이 있고 양옆에 1칸 온돌이 있다. 경사지를 이용해 전면 기단을 높이고 배면은 외벌대로 처리했다.

계곡을 따라 올라가면 사주문이 보이고 이 사주문을 지나면 정면 4칸 규모의 만귀정이 보인다. 오른쪽에는 3칸 규모의 관리사가 있다. 건물 주변에는 몇 개의 바위가 있는데, 옆에 있는 긴 바위는 용으로 명하고, 뒤에 있는 바위는 거북으로 명하고 이름을 새겼다.

돌 담장 밖에는 만귀폭포가 있는데, 폭포 옆에는 '만산일폭루' 현판을 걸고 있는 단칸 정자가 있다. 이 정자는 팔작지붕에 각서까래를 설치했는데, 계곡 주변의 바위와 함께 작은 규모의 단칸 정자가 어우러진 모습이 일품이다.

사주문 옆 바위 위에는 이원조의 학문진흥에 대한 의지를 담은 철제 '흥학창선비(興學倡善碑')가 있다.

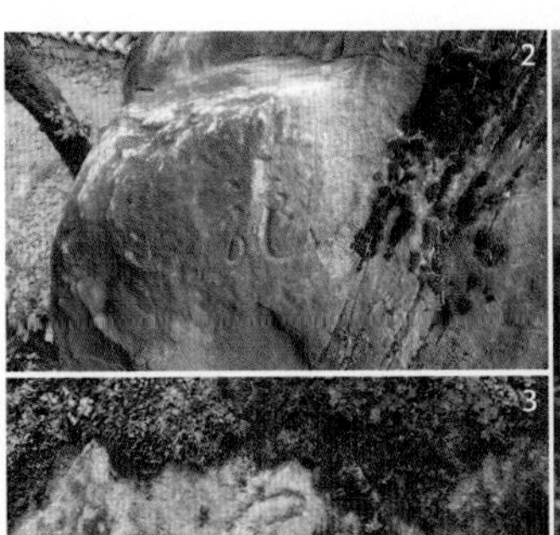

1 만산일폭루 현판
2 용바위 각자
3 거북바위 각자
4 정자 앞 암반 위에 세운 '흥학창선비'

1

6

1 만산일폭루와 만귀정 전경. 만귀폭포 옆 암반 위에 정자를 짓고 만산일폭루라고 했다.

2 대청 가운데 사용된 대들보는 자연곡재를 가공없이 사용해 자연스러운 멋을 보여주고 있다.

3 건물의 전면은 소로수장이고 배면은 굴도리 양식이다. 앞뒤의 구조적 차이를 보완하기 위해 주심장혀 밑에 첨차 형태로 보강했다.

4 온돌에는 사분합들문을 달아 필요에 따라 개방할 수 있도록 하고, 평소에는 외여닫이문을 사용한다.

5 일반적으로 대청 배면에는 판문을 다는데, 이 정자는 세살문을 달았다.

6 만귀정에서 본 만산일폭루와 만귀폭포

7 정면 4칸, 측면 1칸 반 규모로 가운데 2칸 대청이 있고 양옆에 1칸 온돌이 있다.

성주 기국정

[위치] 경북 성주군 벽진면 수촌5길 49-56 (수촌리) **[건축 시기]** 1795년
[지정사항] 경상북도 문화재자료 제382호 **[구조 형식]** 3량가 팔작기와지붕

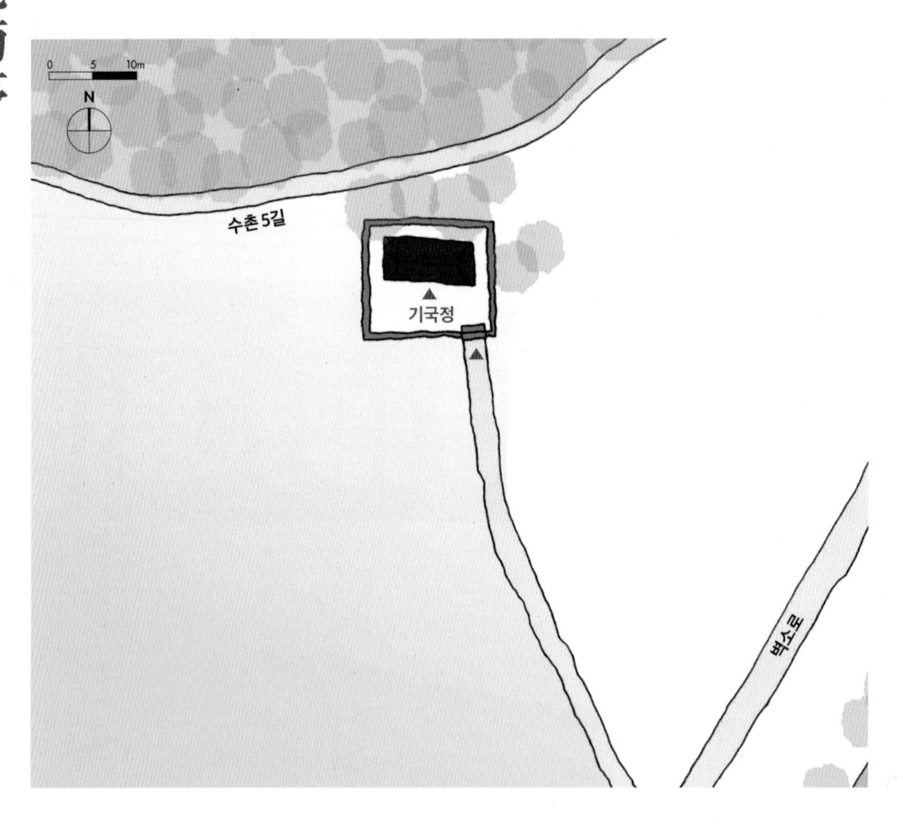

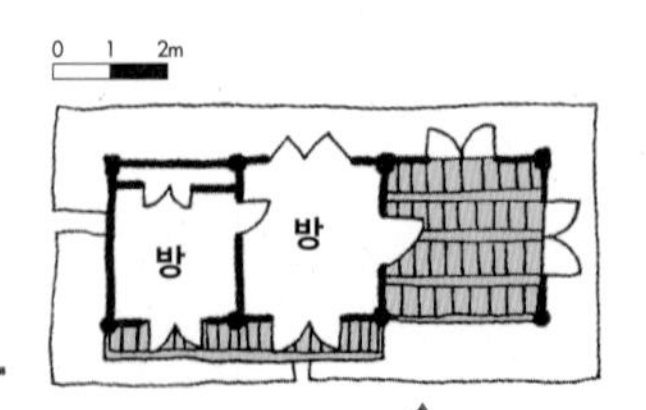

연봉산 자락에서 전면의 들과 작은 개천을 바라보며 남동향으로 자리하고 있는 기국정은 제남 도상욱(濟南 都尙郁)이 후진 양성과 학문 교류를 위해 짓기 시작했으나 흉년으로 공사를 끝내지 못했는데 당시 성주목사인 성종인(成鍾仁)의 지원을 받아 1795(정조19)년에 완공했다. 상관문(常關門) 현판을 단 일각문을 통해 출입하도록 했다.

정면 3칸, 측면 1칸 규모로 왼쪽부터 온돌 2칸, 대청 1칸이 있다. 온돌 2칸 사이는 벽으로 구분하고 사이에 외여닫이문을 달아 통행할 수 있게 했다. 온돌은 전면과 측면에 함실아궁이를 만들어 난방하고, 천장은 고미반자로 마감했다.

경북지역 정자는 대부분 주 칸 간격이 좌우대칭이거나 동일한데, 이 정자는 대청이 넓고 왼쪽으로 가면서 점점 좁아진다. 대청 배면에는 조선중기 이전에 많이 사용되었던 것으로 알려진 영쌍창이 남아있어 초창 당시의 원형이 비교적 잘 남아있는 것으로 보인다.

가구는 3량가로 대들보에서 측면 주심도리 위로 우미량을 걸어 추녀를 받고 있다. 3량가구에서 팔작지붕을 구성하는 전형을 잘 보여주고 있다.

2칸 온돌 사이에 벽을 치고 외여닫이문을 달아 구획했다.

1

4

2

3

1 사방에 토석벽 담장을 둘렀으며 오른쪽에 있는 일각문으로 출입한다.

2 대청 상부 가구.
종도리를 우미량으로 만들어 추녀를 받고 있다. 3량가에서 팔작이나 우진각지붕을 만들 때 볼 수 있는 기법이다.

3 판문은 고식으로 알려진 영쌍창이다.

4 정면 3칸, 측면 1칸 규모로 왼쪽부터 온돌 2칸, 대청 1칸이 있다.

5 대청이 있는 우측칸은 판벽과 판문으로 마감하고, 온돌이 있는 좌측 2칸은 벽과 세살문으로 마감했다.

5

안동 송정

[위치] 경북 안동시 길안면 구수리 174번지
[건축 시기] 1679년 초창, 1988년 이건 **[지정사항]** 경상북도 문화재자료 제42호
[구조 형식] 5량가 팔작기와지붕

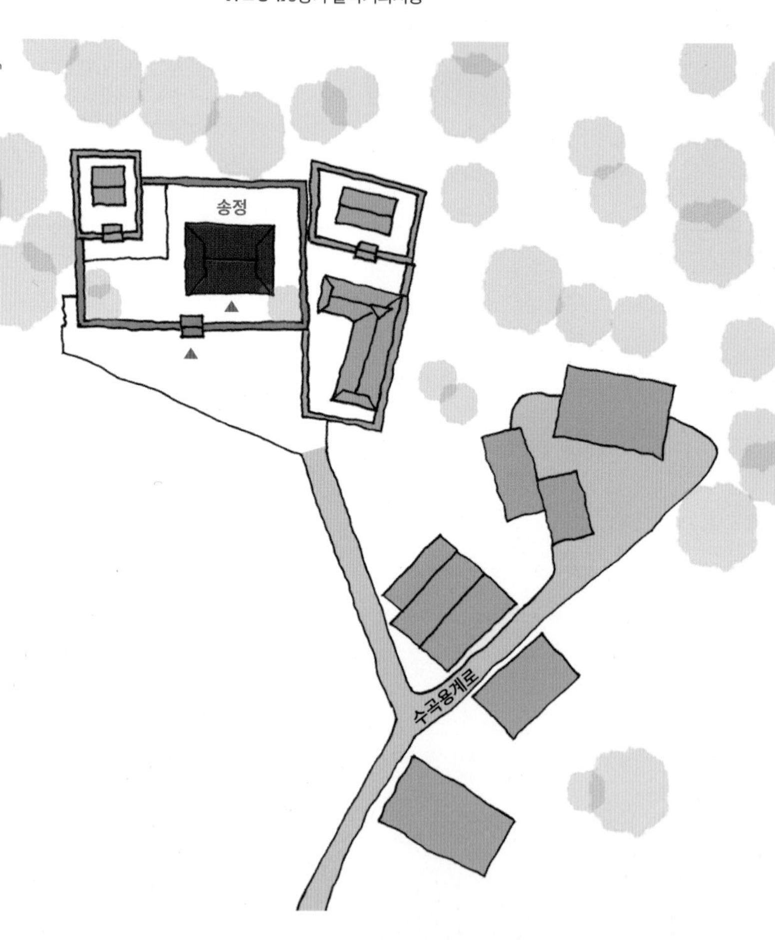

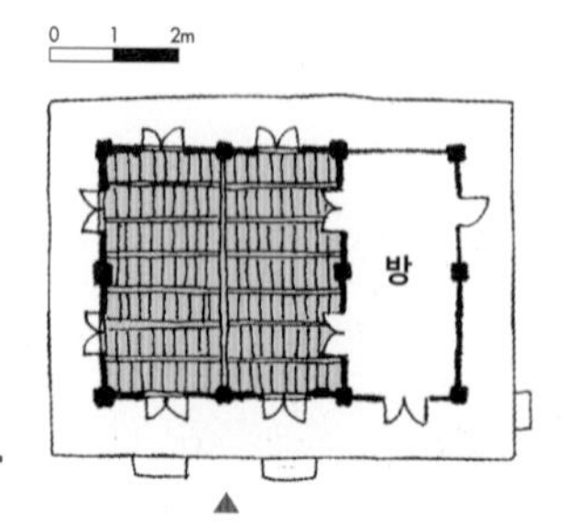

학문과 덕을 갖춘 인물로 인근 수령과 관찰사의 천거를 받았지만 관직을 받지 않은 표은 김시온(瓢隱 金是楹, 1598~1669)을 추모하기 위해 적암 김태중(適庵 金台重 1649~1711)이 1679(숙종5)년에 지은 정자이다. 1949년 화재로 소실된 것을 1959년 중건, 1988년 임하댐 건설로 지금 자리로 옮겨왔다. 원래 와룡초당과 비각, 송정이 같이 있었는데 송정과 비각만 옮겼다고 한다.

송정은 원래 있던 자리가 절경이었다고 하는데 지금은 앞쪽으로 논이 있고 뒤로는 높은 산이 있는 평지에 있어 크게 두드러지지는 않는다. 북서쪽으로 약 20m 떨어진 곳에 김시온을 기리는 비각이 있고 주변은 담장으로 둘러싸여 있다.

정면 3칸, 측면 2칸 규모로 왼쪽부터 2칸 마루방, 1칸 온돌이 있다. 사방이 전부 벽과 창호로 막혀 있다. 초석과 기단 모두 자연석을 사용하고 기둥은 방주를 사용했다. 공포는 직절된 초익공과 민도리를 동시에 적용했는데 초익공은 마루방 부분에, 민도리는 온돌부분에 적용했다. 조금 더 개방된 마루방 부분의 격을 높인 것이다. 5량 구조로 중도리 장혀 밑에 첨차형 부재를 사용했다.

1 겹처마 스케치

2 송정에서 북서쪽으로 약 20m 떨어진 곳에 김시온 비각이 있다.

1 오른쪽 끝 마루방 문 위에 문이 또 하나 있다. 이 문이 다락 문인지 감실인지는 확인하지 못했다.

2 와룡초당과 비각, 송정이 같이 있었는데 임하댐 건설로 이건할 때 송정과 비각만 옮겼다고 한다.

3 초석과 기단 모두 자연석을 사용하고 기둥은 방주를 사용했다.

4 정면 3칸, 측면 2칸 규모로 왼쪽부터 2칸 온돌, 1칸 마루방이 있다. 사방이 전부 벽과 창호로 막혀 있다.

1

3

2
4

안동 만휴정

[위치] 경북 안동시 길안면 묵계하리길 42 (묵계리) **[건축 시기]** 1500년
[지정사항] 경상북도 문화재자료 제173호 **[구조 형식]** 3평주 5량가 팔작기와지붕

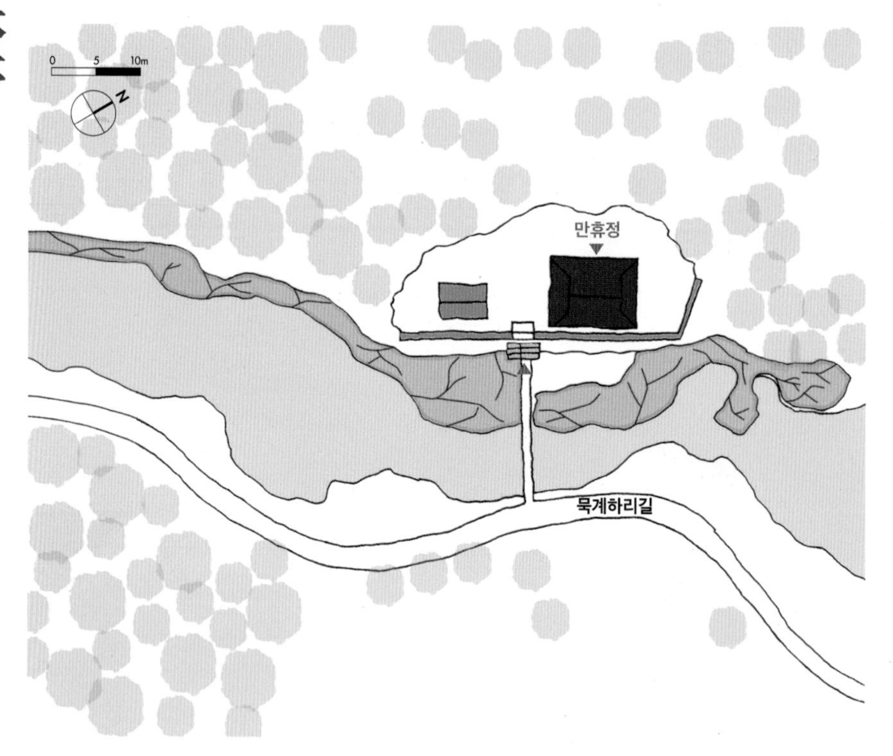

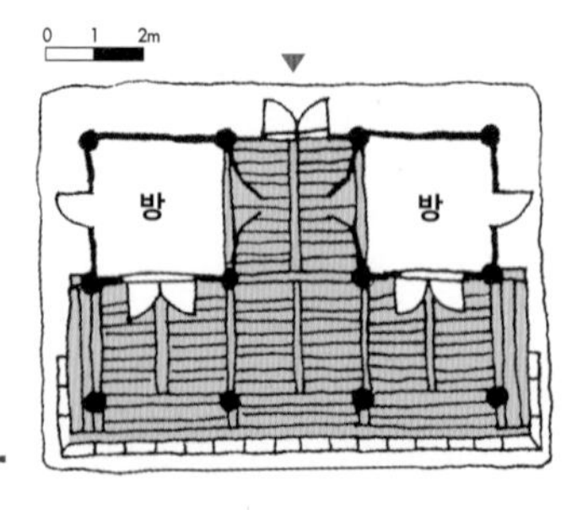

만휴정은 보백당 김계행(寶白堂 金係行 1431~1517)이 1500(연산군6)년에 지은 정자이다. 김계행은 청백리로 알려져 있는데 "내 집에 보물이 있다면 오직 맑고 깨끗함뿐이다."라 했다고 한다. 쉰 살 넘어 과거에 급제하고 대사성, 대사간, 홍문관 등을 역임하고 연산군 때 벼슬을 내려놓고 이곳에 정자를 짓고 학문에 정진하였다고 한다. 원래 당호는 쌍청헌(雙淸軒)이었는데 나중에 '만휴정'으로 바꿨다.

매봉산과 금학산 중간 끝자락 계곡에 은둔하듯 자리하고 있는 만휴정은 바로 앞으로 계곡물이 흐르고 주변은 산림으로 우거져 무릉도원이 따로 없을 정도로 아름답다. 만휴정으로 가기 위해서는 계곡에 놓인 외나무다리를 건너야 한다. 외나무다리에 진입하면서부터 자연이 내 안으로 들어온 것 같은 착각을 불러일으킨다. 계곡의 급한 경사지를 닦아 좁고 긴 평지를 만들고 남향으로 배치했다.

정면 3칸, 측면 2칸 규모로 뒤로 좌·우 뒤쪽에 각 1칸 온돌이 있고 가운데 칸과 전면은 모두 마루이다. 온돌을 제외한 나머지는 모두 개방되어 있다. 전면에는 기둥 바깥으로 조금 나가 계자난간을 둘렀다.

초석과 기단은 모두 자연석을 사용했다. 기둥은 전면과 배면에는 원주를, 중간에는 방주를 사용해 차이를 두었다. 가구는 3평주 5량 구조로 삼분변작이다. 내진주가 중앙에 있고 방 또한 이 기둥과 같은 열에 있다 보니 전면 중도리가 마치 외기도리처럼 노출되어 있고 이 부분은 우물천장으로 마감되어 있다. 대공은 판대공으로 했다.

공포는 전면과 배면이 다른데, 전면은 이익공이고 배면은 초익공이다. 흔치 않은 사례로 개방적인 부분인 전면을 좀 더 화려하게 치장하기 위한 방편인 것 같다. 화반도 2종류를 사용했는데 양쪽 협칸은 원형이고 중앙 간은 파련형이다. 역시 중앙 부분을 더욱 화려하게 꾸미기 위한 방편으로 보인다.

만휴정은 조용한 휴식공간이자 강학공간으로 자연과 더불어 마음을 다스리고 학문을 연구하던 공간이다. 자신을 드러내기 위해 처마에 앙곡이나 안허리에 강한 곡선을 주었다. 이처럼 강하게 주지 않았다면 산속에서 힘없이 처진 느낌을 주었을 것이다.

1

2

1 만휴정은 바로 앞으로 맑은 물이 흐르는 계곡이 있고 주변은 산림으로 우거져 무릉도원이 따로 없을 정도로 아름답다.

2 정면 3칸, 측면 2칸 규모로 좌·우 뒤쪽에 각 1칸 온돌이 있고 가운데 칸과 전면은 모두 마루이다.

3 만휴정으로 가기 위해서는 산림이 우거진 계곡에 놓인 외나무다리를 건너야 한다.

1

4-1

4-2 전면

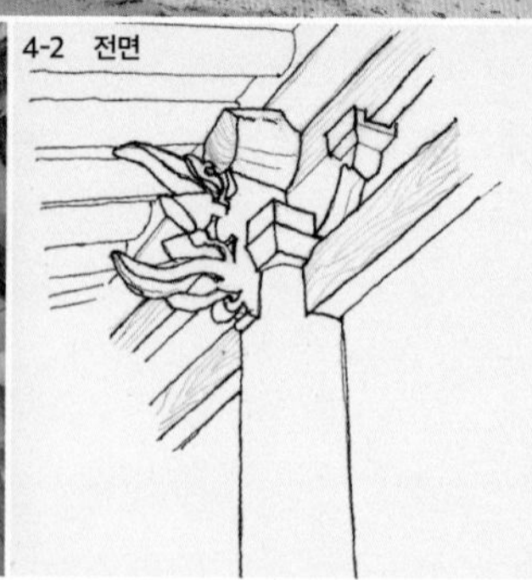

4-3

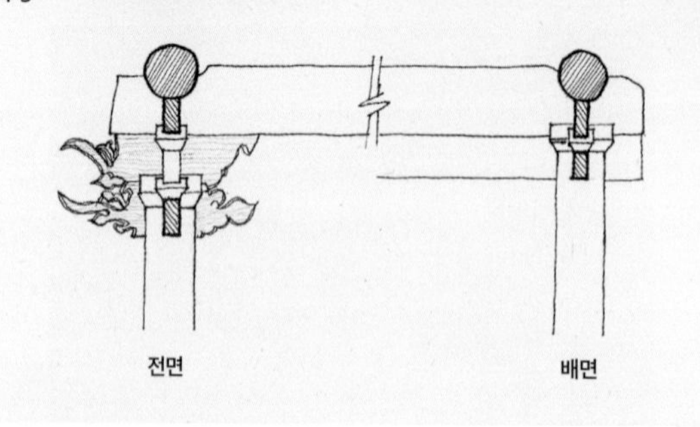

4-4 배면

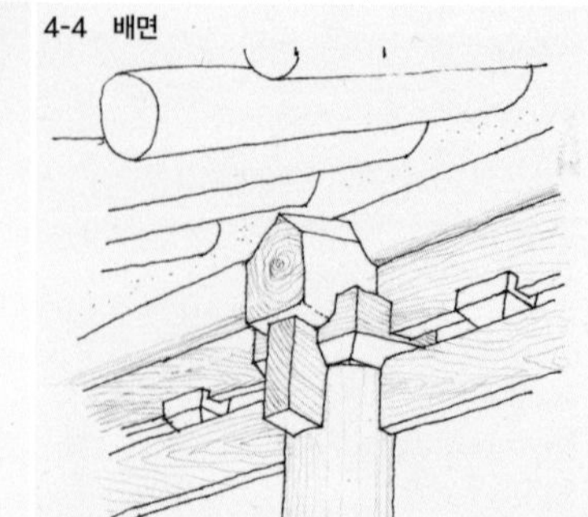

1 전면은 개방된 누마루이고 배면 쪽에 방을 두었다.
2 3평주 5량 구조로 삼분변작이다.
3 협칸 화반은 원형이다.
4 전면 공포는 이익공이고, 배면은 직절된 초익공이다.

安東 晩休亭

1

4

1 만휴정에서 바라본 원림 풍경

2 내부 기둥 위에 일반적으로 없는 부재가 걸려 있다. 횡력에 대비하기 위한 부재로 보인다.

3 내진주가 중앙에 있고 방 또한 이 기둥과 같은 열에 있다 보니 전면 중도리가 마치 외기도리처럼 노출되어 있고 이 부분은 우물천장으로 마감되어 있다.

4 전면 상부 화반이 파련형이다.

5 내부 마루에 원래 당호였던 쌍청헌(雙淸軒) 현판이 남아 있다.

안동 약계정

【위치】경북 안동시 길안면 용계은행나무길 371-15 【건축 시기】1897년 중건, 1989년 이건
【지정사항】경상북도 문화재자료 제41호 【구조 형식】3평주 5량가 팔작기와지붕

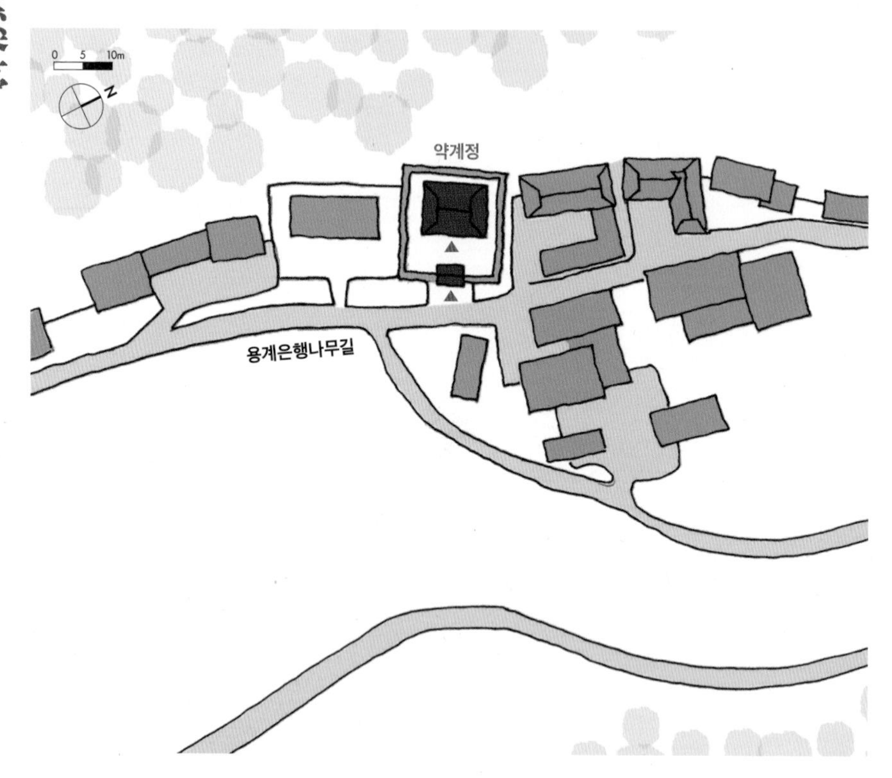

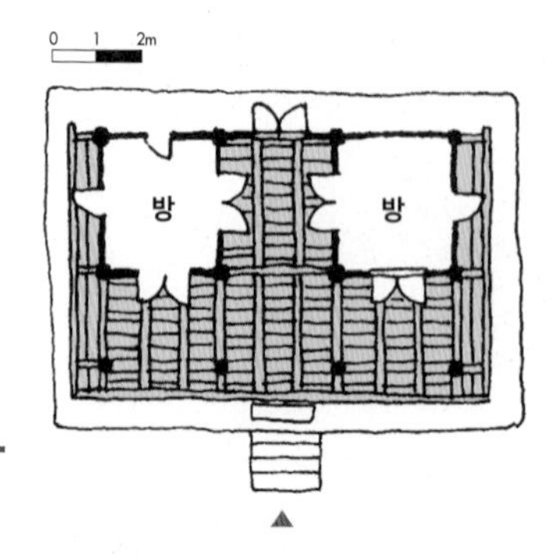

조선 현종 때 영릉 참봉을 지낸 약계 권순기(藥溪 權舜紀, 1679~1746)가 학문을 하던 곳이다. 원래 반변천 옆에 있었으나 홍수로 떠내려간 것을 1897(광무2)년 마을 안으로 옮겨지었다고 한다. 임하댐 건설로 1989년 이 자리로 다시 옮겨지었다.

현재 약계정은 용계리 산속 골짜기 계곡 언덕에 동향으로 자리하고 있다. 워낙 골짜기이다보니 주변에 약간의 민가가 있을 뿐이고 사방이 산으로 둘러싸여 있다. 전면에 있는 사무문으로 출입한다.

정면 3칸, 측면 2칸 규모로 좌·우 협칸 뒤쪽으로 각 1칸 온돌이 있고 나머지는 마루이다. 온돌과 중앙 칸 마루는 벽과 창으로 막았지만 전면은 모두 개방했다. 마루 끝에는 기둥 바깥으로 평난간을 둘렀다.

초석과 기단은 자연석을 사용했다. 기둥은 전면 개방된 부분에는 원주를, 나머지는 방주를 사용했다. 개방된 부분의 격을 높인 것으로 보인다. 공포는 직절된 초익공과 민도리 구조가 혼합되어 있다. 전면은 초익공이고 나머지 부분은 민도리 구조이다. 전면을 치장한 것이다. 가구는 3평주 5량, 맞보 구조이다. 삼분변작 정도 된다.

약계정 기둥은 높은 누마루가 아니어서 한 부재를 사용했다. 이럴 경우 마루 귀틀 때문에 기둥에서 단면 손실이 발생해 구조적으로 불리하게 된다. 그래서 약계정에서는 마루 하부에 장선을 기둥 사이에 걸고 그 위에 귀틀을 기둥을 피해 놓은 후 청판을 깔았다.

약계정은 팔작지붕집이다. 팔작지붕일 경우 합각이 외진주보다 조금 안쪽으로 들어가는데 많이 들어갈수록 고식으로 알려져 있다. 약계정에서는 비교적 많이 들어가 있다.

1 방 천장은 고미반자로 되어 있다.

2 내부 방은 가구구조와 열이 맞게 구성되기 마련인데 방을 구획하는 기둥 열이 중도리 열과 맞지 않아 천장 측면이 벽 없이 개방되어있다.

3 약계정 뒤로는 약산의 능선이 보이고 앞으로는 개방되어 있다.

4 약계정은 정면 높은 기단 위에 자리한다.

5 중앙열은 모두 벽과 창으로 막혀 있다. 벽이 중도리열과 맞지 않아 상부 마감이 조금 어설프다.

3

5
敦修齋

1 전면은 직절된 초익공으로 했다.

2 마루 밑 구성. 기둥 사이에 장선을 걸고 그 위에 귀틀을 기둥을 빗겨 놓은 후 청판을 걸었다.

3 주변이 모두 산으로 둘러싸여 있다.

4 기둥과 기둥 사이에 장귀틀이 없고 동귀틀은 2겹으로 되어 있는데 기둥을 빗겨 설치했다.

5 재사벽으로 된 배면과 우측 면에 아궁이가 있다.

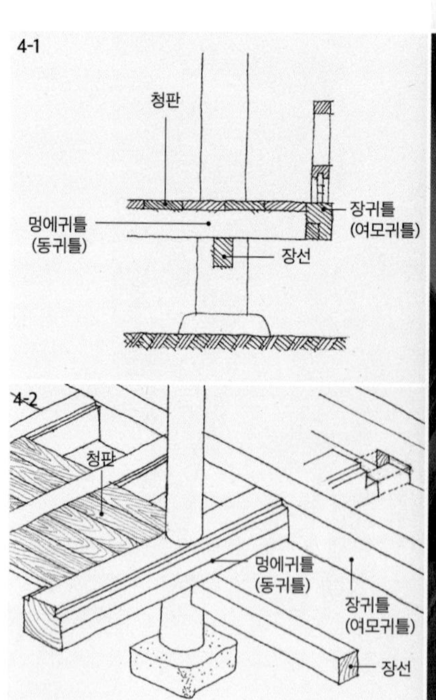

3

5

안동 낙강정

[위치] 경북 안동시 남후면 단호리 72 **[건축 시기]** 조선 초기
[지정사항] 경상북도 문화재자료 제587호 **[구조 형식]** 3평주 5량가 팔작기와지붕

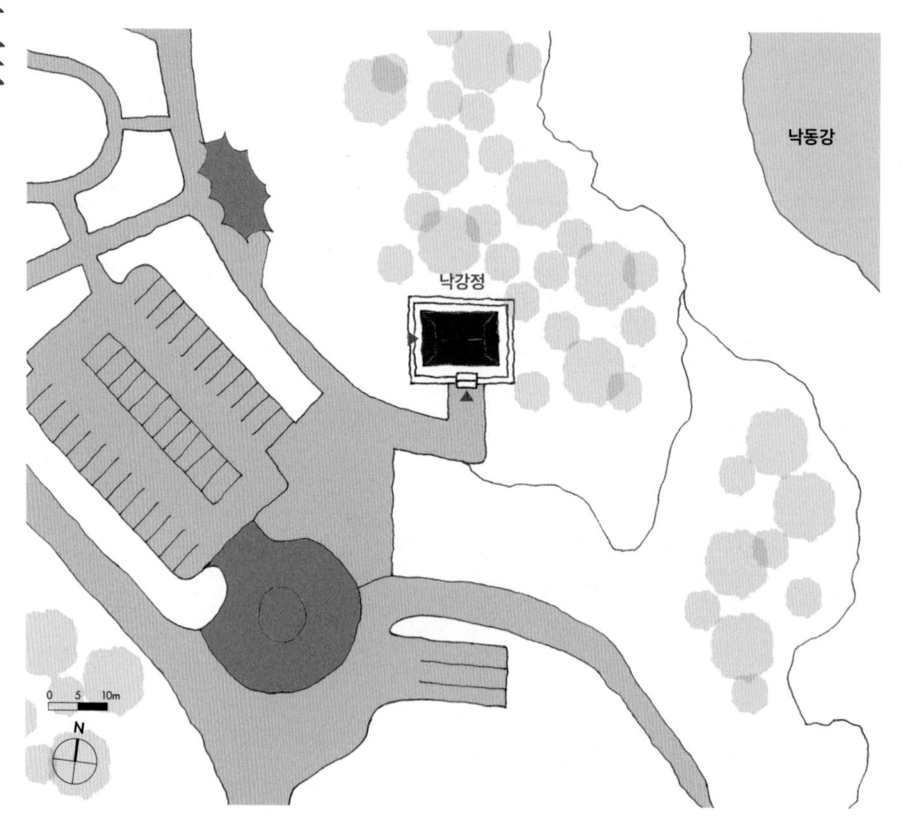

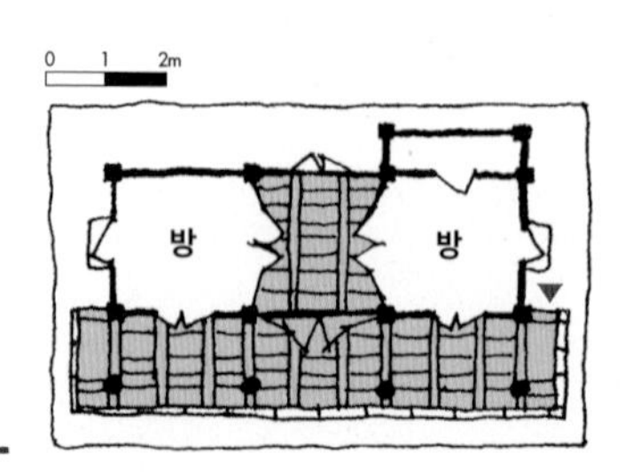

조선 중종 때 이조판서를 지낸 안동권씨 마애 권예(磨厓 權輗, 1495~1549)가 지은 정자라고만 알려져 있고 확실한 건립연대는 알 수 없다. 권예는 1516(중종11)년 문과에 급제하고 1519(중종14)년 기묘사화 때 조광조 일파의 탄압을 반대하는데 앞장선 인물이다. 이건기와 상량문에 의하면 예천에 있던 것을 이곳으로 이건했다고 한다.

낙강정은 낙동강 서쪽에 바짝 면해 남향으로 자리한다. 서쪽에 낮은 언덕의 솔숲이 있고, 동쪽에는 낙동강 모래펄이 있어 시원하고 경관이 훌륭하다. 과거에는 주변이 논이었으나 지금은 휴양시설이 조성되어 있다.

뒤쪽 지형이 높은 곳에 정면 3칸, 측면 1칸 반 규모로 자리한다. 좌우 양 끝에 각 1칸 온돌이 있고 나머지는 마루이다. 좌우 양쪽 온돌 앞 기단을 통해 정자에 오를 수 있다. 온돌과 마루는 모두 창호로 막혀 있다. 전면에 툇마루를 두었는데 툇마루는 기둥 외부까지 돌출되어 있고 마루 끝에 계자난간을 둘렀다.

초석은 자연석 초석이지만 기단이 시멘트 몰탈로 마감되어 있어 안타깝다. 전면의 노출된 툇간 기둥만 원주를 사용하고 나머지는 방주를 사용했다. 공포는 민도리와 익공이 혼용되어 있다. 전면과 마루가 있는 중앙 칸은 직절된 익공을 사용했고 나머지는 민도리 구조이다. 공포가 노출되는 부분은 격이 조금 높은 익공으로 하고 노출이 적은 부분은 민도리로 한 것이다.

종도리를 받는 동자도 두 종류이다. 외기도리를 받는 부분은 동자주이지만 나머지는 판대공이다. 이 판대공 위에서 소로가 장혀를 받고 있다. 동자를 판대공으로 사용하는 것은 이 지역에서 흔히 볼 수 있다. 포동자주의 초기 형태인 것으로 판단된다.

서쪽에는 솔숲이, 동쪽에는 낙동강 모래펄이 있어 시원하고 경관이 훌륭하다.

1

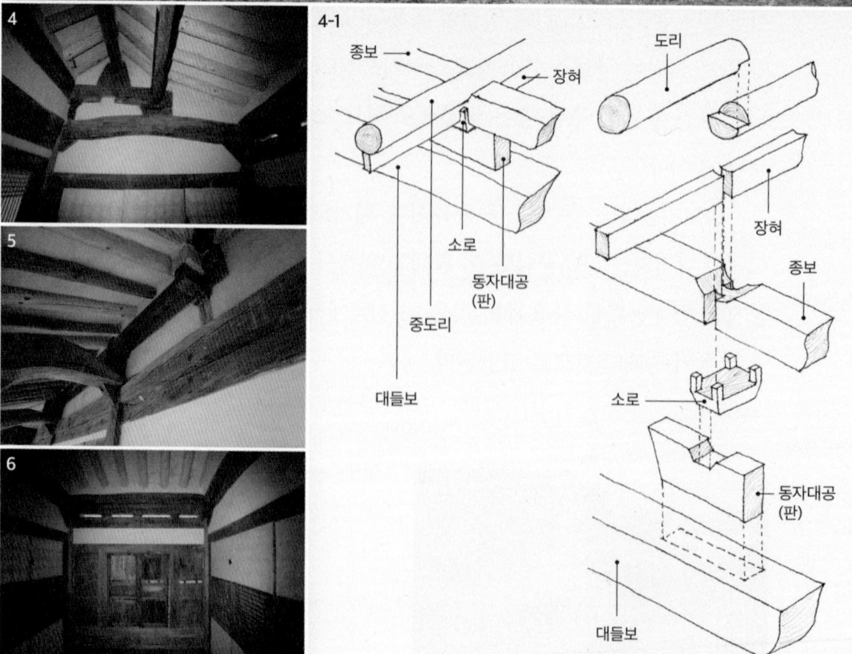

1 낙강정은 뒤쪽 지형이 약간 높은 곳에 자리한다.

2 좌우 양쪽 온돌 앞 기단을 통해 정자에 오를 수 있다.

3 툇간의 툇보는 굽은 목재를 사용했다.

4 종도리를 판대공이 받고 판대공 위에서 소로가 장혀를 받는다.

5 외기도리를 받는 부분은 동자주이지만 나머지는 판대공이다.

6 가운데 마루도 창호로 막아 폐쇄적이다.

7 정면 3칸, 측면 1칸 반 규모로 좌우 양 끝에 1칸 온돌이 있고 나머지는 마루이다.

안동 낙암정

[위치] 경북 안동시 남후면 풍산단호로 895 (단호리)
[건축 시기] 1451년 초창, 1813년 중건, 1881·1955년 중수
[지정사항] 경상북도 문화재자료 제194호 **[구조 형식]** 3평주 5량가 팔작기와지붕

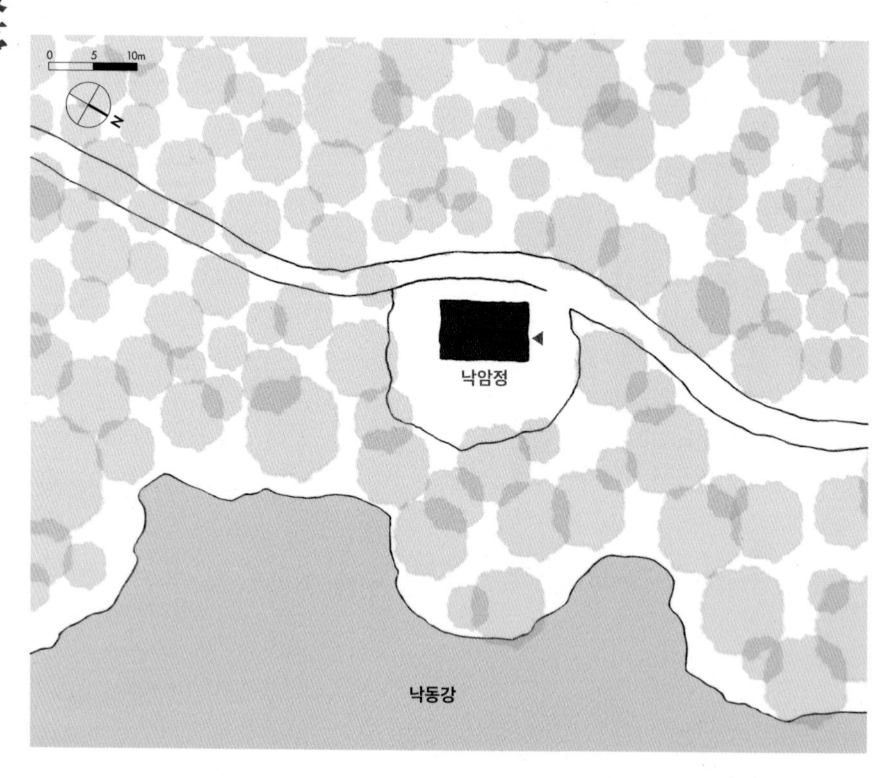

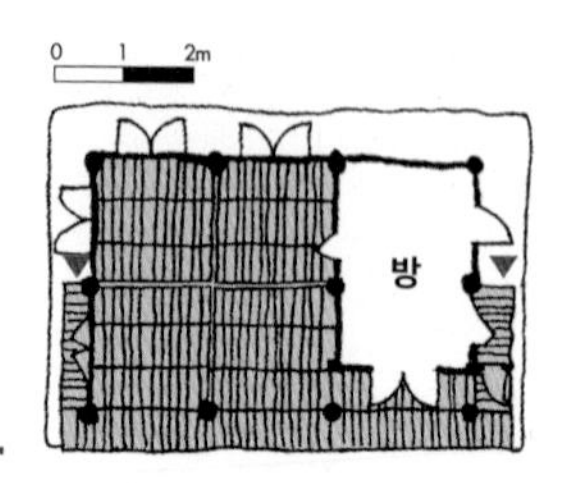

전라도 관찰사, 판진주목사 등을 지낸 홍해배씨 배환(裵桓, 1378~1448)의 후손들이 1451(문종1)년에 배환이 말년을 보내고자 했던 장소에 지은 정자이다. 1813(순조13)년에 중건 1881(고종18)년, 1955년에 중수했다.

낙동강변 절벽 서쪽에 바짝 면해 동향으로 자리한 낙암정은 정면 3칸, 측면 2칸 규모로 오른쪽 1칸이 온돌이고 나머지는 마루이다. 전면에는 툇마루가 있다. 삼면에 평난간을 둘렀으며 양 측면의 기단을 통해 마루에 오른다. 마루에서 낙동강과 강 건너 넓게 펼쳐진 논이 시원하게 보인다. 낙암정은 뒤쪽 언덕에 있는 도로에서 진입하는데 도로에서는 보이지 않는다.

초석과 기단은 모두 자연석을 사용했는데 뒤쪽 기단을 높게 쌓고 앞쪽은 낮게 해 누마루처럼 꾸몄다. 마루처럼 노출된 부분에는 원주를, 온돌 부분에는 방주를 사용했다. 공포는 직절된 초익공이고 대공은 약간 초각을 준 판대공을 사용했다. 가구는 3평주 5량 구조인데 삼분변작에 가깝다. 보를 바라보는 위치에서 방을 구획하는 기둥열이 중도리열과 맞지 않고 중도리보다 더 바깥으로 나와 있어 중도리 위를 우물천장으로 마감해 벽과 서까래가 만나는 부분의 어색함을 감추었다. 팔작지붕이어서 측면 충량을 대들보에 걸어 외기도리를 구성했다.

이 집의 특징은 도리가 모두 팔모라는 점이다. 마루 천장에 있는 중도리가 중간에서 끊어져 있는 모습이 보인다. 대개 도리는 대들보 위에서 연결되어 힘을 받는데 여기서는 중간에 끊겨 다른 부재를 연결했다. 그나마 한 부재로 된 장혀를 도리 밑에 받쳐 다행이다. 이는 어떤 특정 기법이라기보다는 부재 수급 문제였을 것으로 추정된다.

지붕 앙곡이 비교적 강한 편인데 아마도 터전이 좁고 강에서 바라보이는 경관을 고려해서 강하게 둔 것이 아닌가 싶다. 지붕 마루의 망와는 수키와 일부를 잘라 사용했는데 이 지역에서 종종 보이는 모습이다.

1 낙암정에서 본 낙동강

2 낙암정의 뒤에는 언덕이 있고
앞으로는 낙동강이 흐른다.

3 양 측면의 기단을 통해
마루에 오른다.

3

安東 洛巖亭

1 도리가 칸 중간에서 끊겨 다른 부재로 연결했다.
도리 밑에 한 부재로 된 장혀를 받쳤다.

2 측면에서 나온 충량이 대들보 위에 얹혀 있고
그 위로 외기도리가 구성되어 있다.

3 3평주 5량 구조인데 삼분변작에 가깝다.

4 난간이 기둥 바깥으로 돌출되어 있으며
평난간을 둘렀다. 하부 기둥이 상부 기둥보다 굵다.

5 도리가 팔모로 되어 있다.

6 낙암정의 팔모 도리

7 맞보 구조이며 방이 중도리 열보다
바깥으로 나와 있다. 마루 쪽 온돌 창호는
들어열개문으로 했다.

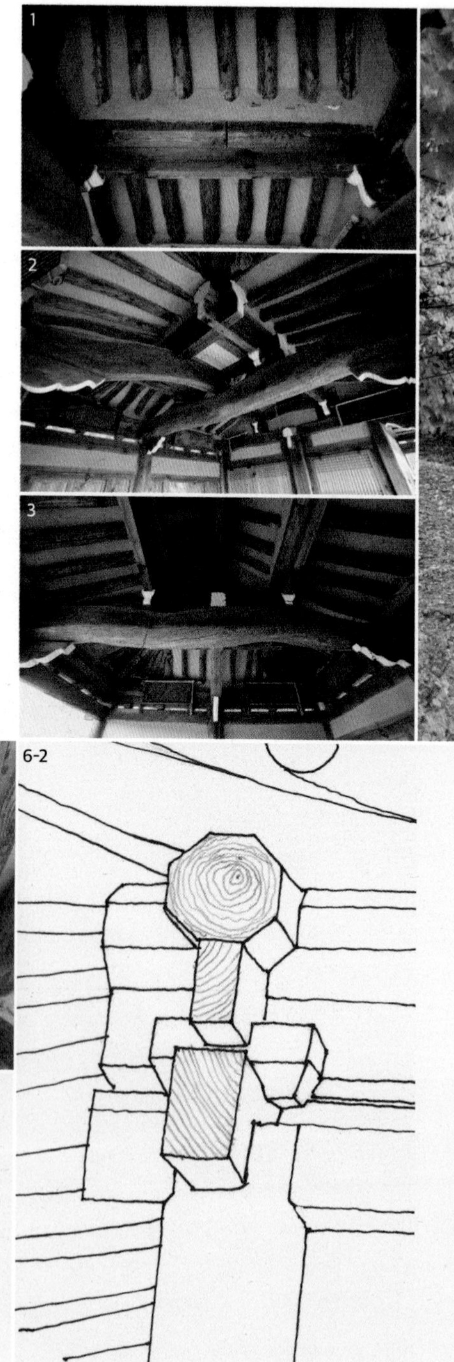

6-1

4

7

안동 고산정

[위치] 경북 안동시 도산면 가송길 177-42 (가송리) **[건축 시기]** 1564년
[지정사항] 경상북도 유형문화재 제274호 **[구조 형식]** 3평주 5량가 팔작기와지붕

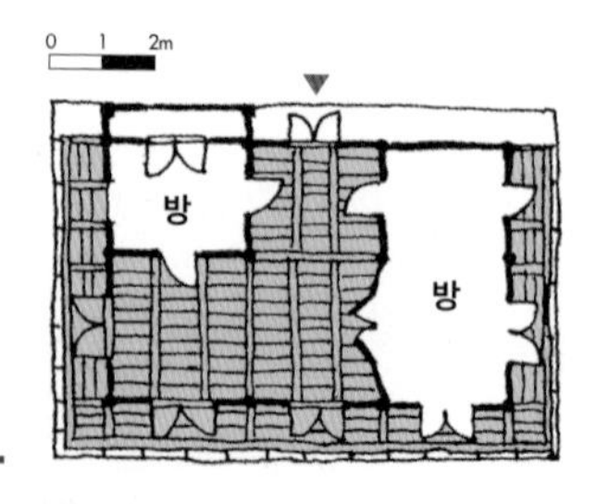

정유재란 때 안동에서 활약한 성재 금난수(惺齋 琴蘭秀, 1530~1604)의 정자이다. 성재는 1564(명종 19)년에 가송협곡에 정자를 짓고 일동정사(日東精舍)라고 부르고 이곳에서 유유자적했다. 성재의 스승인 퇴계와 문인들도 여러 차례 머물러 지냈다고 한다. 건립 당시 주변의 여건과 경관에 대해서는 성재의 4째 아들인 금각(琴恪, 1571~1589)이 16세에 지은 《일동록(日洞錄)》에 기록되어 있다.

고산정은 청량산으로 가다 보면 절벽과 낙동강 상류의 물줄기가 어우러져 마치 병풍을 쳐 놓은 듯한 빼어난 경관으로 안동팔경의 하나로 꼽히는 가송협에 자리한다. 가송협 건너에는 소나무 숲과 우뚝솟은 산이 있다. 이 경치 좋은 땅에 전면 3m, 후면 1.5m 높이의 석축을 쌓아 부지를 조성하고 정자를 지었다. 정자 주변을 외병산과 내병산이 병풍처럼 둘러싸고 있다.

정면 3칸, 측면 2칸 규모로 가운데 마루 1칸이 있고 양 옆에 1칸 온돌이 있다. 전면에 툇마루가 있다. 왼쪽의 온돌은 1칸 물러 있고, 오른쪽 온돌은 측면 2칸 모두 온돌이다. 3면에 계자난간을 둘렀으며 양 옆의 난간이 끝나는 지점에서 출입한다. 대청과 면한 쪽의 온돌에는 불발기세살창을 달았다. 낮은 기단 위에 자연석 덤벙주초를 두고 원주를 사용했다. 3평주 5량 구조로 굴도리를 사용한 민도리집이다. 양 쪽 협칸에 방을 들이기 위해 대들보를 기둥 위에서 맞보로 구성하고 동자주를 세워 종보를 받았다. 대공은 동자대공으로 종도리 아래에는 장혀를 설치하고 소로를 받쳤다. 난간은 난간대와 계자다리가 직접 만나는데 하엽 대신 철물을 이용했다.

1 난간 모서리 부분 철물 상세

2 삼면에 계자난간을 둘렀으며 양 옆의 난간이 끝나는 지점에서 출입한다.

3 전면 3m, 후면 1.5m 높이의 석축을 쌓아 부지를 조성하고 정자를 지었다.

4 온돌 측면에는 세살문을 달아 안정돼 보이게 했다.

5 마루 측면에는 판벽과 우리판문을 달아 비바람을 막고 채광을 차단해 차분한 분위기가 되도록 했다.

1

2

4

3

5

안동 고산정

1 대들보를 기둥 위에서 맞보로 구성하고 동자주를 세워 종보를 받았다.

2 외기도리에 설치한 뜬 창방

3 초각한 보아지

4 외병산과 내병산이 병풍처럼 둘러 있고 낙동강이 흐르는 가송협에 자리한다. 건너에는 소나무 숲과 우뚝솟은 산이 있다.

5 치목 흔적이 남아 있는 후면 기둥

6 대청과 면한 쪽의 온돌에는 육각의 불발기교살창을 달았다.

4

안동 애일당

[위치] 경북 안동시 도산면 가송리 612 **[건축 시기]** 1512년 초창
[지정사항] 경상북도 유형문화재 제34호 **[구조 형식]** 5량가 팔작기와지붕

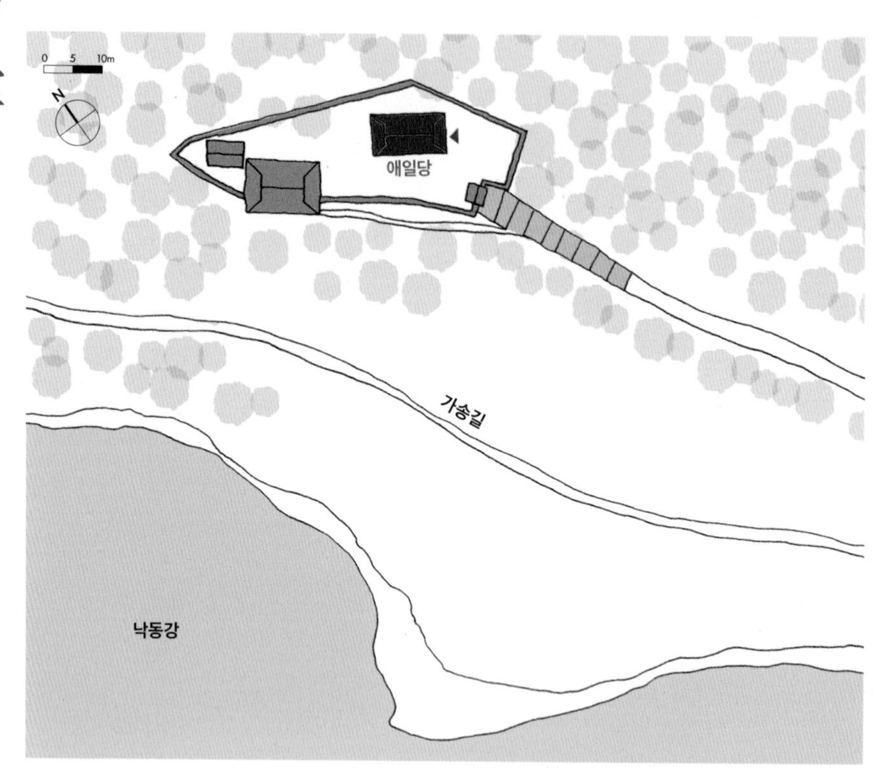

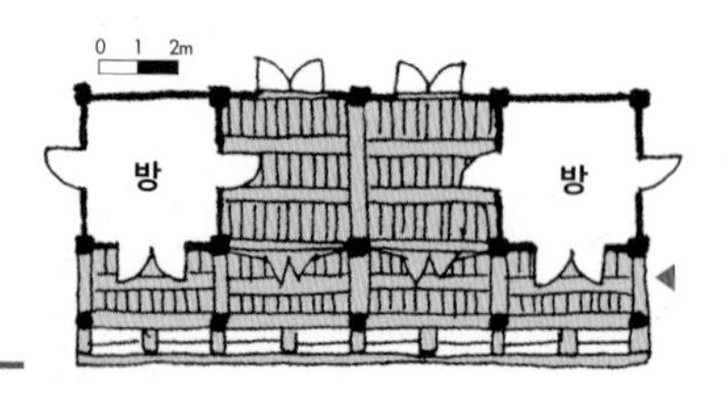

농암 이현보(聾巖 李賢輔, 1467~1555)의 별당이다. 농암이 부모를 기쁘게 하기 위해 1512(중종7)년에 아흔 살이 넘은 부친과 숙부 등 노인들을 위한 경로당 성격으로 지었다고 한다. 당호는 부친이 늙어감을 아쉬워하며 하루하루를 아낀다는 뜻에서 붙인 이름이다. 1975년 안동댐 건설로 도산면 분천리로 이건했는데 농암유적지정비사업을 명목으로 2005년에 도산면 가송리로 다시 이건했다. 북서쪽은 산이고 앞면은 절벽으로 남쪽에 사주문을 설치했으며 사면에 토석담을 둘렀다.

정면 4칸, 측면 2칸 규모로 가운데에 2칸 마루를 두고 양옆에 1칸 온돌을 두었다. 전면에 툇마루를 두고 계자난간을 둘렀다. 자연석을 2단 높이로 쌓아 기단을 만들고 자연석 초석을 설치했다. 전면 기둥만 원주로 하고 나머지는 각주를 사용했다. 공포는 초익공으로 볼 수 있으나 익공을 둥글게 굴린 것이 특징이다. 창방은 기둥에 비해 얇은 것을 사용했고 소로을 얹어 장혀와 굴도리를 받치도록 했다. 측면 정칸과 배면에는 창방이 없는 구조로 정면을 장식하려는 의도에서 사용했음을 알 수 있다.

1 애일당 오른쪽에는 일대 경관을 조망할 수 있는 누마루인 강각이 있다.

2 북서쪽은 산이고 앞면은 절벽으로 남쪽에 사주문을 설치했으며 사면에 토석담을 둘렀다.

3 정면 4칸, 측면 2칸 규모로 가운데에 2칸 마루를 두고 양옆에 1칸 온돌을 두었다.

4 측면에 창이 아닌 문을 낸 것이 독특하고 전퇴에는 창방을 건 모습을 볼 수 있다.

안동 용암정

【위치】경상북도 안동시 도산면 서부리 산16-1번지 【건축 시기】1913년 초창, 1975년 이건
【지정사항】경상북도 유형문화재 제41호 【구조 형식】5량가 팔작기와지붕

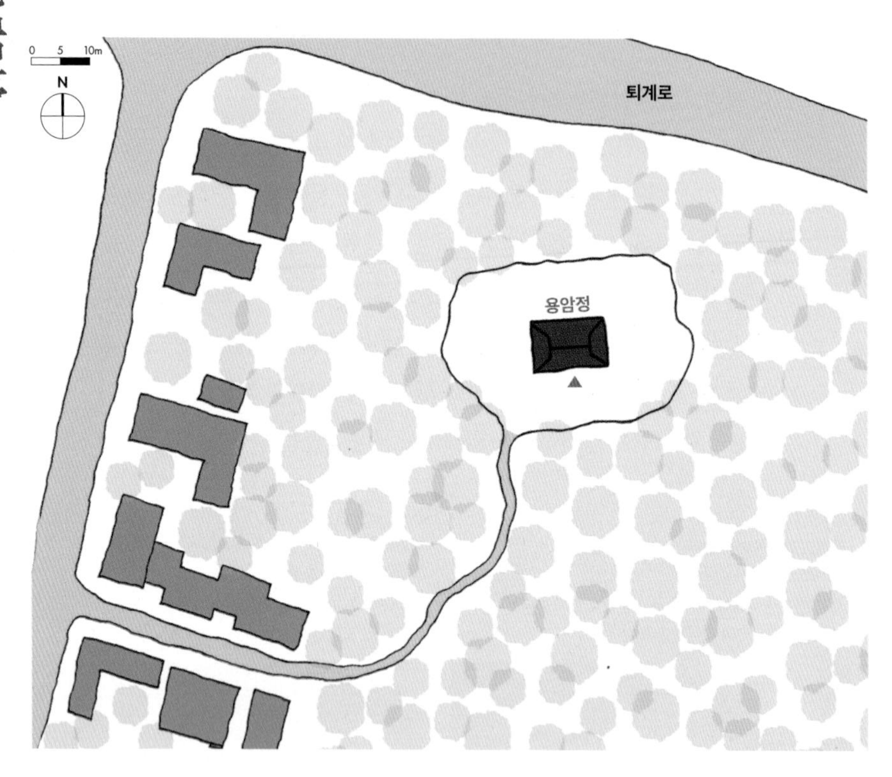

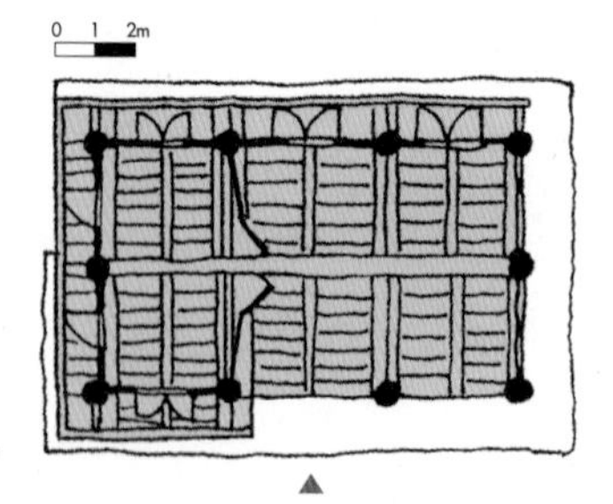

1913년에 신태봉(申泰鳳, 1852~1921)이 낙동강변에 지은 정자이다. 지을 당시 당호는 영락정(永樂亭)이었는데 1940년에 신응인(申應仁, 1887~1969)이 사들여 용암정(龍巖亭)으로 변경했다. 1975년 안동댐 건설 때문에 지금 자리로 이건했다.

서부리마을 뒤에 있는 낮은 동산에 동향으로 자리한 용암정은 정면 3칸, 측면 2칸 규모로 바닥 전체에 우물마루를 깔았다. 왼쪽 1칸은 삼면에 판문을 달고, 마루 쪽에는 사분합들문을 달아 마루방으로 꾸몄다. 전체 배면에는 판문을 달았다. 마루방이 있는 왼쪽과 왼쪽 면, 배면 전체에 쪽마루를 설치했다. 기단은 대충 다듬은 돌을 허튼층쌓기해 구성했는데 정면은 4단, 오른쪽과 배면은 1~2단, 왼쪽은 3단 높이이다. 정면에만 원형 초석을 사용하고 나머지는 방형 초석을 사용했다. 기둥은 모두 원주이다.

직절익공, 5량 구조로 양 측면 중앙기둥에 충량을 걸어 외기도리를 받고 있다. 대들보 위에 판대공을 설치해 중보와 중도리를 받고 다시 중보 위에 사다리꼴 판대공을 세워 종도리를 받았다. 외기에는 작은 눈썹천장이 가설되었다. 안내판에 아궁이가 있었다고 되어 있는 것으로 보아 마루방 부분에 온돌을 들였을 것으로 판단되는데 아궁이 흔적을 찾을 수 없다. 대개 마루에 건립기, 중수기, 시문 등을 걸어두는데 이 집은 아무것도 걸어두지 않았다.

5량이지만 규모가 작아 가구를 간략하게 구성했다.

일제강점기에 지어졌지만, 조선시대의 수법이 그대로 남아 있으며 전체를 마루로 가설한 점을 눈여겨볼 만하다.

1 낮은 동산에 동향하고 있는 용암정

2 대충 다듬은 돌을 허튼층쌓기해 기단을 구성했는데 정면을 다른 면보다 높게 했다.

1

5

1 정면 3칸, 측면 2칸 규모로 바닥 전체에 우물마루를 깔았다.

2 양 측면 중앙기둥에 충량을 걸어 외기도리를 받고 있다.

3 귀포 상세

4 정면에만 원형 초석을 사용하고 나머지는 방형 초석을 사용했다. 기둥은 모두 원기둥이다.

5 정면은 개방하고 배면에는 판문을 달아 막았다.

6 마루방은 삼면에 판문을 달고 마루 쪽에 사분합들문을 달았다.

안동 수운정

[위치] 경상북도 안동시 도산면 태자로 172-3 (태자리) **[건축 시기]** 1585년 초창, 1933년 중수
[지정사항] 경상북도 문화재자료 제433호 **[구조 형식]** 2평주 5량가 팔작기와지붕

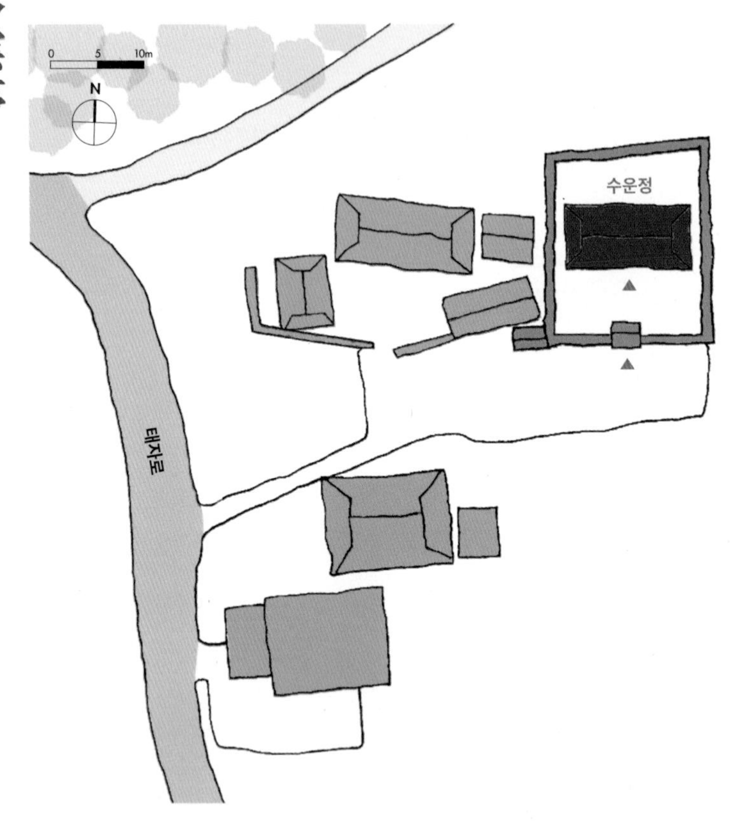

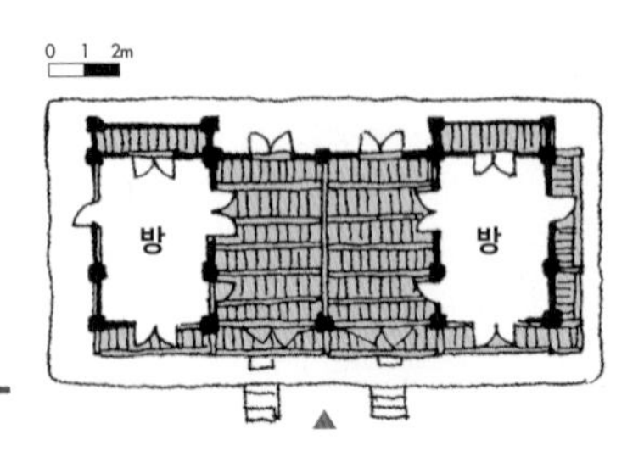

조선 선조 때 학자 매헌 금보(梅軒 琴輔, 1521~1584)가 60세에 지은 정자이다. 현재 건물은 1933년 문중에서 중수한 것이다. 수운정이라는 당호는 자연에서 물과 구름을 벗하며 학문을 논하고 후학을 양성하고자 한다는 의미를 담아 매헌이 붙였다. 수운정 자리에는 신라 때 창건한 태자사가 있었다. 수운정 앞 밭에는 지금도 신라 때 쌓은 석축의 일부가 남아 있으며 오른쪽 조금 떨어진 곳에는 태자사지 귀부 및 이수(경상북도 문화재자료 제68호)가 있다.

소나무숲이 병풍을 이루고 있는 태자산을 등지고 남서향으로 자리한 수운정은 정면 4칸, 측면 1칸 반 규모로 가운데 2칸이 대청이고 양 옆에 각 1칸 온돌을 들였다. 대청에는 우물마루를 깔고 분합들문을 설치했다. 온돌의 전면과 측면 상부에는 환기를 할 수 있는 작은 세살창을 달았다. 온돌의 뒷벽에는 다락을 설치했다. 온돌 천장은 고미반자로 마감했다. 전면 전체에 쪽마루를 설치했다. 기단은 온돌 아궁이를 들이기 위해 자연석으로 2단을 쌓고 오르내릴 수 있도록 정면에 3단 계단을 두었다. 초석은 자연석 초석을 사용하고 기둥은 방주를 사용했다. 가구는 2평주 5량 구조이고 대청이 있는 부분은 창방 위에 소로를 설치하고 장혀와 두공을 받은 소로수장집으로 꾸몄다. 대들보는 자연목을 그대로 사용했다. 온돌이 있는 부분은 측면 반 칸쯤에 기둥을 세우고 맞보를 구성했다. 대공은 판대공이며 종도리 아래 장혀와 소로를 설치했다. 정자 후면 담장과 접하는 공간은 화계로 꾸미고 다양한 초목을 심었다.

1 정면 4칸, 측면 1칸 반 규모로 가운데 2칸이 대청이고 양옆에 각 1칸 온돌을 들였다.

2 대청이 있는 부분은 창방 위에 소로를 설치하고 장혀와 두공을 받은 소로수장집으로 꾸몄다.

1 쪽마루 장귀틀이 마루 끝과 맞지 않고 앞으로 튀어나와 있다.

2 정자 후면 담장과 접하는 공간은 화계로 꾸미고 다양한 초목을 심었다.

3 온돌이 있는 부분은 측면 반 칸쯤에 기둥을 세우고 맞보를 구성했다.

4 대청 배면 판벽과 판문

5 2평주 5량 구조이고 대공은 판대공이며 종도리 아래 장혀와 소로를 설치했다.

6 온돌의 전면과 측면 상부에는 환기를 할 수 있는 작은 세살창을 달았다.

7 기둥 하부의 자연석 초석과 쪽마루의 초석

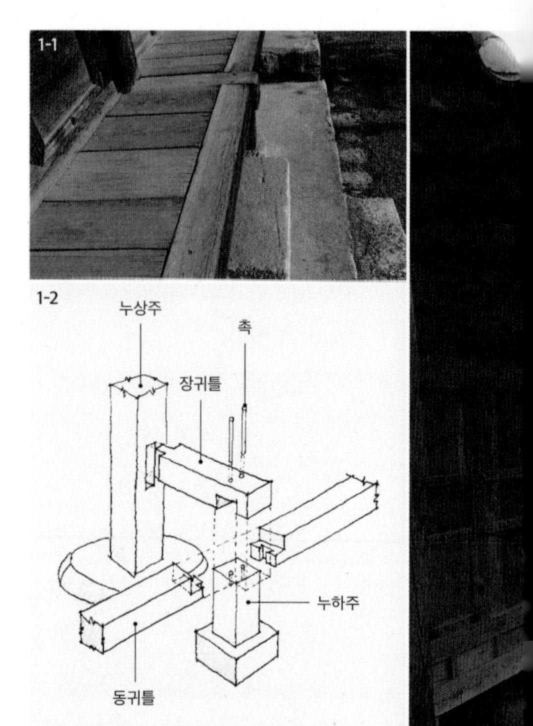

안동 함벽당

【위치】경상북도 안동시 서후면 개목사길 191-4 (광평리) 【건축 시기】17세기 초창, 1862년 중수
【지정사항】경상북도 문화재자료 제260호 【구조 형식】3량가 맞배기와지붕

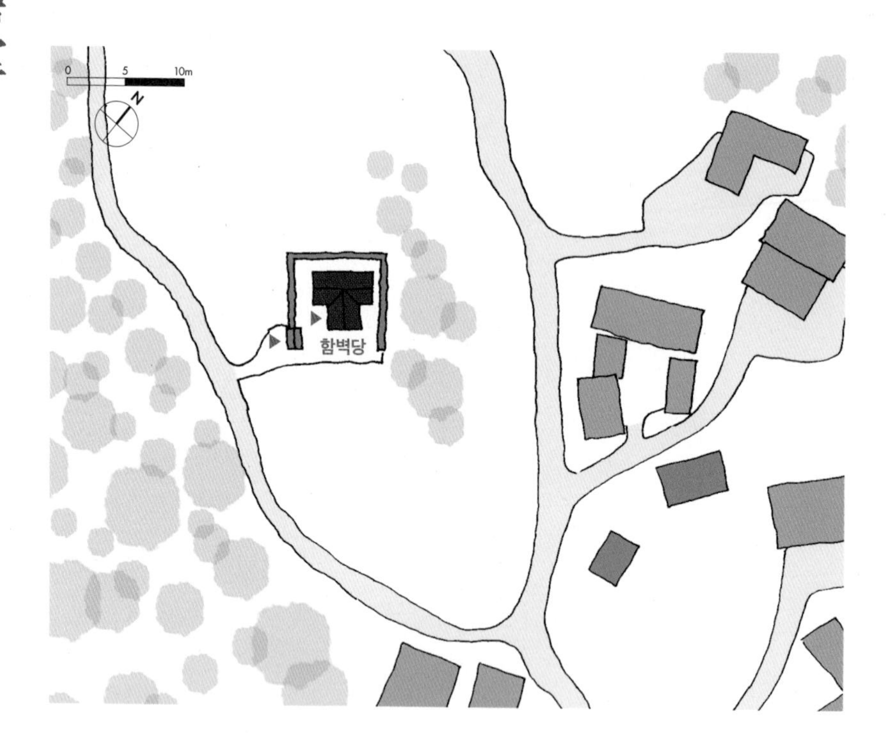

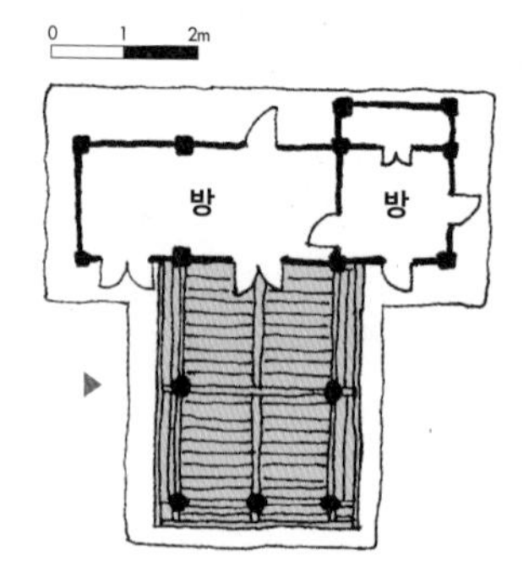

명종 때 무인 절충장군 강희철(康希哲, 1492~1583)이 관직에서 물러난 후 지은 정자로 당호는 자신의 호를 가져와 함경당(涵鏡堂)이라고 했다. 이후 옥봉 권위(玉峰權暐, 1552~1630)의 소유가 되었다가 마을에 터 잡고 살던 함벽당 류경시(涵碧堂 柳敬時, 1666~1747)의 소유가 되면서 당호도 함벽당으로 바뀌었다. 17세기에 지어진 것으로 전해지고 있으나 건물 양식은 약간 후대의 건물로 보인다. 류경시가 죽은 후 100여년 뒤인 1862(철종13)년에 대대적인 수리를 한 것으로 보인다.

천둥산 기슭 개목사길 높은 축대 위에 남향으로 자리한 함벽당은 정면 3칸, 측면 1칸 규모의 정자이다. 서쪽으로 경사진 길을 따라 올라가면 사주문이 보인다. 몸채 3칸에 온돌을 들이고 가운데 칸 앞에 정면 1칸, 측면 2칸 규모의 대청을 덧붙인 'ㅜ'자형 평면을 가진 3량 구조, 민도리집이다. 지붕은 맞배지붕을 결합한 형태로 박공판이 있는 대청의 전면을 정면으로 하고 있다. 대청 부분에는 2단의 자연석 기단을 설치하고 온돌 부분의 기단은 3단으로 구성했다. 기단의 단 차가 생기는 대청과 온돌이 만나는 부분에 대청에 오를 수 있는 계단이 있다. 자연석 초석 위에 대청 부분은 원주를, 이외 부분에는 방주를 사용했다. 특이하게 대청이 있는 전면열의 대들보 중간에 샛기둥을 하나 더 설치했다. 작은 부재로 대들보를 올려 구조적으로 보완하기 위한 방편으로 보인다. 대청의 대들보 위에 운형대공을 설치하고 종도리와 장혀를 받았다. 온돌의 외부 벽체에서 종도리와 장혀를 받는 대공은 사다리형과 원형이 결합된 형태이다.

이 정자는 우리나라에서 매우 보기드문 'ㅜ'자형 평면이라는 것이 특징이다. 보통 왕릉의 정자각이 이와같은 평면인데 정자에서는 찾아 볼 수 없다.

창틀을 두껍게 별도로 구성한 것이 특이하다.

1

5

1 개목사길 높은 축대 위에 남향으로 자리한다.

2 온돌의 외부 벽체에서 종도리와 장혀를 받는 대공은 사다리형과 원형이 결합된 형태이다.

3 대청은 3량 구조의 민도리집으로 대들보 위에 운형대공을 올려 종도리와 장혀를 받았다.

4 대청이 있는 전면 열의 대들보 중간에 샛기둥을 한 개 더 설치했는데 작은 부재로 대들보를 올려 구조적으로 보완하기 위한 방편으로 보인다.

5 대청에는 원주를 사용하고 온돌 부분에는 방주를 사용했다.

6 정자에서는 흔하지 않은 '丁'자형 평면이다.

1 경사로를 오르면 정자에 들어갈 수 있는 사주문이 보인다. 주변에 토석담을 둘렀다.

2 맞배부분의 뺄목을 시원하게 빼고 받침목을 소매걷이해 받쳤다.

3 온돌 천장은 고미반자로 마감했다.

4 대청 평난간의 난간대와 난간 지지대의 맞춤 상세. 일반적인 계자난간과는 달리 난간동자의 간격이 넓고 난간대를 반턱맞춤으로 하여 난간동자에 고정한 매우 단순하면서도 소박한 기법을 사용했다.

5 대청 바닥에는 우물마루를 깔았다.

6 대청과 온돌로 가는 계단

안동 명옥대

[위치] 경상북도 안동시 서후면 태장리 산76번지
[건축 시기] 1665년 초창, 1920년경 개축 **[지정사항]** 경상북도 문화재자료 제174호
[구조 형식] 5량가 팔작기와지붕

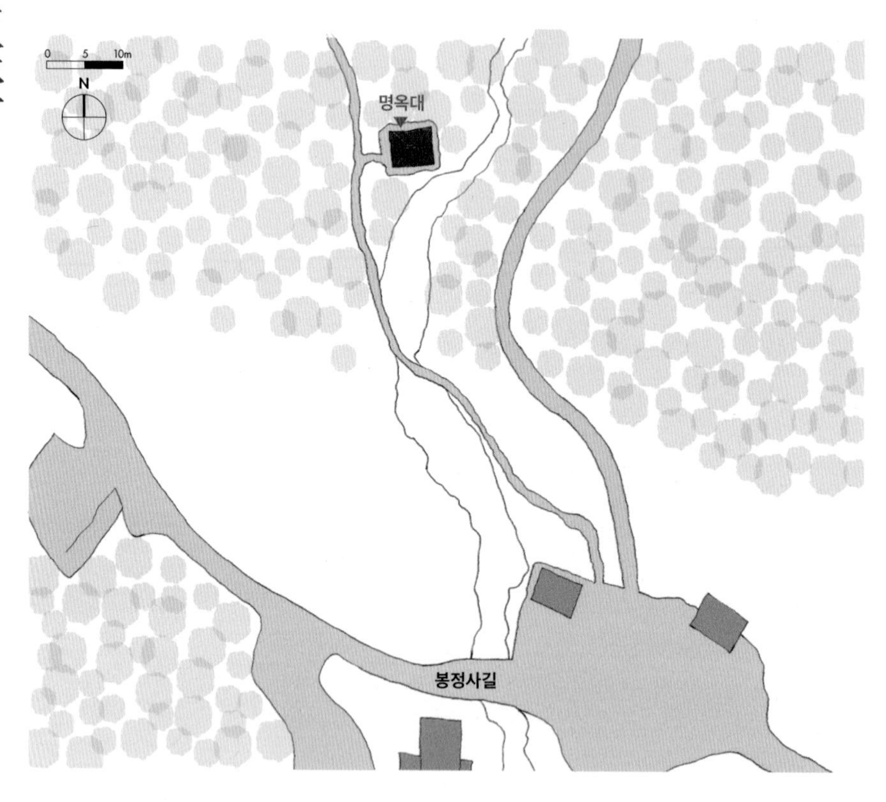

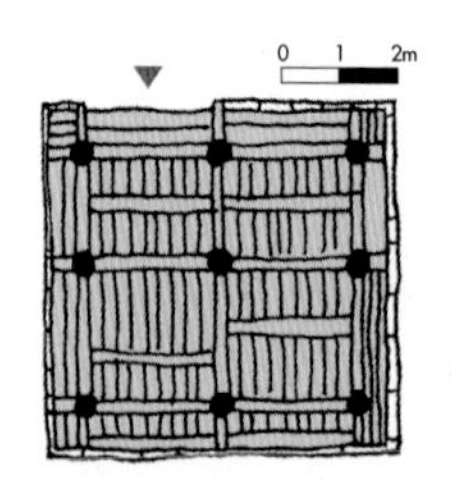

퇴계 이황이 후학을 양성하던 곳을 기리기 위해 1665(현종6)년에 사림들이 건립한 누각 형태의 정자이다. 지어질 당시 이름은 '낙수대(落水臺)'였으나 진나라의 육사형(陸士衡)이 지은 초은시(招隱詩)의 "솟구쳐 나는 샘이 명옥을 씻어 내리네"라는 구절을 따 '명옥대'로 당호를 고쳤다고 한다.

명옥대는 봉정사 입구 주차장에서 봉정사로 약 500m 정도 걸어가다 왼쪽 석간수가 흐르는 계곡 건너편에 남향으로 자리한다. 봉정사 입구에는 여러 층으로 된 기암이 있는데 그 가운데 가장 아름다운 장소이다.

정면 2칸, 측면 2칸 규모로 전체를 마루로 꾸몄다. 명옥대 뒤에는 창암정사를 관리하는 승려들이 상주하는 3칸 규모의 승사가 있었다는 기록이 있는데 현재는 흔적조차 찾을 수 없다. 자연석 초석 위에 원주를 사용하고 바닥에는 우물마루를 깔고 계자난간을 둘렀다. 정자에 오르내릴 수 있도록 북쪽 가장자리 기둥 쪽은 난간을 두르지 않았다. 가운데 기둥 위에서 대들보를 맞보로 설치하고 하부에 보아지를 받쳐 처짐을 방지했다. 남쪽 부분에서는 대들보 위에 동자주를 받치고 종보를 받았다. 북쪽 부분에서는 대들보 위에 대접받침을 설치하고 보아지와 장혀를 맞춘 다음 종보와 중도리를 받게 했다. 종보 위에는 판대공을 세우고 첨차와 보아지를 직교시켜 장혀와 도리를 얹었다.

현재의 정자는 1920년경에 고쳐 지었다고 하는데 기둥을 제외한 모든 부재가 새 부재라고 한다. 내부 기둥에 남은 흔적으로 보아서 원래 뒤쪽 2칸은 온돌이었을 것으로 추정된다. 온돌 1칸, 마루 2칸으로 구성된다는 기록과 일치한다. 후대에 지금과 같이 전체를 마루로 개조한 것이다. 원형이 상실되어 안타깝다. 맞은편 바위 표면에 명옥대라고 새긴 글이 남아 있다.

1 기록에는 온돌 1칸이 있었다고 하는데 지금은 흔적만 남아 있다.

2 민도리집보다 격을 높이기 위해 창방과 소로를 사용했다.

3 정자 진입부인 북쪽 가장자리 기둥 쪽은 난간을 두르지 않고 기둥에 난간대를 고정했다.

1 종보 위에 판대공을 올리고 뜬소로와 뜬창방으로 종도리와 장혀를 받았다.

2 대들보 위에 주두를 올려 보아지를 받고 그 위에 측면 서까래를 지지하는 외기도리와 장혀를 올렸다.

3 대들보 위에 동자주를 받치고 종보를 받았다.

4 진입로에서 바라본 명옥대

5 가구 구조도. 기둥 간격이 다를 경우 외부 지붕이 대칭이 되지 않으므로 지붕을 대칭으로 만들기 위해 외기를 조정해 골조를 구성했다.

6 계곡에서 바라본 명옥대

7 가운데 기둥 위에서 대들보를 맞보로 설치하고 하부에 보아지를 받쳐 처짐을 방지했다.

8 맞보를 구성하기 위해 원기둥 위에서 보를 결구하고 보 아래 보아지를 덧대 지지했다.

9 대들보 위에 대접받침을 설치하고 보아지와 장혀를 맞춘 다음 종보와 중도리를 받게 했다.

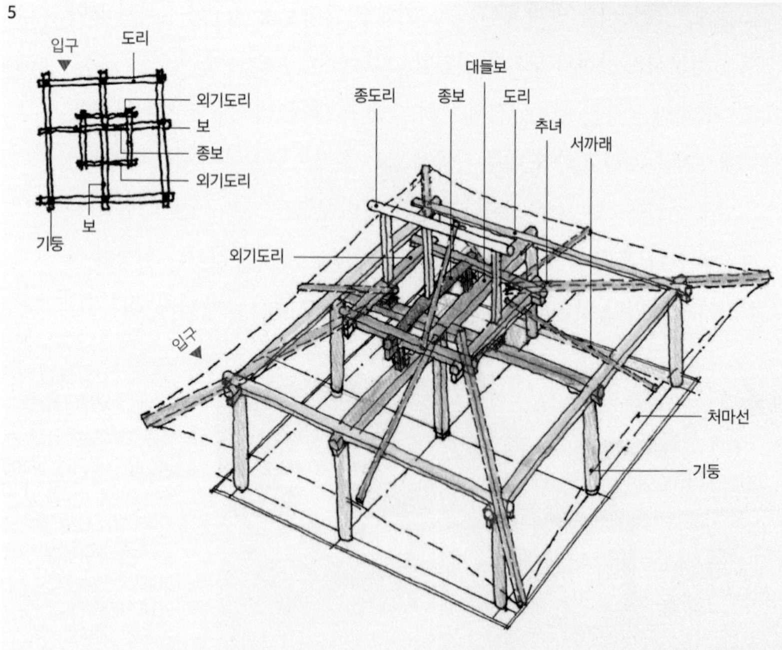

안동 광풍정

[위치] 경상북도 안동시 서후면 풍산태사로 2885-23 (금계리) **[건축 시기]** 1630년대 초창, 1838년 개축
[지정사항] 경상북도 문화재자료 제322호 **[구조 형식]** 3평주 5량가 팔작기와지붕

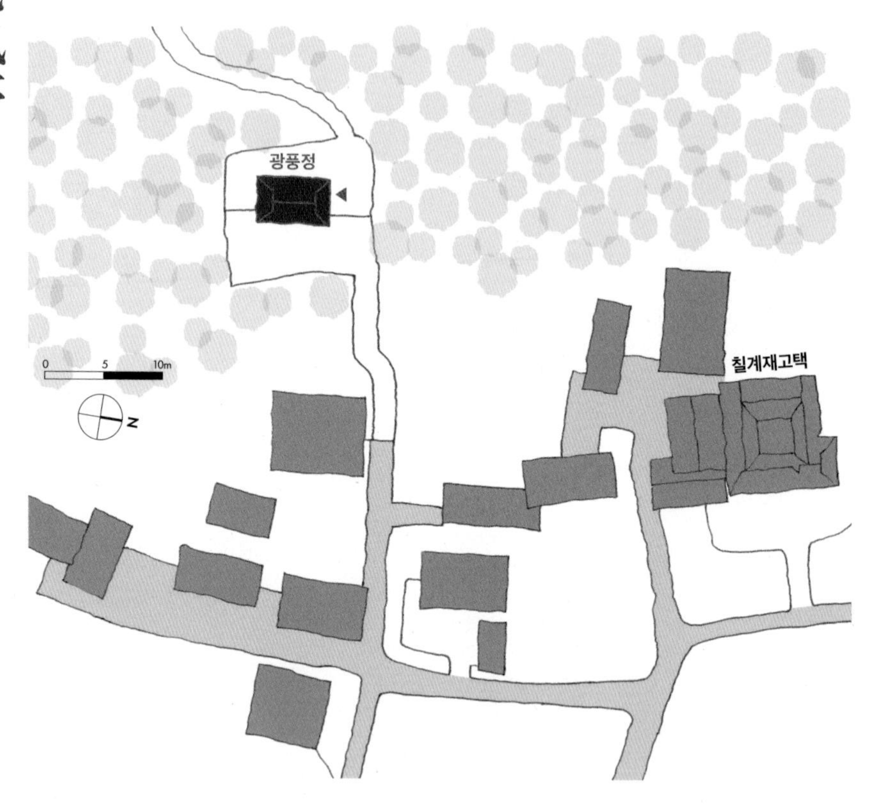

1 대공은 조선시대에 흔한 제형판대공을 사용했으나 이와 직교하여 행공을 길게 사용했다.

2 동자주는 매우 드문 포형동자주를 사용했다는 것이 특징이다. 행공의 길이가 길고 주두를 올린 것이 다른 정자에서 보기드문 형식이다.

3 공포는 민도리집이지만 전면만 원기둥을 사용하고 주두와 두공을 두어 장식했다.

4 가구는 3평주 5량가이며 방 부분도 상부가 연등천장으로 열려 있다.

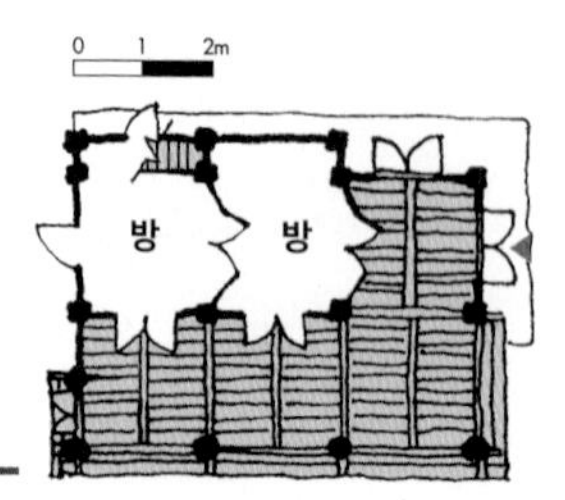

학봉 김성일(鶴峰 金誠一, 1538~1593), 서애 류성룡(西厓 柳成龍, 1542~1607) 문하에서 공부하고 많은 후학을 배출한 경당 장흥효(敬堂 張興孝, 1564~1633)가 안동장씨 집성촌인 금계리에 1630년대에 지은 정자이다. 경당은 이곳에서 300여 명의 후학에게 강학했다고 한다. 1838(헌종4)년에 지역 유림들이 개축했다.

광풍정은 청등산 남쪽 장흥효가 제월대라고 이름 붙인 커다란 암석 아래 자리한다. 제월대에는 능주목사 김진화(金鎭華, 1793~1850)가 장흥효를 추모하며 새긴 "경당선생제월대(敬堂張先生霽月臺)" 암각서가 있다. 정자 맞은편에는 학봉종택이 있다.

정면 3칸, 측면 2칸 규모로 왼쪽에 2칸 온돌을 두고 나머지는 우물마루로 꾸몄다. 전면에 툇마루를 두었다. 뒤쪽 기단을 높게 쌓아 누마루로 꾸몄다. 전면은 낮게 막돌기단을 쌓고 위에 큼직한 덤벙주초를 놓고 원주를 세웠다. 누하주가 굵고 팔각으로 해 다른 부분과 대조된다. 1칸 마루가 있는 오른쪽 판문을 통해 정자에 오르내린다.

3평주 5량 구조, 민도리집으로 제형판대공을 사용하고 이와 직교해 행공을 길게 놓았다.

安東 光風亭

1 누하기둥은 매우 굵고 거친 팔각으로 하여 다른 부분과 대조미를 보여 준다.

2 광풍정 뒤쪽 바위 위에는 근래에 지은 재월대라는 건물이 있다.

3 경사지의 단차를 이용해 누각처럼 지었으며 정면3칸, 측면2칸의 양통평면으로 좌측 뒷면 2칸은 온돌이고 나머지는 우물마루를 깐 대청이다.

4 단차로 인해 정자로 오르는 입구는 배면 우측 칸에 두고 두짝 판문을 달았다.

2
光風亭

4

안동 송은정

[위치] 경상북도 안동시 아랫태장길 43-13 (서후면) **[건축 시기]** 1664년 초창, 1733년 재건
[지정사항] 경상북도 문화재자료 제473호 **[구조 형식]** 5량가 팔작기와지붕

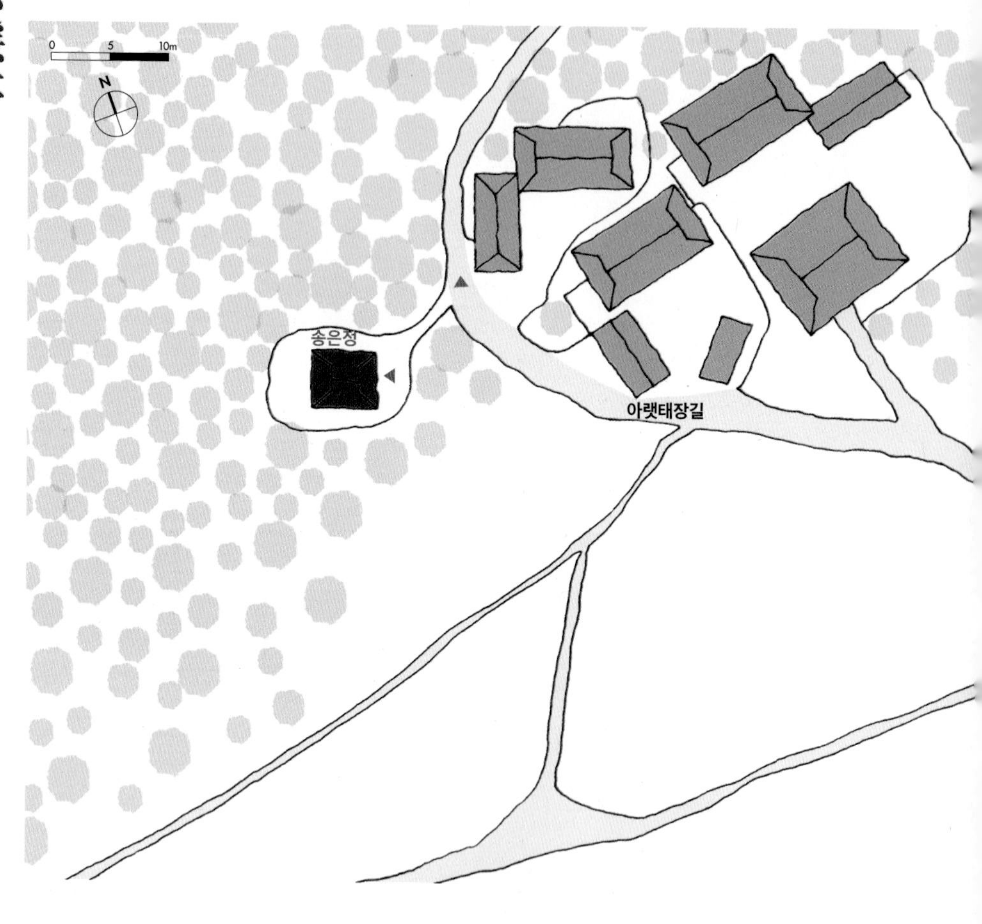

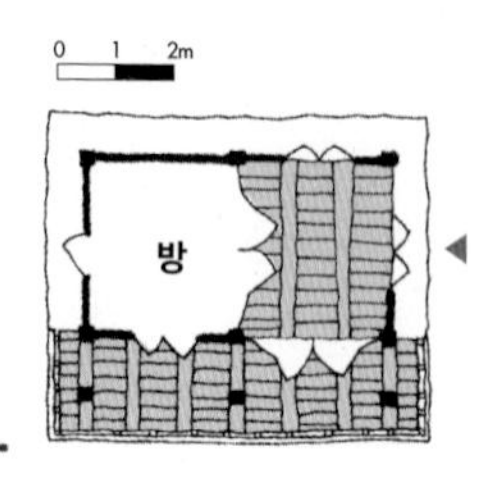

송은 송형구(松隱 宋亨久, 1598~1675)가 관직에서 물러나 1664(현종5)년에 이 송천변에 지은 정자이다. 1733년에 후손 송인명(宋仁命)이 지금 자리인 태장리로 옮겨 지었다. 마을 뒤 야산을 절개해 만든 경사면에 남향으로 자리하고 있다. 앞에는 정자를 보호하는 것처럼 보이는 커다란 소나무 2그루가 있고 들판 건너에 조그만 하천이 있다.

정면 2칸, 측면 1칸 반 규모로 온돌 1칸과 마루 1칸으로 구성되어 있으며 전면에 툇마루를 둔 민도리 소로집이다. 툇마루에는 계자난간을 둘렀으며 정자 출입은 계자난간을 두르지 않은 측면으로 한다. 마루의 장귀틀을 작은 부재 두 개를 합쳐 사용하고 동귀틀 하부 목재는 일부만 치목해 사용했다. 일제강점기인 1933년에 정자를 이건할 때 목재가 부족해서 주변에서 구할 수 있는 목재를 활용하면서 구조적으로 문제가 없게 해결하고자 한 지혜를 볼 수 있다.

전면 1열 부분에만 누하주를 설치하고 그 뒤에 자연석으로 4단 높이의 석축을 쌓았다. 뒷면에는 자연석으로 1단 높이의 기단을 조성해 비가 올 때 내부로 물이 유입되는 것을 차단했다. 자연석 초석에 각주를 올렸다.

마루 동쪽과 북쪽은 판벽과 당판문으로 마감하고 하부에 머름을 설치했다. 남쪽에는 네짝세살청판분합문을 달아 툇마루를 통해 진·출입하도록 하고 온돌이 있는 서쪽에는 네짝용자살분합문을 달았다. 전체를 개방해 탁 트인 전경을 바라볼 수 있도록 구성했다.

1 마루 동쪽과 북쪽은 판벽과 당판문으로 마감하고 하부에 머름을 설치했다.

2 난간이 없는 측면을 통해 정자에 오르내린다.

1 툇보는 둥글게 치목해 사용하고 아래 삼각형 모양의 보아지를 받쳤다.

2 굽은 목재를 사용한 충량과 끝이 살짝 굽은 목재를 그대로 사용한 서까래가 나란히 보인다.

3 온돌은 채광을 고려해 중방 위에 광창을 설치했다.

4 마을 뒤 야산을 절개해 만든 경사면에 남향으로 자리하고 있다.

5 정자 앞에는 정자를 보호하는 것처럼 보이는 커다란 소나무 2그루가 있다.

6 남쪽의 세살청판분합문을 열고 바라본 풍경

7 누마루의 장귀틀은 작은 부재 두 개를 조합해 사용했다.

8 앞쪽은 자연석으로 4단 정도로 기단을 쌓고 방형으로 다듬은 초석 위에 방주를 올렸다.

1

2

3

5

8

안동 부나원루

【위치】경상북도 안동시 예안면 부포리 산84-1번지 【건축 시기】1600년 전후
【지정사항】경상북도 유형문화재 제39호 【구조 형식】5량가 팔작기와지붕

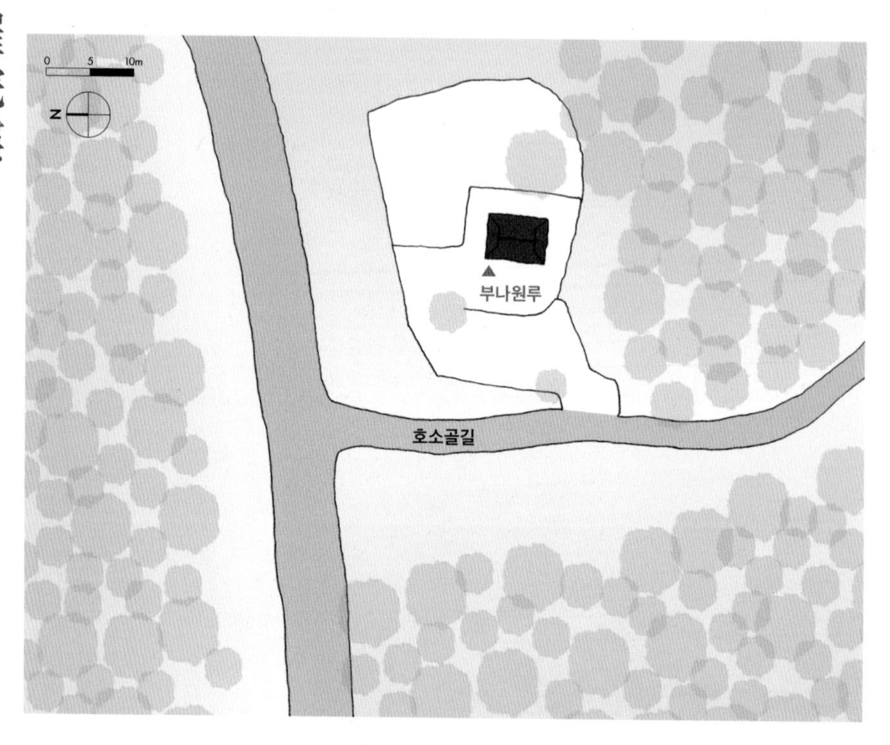

1 기둥과 대들보 접합 부분. 기둥머리는 사갈맞춤을 하였으나 장혀와 두공에서 높이 차가 있으며 기둥이 보 밑으로 파고 들어가도록 맞춤한 것이 특징이다.

2 가운데 부분의 기둥 상부만 전면의 보 받침을 둥글게 치목해 장식했다.

3 충량과 외기도리 장혀의 결구 상세. 충량 위에는 외기를 걸어 추녀를 받치도록 하는 것이 일반적이다. 그리고 외기의 안쪽은 눈썹천장을 들이기 마련인데 여기서는 이를 생략해 단순하게 처리했다.

4 5량 구조로 기둥머리에서 보와 도리가 직접 결구되는 민도리집이다.

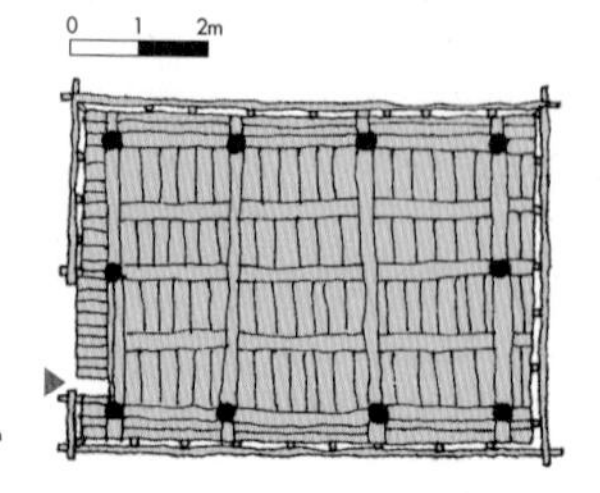

부나원루는 부나원(浮羅院)이라는 역원시설에 포함되어 있던 누각이다. 조선시대 역원은 관료들의 교통 지원과 숙박을 위해 건립되었던 것으로 부나원의 경우 다른 시설은 모두 없어지고 원에 있었던 누각만 남은 상태이다. 따라서 부나원루는 관영누각에 해당한다. 정확한 건립연도는 알 수 없다. 다만 현판이 한석봉(韓石峯)의 글씨인 것으로 보아 1600년을 전후한 시기일 것으로 추정된다. 안동댐 건설로 두 번이나 이건해 지금 위치에 자리 잡았는데 주변이 산으로 막혀 있어 아쉽다.

정면 3칸, 측면 2칸 규모로 전체를 마루로 구성하고 사면을 개방했다. 바닥에는 우물마루를 깔고 외부에 계자난간을 둘렀다. 대개 누상으로 오르는 계단을 측면 기둥 안쪽에 두는데 이 누각은 측면의 외부 계자난간 위치에 설치했다. 마루를 넓게 활용하기 위한 방편으로 추측된다. 자연석을 2단으로 쌓은 기단에 자연석 초석을 사용했다. 누상주는 원주를, 누하주는 자연목을 일부만 다듬어 사용했다. 5량 구조로 기둥머리에서 보와 도리가 직접 결구되는 민도리집이다. 가운데 부분의 기둥 상부만 전면의 보 받침을 둥글게 치목해 장식하고 내부에는 사절된 보아지로 보를 지지했다. 지붕은 대들보 위에 짧은 동자주를 얹고 그 위에 종보와 판대공을 올려 구성했다.

1

5

6

7

8

1 후면 언덕에서 바라본 정면 전경

2 난간대 이음부

3 계단 디딤판의 결구 상세

4 종도리 장혀 아래에는 사절형 첨차 모양의 행공을 두어 장혀를 받치도록 했다. 판대공을 사용했지만 행공을 두어 격식을 높이고자 했다.

5 계자난간 상세

6 측면의 외부 계자난간 위치에 설치한 목재 계단

7 누하주에는 치목 흔적이 그대로 남아 있다.

8 진입로에서 본 모습

9 정면 3칸, 측면 2칸 규모로 전체를 마루로 구성하고 사면을 개방했다.

안동 삼산정

[위치] 경상북도 안동시 예안면 주진리 948번지 **[건축 시기]** 1760년
[지정사항] 경상북도 유형문화재 제164호 **[구조 형식]** 5량가 팔작기와지붕

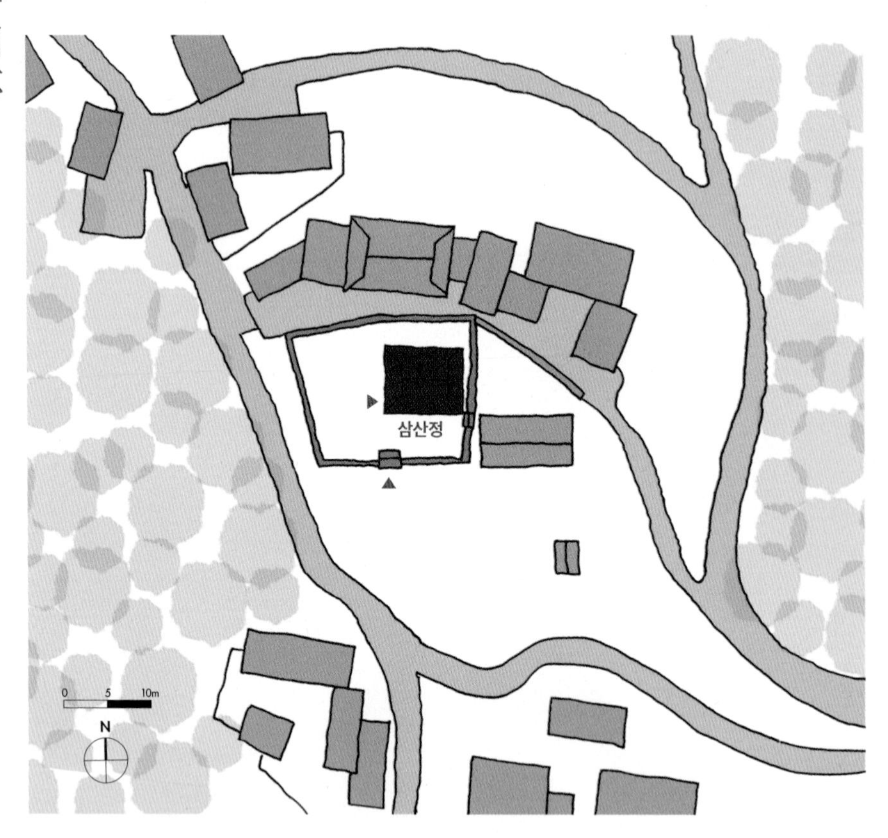

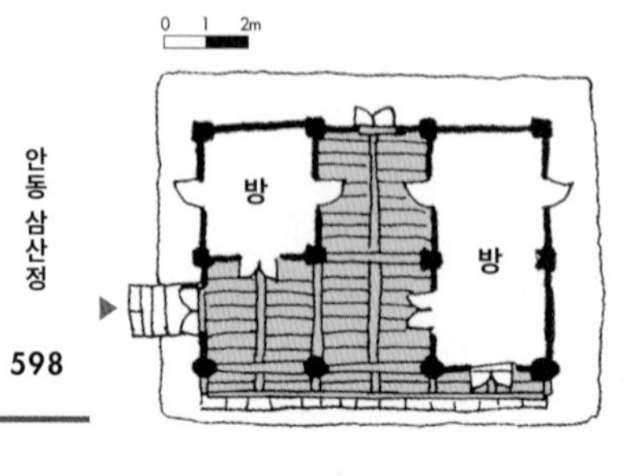

경학에 능한 삼산 유정원(三山 柳正源, 1703~1761)이 학문을 닦고 후진을 양성하던 곳으로 매우 좁은 마을 길을 따라가면 언덕 위 큰 바위 뒤 경사지에 자리한다. 토석 기와담으로 구획하고 남쪽에 사주문을, 동쪽에 협문을 두었다.

정면 3칸, 측면 2칸 규모로 왼쪽부터 정면 1칸, 측면 1칸 온돌, 정면 1칸, 측면 2칸 마루, 정면 1칸, 측면 2칸 온돌이 있다. 전퇴는 마루로 꾸몄다. 전면이 낮고 뒤로 갈수록 높아지는 경사지를 이용해 앞에는 1단 높이의 자연석 기단을 쌓고 뒤는 기단을 높게 해 누마루 형태로 만들었다. 마루 아래에는 아궁이를 두었다. 지지 역할을 하는 전면의 누하주는 자연석 초석 위에 굵은 자연목을 그대로 사용하고 누상주는 치목한 원주를 사용했다. 5량 구조, 민도리 소로수장집으로 맞보를 사용했다. 마루의 전면에는 계자난간을 설치하고 측면은 판문과 판벽으로 차단했다. 누마루는 왼쪽에 설치한 계단을 올라 판문을 열고 출입한다.

1 토석 기와담으로 구획하고 남쪽에 사주문을, 동쪽에 협문을 두었다.

2 누마루는 왼쪽에 설치한 계단을 올라 판문을 열고 출입한다.

3 오른쪽 온돌 전면의 난간 통로

4 온돌 측면에 세살창을 옆으로 돌려 달아 들창으로 사용하고 있다.

5 온돌 하부의 아궁이

1 누하주 상부는 사갈을 터서 인방을 십자로 맞추고 그 위에는 마루 귀틀을 반턱맞춤으로 결구했다.

2 누하주와 누상주는 마루귀틀에 의해 분리되었으며 모서리에서 뺄목을 두고 쪽마루를 설치한 것이 특징이다.

3 우측 온돌은 앞뒤 두 칸으로 구성되었는데 출입은 뒤쪽 칸에 있는 외짝세살문으로 하고 전면 칸은 두짝세살창을 단 모습이 다른 곳에서는 볼 수 없는 형식이다. 대청 쪽에는 분합문을 다는 것이 일반적이다.

4 정면 3칸, 측면 2칸 규모로 왼쪽부터 정면 1칸, 측면 1칸 온돌, 정면 1칸, 측면 2칸 마루, 정면 1칸, 측면 2칸 온돌이 있다.

5 마루 출입 부분의 판벽과 판문

6 5량가, 민도리 소로수장집으로 맞보 구조이다. 긴 사다리형 대공을 사용했다.

7 3평주 5량가이기 때문에 우미량이 없고 툇보 위에 동자기둥을 세워 외기를 받도록 했다. 동자주 머리에는 행공과 익공을 모두 두어 화려하게 가구했다.

8 동자주 익공은 새 모양으로 섬세하게 초각해 사용했다.

1

2

4

3

안동 귀래정

[위치] 경상북도 안동시 옹정골길 19-8 (정상동) **[건축 시기]** 1513년
[지정사항] 경상북도 문화재자료 제17호 **[구조 형식]** 5량가+3량가 팔작+맞배기와지붕

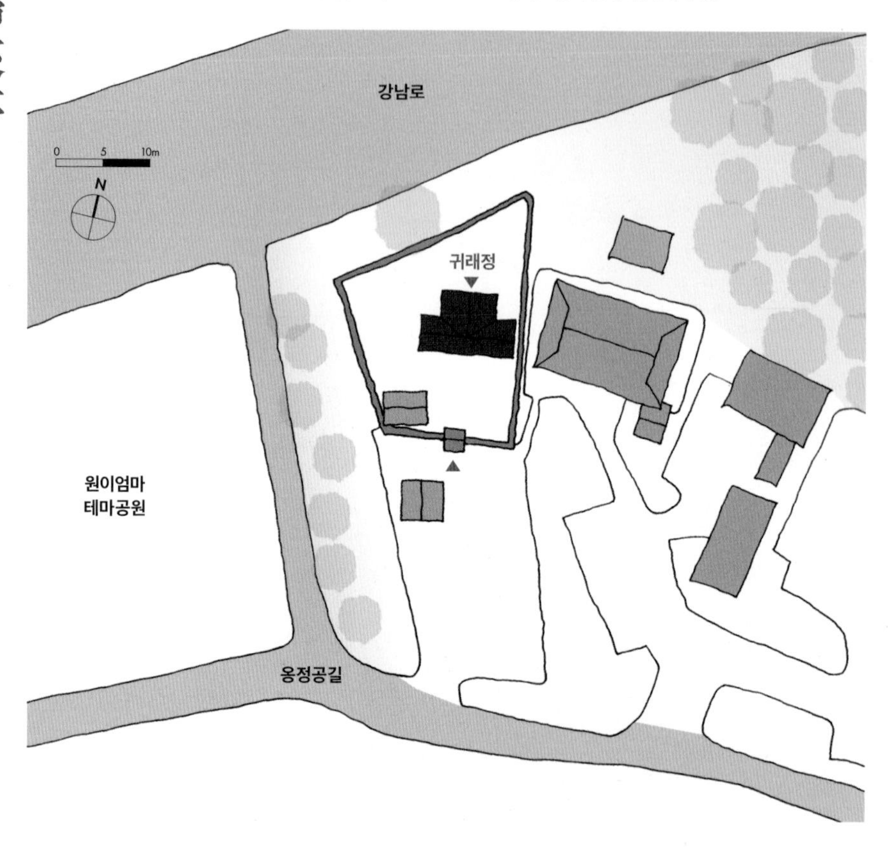

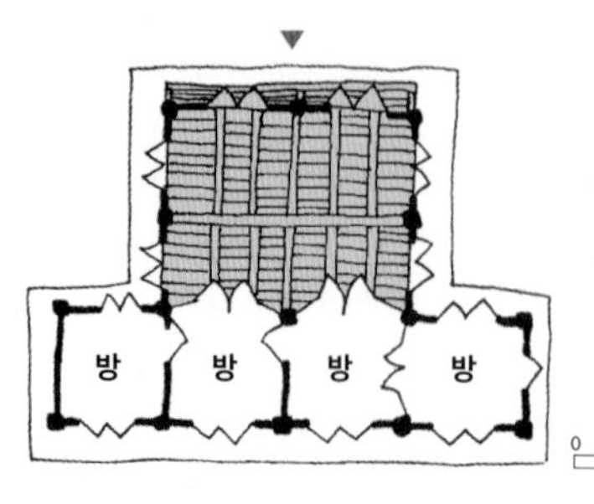

고성이씨 낙포 이굉(洛浦 李浤, 1441~1516)이 1513(중종8)년 벼슬에서 물러나 안동으로 내려와 정자를 짓고 풍류를 즐긴 곳이다. 자신의 상황이 관직에서 물러나 고향으로 돌아가 자연과 함께 지내는 삶을 노래한 중국 진나라 도연명(陶淵明, 365~427)의 "귀거래사(歸去來辭)"와 같다고 해서 정자 이름을 귀래정으로 지었다고 한다. 이중환(李重煥, 1690~1756)은 《택리지》에서 안동의 정자 가운데 임청각, 군자정, 하회마을 옥연정사와 함께 귀래정을 으뜸으로 꼽았다.

귀래정은 원래 지금보다 북동쪽 강변에 있었는데 1990년대 안동 강남권이 신도시로 개발되면서 이곳으로 이건되었다. 1960년 사진을 보면 강변에 바로 면해 있는 모습을 볼 수 있는데 낙포가 왜 이곳에 정자를 지었는지 알 수 있다. 지금은 당시의 정취를 느낄 수 없어 안타깝다.

남쪽 몸채에 1칸 온돌 네 개가 있고 그 뒤에 2칸 마루가 있는 T자형 평면이다. 온돌을 네 개나 둔 것에서 살림집 느낌이 강하다. 하지만 일반 살림집과 달리 개방적이다. 세벌대 자연석 기단에 자연석 초석을 사용하고 방주를 세웠다. 마루 쪽 외진주 세 개만 원주이다. 온돌이 있는 남쪽 몸채는 3량 구조인 반면 마루는 5량 구조, 민도리집이다. 대공과 지붕도 각 몸채가 서로 다른데 북쪽 몸채 대공은 판대공이고 남쪽 몸채는 소로대공이다. 남쪽 몸채는 맞배지붕이고 북쪽 몸채는 팔작지붕이다.

종도리의 이탈과 좌굴을 방지하는 솟을합장을 사용했는데 고식 방법이다. 솟을합장은 보에 걸려 힘을 받으면서 도리 양측을 잡고 있는 모습으로 '인자 대공'과 유사한 형태이다.

남쪽 몸채 용마루 중간에 북쪽 몸채 지붕의 합각이 올라타 있다. 수평적인 용마루에 삼각형의 합각이 올라탄 모습인데 기와지붕의 조화로움이 가지고 있는 조형적인 다양함과 완성도를 알 수 있다.

1

3

2-1

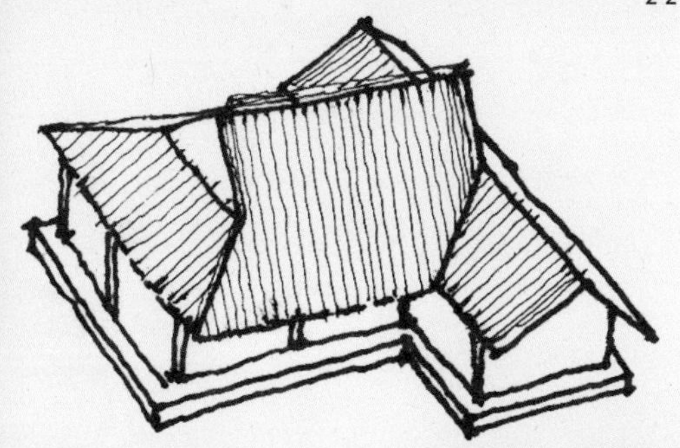
2-2

4

1 후면 언덕에서 바라본 전경

2 남쪽 몸채 용마루 중간에 북쪽 몸채 지붕의 합각이 올라타 있다.

3 남쪽 몸채에 1칸 온돌 네 개가 있다.

4 온돌 뒤에 2칸 마루가 있는 T자형 평면이다.

1
3
6-1
4
亭來歸
5
6-2

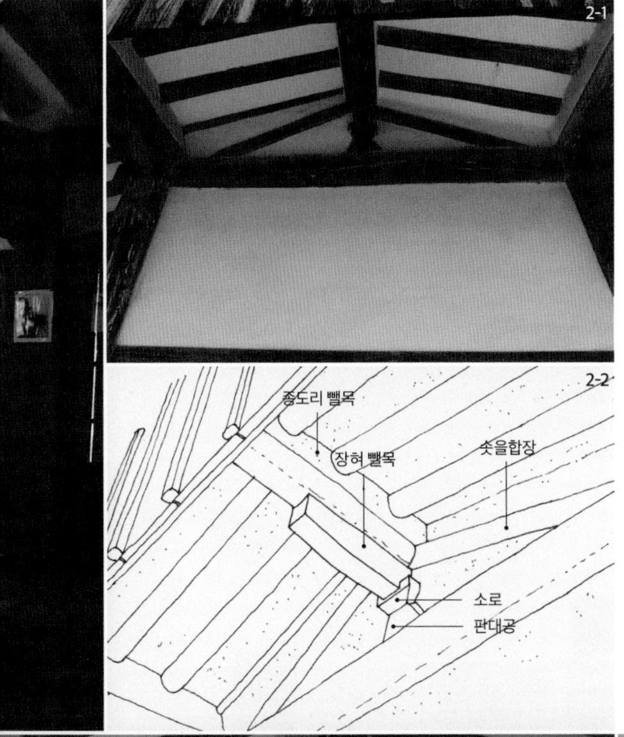

1 남쪽 몸채와 연결되는 남쪽을 제외한 나머지 부분의 대청은 판벽과 판문으로 마감했다.

2 온돌 외부 박공판 안에서 바라본 솟을합장

3 온돌 종도리에도 솟을합장을 설치했다.

4 종도리의 굴림을 방지하기 위해 솟을합장을 설치하고 판대공을 사용했다.

5 곧고 굵은 부재를 충량으로 사용해 기능성이 부각된다.

6 맞배지붕 홑처마인 남쪽 몸채와 팔작지붕 겹처마인 북쪽 몸채가 만나는 부분 상세

7 온돌은 연등천장으로 처리해 마루와 같은 느낌이며 문선과 인방을 모두 노출시킨 것은 후대에 변형된 것으로 추정된다.

8 대들보 보아지는 초각해 사용했다.

9 외기도리의 접합부를 달동자 형태의 팔각형 부재로 마감했다.

10 6m라는 긴 구간에 한 개의 대들보를 설치하고 그 위에 동자주와 충량을 설치했다.

안동 탁청정

【위치】 경상북도 안동시 와룡면 군자리길 21 (오천리) **【건축 시기】** 1541년 초창, 1974년 이건
【지정사항】 국가민속문화재 제226호 **【구조 형식】** 2평주 5량가 팔작기와지붕

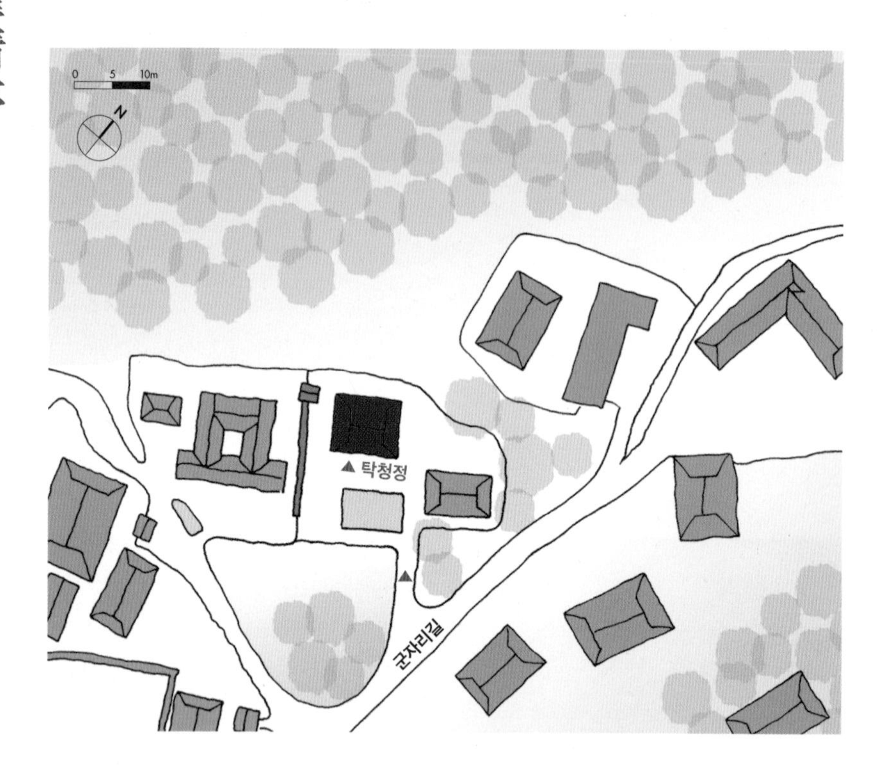

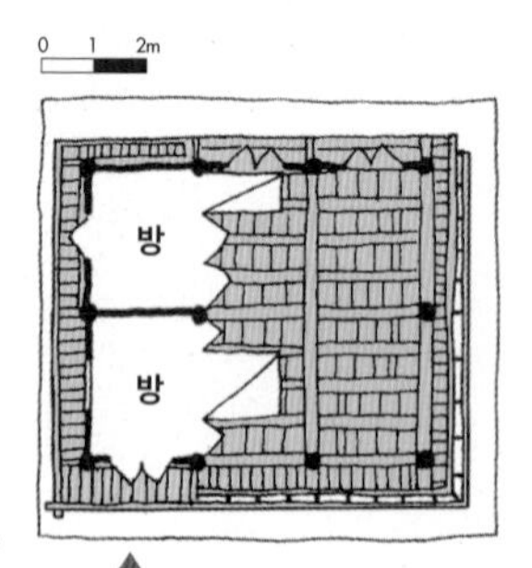

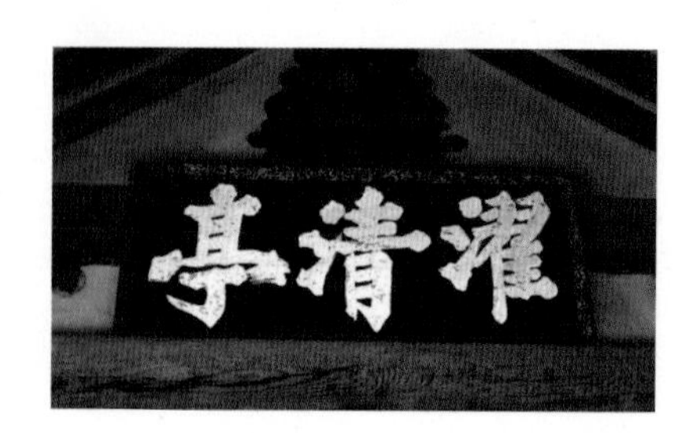

광산김씨종택에 딸린 정자로 탁청정 김수(濯淸亭 金綏, 1491~1555)가 1514(중종36)년에 지었다. 원래 낙동강에서 가까운 예안면 오천동에 있었으나 안동댐 건설로 1974년 지금 자리로 이건했다.

탁청정이 있는 군자마을은 안동댐 건설로 사라질 위기에 처한 집들을 이건하면서 조성한 마을이다. 탁청정은 마을 가운데에서 서향하고 있으며 전면에 방지가 조성되어 있다. 남쪽을 제외한 주변은 산으로 둘러싸여 있고 남쪽으로 멀리 낙동강이 보인다. 북쪽으로 광산김씨 탁청정공파 종택이 있다.

탁청정은 정면 3칸, 측면 2칸 규모로 왼쪽 1칸 앞뒤로 온돌이 있고 나머지는 마루이다. 온돌이 있는 쪽에만 기단을 두어 마루를 누마루처럼 꾸몄다. 온돌이 있는 쪽과 배면은 자연석초석을 사용하고 누마루 쪽은 춤이 높은 원형 가공석 초석을 사용하고 방주로 한 내부 온돌의 간주를 제외한 노출된 부분은 모두 원주로 했다. 아주 세련된 모양의 익공이나 주심첨차, 화반을 사용하고 동자는 포동자주 형태이고 대공은 파련대공이다. 전반적으로 화려하다. 공포는 변칙적인데 두 종류가 보인다. 온돌이 있는 북쪽 면만 아주 간단한 직절된 출목 없는 이익공 형식이고 나머지는 출목이익공이다. 이익공도 변칙적이다. 얼핏 보면 초익공처럼 보이는데 익공을 두 개 두지 않고 이익공 자리에 출목첨차를 생략하면서 보머리를 초각해 초익공 구조처럼 보이는 것이다. 아마도 화려한 이익공 구조를 선택하면서 초익공처럼 보이기 위해 변칙적으로 구성한 것 같다.

외부에서 시선이 많이 노출되는 곳을 출목이익공으로 한 점이나 화반, 대공을 볼 때 화려한 집이다. 정자 앞에 있는 단순하지만 정갈한 방지 또한 탁청정을 두드러져 보이게 한다.

1 정면 3칸, 측면 2칸 규모이고 앞에 방지를 조성했다.

2 대공은 파련대공을, 동자주는 포동자주를 사용하고 익공이나 첨차, 화반 등 모두 섬세하게 조각해 사용했다.

3 포동자주

4 온돌이 있는 북쪽 면만 아주 간단한 직절된 출목 없는 이익공 형식이고 나머지는 출목이익공이다.

5 온돌이 있는 쪽에만 기단을 두어 마루를 누마루처럼 꾸몄다.

6 온돌이 있는 쪽과 배면은 자연석초석을 사용하고 누마루 쪽은 춤이 높은 원형 가공석 초석을 사용했다.

1 내부의 화반과 공포

2 이익공 자리의 보머리를 초각하고 초익공 구조처럼 보이기 위해 주심도리를 보의 상부가 아닌 중간에서 결구했다.

3 누마루에서 본 풍경

4 대청과 방 사이에는 분합문을 설치해 평소에 작은 창으로 환기하고, 모임이 있을 때는 전체를 들어 큰 공간으로 사용할 수 있다.

5 공포는 1출목 이익공인데, 익공을 두 개 두지 않고 이익공 자리에 출목첨차를 생략하면서 보머리를 초각해 초익공 구조처럼 보이고 있다. 출목첨차가 생략된 까닭에 귀포에서는 출목도리 장혀 하부에 달동자를 설치해 마감하고 있다.

3

5

1

4

1 군자마을의 구릉지에 침락정이 있다. 뒤로는 석축을, 양측면에는 토석담을 두르고 전면은 개방했다.

2 침락정 배면에 화계가 있다.

3 전면 쪽 정칸 2칸은 동귀틀을 여러 개 둔 우물마루 형식으로 꾸미고 나머지 부분은 장마루로 했다. 아궁이가 기단면에 설치되어 있다.

4 왼쪽에 방이 있고 배면 쪽으로 와편굴뚝이 있다.

5 정면 4칸, 측면 2칸 규모로 마루를 중심으로 양옆에 1칸 온돌이 있다.

안동 진성이씨 종택: 경류정

[위치] 경상북도 안동시 태리금산로 242-5 (와룡면)
[건축 시기] 16세기 중엽 **[지정사항]** 국가민속문화재 제291호
[구조 형식] 2평주 5량가 팔작기와지붕

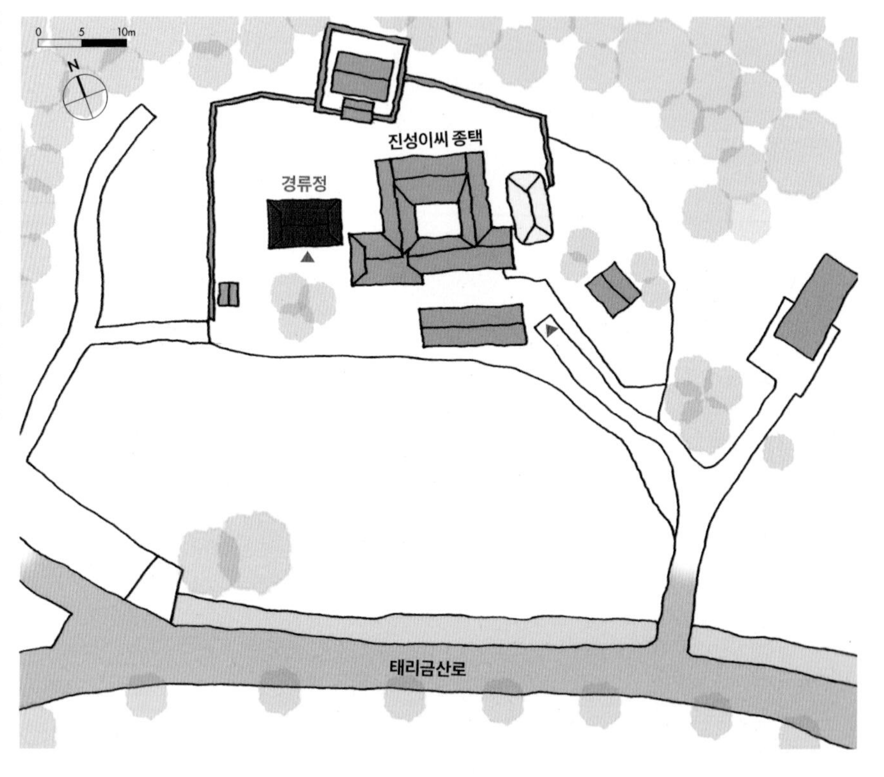

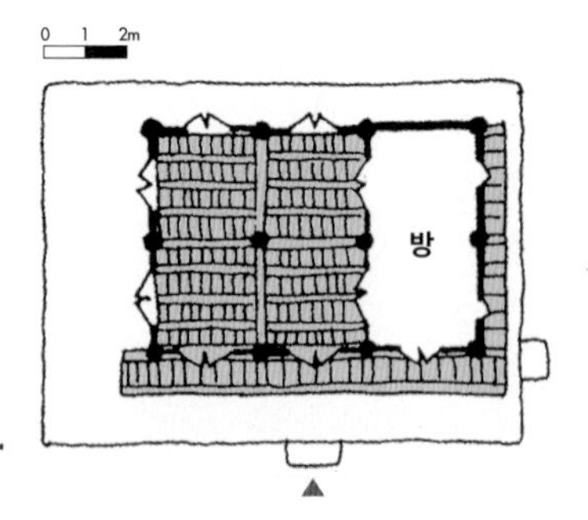

경류정은 안동 진성이씨 종택의 별당이다. 고려 홍건적의 난 때 공을 세운 송안군 이자수(松安君 李子脩)와 아들 이운후(李云候)가 안동 풍산 마애에서 주하마을로 옮기면서 터를 잡았다. 이 집은 이운후의 아들 이정(李禎)의 종택으로 경류정은 현손인 이연(李演, 1492~1561)이 16세기 중엽에 지은 것이다. 경류정이라는 당호는 퇴계가 지었다고 한다.

종택이 자리한 주하마을은 야산을 등지고 앞쪽 조금 떨어진 곳에 작은 시내가 있는 배산임수 형국이다. 종택은 마을의 금학산자락 낮은 곳에 자리하며 안채, 사랑채, 행랑채, 사당, 경류정으로 구성되어 있다. 경류정은 종택 서쪽, 사랑채와 사당 사이에 자리한다. 경류정 앞에는 천연기념물 314호로 지정된 600년 된 뚝향나무가 있다.

경류정은 종택의 다른 건물보다 조금 화려하다. 정면 3칸, 측면 2칸 규모로 오른쪽에 측면 2칸 온돌이 있고 나머지는 마루이다. 사방을 창호와 벽으로 막은 것이 정자라기보다는 종택의 여유 공간이라는 성격이 강해 보인다. 초석과 기단 모두 자연석을 사용하고 약간 배흘림이 있는 원주를 사용했다. 공포는 재주두 없는 이익공인데 익공이 물익공 모양이다. 화반은 초각을 둔 역사다리꼴형이고 포동자주를 사용했고 대공은 약하게 초각한 파련대공이다. 이익공을 사용하고 포동자주를 사용하다 보니 화려한 구조미가 있다. 가구는 2평주 5량인데 동쪽에 방을 두기 위해 방쪽에만 간주를 두었다.

전면과 오른쪽에만 난간이 있는 좁은 툇마루가 있다. 사랑채에서 출입을 고려한 것으로 보인다. 그런데 귀틀 방향이 우리가 흔히 보는 평행방향이 아닌 면과 직각 방향이다. 이런 귀틀 짜임은 이 지역에서 많이 보이는 유형이다. 직각 방향으로 귀틀이 있다 보니 귀틀 마구리를 막기 위해 치마널과 같은 여모귀틀이 하나 더 붙어 있다.

경류정은 살림집의 휴식공간이며 모임공간이다. 본채는 단순한 민도리집이지만 경류정은 격을 높여 이익공집으로 화려한 모습이다. 외풍과 짐승으로부터 보호하기 위해 외벽을 모두 막고 방을 둔 점 등을 고려할 때 정자이지만 살림집의 별채 역할이 더 강한 것으로 보인다.

1 공포는 재주두 없는 이익공인데 익공이 물익공 모양이다.

2 화반은 초각을 둔 역사다리꼴형이다.

3 전면과 오른쪽에만 난간이 있는 좁은 툇마루가 있다.

4 경류정은 진성이씨 종택의 별당이다.

5 초석과 기단 모두 자연석을 사용하고 약간 배흘림이 있는 원주를 사용했다.

6 정면 3칸, 측면 2칸 규모로 오른쪽에 측면 2칸 온돌이 있고 나머지는 마루이다.

4
6
慶流亭

1 전형적인 눈썹천장 모습이다.

2 측면에서 나온 충량이 대들보와 결구되어 있다. 삼분변작이다.

3 약하게 초각한 파련대공을 사용했다.

4 경류정 앞에는 천연기념물 314호로 지정된 600년 된 뚝향나무가 있다.

5 사방을 창호와 벽으로 막은 것이 정자라기보다는 종택의 여유 공간이라는 성격이 강해 보인다.

6 온돌 천장은 고미반자로 되어 있다.

4

6

안동 만우정

【위치】경상북도 안동시 임하면 경동로 2661-8 【건축 시기】1885년 초창, 1988년 이건
【지정사항】경상북도 문화재자료 제37호 【구조 형식】3평주 5량가 팔작기와지붕

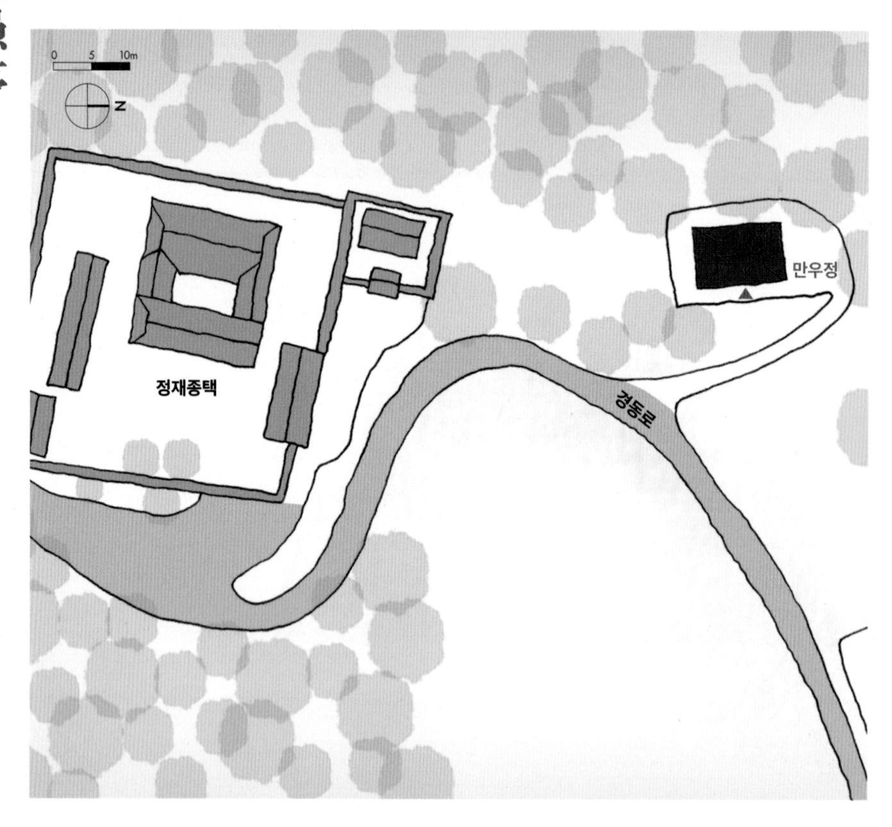

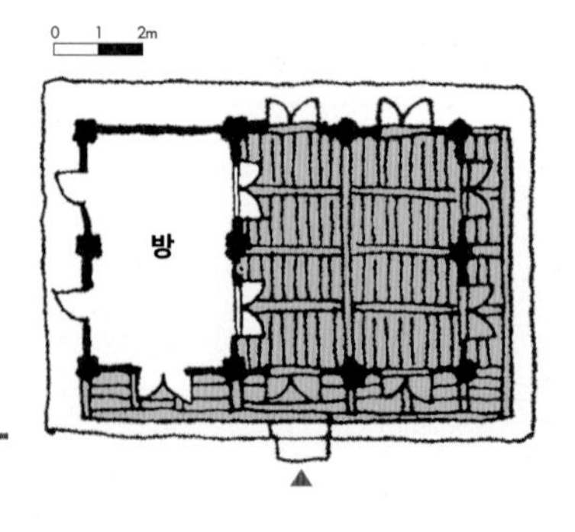

1 공포는 민도리와 초익공 형식이 함께 보이는데
마루와 같이 개방되는 부분은 초익공으로 되어 있다.

2 대들보에 충량을 걸고 그 위에 눈썹천장을 달았다.

3 온돌 천장은 고미반자로 되어 있다.

4 맞보 구조에 판대공을 사용한 3평주 5량가이고
삼분변작이다.

5 높게 구성한 와편 굴뚝

조선말 병조참판을 지낸 정재 유치명(定齋 柳致明, 1777~1861)이 1885(고종22)년에 짓고 학문을 연구하던 정자이다. 현판은 대원군의 친필이라고 한다. 원래 임하면 사의동에 있었으나 임하댐 건설로 1988년 임하호 근처 산중턱으로 이건했다.

정면 3칸, 측면 2칸 규모로 왼쪽에 1칸 온돌이 있고 그 옆에 2칸 마루가 있다. 마루는 우물마루로 되어 있다. 사면 모두 벽과 창호로 막은 폐쇄적인 집이다. 자연석 기단에 자연석 초석을 사용하고 방주를 세웠다. 공포는 민도리와 초익공 형식이 함께 보이는데 마루와 같이 개방되는 부분은 초익공 구조로 하고 사적인 공간인 온돌 부분은 민도리 구조이다. 맞보구조에 판대공을 사용한 3평주 5량가이고 삼분변작이다.

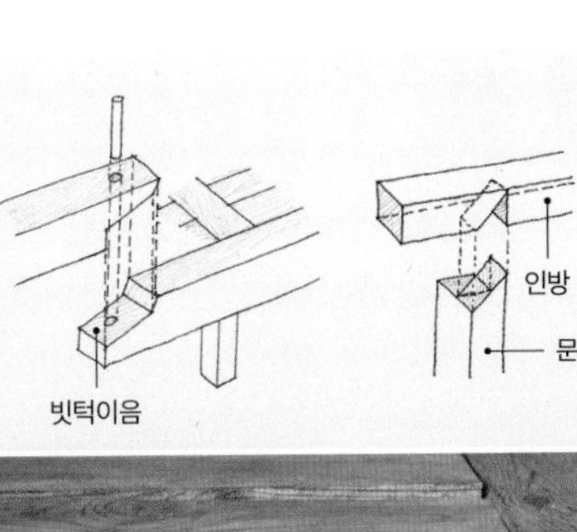

1 사면 모두 벽과 창호로 막아 폐쇄적이다.

2 전면에 있는 쪽마루 장귀틀은 산지를 이용한 빗턱이음했다.

3 판벽 판문의 문선이 고식인 연귀맞춤으로 되어 있다.

4 정면 3칸, 측면 2칸 규모로 왼쪽에 1칸 온돌이 있고 그 옆에 2칸 마루가 있다.

5 마루는 우물마루이고 벽은 판벽으로 마감했다.

안동 백운정

[위치] 경상북도 안동시 임하면 경동로 1850-97 (임하리) **[건축 시기]** 1568년
[지정사항] 경상북도 문화재자료 제175호 **[구조 형식]** 3평주 5량가 팔작기와지붕

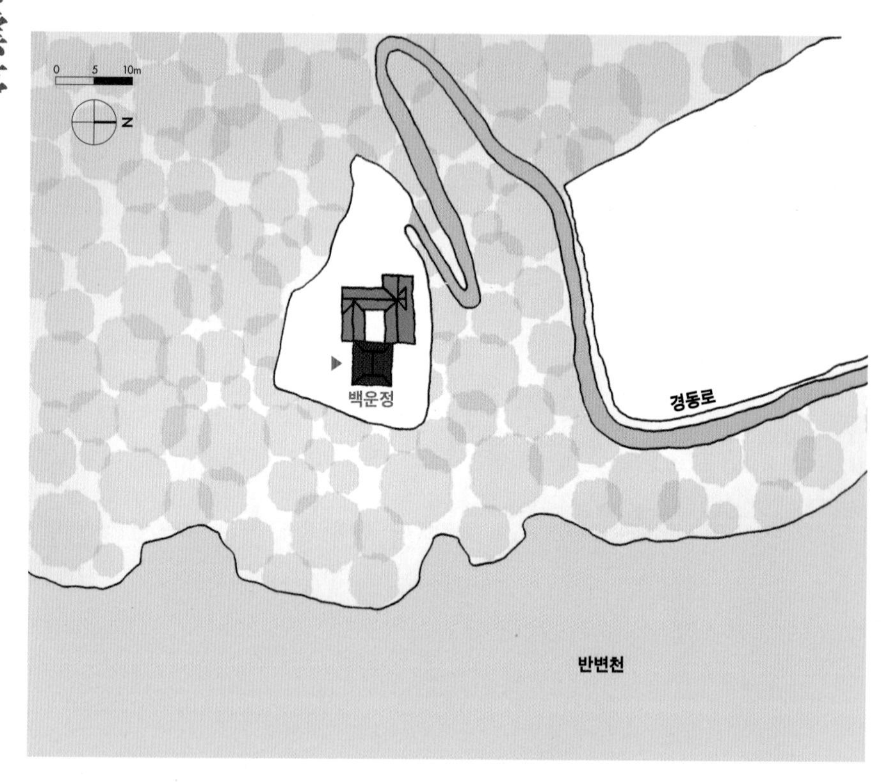

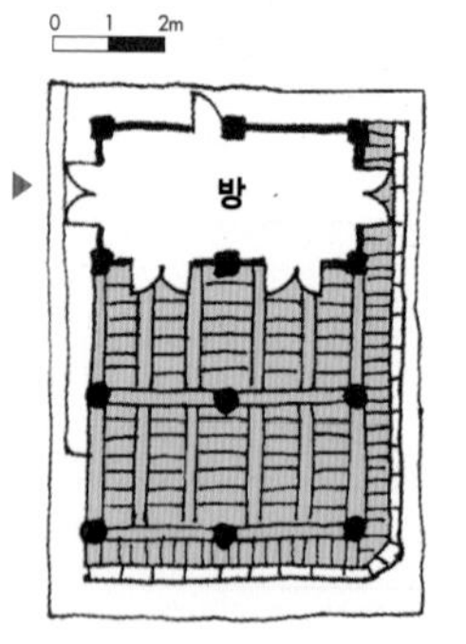

1 백운정에서 바라본 전경

2 대들보에 충량을 걸고 그 위에 눈썹천장을 달았다.

3 개방된 마루 쪽은 직절된 초익공으로 했다.

귀봉 김수일(龜峯 金守一, 1528~1583)이 1568(선조1)년에 지은 정자이다. 김수일은 과거에 합격했으나 벼슬길에 나서지 않고 이곳에서 자연을 벗 삼으며 학문 연구와 후학양성에 힘썼다고 한다.

백운정은 임하면 천전리의 반변천 건너 절벽 위 중턱 평지에 동향으로 자리하고 있다. 뒤로는 산이고 앞으로는 강이 변한 임하호가 있어 경치가 좋다. 지금은 임하댐을 건너야 갈 수 있어 출입이 어렵다. 백운정 내부에서 보면 시야가 탁 트여 가슴이 시원하다. 백운정은 숙식 기능이 있는 'ㄷ'자형 주사와 연결되어 'ㅁ'자형을 이룬다. 주사의 트인 부분에 '_'자형 백운정이 붙어 있는 형상이다. 전체적으로 동서 방향으로 긴 형태이다. 주사를 제외한 백운정은 정면(동서방향) 2칸, 측면(남북방향) 3칸 규모로 서쪽 2칸은 온돌이고 나머지는 창호 없이 개방된 마루이다. 동쪽과 북쪽에 계자난간을 둘렀다.

초석과 기단은 자연석을 사용했고 기둥은 개방된 마루에는 원주를, 온돌부분에는 방주를 사용했다. 공포는 마루 쪽은 직절된 초익공으로 되어 있지만 온돌 쪽은 민도리 구조이다. 3평주 5량 구조로 삼분변작이다. 대공은 판대공을 사용했다.

백운정은 정자만 있는 것이 아니라 뒤로 살림집과 연결되어 있고 긴 변보다는 짧은 변 쪽이 돌출되어 있다. 대개 긴 변 쪽을 정면으로 하거나 노출하는데 이 집은 짧은 변 쪽을 정면으로 하면서 노출시켰다. 지형적 특성과 기능을 고려해 지었기 때문이다.

1

4

1 천전리에서 바라본 백운정 일대 전경

2 백운정 뒤에는 ㄷ자형의 주사가 있다.

3 온돌 내부

4 백운정 북쪽 입면. 대개 긴 변 쪽을 정면으로 하거나 노출하는데 이 집은 짧은 변 쪽을 정면으로 하면서 노출시켰다.

5 왼쪽이 백운정이고 오른쪽이 주사이다.

안동 산수정

【위치】 경상북도 안동시 풍산읍 마애길 70-31 (마애리) **【건축 시기】** 1610년경 초창, 18세기 중건
【지정사항】 경상북도 민속문화재 제122호 **【구조 형식】** 3평주 5량가 팔작기와지붕

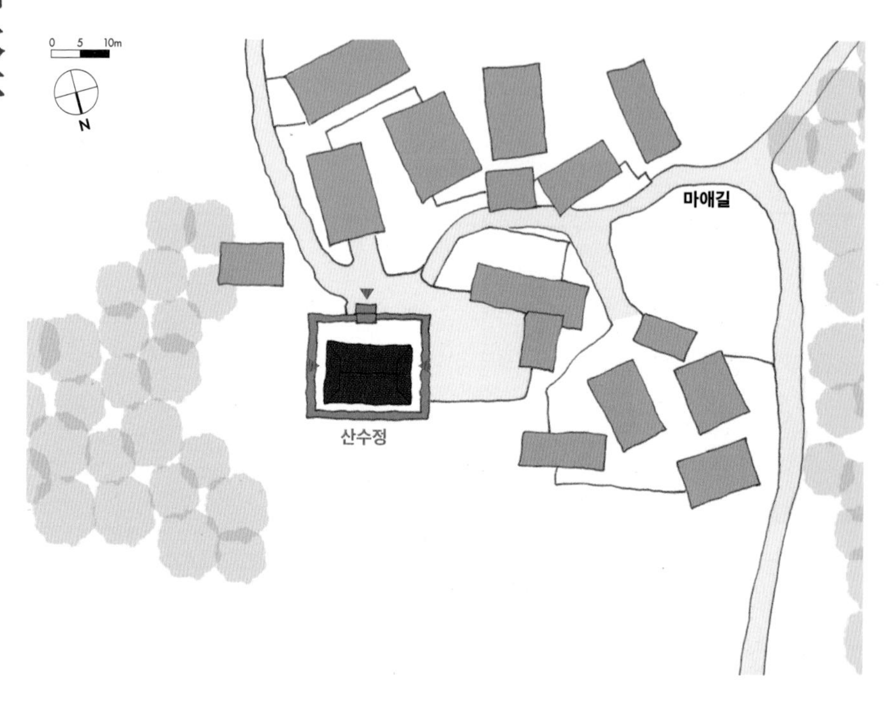

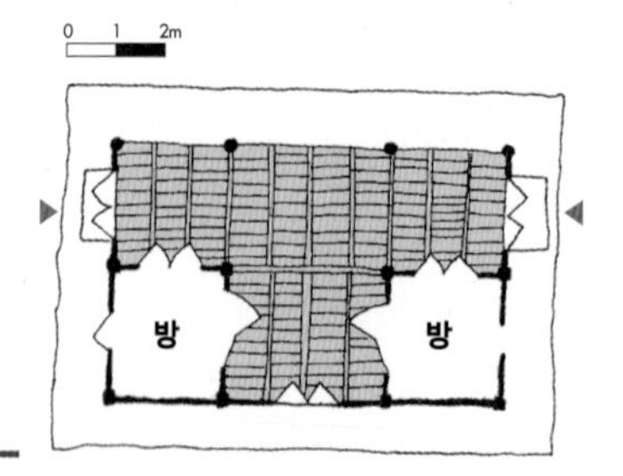

조선 선조, 광해군 때 사헌부지평, 예조정랑 등을 지낸 호봉 이돈(壺峰 李燉, 1568~1624)이 고향에 내려와 학문 정진과 후학 양성을 위해 지은 정자이다. 처음에는 '통승려(統勝廬)'라고 했다가 얼마 후 '산수정'이라 고쳤다. 언제 지었는지 정확히 알 수 없지만 광해군 2년(1610)경이라고 전해지고 있다. 동야 김양근(東埜 金養根, 1734~1799)이 쓴 상량문이 남아 있는데 이를 통해 18세기에 중건했음을 알 수 있다.

산수정은 낙동강변 구담리 마애마을에 남향으로 자리하고 있다. 남쪽 강 건너에는 적벽삼봉(赤壁三峰)이라는 절벽의 절경이 있다. 산수정은 정면 3칸, 측면 2칸 규모로 가운데 1칸 마루를 중심으로 양옆에 1칸 온돌이 있다. 마루가 있는 전면에는 평난간을 둘렀다. 초석과 기단은 자연석을 사용했는데 전면 일부에서는 원형으로 가공된 초석을 볼 수 있다. 기둥은 전면 개방된 부분에서는 원주를, 나머지는 방주를 사용했다. 공포는 민도리 구조인데 전면부는 소로를 사용해 조금 더 치장했다. 3평주 5량가로 맞보 구조이다. 변작이 조금 특이한데 삼분변작보다 짧은 2.5분변작 정도 된다. 흔치 않은 구성이다. 그러다 보니 중도리 간격이 좁고 상연 물매가 매우 급하고 하연이 무척 길게 나와 있다. 하연이 길 경우 지붕 하중이 분산되지 않고 주심도리에 집중하는 문제점이 발생할 수 있어 구조적으로 그리 유리한 것은 아니다.

1 전면 일부에 원형으로 가공한 초석을 사용하고 나머지는 자연석 초석을 사용했다.

2 변작이 조금 특이한데 삼분변작보다 짧은 2.5분변작 정도 되는데 중도리 간격이 좁고 상연 물매가 매우 급하고 하연이 무척 길게 나와 있다.

1 산수정에서 본 적벽삼봉

2 정면을 제외한 삼면을 막았는데 마루의 양 측면은 판문으로 마감하고 오르내릴 수 있게 댓돌을 놓았다.

3 고주열에서 방 벽이 생기다 보니 중도리열과 맞지 않아 상부 마감이 조금 어설프다.

4 구담리 마애마을에 적벽삼봉을 바라보며 남향으로 자리한다.

5 정면 3칸, 측면 2칸 규모로 가운데 1칸 마루를 중심으로 양옆에 1칸 온돌이 있다.

6 마루쪽 온돌은 분합문을 달았고 마루 배면은 판문과 판벽으로 마감했다.

1

2

3

5

4

6

안동 석문정

[위치] 경상북도 안동시 풍산읍 막곡리 287번지 **[건축 시기]** 1588년
[지정사항] 경상북도 문화재자료 제34호 **[구조 형식]** 3평주 5량가+3량가 팔작+맞배기와지붕

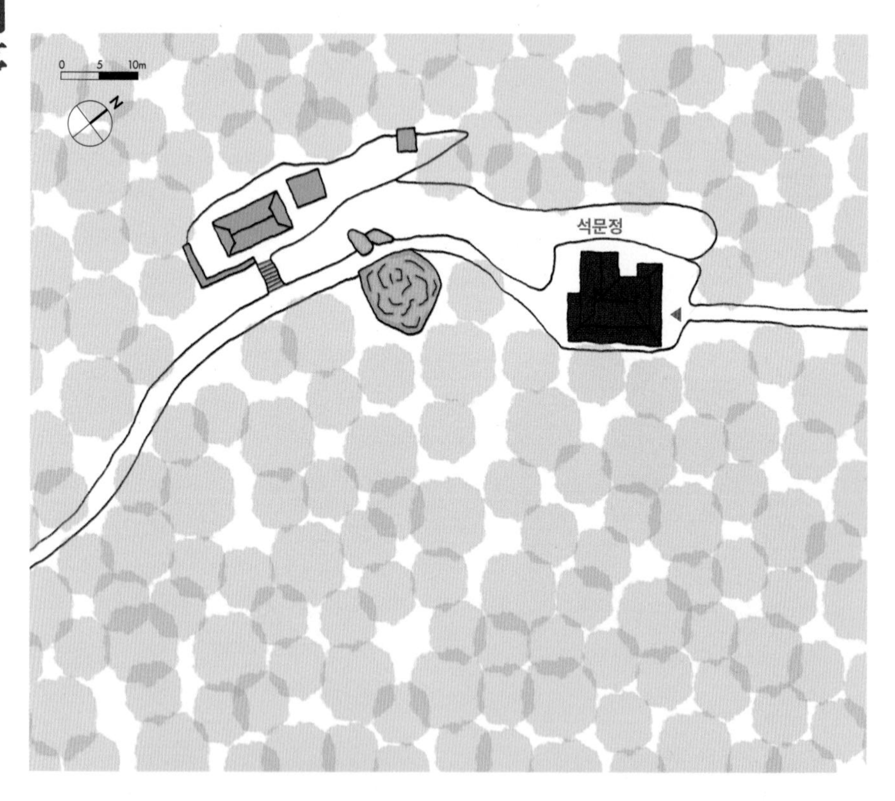

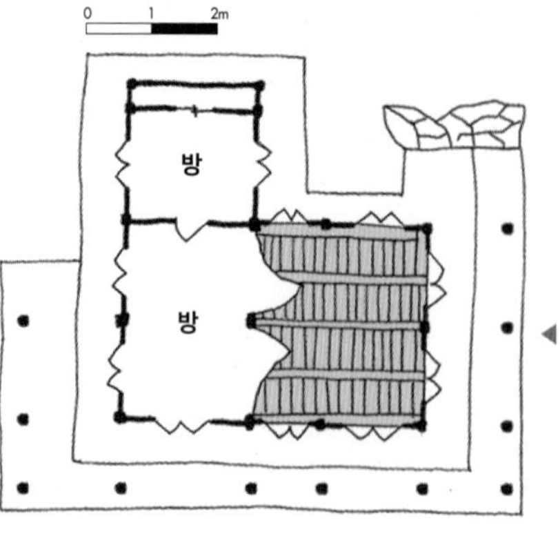

퇴계의 수제자로 영남학파의 중추였던 학봉 김성일(鶴峰 金誠一, 1538~1593)이 1588년에 지은 정자이다. '석문'이란 당호는 정자 서쪽에 있는 바위 둘이 마주보고 서 있는 모습이 마치 문과 같다고 해서 붙인 이름이다. 학봉은 여기서 학문을 연구하며 일생을 보내려고 했지만 임진왜란으로 이루지 못했다.

석문정은 낙동강이 굽이쳐 흐르는 막곡리 강변 절벽 위에 홀로 동향하고 있다. 절벽 위 시야가 열린 곳에 있어 낙동강과 저 멀리 안동 시내가 한눈에 들어온다. 산등성이 좁은 길을 따라 올라가면서 보이는 낙동강 경치가 일품이다.

석문정은 평면 구성이 흥미롭다. 크게 몸채와 회랑으로 구성되어 있는데 몸채는 'ㄴ'자형을 기본으로 하고 있다. 정면 3칸, 측면 3칸 규모이지만 서쪽을 제외한 삼면에 조성된 회랑을 포함하면 정면 5칸, 측면 4칸이 된다. 남서쪽에 3칸 온돌이 있고 나머지는 마루이다. 온돌과 마루를 모두 벽으로 막았다.

평면과 지붕 모양 또한 특이하다. 몸채는 팔작지붕인데 회랑을 두면서 몸채 지붕 밑으로 겹지붕을 둔 것이 재미있다. 그러다보니 지붕이 이중으로 보인다.

화강석 판석 기단에 자연석 초석을 사용했다. 원래 기단은 자연석이나 장대석이었을 것으로 생각된다. 기둥은 모두 방주를 사용한 민도리집이다. 가구는 3평주 5량과 3량이 결합된 구조이며 복화반 형태의 대공을 사용했다. 전반적으로 가구 구성이 소박하다.

회랑은 몸채 기둥에 툇보를 걸어 지붕을 받아 구성했다. 단순하면서 효과적인 방법이다. 이 경우 지붕을 몸채에서 바로 연결할 수도 있지만, 이 집은 지붕을 분리해 이중으로 구성했는데 오히려 다양하고 변화가 있어 흥미롭다.

석문정은 지붕 모양이 재미있다. 아마도 강변 절벽 위에 있다 보니 비바람이 들이치는 경우가 많아 어쩔 수 없이 회랑을 두고 지붕을 설치할 수밖에 없었을 것이다. 사실 한식 지붕은 의외로 다양한 모양이 많다. 석문정이 바로 이 경우인 것 같다.

1 회랑은 몸채 외부에 툇간처럼 기둥을 두고 이 기둥에서 몸채 기둥머리 밑에 툇보를 걸어 가구를 구성했다.

2 석문정에서 바라본 낙동강과 안동 시내

3 남쪽 면. 몸채 기둥에 툇보를 걸고 지붕을 받아 회랑을 구성했다.

4 회랑

5 가구는 3평주 5량과 3량이 결합된 구조이며 복화반 형태의 대공을 사용했다.

6 잘 휘어진 목재를 충량으로 사용해 보에 걸었다.

1-1

1-2

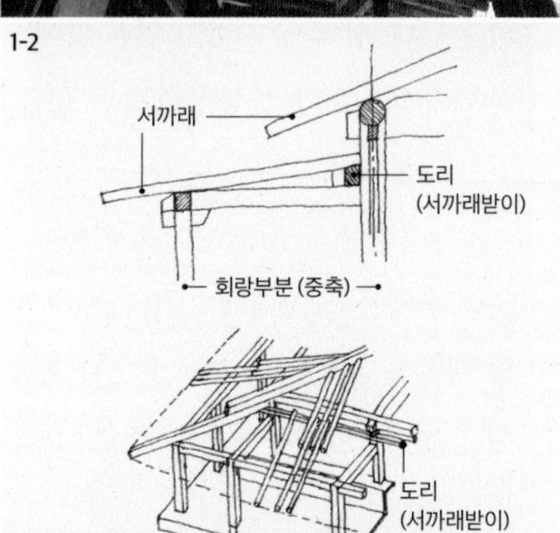

3

2

4

5

6

1 낙동강이 굽이쳐 흐르는 막곡리 강변 절벽 위에 홀로 동향하고 있다.

2 남서쪽 면. 온돌 3칸이 있다.

3 동남쪽 면. 온돌과 마루 모두 벽으로 막았다.

4 북쪽 면. 절벽 위 시야가 열린 곳에 있어 낙동강과 저 멀리 안동 시내가 한눈에 들어온다.

5 북서쪽 면. 'ㄴ'자형 평면으로 서쪽을 제외한 나머지 삼면에 회랑을 두고 겹지붕으로 구성했다.

안동 삼귀정

[위치] 경상북도 안동시 풍산읍 지풍로 1975-1 (소산리) **[건축 시기]** 1496년, 1947년 재건
[지정사항] 경상북도 유형문화재 제213호 **[구조 형식]** 2평주 5량가 팔작기와지붕

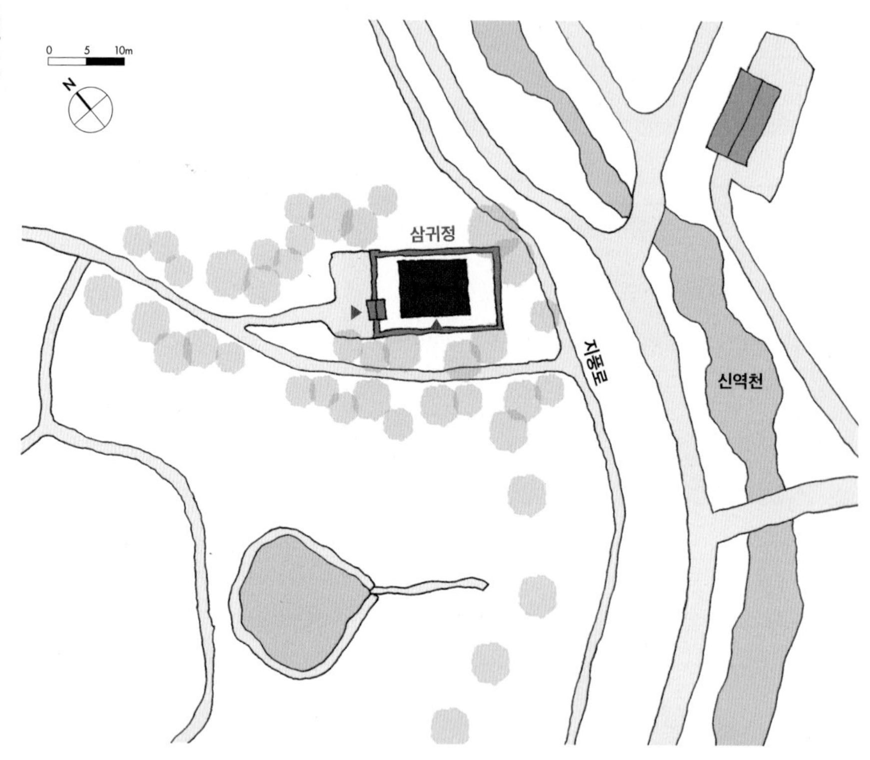

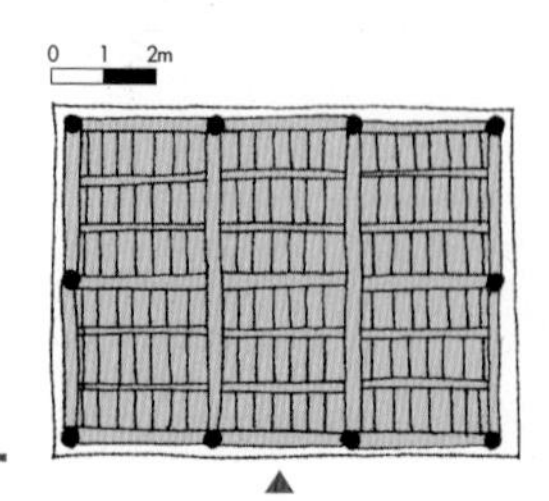

1496(연산군2)년에 안동김씨 김영전(金永銓, 1439~1522)이 지례현감으로 있을 때 아우 영추(永錘), 영수(永銖)와 함께 88세 노모를 즐겁게 하기 위해 지은 정자라고 한다. 여러 차례 수리했다고 하며 1947년에 다시 지은 것이 오늘에 이르고 있다. 삼귀정이라는 당호는 거북이 모양 돌 세 개에서 유래했다고 한다. 거북은 장수를 상징하는 것으로 어머님도 거북이처럼 장수하기를 기원한다는 뜻이 포함되어 있다.

소산리 평야 끝자락 마을 초입 언덕 위 사방이 탁 트인 곳에 남서향으로 자리하고 있다. 정면 3칸, 측면 2칸으로 전체가 마루이다. 우물마루를 깔았으며 마루 높이가 낮고 난간이 없으며 사면이 개방되어 있다. 초석은 자연석 초석을 기본으로 하고 있지만 일부는 방형으로 주좌가 낮은 가공석을 사용하기도 했다. 연화문을 초각한 것도 있는데 원 초석이 아닌 탑의 옥개석을 재활용한 것으로 보인다. 자연석 기단에 원주를 사용했다. 2평주 5량 구조 초익공집이다. 포동자, 파련대공 같은 화려한 부재를 사용했다.

삼귀정 마루의 변귀틀은 폭이 좁고 춤이 높은 것이 특징이다. 일반적으로 귀틀은 폭은 넓고 춤이 낮은 편인데 여기서는 그 반대로 되어 있다. 또 일부에서는 귀틀이 두 겹으로 된 곳도 있다.

삼귀정은 단순하지만 공포나 가구 구성이 화려한 편이다. 비교적 큰 규모이고 방 없이 마루로만 된 점과 전체가 개방된 점을 고려할 때 마을의 공용공간으로 활용되고 있는 것으로 보인다.

1 멀리 소산리 평야가 한눈에 들어온다.

2 파련대공

3 초익공

1 충량과 포대공

2 익공, 포동자, 파련대공 등 가구 구성이 비교적 화려하다.

3 소산리 평야 끝자락 마을 초입 언덕 위 사방이 탁 트인 곳에 남서향으로 자리하고 있다.

4 자연석 기단에 원주를 사용하고 바닥은 마루로 되어 있고 벽 없이 개방되어 있어 사방의 경치가 시원하게 보인다.

5 삼귀정 앞에 있는 세 개의 거북 모양 석재

6 여모귀틀. 귀틀 가운데 일부는 이중으로 설치되어 있다.

7 가공석 초석 두 개 중 다른 초석

8 초석 가운데 두 개만 가공석을 사용했는데 하나에는 연화문이 새겨 있다.

1

2

4

3
5
6
7
8

안동 청원루

[위치] 경상북도 안동시 풍산읍 소산리 87 **[건축 시기]** 1618년 중건
[지정사항] 보물 제2050호 **[구조 형식]** 5+3량가 팔작기와지붕

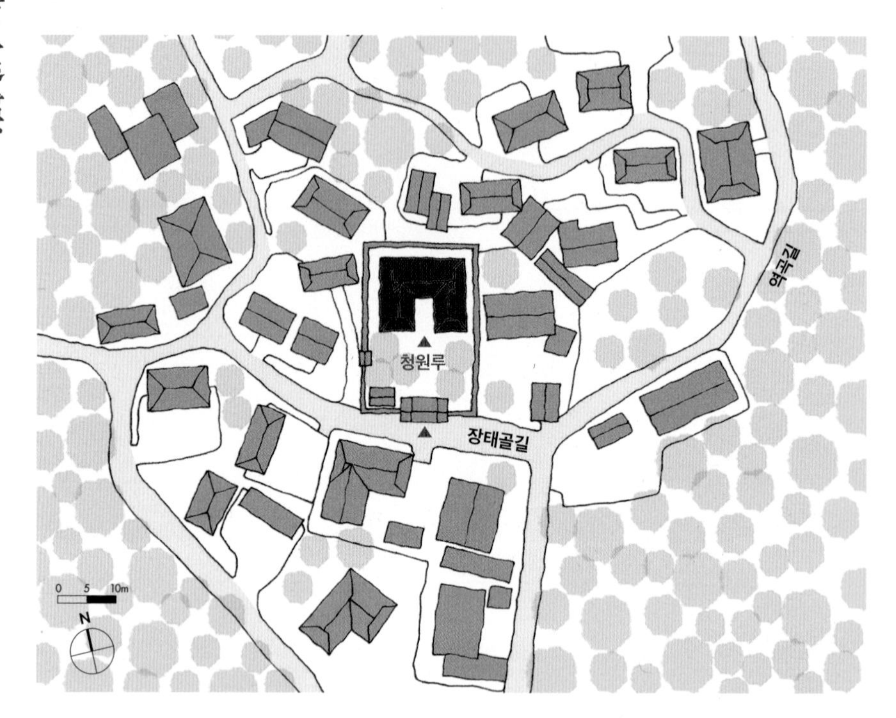

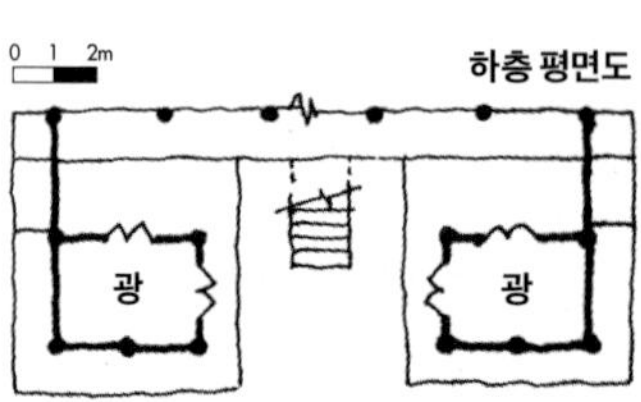

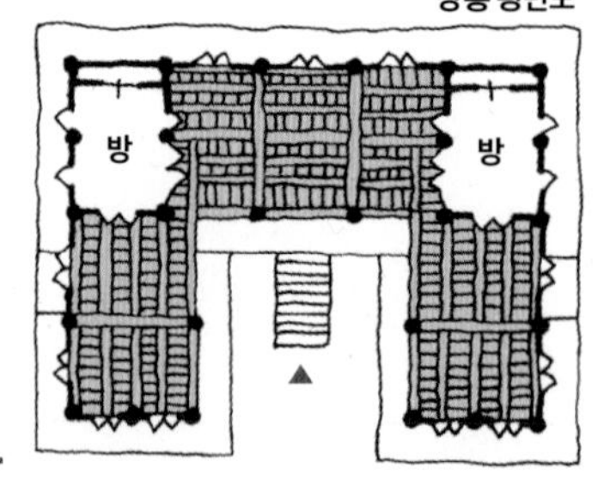

현판에는 회곡 조한영(晦谷 曺漢英, 1608~1670)의 낙인이 찍혀 있다. 회곡은 김상헌의 제자로 같은 척화파였다.

소산마을은 청원루 창건자인 김번(金璠, 1479~1544)의 고향이자 안동김씨의 집성촌이다. 김번은 김상헌(金尙憲, 1570~1652)의 증조부이며 김상헌은 병자호란 후에 잠시 낙향한 1618(광해군10)년경에 청원루를 지금의 누각 모습으로 다시 지었다.

청원루의 평면구성은 정면 5칸, 측면 2칸이며 양쪽에서 전면으로 2칸씩 날개를 빼서 누마루를 들였다. 좌우대칭으로 가운데 대청이 넓고 양쪽으로 누마루를 접객공간으로 크게 두었으며 부엌과 다락 등 수납공간이 없고 함실아궁이로 구성된 독특한 평면이다. 청원루는 원래 살림집으로 지었으나 김상헌이 개축하면서 잠시 은거하거나 사족들의 모임장소 정도로 사용되었다. 당시에는 대개 한양에서 생활하면서도 고향에 근거지를 마련해 두고 별당과 같이 잠시 사용하는 재지사족이 많았다. 이러한 재지사족의 건축유형은 지금은 대부분 사라졌는데 청원루가 남아 있다. 청원루는 일반적인 누각이나 정자, 살림집과는 다른 재지사족 건축의 한 유형이라고 할 수 있다.

청원루는 'ㄷ'자형 평면인데 이와 유사한 평면의 안동 '향산고택'은 살림집이기 때문에 구성이 전혀 다르고 경상도 지역 190여 동의 정자 가운데 'ㄷ'자형 정자는 의령 오방리 '임천정'이 유일하다. 이는 청원루의 평면구성과 특성이 매우 독특하다는 것을 반증한다.

누마루와 대청 부분에는 원기둥을 사용했고 나머지 벽체가 있는 방 부분은 각기둥을 사용했다. 가구는 대청 부분은 2평주 5량가이며 방 부분은 3평주 5량가이고 양쪽 날개의 누마루 부분은 3량가이다. 공포는 대청 전면과 누마루 안쪽만 초익공으로 했고 누마루 전면과 측면, 배면은 모두 민도리 형식이다. 처마는 홑처마이며 지붕은 팔작이다. 부재들은 굵고 크며, 높은데 장식이 전혀 없고 곡선보다는 직선을 사용했다. 전면은 원기둥과 익공을 두어 정면성을 강조했으며 익공은 투박하고 부재가 크다. 이처럼 장식이 완전히 배제되고 좌우대칭과 정면성을 강조하면서도 부재를 상상 이상으로 두껍게 사용하고 직선적으로 처리한 것이 청원루의 조형성이다. 이것은 육중하고 무거운 선비의 강직성을 그대로 건물에 나타낸 청원루만의 예술성이다.

1

6

7 8 9

1 청원루는 김상헌의 고향인 안동김씨 집성촌 소산마을에 자리한다.

2 누마루 익공은 당초를 기반으로 했으나 일반적인 익공의 모습과 다르며 행공과 함께 사용되었고 부재가 후덕하다.

3 대청 전면에만 창방을 두고 소로수장으로 처리해 정면성을 강조했다.

4 대청은 2평주 5량가이며 양쪽 방은 3평주 5량가이다.

5 서쪽 누마루에서 동쪽 누마루를 본 모습. 청원루는 누마루가 크고 좌우대칭으로 날개처럼 구성했다는 것이 특징이다.

6 전경. 좌우대칭의 'ㄷ'자형 평면으로 특히 전면의 누마루가 강조되어 있다.

7 누마루의 머름은 일반 머름과 달리 머름동자 숫자가 적고 부재가 크고 높아 매우 강직해 보인다.

8 양쪽 누마루의 난간은 평난간인데 단순하지만 난간대가 높고 장식 없이 직선성을 강조했다.

9 청원루는 툇기둥 없이 툇마루를 구성했다. 툇마루를 대청과 구분하기 위해 한 단 낮추었는데 다른 곳에서는 볼 수 없는 독특한 구성이다.

10 대청은 3칸으로 매우 넓다. 전면은 개방되어 있고 뒷면에는 판문을 달았다. 양쪽은 누마루와 연결된다.

안동 체화정

【위치】경상북도 안동시 풍산태사로 1123-10 (풍산읍) 【건축 시기】1761년
【지정사항】보물 제2051호 【구조 형식】3평주 5량가 팔작기와지붕

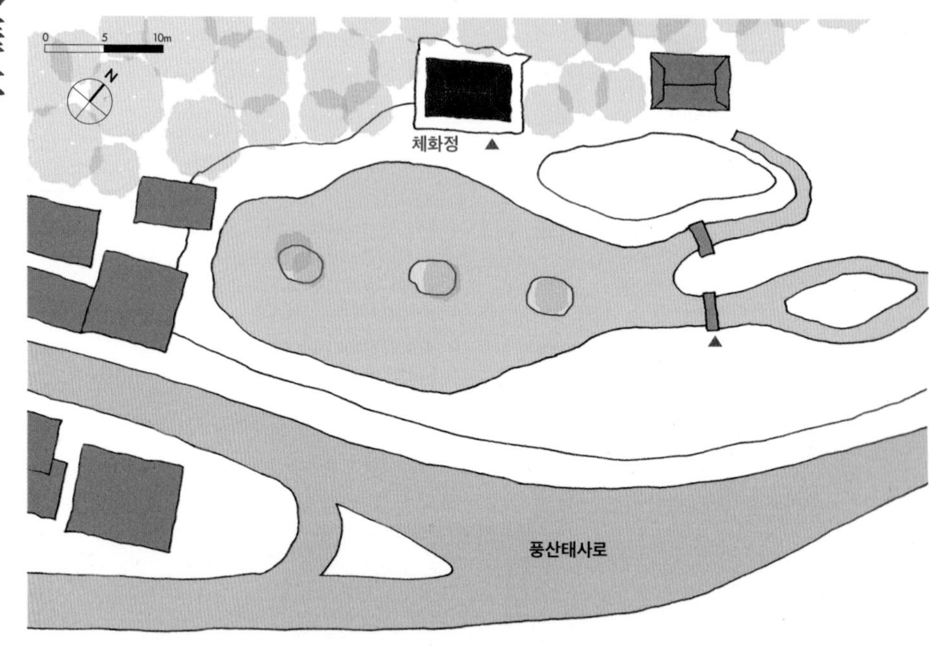

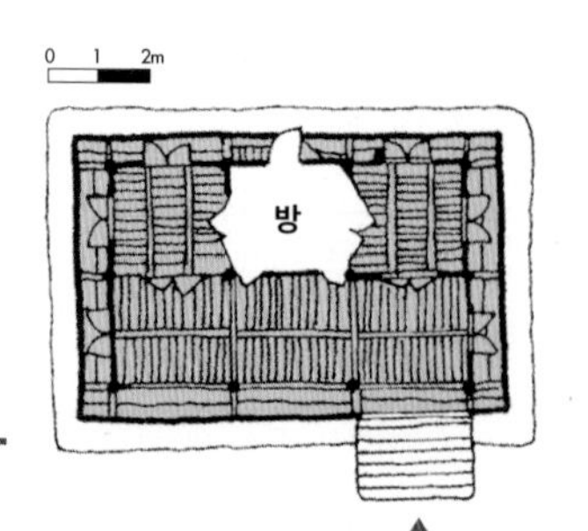

만포 이민적(晩圃 李敏迪, 1702~1763)이 학문에 정진하기 위해 1761(영조37)년에 지은 정자로 형인 옥봉 이민정(玉峰 李敏政)과 이곳에서 지내며 우애를 다졌다고 한다. 정자 앞에는 '체화지'라는 자연곡선형 못이 있다. 못에는 방장, 봉래, 영주의 삼신산을 상징하는 세 개의 인공섬이 있다. 중국어로 형제를 일컫는 '체화'는 형제간의 우애와 화목을 의미하는데《시경》에서 인용했다고 한다.

체화정은 낙동강 지류인 풍산천변에 동남향으로 자리하고 있다. 지금은 제방에 가려 체화정에서 풍산천이 보이지 않지만 지어질 당시에는 체화정에서 보는 풍산천의 경관이 일품이었을 것이다. 정면 3칸, 측면 2칸 규모로 전면은 개방된 마루이고 뒤 가운데 칸에 1칸 온돌이 있고 양옆에 마루방이 있다. 온돌의 배면 쪽 상부에는 감실로 보이는 벽장이 있다. 온돌의 배치가 지역 여느 정자와 다르다. 대개 온돌은 왼쪽이나 오른쪽, 양옆에 있다. 사면에 계자난간을 둘렀다.

초석과 기단은 자연석을 사용하고 기둥은 모두 원주이다. 맞보로 구성된 3평주 5량 구조, 초익공집이다. 변작은 삼분변작 정도 된다.

구조가 조금 별나다. 내진주가 도리 칸 방향에서 외진주열과 맞지 않다. 온돌 크기 때문에 변칙적인 방법을 사용한 것으로 보인다. 거기에다가 상부 가구의 중도리 위치와도 맞지 않아 가구 구조가 매끄럽지 않다. 주심도리 높이에서 내진주열에 인방이 아닌 도리 모양의 공포 구조가 있어 이중으로 공포가 형성된 것처럼 보인다.

1 체화지 우물. 이 우물에서 체화지로 물이 흘렀다.

2 체화정 진입 계단

1 체화정 앞에는 방장, 봉래, 영주의 삼신산을 상징하는 세 개의 인공섬이 있는 자연곡선형 못이 있다.

2 초익공 형식임에도 이익공처럼 보이기 위해 보뺄목 높이에 억지로 익공을 하나 더 붙였다.

3 내진주 위에서 공포를 구성하고 인방이 아닌 도리 모양의 부재를 도리 방향으로 걸었다. 인방을 걸어야 하는데 도리를 건 것이다.

4 온돌이 있는 가운데 칸(정칸) 배면 상부에 감실로 추정되는 벽장이 있다.

5 체화정은 이중으로 조성한 기단 위에 정면 3칸, 측면 2칸 규모로 자리한다.

1

4

1 체화정에서 바라본 모습. 예전 같으면 풍산천이 보였겠지만 지금은 제방에 가려 보이지 않는다.

2 내부의 기둥열과 중도리열이 어긋나 있고 내부임에도 내부기둥 상부와 중도리에 공포 모양을 가진 포동자주를 설치했다. 화려하게 보이기 위함이다.

3 측면에서 나온 충량이 대들보 위에 얹힌 것과 별개로 같은 높이에서 인방이 아닌 도리가 기둥 사이에서 결구되어 있다.

4 불발기분합문의 모양이 재미있다.

5 온돌의 배면 쪽을 제외한 삼면에 불발기분합문을 달아 문을 들어올리면 체화정 내부 모두가 하나의 공간이 될 수 있게 했다.

안동김씨 북애공종택: 태고정

[위치] 경상북도 안동시 풍산읍 감애길 59 **[건축 시기]** 미상
[지정사항] 경상북도 민속문화재 제27-2호 **[구조 형식]** 2평주 5량가 팔작기와지붕

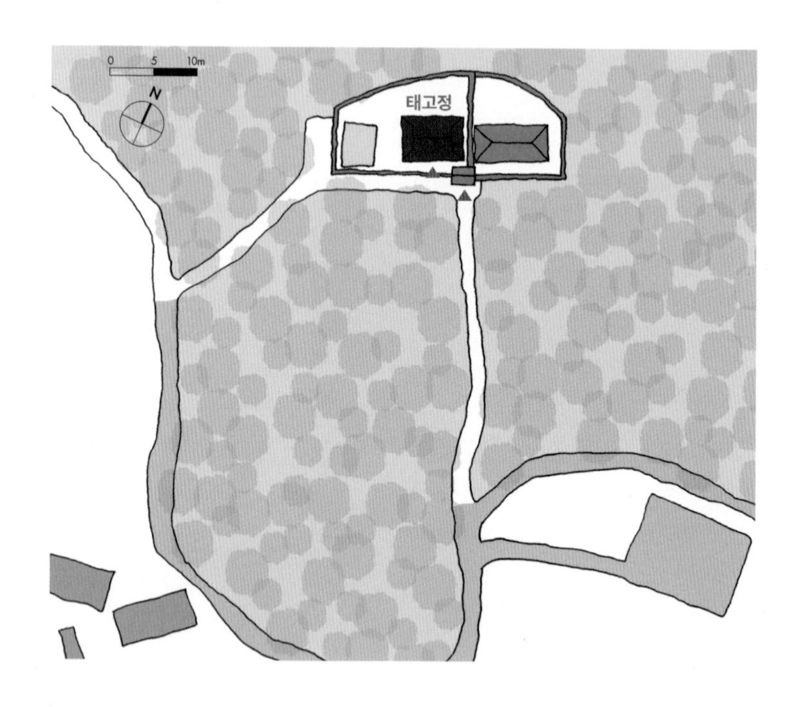

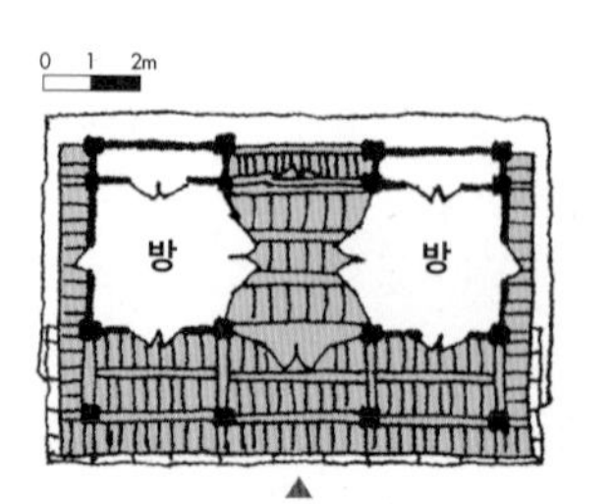

안동김씨 북애공종택(경상북도 민속문화재 제27호)의 부속 건물로 삼당공파 후손들이 교동 지방에서 이건한 것으로 건립 연대는 불확실하다.

종택 북쪽의 현애리 학가산 산줄기의 급한 경사로를 올라가면 산등성이 일부 평지에 동남향으로 자리한 태고정이 보인다. 태고정 옆에는 살림집으로 사용하는 민가가 한 채 있는데 두 집의 진입 방법이 흥미롭다. 사주문을 지나 왼쪽으로 가면 태고정이고, 오른쪽으로 가면 살림집이다. 두 집 사이에는 담을 설치해 영역을 구분했다.

정면 3칸, 측면 2칸 규모로 가운데에는 마루방을 두고, 양옆에 1칸 온돌을 두었다. 전면은 누마루처럼 꾸미고 계자난간을 둘렀다. 온돌 천장은 고미반자로 마감했다. 초석과 기단 모두 자연석을 사용하고 기둥은 모두 방주이다. 공포는 직절한 초익공과 민도리 구조가 동시에 보이는데 전면은 초익공 구조이고 측면 일부와 배면 일부는 민도리 구조이다. 전면을 조금 더 치장한 것이다.

온돌과 마루방에는 사분합들문을 달아 전체를 개방해 사용할 수 있도록 했다. 마루방이 좁고 가운데에 있다 보니 들문을 들어올렸을 때 온돌의 들문과 부딪히는 문제가 생긴다. 이를 해결하기 위해 서로 엇갈리게 들어올릴 수 있게 한 점이 흥미롭다. 생활의 지혜이다.

태고정은 산등성이에 있음에도 불구하고 왼쪽에 방지가 하나 있다. 산에서 내려오는 물을 가둬 만든 것인데 정자에서 바라보면 운치 있었을 것으로 보인다. 일반적인 정자 형식이지만 오른쪽에 있는 살림집을 고려하면 복합적인 역할도 했을 것으로 판단된다.

온돌 배면에 벽장이 덧달려 있다.

1

3

2-1

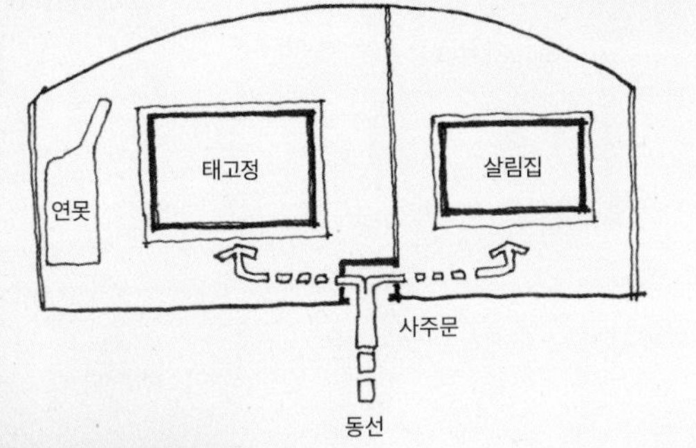

2-3

1 태고정은 북애공종택 북쪽의 현애리 학가산 산줄기의 산등성이 평지에 동남향으로 자리한다.

2 태고정 진입 동선. 사주문을 지나 왼쪽으로 가면 태고정이고, 오른쪽으로 가면 살림집이다.

3 태고정 오른쪽에 방지가 있다. 지금은 갈대에 가려 보이지 않는다.

安東金氏 北涯公宗宅: 太古亭

1

4-1

4-2

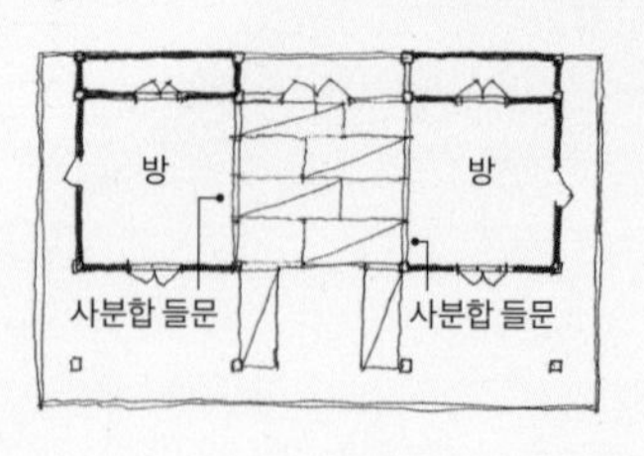

5

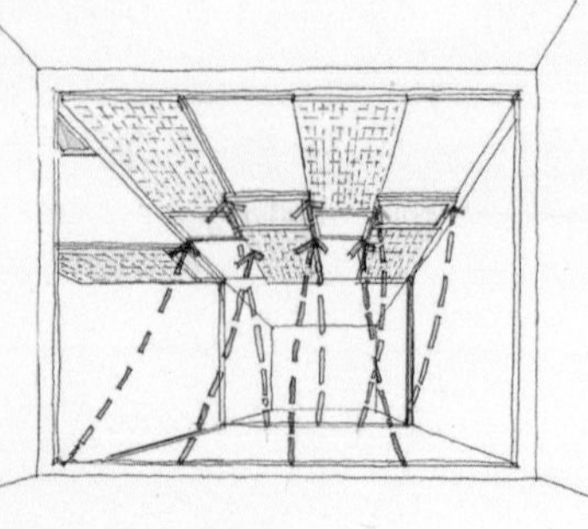

1 태고정은 정면 3칸, 측면 2칸 규모로 가운데에는 마루방을 두고, 양옆에 1칸 온돌을 두었다. 전면은 누마루처럼 꾸미고 계자난간을 둘렀다.

2 전면은 초익공 구조이고, 측면 일부와 배면 일부는 민도리 구조이다.

3 2평주 5량가로 대공은 판대공을 사용했다.

4 양쪽 방의 들문을 들어올렸을 때 부딪히는 걸 방지하기 위해 서로 엇갈리게 들어올릴 수 있게 했다.

5 분합문을 들어올리면 3칸이 1칸처럼 공간이 확대 된다.

안동 시북정

[위치] 경상북도 안동시 풍천면 구담리 469번지 **[건축 시기]** 조선 중기
[지정사항] 경상북도 문화재자료 제32호 **[구조 형식]** 2평주 5량가 팔작기와지붕

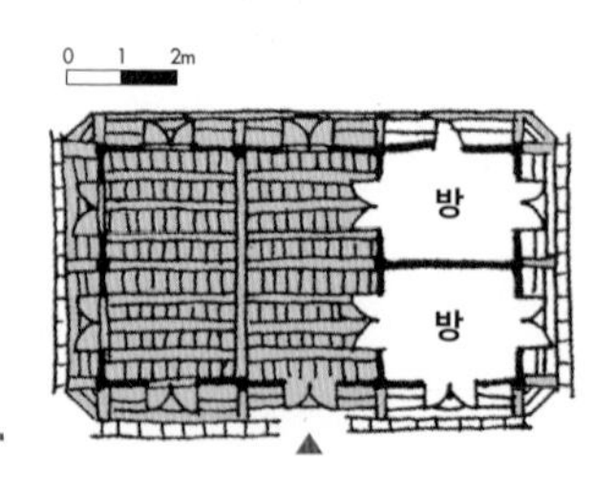

조선 선조 때 호조참판을 지낸 신빈(申賓)이 집을 지으면서 대청을 정자 형식으로 꾸민 것이다. 현재 제사를 지내는 방인 정침은 없어지고 대청만 남아 있다. 후에 순천김씨인 김종영(金鍾韺)이 이 건물을 사서 시북정이라 이름 붙였다. 시북정은 낙동강변 구담리 마을 중심부 평지에 남향으로 자리하고 있는데 주변은 민가로 가득하다.

시북정은 정면 3칸, 측면 2칸 규모로 오른쪽에 2칸 온돌이 있고 나머지는 마루이다. 온돌과 마루 모두 벽으로 막혀 있고 사방에 쪽마루가 있다. 초석과 기단은 자연석을 사용하고 기둥은 모두 원주이다. 공포는 재주두 없는 이익공 구조이고 화반이 있다. 가구는 2평주 5량 구조로 삼분변작이다. 마루에는 내진주가 없지만 방 쪽에는 내진 평주가 있고 맞보 구조이다. 동자는 포대공이고 중도리 높이에서 우물반자가 구성되어 있다. 대들보 위에서 중도리를 받는 동자가 포동자주로 되어 있다. 동자주에 비해 화려한 구조이다. 보방향으로 초각된 판재가 겹쳐 올라가고 직교한 도리방향으로 화려하게 초각된 첨자가 있다. 이런 구조는 동자주에 비해 횡력을 받는데 유리하고 화려한 구조이다.

시북정은 민가 사이에 있는 정자임에도 불구하고 대단히 화려한 편이다. 거기에다가 지붕이 높아 주변 건물보다 두드러진다. 앙곡도 매우 센 편으로 추녀 쪽에서 아주 강하게 들어올려 있는 것이 특징이다. 민가의 격에는 맞지 않지만 아마도 당시에 좀 두각을 나타내고 싶었던 것이 아닌가 싶다.

1 충량이 대들보 위에 얹히고 그 위로 눈썹천장이 있다.

2 맞보 구조, 2평주 5량가로 삼분변작이다.

1

5

1 시북정은 낙동강변 구담리 마을 중심부 평지에 남향으로 자리하고 있는데 주변은 민가로 가득하다.

2 아궁이 바로 옆 기단에 굴뚝이 있다.

3 이익공 구조인데 재주두가 없는 것이 특징이다.

4 쪽마루 귀틀 마구리가 마루난간 여모판을 관통하고 있다.

5 왼쪽 면의 앙곡이 매우 강하다.

6 이익공집이어서 화반이 있다. 화반은 첨차와 비슷하고 복화반이 거꾸로 된 모양이다.

1

4

1 정면 3칸, 측면 2칸 규모로 오른쪽에 2칸 온돌이 있고 나머지는 마루이다. 사방에 쪽마루가 있다.

2 눈썹천장의 외기도리 밑에 달동자가 보인다.

3 대들보 위에서 중도리를 받는 포동자주가 화려하다.

4 오른쪽 면. 앙곡이 매우 센 편으로 추녀 쪽에서 아주 강하게 들어올려 있다.

5 배면. 왼쪽으로 온돌, 오른쪽으로 2칸 마루가 있고 마루는 판벽으로 둘러싸여 있다.

5

안동 만대헌

【위치】 경상북도 안동시 북후면 모산미길 16-6 (도촌리) **【건축 시기】** 1587년
【지정사항】 경상북도 유형문화재 제267호 **【구조 형식】** 5량가+3량가 팔작+맞배기와지붕

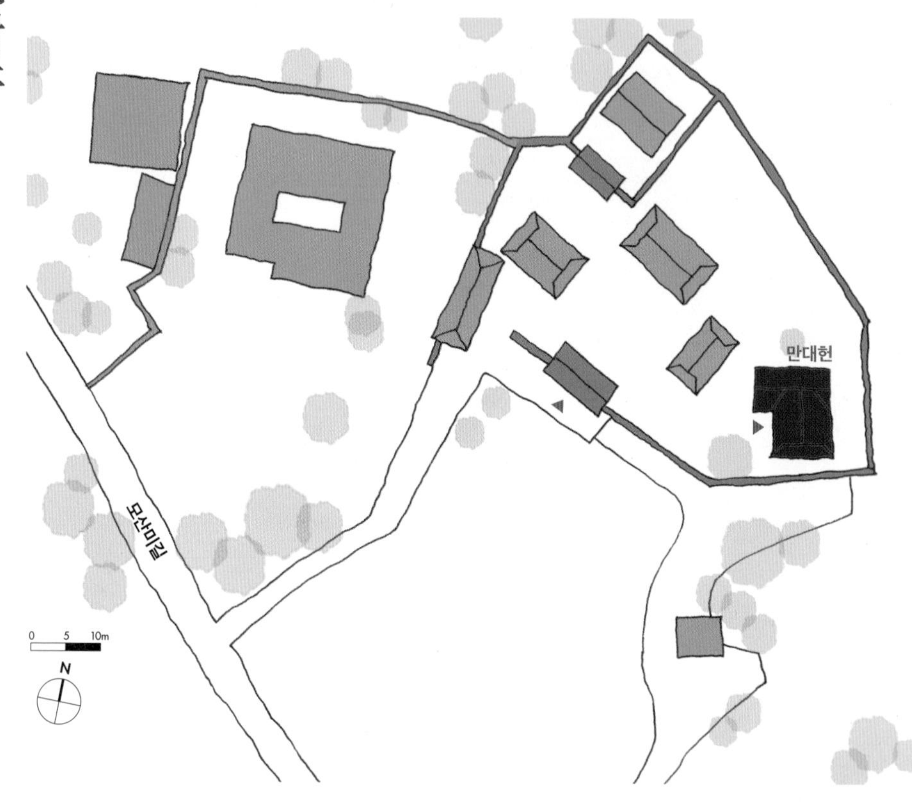

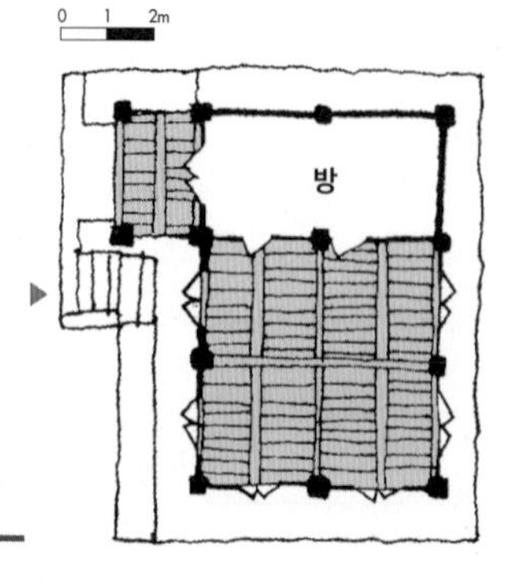

옥봉 권위(玉峰 權暐, 1552~1630)가 강학 공간으로 1587(선조20)년에 지은 정자이다. 지금은 옥봉의 위패를 모시고 있는 도계서원 안에 있다.

ㄱ자 평면구성인 만대헌은 왼쪽 튀어나온 부분에는 정면 1칸, 측면 1칸 누마루가 있고 뒤에 정면 1칸, 측면 2칸 온돌이 있다. 이 부분은 3량 구조 맞배지붕집이다. 그 옆에는 5량가 팔작지붕집이 붙어 있는데 정면 2칸, 측면 2칸 규모의 대청이 있다. 두 건물이 연결되는 지점에 진입용 돌계단을 놓았다.

1칸 누마루에는 평난간을 두르고 각주를 사용했다. 대들보는 곡선미가 살아 있는 자연 부재를 그대로 사용하고 대들보 위에 판대공을 올려 종도리를 지지하도록 했다. 전면 기둥에는 내민도리를 지지하기 위해 별도의 경사 지지대를 설치했다. 전면 박공판을 규격화된 판재 대신 자연목을 그대로 사용하고 박공판 끝을 초각해 조형성을 부각시켰다. 대청 역시 판대공을 사용해 종도리를 받았으며 연등천장으로 마감했다. 창호는 들어열개창을 달아 필요에 따라 전체를 통으로 사용할 수 있게 했다. 여름철에는 자연과 일체가 되도록 구성되어 있다.

맞배로 구성한 온돌 후면의 지붕선을 팔작지붕의 용마루보다 낮게하고 한쪽을 짧게 해 팔작지붕과 어색하지 않고 자연스럽게 연결되도록 했다.

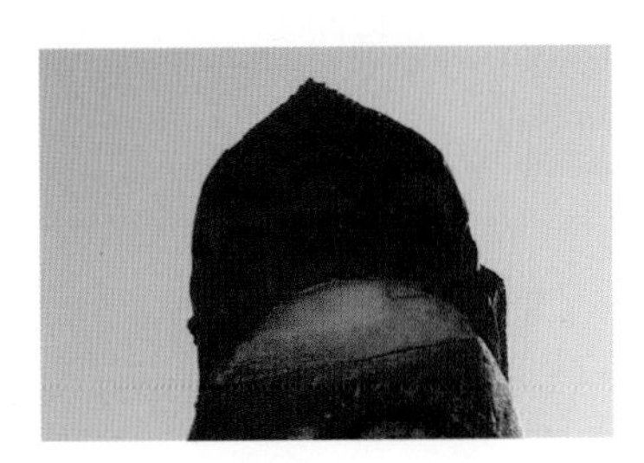

귀면 형상을 새긴 망와

1

4

1 도계서원 안에 자리한 만대헌은 ㄱ자 평면구성이다.

2 박공 자연목의 곡처럼 끝부분을 둥글게 다듬어 사용했다.

3 곡이 살아 있는 자연목으로 박공을 구성했다.

4 누마루에는 평난간을 두르고 전면 기둥에 내민도리를 지지하기 위해 별도의 까치발을 설치했다.

5 왼쪽의 튀어나온 부분에는 누마루와 온돌이 있고 그 옆에 4칸 대청이 있다.

安東 晩對軒

1 누마루 부분은 3량 구조로 하고 연등천장으로 마감했다.

2 대청 부분은 5량 구조로 판대공을 이용해 종도리를 받았다.

3 곡선미가 살아 있는 자연 부재를 대들보로 사용했다.

4 일대 평야가 시원하게 보인다.

5 맞배로 구성한 온돌 후면의 지붕선을 팔작지붕의 용마루보다 낮게하고 한쪽을 짧게 해 팔작지붕과 어색하지 않고 자연스럽게 연결되도록 했다.

6 온돌이 있는 배면 양쪽 지붕 선의 길이가 다른데 대청이 있는 몸채의 팔작지붕과 연결을 고려했기 때문이다.

4

6

영덕 침수정 계곡일원

[위치] 경상북도 영덕군 달산면 옥계리 1외 115필지 **[건축 시기]** 1609년
[지정사항] 경상북도 기념물 제45호 **[구조 형식]** 5량가 팔작기와지붕

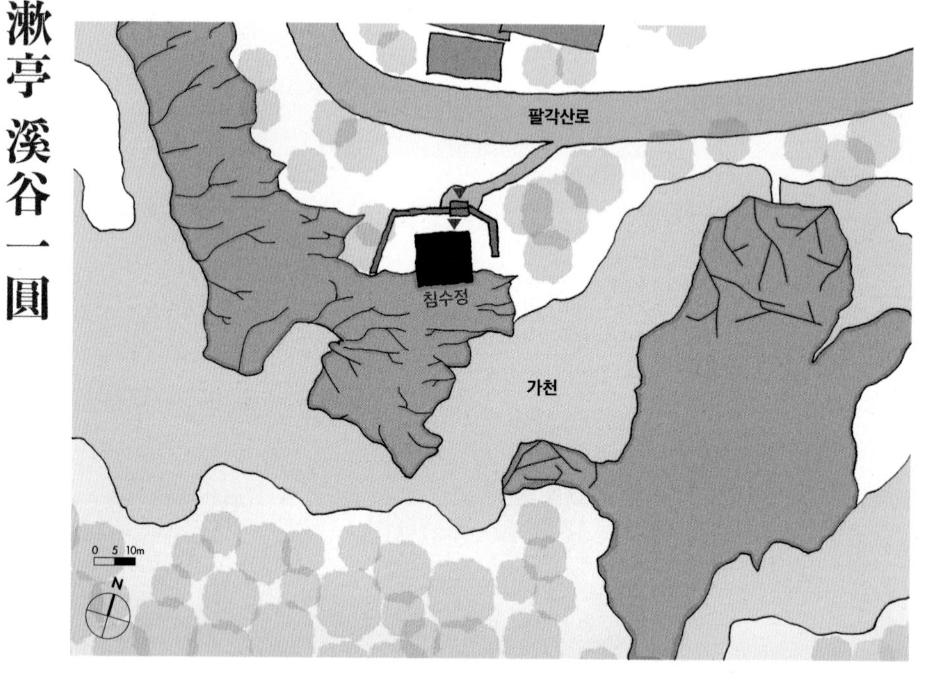

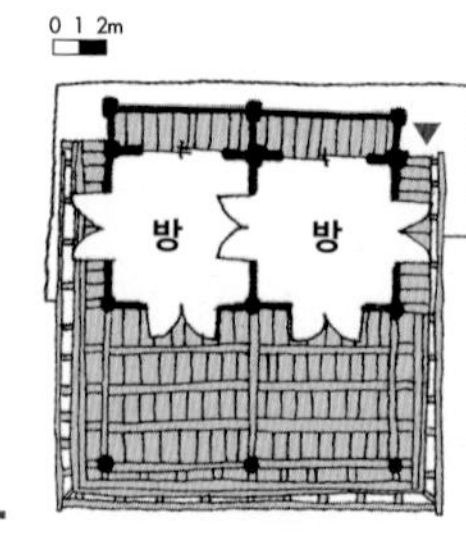

경주 양동에 살던 침류재 손성을(枕流齋 孫聖乙)이 1609(광해군1)년에 번잡한 세상 일에서 벗어나기 위해 지은 정자로 자연과 어우러져 풍류를 즐기던 곳이다. 손성을은 침수정 건너편 병풍암 가운데에 '산수주인 손성을(山水主人 孫星乙)'이라는 암각서를 새겨 놓았다고 한다. 그는 옥계지역의 구름과 물, 샘과 돌, 산과 골짜기를 노래한 "옥계 37경"을 남겼다.

침수정이 있는 옥계계곡 일원은 팔각산과 동대산에서 흘러내리는 맑은 물이 합류하는 지점으로 침수정은 옥계계곡을 바라보고 자리한다. 정면 2칸, 측면 2칸의 좌우대칭 누각형 정자이다. 일대에 토석담장을 두르고 도로 쪽인 배면에 있는 사주문을 통해 진입한다. 건물 좌우에 4단의 화계를 조성하고 활엽수를 심었다.

두 골짜기가 겹쳐지는 지점에 시선의 중심을 둘 수 있게 했는데 너무 개방되어 허한 곳을 피하기 위한 방편이다. 배면 처마 하부에 벽장(반침)을 달았다. 바닥에는 우물마루를 깔고, 마루에는 계자난간을 둘렀다. 난간에는 원형 난간대를 두고 난간동자 상부에는 연잎을 초각하고 보강철물로 계자다리와 고정했다.

민도리 구조 5량가로 장연과 단연이 만나는 곳에 우물반자를 설치해 천장 막음을 하고, 네 귀 처마 하부에는 선자연을 설치했다. 주초석은 암반과 덤벙주초를 사용하고, 온돌 하부는 막돌 허튼층 석축쌓기했다. 누하부에는 팔각주를 사용하고, 누상부는 온돌이 있는 배면을 제외하고는 모두 원주를 사용했다. 대들보는 가운데 곡을 주어 사용하고 중앙기둥에서 모이게 했다. 대량뺄목 보머리는 삼분두로 짧으며 마구리는 직절했다. 처마도리 하부에는 창방 위에 소로를 두어 처마도리장혀를 받도록 한 소로수장집이다.

내부중앙 원형기둥 위에 보아지를 '十'자로 놓고, 보바닥 모양으로 그랭이한 주두가 결구되어 있다.

1

5

1 옥계계곡 일원은 팔각산과 동대산에서 흘러내리는 맑은 물이 합류하는 지점으로 침수정은 옥계계곡을 바라보고 자리한다.

2 굽은 자연목을 선자연으로 한 귀처마가 이채롭다.

3 장연과 단연이 만나는 곳에 우물반자를 설치해 천장 막음을 하고, 네 귀 처마 하부에는 선자연을 설치했다.

4 난간동자 상부에는 연잎을 간략화한 하엽을 두고 난간대와 보강을 위해 철물을 설치했다.

5 정면 2칸, 측면 2칸의 좌우대칭 누각형 정자로 뒤로 온돌 두 개를 두었다.

6 주초석은 암반과 덤벙주초를 사용하고, 누하부에는 팔각주를 사용하고, 온돌 하부는 막돌 허튼층 석축쌓기했다.

영덕 모고재

[위치] 경상북도 영덕군 달산면 팔각산로 1659-6 (용평리) **[건축 시기]** 1520년 초창, 1669년 이건
[지정사항] 경상북도 문화재자료 제221호 **[구조 형식]** 3량가 팔작기와지붕

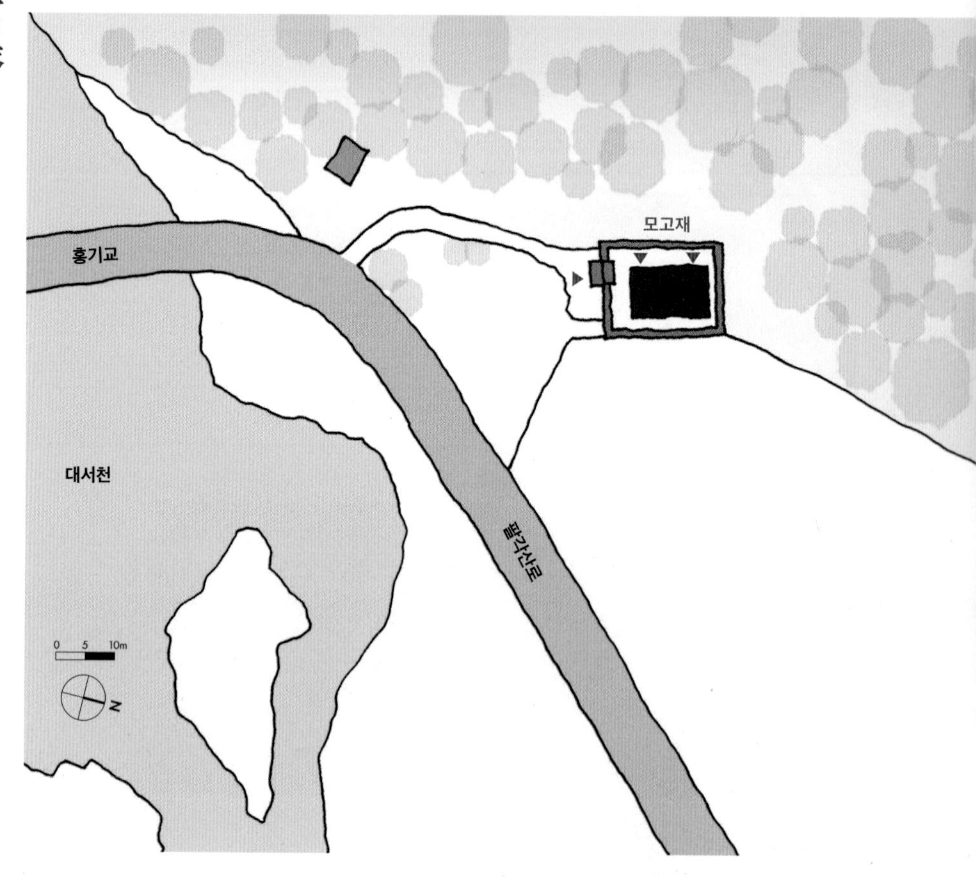

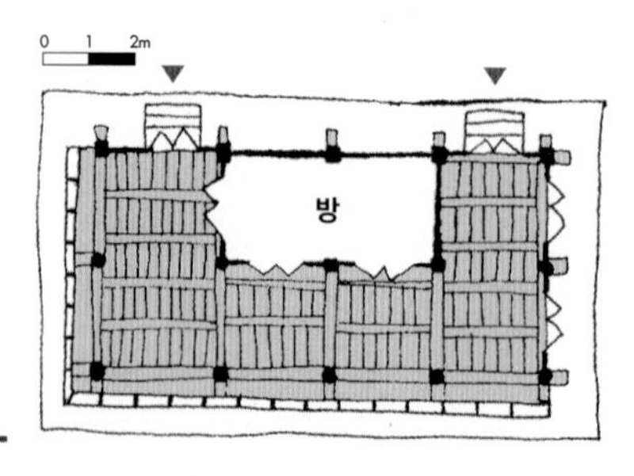

성균관 생원 모고재 이학(慕古齋 李鶴)이 1520년(중종15) 모고산 입구에 지은 정자이다. 이학은 정자 뒤에 못을 파고 물고기를 기르며 제자들에게 학문을 가르치며 말년을 보냈다. 1669(현종10)년 비바람으로 많이 퇴락한 것을 손자인 이명선(李明善)이 100m 아래 지금 위치로 이건했다. 모고산은 단종의 영월 유배에 격분해 벼슬을 버린 증조 서산 이명발(西山 李明發)과 간산 춘발(澗山 李春發) 형제가 은거했던 곳이다.

모고재는 정면 4칸, 측면 2칸 규모로 뒷열 가운데 2칸 온돌이 있고 나머지는 마루이다. 온돌의 정면과 왼쪽에는 세살문을, 오른쪽 면과 배면에는 띠살판장문을 달았다. 천장은 연등천장이다. 우물마루로 구성된 마루는 전면과 왼쪽 면은 개방하고 오른쪽 면과 배면은 판벽과 널판문으로 막았다. 막지 않은 전면과 왼쪽면에 계자난간을 둘렀다. 흙을 쌓아올린 기단에 자연석 초석을 사용하고 정면에는 원주를, 배면에는 각주를 사용했다. 온돌 하부에는 석축을 쌓아 아궁이를 설치하고 배면 좌우 기둥열은 토벽으로 마감했다.

정면은 창방, 화반, 도리를 사용한 이익공 3량 구조이다. 익공은 앙서형으로 연화를 초각한 모습이 조선 후기 형식이다. 대공은 판대공을 사용하고 대들보 보아지는 닭머리 모양을 초각해 사용했다. 익공과 화반의 뇌록색 및 미색 단청은 조금 산란한 느낌이다. 형태는 소박하지만 익공을 화려하게 초각해 장식했다.

1 정면 4칸, 측면 2칸 규모로 뒷열 가운데에 2칸 온돌이 있다.

2 정면은 창방, 화반, 도리를 사용한 이익공 3량 구조이다.
익공은 앙서형으로 연화를 초각한 모습이 조선 후기 형식이다.

1 모고재 전경

2 측면 중앙에서 대들보까지 충량을 두어 외기도리를 받도록 했다.

3 대공, 화반, 보아지 등 부재를 화려하고 과장되게 초각해 사용한 것은 조선후기 기법이다.

4 판대공을 사용하고 대들보 보아지는 닭머리 모양을 초각해 사용했다.

5 오른쪽 면과 배면에는 널판문을 달았다.

6 마루는 우물마루로 하고 측면은 널판문으로 막았다.

7 누하부 배면 좌우 기둥열은 토벽으로 마감했다.

8 배면애 있는 계단을 올라 널판문을 열고 진입한다.

영덕 괴정

[위치] 경상북도 영덕군 영해면 호지마을1길 29 (괴시리) **[건축 시기]** 1766년 초창, 1817년 중건, 1876년 중수
[지정사항] 경상북도 문화재자료 제397호 **[구조 형식]** 5량가 팔작기와지붕

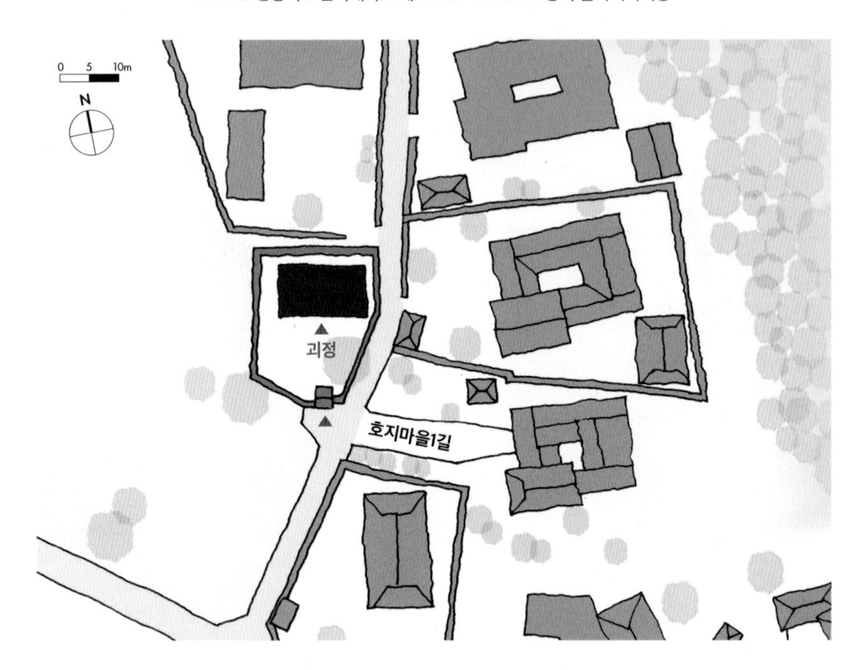

1 목은 이색의 유허지에 정자를 지은 남준형은 목은을 경모하는 마음으 담아 '경목재' 현판을 걸었다.

2 정면 4칸, 측면 1칸 반 규모로, 가운데 2칸 마루를 두고 양옆에 1칸 온돌을 두었으며 전면에 반 칸 규모의 툇마루가 있다.

3 측면에는 쪽마루를 설치했는데 온돌 쪽마루와 마루 쪽마루에 단차가 있다.

4 전면에만 원형기둥을 두고 툇마루를 설치했다.

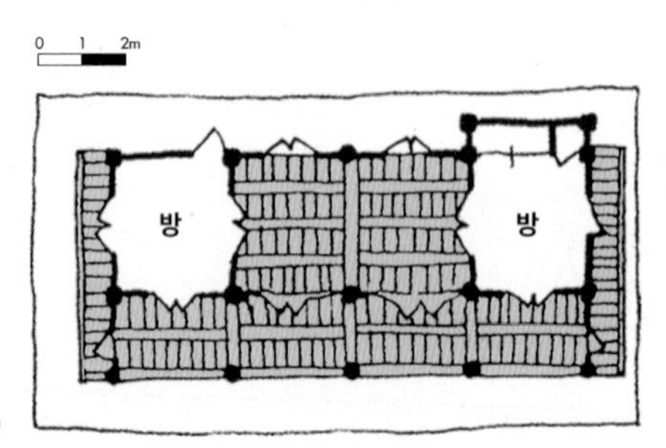

1766(영조42)년에 괴정 남준형(槐亭 南峻衡, 1703~1778)이 지은 것으로 괴시리 마을 북쪽에서 서향으로 자리하고 있다. 이 땅은 고려 말 이름난 유학자 가정 이곡(稼亭 李穀, 1298~1351)과 그의 아들인 목은 이색(牧隱 李穡, 1328~1396)의 유허지이다. 남준형은 이곳에 정자를 짓고 목은을 경모하는 마음에 '경목재(景牧齋)'라는 현판을 걸었다.

주변에 토석담장을 두르고 사주문을 설치해 출입문으로 사용한다. 정면 4칸, 측면 1칸 반 규모로, 가운데 2칸 마루를 두고 양옆에 1칸 온돌을 두었으며 전면에 반 칸 규모의 툇마루가 있다. 마루 전면에는 사분합들문을 달고, 배면에는 판벽과 판문을 설치해 외관상 폐쇄적으로 보인다.

두벌대의 부정형 장대석으로 기단을 만들고, 막돌초석을 올렸다. 전면에만 원주를 사용하고 나머지는 각주를 사용했다. 민도리집으로 보뺄목은 짧고 마구리는 직절했다. 내부 벽체 창방 위에 소로가 있는 소로수장집이다. 대들보 위에 종보를 설치하고 그 위에 석 장의 판재가 겹쳐진 판대공을 설치했다. 대공 위 종도리에 있는 '귀 영묘병술창건후이백삼십일년세차병자윤삼월십삼일중건진시입주동일미시상량 용(龜 英廟丙戌創建後二百三十一年歲次丙子閏三月十三日重建辰時立柱同日未時上樑 龍)'이라는 중건 묵서를 통해 1766년에 창건되었음을 알 수 있다. 툇보나 대들보와 같은 주요 부재는 물론 연목이나 선자연과 같은 부재의 소매건이가 강하고, 치밀하게 짜여 고식 느낌을 준다.

2

3
4

盈德 槐亭

1 대들보 위에 종보를 설치하고 그 위에 석 장의 판재가 겹쳐진 판대공을 설치했다.

2 내부 벽체 창방 위에 소로가 있는 소로수장집이다.

3 주변에 토축담장을 두르고 사주문을 설치해 출입문으로 사용한다.

4 마루 전면에는 사분합들문을 달고, 배면에는 판벽과 우리판문을 설치했다.

5 마루 배면 우리판문

3
29

5

영덕 입천정

[위치] 경상북도 영덕군 영해면 호지마을길 45-10 (괴시리) **[건축 시기]** 1680년, 1888년 중건, 1902년 중수
[지정사항] 경상북도 문화재자료 제392호 **[구조 형식]** 5량가 팔작기와지붕

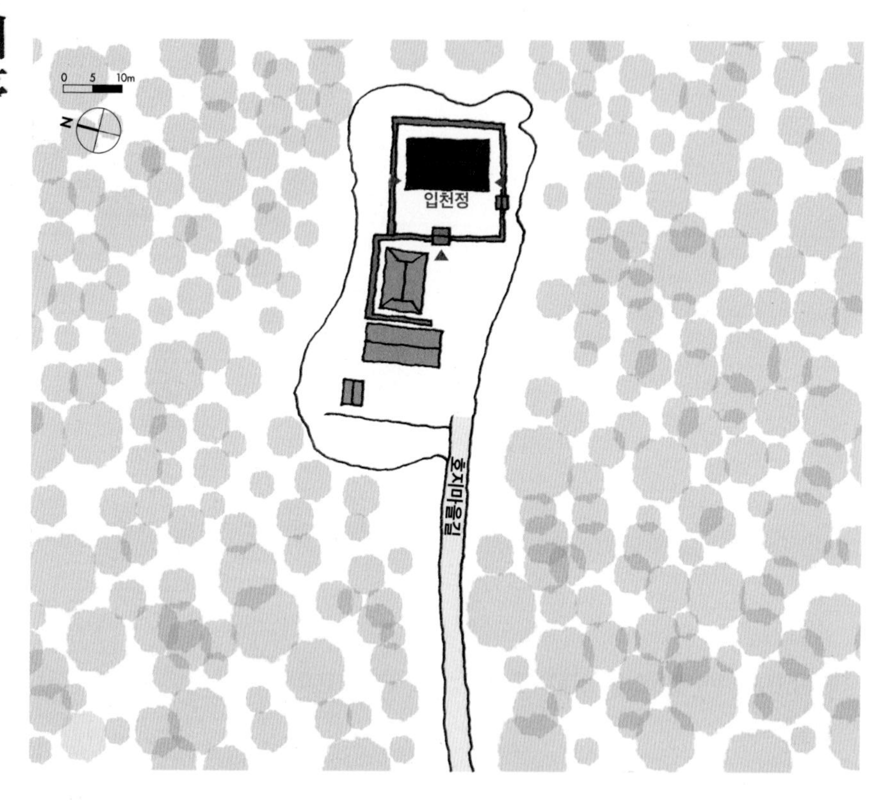

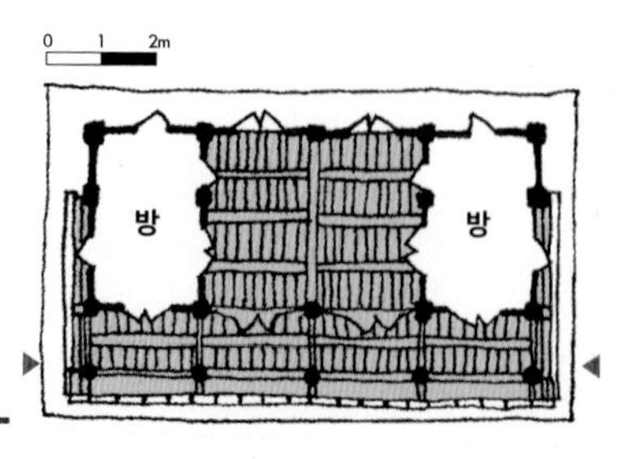

하급 문관이었던 회수 남붕익(晦叟 南鵬翼, 1641~1687)이 1680(숙종6)년경에 지은 정자로 그가 죽은 후 건물이 무너져 빈터만 남아 있었는데 5대손인 남흥수(南興壽)가 친족들과 힘을 합쳐 1888(고종25)년 중건한 것이다. 건물 종도리 하부에 있는 묵서 "숭정기원후오임인팔월오일유시입주동일시상량(崇禎紀元後五壬寅八月五日酉時立柱同日時上樑)"을 통해 1902(고종39)년에 재차 중수했음을 알 수 있다. 정자는 마을과 떨어진 외딴곳에 자리하는데 조용히 학문에 전념하기 위해 지었을 것으로 생각된다.

막돌 석축 위에 토축 담장을 둘렀으며 가운데에 출입용 사주문이 있다. 사주문을 들어서면 정면 4칸, 측면 2칸 규모의 입천정이 보인다. 외벌대 부정형 장대석 기단에 막돌 초석을 올리고 원주를 세웠다. 5량 구조 민도리집으로 창방 위에 소로가 있는 소로수장집이다. 가운데 2칸 마루가 있으며 양옆에 1칸 온돌이 있다. 전면에 툇마루가 있으며 계자난간을 둘렀다. 정자는 양옆의 쪽마루를 통해서 출입한다. 마루의 전면에는 각 칸마다 2단 높이의 궁판이 있는 사분합문을 달고, 방에는 하단 머름을 가진 양짝 격자문을 설치했다. 좌우 온돌 하부에 난방용 아궁이가 있는데 아궁이와 같은 면 기단 위에 수평으로 반원형으로 돌출된 굴뚝을 설치했다.

약간 휜 자연목을 대들보로 올리고 대공은 원형 판대공을 사용했다. 처마 끝은 회백토를 둥글게 바른 아귀토로 마감했다. 지붕의 합각부는 와편 쌓기로 마감하고, 내림마루 끝에는 "신미오월초삼일(辛未五月初三日)"이라고 새겨 있는 명문기와를 댔는데, '신미'는 1888년, 중건한 때를 말한다.

입천정 왼쪽 아래에는 정면 3칸 반, 측면 1칸 반 규모의 또 다른 정자인 마계정사가 있고 마계정사 앞에는 관리인 살림집인 고직사가 있다.

1 내림마루 끝 '신미오월초삼일(辛未五月初三日)'이라고 새겨 있는 명문기와를 통해 1888년 중건했음을 알 수 있다.

2 나비장으로 쪽마루 귀틀을 결구했다.

1 막돌 석축 위에 토축 담장을 둘렀으며 가운데에 출입용 사주문이 있다.

2 툇간을 구성하면서 온돌 전면에는 고주를 두고, 우물반자를 설치했다.

3 마루의 전면에는 각 칸마다 2단 높이의 궁판이 있는 사분합문을 달았다.

4 온돌 하부 아궁이와 같은 면 기단 위에 수평으로 돌출된 반원형 굴뚝을 설치했다.

5 정면 4칸, 측면 2칸 규모로 가운데 2칸 마루가 있으며 양옆에 1칸 온돌이 있다. 정자는 양옆의 쪽마루를 통해서 출입한다.

6 오른쪽 면은 지형에 맞춰 토축 담장의 높이에도 변화를 주었다.

영덕 존재종택 및 명서암·우헌정

盈德 存齋宗宅、冥棲庵·于軒亭

【위치】 경상북도 영덕군 창수면 오촌리 318-1번지, 336-1, 232
【건축 시기】 존재종택 1661년, 명서암 1733년, 우헌정 1800년대 후반
【지정사항】 경상북도 문화재자료 제293호
【구조 형식】 존재종택 5량가 팔작기와지붕, 명서암 5량가 팔작기와지붕, 우헌정 5량가 팔작기와지붕

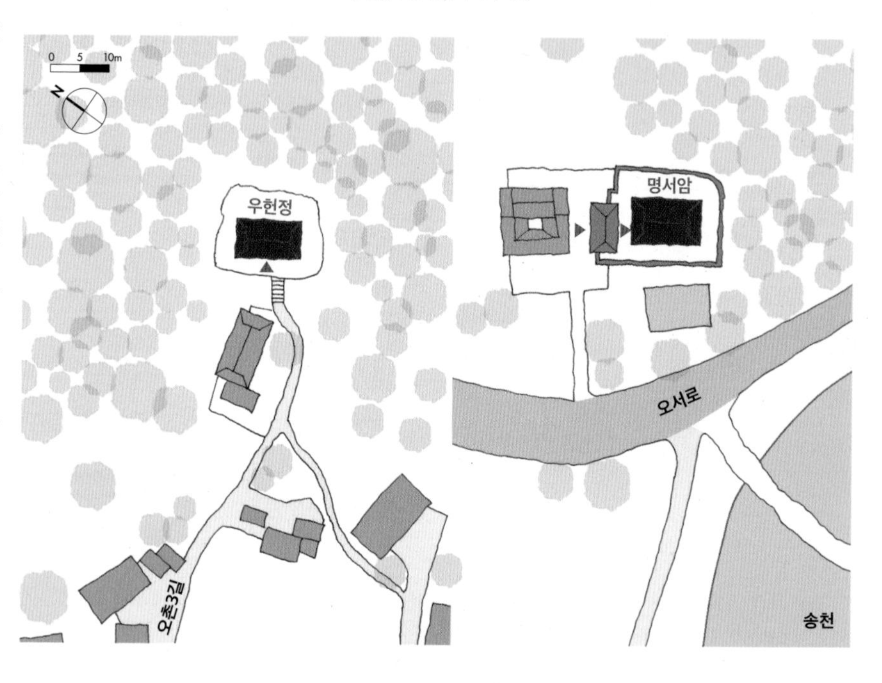

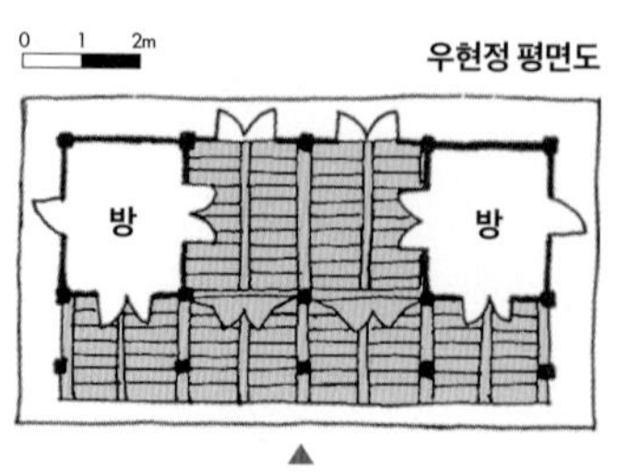

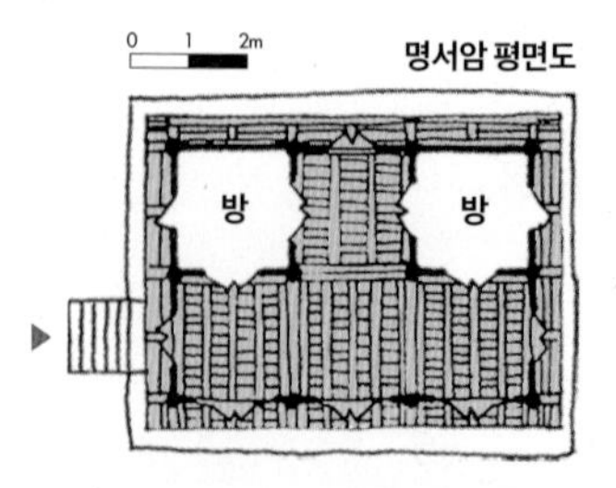

존재종택은 퇴계의 적통을 잇는 대학자로 꼽히는 존재 이휘일(存齋 李徽逸, 1619~1672)과 동생 갈암 이현일(葛庵 李徽逸, 1627~1704) 형제의 살림집으로 1661(현종2)년 오촌리로 이주하면서 지은 집이다. 명서암은 존재의 증손 면운재 이주원(眠雲齋 李周遠, 1714~1796)이 1733(영조9)년에 지은 정자로 강학을 논하고 후진 양성을 위해 사용한 공간이다. 우헌정은 존재의 8대손으로 의병장으로 잘 알려진 우헌 이수악(于憲 李壽岳, 1845~1927)이 1800년대 말에 지은 정자이다. 우헌은 영해지방에서 신돌석(申乭石, 1878~1908)과 항일투쟁을 전개한 후 말년에 이곳에서 면학했다. 산중턱에 우헌정이 있고, 그 아래 존재종택과 명서암이 경사진 지형을 따라 배치되어 있다. 우헌정은 오촌보건진료소 건너편 길을 따라 오르면 중앙 산기슭 높은 지대에 있다. 중앙에 오름 계단이 있는데 예전에는 우측에 경사로 흙길이 있었다고 한다.

존재종택은 안채, 사랑채, 행랑채가 ㅁ자형을 이루고 안채 오른쪽 뒤 약간 높은 곳에 사당이 있었으나 사당은 초석만 남아 있다.

정면 3칸, 측면 2칸 규모인 명서암은 가운데 마루를 두고 양옆에 1칸 온돌이 있다. 자연석으로 두벌대 정도의 기단을 쌓고 자연석 초석, 원주를 사용한 5량가 무익공집이다. 전면 아래에는 누하주를 두고 온돌 부분에는 벽체를 두었다. 왼쪽에 있는 6단 높이의 돌계단을 올라 판문을 통해 들어간다. 전면에는 풍혈이 있는 난간을, 양옆에는 약식화된 궁판이 있는 난간을 설치했다. 전면에는 사분합들문을, 양 측면에는 판문을 달았으며 온돌 부분에는 세살문을 달았다. 내부의 모든 부재를 황토색으로 도색하고, 연마제로 덧칠해 목재의 재질감이 없어 아쉽다.

우헌정은 정면 4칸, 측면 1칸 반 규모로 가운데 2칸 마루를 두고 양옆에 1칸 온돌을 두었다. 자연석 기단 위에 가주를 사용한 소로수장집이다. 전면 툇간은 마루로 꾸몄다. 온돌의 전면에는 머름이 있는 양짝 격자여닫이문을 설치하고, 마루 전면에는 3단 높이의 궁판이 있는 사분합들문을 달았다. 전툇마루에는 풍혈이 있는 간략한 난간을 출입부만 제외하고 전체에 걸쳐 설치했다. 산기슭 높은 곳에 있어 정자라기보다는 살림집 형식을 갖추고 있다.

1

5

1 우헌정은 산기슭 높은 곳에 자리해 마을이 한눈에 들어온다.

2 명서암 가구. 맞보를 사용한 5량가로 판대공을 사용했다.

3 명서암은 충량 위에 주두와 포대공을 두고 외기 도리를 받도록 했다.

4 명서암 온돌의 대청 쪽 창호는 높은 궁판이 있는 세살문을 달고, 전툇마루 쪽에는 낮은 머름이 있는 세살창호를 달았다.

5 존재종택은 서너벌대 높이의 기단 위에 자리한 ㅁ자형 살림집으로 조선 후기 양반가의 형식을 잘 보여 준다.

6 명서암은 정면 3칸, 측면 2칸 규모로 왼쪽에 있는 6단 높이의 돌계단을 올라 판문을 열고 들어간다.

1 우헌정은 정면 4칸, 측면 1칸 반 규모로 자연석 기단 위에 각주를 사용한 소로수장집이다.

2 개방된 전면 툇마루에만 소로수장되어 있다.

3 툇보 머리를 받쳐주는 보아지는 내부로 운형 초각해 사용했다.

4 자연석 기단 위에 방형기둥을 세우고 기둥 밖으로 풍혈 궁판이 있는 난간을 설치했다.

5 우헌정은 풍혈이 있는 간략한 난간을 출입부만 제외하고 전체에 걸쳐 설치했다.

6 우헌정의 마루 전면에는 3단 높이의 궁판이 있는 사분합들문을 달았다.

영양 망운정

[위치] 경상북도 영양군 상원로 607-21 (일월면, 망운정) **[건축 시기]** 1826년 초창, 1844년 중건
[지정사항] 경상북도 문화재자료 제599호 **[구조 형식]** 5량가 팔작기와지붕

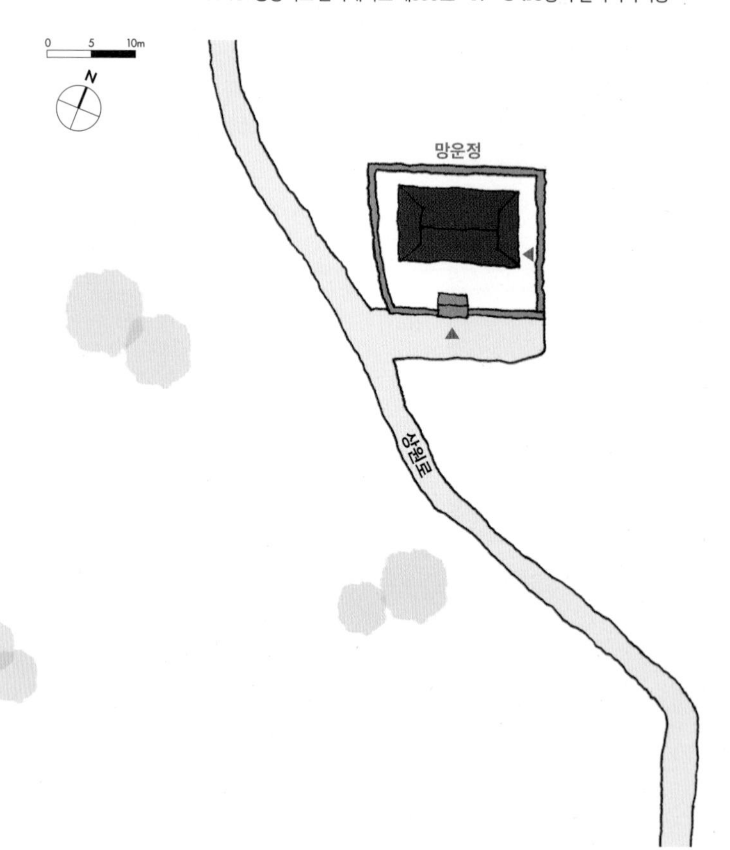

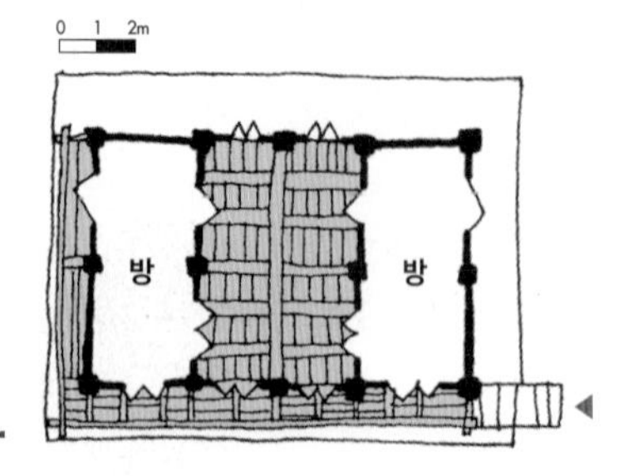

망운정은 일월면 곡강리 마을 뒷산 남동쪽 밑에 남동향으로 반변천과 앞산을 바라보며 자리한 누각형 정자이다. 망운 조홍복(望雲 趙弘復, 1773~1841)은 1826(순조26)년에 벼슬을 버리고 향리로 돌아가 선영 근처에 망운정을 짓고 선조들의 무덤을 지키며 후진 양성에 힘썼다고 한다. 1844(헌종10)년 김양범(金養範)의 주창으로 조홍복의 집안 아우뻘인 조언익(趙彦益)과 조언홍(趙彦弘)이 중건했다.

정자를 중심으로 사방에 자연석 석축을 쌓고 담장을 둘렀으며, 정자 전면에 일각문을 만들어 출입하도록 했다. 두벌대 높이의 자연석 기단 위에 자연석 초석을 사용하고 각주를 사용했다. 정면 4칸, 측면 2칸 규모로 가운데 2칸 마루를 두고 양옆에 1칸 온돌을 두었다. 건물을 높이 띄우고 전면 마루 아래에 아궁이를 두어 난방하고 배면에 굴뚝을 설치했다. 앞과 왼쪽에는 계자난간을 두르고, 정면성을 강조하기 위해 오른쪽에 돌계단을 놓아 정자에 올라갈 수 있게 했다. 5량가로 왼쪽 온돌은 가운데 기둥을 중심으로 맞보를 걸었고, 대청에는 2칸에 걸쳐 대들보를 건너질렀다. 이 지역 대부분 정자와 마찬가지로 오른쪽의 진입용 계단을 제외하고는 모든 것이 좌우대칭을 이룬다.

예전에는 정자 전면에 관리사가 있었으나 1960년경 화재로 소실되었다.

1 정자 전면에 있는 일각문을 통해 출입한다.

2 건물을 높이 띄우고 전면 마루 아래에 아궁이를 두어 난방하고 배면에 굴뚝을 설치했다.

1

5

1 정자를 중심으로 사방에 자연석 석축을 쌓고 담장을 둘렀다.

2 난간 풍혈의 형태가 특색있다.

3 마루 하부 귀틀 구조. 기둥과 기둥을 가로지르는 청방 위에 귀틀을 설치하는 경북지역 마루의 구조 특징을 잘 보여준다.

4 가운데에 있는 2칸 마루의 전면은 판벽으로 칸을 구분하고 각각 궁판이 있는 세살문을 달았다.

5 정면 4칸, 측면 2칸 규모로 가운데 2칸 마루를 두고 양옆에 1칸 온돌을 두었다.

6 출입 계단. 이 집에서 유일하게 비대칭인 부분이다.

영양 숙운정

[위치] 경상북도 영양군 상원로 63-6 (영양읍) **[건축 시기]** 1624년 초창, 조선후기 개축
[지정사항] 경상북도 문화재자료 제490호 **[구조 형식]** 5량가 팔작기와지붕

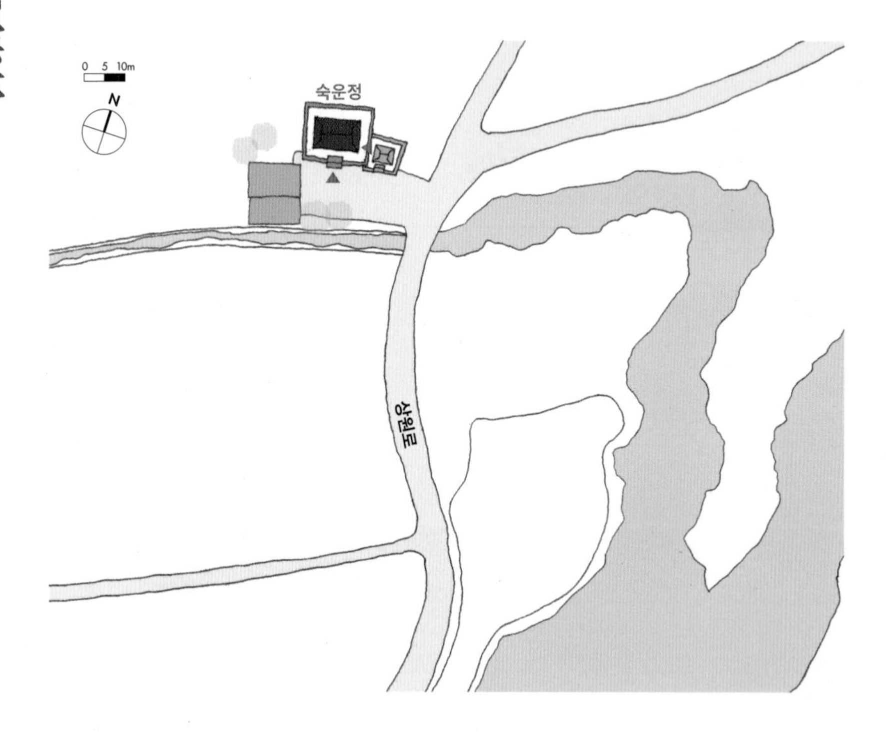

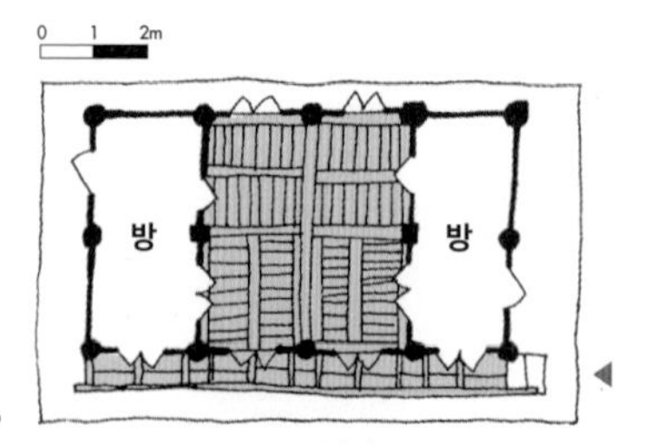

영양읍 하원리 마을 남쪽 밑에 남동향해 반변천과 앞산 기슭을 바라보며 자리한 누각형 정자로 지중추부사를 지낸 사월 조임(沙月 趙任, 1573~1644)이 지었다. 후손들이 여러 차례 중수했음을 "숙운정기"와 "중건기"를 통해 알 수 있다. 정자 옆에는 조임의 비석을 모신 비각이 있다.

정면 4칸, 측면 2칸 규모로 가운데 2칸 마루를 두고 양옆에 1칸 온돌을 두었다. 전면에는 평난간을 두르고, 정면성을 강조하기 위해 측면에 계단을 놓아 오르도록 하였다. 건물을 높이 띄우고 전면 마루 아래에 난방용 아궁이를 두었으며 배면과 측면에 굴뚝을 설치했다. 가구는 5량 구조로 왼쪽 온돌은 가운데 기둥을 중심으로 맞보를 걸었고, 대청에는 2칸에 걸쳐 대들보를 건너질렀다. 전면 전체와 배면의 어칸은 소로수장으로 하고 나머지는 굴도리와 장혀만 걸었다. 전면은 위계를 높이기 위함이고, 배면 어칸은 긴 주칸에 대한 구조보강일 것이다. 외부는 간결하게 처리했으나 내부에서는 초각이 들어간 보아지와 대공을 사용했다. 홑처마임에도 추녀와 사래를 설치했는데, 이것은 짧은 부재를 추녀로 사용하면서 사래를 덧대어 길이를 늘인 것이다.

지역 대부분 정자와 마찬가지로 굴뚝을 제외하고는 모든 것이 좌우 대칭이다. 인근에 있는 망운정과 형태가 흡사하다.

정자 옆에는 정자를 지은 조임의 비석을 모신 비각이 있다.

1 전면 전체와 배면의 어칸은 소로수장으로 하고 나머지는 굴도리와 장혀만 걸었다.

2 초각한 보아지와 대공

3 왼쪽 온돌은 가운데 기둥을 중심으로 맞보를 걸었다.

4 정면 4칸, 측면 2칸 규모로 가운데 2칸 마루를 두고 양옆에 1칸 온돌을 두었다.

5 건물을 높이 띄우고 전면 마루 아래에 난방용 아궁이를 두었다.

6 홑처마임에도 추녀와 사래를 설치했는데, 짧은 부재를 추녀로 활용하면서 사래를 덧대어 길이를 늘였다.

7 5량 구조로 대청에는 2칸에 걸쳐 대들보를 건너지르고 초각이 들어간 보아지와 대공을 사용했다.

8 문양이 있는 상량 부재를 재사용한 마루 귀틀

1
2-1
2-2
2-3

4

3
宿雲亭
5
6
7
8

영양 남악정

【위치】경상북도 영양군 석보면 남곡길 15-2 (주남리) 【건축 시기】1676년 초창, 1822년 개축
【지정사항】경상북도 문화재자료 제80호 【구조 형식】5량가 팔작기와지붕

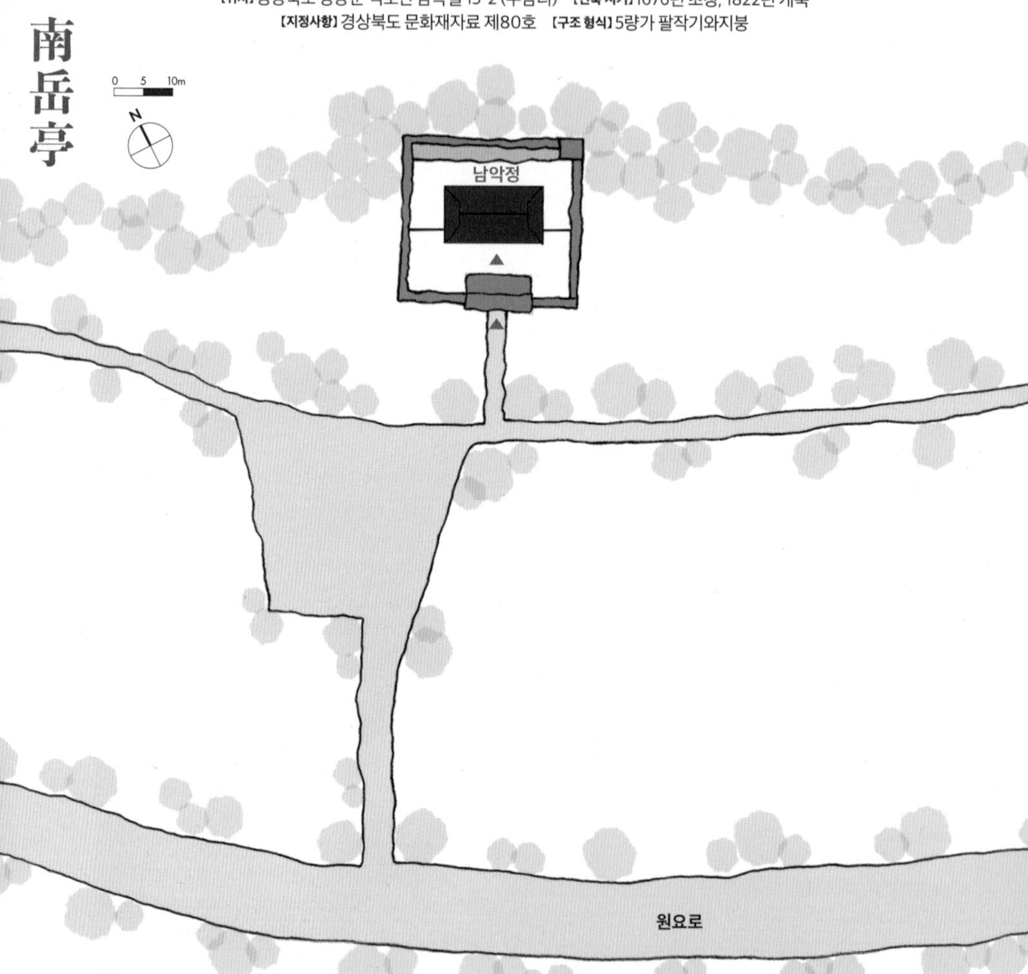

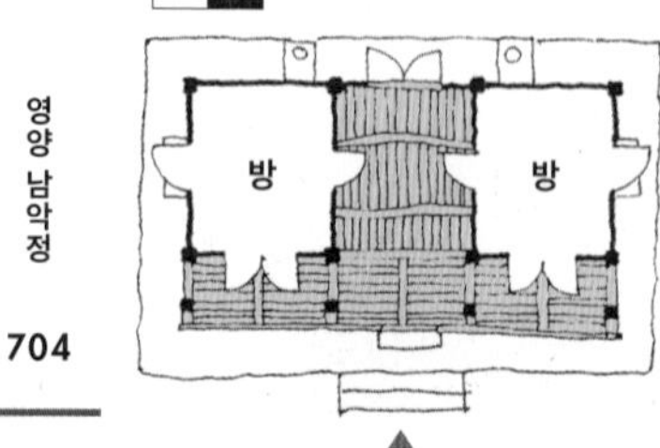

남악정은 석보면 주남리 마을 뒷산 밑에 남서향해 작은 개천과 앞산을 바라보며 자리한다. 존재종택을 지은 존재 이휘일의 동생 갈암 이현일이 1676(숙종2)년에 2칸 초가로 짓고 '남악초당(南嶽草堂)'이라 했던 것을 1822(순조22)년 후손들이 기와집으로 개축한 것이다. 어칸에 지금도 '남악초당' 현판이 걸려 있다.

정자를 중심으로 사방에 담장을 두르고, 전면에 정면 3칸, 측면 1칸 규모의 평삼문을 두었다. 이 문의 어칸에는 홍도문(弘道門) 현판이 달렸는데, 숙종의 글씨라고 한다. 문짝은 오래되지 않아 보이는데 문에 달린 문고리나 감잡이쇠 등은 옛 형태를 그대로 유지하고 있는 것으로 보인다. 남악정은 정자와 삼문, 담장에서부터 모든 것이 완벽한 좌우대칭을 이룬다. 집을 지은이의 강직한 성향을 짐작할 수 있다.

정자는 정면 3칸, 측면 1칸 반 규모로 가운데 1칸 대청을, 양옆에 1칸 온돌을 두었으며 전면 반 칸은 툇마루로 꾸몄다. 마루 전면에는 궁판으로 막힌 평난간을 두르고, 그 아래는 전체적으로 막은 후 통기구를 뚫었는데 막혀 있는 난간, 고맥이와 함께 건물의 대칭적인 요소가 결합되어 근엄하고 강직해 보이지만 답답한 느낌도 있다. 가구는 5량가이고, 판대공을 사용했다.

1 대문 감잡이쇠와 문고리는 옛 형태를 잘 유지하고 있다.
2 정자 앞에는 정면 3칸, 측면 1칸 규모의 평삼문이 있다.

英陽 南岳亭

1 툇마루 천장은 툇마루에서는 잘 사용하지 않는 고미반자로 마감했다.

2 가구는 5량가이고, 판대공을 사용했다.

3 장혀받침의 굴도리집이다.

4 마을 뒷산 밑에 남서향해 작은 개천과 앞산을 바라보며 자리한다.

5 정면 3칸, 측면 1칸 반 규모로 가운데 1칸 대청을 두고 양옆에 1칸 온돌을 두었으며 전면 반 칸은 툇마루로 꾸몄다.

6 1칸 대청은 폭이 좁아 깊이가 깊게 보인다.

7 정자 뒤에 있는 재래식 화장실

4

英陽 南岳亭

6

7

영양 약천정

[위치] 경상북도 영양군 수비면 발리리 618번지 **[건축 시기]** 1900년대
[지정사항] 경상북도 문화재자료 제78호 **[구조 형식]** 3량가 팔작기와지붕

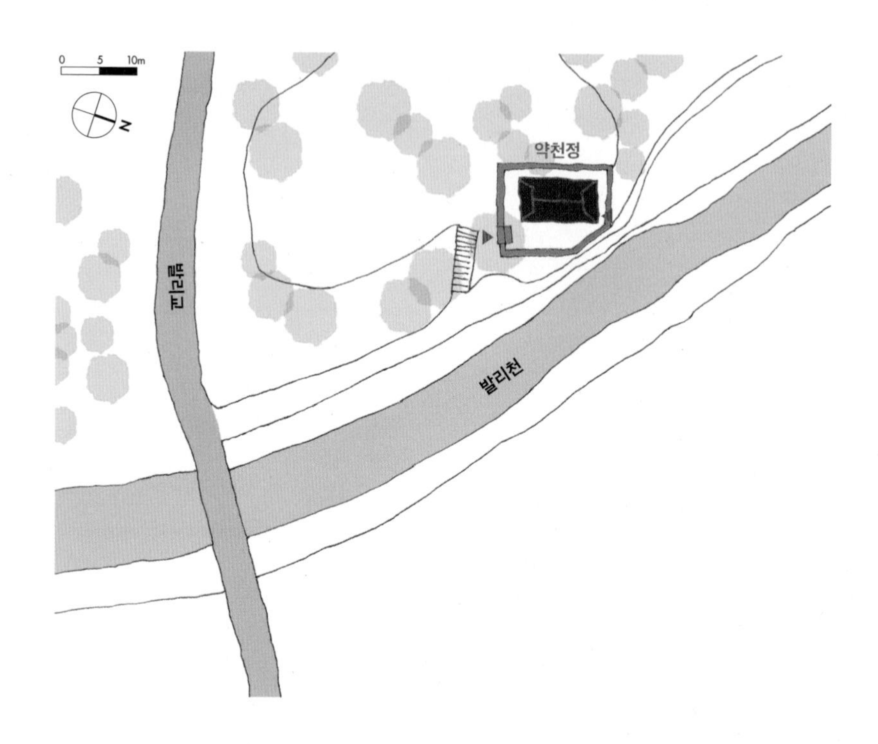

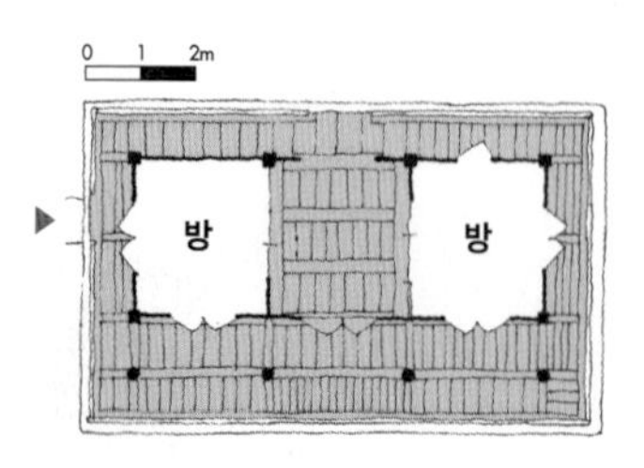

약천정은 낮은 야산 사이 구릉에 있는 정자로 약천 금희성(藥泉 琴熙星, 1778~1849)을 기리기 위해 후손들이 100여 년 전에 지은 것이다. 정자는 뒤로 노송 숲이 있고, 앞으로 발리천이 흐르는 경관이 우수한 곳에 자리한다. 1778(정조2)년에 금희성이 태어난 곳이다. 금희성은 경학과 문장이 뛰어났으며, 옥산서당에서 문인양성에 전념한 학자이다.

약천정은 정면 3칸, 측면 1칸 반 규모로 가운데 1칸 대청과 양옆에 1칸 온돌을 들였다. 전퇴는 툇마루로 꾸몄다. 왼쪽면 정자 출입용 계단이 있는 자리를 제외하고 평난간을 사방에 둘렀다. 전면 마루는 지형을 이용해 누마루로 구성했다.

정자에는 고종대에 주요 행정부서의 장관직을 지낸 정기회(聖五 鄭基會, 1829~?)가 지은 "약천중기", 초대 부통령 이시영(李始榮, 1869~1953)의 아버지인 이유승(李裕承, 1835~?)이 지은 "정시중건기" 등의 편액이 걸려 있다. 이시영의 친필인 '약천정', '반곡정사' 현판이 전면과 측면에 걸려 있다.

1 온돌 천장은 고미반자 마감이다.
2 벽면을 외엮기 흙벽으로 하지 않고 창호로 마감했다.
3 섬세하게 초각한 보아지
4 툇마루 천장은 우물반자 마감이다.

1 투박해보이면서도 섬세하게 초각한 계자난간 상세

2 배면의 미서기 판문

3 정자는 뒤로 노송 숲이 있고, 앞으로 발리천이 흐르는 경관이 우수한 곳에 자리한다.

4 왼쪽 면 정자 출입용 계단이 있는 자리를 제외하고 평난간을 사방에 둘렀다.

5 정면 3칸, 측면 1칸 반 규모로 가운데 1칸 대청과 양 옆에 1칸 온돌을 들였다. 마루는 높은 궁판이 있는 세살문을 달고 양 옆 온돌에는 궁판이 없는 세살문을 달았다.

英陽 藥泉亭

영양 약천정

영양 사정

[위치] 경상북도 영양군 영양읍 산성길 5 (현리) **[건축 시기]** 1934년
[지정사항] 경상북도 문화재자료 제457호 **[구조 형식]** 5량가 팔작기와지붕

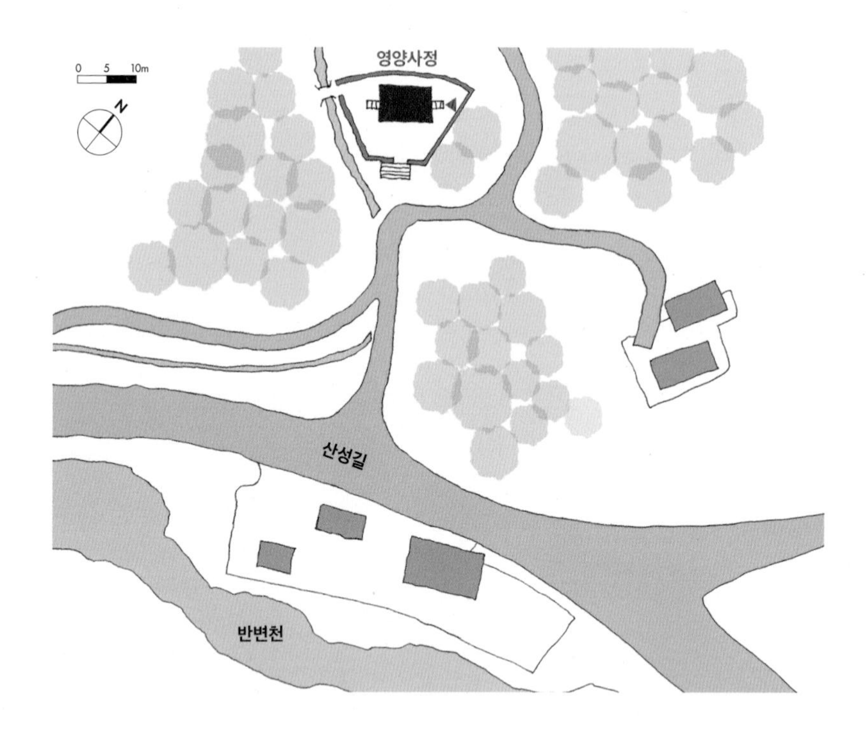

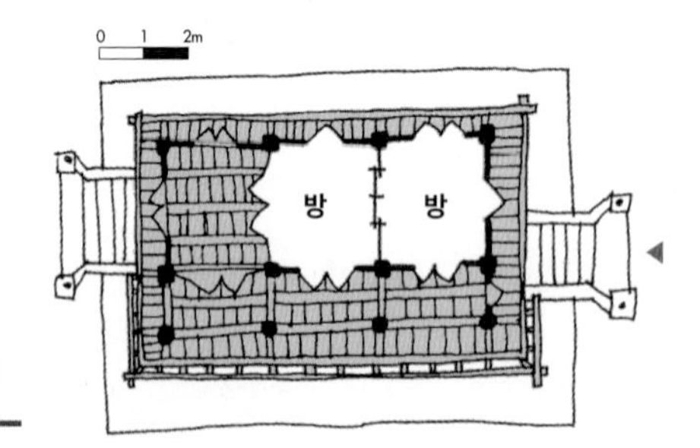

사정은 영양읍 현리의 산기슭에 동부천과 앞산을 바라보며 남동향으로 자리한 정자로 일제강점기의 자선사업가인 대은 권영성(大隱 權永成, 1881~1959)이 1934년에 지었다. 건물은 전통 한식 목구조이지만 계단, 담장, 굴뚝, 고맥이 등에는 붉은 벽돌, 인조석, 타일과 같은 근대적인 재료를 사용해 근대의 기술로 지은 독특한 집이다.

경사진 지형에 따라 전면과 배면에 석축을 쌓고 벽돌 담장을 둘렀다. 주 출입구 전면에 넓은 계단을 두었는데, 입구성을 강조하기 위해 붉은 벽돌로 화려하게 장식하고 여닫이문을 달았다. 현재 문짝은 없어지고 흔적만 남아있다. 왼쪽 편 뒤에 뒷산으로 나갈 수 있는 작은 문을 두었는데, 역시 문짝은 없어지고 장식만 화려하게 잘 남아있다. 문밖에는 산에서 흘러내려오는 물을 건널 수 있는 다리를 설치하고 간단한 난간으로 장식했다. 다리와 장식된 작은 문이 어우러져 독특한 멋을 자아낸다. 담장 밖에 있는 화장실도 비교적 건립 당시의 모습을 잘 간직하고 있다.

정자는 정면 3칸, 측면 1칸 반 규모로 왼쪽부터 1칸 마루, 1칸 온돌 두 개를 두고 전면 반 칸에는 툇마루를 두었다. 대청 전면에는 사분합궁판세살문을 달아 방으로 사용하다 개방할 수 있도록 하고, 대청과 방, 방과 방 사이에도 사분합문과 네짝미서기문을 달아 전체를 개방해 사용할 수 있게 했다. 전면 툇마루 하부에는 팔각형 장초석을 설치하고 원주를 사용했으나 다른 부분에는 각주를 사용해 정면성과 시각적 부드러움을 꾀했다. 정자에는 양측면에 있는 계단을 이용해 들어간다. 계단은 인조석으로 장식한 옛 형태를 잘 간직하고 있다.

마루 난간은 전면과 양측면 계단 앞까지는 궁판에 풍혈이 있는 계자난간을 둘러 정면성을 강조했다. 계단을 지나 배면까지는 평난간을 설치했다. 배면 난간은 전면 난간과 풍혈의 형태를 똑같게 해 통일감이 느껴진다. 마루 하부는 전체적으로 고맥이를 설치했다. 아랫단에 장대석을 두고, 그 위는 벽돌로 막은 후 통기구를 뚫었는데, 통기구에도 변화를 주었다.

1

3

1 주 출입구 전면에 넓은 계단을 두었는데, 입구성을 강조하기 위해 붉은 벽돌로 화려하게 장식하고 여닫이문을 달았다. 현재 문짝은 없어지고 흔적만 남아있다.

2 정자로 출입하는 계단은 인조석으로 장식한 옛 형태를 잘 간직하고 있다.

3 정면 3칸, 측면 1칸 반 규모로 왼쪽부터 1칸 마루, 1칸 온돌 두 개가 있다. 대청 전면에는 사분합궁판세살문을 달아 방으로 사용하다 개방할 수 있도록 했다.

4 배면에는 붉은벽돌로 만든 굴뚝이 있다.

1 전면 담장 지붕 장식

2 지어질 당시 모습을 잘 간직하고 있는 화장실

3 주출입 계단 옆에는 담장을 반원형으로 굴리고 작은 화단을 양쪽에 만들었다.

4 왼쪽 편 뒤에는 뒷산으로 나갈 수 있는 작은 문을 두었는데, 장식이 화려하게 잘 남아있다.

5 배면 담장 상세. 긴 담장에 기둥을 세워 구조 보강을 하고 장식을 넣어 단순함을 최소화했다.

5
산성길
Sanseong-gil

1 정자애서 본 외부 전경

2 마루 하부는 전체적으로 고맥이를 설치했는데, 아랫단에 장대석을 두고, 그 위는 벽돌로 막은 후 통기구를 뚫었다.

3 5량가에서 툇마루에 툇보를 설치했는데, 간결하면서도 짜임새가 좋다.

4 소로수장집으로 짜임새가 좋고, 처마에는 부연을 길게 내밀었다.

5 전면과 측면 계단 부분까지 설치한 계자난간 상세

6 대청과 방, 방과 방 사이에 사분합문과 네짝미서기문을 달아 전체를 개방해 사용할 수 있게 했다.

영양 삼구정

【위치】경상북도 영양군 영양읍 옥산2길 32-23 (대천리) 【건축 시기】조선후기 개축
【지정사항】경상북도 유형문화재 제232호 【구조 형식】5량가 팔작기와지붕

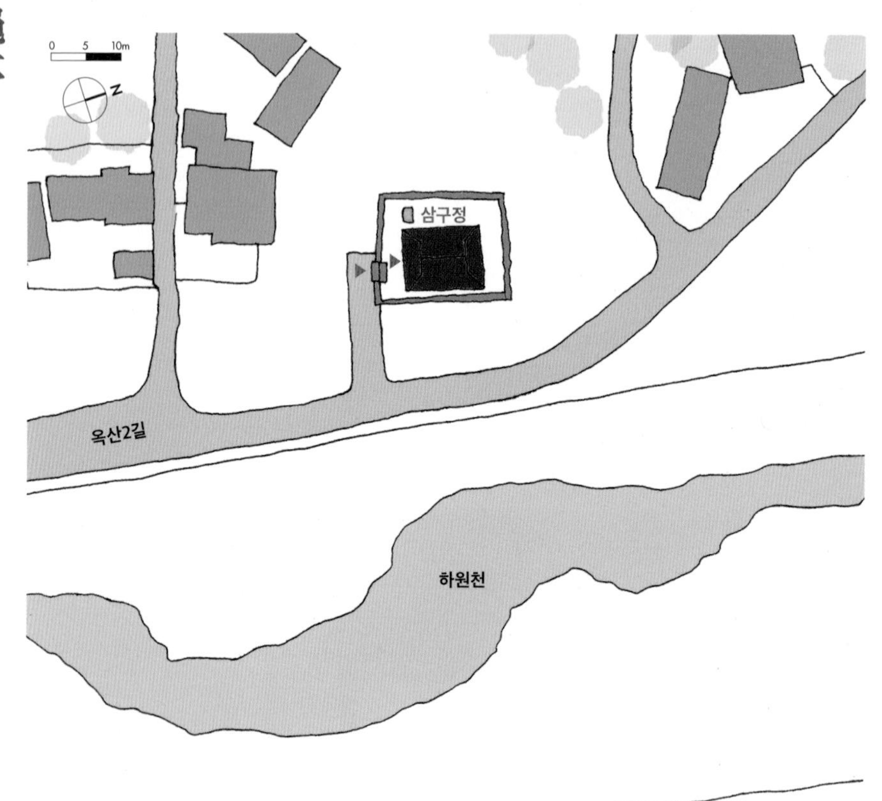

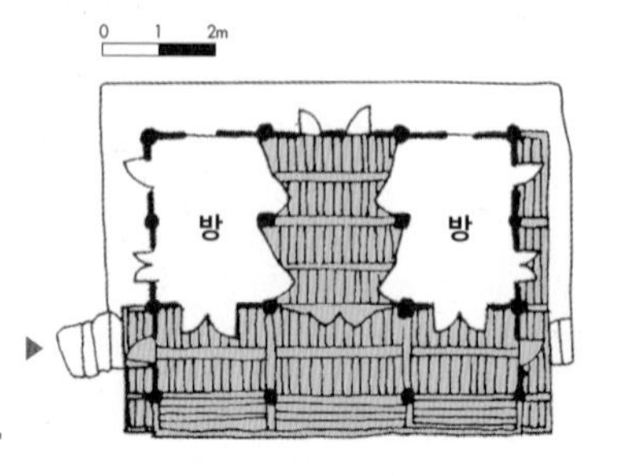

삼구정은 영양읍 대천리의 산기슭에 하원천과 반월산을 바라보며 북동향으로 자리한 정자로 용계 오흡(龍溪 吳潝, 1576~1641)이 초가로 건립한 것을 후손이 기와로 개축했다. 삼구정이라는 당호는 정자 앞에 거북이가 엎드린 형상의 바위 세 개가 나란히 있어서 붙였다고 한다. 지금은 정자 앞에 도로가 생기고 하원천에 토사가 쌓여 보이지 않는다. 정자를 중심으로 사방에 담장을 둘렀으며, 왼쪽 편에 사주문을 만들어 출입하도록 했다. 정자 뒤편에는 사각형의 자연석이 우뚝 서 있는 게 특이하다. 정자는 왼쪽에 있는 돌계단을 이용해 들어간다.

건물은 정면 3칸, 측면 3칸 규모로 가운데 1칸 대청을 두고, 양옆에 온돌을 두었다. 전면 퇴는 짧은 누하주로 띄워서 툇마루로 꾸몄다. 아래에 난방용 아궁이를 두고 배면에 굴뚝을 설치했다. 마루 전면에는 궁판을 둔 난간을 설치했는데, 측면까지 난간을 돌리지 않고 전면 기둥 사이에만 둔 것이 특이하다. 대청 천장은 연등천장이고 온돌은 우물천장으로 마감했다. 툇마루는 대개 연등천장으로 마감하는데 이 정자에서는 온돌 앞 툇마루 부분은 우물천장, 대청 앞은 연등천장으로 처리했다. 온돌과 대청 사이에는 두짝분합문을 달아 필요에 따라 들어올려 한 공간처럼 사용할 수 있게 했다. 가구는 기둥 위에 도리가 올라가는데, 도리를 주심에서 잇지 않고 주간에서 잇고, 이를 보강하기 위해 중앙 도리 하부에 보 형태의 부재를 설치했다. 기둥은 외곽에는 원주를, 내부는 각주를 세웠다. 공포는 투박한 형태의 이익공을 전면에 배치하고, 측면과 배면은 쇠서형 초익공으로 처리했는데, 쇠서의 형태가 확연히 달라 전면의 이익공은 중수하면서 변화된 것으로 추정된다.

삼구정은 영양읍 대천리의 산기슭에 하원천과 반월산을 바라보며 북동향으로 자리한다.

1

3 4 5

1 정자를 중심으로 사방에 담장을 둘렀으며, 왼쪽 편에 사주문을 만들어 출입하도록 했다.

2 전면 퇴는 짧은 누하주로 띄워서 누마루로 꾸몄다.

3 툇마루는 대개 연등천장으로 마감하는데 이 정자에서는 온돌 앞 툇마루 부분은 우물천장, 대청 앞은 연등천장으로 처리했다.

4 가구 상세. 기둥 위에 도리가 올라가는데, 도리를 주심에서 잇지 않고 주간에서 잇고, 이를 보강하기 위해 어칸 중도리 하부에 보 형태의 부재를 설치했다.

5 온돌에 설치된 우물천장

6 온돌과 대청 사이에는 두짝분합문을 달아 필요에 따라 들어올리고 한 공간처럼 사용할 수 있게 했다.

1 전면 이익공 공포는 투박한 형태이나, 측면과 배면은 쇠서형 초익공이다. 쇠서의 형태가 확연히 달라 전면의 이익공은 중수하면서 변화된 것으로 추정된다.

2 측면과 배면에 사용한 쇠서형 익공

3 정자 뒤편에는 사각형의 자연석이 우뚝 서 있는 게 특이하다.

4 정면 3칸, 측면 3칸 규모로 가운데 1칸 대청을 두고, 양옆에 온돌을 두었다.

5 보에 묵서된 문양

6 정자는 왼쪽에 있는 돌계단을 이용해 들어간다.

1

2

4

3

5-1

5-2

6

영양 가천정

[위치] 경상북도 영양군 일월면 가천리 402번지
[건축 시기] 1794년 초창, 1907년 중건 **[지정사항]** 경상북도 문화재자료 제196호
[구조 형식] 5량가 팔작기와지붕

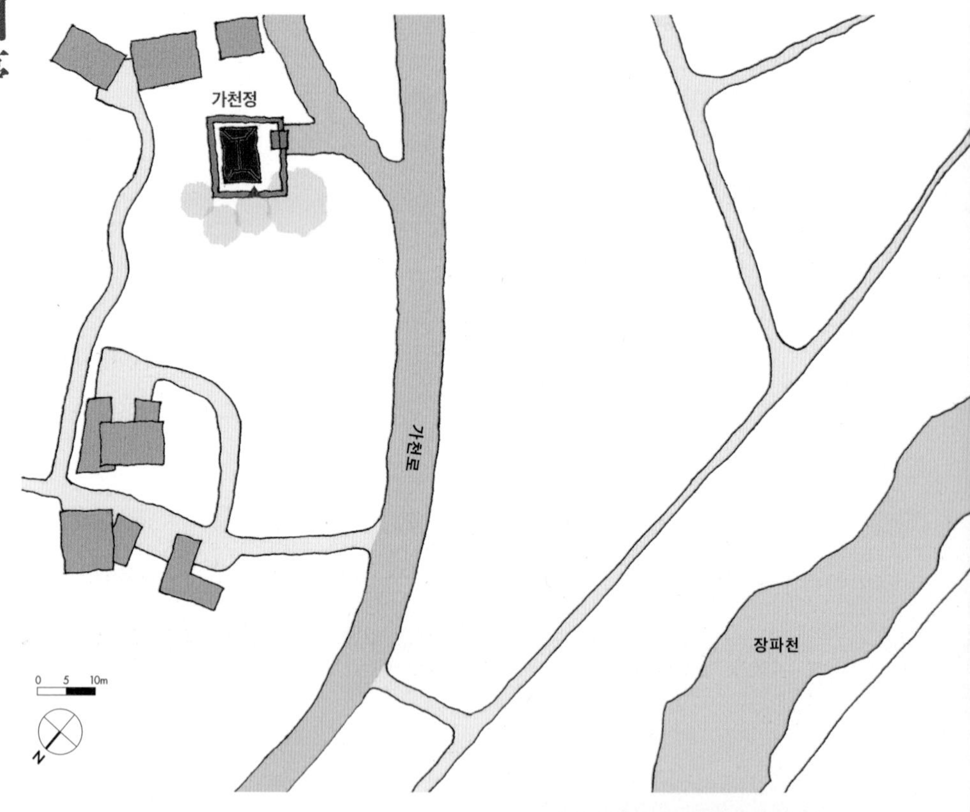

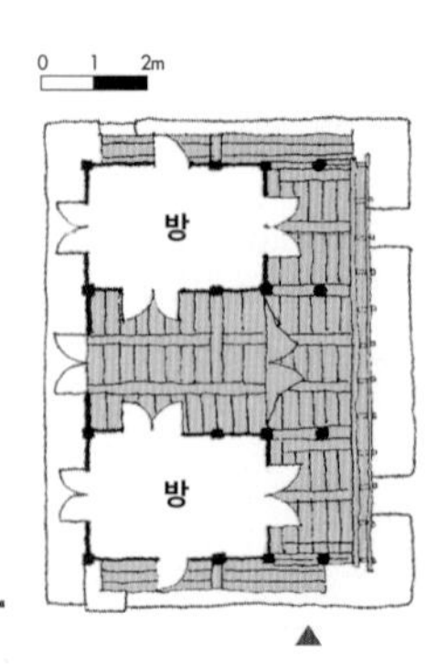

가천정은 일월면 가천리 마을 뒷산 기슭에 장파천을 바라보며 남서향으로 자리한 정자로, 1794년 가천 김찬구(佳川 金贊九, 1732~1806)가 가천동천에 삼친당(三親堂)이라는 당호로 지은 것을 후손 김낙현(金洛顯)과 김준현(金峻顯) 등이 1907년 중건해 오늘에 이르고 있다. 삼친당 현판이 어칸 대청 사분합문 위에 걸려 있다. 정자를 중심으로 사방에 담장을 두르고, 전면의 오른쪽에 사주문을 두어 출입토록 했다. 정자 바로 앞에 큰 소나무가 있는데, 오래전에 심은 것으로 보인다.

정자는 정면 3칸, 측면 2칸 규모로 가운데 1칸 대청을 두고, 양옆에 온돌을 둔 전형적인 '중당협실형' 평면이다. 전면 반 칸은 툇마루로 하고, 계자난간을 둘러 누마루처럼 꾸몄으며, 그 하부에 함실아궁이를 두었다. 양 측면에 쪽마루, 굴뚝 등을 똑같이 설치한 완벽한 좌우대칭 건물로 단순하면서 강직한 면도 있지만 약간의 답답한 느낌도 있다. 가구는 원주를 사용한 전면 열만 초익공계로 꾸미고 측면과 배면은 민도리집으로 처리해 정면성을 강조하고 있다. 익공은 앙서형으로 처리하고 툇보에 봉두를 붙였는데, 초각수법의 수준이 낮아 중건기에 설치한 것으로 생각된다.

1 초창 당시 당호였던 삼친당 현판이 어칸 대청 사분합문 위에 걸려 있다.

2 대부분 외부를 조망할 수 있도록 대청의 시야를 열어 두는데 이 집은 앞마당에 큰 소나무가 있다.

3 오른쪽 면 온돌에는 양한재라는 현판이 걸려 있는데 이를 통해 재실의 기능도 겸했음을 추정할 수 있다.

4 전면 툇마루에서 어칸 대청 상부는 연등천장으로 하고, 양쪽 온돌 앞은 우물천장으로 처리했다.

5 대청과 온돌 사이의 문은 일반적으로 사분합들문으로 하는데, 이 건물은 투박한 양여닫이문을 설치했다.

1 대청 가구 상세. 도리가 빠지는 것을 방지하기 위해 판대공 옆에 장혀 받침목을 설치했다.

2 원주를 사용한 전면 열만 초익공계로 꾸미고 측면과 배면은 민도리집으로 처리해 정면성을 강조했다.

3 익공은 앙서형으로 처리하고 툇보에 봉두를 붙였는데, 초각 수법의 수준이 낮아 중건기에 설치한 것으로 생각된다.

4 정자 바로 앞에는 오래전에 심은 것으로 보이는 큰 소나무가 있다.

5 양 측면에 쪽마루, 굴뚝 등을 똑같이 설치한 완벽한 좌우대칭 건물이다.

6 정자는 정면 3칸, 측면 2칸 규모로 가운데 1칸 대청을 두고, 양옆에 온돌을 두었다. 전면 반 칸은 툇마루로 하고, 계자난간을 둘러 누마루처럼 꾸몄다.

1

2

3

5

4

6

영양 만곡정사

【위치】 경상북도 영양군 일월면 주실1길 33 (주곡리) **【건축 시기】** 1790년 초창, 1802년 이건
【지정사항】 경상북도 문화재자료 제341호 **【구조 형식】** 5량가 팔작기와지붕

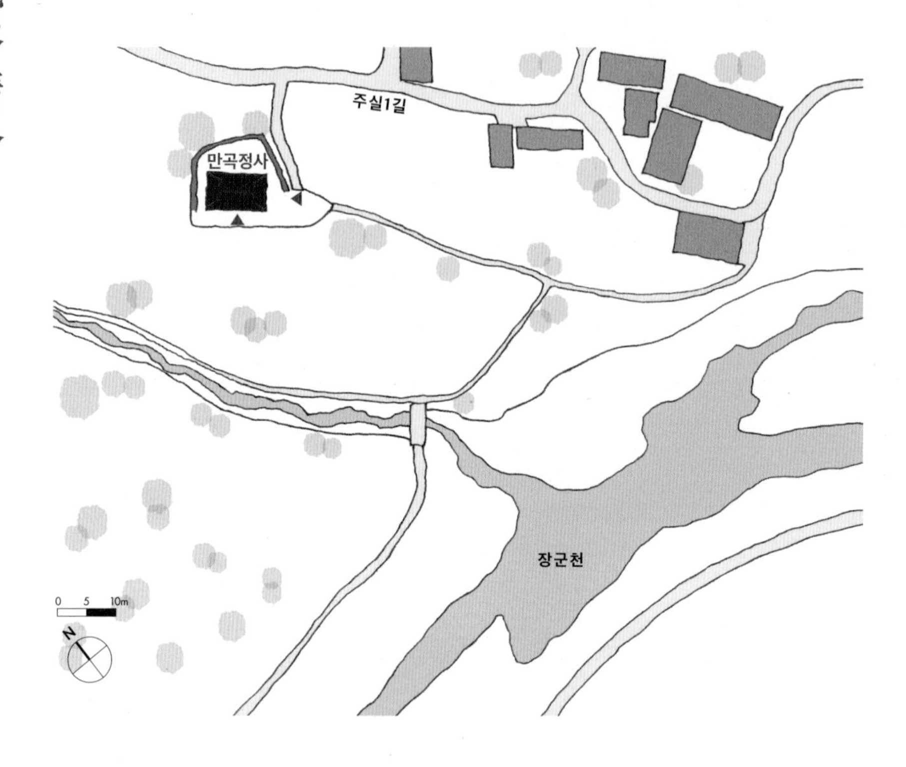

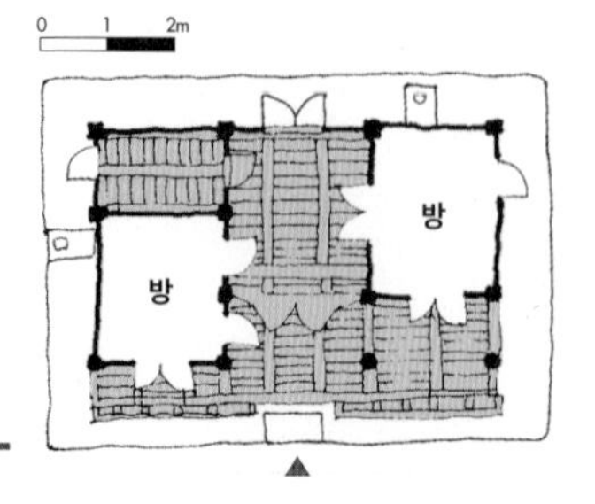

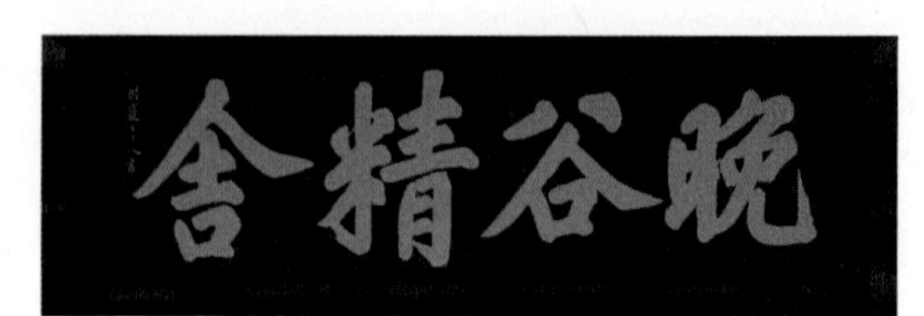

만곡정사는 일원면 주곡리 주실마을 서북쪽 뒷산 밑에 장군천과 앞산을 바라보며 남서향으로 자리한 정사이다. 이 정사는 1790년 만곡 조술도(晩谷 趙述道, 1729~1803)가 학문을 가르치기 위해 원당리 선유굴 위 에 지은 것으로 이후 문하생들이 주곡동으로 옮겨 미운정(媚雲亭)이라 하고, 1802(순조2)년 주곡동 용봉 아래에 다시 이건했다가 지금 자리로 또 다시 이건하면서 당호도 만곡정사로 바꾸었다. 현판은 번암 채재공(樊巖 蔡濟恭, 1720~1799)의 글씨라고 한다.

건물은 정면 3칸, 측면 2칸의 중당협실형 평면이나 지역의 일반적인 형식과 다른 모습이다. 대청에는 채광을 확보하기 위해 가운데에 궁판세살문을 달고 양옆은 골판문을 설치했다. 양쪽 온돌의 전면에는 머름이 있는 쌍여닫이세살창을 달고 문은 대청 쪽에서 달았다. 왼쪽 배면의 방은 마루 고방으로 도난에 대비해 외부에 판문을 달았다. 온돌 천장은 고미반자인데 고미 보에 '희(熙)'자나 주역의 문양을 그려놓았다. 전면에는 계자난간을 설치했다.

기둥은 전면에만 원주를 쓰고 나머지는 각주를 세웠다. 전면과 배면 기둥 위에는 직절된 익공의 소로수장으로 하고 측면은 도리집으로 처리해 간결한 반면 중도리 대공에는 초각된 포대공을 사용해 장식성이 강한 편이다. 마루는 귀틀이 도리 방향으로 외진주 바깥까지 내밀고 그 위에 청판을 까는 형태로 경북지역의 특징을 잘 보여주고 있다.

이 건물은 일반적인 중당협실형 평면에서 벗어나 온돌의 위치를 달리하고 뒤쪽에 마루고방을 둔 점, 폐쇄형 대청을 통한 동선 처리 그리고 마루 설치 방법 등 이 지역의 특징을 잘 나타내고 있으며, 치목 수법도 원형을 잘 간직하고 있다.

1 용마루와 합각부 상세.
이 지역은 머거불을
사용하지 않는 집이 많다.

2 중도리 대공은 일반적으로
동자대공을 사용하는데 비해
이 집은 초각된 포대공을 사용해
장식성이 강한 편이다.

3 정면 3칸, 측면 2칸의 중당협실형
평면이나 지역의 일반적인 형식과
다른 모습이다.

4 전면과 배면 기둥 위에는
직절된 익공의 소로수장으로
하고, 측면은 도리집으로 처리해
간결하다.

5 전면에는 간결한 형태의
계자난간을 설치했다.

6 전면과 배면 우주에 사용된
직절된 익공의 소로수장 공포

7 중도리 포대공 상세.
첨차의 초각이 섬세하다.

3
5
6
7

1

4

5

1 전면에만 원주를 쓰고 나머지는 각주를 세웠다.

2 마루에서 본 고방의 판문

3 온돌 고미반자의 고미 보에는 '희(熙)'자나 주역의 문양을 그려 놓았다.

4 왼쪽 배면 고방은 도난에 대비해 판문을 달았다.

5 왼쪽 방에서 본 툇간. 마루는 귀틀을 도리 방향으로 외진주 바깥까지 청판을 까는 형태로 경북지역의 특징을 잘 보여주고 있다.

6 온돌 내부

영양 취수당

[위치] 경경북 영양군 청기면 청기1길 28 (청기리) **[건축 시기]** 1799년 중수
[지정사항] 경상북도 유형문화재 제340호 **[구조 형식]** 5량가 팔작기와지붕

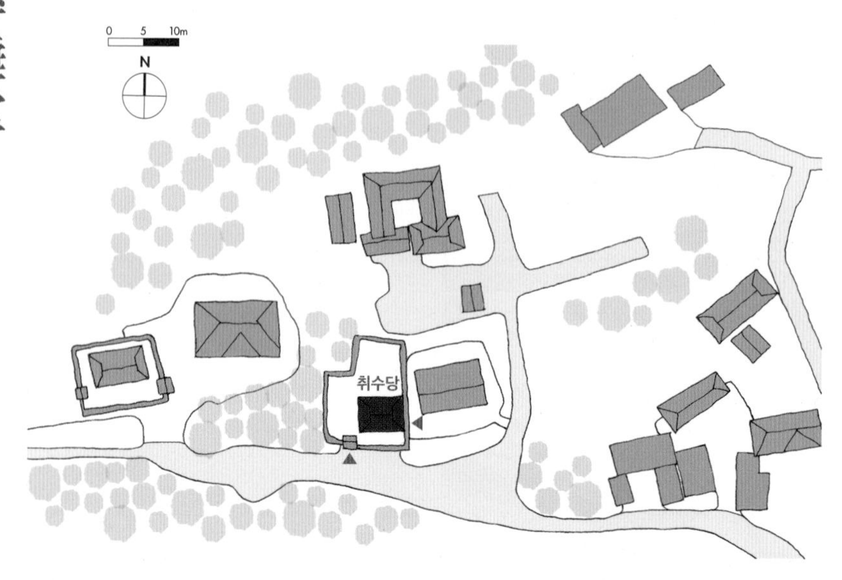

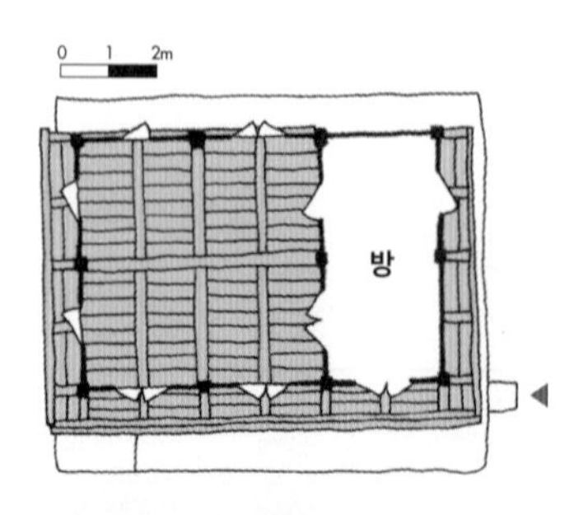

1 정면 어칸에 취수당 현판을, 대청 왼쪽면 외벽에 망서루 현판을, 대청에서 보이는 면의 온돌에 둔재 편액을 달았다.

2 정면 3칸, 측면 2칸으로 오른쪽에는 2칸 통 온돌을 들였고, 왼쪽에는 4칸 통 누각형 대청을 들였다.

3 지형을 이용해 건물 뒤쪽과 앞쪽에 축대를 쌓고, 사면에는 토석담장을 둘렀다.

1-1

1-2

1-3

취수당은 영양군 청기면 청기리에 상인대산을 배경으로 넓은 들과 마을을 내려다보며 남서향으로 자리하고 있다. 이 건물의 정확한 건립 시기는 알 수 없으나, 병자호란이 끝나고 영양으로 낙향한 취수당 오연(醉睡堂 吳演, 1598~1669)이 세운 것으로 전하고 있어 적어도 17세기 중반에는 건립된 것으로 추정된다. 오연은 술을 많이 마시고 잘 때 코 고는 소리가 벼락소리 같아서 '취수당'이라는 호를 지었다고 한다.

취수당은 경사진 지형을 이용해 건물 뒤쪽과 앞쪽에 축대를 쌓고, 사면에는 토석담장을 둘렀으며, 전면 사주문을 통해 출입하고 있다. 건물은 정면 3칸, 측면 2칸 총 6칸으로 오른쪽에는 2칸 통 온돌을 들였고, 왼쪽에는 4칸 통 누각형 대청을 들였다. 온돌은 대청에서 보이는 면에 둔재(遯齋)라는 편액을 달고, 대청 왼쪽면 외벽에 망서루(望西樓)라는 현판을 달았으며, 취수당 현판은 정면 어칸에 달았다.

마루는 장귀틀 중앙에 동귀틀을 주먹장으로 맞춤한 뒤, 이 동귀틀에 작은 동귀틀을 걸고 마루판을 끼운 우물마루이다. 일반적으로 장귀틀에 동귀틀을 끼운 후 청판을 까는 기법과 다르며, 청판의 길이도 상당히 길다. 배면을 제외한 삼면에 쪽마루를 달고, 전면은 계자난간, 좌측면은 평난간으로 꾸며 정면성을 강조하고 있다.

대청의 삼면은 판벽으로 마감한 후 정면에는 궁판세살쌍여닫이창을 달아 채광을 고려했다. 좌측면과 배면은 판문을 달았는데, 배면 어칸 문에만 머름이 없는 것을 볼 때, 배면에도 쪽마루를 두고 이 문으로 출입했을 것이다. 온돌은 전면에 아궁이, 뒷면에 굴뚝을 설치했다.

건물 뒤쪽 담장 앞의 좌측에는 '사명대(思明臺)', 우측에는 '대명동(大明洞)' 비석이 각각 세워져 있다.

2

3

1 대청의 삼면은 판벽으로 마감한 후 정면에는 궁판세살쌍여닫이창을 달아 채광을 고려했다.

2 마루는 장귀틀 중앙에 동귀틀을 주먹장으로 맞춤한 뒤, 이 동귀틀에 작은 동귀틀을 걸고 마루판을 끼운 우물마루이다.

3 일반적으로 장귀틀에 동귀틀을 끼우고 청판을 까는 기법과 다르고 청판의 길이도 상당히 길다.

4 온돌 부분의 대들보는 가운데 기둥에 맞보 형식으로 걸었는데 부재의 크기가 인방 정도로 섬약한 것이 특징이다.

5 대청 상부의 충량과 외기도리

6 방 내부의 시렁. 평소에 옷 등의 물건을 걸어두는데 사용한다.

7 좌측면과 배면은 판문을 달았는데, 배면 어칸 문에만 머름이 없는 것을 볼 때, 배면에도 쪽마루를 두고 이 문으로 출입했을 것이다.

8 배면을 제외한 삼면에 쪽마루를 달고, 전면은 계자난간 좌측면은 평난간으로 꾸며 정면성을 강조했다,

영양 청계정

[위치] 경상북도 영양군 청기면 청기2길 7 (청기리) **[건축 시기]** 17세기 중반 추정
[지정사항] 경상북도 문화재자료 제170호 **[구조 형식]** 5량가 팔작기와지붕

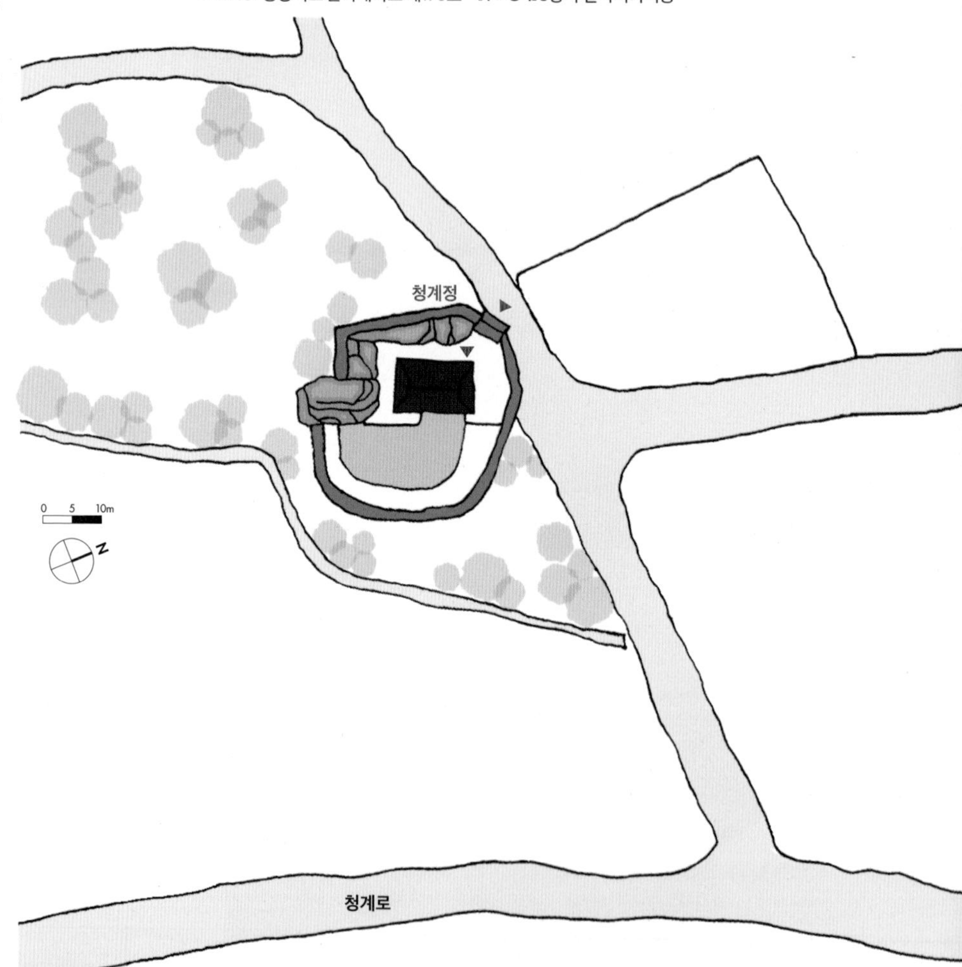

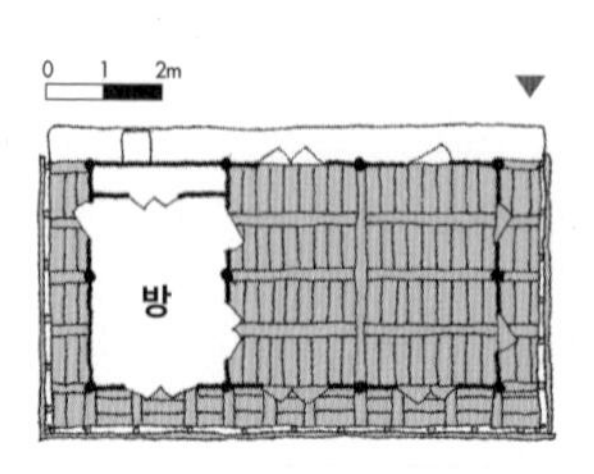

청기마을 앞쪽 상기대산을 배경으로 동천을 바라보며 동남향으로 자리한 청계정은 우재 오익(愚齋 吳瀷, 1591~1671)이 지은 정자이다. 정확한 건립 시기는 알 수 없으나 병자호란 당시 청기마을로 피난 온 표은 김시온(瓢隱 金是榲, 1598~1669)이 거처하던 돈간재(敦艮齋)와 가까운 곳에 정자를 짓고 연못을 지었다는 것으로 보아 1640~1650년경에 지었을 것으로 추정된다. 정자는 경사진 지형의 자연 암반 요철을 적절히 잘 이용해 지었다. 정자 앞 아래쪽에는 못을 파 정자에서 내려볼 수 있게 했다. 못 북쪽 모서리에 한 사람이 내려갈 정도의 자연석 계단을 만들어 못 가까이 접근할 수 있도록 했다. 못 안에는 연꽃을 심었는데, 연꽃과 암반 위 정자가 어우러진 모습이 일품이다.

정자는 정면 3칸, 측면 2칸 규모로 왼쪽에 1칸 온돌을 두고 나머지는 마루로 꾸몄다. 전면과 측면에 계자각난간을 둘렀다. 정자의 출입은 난간을 두르지 않은 뒤쪽에서 한다. 대청의 전면에는 세살문을, 측면에는 궁판세살문을, 배면에는 판문을 달아 위치에 따라 빛의 양을 조절했다. 온돌난방은 온돌 아래 암반의 파인 부분에 아궁이를 만들고 배면에 굴뚝을 설치해 연기가 빠질 수 있게 했다. 고미반자로 천장을 꾸민 온돌은 뒤에 위패를 모신 것으로 보이는 감실이 있다.

1 5량가 중도리 대공 상세.
초각의 형식이 포대공과 유사해 건물의 창건 시기가 오래됐음을 짐작케 한다.

2 대개 외기도리에는 반자를 설치하는데 이 집은 연등천장으로 마감한 것이 특이하다.

1 사람 얼굴 모양 망와

2 소로수장의 귀포 상세

3 중도리 동자대공의 초각이 간결하면서도 힘이 있다.

4 경사진 지형에 따라 사방에 담장을 두르고 오른쪽에 출입용 사주문을 두었다.

5 정면 3칸, 측면 2칸 규모로 왼쪽에 1칸 온돌을 두고 나머지는 마루로 꾸몄다. 온돌 아래 암반의 파인 부분에 아궁이를 만들어 난방했다.

6 못 북쪽 모서리에 한 사람이 내려갈 정도의 자연석 계단을 만들어 못 가까이 접근할 수 있도록 했다.

7 2칸을 통으로 대청으로 사용해 상당히 넓어 보인다.

8 온돌 천장은 고미반자 마감이다.

1 2 3

5

青溪亭
愚齋

영주 천운정

[위치] 경상북도 영주시 이산로 651-31 **[건축 시기]** 1588년 초창, 1762년 이건
[지정사항] 경상북도 문화재자료 제557호 **[구조 형식]** 3량가 팔작기와지붕

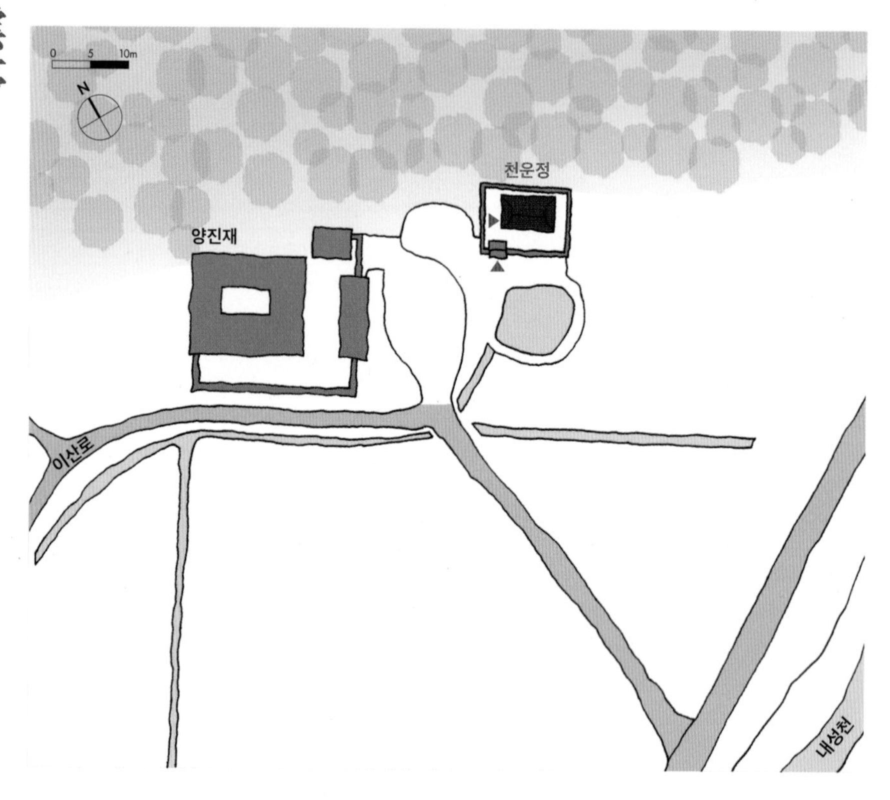

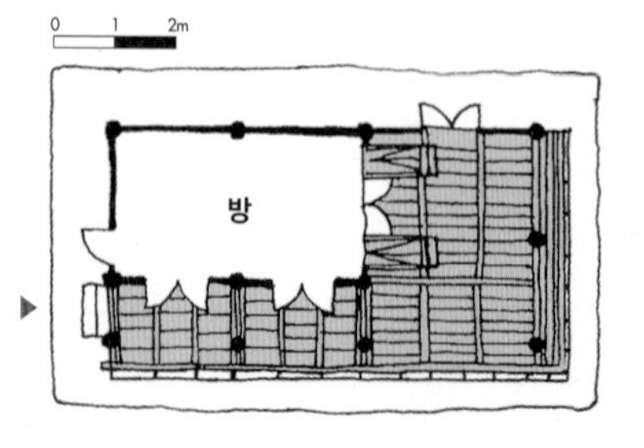

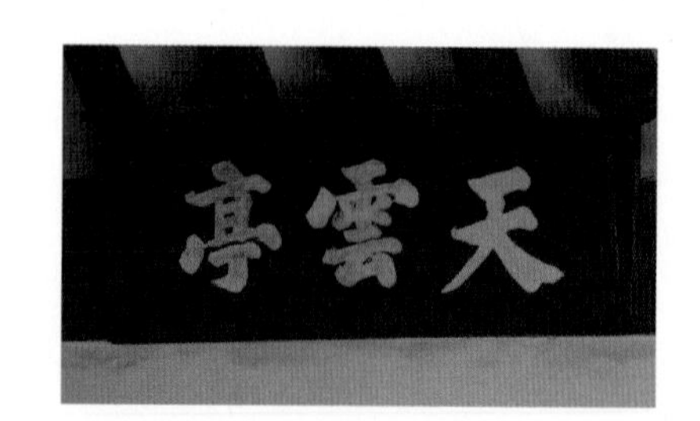

기근에 든 백성을 구휼하거나 낙동강의 범람을 막기 위해 제방을 쌓고 지방 관찰사, 부사를 역임하고 사후 이조판서에 추증된 백암 김륵(柏巖 金玏, 1540~1616)이 말년에 지은 정자이다. 후에 한 차례 이건했으나 퇴락한 것을 1762(영조38)년 6대손 김익련(金益鍊)이 지금 자리로 다시 이건하고 앞에 못을 조성했다. 천운정이 있는 곳은 영주에서 볼 때 내성천의 동쪽에 있다고 해서 '동포(東浦)'라고도 불렀다. 김륵의 아들 번계 김지선(樊溪 金止善, 1573~1622)이 이곳에 터를 잡고 마을을 휘감아돌던 내성천 줄기를 서쪽으로 멀리 밀어내고 마을을 기름진 농토로 개척하면서 번계마을이 형성되었다.

천운정은 농경지 너른 들판 북쪽에서 남향하고 있다. 앞에는 연을 잔뜩 심은 연못이 있다. "반무방당일감개(半畝方塘一鑑開) 천광운영공배회(天光雲影共徘徊)"로 시작되는 주희(朱熹, 1130~1200)의 "관서유감(觀書有感)"에서 차용한 '천운(天雲)'이라는 당호처럼 못에 비친 하늘빛과 구름의 그림자가 어우러진 모습을 구현하려 한 것으로 보인다.

천운정 왼쪽에는 '동포고가(東浦古家)'라는 편액이 걸려 있는 'ㅁ'자형 평면의 살림집이 있다. 집의 당호는 '양진재(養眞齋)'인데 김륵이 1602(선조35)년 명에 갔을 때 본 양진재를 추억하며 이름 붙인 것이라고 한다. 집 입구에는 명의 양진재를 그리워하는 김륵의 시를 새긴 비석이 있다.

정면 3칸, 측면 2칸 규모로 왼쪽에 2칸 온돌을 두고, 오른쪽에 1칸 대청을 배치했다. 전면 툇간은 마루로 꾸몄다. 정면과 오른쪽 면에 계자난간이 달린 헌함을 설치해 출입은 난간이 없는 왼쪽에서만 가능하다. 기단은 근래에 보수한 듯 견치석쌓기로 변형되어 있으며, 초석은 기단 바닥에 파묻혀 있다. 정면과 마루로 개방한 오른쪽에는 원주를, 나머지는 각주를 사용했다. 3량 구조로 별도의 치장을 하지 않은 민도리집이다. 온돌의 마루쪽 창호는 세살청판사분합들문으로 하고 마루 배면에는 우리판문을 달았다. 세살청판사분합들문 위에는 살림집의 동포고가 현판에 맞춰 "동포서당(東浦書堂)"이라는 현판이 있고 그 옆에는 중수 기문을 걸어 놓았다.

1

3

1 천운정 앞에는 연못이 있는데, 천운이라는 당호가 지닌 의미처럼 못에 비친 하늘빛과 구름의 그림자가 어우러진 모습을 구현하려 한 것으로 보인다.

2 정면과 오른쪽 면에 계자난간이 달린 헌함을 설치했다.

3 근래에 보수한 듯 견치석쌓기로 변형된 기단 위에 자리한 정면 3칸, 측면 2칸 규모의 집이다.

4 천운정은 농경지 너른 들판 북쪽에서 남향하고 있다.

天雲亭

天雲亭

1 3량가의 가구구조로 팔작지붕을 구성한 천운정 전경. 근래 변형된 시멘트 블록 담장이 아쉽다.

2 툇보 없이 구성한 툇간이 이채롭다.

3 온돌 우측 마루 배면에 천운정 당호가 있고 아래 우리판문을 달았다.

4 천운정은 3량가로 종도리에 왕찌를 만들어 추녀 뒷초리가 모이게 했다.

5 온돌의 마루 쪽 창호는 세살청판 사분합들문으로 했다.

6 천운정 왼쪽에는 'ㅁ'자 형 평면의 살림집인 양진재가 있다.

영주 일우정

[위치] 경상북도 영주시 이산로 938번길 25 **[건축 시기]** 1868년 추정
[지정사항] 경상북도 문화재자료 제540호 **[구조 형식]** 5량가 팔작기와지붕

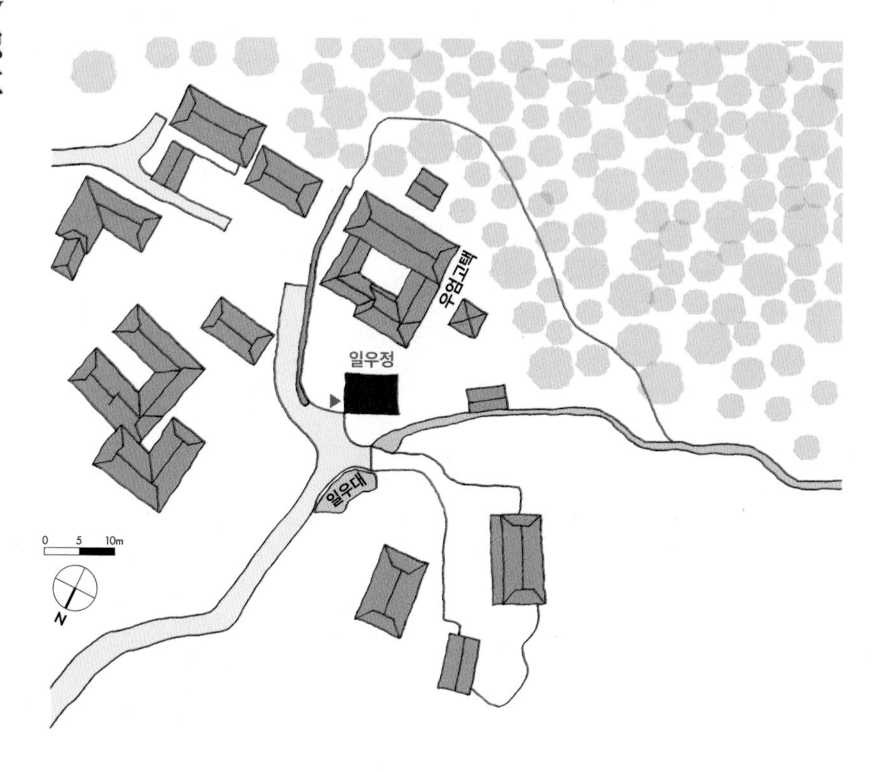

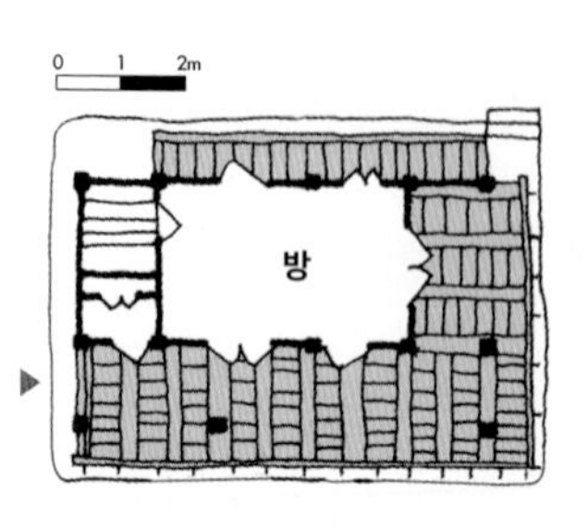

구한말 학자인 우엄 전규병(愚广 全奎炳, 1840~1905)이 지은 정자이다. 1866년 못을 먼저 조성하고 2년 뒤인 1868년에 정자를 지은 것으로 알려져 있으나 지붕 막새에 있는 '이곡상원갑자동치삼년(伊谷上元甲子同治三年)'이라는 문구로 보아 1864년에 지어졌을 가능성도 있다. 스승이자 서애 유성룡(西涯 柳成龍, 1542~1607)의 후손인 계당 유주목(溪堂 柳疇睦, 1813~1872)에게 당호를 청해 정자는 일우정으로, 연못은 일우대(逸愚臺)로 정했다고 한다.

일우정이 있는 이르실마을은 영주 동북쪽 봉화방향에 있는 옥천전씨(沃川全氏)의 집성촌이다. 일우정은 우엄고택 앞 왼쪽에 남서향으로 자리하고 있다. 일우정 바로 앞에는 향나무가 있는 조그마한 연못이 있는데 연못의 석축 한편에 일우대라고 새겨 있다.

일우정은 정면에서 볼 때 외부기둥은 정면 3칸, 측면 1칸 반 규모이지만 실을 구분하는 내부기둥의 경우 외부기둥과 주열을 맞추지 않고, 용도에 따라 칸 사이 간격을 다르게 칸을 구성한 보기 드문 구조방식이다. 내부 칸의 구성은 오른쪽부터 대청 1칸, 온돌 2칸이 있으며, 가장 왼쪽에는 앞에 위패를 모시는 감실과 뒤로 수장 공간을 둔 반 칸이 있어 총 4칸으로 되어 있다. 외부와 내부의 주열이 맞지 않기 때문에 툇간을 이루는 툇보는 내부기둥 사이를 가로지르는 도리 중간에서 외부기둥 위의 도리 위로 결구되었다. 툇간은 고미반자처럼 툇보 중간높이에 각재를 일정한 간격으로 설치하고 사이에 판재를 놓는 방식으로 천장을 구성하고 바닥은 우물마루로 하였다.

자연석 기단 위에 각주를 사용한 5량 구조의 민도리집으로 대청 앞에는 궁판이 있는 세살양여닫이문이 달려 있고, 방 앞에는 머름 위에 세살창이 설치되어 있다. 정면과 측면에 헌함을 둘러 공간을 확장했으며, 배면에는 쪽마루가 있다. 출입은 좌측면 툇마루를 통해서 내부로 진입할 수 있지만 우측면 헌함 끝과 배면 쪽마루를 통해서도 출입할 수 있다.

1 연지의 석축 한편에 일우대라고 새겨 있다.

2 "이곡 상원갑자 동치심년 (伊谷上元甲了同治三年)"이라는 문구가 새겨 있는 막새기와

榮州 逸愚亭

1

3

4

5

1 정면 4칸, 측면 1칸 반 규모로 왼쪽부터 앞에는 위패를 모시는 감실이 있고 뒤에 수장 공간이 있고 이어서 2칸 온돌, 1칸 대청이 있다.

2 가장 왼쪽 칸에는 제기 등을 보관하는 공간 위로 감실을 두었다.

3 기둥 위에 밖으로는 직절되고 안으로는 사절된 보아지가 설치되어 있다.

4 방형의 기둥 위에서 도리를 받는 민도리집이다.

5 전면 반 칸은 모두 마루로 꾸몄다.

6 오른쪽 측면에는 이분합세살문을 두고 온돌과 이어지는 대청 공간이 있다.

2-1

2-2

6

영주동 반구정

[위치] 경상북도 영주시 중앙로 45번길 56-8 **[건축 시기]** 1780년
[지정사항] 경상북도 문화재자료 제334호 **[구조 형식]** 5량가 팔작기와지붕

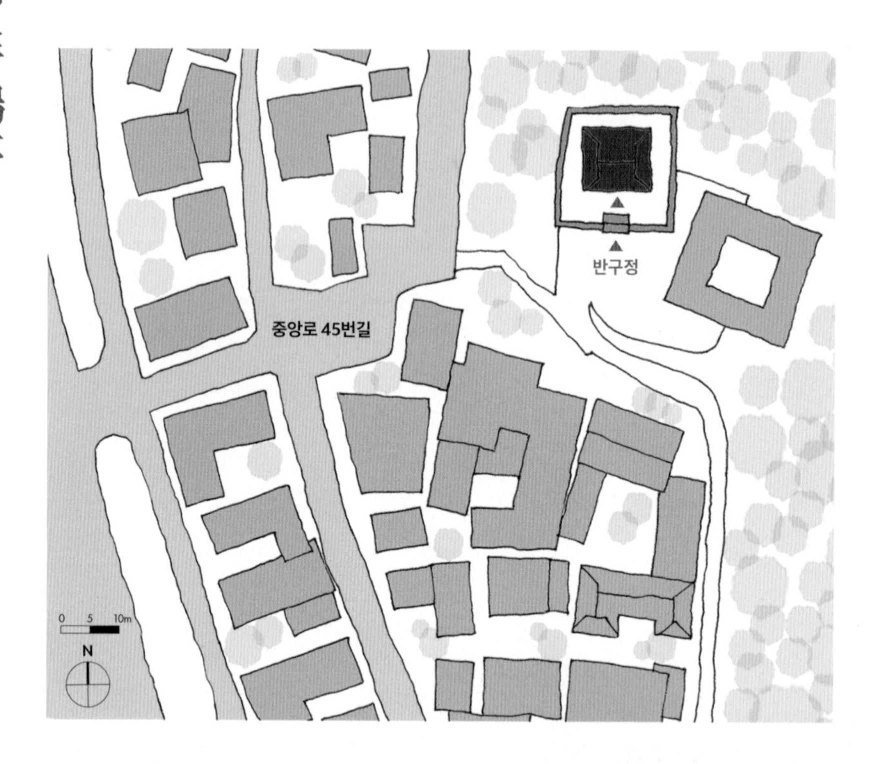

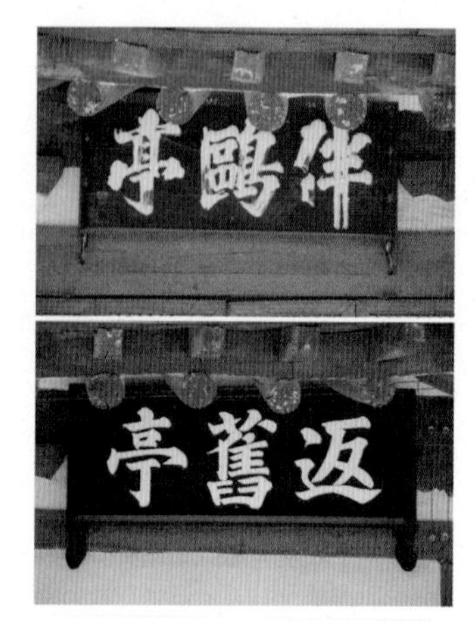

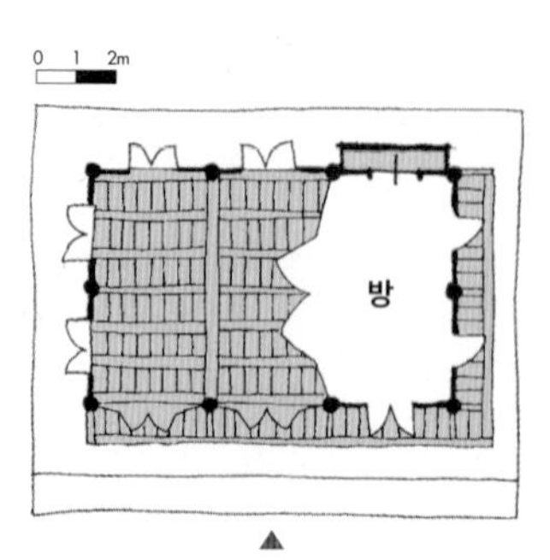

고려말 충신 사복재 권정(思復齋 權定, 1353~1411)이 고려가 멸망하자 과거로 되돌아가고 싶다는 의미를 담아 도목촌에 반구정을 짓고 이곳에서 은거했다고 한다. 권정은 반구정과 함께 고려의 수도였던 송도를 받든다는 의미를 담은 '봉송대(奉松臺)'도 지었다. 자신의 호 역시 고려가 다시 회복되기를 바라는 마음으로 사복재라고 했다. 이러한 권정의 충절을 추모하기 위해 1780(정조4)년에 후손들이 구호서원(鷗湖書院)을 짓고 도목촌의 반구정과 봉송대를 지금 자리로 이건했다.

반구정은 영주시 구성공원에 자리한다. 뒤로는 거북이 형상을 닮았다는 구성산이 있고, 오른쪽에는 구호서원지가 연접하고 있다. 반구정은 서원의 휴게 공간으로 사용되었을 것으로 보인다. 반구정은 막돌담장으로 둘러싸여 있으며 가운데 정면에 일각문이 있다. 반구정 왼쪽 뒤 담장 끝 바위에는 충절(忠節)이 음각되어 있다.

반구정은 정면 3칸, 측면 2칸으로 왼쪽 2칸이 마루방이고 오른쪽에 1칸 온돌이 있다. 다듬은 장대석으로 두벌대 높이의 기단을 올리고 덤벙주초 위에 원주를 사용한 5량 구조 몰익공집이다. 마루방에는 우물마루를 깔고 정면에는 사분합들문을 달고, 왼쪽과 배면에는 널판문을 달았다. 온돌에는 세살문을 달았는데 하인방 위로 머름이 없다. 정면과 온돌이 있는 오른쪽에 쪽마루가 있다. 주두를 놓고 초새김이 있는 첨차를 두어 도리의 하중을 받도록 했으며 칸 사이에는 화반이 한 개씩 있다. 반구정의 가구법에서는 궁궐같은 관영건물에서나 볼 수 있는 기법을 볼 수 있다. 종보를 받치는 중대공을 구성할 때 대개 동자주를 세우는데 반구정에서는 포작을 구성하듯 살미와 첨차를 결구해 기능과 장식성을 동시에 추구했다. 포작을 응용한 이런 장식은 대공과 충량에서도 볼 수 있다.

반구정에는 두 개의 현판이 있는데 왼쪽에 있는 '伴鷗亭' 현판이 현재 표기되고 있는 당호이고, 오른쪽에 있는 것이 옛 표기이다. 보통 당호 현판을 가운데에 하나만 거는 것과 비교하면 이채롭다.

반구정에는 현재 표기되고 있는'伴鷗亭' 현판과
옛 표기인 '返舊亭' 두 현판이 좌우에 나란히 걸려 있다.

1

4
5

6

1 반구정은 막돌담장으로 둘러싸여 있으며 가운데 정면에 일각문이 있다.

2 주두를 놓고 물익공을 설치해 보머리의 하중을 받도록 했다.

3 우주 상부에는 주두 위로 교두형의 초제공과 받침장혀를 놓고 도리를 받았다.

4 왼쪽 뒤 담장 끝 바위에는 충절(忠節)이 음각되어 있다.

5 정면에는 궁판이 있는 사분합들문을 설치했다.

6 마루방 쪽 배면은 널판문으로 마감하고 온돌 배면에는 반침을 달았다.

7 왼쪽 면 역시 배면처럼 널판문을 달았다.

영주 군자정

[위치] 경상북도 영주시 평온면 천본리 55-1 **[건축 시기]** 1711년
[지정사항] 경상북도 유형문화재 제276호 **[구조 형식]** 5량가 팔작기와지붕

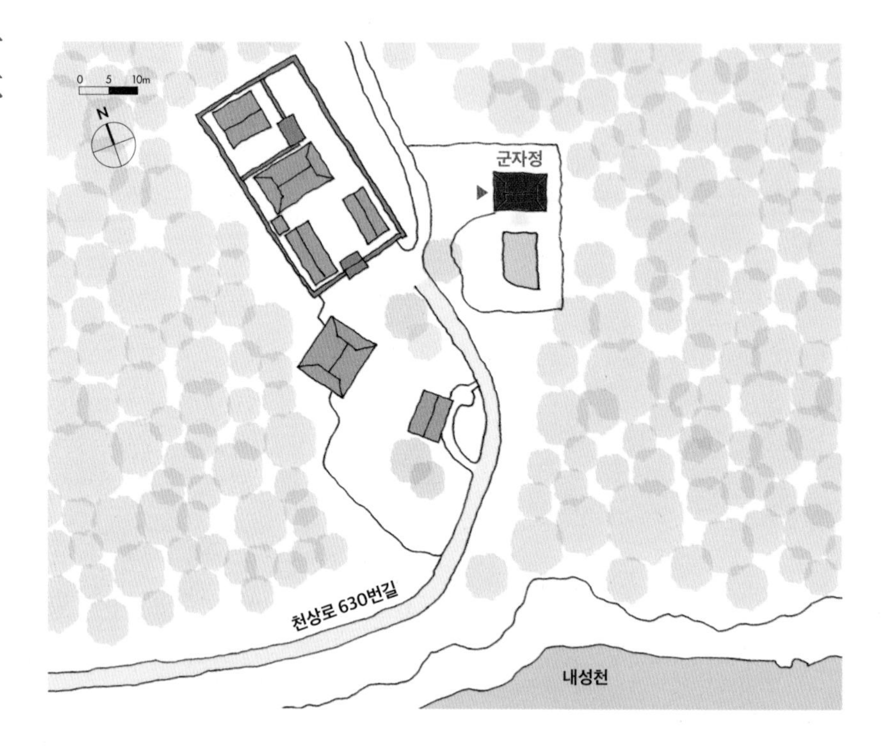

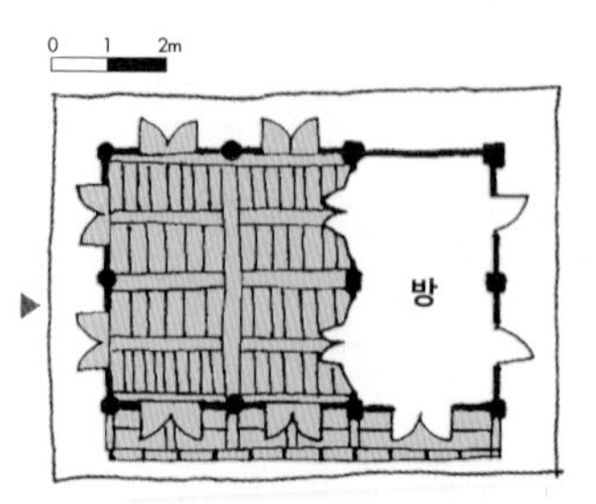

군자정은 오계서원의 부속 정자이다. 오계서원은 퇴계의 문하생으로 임진왜란 당시 세자를 호종한 공으로 이조참판에 추증된 간재 이덕홍(艮齋 李德弘, 1541~1596)이 공부하고 후학을 양성하기 위해 지은 오계정사(汚溪精舍)를 근간으로 한다. 이덕홍의 제자들이 스승의 위패를 봉안하기 위해 1665(현종6)년에 지은 도존사(道存祠)가 1691(숙종17)년에 오계서원으로 승격되었다. 이후 홍수로 오계서원이 침수되자 1711(숙종37)년에 지금 자리로 이건했다. 군자정도 이때 같이 지어진 것이라고 한다.

군자정은 오계서원에서 동쪽으로 20m 정도 떨어져 얕은 둔덕 위에 정면 3칸, 측면 2칸의 규모로 남향하고 있다. 정자 앞에는 군자당이라는 직방형 연못이 있고 뒤에는 밭이 있다. 정자 일대에는 별도의 담장을 두르지 않았다. 왼쪽에 2칸 마루방을 두고 그 옆에 1칸 온돌을 두었다. 온돌의 칸 사이가 마루방보다 크다. 정면과 온돌의 오른쪽 면에는 세살창호를 달고 마루방의 왼쪽 면과 배면에는 널판을 달았다. 온돌과 마루방 사이에는 필요에 따라 모두 개방할 수 있도록 1칸 통들문을 달았는데 통들문 안에는 평소 사용할 수 있게 작은 세살여닫이를 달았다. 통들문 맞은 편에는 이분합들문을 달았다.

온돌 쪽 종보 위치에 군자정 현판이 걸려 있고 마루방 배면 가운데에 "오계서원군자정기(汚溪書院君子亭記)"가 기록된 편액이 있다. 마루방 쪽은 원주를, 온돌 쪽에는 각주를 사용했다. 공포는 기둥 위로 창방을 결구하고, 직절된 익공을 설치한 다음 주두를 놓은 직절익공집이다. 대공은 첨차와 소로가 달린 포대공이다. 전면에만 계자난간이 있는 헌함을 두었다. 헌함 아래에는 헌함을 받치는 동바리기둥을 두었는데 목재가 아닌 너른 돌을 세워 놓았다. 비바람에 상하는 것을 방지하기 위한 방편으로 보인다. 내부 주요 가구 부재에는 고풀한 단청의 흔적이 남아있다.

두 마리의 용이 여의주를 보고 있는 모습이 새겨진 망와. 용은 치수의 능력을 지닌 상서로운 존재로 화재를 예방하기 위한 주사적인 의미로 전통건축에 사용된다.

1 오계서원에서 동쪽으로 20m 정도 떨어져 얕은 둔덕 위에 정면 3칸, 측면 2칸의 규모의 군자정이 있다.

2 왼쪽에 2칸 마루방, 그 옆에 1칸 온돌이 있다. 정자 앞에는 군자당이라는 직방형 연못이 있다.

3 마루방 쪽은 원주를 사용하고 왼쪽 면에 판문을 달았다.

1

2

3

1

4

1 전면에만 계자난간이 있는 헌함을 두었다.

2 대청 중앙을 가로지르는 대들보와 충량이 결구되어 외기를 걸고, 우물반자로 된 눈썹천장을 꾸몄다.

3 내부에는 고졸한 옛 단청 모습이 남아 있다.

4 헌함을 받치는 동바리기둥으로 너른돌을 세워 놓았다.

5 온돌과 마루 사이에는 필요에 따라 모두 개방할 수 있도록 1칸 통들문을 달았는데 통들문 안에는 평소 사용할 수 있게 작은 세살여닫이창을 달았다.

영천 귀애정

[위치] 경상북도 영천시 귀호1길 37-25 (화남면) **[건축 시기]** 1877년
[지정사항] 경상북도 민속문화재 제162호 **[구조 형식]** 5량가+3량가 팔작기와지붕

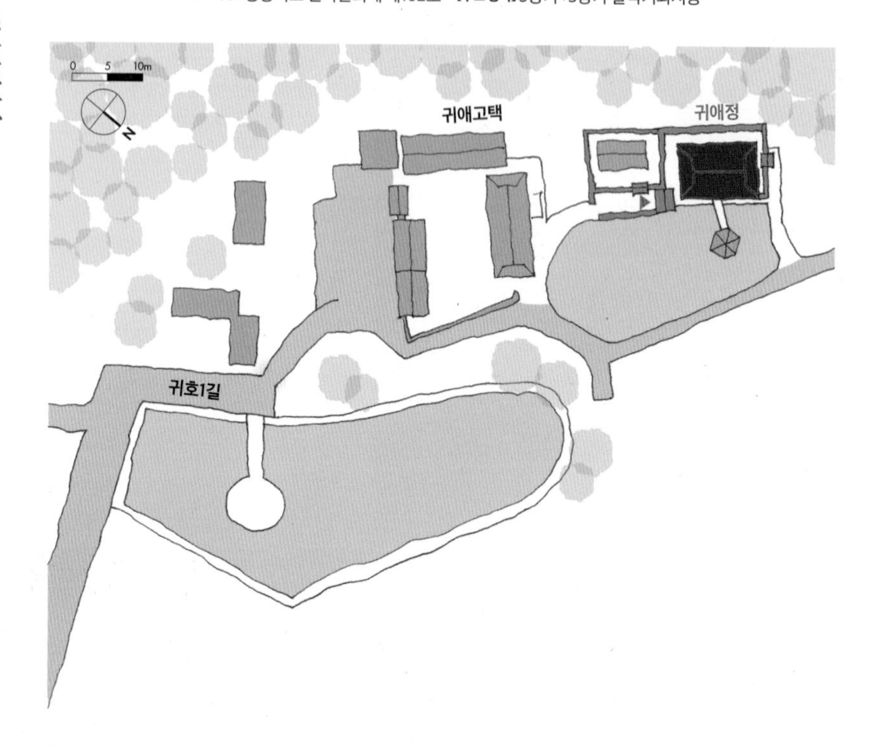

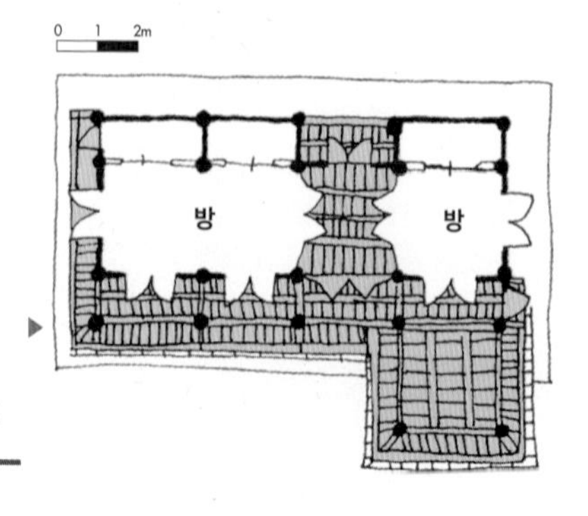

구일마을 남쪽의 산 끝자락에 펼쳐진 경사지에 북동향으로 자리하고 있는 귀애정은 조선후기 학자인 귀애 조극승(龜厓 曺克承, 1803~1877)을 추모해 동생 조규승(曺逵承)이 1877(고종14)년에 지은 정자이다. 정자, 사당, 연지의 세 영역으로 구성된다. 귀애고택을 지나면 귀애정의 주출입문인 사주문이 보이고 왼쪽에는 사당이 있다. 정자 앞에는 방형 못이 있다. 못 가운데에는 둥근 섬이 있다. 섬에는 육각 정자를 놓고 진입할 수 있게 나무다리를 설치했다.

귀애정은 정면 4칸, 측면 2칸 규모로 왼쪽부터 2칸 온돌, 1칸 마루, 1칸 온돌이 있다. 오른쪽 온돌 앞은 1칸을 덧대어 누마루로 꾸몄다. 외벌대 기단에 자연석 초석을 사용하고 전면에만 원주를 사용하고 나머지는 각주를 사용한 몰익공집이다. 주간의 창방과 주심도리 장혀 사이에는 연화문 화반을 한 개씩 설치했다. 몸채는 5량가이고 누마루 부분은 3량 구조이다. 앞뒤 모두 퇴를 두었다. 왼쪽의 툇간 부분에는 우물마루를 깔고 통로로 사용한다. 전퇴부분은 툇마루로 꾸몄으며 후면 가운데 온돌 부분은 반침으로 사용할 수 있게 했다. 누마루 아래에는 아궁이를 설치했다. 누상부는 삼면에 헌함을 설치하고 계자난간을 둘렀다. 헌함 안쪽 기둥과 기둥 사이에는 풍혈이 없는 머름을 두어 헌함과 구분했다. 굴뚝은 후면에 두 자 정도 높이로 낮게 구성했는데 남부지방 굴뚝의 특징이다.

창호는 온돌 부분의 정면과 좌측면에는 쌍여닫이세살창을, 온돌과 온돌 사이에는 미닫이창과 두껍닫이를 달았다. 온돌과 후면 툇간에 설치한 반침에는 네짝미서기문을 달아 기능성을 배려했다. 왼쪽 온돌 뒤의 반침 왼쪽 면에는 출입이 가능하도록 외여닫이 세살창을 달았다.

집의 배면과 측면에는 배수로를 설치해 물이 연못으로 흘러들어가도록 했는데 남상이 설치된 부분은 담장 하부로 배수구를 연결했다.

永川 龜厓亭

1 못에 있는 육각정자는 계자난간을 두른 나무 다리를 이용해 진입할 수 있다.

2 누하부 마루 동귀틀에는 목재를 덧대어 보강했다.

3 귀애정 앞에는 방형 못이 있고 왼쪽에는 사당이 있다.

4 정자 앞에는 가운데에 둥근 섬이 있는 방형 못이 있다. 섬에는 육각 정자가 있다.

5 경사지를 따라 토석담장을 둘렀으며 출입문인 사주문을 들어서면 바로 귀애정이 보인다. 왼쪽에는 사당 출입용 사주문이 있다.

3

5

永川 龜厓亭

1 공포는 이익공형식이며 주간에는 화반을 사용했다. 익공은 직절익공이다.

2 누하부의 뒷면은 벽체로 꾸미고 온돌 아궁이를 설치했다.

3 배면의 기둥에 새 부재를 덧대면서 기존부재와 나비장이음했다.

4 정자에서 바라본 연못 위 육각 정자와 외부 풍경

5 담장이 있는 부분에서는 담장 하부의 일부를 뚫어 끊김 없이 못으로 배수로가 연결되도록 했다.

6 누상부는 삼면에 헌함을 설치하고 계자난간을 둘렀다. 헌함 안쪽 기둥과 기둥 사이에는 풍혈이 없는 머름을 두어 헌함과 구분했다.

7 우물마루로 구성한 전면 툇마루

8 누하부의 전면은 원형 장주초석 위에 동자주를 올렸다.

4

永川 龜厓亭

6

7

8

1

5
6
7

8

1 정자는 난간을 두르지 않은 왼쪽 툇마루를 통해 진입한다. 오른쪽에 있는 누마루에서 진입할 수 없게 막아 두었다.

2 주간의 창방과 주심도리 장혀 사이에는 연화문 화반을 한 개씩 설치했다.

3 툇간은 포벽 없이 열려 있으며 직절익공이 교차맞춤되면서 강직성을 보인다.

4 회첨골 부위 서까래. 구 부재와 새 부재가 구분된다.

5 누마루의 천장은 연등천장으로 꾸몄다. 우미량 위에 추녀목을 걸었다.

6 툇보 보아지

7 주두 위에 익공이 교차되어 소로로 장혀를 받치고 있다.

8 건물 후면에는 연못과 연결된 배수로가 있다. 낮은 굴뚝이 인상적이다.

9 정면 4칸, 측면 2칸 규모로 왼쪽부터 2칸 온돌, 1칸 마루, 1칸 온돌이 있다. 오른쪽 온돌 앞은 1칸을 덧대어 누마루로 꾸몄다.

영천 조양각

【위치】 경상북도 영천시 문화원길 6 (창구동) **【건축 시기】** 1368년 초창, 1637년 중건
【지정사항】 경상북도 유형문화재 제144호 **【관리자】** 영천시
【구조 형식】 5량가 팔작기와지붕

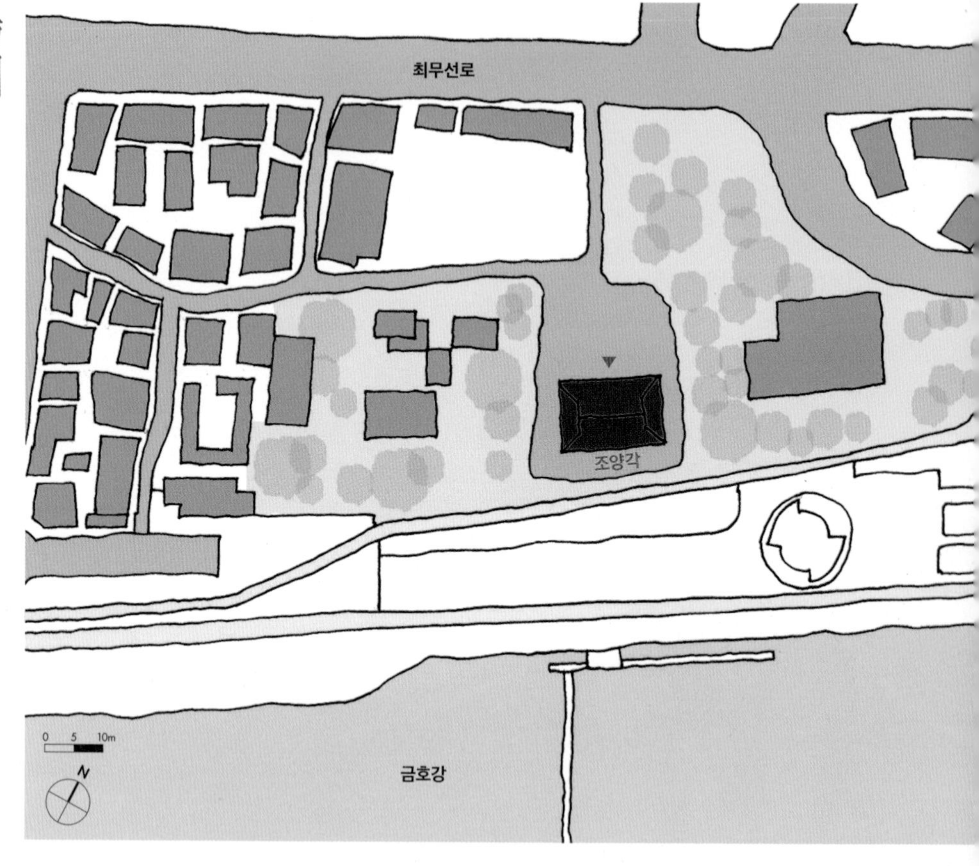

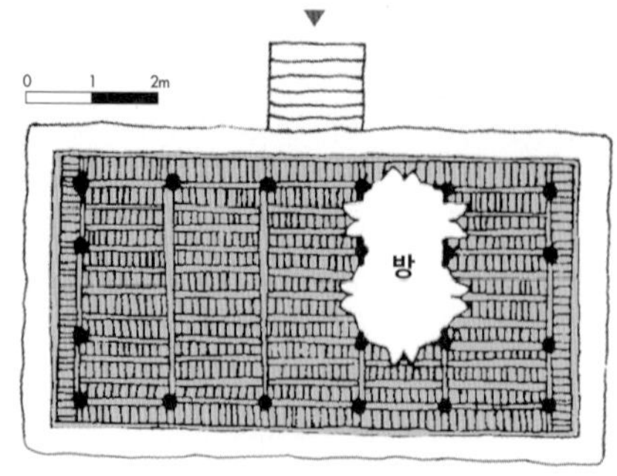

조양각은 1368(공민왕17)년에 창건되었으나 임진왜란으로 소실되고 1637(인조15)년에 중건되었다. 이후 몇 차례의 중수와 중창을 거쳐 현재에 이른다. 서세루(瑞世樓)라고도 부른다. 당시 부사였던 이용(李容)이 향내 유림과 함께 누각을 짓고 명원루(明遠樓)라 이름 붙였는데, 당의 문장가인 한유(韓愈, 768~824)의 시구 가운데 "원목증쌍명(遠目增雙明)"에서 따왔다고 한다. 시구는 "훤히 트인 먼곳의 경치를 바라보니 두 눈조차 더 밝아지는 듯하다"라는 의미이다. 누각에는 포은 정몽주(圃隱 鄭夢周, 1337~1392)를 비롯한 많은 명현들의 시가 편액되어 있다.

조양각은 높은 언덕 위에 남동향으로 자리한다. 정면 5칸, 측면 3칸 규모의 중층 누각으로 오른쪽에 정면 1칸, 측면 2칸 규모의 온돌이 있다. 전면에는 기단이 없고 양측면과 후면에 두벌대 장대석 기단을 설치하고 기단 상부는 정방형 전돌로 마감했다. 자연석 초석 위 원주를 사용했다. 누하부는 사각형 장주석(왼쪽부터 전면 3열과 측면 2열)과 원형 목재기둥(오른쪽 전면 3열)을 같이 사용하고 온돌 아래에는 자연석으로 벽체를 구성하고 함실 아궁이를 들였다. 굴뚝은 측면에 설치했다.

온돌을 구성하는 기둥 네 개는 고주로 하고 나머지는 모두 평주로 했다. 한 개의 긴 자연목을 전후면 기둥 상부에 걸어 대들보를 꾸몄다. 보 아래에는 보아지를 덧대었다. 대들보 위에 대접받침, 보아지, 첨차를 설치해 종보를 받았다. 대공은 파련대공을 사용했다. 외기도리와 충량이 결구하는 부분은 눈썹천장으로 마감했다.

계자난간을 두르고 난간청판에는 가늘고 긴 원형 모양의 풍혈을 넣었다.

1 공포

2 이익공

3 귀포와 화반

4 조양각 전면에서 본 금호강과 주변

5 후면에서 볼 때 왼쪽에 1칸 온돌이 있다.

6 기단 상부는 정방형 전돌로 마감했다.

7 전면에는 기단이 없고 양측면과 후면에 두벌대 장대석 기단을 설치했다.

8 사각형 장주석과 원형 목재기둥을 혼용해 사용했다.

9 정면 5칸, 측면 3칸 규모의 중층 누각으로 후면에 있는 목재 계단을 이용해 누각에 들어간다.

永川 朝陽閣

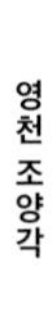

영천 강호정

[위치] 경상북도 영천시 자양면 포은로 1611-22(성곡리) **[건축 시기]** 1599년 초창, 1790년 중건, 1977년 이건
[지정사항] 경상북도 유형문화재 제71호 **[구조 형식]** 3량가 맞배기와지붕

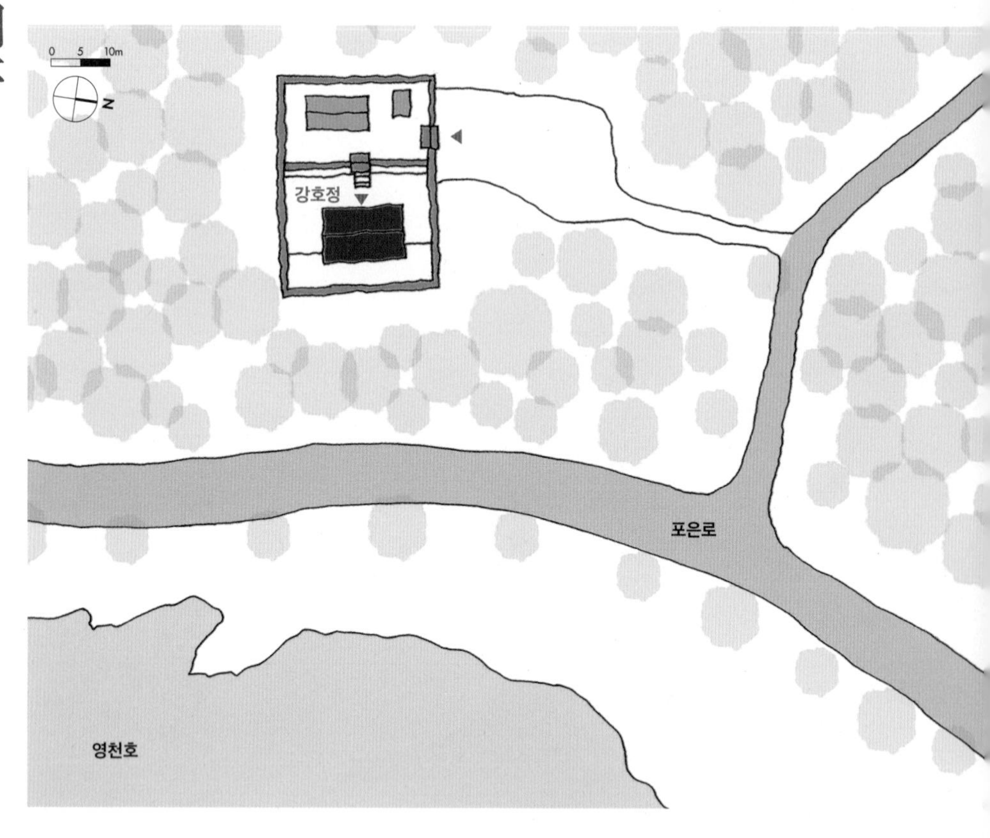

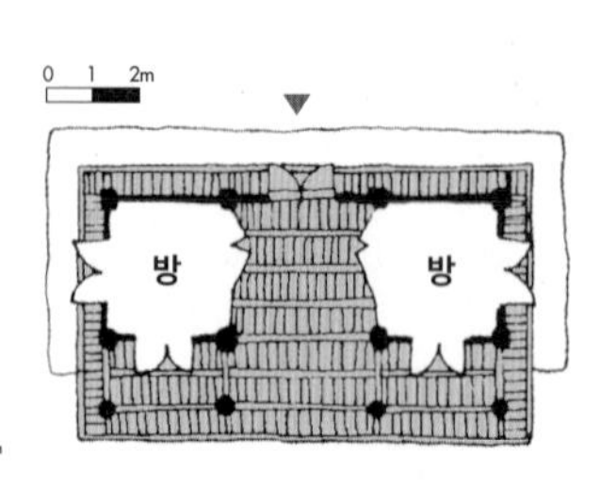

임진왜란 때 의병장으로 활약한 정세아(鄭世雅, 1535~1612)가 왜란이 진정되자 고향인 자양면 노항리로 돌아가 1599(선조32)년 자호천에 자호정사(紫湖精舍)를 짓고 자신의 별호를 강호(江湖)로 하고 은거했다. 1790(정조14)년 무너진 것을 후손들이 중건하고 정세아의 별호를 따 강호정이라 이름 붙였다. 1977년 영천댐 건설로 기룡산 기슭인 지금의 자리로 이건했다.

강호정은 정면 3칸, 측면 1칸 반 규모로 영천댐을 바라보며 경사지에 남동향으로 자리하고 있다. 후면에는 부속채가 있다. 경사지형을 이용해 전면은 중층으로 구성하고 후면은 단층으로 했다. 전면의 누하부는 자연석 초석 위에 원형 누하주를 설치하고 뒤에는 석축을 높게 쌓고, 후면에는 낮은 외벌대 기단을 놓았다. 가운데 마루를 두고 양옆에 온돌을 두었다. 전퇴 부분은 마루로 꾸미고 계자난간을 둘렀다. 나머지 부분에는 쪽마루를 두어 사방으로 동선이 연결되도록 했다. 대청 후면의 양여닫이문을 통해 출입한다. 누하부 온돌 부분에는 각각 함실아궁이를 들이고, 특이하게 아궁이 약간 위에 굴뚝용 원형 개구부를 뚫어 놓았다.

누상부 전체에 원주를 사용한 초익공 3량 구조의 소로수장집으로 온돌 부분에서 대들보를 맞보로 하고 판대공으로 종도리를 받쳤다. 온돌에는 쌍여닫이 세살창을 달고, 대청 쪽에는 삼분합문을 달았다. 대청 후면 중앙부에 양여닫이 판문을 달고 양옆은 판벽으로 마감했다. 전면 툇마루의 양 측면에는 머름 위에 외짝 판창을 설치해 겨울철 차가운 바람을 막고 여름철에는 공기가 순환될 수 있도록 했다. 건물의 측면과 배면의 심벽에 댄 벽선은 수직적 요소를 강조한 것처럼 보인다. 맞배지붕으로 박공 면에 풍판이 있다.

1 정세아가 자호천에 정자를 짓고 붙인 이름이 자호정사이다.

2 벽선으로 수직적 요소를 강조한 배면 심벽

3 기둥에 장귀틀을 장부맞춤 했는데 장부 양쪽은 원기둥의 곡을 따라 그랭이질했다.

1

5

1 후면에 있는 사주문을 통해 들어와 후면 쪽마루를 올라 들어간다.

2 온돌 부분에서 맞보를 연결했다.

3 판대공에 종도리를 연결하고 종도리는 장혀로 받았다.

4 누하부 공간에 함실아궁이를 들이고 아궁이 약간 위에 굴뚝용 원형 개구부를 뚫어 놓았다.

5 정면 3칸, 측면 1칸 반 규모로 가운데 마루를 두고 양옆에 온돌을 두었다.

6 경사지형을 이용해 전면은 중층으로 구성했는데 누하부는 자연석 초석 위에 원형 누하주를 설치하고 뒤에는 석축을 높게 쌓고, 후면에는 낮은 외벌대 기단을 놓았다.

1

5

1 온돌 내부는 한지마감하고 천장은 우물천장으로 꾸몄다.

2 초익공 소로수장집이다.

3 툇마루 부분은 우물천장 마감했다.

4 빨목은 충분히 빼으며 창방빨목이 첨차 역할을 하며 장혀를 받치고 있다.

5 대청 후면은 양여닫이 우리판문을 달고 양옆은 판벽으로 마감했다.

6 좁은 툇간을 반으로 나눠 청판을 깔아 청판의 길이가 짧다.

영천 삼휴정

[위치] 경상북도 영천시 자양면 포은로 1611-15 (성곡리) **[건축 시기]** 1635년 초창, 1978년 이건
[지정사항] 경상북도 유형문화재 제75호 **[구조 형식]** 3량가 팔작기와지붕

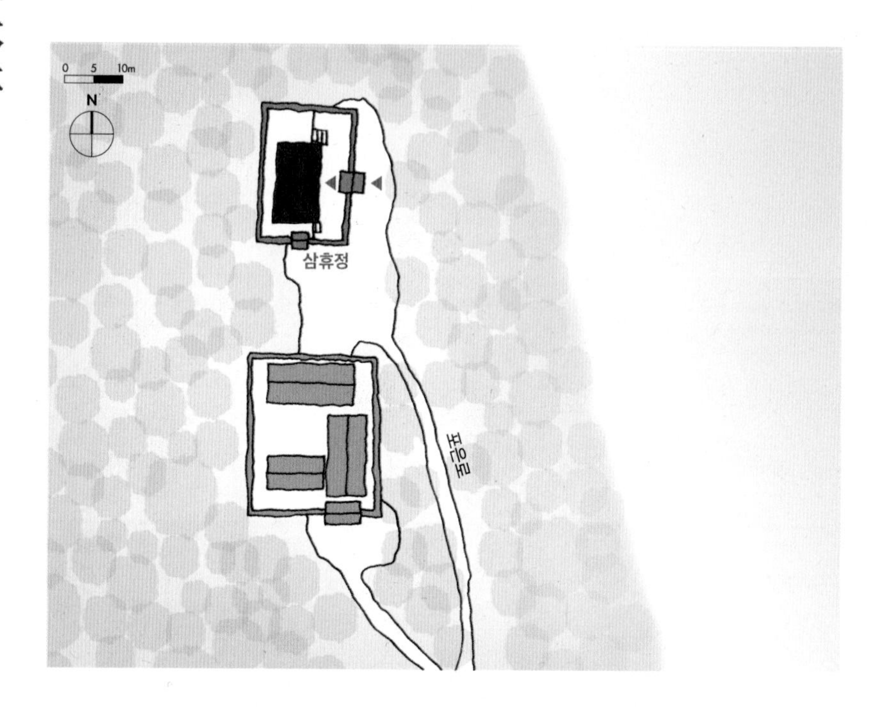

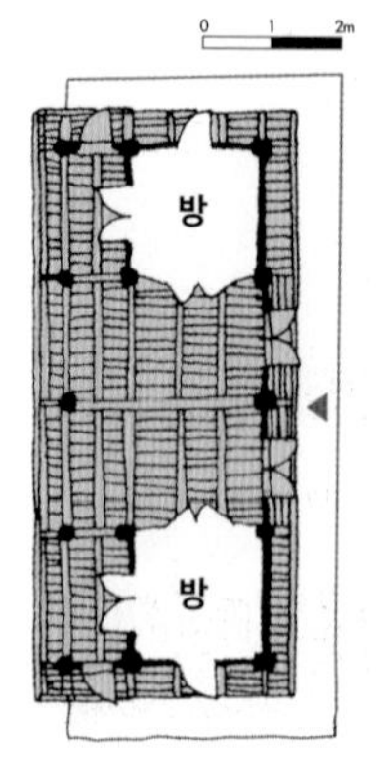

조선 후기 학자인 삼휴정 정호신(三休亭 鄭好信, 1605~1649)이 학업을 위해 1635(인조13)년에 지은 정자이다. 정호신은 강호정을 지은 정세아의 손자로 조부가 살던 자양면 삼귀리에 정자를 짓고 지내면서 '삼휴'라는 시를 짓고 정자 이름도 삼휴정이라 했다고 한다. 영천댐 축조로 1978년 지금 자리로 이건했다.

삼휴정은 문화재 이주단지의 가장 안쪽 작은 계곡 옆 경사지에 남동향으로 자리한다. 사방에 돌담을 두르고 정면에 출입용 사주문이 있다. 왼쪽에도 출입할 수 있는 일각문이 있다. 정면의 사주문 앞에는 진입로와 정자 마당의 높이 차가 있어 돌계단을 두었다. 사주문으로 들어가면 경사지를 이용해 중층으로 구성한 삼휴정이 보인다. 삼휴정은 정면 4칸, 측면 1칸 반으로 가운데 2칸 대청을 두고 양옆에 1칸 온돌을 두었다. 전면 퇴는 마루로 꾸미고 계자난간을 둘렀다. 나머지 삼면에는 쪽마루를 두었다. 전면 마당과 후면 마당의 고저 차이로 정자 양옆에 석축계단을 설치해 들어갈 수 있게 했다.

전면의 누하부는 자연석 초석 위에 굵은 원주를 사용하고 뒤에는 6단 높이로 석축을 쌓아 벽체를 구성하고 온돌에 난방할 수 있는 함실아궁이를 설치했다. 전면은 누상부 역시 원주를 사용하고 후면에는 각주를 세운 3량 구조, 초익공집이다. 자연스럽게 휜 목재를 대들보로 사용하고 원형 대공으로 종도리를 받쳤다. 창호는 온돌에는 머름 위에 쌍여닫이 세살창을 달고 대청 쪽에는 사분합문을 달았다. 대청 후면에는 머름이 없는 쌍여닫이 세살문을 달아 주출입구로 사용하도록 했다. 툇간 측면부에는 머름 위에 외여닫이 판창을 달았다.

사주문 하부 문지방을 가운데가 내려간 원형 모양으로 해서 출입을 배려했다.

1

5

1 경사지를 따라 담장을 두르고 정면에는 사주문을, 왼쪽에는 일각문을 두어 출입하도록 했다.

2 경사지를 따라 계단형으로 담장을 둘렀다.

3 앞뒤 높이 차 때문에 측면에 계단을 설치해 진출입할 수 있게 했다.

4 후면 기단은 단층으로 했다.

5 경사지를 이용해 중층으로 구성했다.

6 전면의 누하부는 자연석 초석 위에 굵은 원주를 사용했다.

1 익공에 당초 초각이 없을 뿐만 아니라 두공 받침이 있고 보머리에는 봉황머리를 붙여 장식했으나 매우 단순하게 표현했다.

2 툇간 천장의 선자서까래

3 얼굴의 눈과 입 모양으로 낸 풍혈

4 사주문 앞에는 진입로와 정자 마당의 높이 차가 있어 돌계단을 두었다.

5 대청 후면에는 머름이 없는 쌍여닫이 세살문을 달았다.

6 온돌에는 대청 배면보다 궁판이 낮은 세살청판문을 달고 툇간 측면에는 판창을 설치했다.

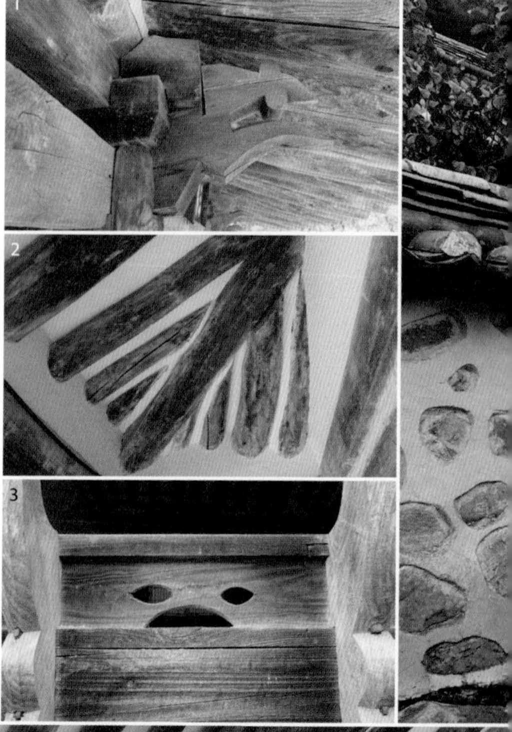

4

6

영천 오회당

[위치] 경상북도 영천시 자양면 포은로 1611-15 (성곡리) **[건축 시기]** 1727 초창, 1977년 이건
[지정사항] 경상북도 유형문화재 제76호 **[구조 형식]** 3량가 맞배+가적기와지붕

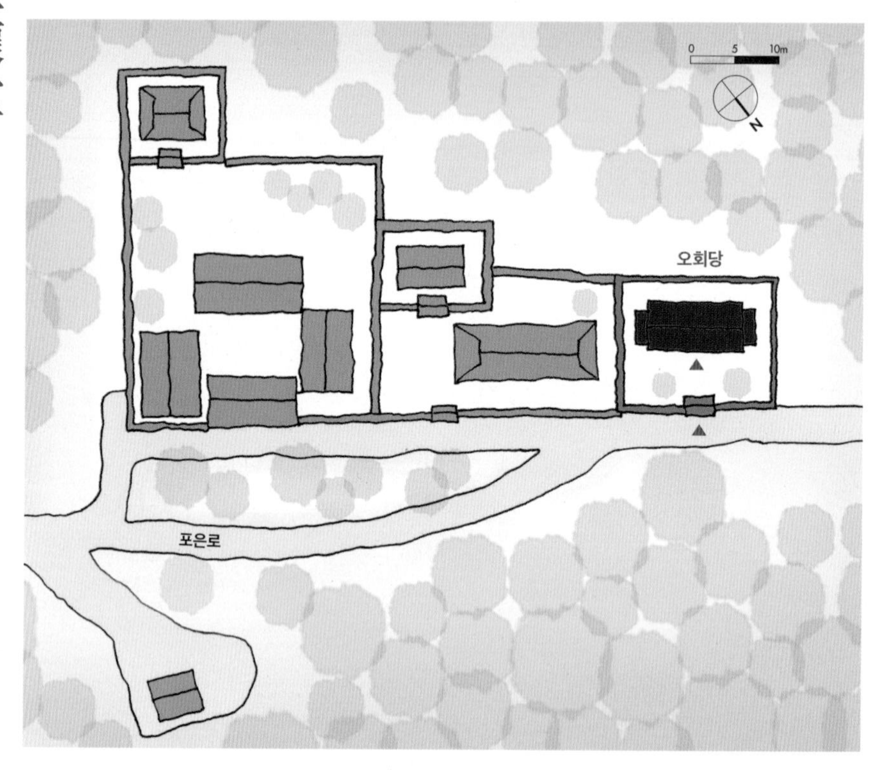

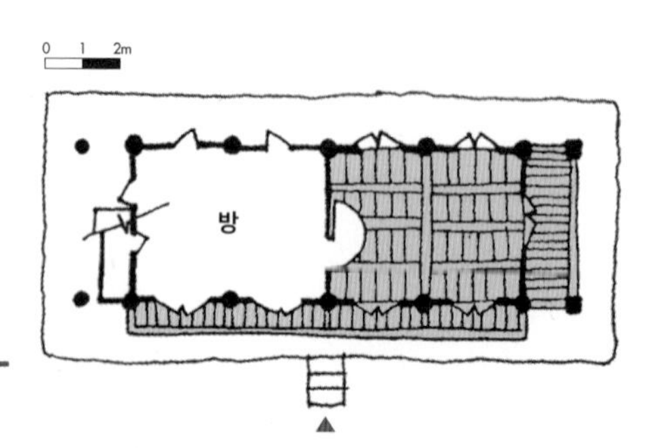

마루에 걸려 있는 오회당서(五懷堂序)에 의하면 오회당 정석현(五懷堂 鄭碩玄, 1656~1730)이 여생을 즐기기 위해 1727(영조3)년에 집 앞에 별서로 지은 정자이다. 정석현은 삼휴정을 지은 정호신의 손자이다.

영천댐 공사로 이건된 강호정, 삼휴정 등과 나란히 배치되어 있다. 담장 중앙에 있는 일각대문을 들어서면 정면 4칸, 측면 1칸 규모의 오회당이 보인다. 왼쪽에 2칸 온돌이 있고, 그 옆에 2칸 마루방이 있다. 전면에는 쪽마루를 설치하고 쌍여닫이문을 달았다. 막돌로 3~4단 높이로 기단을 쌓고 막돌초석을 놓았으며 원주를 사용했다. 정자에는 기단 중앙에 있는 좁은 계단을 이용해 들어간다. 온돌이 있는 왼쪽에 아궁이를 만들고 바로 위에는 벽장을, 오른쪽에는 쪽마루를 가설했다. 굴뚝은 뒷마당에 놓았다. 왼쪽 온돌의 측면과 배면에는 외짝여닫이문을 달고 내부 벽장에는 두 개의 외짝여닫이문을 달았다. 마루방 쪽에는 분합문을 달았지만 현재 여닫이문만 사용하고 있다. 마루방 오른쪽 면에는 중간설주가 있는 고식의 판문을, 배면에는 두짝여닫이판문을 달았다. 대들보 위에 동자주를 세워 종도리를 받는 3량 구조 초익공집이다. 기둥 위에 창방을 걸고 기둥 사이에 소로 두 개를 두어 장혀를 받았다. 현재 온돌 부분은 소로 사이를 막았고 마루는 개방되어 있다.

맞배지붕으로 풍판이 놓여야 할 자리에 가적지붕을 달아 전체적으로 합각지붕처럼 보인다. 가적지붕은 인근의 오회공종택에서도 볼 수 있다. 가적지붕은 툇보처럼 보이는 부재를 본채 기둥에 고정하고 바깥쪽에 방주를 세워 장혀와 도리를 걸었다. 가적지붕 도리는 본채 쪽에 굴도리, 바깥쪽에 납도리를 걸어 서까래를 받도록 했다. 본채와 연결부의 빈공간은 모두 회벽으로 마감했다. 굴도리와 납도리, 그리고 납도리 장혀가 길게 튀어나온 점과 가적지붕의 내림마루 끝이 맞배지붕의 박공판에서 시작되는 점이 특징이다. 가적지붕의 도리를 길게 내밀어 비가 안쪽으로 들이치지 않도록 했다. 가적지붕을 만들고자 양 측면에 반 칸씩 더 가설해 전체 6칸처럼 보인다.

1

5

1 영천댐 건설로 이건된 강호정, 삼휴정 등과 나란히 작은 언덕 위에서 동향하고 있다.

2 본채 쪽은 굴도리로, 바깥쪽은 납도리로 해 맞배지붕의 수직방향으로 놓인 가적지붕 서까래를 받도록 했다.

3 초익공집으로 기둥 위에 창방을 걸고 기둥 사이에 소로 두 개를 두어 장혀를 받았다.

4 가적지붕은 툇보처럼 보이는 부재를 본채 기둥에 고정하고 바깥쪽에 방주를 세워 장혀와 도리를 걸었다.

5 막돌로 3~4단 높이로 쌓은 기단 위에 정면 4칸, 측면 1칸 규모로 자리한다.

6 맞배지붕으로 풍판이 놓여야 할 자리에 가적지붕을 달아 전체 6칸 집처럼 보인다. 뒷마당에 굴뚝을 놓았다.

1

4

1 대문에서 본 정면

2 마루방 왼쪽 배면에는 작은 감실을 두었는데, 감실의 용도를 정확히 파악하기는 어려우나 재청으로 사용할 때, 위패를 모시는 공간으로 사용되는 경우가 많다.

3 마루방에는 우물마루를 깔았다.

4 왼쪽 온돌의 측면과 배면에는 외짝여닫이문을 달고 내부 벽장에는 두 개의 외짝여닫이문을 달았다.

5 마루 오른쪽 면에는 중간설주가 있는 고식의 판문을, 배면에는 두짝여닫이판문을 달았다.

영천 양계정사

【위치】경상북도 영천시 창동길 7-18 (대전동) 【건축 시기】1770년 초창
【지정사항】경상북도 민속문화재 제88호 【구조 형식】3량가 맞배기와지붕

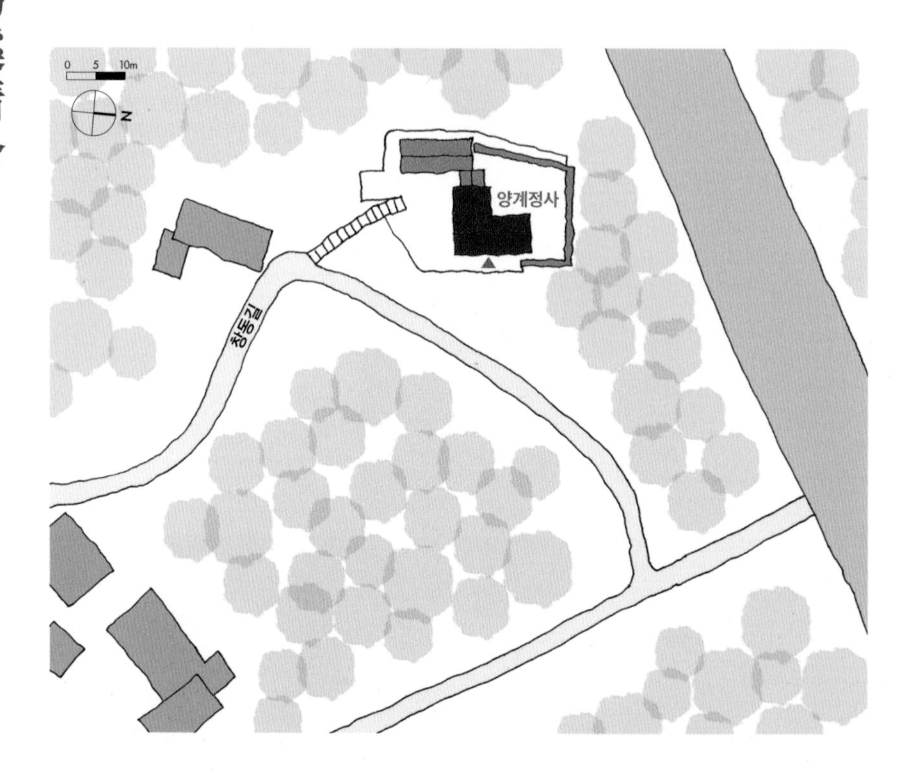

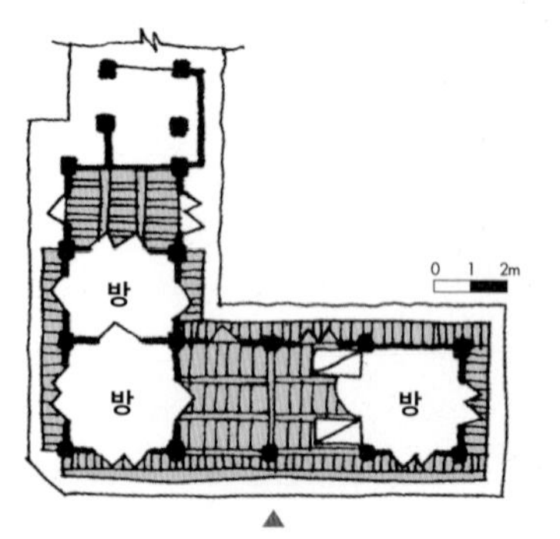

양계 정호인(暘溪 鄭好仁, 1597~1655)의 뜻을 기리기 위해 1770년에 후손들이 지은 정자이다. 해발 200m 정도의 만목봉 초입에 동향으로 자리한다. 정자 앞에는 고현천이 있는데 고현천이 둘러싼 대전 2동 마을 동쪽 가장 높은 곳에 있어 전망이 좋았을 것이나, 현재 뒤로 28번 국도가 지나가고 있어 예전만 못하다. 정자 앞으로는 대전 2동 마을과 경작지가 넓게 펼쳐져 있다.

원래 양계정사는 정면 4칸, 측면 1칸 규모이다. 가운데 2칸 마루를 두고 양옆에 온돌을 둔 중당협실형이다. 후에 왼쪽 온돌 뒤쪽에 온돌과 마루로 된 창고를 덧붙여 ㄴ자형 평면이 되었다. 또 그 옆으로 외양간과 일각대문이 있어 출입하도록 되어 있으며, 일각대문 옆에는 남북방향으로 정면 4칸, 측면 1칸의 관리사가 있다. 정면에 4~5단 정도 석축을 쌓아 지형을 평탄하게 만든 후 자연석을 1~2단 정도 막쌓기해 기단을 마련했으며 춤이 높은 막돌 초석을 놓고 방주를 사용했다. 부속채의 마루가 된 창고를 제외하고는 전부 쪽마루를 설치했다. 온돌 부분의 쪽마루는 높게 만들고 나머지는 온돌 쪽마루보다 낮게 만들었다. 낮은 쪽마루에서 높은 쪽마루의 동자주를 지지하고 있다.

무익공집으로 외면은 기둥 간 장혀와 도리, 그리고 보가 바로 결구되었는데 대청 가운데 기둥은 이중보로 결구되었다. 아랫보는 기둥에 끼워져 있으며, 윗보는 보머리가 기둥 밖으로 돌출되었다. 촉을 이용해 아랫보와 윗보를 이격없이 안정감 있게 구성했다. 마루 부분은 보 위에 대공을 세워 종도리를 받은 3량 구조이다. 마루 전면은 개방하고 배면은 중간설주가 있는 양여닫이판문과 외여닫이판문을 달았다. 온돌 전면에는 각각 아궁이를 설치하고 쪽마루 높이까지 쌍여닫이창을 달았다. 부속채의 방에는 쌍여닫이문을 달아 옆의 마루로 만든 창고와 연결했다. 부속채는 연설 시점에서 별도의 보 바로 위에 종도리를 설치해 양계정사 종도리보다는 높이가 낮고, 지붕이 겹쳐지는 부분에서는 서까래를 짧게 잘라내어 원래의 맞배지붕을 변형하지 않은 채 지붕을 가설했다.

1

5

6

7

9

8

1 정면에 4~5단 정도 석축을 쌓아 지형을 평탄하게 만들고 자연석을 1~2단 정도 막쌓기한 기단 위에 정면 4칸, 측면 1칸 규모로 자리한다.

2 아랫보는 기둥에 끼워져 있으며, 윗보는 보머리가 기둥 밖으로 돌출되었다.

3 부속채는 본채와 구분해 별도 보와 종도리를 사용했다.

4 대청 가운데 기둥은 이중보로 결구했는데 촉을 이용해 아랫보와 윗보를 이격없이 안정감 있게 구성했다.

5 오른쪽부터 차례대로 정자의 오른쪽 면, 부속채, 외양간, 일각대문이다.

6 본채를 건립한 이후에 건물 좌측면 온돌 뒤쪽에 온돌과 마루로 된 창고를 덧붙여 평면은 ㄴ자형을 이룬다.

7 관리사 마루 배면 판문에 중간설주가 있는 것으로 보아 관리사 역시 건립된 지 오랜된 건물로 추정된다.

8 낮은 쪽마루가 높게 설치된 온돌 쪽마루의 동자주를 지지하고 있다.

9 부속채는 연결 지점에서 별도의 보 바로 위에 종도리를 설치해 양계정사 종도리보다는 높이가 낮고, 지붕이 겹쳐지는 부분에서는 서까래를 짧게 잘라내어 원래의 맞배지붕을 변형하지 않은 채 지붕을 가설했다.

10 해발 200m 정도의 만목봉 초입, 마을 동쪽의 가장 높은 곳에서 동향하고 있다. 왼쪽부터 관리사, 일각대문, 부속채, 정자 본채이다.

영천 모고헌

[위치] 경상북도 영천시 화북면 별빛로 106 (횡계리) **[건축 시기]** 1701년 초창, 1730년 개축
[지정사항] 경상북도 유형문화재 제271호 **[구조 형식]** 5량가 팔작기와지붕

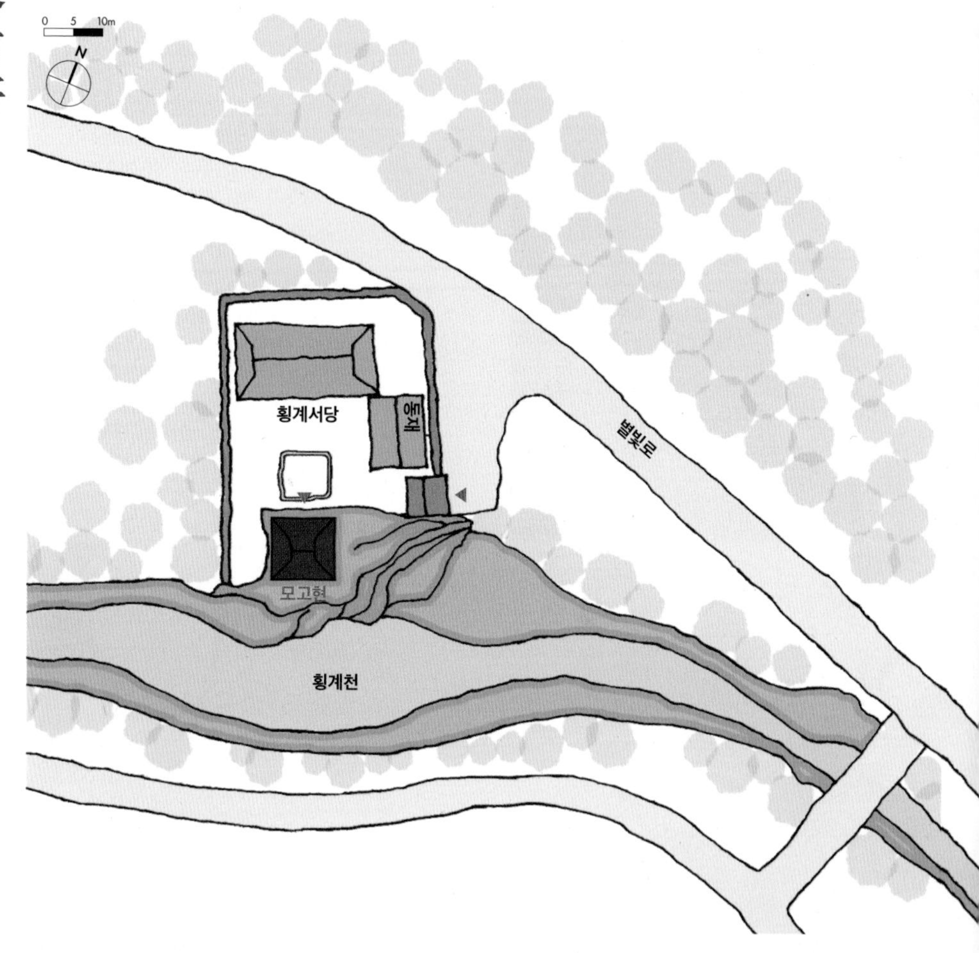

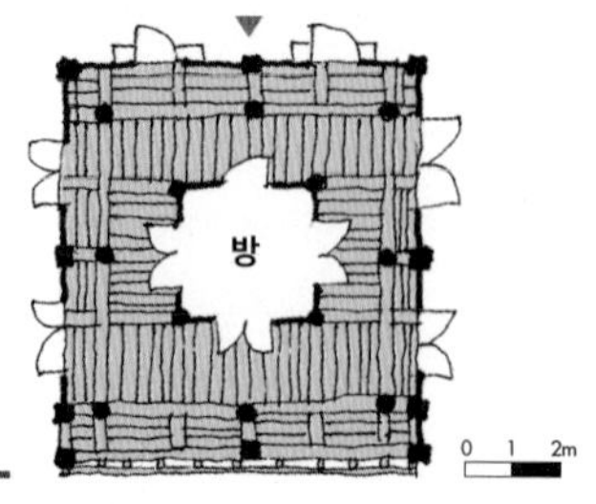

성리학자인 지수 정규양(篪叟 鄭葵陽, 1667~1732)은 거처를 횡계로 옮겨와 1701(숙종27)년에 정자를 짓고 태고와(太古窩)라 이름 붙였다. 1730(영조6)년 정규양의 문인들이 개축하고 당호를 모고헌이라 했다.

모고헌은 영천시 화북면 별빛로에 있는 횡계서당 마당 남쪽으로 횡계천에 접한 바위 절벽 위에 있다. 계곡에서 보면 누하주가 있는 중층 구조이고 서당 마당에서 보면 약간 높은 곳에 있는 단층 건물이다. 횡계천과 암반이 조화를 이룬 경관이 일품이다. 정자 뒤에 있는 향나무는 300년 이상된 것으로 보호수로 지정되어 있다.

정면 2칸, 측면 2칸으로, 정중앙에 1칸 온돌을 두었다. 사면에 툇간을 두고 마루로 꾸몄다. 기둥의 위치가 특이하다. 대개는 중앙에 중심 기둥을 두는데 정중앙에 온돌을 들이면서 중심 기둥을 없애고 온돌 사방에 고주를 배치했으며 고주 바깥으로는 모두 대청과 툇마루를 설치했다. 평주와 고주열이 일치하지 않는 독특한 가구법이며 기둥은 모두 원기둥을 사용했다. 마루의 정면에만 계자난간을 두르고 나머지 면에는 각주를 사용하고 판벽과 쌍여닫이창을 달았다. 창에는 고식수법인 중간설주를 두고 하부에 통머름을, 문 상부에는 살창을 두었다. 지역의 기후조건을 고려해 늦가을부터 겨울의 차가운 바람을 막아 계절에 상관없이 정자를 사용할 수 있게 했다. 특히 외부의 창과 문을 전부 개방해도 온돌에는 영향을 미치지 않도록 문을 구성했다. 내부에 모인 사람이 외부에서 보이지 않게 하려는 의도로 추정된다.

온돌 벽체 상부에는 감실형 벽장을 반 칸 정도 돌출시켜 달았다. 내부 원주 상부의 공포는 물익공으로 마감하고 기둥 사이에는 소로수장했다. 툇간 기둥 상부에서 충량을 온돌 상부 보에 걸었다.

1 추창 당시 당호였던 태고와 현판

2 횡계천에서 본 모고헌

1

1 모고헌은 횡계천을 바라보고 절벽 위에 자리한다.

2 툇간 기둥 상부에서 충량을 온돌 상부 보에 걸었다.

3 정방형 평면으로 네 면 모두 고주창방 중앙에서 충량을 걸어 외부 중앙 평주에 연결한 가구법이 매우 특징적이다.

4 충량과 기둥의 결구 상세

5 온돌 벽체 상부에는 감실형 벽장을 반 칸 정도 돌출시켜 달았다.

6 정면 2칸, 측면 2칸으로, 정중앙에 1칸 온돌을 두었다.

7 누하부의 온돌 주변은 토벽으로 마감하고 원형 아궁이를 들였다.

8 온돌 외부 통로에는 우물마루를 깔았다.

9 자연석 초석에 원주를 사용한 모고헌은 계곡에서 보면 누하주가 있는 중층 구조이고 서당 마당에서 보면 약간 높은 곳에 있는 단층 건물이다.

1

4

5

6

1 모고헌 뒤에는 수령 300년 이상된 향나무가 있다.

2 방안에서 본 감실형 벽장. 온돌 천장은 우물천장으로 마감했다.

3 온돌은 하부에 통머름을 두고 쌍여닫이 세살창을 달았다.

4 전면에만 계자난간을 둘렀다.

5 우주에 고정한 계자다리를 기둥 폭에 맞추어 그랭이한 것이 특징적이다.

6 창에는 고식수법에서 볼 수 있는 중간설주를 두고 하부에 통머름을, 문 상부에는 살창을 두었다.

7 모고헌 앞 횡계천

영천 옥간정

[위치] 경상북도 영천시 화북면 별빛로 122 (횡계리) **[건축 시기]** 1716년
[지정사항] 경상북도 유형문화재 제270호 **[구조 형식]** 3량가 맞배기와지붕

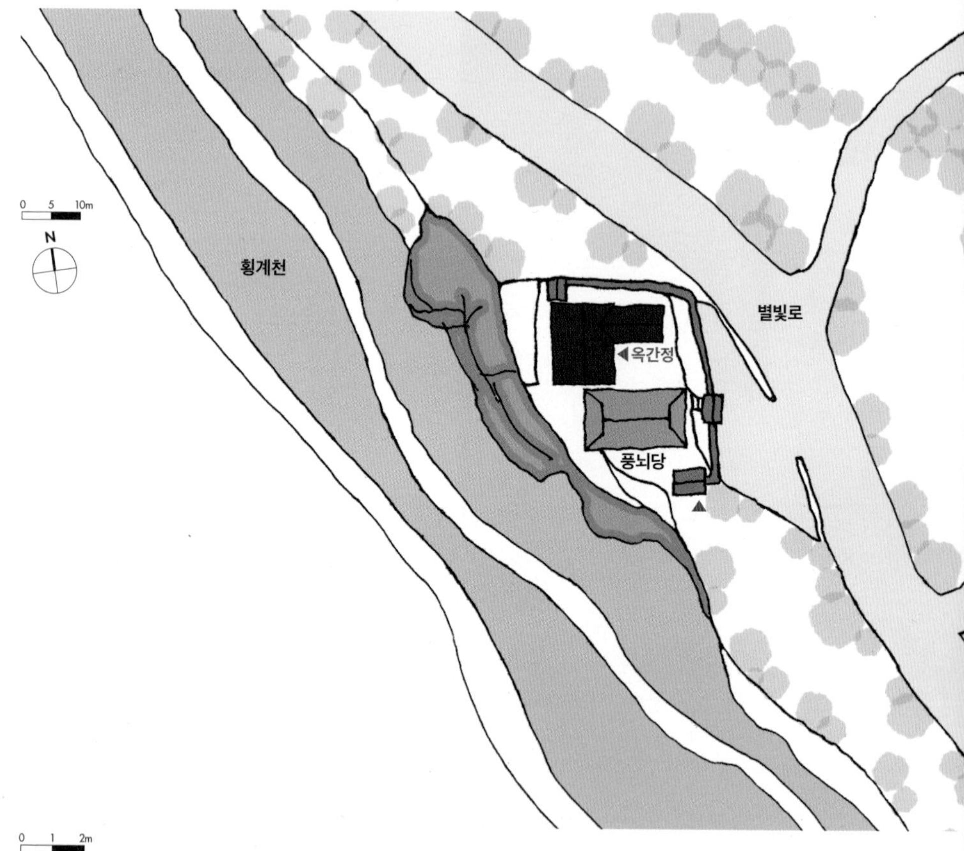

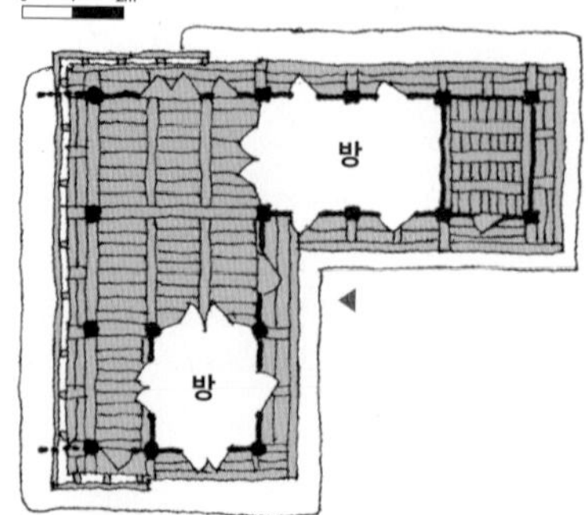

모고헌의 초창자인 지수 정규양과 훈수 정만양(塤叟 鄭萬陽, 1664~1730) 형제가 강학 공간으로 1716(숙종42)년에 지은 정자이다. 삼면이 산으로 둘러 싸인 횡계천변 바위 위에 정남향으로 자리한다. 도로에서 조금 내려와 보이는 일각문을 들어서면 오른쪽으로 약간 치우쳐 자리한 옥간정이 보인다. 정면 3칸, 측면 1칸 반 규모의 누각에 3칸의 날개를 달아내 ㄱ자형 평면을 이루고 있다. 옥간정 남쪽으로는 일자형의 풍뇌당이 있어서 전체적으로 튼ㄷ자 배치이다. 현재 풍뇌당 뒤에 있는 일각문을 주출입문으로 사용하고 있는데 예전에는 풍뇌당 오른쪽에 있는 대문채를 사용했다. 계곡으로 나가는 문 역시 예전의 대문채가 아닌 누각 왼쪽에 있는 일각문을 이용했다.

천을 바라보고 있는 누각건물의 왼쪽에 온돌이 있으며 나머지는 우물마루를 깐 대청이다. 전면에는 계자난간을 두르고 헌함을 두었으며 나머지 면에는 쪽마루를 두었다. 계자난간 측면에는 창살을 설치해 추락을 방지했다. 누하부의 전면에는 원주를 세우고 뒤는 석벽을 쌓았다. 온돌 하부 아궁이 주변의 석벽은 ㄱ자로 축조하여 풍뇌당과 영역을 구분하였다. 누상부 기둥 역시 원주이다. 대들보 위에 제형 판대공으로 종도리를 받는 3량 구조로 초익공집이다. 익공의 모양은 외부는 수서형으로 하고 내부는 보아지를 만들어 대들보를 지지하도록 했다.

옥간정 누각부분 앞으로는 3칸의 날개를 달아냈는데 온돌 2칸과 서고 1칸이다. 서고는 마당 쪽에 있는 우리판문을 이용해 출입한다. 날개채는 각주를 사용한 민도리집이며 지붕은 맞배이다. 지붕 높이는 본채보다 약간 낮게하여 단차를 두었다.

본채 온돌 전면 툇간 천장은 우물천장으로 격식을 높였고 전면 계자난간의 하엽조각은 예술적이다. 보 뺄목은 오각형으로 했고 박공의 게눈각은 여느 집과는 다른 독특한 모양으로 하는 등 격식과 품격을 위해 상당히 공을 들인 것을 느낄 수 있다.

1 박공 부분의 게눈각 디자인이 독특하다.

2 계자난간의 하엽에 꽃 문양을 초각했다.

3 횡계천변 바위 위에 정남향으로 자리한다.

4 누하주, 누상주 모두 원주를 사용한 옥간정은 정면 3칸, 측면 1칸 반 규모로 오른쪽에 1칸 온돌이 있다.

5 누각건물의 왼쪽 뒤로 연결된 단층건물에는 정면 1칸, 측면 2칸 온돌이 있고 그 뒤에 1칸 서고가 있다.

3

5

1 익공의 모양은 외부는 수서형으로 하고 내부는 보아지를 만들어 대들보를 지지하도록 했다.

2 보뺄목을 오각형으로 구성했다.

3 도로에서 조금 내려와 측면에 있는 일각문을 통해 진입한다.

4 대청 측면에는 추락을 방지하기 위해 창살을 설치하고 판문을 달았다.

5 서고는 마당 쪽에 있는 우리판문을 이용해 출입한다.

1

2

4

3

5

1 누각 온돌 앞 툇마루 천장은 우물천장으로 마감해 품격을 높였다.

2 대들보 위 제형 판대공으로 종도리를 받는 3량 구조이다.

3 온돌방의 내부기둥 상부에서 맞보를 사용했다.

4 계곡으로 나갈 때는 누각 왼쪽에 있는 일각문을 이용한다.

5 날개채 온돌 뒷문은 2칸 모두 외여닫이 세살창으로 했는데 문설주를 길게 하고 상하 문인방을 그 사이에 짧게 한 것이 특징이다. 보편적으로는 상하 인방을 길게 사용한다.

6 누각 배면에는 쌍여닫이 판창을 달았는데 판문의 외부 둔테를 물결 모양으로 초각해 사용했다.

7 지붕의 연결부위는 날개채 쪽 지붕 높이를 낮춰 서까래 끝에서 연결해 갔다.

8 박공 뺄목부분은 첨차받침으로 약해 별도로 기둥을 세웠다.

4
6
7
8

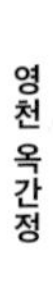

永川 玉磵亭

1 횡계천변 바위 위에 정남향으로 자리한다.

2 횡계천에서 바라본 옥간정

3 대청에서 본 풍경

4 누각과 단층건물의 지붕 모두 맞배로 했는데 누각의 지붕을 약간 높게 하고 단층 건물의 지붕을 약간 낮게 해 ㄴ자형으로 결합했다.

5 대청 툇간 측면에서 외여닫이 판창을 열고 본 풍경

6 쪽마루 귀틀 맞춤을 외장부맞춤으로 하고 숫장부가 노출되도록 했다.

7 장귀틀에 동귀틀을 외장부맞춤으로 하고 단면이 노출되도록 했으며 그 아래 동자주를 촉맞춤해 받쳤다.

8 누하부에 아궁이를 들이고 앞에 석벽을 쌓았다.

영천 함계정사

[위치] 경상북도 영천시 임고면 선원연정길 3-8 (선원리) **[건축 시기]** 1702년 초창, 1779년 중건
[지정사항] 경상북도 문화재자료 제230호 **[구조 형식]** 3량가 맞배기와지붕

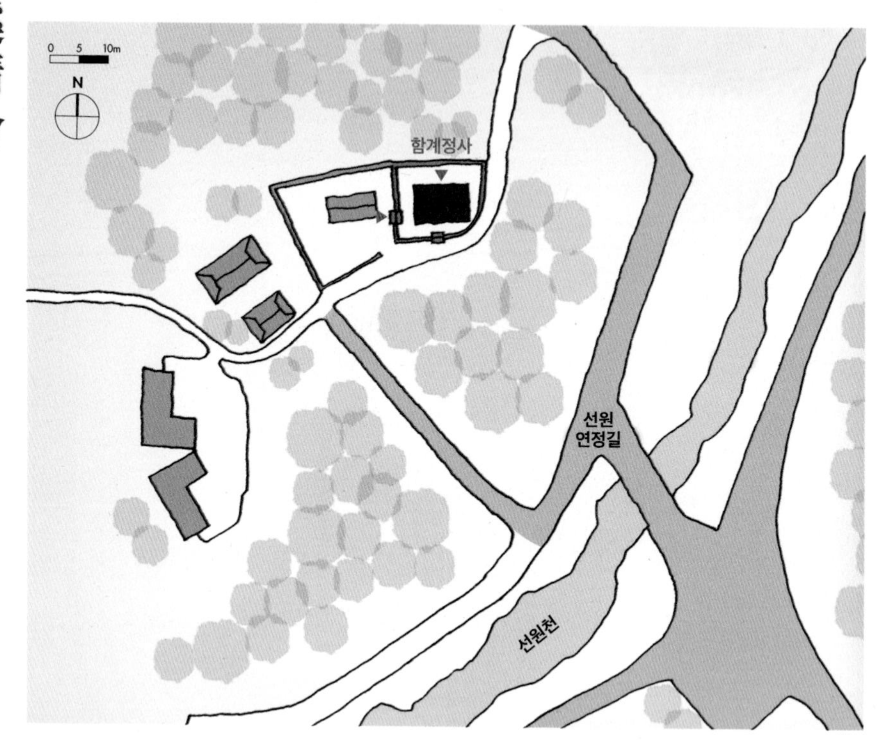

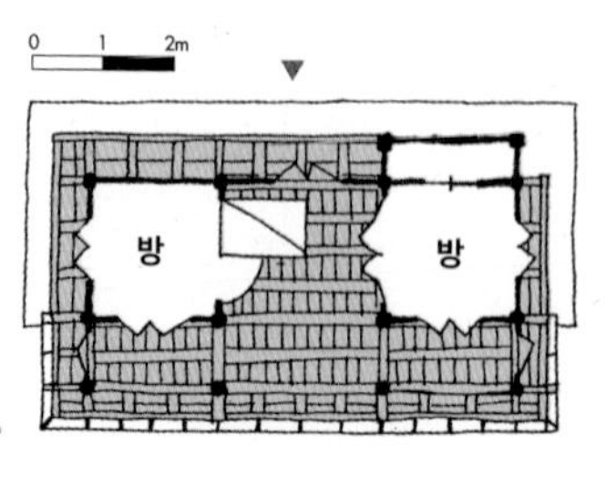

강호정을 지은 정세아의 현손인 함계 정석달(涵溪 鄭碩達, 1660~1720)이 1702(숙종28)년에 강학공간을 짓고 안락재(安樂齋)라고 했다. 이후 정석달의 손자인 죽비 정일찬(竹扉 鄭一鑽, 1724~1796)이 1779(정조3)년에 중건하고 할아버지의 호를 따 당호를 함계정사로 바꾸었다.

함계정사는 선원마을 초입, 동쪽이 낮고 서쪽이 높은 곳에 남향으로 자리한다. 동쪽에서부터 서쪽으로 담장을 옆에 두고 올라가면 일각대문이 보이는데 현재는 출입문으로 사용하지 않는다. 왼쪽 관리사 쪽에 있는 일각대문을 주출입문으로 사용하고 있다.

정면 3칸, 측면 1칸 반 규모로 가운데 마루가, 양옆에 온돌이 있다. 전면에 돌출된 쪽마루가 있어 측면이 2칸처럼 보인다. 전면이 낮고 후면이 높은 지형에 맞춰 전면에 토석기단을 6~8단으로 만들고, 그 앞에 초석을 놓고 누하주를 설치했다. 양측면과 배면에 토석기단을 2~3단 정도 쌓았는데 특이하게 배면의 가운데 칸에만 장대석 기단을 놓았다. 온돌이 있는 양옆에는 높게 흙으로 만든 아궁이를 들였다. 왼쪽 아궁이의 굴뚝은 아궁이 바로 옆에, 오른쪽 굴뚝은 후면에 설치했다. 초석은 대체로 자연석초석을 놓고 원주를 세웠다. 오른쪽 온돌 뒤에는 벽장을 놓았다. 이 부분을 제외하고 전부 쪽마루를 설치했다. 전면 쪽마루는 지면으로부터 높게 있어 추락을 방지하기 위해 계자난간을 설치하고 측면에 살창으로 가림막을 달았다.

마루 배면에는 쌍여닫이울거미널문을 달고 온돌 전면에는 쌍여닫이 세살문을, 마루 쪽에는 삼분합들문을 달았다. 왼쪽 온돌의 왼쪽에는 여닫을 수 있는 문을 달고 배면에는 벼락닫이창을 달았으며 배면에 벽장이 있는 오른쪽 온돌은 측면에만 여닫이문을 달았다. 온돌 앞의 툇간 천장은 소란우물반자로 마감해 격식을 높였다.

공포는 앙서형 초익공으로 건물의 역사를 보여주듯이 조각이 강직하고 정교하다.

1

4

1 지형에 맞춰 토석담장을 두르고 전면에 일각대문을 두었는데 현재는 이 문을 주출입문으로 사용하지 않는다.

2 대청과 쪽마루의 청판 깔기 방향이 다르다. 전면 쪽마루에는 추락 방지용으로 계자난간을 설치했다.

3 모두 19개의 계자다리로 구성한 계자난간. 하엽을 높고 두툼하게 만들어 원형 난간대를 받도록 했다.

4 남서쪽 전경. 양측면에는 3단 정도 높이의 토석기단을 쌓았는데 지형 차 때문에 전면과 높이가 같아 보인다.

5 북서쪽 전경. 배면 역시 토석기단을 2~3단 정도 쌓았는데 특이하게 가운데 칸에만 장대석 기단을 놓았다.

永川 涵溪精舍

1 전면이 낮고 후면이 높은 지형에 맞춰 전면에 약 1.7m 정도 높이의 토석기단을 6~8단으로 만들고, 그 앞에 초석을 놓고 누하주를 설치했다.

2 대들보 위에 판대공을 설치하고 첨차형 부재로 장혀를 받친 후 종도리를 설치한 3량구조이다.

3 강하게 치켜올린 익공의 형태가 건축물의 시기를 가늠케한다.

4 양 측면에 있는 온돌에는 높게 흙으로 만든 아궁이를 들였다. 왼쪽 아궁이의 굴뚝은 아궁이 바로 옆에, 오른쪽 굴뚝은 후면에 설치했다.

5 정면 3칸, 측면 1칸 반 규모로 가운데 마루가, 양옆에 온돌이 있다.

6 우측면 가구. 대들보는 통보를 쓰지 않고 기둥 위 주두에서 이어 사용했다.

예천 청원정

[위치] 경상북도 예천군 외무길 30-21 (용궁면, 청원정) **[건축 시기]** 고려 말 초창, 1918년 재건
[지정사항] 경상북도 문화재자료 제533호 **[구조 형식]** 3평주 5량가 팔작기와지붕

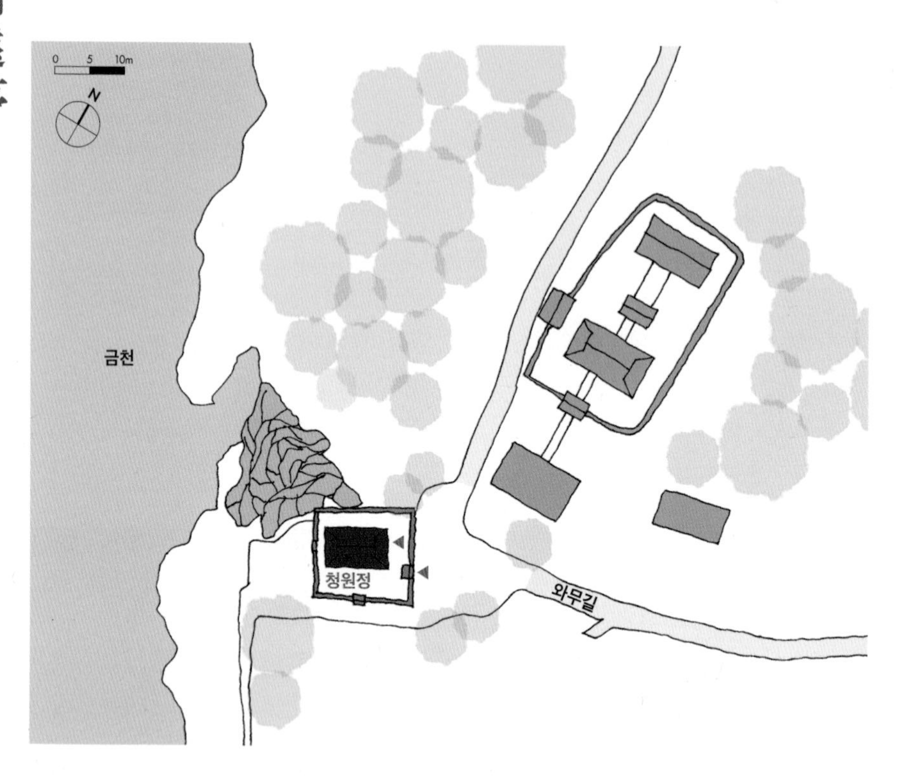

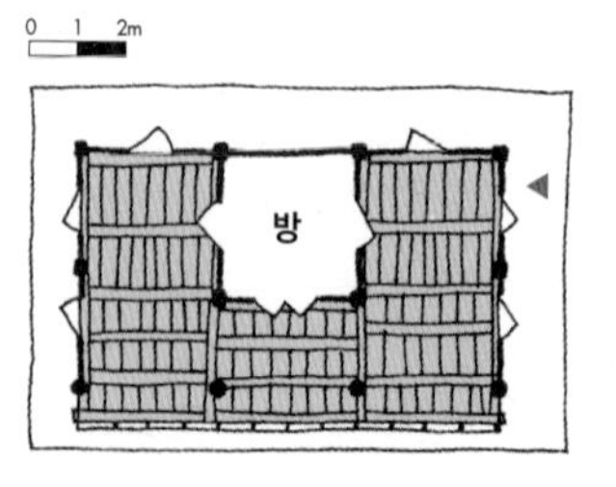

고려 말 문신으로 글씨가 훌륭하다고 알려진 국파 전원발(菊坡 全元發)이 14세기에 초창한 것으로 알려져 있다. 임진왜란 때 소실된 것을 1918년에 다시 지었다. 초창 당시 흔적으로 남아있는 것은 정자 옆 바위에 남아있는 '청원정(淸遠亭)' 세 글자이다. 이 글씨는 국파와 함께 성균관대사성을 지낸 김구용(金九容, 1338~1384)의 글씨로 탁본해 현판으로 달았다.

정자 동쪽에 산양면을 거쳐 낙동강으로 흘러드는 금천이 가로놓여 있으며 강과 정자 사이에는 작은 바위산이 붙어있어서 절경을 이룬다. 청원정은 정면 3칸, 측면 2칸 규모로 왼쪽에 마루방 1칸, 중앙에 온돌 1칸이 있고 오른쪽에 마루가 있다. 오른쪽의 마루 역시 문을 달아 마루방으로 꾸몄는지 철거한 흔적이 남아있다. 마루에는 우물마루를 깔았다.

전면 평주만 원주로 하고 나머지는 모두 방주이다. 원래는 좌우 모두가 전면이 개방된 우물마루였다고 추정된다. 온돌은 구들을 들이고 천장도 더그매천장으로 해 난방과 보온에 신경 썼음을 알 수 있다. 마루 전면은 개방되어 있으나 양 측면과 배면은 판벽으로 막고 문상방 위를 회벽으로 막아 온전한 벽체를 구성했다. 전체적으로 공포는 없는 민도리집으로 정면만 원주를 사용하고 창방이 있고 주두와 소로를 사용한 직절익공으로 처리한 것은 정면성을 강조하려는 의도로 보인다.

1 김구용이 전서로 쓴 '청원정' 각자가 정자의 초창 흔적을 말해준다.

2 정자 서쪽을 남북으로 가로질러 흐르는 금천

1 3평주 5량가로 온돌 전면의 기둥이 상부 동자주와 열이 맞지 않도록 한 것이 독특하고 자유로운 가구를 볼 수 있는 부분이다. 측면으로 긴 충량을 걸고 외기를 올려 지붕을 구성했다.

2 정면만 원주를 사용하고 창방 위에 주두와 소로를 사용한 직절익공으로 처리해 정면성을 강조했다.

3 온돌의 더그매천장

4 바위와 낮은 뒷산, 금천이 어우러진 경관이 일품이다.

5 전면 기둥 밖으로 헌함을 두고 계자난간을 둘렀다.

6 정면 3칸, 측면 2칸 규모로 원래는 가운데 1칸 온돌을 두고 모두 마루였는데 후대에 왼쪽 1칸에 세살문을 달고 마루방을 꾸민 것으로 추정된다.

4

6

예천 초간정

[위치] 경상북도 예천군 용문경천로 874 (용문면)
[건축 시기] 1582년 초창, 1612, 1870년 중건 **[지정사항]** 경상북도 유형문화재 제475호
[구조 형식] 2평주 5량가 팔작기와지붕

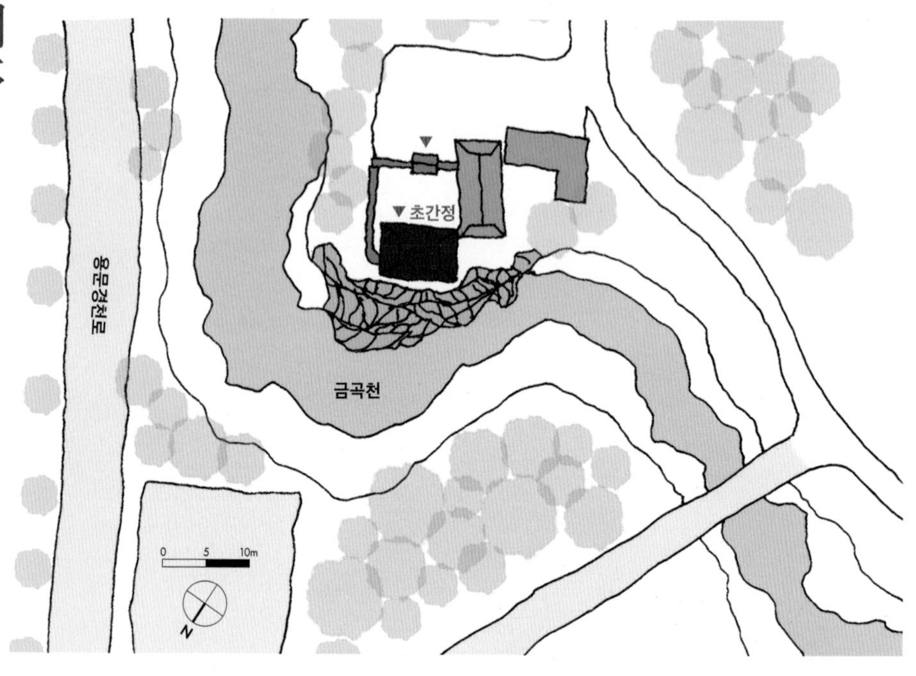

전면 출입구에는 초간정사 현판이,
동쪽에는 석조헌 현판이 걸려 있다.

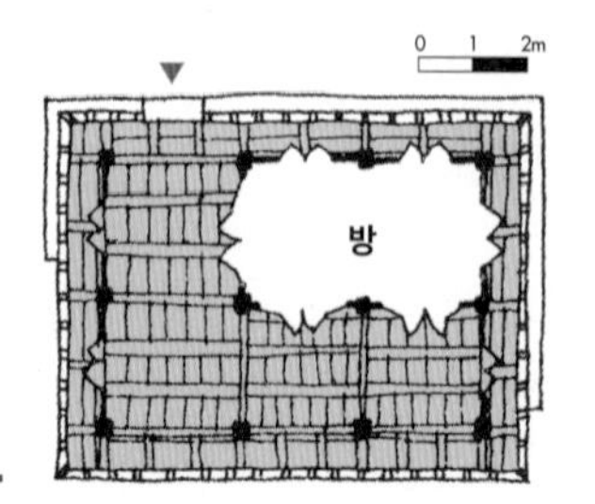

초간 권문해(草澗 權文海, 1534~1591)가 1582년 초창했다. 임진왜란 때 소실된 이후 몇 차례 중건과 전소를 반복하다가 현재 정자는 1870(고종7)년에 다시 중수한 것이다. 정자를 휘감아도는 금곡천변의 우뚝 솟아있는 바위 위에 자리한 초간정은 계곡과 소나무 숲이 어우러지며 은일사상을 바탕으로 한 대표적인 정자이다. 조선시대 사림의 자연관을 보여주는 경관적 가치가 큰 곳이어서 '초간정 원림' 명승으로 지정되어 있다. 초간정은 남동쪽에 있는 사주문을 통해 마당을 건너질러 출입한다.

정면 3칸, 측면 2칸 규모의 초간정은 계곡에 면한 북쪽 3칸을 모두 마루로 꾸미고 마당에 면한 전면의 오른쪽 2칸을 온돌로 꾸몄다. 사면에 헌함을 두고 계자난간을 둘렀는데 출입구가 있는 왼쪽 마루 일부만 난간을 두르지 않았다. 헌함을 두고 난간을 두른 것은 높이는 낮지만 누각처럼 보이려는 의도로 보인다. 기둥은 모두 방주로 자연석 초석 위에 세웠고 공포는 창방과 주두 및 소로를 사용한 직절익공형식이다. 가구는 2평주 5량가인데 대들보 중앙에는 보조기둥을 세워 온돌 칸의 벽을 만들었다. 양쪽 측면에서는 충량을 걸고 외기를 설치했으며 외기부분에는 우물반자로 눈썹천장을, 중앙 칸의 중도리 사이는 장선을 건너질러 천장을 설치했다. 이러한 장선널 천장은 지역의 다른 정자에서도 보이는 것으로 예천 지역의 특징이라고 할 수 있다. 동자주는 판대공 형식이지만 도리방향으로 초각된 행공이 사용되어 마치 포동자주와 같이 보이는데 조형적으로 훌륭한 고식기법이다.

초간정은 자연과 조화하는 경관에 대한 해석뿐만 아니라 규모에 적합한 부재의 비례와 조각 및 구성의 완성도가 돋보이는 정자이다. 추녀와 사래, 부연 등의 소매걷이 곡선이 매우 동적이고 아름다우며 지붕선 또한 빼어나다. 현판은 총 세 개가 있는데 전면 출입구 쪽에는 '초간정사(草間精舍)', 계곡 쪽에는 '초간정(草間亭)', 동쪽에는 '석조헌(夕釣軒)' 현판이 걸려 있다. 정자에서 느낄 수 있는 다양한 풍류의 모습을 엿볼 수 있는 이름이다.

醴泉 草澗亭

1 정자 아래 바위에는 초간정 글자가 새겨져 있다.

2 건물의 규모가 크지 않기 때문에 내부에는 고주 없이 유선형의 대들보를 앞뒤 기둥에 바로 걸어 가구했다. 중보 위에는 외기를 걸어 우물반자로 눈썹천장을 꾸몄다.

3 각주를 사용해 소박해 보이지만 창방과 주두, 소로가 있는 직절익공형식으로 건물의 장식과 품격을 높이려는 의도를 볼 수 있다.

4 정면 3칸, 측면 2칸 규모의 초간정은 계곡에 면한 북쪽 3칸을 모두 마루로 꾸몄다.

5 정사에 오를 수 있게 마루 앞에 댓돌을 두고 난간을 두르지 않았다.

6 초간정은 계곡과 소나무 숲과 어우러지며 조선시대 사림의 자연관을 보여준다.

7 정자에서 계곡 쪽으로 내다 본 풍경으로 난간 가까이 다가가 내려다 보지 않으면 계곡이 보이지 않아 평온한 분위기를 준다.

8 동자주는 초각형 행공과 결구되어 포대공의 느낌으로 만들었다. 조선시대에는 잘 사용되지 않는 고식기법의 동자주임을 알 수 있다.

9 추녀와 사래, 부연 등의 소매걷이 곡선이 매우 동적이다.

10 어칸의 중도리 사이는 장선을 건너질러 천장을 꾸몄는데 예천지역의 다른 정자에서도 보이는 이 지역의 특징이다.

1 2 3

5

4
6
8
9
7
10

예천 삼수정

[위치] 경상북도 예천군 청곡길 67-30 (풍양면) **[건축 시기]** 1829, 1909년 중건
[지정사항] 경상북도 문화재자료 제486호 **[구조 형식]** 3평주 5량가 팔작기와지붕

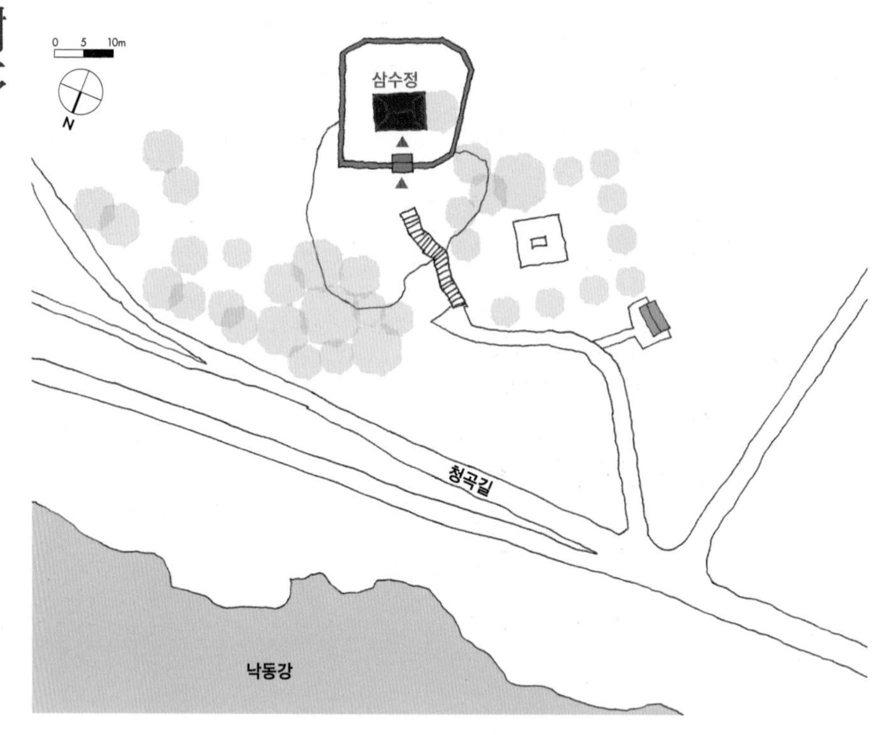

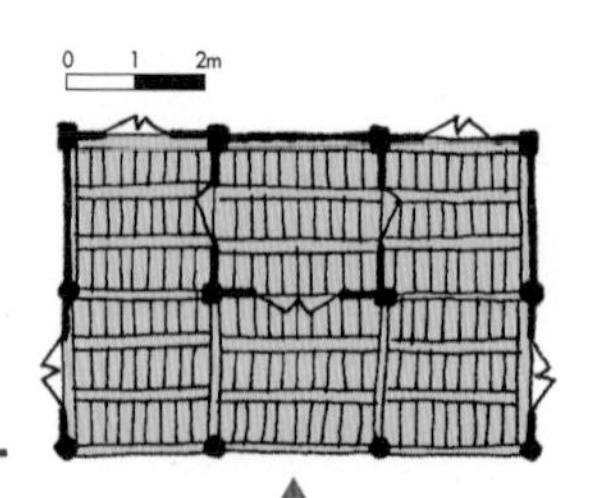

조선 세종대인 1420년대에 처음 지어졌으나 1636(인조14)년에 없어지고 1829(순조29)년에 경상감사로 부임한 정기선(鄭基善, 1784~1839)이 중건했다고 한다. 이후에도 세 차례에 걸쳐 이건되었다가 1909년 원래 자리에 다시 중건되었다. 지붕의 추녀마루 망와에서도 "융희삼년을유(隆熙三年乙酉)"라는 글자가 남아있어서 1909년 중건했음을 알 수 있다.

삼수정은 낙동강변 나지막한 언덕 정상부에 낙동강을 바라보며 북향하고 있다. 사방에 담장을 두르고 북쪽에 1칸 사주문을 두고 출입문으로 사용한다. 담장 안에는 큰 향나무 두 그루가 있고 담장 밖으로는 나무가 많지 않지만 사주문 주변에 있는 큰 느티나무와 고송 두 그루가 있는데 이곳의 역사를 말해주는 듯하다.

정자는 정면 3칸, 측면 2칸 규모로 전면과 양 측면에는 원주를, 배면과 가운데 마루방 사방에는 방주를 사용했다. 창방과 소로, 주두가 있는 직절익공으로 홑처마 팔작지붕집인데 모든 부재가 견실해 듬직한 맛을 준다. 몇 개의 기둥은 하부가 돌기둥으로 동바리 되었는데 기둥이 부식된 것을 보수하면서 바꾼 것으로 추정된다. 6칸 중에 가운데 배면 한 칸은 벽을 두어 마루방으로 하고 전면 3칸과 좌우 2칸은 모두 우물마루이다. 같은 예천지역에 있는 청원정처럼 마루방이 원래는 온돌이 아니었을까 추측된다. 가운데 한 칸을 방으로 꾸미고 사방에 마루를 두고 바깥쪽은 판벽으로 막은 것이 공통점이다.

가구는 3평주 5량가인데 마루방 좌우 충량을 내평주 위에 투박하게 올려놓은 모습이 인상적이다. 충량 위에서는 동자주를 세워 외기를 받도록 했다. 중도리 바깥쪽은 연등천장으로 했으나 안쪽은 굵은 방형 부재로 널천장을 한 것이 특이하다. 또 마루방은 사방을 벽체로 꾸몄으나 천장이 없어서 열려 있는 것이 독특한데 보온보다는 시선을 차단하려는 목적인 것으로 추정된다. 외부 평주에도 전면을 제외한 나머지 면을 모두 3분의 2 정도 높이의 판벽으로 막았다. 이 또한 시선을 차단하기 위한 것으로 다른 정자에서는 좀처럼 보기 어려운 모습이다.

1

3

1 낙동강을 바라보며 나지막한 언덕 정상부에 북향하고 있다.

2 사방에 담장을 두르고 북쪽에 1칸 사주문을 두고 출입문으로 사용한다.

3 전면을 제외한 나머지 면 모두 3분의 2 정도 높이의 판벽으로 막았는데 보온보다는 외부 시선을 차단하기 위한 방편으로 추측된다.

4 정면 3칸, 측면 2칸 규모로 전면과 양 측면에는 원주를, 배면과 가운데 마루방 사방에는 방주를 사용했다.

1 추녀마루 인명 망와에 "융희삼년을유(隆熙三年乙酉)"라는 글자가 남아있어서 1909년 중건했음을 알 수 있다.

2 삼수정이 초창 되었을 당시의 모습을 보여주는 고송이다.

3 사주문 주변에 있는 큰 느티나무는 정자가 지어질 당시의 주변 분위기를 대변하고 있다.

4 마루방은 별도의 천장을 꾸미지 않았는데 보온보다는 시선 차단을 위한 방편으로 방을 꾸민 것으로 보인다.

5 배면 중앙 한 칸은 사방을 판벽으로 막아 마루방으로 꾸몄는데 천장 없이 열려 있다. 원래는 온돌방이 아니었을까 추정된다.

6 창방과 소로 및 주두가 있는 직절익공형식의 공포로 일반적인 민도리집에 비해서 격식을 갖추었다.

7 3평주 5량가로 중도리 내부에 장선을 촘촘히 건너질러 널천장을 만든 것이 특징이다. 이러한 모습은 같은 지역의 초간정에서도 볼 수 있지만 다른지역에서는 잘 보이지 않는다.

8 투박한 충량을 내평주 위에 어깨걸침 하듯이 걸고 동자주를 세워 외기를 받도록 했으며 이에 의지해 추녀를 걸었다.

1
2

4

3

5

6

7

8

예천 선몽대일원

[위치] 경상북도 예천군 호명면 선몽대길 74 (백송리)
[건축 시기] 1563년 초창 **[지정사항]** 명승 제19호 **[구조 형식]** 1고주 5량가 팔작기와지붕

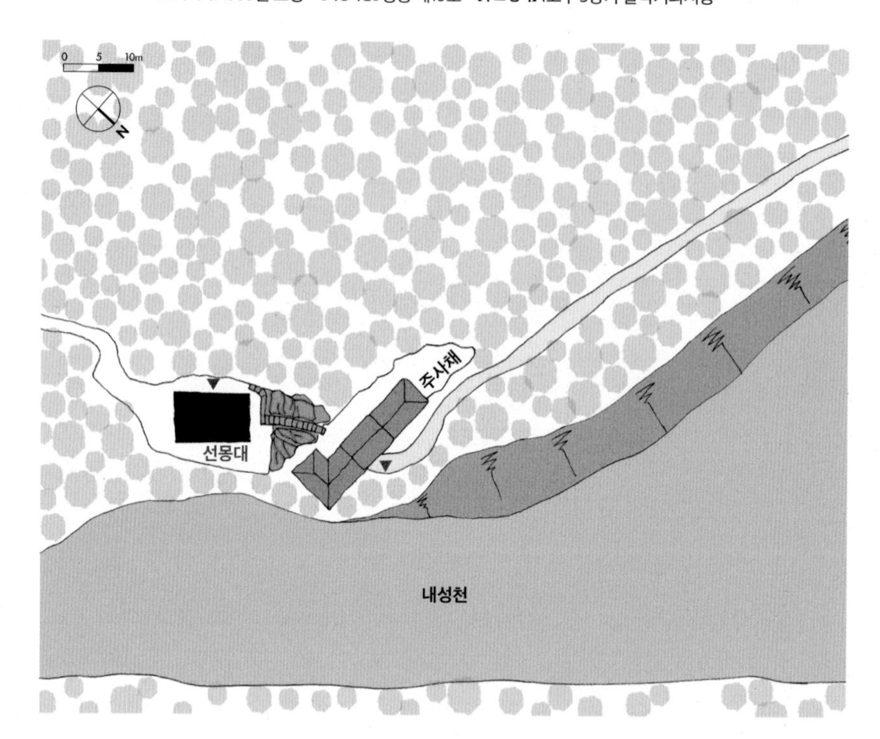

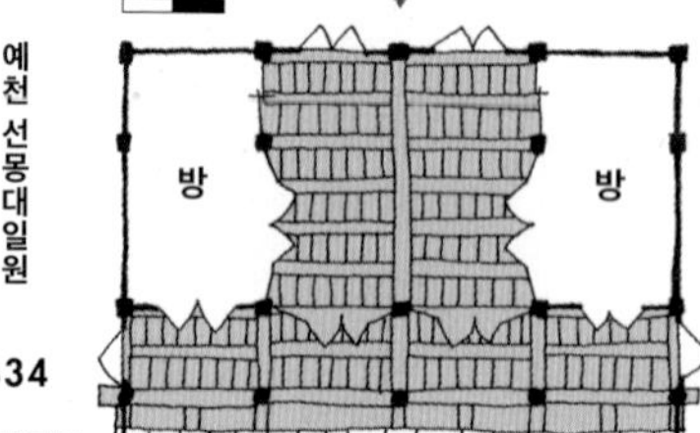

선몽대일원 경승지에 자리한 선몽대는 퇴계의 종손이자 문하생인 우암 이열도(遇巖 李閱道, 1538~1591)가 1563(명종18)년에 지은 정자이다.

내성천변 언덕에 자리한 선몽대와 내성천 사이에는 노거수와 은행나무, 버드나무, 향나무 등으로 조성한 비보림이 있다. 선몽대 뒤편의 백송리 마을을 보호하기 위해 조성한 것으로 우리 전통 숲의 아름다움을 잘 간직하고 있는 경승지이다.

선몽대는 정면 4칸, 측면 3칸 규모의 전·후퇴가 있는 겹집 평면으로 전퇴는 개방되어 있고 가운데 2칸이 대청이고 양쪽 두 칸은 온돌이다. 정자는 바위 위에 올라타고 있어서 전면은 하부에 돌기둥을 세워 받쳤다. 양옆 온돌의 아궁이는 암반이 있는 누하부에 만들었다. 전면 기둥만 원주이며 나머지는 모두 방주이다. 공포는 없는 민도리집으로 단순하고 소박하다. 대청 전면에는 네짝세살문을 달아 필요에 따라 들어걸 수 있게 했다. 강변의 높은 암반 위에 자리하고 있어서 바람을 막기 위한 방편으로 추정된다. 다른 곳의 정자에 비해 개방성이 약하고 온돌을 2칸 둔 것 역시 찬바람을 막고자 한 조치로 추정된다.

건물의 칸 수가 짝수인 4칸이라는 점과 대청 전면과 배면에 모두 문을 달아 막으려 한 것, 암반을 깎아 만든 계단을 통해 측면으로 진입한다는 것이 이 집의 특징이다. 정자 밖으로 내성천이 내려다보이는 절경이다.

1 내성천과 비보림 및 정자가 어우러져 한국 전통의 숲 조성원리를 이해할 수 있도록 해준다.

2 암반에 조성했기 때문에 암반을 깎아 만든 계단을 통해 오를 수 있도록 한 것이 특징이다. 계단을 올라 툇마루로 오르는 것은 나무계단을 이용했을 것으로 추정된다.

3 암반을 깎아 만든 돌계단

1 전면에만 원주를 사용하고 공포는 없는 민도리집이다.

2 정자가 암반 위에 올라타고 있어서 전면 하부에 돌기둥을 세워 받쳤다. 온돌 부분은 누하부에 아궁이를 들였다.

3 내성천에서 바라본 선몽대

4 대문 위에 누각을 올려 망루 역할을 하도록 한 것이 독특하다. 누각에 오를 수 있는 나무 사다리를 놓았다.

5 정면 4칸, 측면 3칸 규모의 전·후퇴가 있는 겹집 평면으로 전퇴는 개방되어 있다. 전면에는 네짝세살문을 달아 필요에 따라 들어걸 수 있게 했다.

1

2

4

3

5

의성 만취당

[위치] 경상북도 의성군 점곡면 사촌리 207 **[건축 시기]** 1584년 초창, 1727, 1764년 중건
[지정사항] 보물 제1825호 **[구조 형식]** 2평주 5량가 팔작+맞배기와지붕

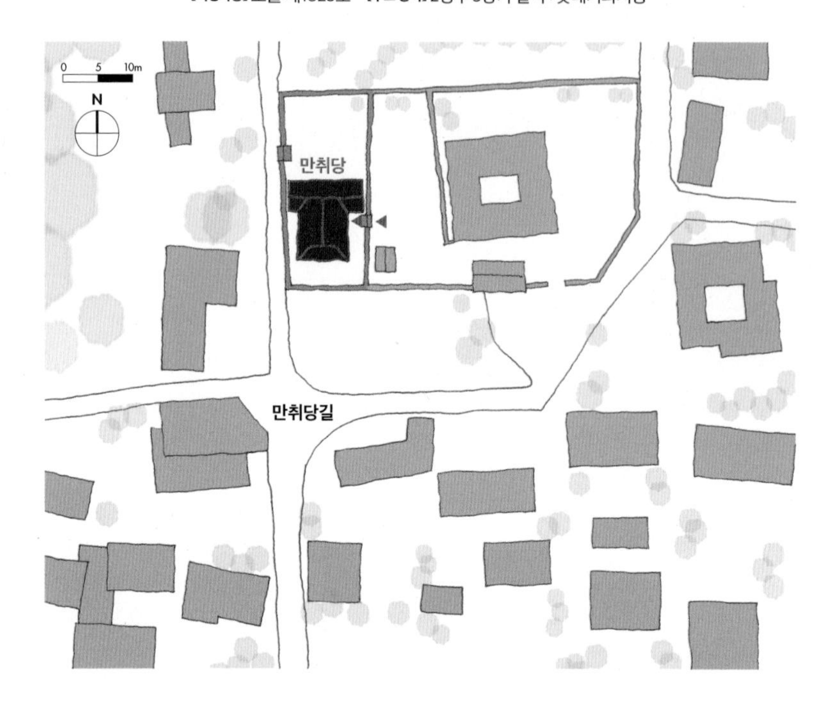

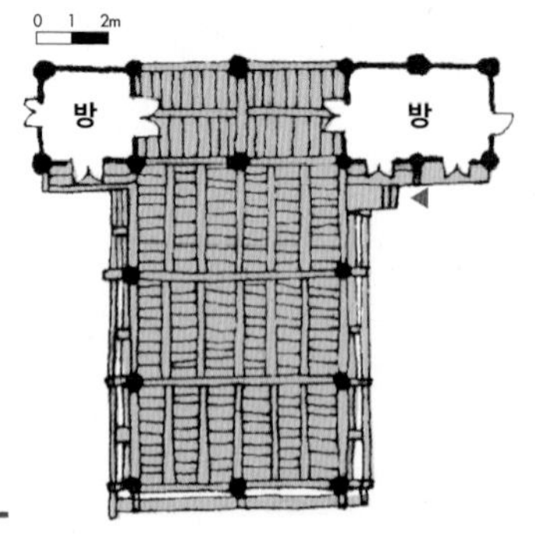

만취당은 퇴계의 제자 김사원(金士元, 1539~1601)이 학문을 닦고 후진을 양성하기 위해 지은 건물로 "만취당 중수기"에 의하면 1582(선조15)년에 짓기 시작해 1584(선조17)년에 완성됐다고 한다. 이곳을 찾은 온계 이해(溫溪 李瀣, 1496~1550), 서애 류성룡(西厓 柳成龍, 1542~1607) 등과 같은 명사들의 시문이 남아있다. 현판은 석봉 한호(石峯 韓濩, 1543~1605)의 친필이다. 1711(숙종37)년에 부분적인 수리를, 1727(영조3)년에 동쪽으로 2칸 증축, 1764(영조40)년에는 서쪽으로 1칸 온돌을 증축해 현재와 같은 'T'자형 평면이 완성되었다.

만취당은 의성 사촌마을 중심부에서 약간 벗어난 평지에서 남향으로 자리하고 있다. 오른쪽에 안동김씨종택이 있다. 만취당은 토석담으로 종택과 구분되어 있는데 왼쪽 도로 쪽에 있는 대문을 이용하거나 오른쪽의 종택에서도 진입할 수 있다. 주변은 마을 이름처럼 안동김씨, 안동권씨, 풍산류씨의 사촌들이 모여 마을을 이루고 있다.

자연석 초석에 오른쪽 온돌에 사용한 한 개의 방주 이외에 모두 원주를 사용한 만취당은 남쪽 면 2칸, 측면 4칸, 배면 5칸으로 구성된다. 기단은 북쪽 1칸 마루 부분에만 있는데 자연석을 사용했다. 증축하면서 덧붙인 온돌이 있는 북쪽 1칸 열을 제외하고 모두 우물마루를 깐 누마루로 되어 있다. 마루의 배면과 오른쪽을 제외한 나머지 부분은 벽과 창으로 막았는데 필요에 따라 문을 열어 전체를 개방할 수 있도록 했다.

공포는 초익공을 기본으로 하지만 북쪽 면 일부에서는 민도리 구조도 보인다. 초익공임에도 이익공에서나 볼 수 있는 화반을 사용했는데 보 위에 장혀와 도리를 얹으면서 일반적인 높이보다 높게 얹어 공간을 만들고 화반을 설치했다. 대개는 보 밑 높이와 장혀 밑 높이가 같다. 마루는 내부에 기둥 없는 2평주 5량 구조, 사분변작이다. 동자주와 대공은 화려하지는 않지만 매우 세련되고 독특하게 조각해 사용했나. 지붕은 마루 부분은 팔작지붕이고 나중에 덧붙인 온돌 부분은 맞배지붕이다.

만취당은 도리와 대들보의 결구법, 익공의 초각, 창방의 치목기법 등으로 볼 때 고식의 건축기법을 잘 보여주고 있다.

1

4

1 의성 사촌마을 중심부에서 약간 벗어난 평지에 안동김씨종택과 나란히 자리한다. 오른쪽이 안동김씨종택이다.

2 초익공집임에도 이익공집에서나 볼 수 있는 화반을 사용했다.

3 내부에 기둥 없는 2평주 5량 구조, 사분변작이다.

4 사면에 토석담을 둘러 구획했다.

5 북쪽 양 옆에 1칸 온돌을 덧붙여 건물의 평면은 'T'자형을 이룬다.

1

4

1 마루는 우물마루를 깔고 배면과 오른쪽을 제외한 나머지 부분은 벽과 창으로 막았다.

2 화려하지는 않지만 매우 세련되고 독특하게 초각해 사용한 포동자주가 눈에 띈다.

3 쪽마루 결구. 치마널이 없어 결구 방법이 한눈에 보인다.

4 자연석 초석에 원주를 사용한 겹처마 초익공집으로 지붕의 처짐을 방지하기 위해 활주를 사용했다.

5 온돌 아래 아궁이가 보인다.

1

3

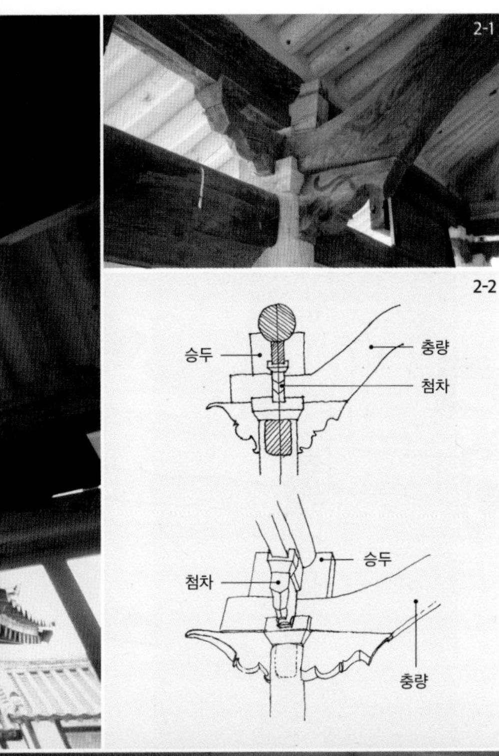

1 배면 쪽을 증축할 때 몸채의 맞배지붕과 연결하면서 자연스럽게 합각지붕을 만들고 처마 높이를 같게 하기 위해 상부서까래는 수평으로 걸고 처마 쪽 하부서까래는 경사지게 걸었다. 일반적인 구성은 아니지만 고식의 느낌이 든다.

2 주두 위에 보가 걸리고 보 위에 장혀와 도리를 얹었다. 대개 도리와 장혀는 충량과 바로 결구되는데 이 집에서는 첨차를 끼워넣었다.

3 덧댄 부분의 가구. 우미량을 걸고 종도리를 얹었고 평연을 걸었다.

4 온돌 천장은 고미반자로 했다.

의성 영귀정

[위치] 경상북도 의성군 점곡면 명고길 592-7 (서변리) **[건축 시기]** 1500년대 초창, 1808년 중건, 1868년 중수
[지정사항] 경상북도 문화재자료 제234호 **[구조 형식]** 3평주 5량가 팔작기와지붕

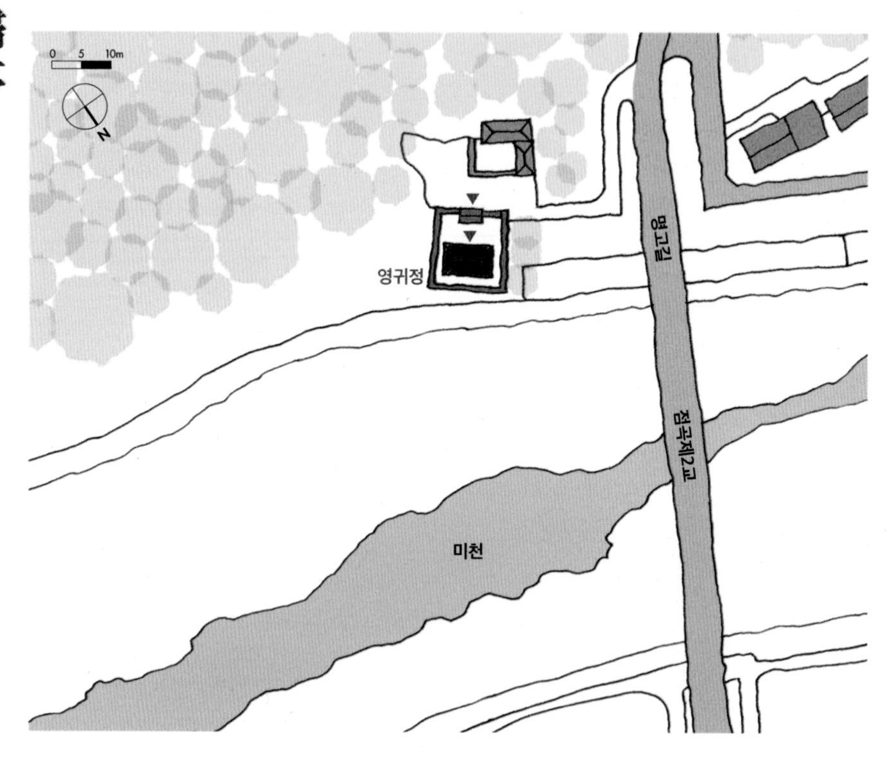

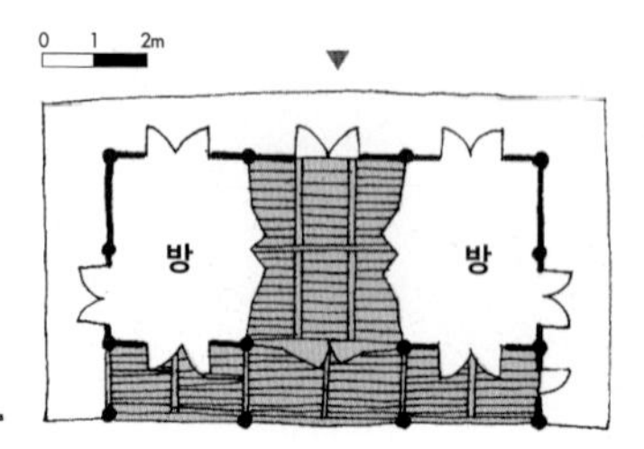

서애 류성룡의 외할아버지인 송은 김광수(松隱 金光粹, 1468~ 1563)가 성균관에서 수학하던 시절 무오사화로 혼란이 거듭되자 낙향해 영귀정을 짓고 은거하며 후진 양성에 힘썼다. '영귀(詠歸)'는 《논어(論語)》 〈선진편(先進編)〉에 나오는 "기수에서 목욕하고 무우에서 바람 쐬고 노래하면서 돌아온다(浴乎沂 風乎舞雩 詠而歸)."는 구절에서 따왔다고 한다. 1808(순조8)년 후손 함인재 김종록(含忍齋 金宗祿)의 주도로 중건했다. 이후 1868(고종5)년 서원 철폐령에 의해 철폐된 서원의 부재를 옮겨 중수했다.

영귀정은 정면 3칸, 측면 2칸 반 규모로 북쪽의 미천을 바라보며 언덕에 북동향으로 자리하고 있다. 가운데 마루방이 있고 양옆에 온돌이 있다. 온돌 천장은 고미반자로 되어 있다. 전퇴는 마루로 꾸미고 평난간을 둘렀다. 자연석 초석에 원주를 세우고 판대공을 사용한 3평주 5량가로 삼분변작으로 되어 있다. 공포는 직절된 초익공과 민도리 구조가 동시에 보이는데 정면과 양측면의 앞은 초익공이고 나머지 부분은 민도리 구조이다. 정면성을 강조한 것으로 보인다.

지형에 따라 낮은 토석담장을 두르고 남쪽에 사주문을 두었다.

義城 詠歸亭

1 판대공을 사용한 3평주 5량가로 삼분변작으로 되어 있다.

2 전면은 적절된 초익공 구조이다.

3 중도리 열과 내부기둥 열이 맞지 않아 벽 상부 마감 정리가 매끄럽지 못하다. 상부벽 마감선이 서까래가 된다.

4 천변 언덕에 자리해 일대 경관을 한눈에 볼 수 있다.

5 사주문에서 영귀정까지 마당 가운데에 자연석으로 만든 낮은 돌계단을 두었다.

6 온돌 천장은 고미반자로 마감하고 앞뒤에는 세살창을, 마루와 연결되는 부분에는 만살분합을 달았다.

1 2 3

5

4

6

1 가경24년 2월 ㅇㅇ작(嘉慶二十四年二月ㅇㅇ作). 1809년 제작된 기와로 보인다.

2 글자를 새긴 망와. 정확히 무슨 글자인지 알아볼 수 없지만 다른 망와처럼 제작 관련 연월일을 새겼을 것으로 추측된다.

3 상지24년 을묘 3월일(上之二十四年乙卯三月日). 1699(숙종24)년으로 추정된다.

4 미천을 바라보며 북동향으로 자리한다.

5 시멘트로 기단을 만들었는데 출입구가 되는 마루방 부분의 기단은 다른 부분보다 낮게 하고 댓돌을 놓았다.

6 전퇴 공간은 마루로 꾸미고 평난간을 둘렀다.

4

6

의성 이계당

[위치] 경상북도 의성군 점곡면 윤암2길 9-2 (윤암리) **[건축 시기]** 1651년 초창, 1785년 중수
[지정사항] 경상북도 문화재자료 제443호 **[구조 형식]** 5량가 팔작+가적기와지붕

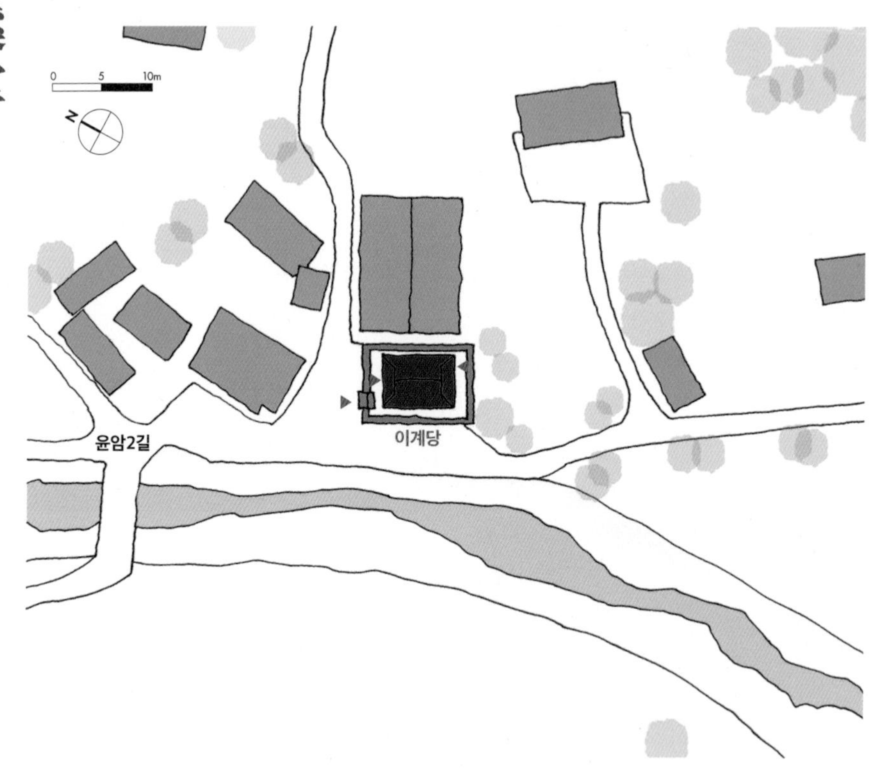

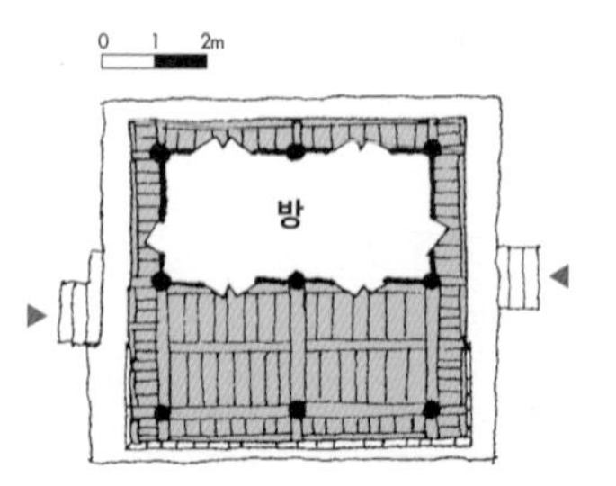

진주목사 겸 진주병마절제사를 지낸 이계 남몽뢰(伊溪 南蒙賚, 1620~1681)가 강학하던 서재로 1651(효종2)년에 건립했으나 화재로 소실된 후 1785(정조9)년에 중건해 오늘에 이른다.

앞으로 실개천이 흐르고 주변에 민가와 논밭이 있는 마을의 실개천 변에 서향으로 자리하고 있다. 토석담장으로 영역을 구획하고 북쪽에 있는 일각문을 통해 들어간다. 이계당은 정면 2칸, 측면 2칸 규모의 정사각형 평면이다. 전면은 누마루로 되어 있고 마루 끝에는 기둥 외부로 돌출된 계자난간이 있다. 그 뒤로는 2칸의 방이 있다. 도리칸(장변)이 짝수가 될 수 있으나 2칸인 경우는 흔치 않다.

초석은 자연석으로 되어 있다. 기단은 전면이 누마루여서 뒤쪽 2칸만 있다. 물론 누마루 하부에도 자연석으로 된 낮은 외벌대 기단이 있고 뒤쪽 기단은 장대석으로 기단이 만들어져 있다. 기둥은 모두 원주로 되어 있다. 공포는 직절된 초익공과 민도리가 동시에 사용되고 있다. 누마루가 있는 전면은 초익공, 배면은 민도리로 되어 있다. 가구는 5량 구조이고 처마는 홑처마, 지붕은 가적기와지붕이다.

이계당을 둘러싸고 있는 토석담장 남쪽 담장에는 쪽문이 있다. 쪽문은 일각문처럼 별도로 만들어져 있는 것이 아니라 담장면 안에 만든 것이 특이하다. 담장면 안에 있다 보니 담장의 실루엣을 깨뜨리진 않는다. 대개 암문이나 내외문 등에서 이렇게 구성하는데 여기서 왜 이렇게 만들었는지 그 배경이 궁금하다.

1 앞으로 실개천이 흐르고 주변에 민가와 논밭이 있는 마을의 실개천변에 서향으로 자리하고 있다.

2 내부에 기둥을 두고 맞보로 가구를 구성했다. 측면에서 나온 충량이 내부기둥 위에 걸리고 그 위에 눈썹천장을 두었다.

3 전면의 초익공

4 일각문처럼 별도로 만들지 않고 담장 안에 쪽문을 만들어 담장의 흐름을 깨뜨리지 않았다.

5 기단 위 쪽마루 아래 굴뚝을 두었다.

6 온돌 천장은 고미반자 마감했다.

7 누마루 형식으로 된 전면 마루에 계자난간을 둘렀으며 양 측면에 있는 계단을 이용해 정자에 출입한다.

청도 삼족대

[위치] 경상북도 청도군 매전면 청려로 3836-15 (매전면) **[건축 시기]** 1519년 초창, 1834년 중건
[지정사항] 경상북도 민속문화재 제171호 **[구조 형식]** 2평주 5량가 팔작기와지붕

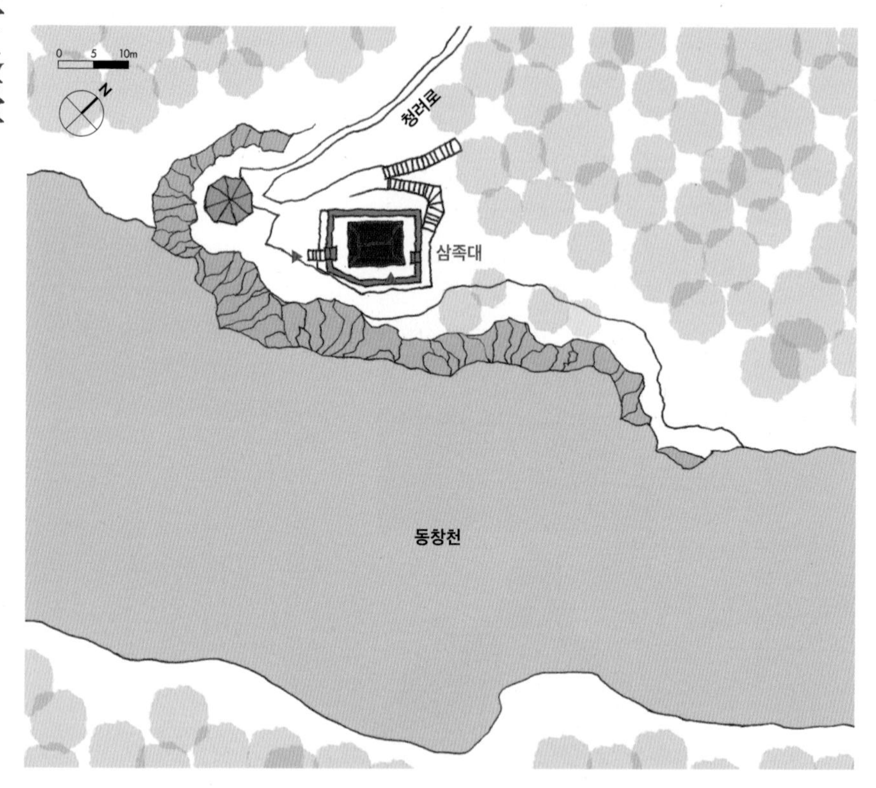

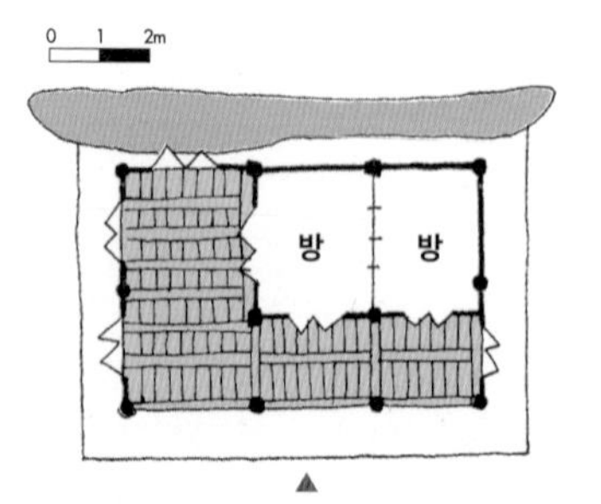

삼족당 김대유(三足堂 金大有, 1479~1552)가 1519(중종14)년 기묘사화가 일어나자 관직을 사임하고 낙향해 지은 정자이다. 이후 여러 번 허물어지고 다시 세워지기를 반복했는데 1834(순조34)년에 중수가 있었고, 김대유의 13세손인 김용희(金容禧, 1862~1942)가 중수해 지금까지 내려오고 있다. 이 두 번의 중수기록은 정자에 걸려 있는 "삼족대 중수기"를 통해 알 수 있다.

삼족대는 동쪽의 큰 하천인 동창천과 서쪽의 실개천이 만나는 지점으로 갓등산의 남쪽 끝자락 송곳처럼 뾰족한 등성이를 타고 동창천을 내려다보며 정면 3칸, 측면 2칸 규모로 동남향하고 있다. 정자 뒤에는 산의 거친 바위가 그대로 남아있다. 거칠게 다듬은 원형 초석과 자연석 초석에 원주를 사용했다. 오른쪽에 2칸 온돌이 있고 왼쪽에 1칸 마루가 있다. 전퇴는 마루로 꾸몄다. 2평주 5량 구조의 초익공집으로 익공을 연화형으로 초각해 사용하고 보머리에는 봉황을 새겼다. 화려한 장식을 가미한 조선 후기 양식이다.

삼족대는 입지가 빼어나다. 산등성이 암반 위에 자리한 정자를 동창천에서 바라보면 무척 아름답다. 거의 수직절벽 아래에 천이 있기 때문에 정자에 앉았을 때는 천은 잘 보이지 않는다. 원래는 담장도 없고 담장 밖 잡목도 없었을 것으로 추정된다.

1 정자 뒤에는 산의 거친 바위가 그대로 남아있다.

2 좁은 외부공간에서 조금이나마 숨통을 트여주는 툇마루

3 정면은 동창천을 향하고 있지만 수직절벽 위에 있어 정자에서는 동창천이 잘 보이지 않는다.

1

5

1 갓등산의 남쪽 끝자락 송곳처럼 뾰족한 등성이를 타고 동창천을 내려다보며 자리한다.

2 동창천 쪽에서 바라본 삼족대

3 거칠게 다듬은 원형 초석이 맷돌처럼 생겼다.

4 구상화를 연상케하는 앙서형의 익공과 보머리의 닭머리 장식은 조선 최말기의 양식을 나타낸다.

5 온돌은 기둥간살과 관계없이 구성되었다.

6 산등성이 암반에 자연석으로 석축을 쌓아 만든 터에 정면 3칸, 측면 2칸 규모로 자리한다. 출입은 남서쪽에 있는 사주문을 이용한다.

청송 방호정

[위치] 경상북도 청송군 안덕면 방호정로 126-24 (신성리) **[건축 시기]** 1619년
[지정사항] 경상북도 민속문화재 제51호 **[구조 형식]** 3량가+5량가 맞배+팔작기와지붕

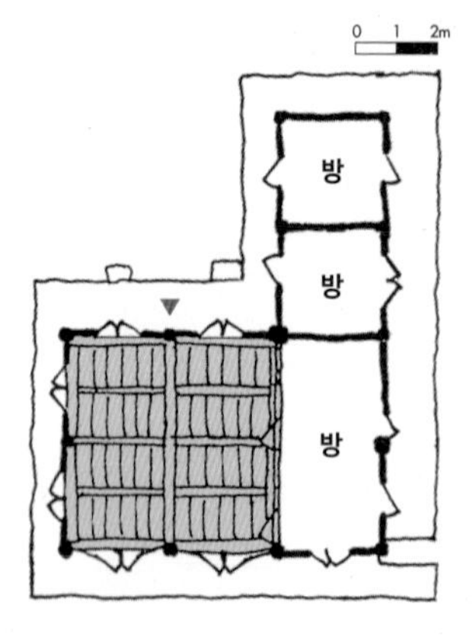

1619(광해군11)년 방호 조준도(方壺 趙遵道, 1576~1665)가 어머니 안동권씨 묘가 보이는 곳에 지은 정자이다. 어머니를 생각하며 지었다는 의미에서 사친당(思親堂) 또는 풍수당(風水堂)으로 불렸다고 한다. 방호는 이곳에서 창석 이준(蒼石 李埈, 1560~1635), 동계 조형도(東溪 趙亨道, 1567~1637), 풍애 권익(風崖 權翊), 하음 신집(河陰 申楫, 1580~1639) 등과 강론하고 산수를 즐겼다고 한다. 정자에는 《방호문집》의 판각이 보관되어 있고 이곳을 다녀간 학자들의 현판이 걸려 있다. 1827(순조27)년에 방대강당 4칸을 증축했다.

방호정은 굽이쳐 흐르는 길안천 너머 보이는 오선동 계곡이라는 암석 절벽 위에 자리한다. 경사지 계단을 오르면 솟을삼문이 있고 솟을삼문을 들어서면 방호정 외에 4칸짜리 '一'자형의 방대강당과 행랑채처럼 보이는 'ㄴ'자형 건물이 중정을 중심으로 펼쳐 있다. 아마도 살림집처럼 꾸미고 학문을 하고 산수를 즐겼던 것으로 보인다.

방호정은 길안천을 바라보고 'ㄱ'자형으로 자리한다. 천을 바라보고 있는 몸채는 측면 2칸, 정면 3칸이고 여기에 수직 방향으로 2칸이 덧붙어 있다. 몸채에는 마루와 온돌이 있고 날개채에는 방에 딸린 부엌과 아랫방이 있다. 몸채는 5량 구조이고 날개채는 3량 구조이다. 초석과 기단은 자연석을 사용했다. 기둥은 원주와 방주를 같이 사용하고 몸채 처마는 겹처마인데 날개채 처마는 홑처마이다. 공포도 몸채와 날개채가 다르다. 몸채는 주두가 있는 무익공이고, 날개채는 민도리 구조이다. 지붕 또한 다른데 몸채는 팔작이고 날개채는 박공지붕이다. 전면에서 보면 전체 지붕 모양이 조금 억지스럽다. 이런 구조에서는 보통 몸채와 날개채가 만나는 부분의 지붕 모양은 우진각이나 팔작으로 처리하는데, 박공으로 처리해 균형이 맞지 않다는 느낌이 든다. 천변에서 보이는 실루엣은 그리 나쁘지 않다.

1

4

1 길안천 너머에서 본 방호정

2 전면 대청과 날개채가 만나는 부분의 박공부 지붕 구조. 대청에서 나오는 대들보의 보머리 부분에서 단면을 축소한 후 길게 뻗어 날개채의 주심도리로 사용하고 있다.

3 날개채 부분 중인방 결구 상세. 인방이 기둥을 꿰뚫고 지나간 후 산지를 꽂아 빠지지 않게 고정했다. 고식기법이다.

4 솟을삼문

5 4단 정도 높이로석축을 쌓아 만든 터에 ㄱ자형 평면의 방호정이 자리한다.

1 방호정 전면과 길안천 전경

2 날개채에는 1칸 온돌과 1칸 부엌이 있다.

3 방호정은 길안천을 바라보며 암반 절벽 위에 자리한다.

4 대청은 일반적으로 개방되는 경우가 많은데, 방호정은 대청에 판벽과 궁판세살문을 달아 약간 폐쇄적인 면이 있다.

5 1827년에 증축한 방대강당

3

5

청송 풍호정

[위치] 경상북도 청송군 진보면 경동로 3758-327 (합강리)
[건축 시기] 15세기 말 초창, 1683, 1947년 중수 **[지정사항]** 경상북도 문화재자료 제292-2호
[구조 형식] 5량가 팔작기와지붕

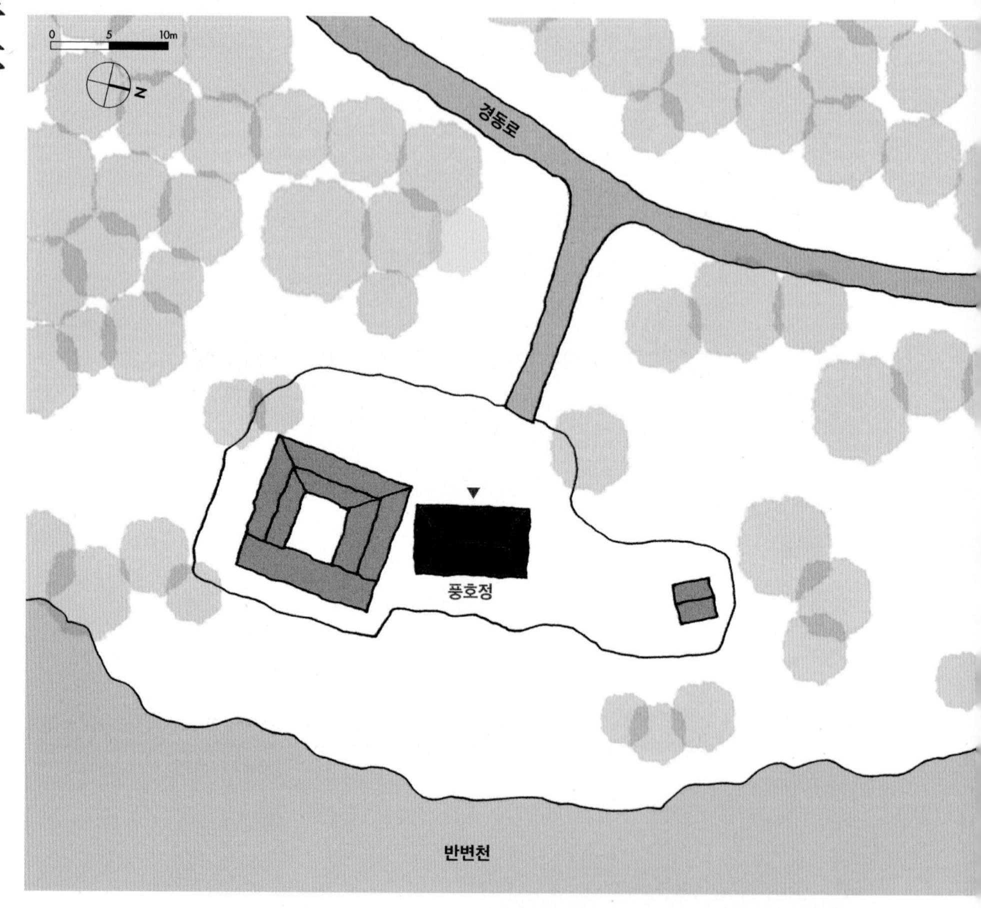

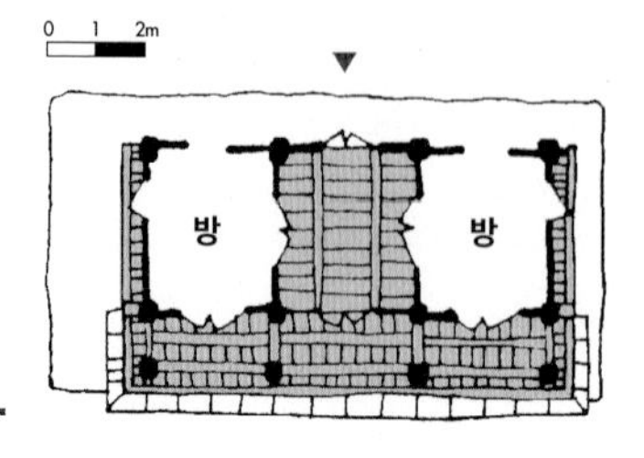

풍호정은 1463(세조9)년에 의영고부사라는 관직을 지낸 풍호 신지(風乎 申祉, 1424~?)가 남쪽 고향 땅으로 가라는 아버지의 유언에 따라 진보 합강면으로 내려가 지은 정자이다. 풍호정과 함께 정자를 관리하기 위한 주사도 풍호정 왼쪽에 위치하고 있다. 기문에 의하면 1683년(숙종9)과 1947년에 중수가 있었다.

풍호정은 송림 사이 반변천변에 ㅁ자형 주사와 나란히 자리하고 있다. 풍호정은 정면 3칸, 측면 1칸 반 규모로 가운데 마루방을 두고 양옆에 온돌을 둔 중당협실형이다. 전면 툇간은 마루로 꾸미고 계자난간을 둘렀다. 마루 전면에는 사분합들문을, 배면에는 판벽과 판문을 달고 필요에 따라 문을 열고 개방해 사용할 수 있게 했다. 5량 구조로 대들보 위에 종보를 설치하고 종보 위에 판대공을 설치했는데 판재를 2장 겹쳐 연화문처럼 만들고 꽃술까지 달려 있는 판대공의 모양이 재미있다.

자연석 기단에 원형 초석을 놓고 전면에는 원주를 사용했다. 자연석으로 낮은 석축을 쌓아 툇마루 부분을 누마루 형식으로 구성하고 누하부에 아궁이를 들였다.

주사는 정면 4칸, 측면 4칸 규모로 대청과 방, 고방으로 구성된 3량가이다.

1 난간 하엽 부분에 꽃을 새겨 놓았다.

2 툇마루 구성을 위한 귀틀과 기둥의 결구 부분

1 5량 구조로 대들보 위에 종보를 설치하고 종보 위에 판대공을 설치했다,

2 판대공은 판재를 2장 겹쳐 연화문처럼 만들고 꽃술까지 달았다.

3 툇보의 보아지가 외부로는 투박하게 직절되어 있지만 내부로는 꽃봉오리를 초각하여 장식되어 있다.

4 풍호정은 솔숲과 반변천변 높은 지대의 평지에 자리한다.

5 자연석 기단에 원형 초석을 놓고 전면에는 원주를 사용했다. 자연석으로 낮은 석축을 쌓아 툇마루 부분을 누마루 형식으로 구성하고 누하부에 아궁이를 들였다.

6 왼쪽에 풍호정의 관리사 격인 주사가 있고 오른쪽에 정면 3칸, 측면 2칸 규모의 풍호정이 있다.

4

6

청송 찬경루

[위치] 경상북도 청송군 금월로 269 (청송읍) **[건축 시기]** 1428년
[지정사항] 보물 제2049호 **[관리자]** 청송심씨문중
[구조 형식] 5량가 팔작기와지붕

방

1428(세종10)년에 청송부사 하담(河擔)이 객사와 함께 관영 누각으로 지었다. 1688(숙종14)년 중수했으나 화재로 소실되어 1792(정조16)년에 중건하는 등 여러 차례 중수한 기록이 있다.《찬경루기(讚慶樓記)》에 의하면 세종의 비인 소헌왕후(昭憲王后, 1395~1446)의 시조묘가 있는 보광산을 바라보며 '우러러 찬미하지 않을 수 없다'는 의미로 누각의 이름을 '찬경루'라고 붙였다고 한다. 찬경루 앞에 흐르는 용전천이 범람해 천 너머에 있는 시조묘에 갈 수 없을 때 이곳에서 제를 지냈다고 한다. 누각에는 "송백강릉(松栢岡陵)" 편액을 비롯해 우암 송시열(尤菴 宋時烈, 1607~1689), 서거정(徐居正, 1420~1488), 김종직(金宗直, 1431~1492) 등 명사들이 남긴 시문이 남아 있다. '송백강릉' 현판은 원래 안평대군의 글씨였으나 화재로 소실되어 1792(정조16)년 중건할 때 당시 부사였던 한광근(韓光近)의 아들 한철유(韓喆裕)가 다시 쓴 것이라고 한다.

찬경루는 청송읍을 끼고 흐르는 용전천변 암반 위에 자리하는 정면 4칸, 측면 4칸 규모의 중층 누각이다. 누각 앞에는 방지가 있는데 방지 가운데에는 소나무 한 그루가 있는 원형 섬이 있다. 찬경루 뒤에는 청송 객사인 운봉관이 있다. 출입 계단이 있는 배면에 측면 1칸, 정면 2칸 온돌이 있다. 마루에는 우물마루를 깔고 진입부인 배면을 제외한 삼면에 헌함을 두었다. 온돌 앞 측면 1칸 마루는 다른 곳보다 조금 높게 해 위계를 드러냈다. 가운데 2칸은 내부에 기둥을 두지 않고 넓게 사용할 수 있도록 했다. 자연석 초석에 원주를 사용한 이익공 구조 팔작지붕집이다. 가구는 기둥머리에 보와 도리방향으로 +자형 보아지를 얹어 대들보를 받고 그 위에 역사다리형 판대공을 놓아 종보를 받았다. 중도리 하부에는 뜬창방이 있는데 뜬창방은 대들보 위에서 판대공과 직교해 있는 대접소로 받침첨차 위에 얹어 있다. 중도리 안쪽은 우물반자로 꾸몄다.

1 이익공집으로 익공을 앙서형으로 다듬어 사용했다.

2 기둥머리에 보와 도리방향으로 十자형 보아지를 얹어 대들보를 받았다.

3 찬경루 우주상부 결구

4 찬경루는 객사와 함께 지은 관영누각이다.

5 정면 4칸, 측면 4칸 규모의 중층 누각으로 계단형으로 쌓은 자연석 석축 위에 자리한다.

6 누각 앞 방지 가운데에는 소나무 한 그루가 있는 원형 섬이 있다.

7 마루에는 우물마루를 깔았는데 온돌 앞 측면 1칸 마루는 다른 곳보다 조금 높게 해 위계를 드러냈다.

8 중도리 안쪽은 우물반자로 꾸몄고 중도리 하부에는 뜬창방을 두었다.

9 누하부. 초석의 크기와 모양이 제각각이다.

1
2
3

5

4

6

7

8

9

청송 낙금당

[위치] 경상북도 청송군 현동면 개일2길 12-7 (개일리) **[건축 시기]** 1880년
[지정사항] 경상북도 문화재자료 제265호 **[구조 형식]** 5량가 팔작기와지붕

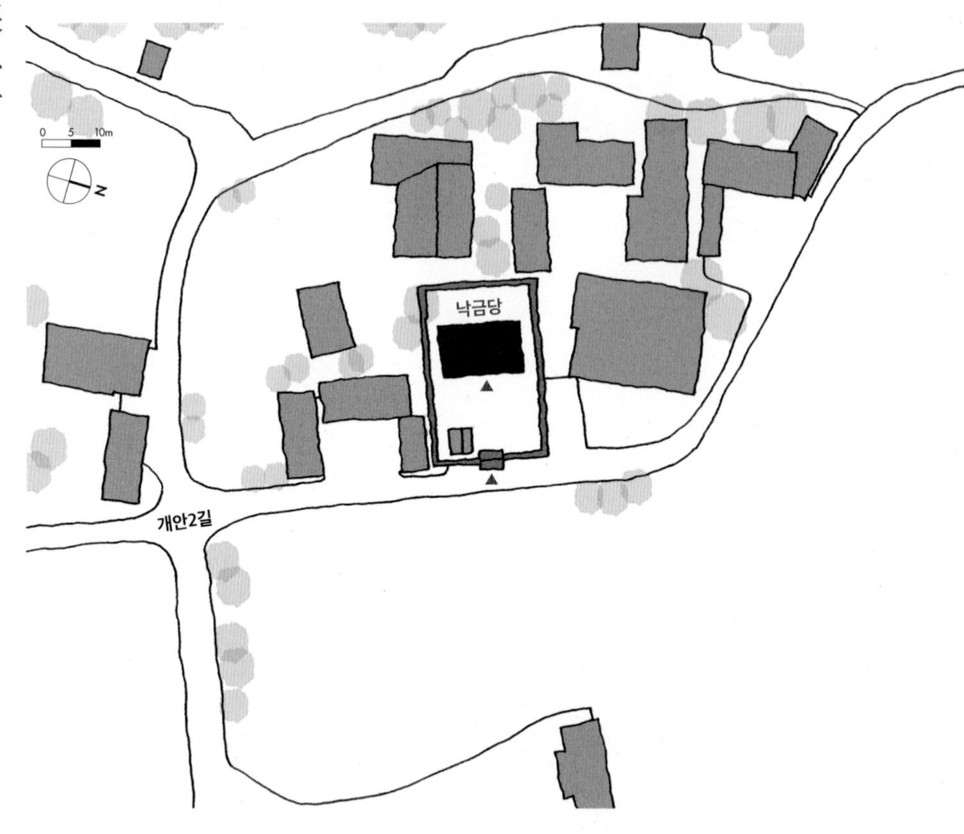

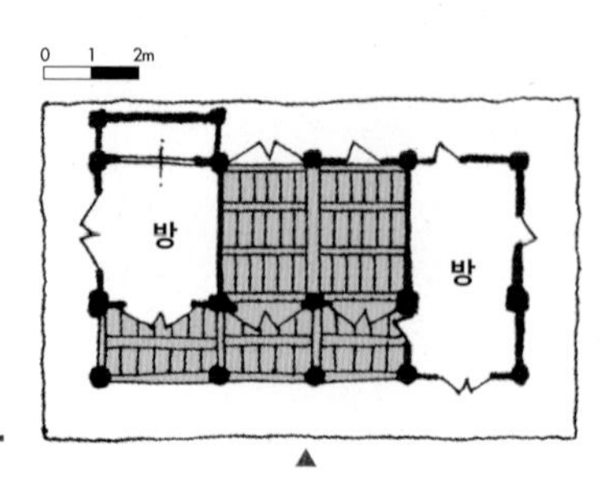

병인양요 당시 군량미를 지원하고, 향리의 많은 빈민을 구제한 낙금 남성노(樂琴 南星老, 1829~1878)의 유덕을 기리기 위해서 지역 유림과 문중 사람들이 '경모계(憬慕契)'를 조직해 1880(고종17)년에 지은 사당이다.

정면 4칸, 측면 1칸 반 규모의 낙금당은 개일리의 당포(棠浦, 당말)마을 중앙부에 동향으로 자리하고 있다. 당포마을이라는 이름은 1853(철종4)년 남성노가 기와집을 지으면서 붙였다고 한다. 가운데 2칸 마루방이 있고 양옆에 온돌이 있는데 오른쪽 온돌은 전퇴 부분까지 온돌로 만들었다. 왼쪽 온돌과 마루방 앞 툇간은 마루로 꾸몄다. 마루방 전면에는 두짝들어열개문을, 배면에는 각각 쌍널판문과 외널판문을 달았다. 왼쪽 온돌 전면 문틀의 오른쪽 상부는 문틀을 조금 따내고 높이가 조금 다른 문짝을 달았다. 문을 여닫을 때 처지지 않게 하려는 의도로 보인다.

막돌 허튼층쌓기한 기단 위에 자연석 초석을 놓고 전면에는 원주를, 다른 면에는 각주를 세웠다. 5량 구조 초익공집이다. 만곡된 부재를 대들보로 사용해 배면에서는 동자기둥 없이 종보를 대들보 위에 얹었다.

1 정면 4칸, 측면 1칸 반 규모로 팔작지붕이지만 처마의 곡이 거의 없다.
2 지붕마루마다 당초와 연화문으로 멋을 낸 망와가 설치되어 있다.
3 전면 툇간은 우물마루로 구성했다.

1

5

1 왼쪽 온돌과 마루방 앞 툇간은 마루로 꾸미고 오른쪽 온돌 앞은 툇간까지 온돌로 꾸몄다.

2 기둥 위에 혀를 짧게 내민 익공이 있는 초익공집이다.

3 우주 위에서 투박한 툇보가 도리를 직접 지지하고 있다.

4 고주에서 평주 위로 놓인 툇보 아래 보아지의 당초문양이 입체적이다.

5 좌측 온돌 창호 문틀 오른쪽 상부는 문틀을 조금 따내고 높이가 다른 문짝을 달았다.

6 대청 배면에는 쌍널판문과 외널판문을 달았다.

청송 오체정

[위치] 경상북도 청송군 현동면 개일월매길 46 (개일리) **[건축 시기]** 1734년 초창, 1935년 중건
[지정사항] 경상북도 문화재자료 제428호 **[구조 형식]** 5량가 팔작기와지붕

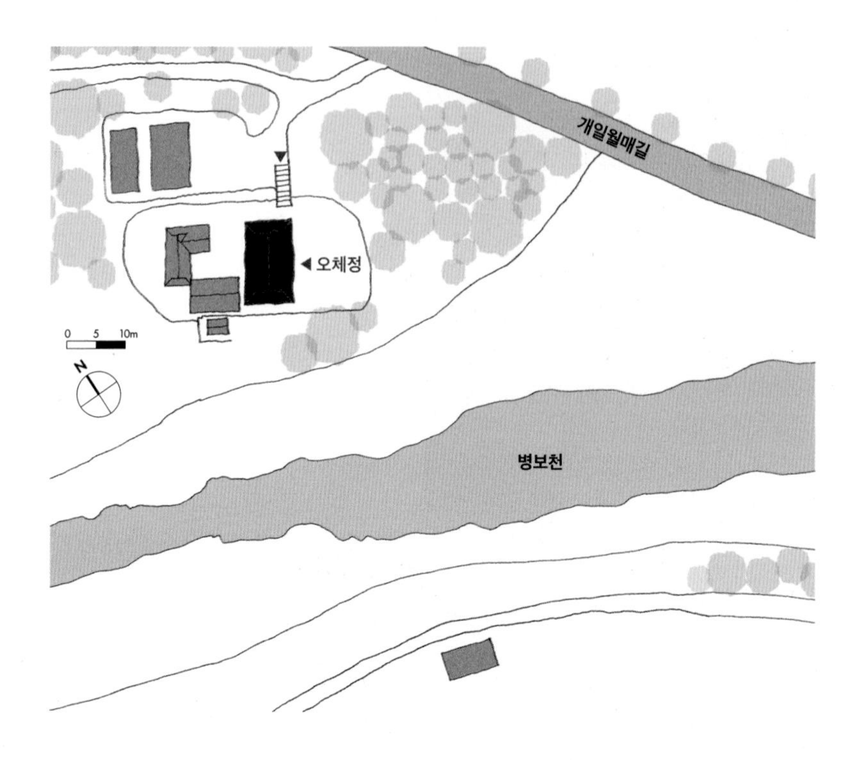

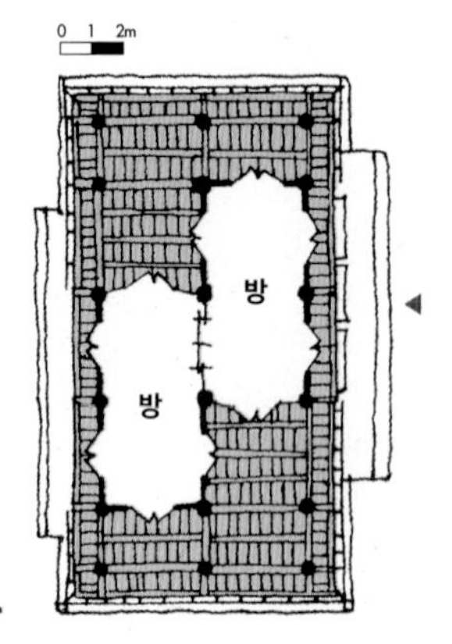

영양남씨 청송 입향조인 남계조(南繼曺, 1541~1621)의 증손인 남세주(南世柱) 슬하 5형제의 효행과 우애를 기리고 후손들의 결속을 다진다는 의미에서 첫째 남자훈(南自熏)의 손자 남도성(南道聖)이 문중 사람들과 함께 1734(영조10)년에 지은 정자이다. 당호인 '오체(五棣)'는《시경(詩經)》의 〈체화시(棣華詩)〉에서 따온 말로 '오형제'를 의미한다.

오체정은 병보천이 감싸고 도는 송림의 가장자리 낮은 언덕에서 남동향으로 자리한다. 사방에 석축을 쌓고 소나무를 심어 외부에서는 잘 보이지 않지만 높은 곳에 있어 정자에서 조망은 시원하게 열려 있다.

정자는 뒤에 있는 ㄷ자형 주사와 함께 튼ㅁ자형을 이룬다. 오체정은 정면 5칸, 측면 2칸 겹집 평면으로 5량 구조 굴도리집이다. 앞에는 오른쪽부터 2칸 마루, 2칸 온돌, 1칸 마루가 있으며 뒤에는 앞과 반대 순서로 있다. 앞쪽과 뒤쪽의 온돌이 각각 1칸씩 대칭으로 맞물려 있는데 사이에 세짝미서기문을 달았다. 마루 쪽 온돌에는 분합문을 달아 필요에 따라 확장해 사용할 수 있게 했다. 앞뒤 온돌 2칸은 쪽마루를 달고 마루 부분에만 계자난간을 둘렀다. 기둥은 바깥쪽으로는 모두 원주를 사용하고 안쪽은 각주를 사용했다. 특이하게 누마루의 하부기둥은 밤나무를, 상부기둥은 소나무를 사용했다.

1 '龍'자를 중심으로 삼태극을 비롯한 여러 문양을 새겨 놓은 망와

2 정면 온돌의 머름과 원형기둥의 접합부분

1 사방에 석축을 쌓고 소나무를 심어 외부에서는 잘 보이지 않는다.

2 중앙열의 기둥을 중심으로 전후 맞보형식으로 가구가 구성되었다. 마루부분은 연등천장이지만 외기도리가 있는 부분에는 눈썹천장을 달았다.

3 양측면 툇간에 툇보를 놓고 마루를 구성했다.

4 이익공 집으로 초익공은 연화를 초각한 앙서, 이익공은 수서로 장식했다.

5 전면은 온돌 부분에만 자연석으로 두벌대 기단을 만들고 각 칸의 온돌 앞에 댓돌을 놓아 진입할 수 있게 했다.

6 후면은 앞과 높이를 맞추기 위해 앞보다 기단을 높게 쌓고 온돌 한 칸에만 댓돌을 놓고 다른 칸에는 아궁이를 들였다.

청송 침류정

【위치】 경상북도 청송군 현서면 청송로 538-94 (월정리) **【건축 시기】** 17세기 초기
【지정사항】 경상북도 문화재자료 제266호 **【구조 형식】** 5량가 팔작기와지붕

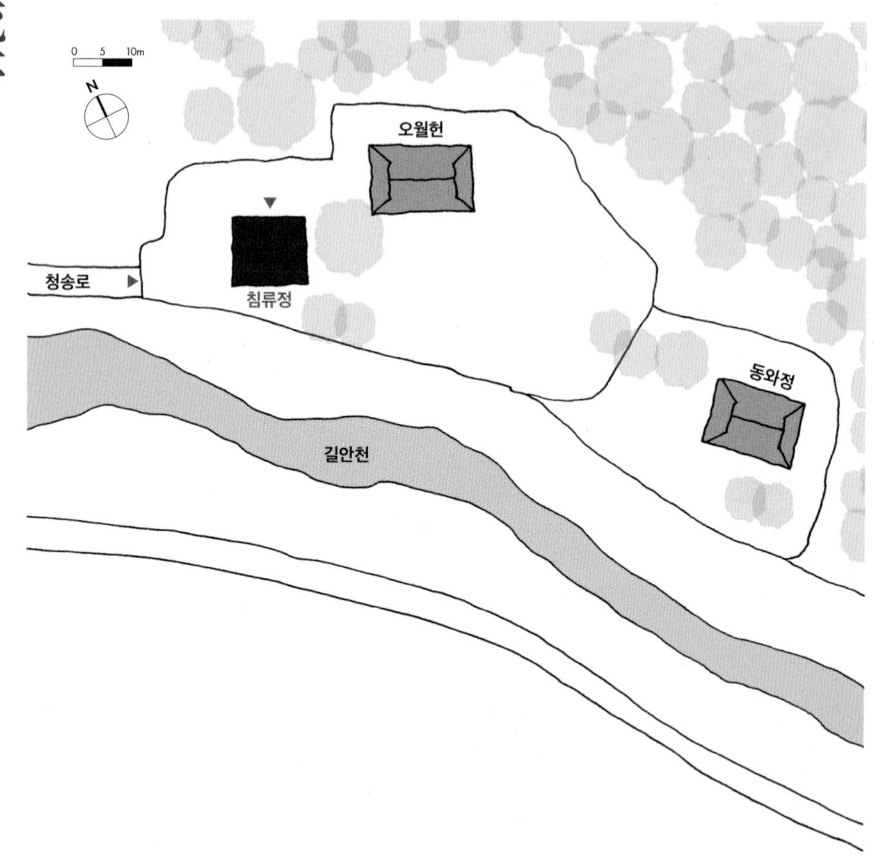

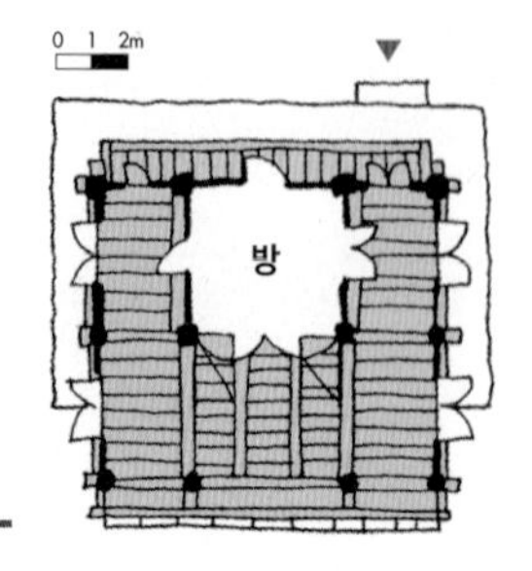

김성진(金聲振, 1558~1634)은 임신왜란 이후 고향으로 돌아가 학문 연구 공간으로 침류정을 지었다.

침류정은 길안천 계류를 끼고 있는 낮은 언덕 경사지에 남향으로 자리한다. 침류정 왼쪽 뒤에 서당으로 사용했던 오월헌(梧月軒)이 있다. 오월헌 앞에는 문화재로 지정된 향나무가 있는데 이 나무는 침류정과 오월헌에서 수학한 사람들이 심은 것이라고 한다.

정면 3칸, 측면 2칸 규모의 누각으로 배면 중앙에 1칸 온돌이 있다. 길안천을 바라보고 있는 전면은 열어 두고 양 측면에는 우리판문을 달았다. 진입 통로가 있는 배면의 왼쪽에는 양짝 여닫이판문을, 오른쪽에는 외짝 여닫이널판문을 달았다. 온돌의 천장은 우물천장으로 하고 온돌 부분 배면에 쪽마루를 설치했다.

온돌이 있는 배변에 삭주를 사용하고 나머지는 원주를 사용했다. 기둥 상부에 주두를 얹고 초익공으로 장식한 초익공집으로 쇠서 상부는 연꽃봉오리로 장식하고 주두 상부 보머리는 봉두로 초각했다. 5량 구조로 내부벽체 창방 위에 소로가 있는 소로수장집이다. 동자기둥 위에 중도리를 얹고 장혀 높이에 맞춰 우물반자를 설치했다. 전면은 별도의 기단을 두지 않았으며 덤벙주초 위에 기둥을 세웠다.

1 배면 우주는 네모난 각주로 기둥 위에 창방과 장혀 빨목을 익공과 같이 초새김해 장식했다.

2 동자기둥 위에 중도리를 얹고 장혀 높이에 맞춰 우물반자를 설치했다.

1

4

1 길안천 계류를 끼고 있는 낮은 언덕 경사지에 남향으로 자리한다.

2 기둥상부에는 연봉으로 초각한 익공 위에 주두를 놓고 봉두로 장식했다.

3 측면에서 누하주 상부에 놓인 귀틀뺄목을 볼 수 있다.

4 중앙의 온돌 정면에는 가운데는 세살, 양측면은 정자살 사분합들문이 달려있어 필요시 온돌에서도 차경을 즐길 수 있다.

5 정면 3칸, 측면 2칸 규모의 누각이다.

포항 용계정

[위치] 경상북도 포항시 북구 기북면 덕동문화길 26 (오덕리)
[건축 시기] 1546년 초창, 1687, 1778년 중수 **[지정사항]** 경상북도 유형문화재 제243호
[구조 형식] 5량가 팔작기와지붕

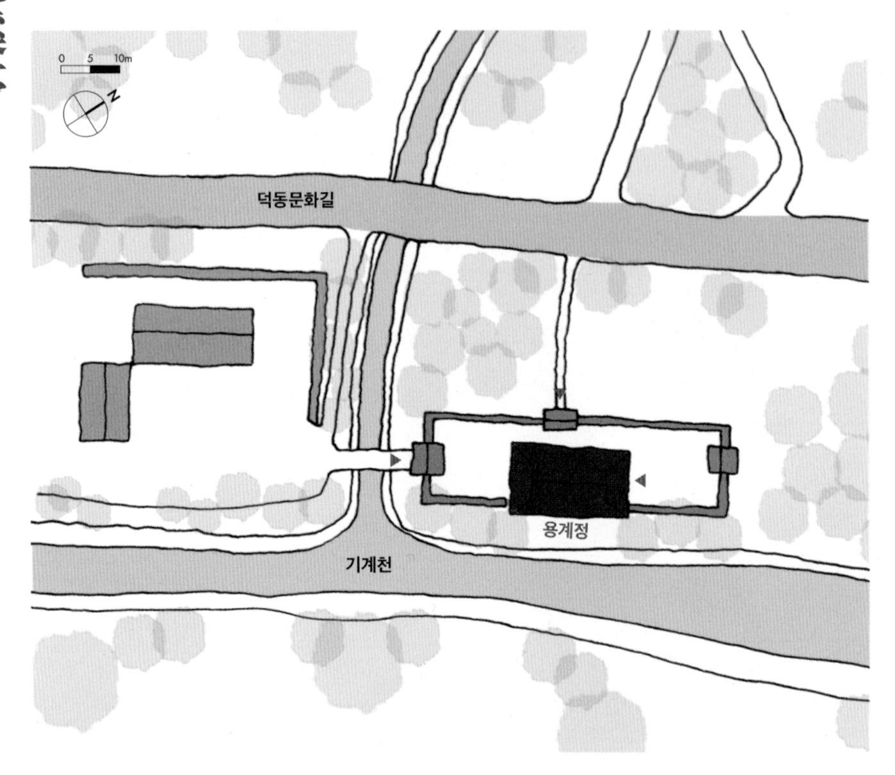

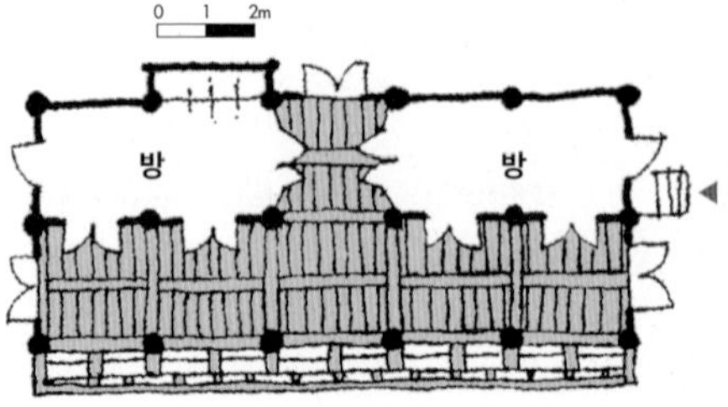

용계정이 있는 덕동숲은 마을이 노출되는 것을 막기 위해 조성한 수구막이 숲이다. 마을 초입의 송계(松契)숲을 지나 거슬러 올라가면 계곡의 암벽 위에 자리한 용계정이 보인다. 정자는 1546(명종1)년에 지어진 것으로 임진왜란 당시 가족을 덕동마을로 피신시킨 정문부(鄭文孚, 1565~1624)가 별서로 사용하던 정자이다. 전쟁이 끝나고 전주로 돌아가면서 모든 재산을 손녀사위인 여강이씨 이강(李壃, 1621~1688)에게 물려주었다. 1687(숙종12)년과 1778(정조2)년에 중수해 지금에 전한다. 1778(정조2)년에 용계정 뒤에 농재 이언괄(聾齋 李彦适, 1494~1553) 부자를 모신 사당이자 서원인 세덕사가 지어지면서 용계정은 강학공간으로 사용되었다. 흥선대원군의 서원 철폐령 때 세덕사와 용계정 사이에 담장을 쌓아 세덕사만 철거되고 용계정은 지켜냈다고 한다.

용계정은 정면 5칸, 측면 2칸 규모의 누정으로 배면의 가운데에 1칸 마루를 두고 양옆에 각 2칸 규모의 온돌을 두었다. 전면은 모두 우물마루를 깔고 계자난간을 둘러 마루로 꾸몄으며 현함을 설치했다. 정자 후면 담장 가운데에 있는 일각문을 통해 도로에서 정자로 진입할 수 있다. 양 측면에도 사주문을 두어 통행할 수 있게 했다.

자연석 초석에 원주를 사용한 5량 구조, 초익공집이다. 누하부는 자연석과 흙을 이용해 고막이 벽으로 마감하고 전면 기둥의 기둥과 기둥 사이에는 안전을 고려해 살창을 달았다. 누상부의 난간 측면에도 살창을 달아 추락을 방지했다.

1 정자 앞 계곡

2 정자 앞 5곡에 있는 각석으로 "연어대"는 '솔개는 날아오르고 물고기는 연못에서 뛰어 오른다'는 의미이다.

3 정자 앞 6곡에 있는 각석으로 "합류대"는 물이 합쳐진다는 의미이다. 이외에도 7곡에는 구름이 피어오르는 연못이라는 뜻의 '운등연'이 있고 8곡에는 용이 누워있는 바위인 '와룡암'이 있다. 9곡은 마치 가래같이 생겼음을 의미하는 '삽연'이다.

浦項 龍溪亭

1 단차를 이용해 정자의 전면 반쪽은 누마루로 하여 웅장함을 더해준다.

2 오른쪽 온돌의 굴뚝은 아궁이와 떨어져 기단에 따로 있다.

3 정면 5칸, 측면 2칸 규모의 누정으로 누하부 전면 기둥 사이에는 안전을 고려해 살창을 달았다.

4 외부에서 정자에 들어갈 때는 후면의 일각문을 이용한다.

5 일각문 앞에는 지형차 때문에 석축을 쌓고 계단을 놓았다.

3

1 공포는 초익공 형식인데 익공의 모양이 연봉과 운공 등으로 입체화한 화려한 조선말기의 특징을 보여준다.

2 추락을 방지하기 위해 마루 측면에 살창을 설치했다.

3 기둥의 부식을 방지하기 위해 화방벽을 기둥으로부터 이격시켜 통풍이 되도록 처리했다.

4 용계천의 작은 지류에 면해 있는 왼쪽의 경우 지류 위에 놓인 다리를 건너와 사주문을 통해 들어간다.

5 왼쪽 사주문에서 본 용계정

6 온돌 난방을 위한 아궁이와 굴뚝이 측면 기단에 나란히 있다.

4

6

포항 분옥정

[위치] 경상북도 포항시 북구 봉계길 146 (기계면) **[건축 시기]** 1820년
[지정사항] 경상북도 유형문화재 제450호 **[구조 형식]** 3량가 맞배+팔작기와지붕

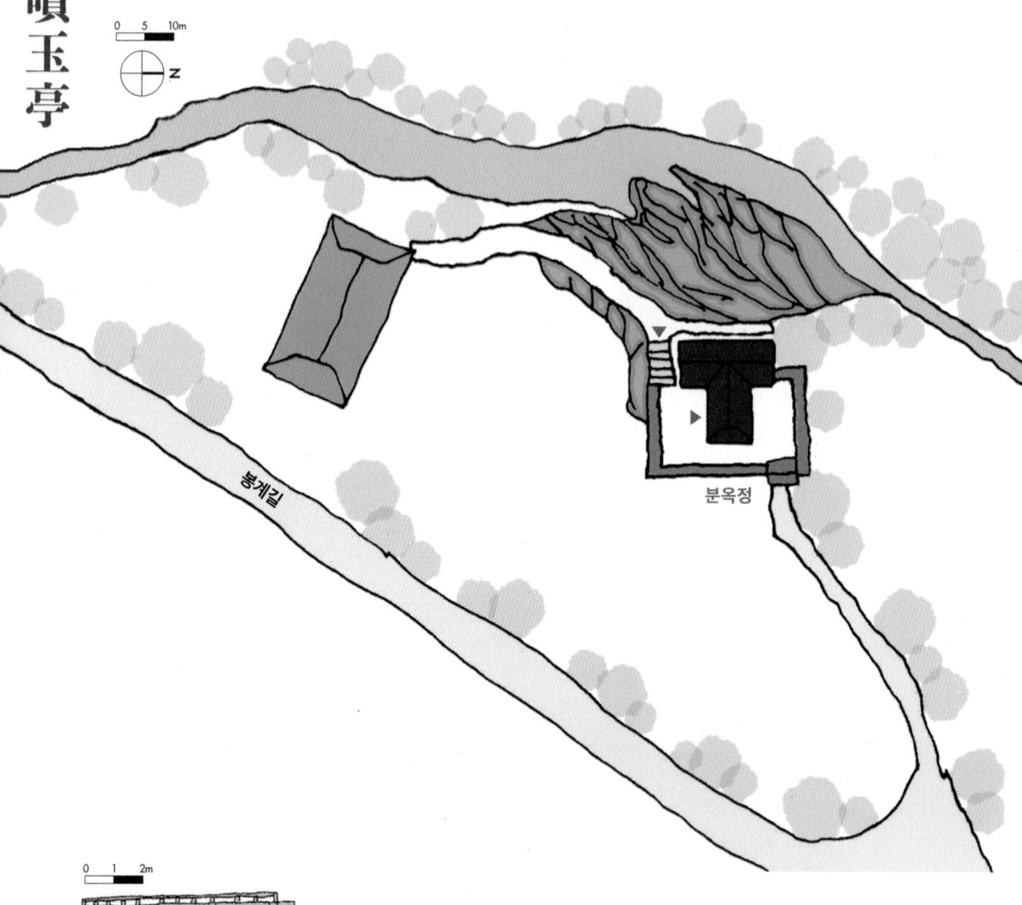

1 마루칸 정칸 안쪽에 걸려 있는 분옥 정 현판

2 마루칸 남쪽 협칸 안쪽에 걸려 있는 화수정 현판

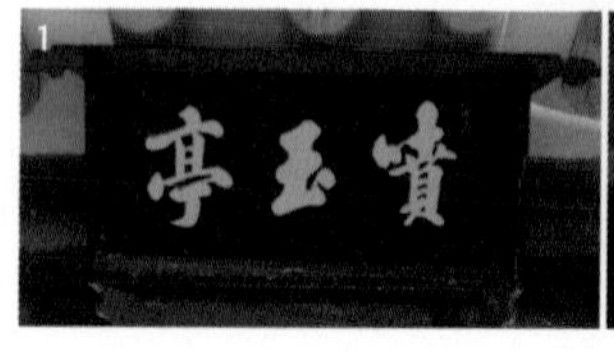

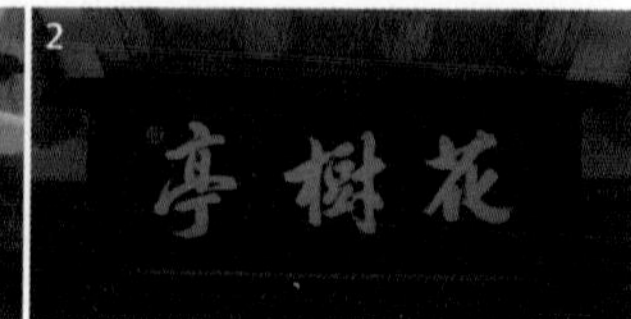

숙종 때 생원시를 급제했으나 매관매직과 당파 싸움으로 혼란한 정국에 싫증을 느껴 벼슬길에 나가지 않고 향리에 머물며 수학한 김계영(金啓榮)을 기리기 위해 문중에서 1820(순조20)년에 지은 정자이다. 용계정사(龍溪精舍)로 불리기도 한다. 이외에도 정자에는 화수정(花樹亭), 돈옹정, 청류헌(聽流軒) 등의 현판이 걸려 있다.

계곡 암반 위에 자리한 분옥정의 전면은 절벽이어서 중층으로 구성했지만 도로변에서 보면 평지에 건축한 것처럼 보인다. 계곡의 풍경을 볼 수 있도록 도로 오른쪽에 서향으로 배치했다. 계곡 쪽을 전면으로 하고 폭을 길게 해 정자를 꾸미고 후면에 온돌을 두었다.

가구는 3량 구조, 초익공 민도리집으로 운형대공을 사용했다. 전면의 기단은 자연석 외벌대이고 측면은 경사지형에 따라 이벌대 또는삼벌대로 했다. 전면에는 원주를, 후면에는 각주를 사용했다.

누상부에는 우물마루를 깔고 전면에는 헌함을 두고 계자난간을 둘렀으며 측면에는 판문을 달았다. 천장은 연등천장으로 마감했다. 전면을 제외한 삼면에 쪽마루를 달아 동선을 배려했다. 2칸 규모의 온돌은 내부 벽체 상부에는 정자살 환기창을 설치했다. 대청 우측면 대들보와 풍판 사이 공간에 다락을 설치하여 문서 등을 보관하도록 구성한 것이 특이하다.

계곡 암반 위에 서향으로 자리한 분옥정의 전면은 절벽이어서 중층으로 구성했다.

浦項 噴玉亭

1 꺾이는 부분의 귀틀을 반쪽주먹장으로 맞춤한 것은 보드기문 사례이다.

2 쪽마루에서 장귀틀의 부재 크기가 서로 다른 부재를 장부이음했다.

3 도로 쪽에 면한 배면은 평지에 건축한 것처럼 보인다. 마당에는 450년 된 느티나무가 있다.

4 온돌 내부 벽체의 상부에는 정자살 환기창을 달았다.

5 대청의 협칸부분은 판문과 판벽을 달아 바람을 막았다.

1 정면 4칸, 측면 1칸 규모의 누각 뒤에 정면 1칸, 측면 2칸 규모의 온돌을 덧붙인 T자형 평면이다.

2 온돌과 결합되는 중층 누정 부분의 천장은 연등천장으로 마감했다.

3 대들보 위에 운형대공을 설치해 장혀와 종도리를 받았다.

4 초익공과 보아지가 새모양을 하고 있다.

5 누하주와 마루가 만나는 부분의 보아지

6 각주 위에 반쪽원형 판자를 덧대 원주처럼 보이게 꾸몄다.

7 온돌방의 벽체 상부에 설치된 환기창

8 난간청판에 있는 풍혈. 가운데 바닥까지 뚫린 풍혈은 청소할 때 사용하기 위한 구멍인 것으로 짐작된다.

9 대청 측면 대공 양옆에 다락을 설치했다.

10 외부 박공판과 측벽 사이 공간에 다락을 구성했다.

포항 칠인정

[위치] 경상북도 포항시 북구 흥해읍 초곡길316번길 2, 외 (초곡리) **[건축 시기]** 1409년 초창, 1797년 중창
[지정사항] 경상북도 문화재자료 제369호 **[구조 형식]** 5량가 팔작기와지붕

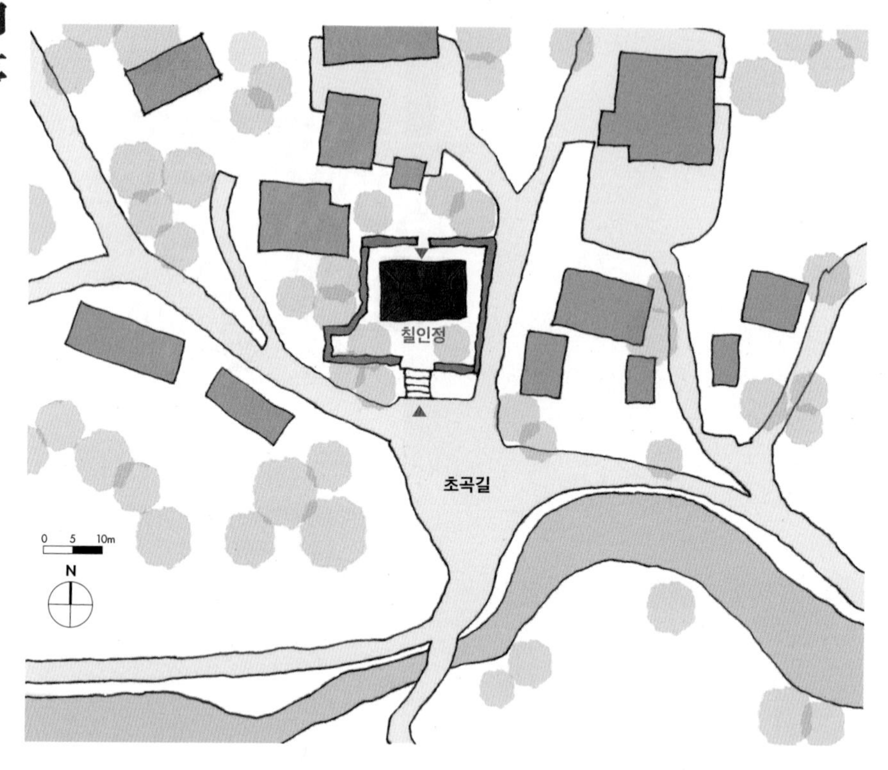

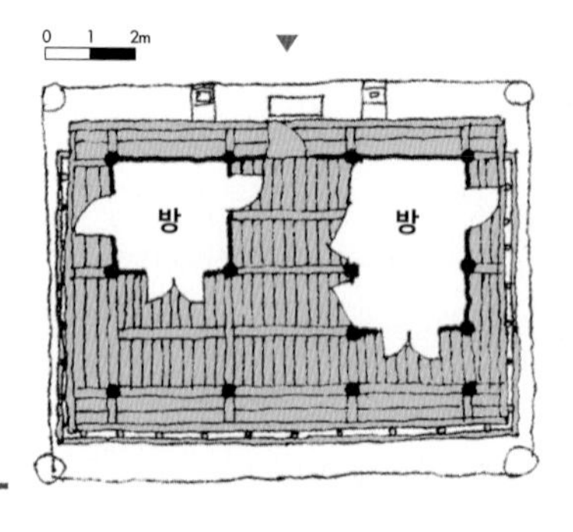

고려 말 무신 장표(張彪)는 고려가 멸망하고 조선이 건국되자 두 임금을 섬길 수 없다며 향리로 은거했다. 장표 슬하에 7남매가 있었는데 아들과 사위 모두 과거에 급제해 벼슬을 지냈다. 1409(태종9)년 정자를 짓고 낙성식을 거행하면서 아들 네 명과 사위 세 명의 인수(印綬)를 정자 앞에 심은 회화나무에 걸고 정자는 일곱 개의 도장을 의미하는 칠인정이라고 불렀다. 인수는 조선시대에 몸에 차고 다녔던 도장 손잡이를 묶는 끈을 말한다. 1797(정조21)년에 중창이 있었다.

정면 3칸, 측면 2칸 규모의 칠인정은 경사지에 남향으로 자리한다. 사방에 토석담을 두르고 앞과 뒤 두 곳에 진입 통로를 열어 놓았다. 앞쪽에서는 석재 계단을 이용하고, 뒤쪽에서는 마당으로 바로 진입할 수 있다.

경사지에 있어서 기단의 높이도 달리했는데 전면은 자연석 외벌대로 하고 측면은 이벌대와 삼벌대로 계단처럼 구성했다. 전면 누하부는 고맥이벽을 설치하고 좌우 온돌부분 아래 난방을 위한 함실아궁이를 두었다. 누상부의 마루는 우물마루로 하고 앞과 양 측면에 계자난간을 설치하고 끝에 홍살을 설치해 출입을 통제하고 후면에서만 출입할 수 있게 했다. 온돌의 정면에는 양여닫이 세살창을 달고 측면에는 한짝세살문을 달았다. 온돌은 대청과 연결된 마루를 통해 출입한다.

가구는 5량 구조로 파련대공이 장혀와 종도리를 받는다. 추녀와 결구되는 외기도리는 연등천장으로 마감했다. 공포는 내외 무출목이고 초익공으로 했다.

1 7남매의 인수를 걸었을 것으로 보이는 고목

2 정면 3칸, 측면 2칸 규모로 전면 누하부는 고맥이벽을 설치하고 좌우 온돌부분 아래 난방을 위한 함실아궁이를 두었다.

5

1 사방에 토석담을 두르고 앞과 뒤 두 곳에 진입 통로를 열어 놓았다. 앞쪽에서는 석재 계단을 이용한다.

2 창방뺄목을 연화형 익공 형태로 만들어 소로를 받쳐 장혀뺄목을 받도록 한 보기드문 사례이다.

3 귀틀뺄목에 양쪽 쪽마루 널을 제혀쪽매로 연결했다. 그 단면이 보이도록 처리한 것은 매우 드문 일이다.

4 난간의 모서리 부분은 난간대의 변형을 방지하기 위해 철물로 고정했다.

5 후면에서 마당으로 바로 진입할 수 있게 통로를 열어 놓았다. 정자는 후면 쪽마루를 통해 진입한다.

6 경사지에 있어서 기단의 높이도 달리했는데 전면은 자연석 외벌대로 하고 측면은 이벌대와 삼벌대로 계단처럼 구성했다.

1

5
6
7
8

1 온돌의 남향으로 열리는 두짝 세살창을 통해 본 풍경

2 외기도리는 연등천장으로 했다.

3 파련대공처럼 화려하게 조각한 대공이 도리와 장혀 소로를 감싸고 있다.

4 대들보 위에 방형판재를 얹어 종보를 받았다.

5 전면 추녀의 선자연 구간은 정선자보다는 엇선자에 가까우며 갈모 산방의 길이가 짧은 것으로 미루어 선자연의 숫자를 원래보다 줄인 것을 알 수 있다.

6 초익공을 이익공처럼 초각했다.

7 귀포는 주간포와 모양이 같으며 연봉 조각 등으로 화려하지만 크기는 작다. 소로로 장혀뺄목을 받치도록 한 것이 다른 곳에서 볼 수 없는 특징이다.

8 대청 후면의 한짝 우리판문을 통해 정자에 들어간다.

9 오른쪽 온돌의 전면부 기둥만 팔각형이다.

대구 이노정

[위치] 대구 달성군 구지면 내리길 19-17 (내리) **[건축 시기]** 1885, 1904년 중건
[지정사항] 대구광역시 문화재자료 제30호 **[구조 형식]** 3평주 5량가 팔작기와지붕

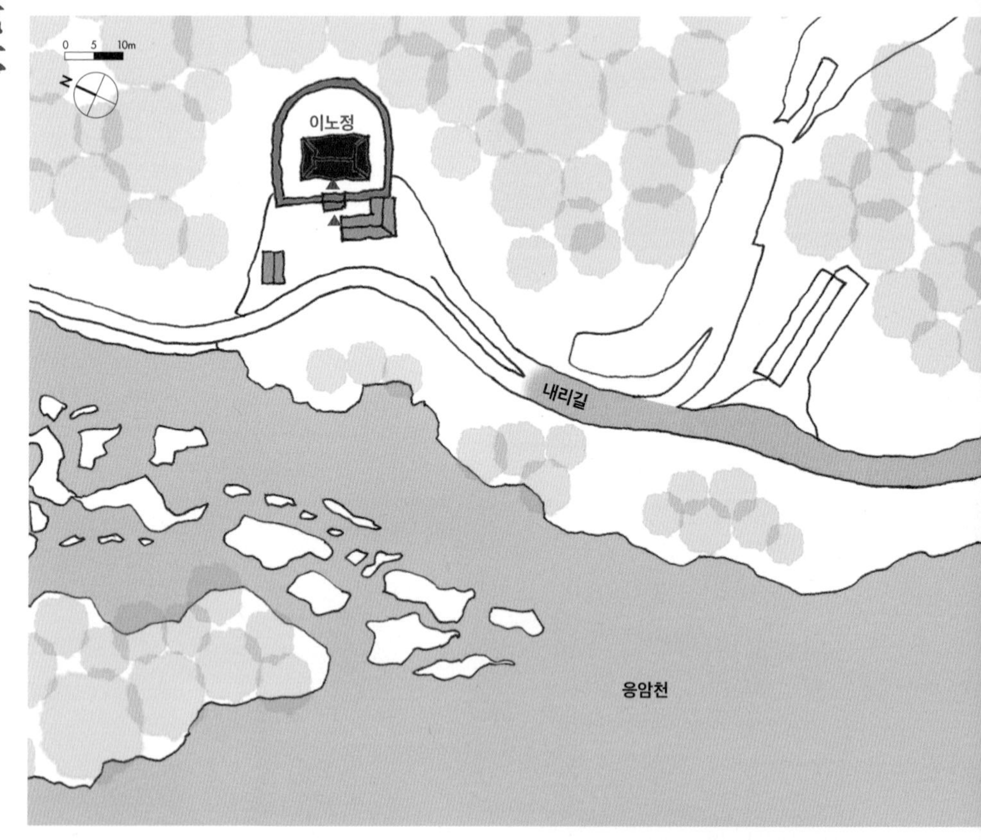

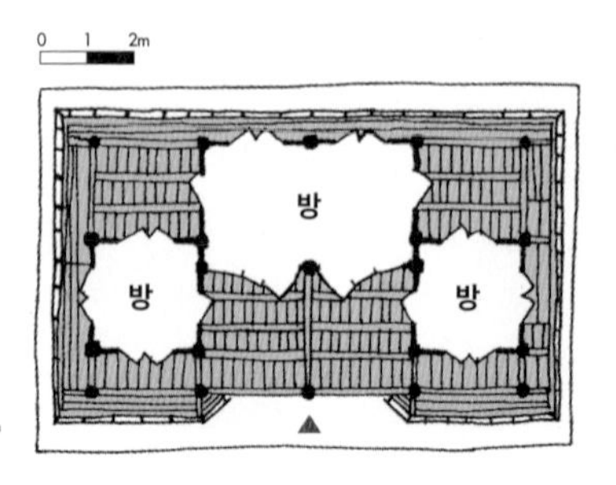

조선시대 유학자 김굉필(金宏弼, 1454~1504)과 정여창(鄭汝昌, 1450~1504)이 무오사화로 낙향해 지내던 곳을 추모하기 위해 지은 것으로 초창 연대는 정확히 알 수 없다. 현재 모습은 1885(고종22)년 중건 때의 모습으로 추정된다. 1904년에도 중건이 있었다고 한다. 이노정의 '이노(二老)'는 김굉필과 정여창을 가리킨다.

이노정은 대구 외곽 달성2차 일반산업단지가 개발되고 있는 낙동강변에 자리한다. 산업단지 개발로 접근도 어렵고 고립될 가능성이 있는 문화재이다. 정자는 서쪽에 낮은 쌍분형 주산을 배경으로 낙동강을 바라보면서 서향하고 있다. 정자 사방에 담장을 둘렀고 정면에는 일각문 형식의 대문이 있으며 담장 밖으로 'ㄱ'자형 부속채가 있다. 정자에서도 낙동강이 내려다보이지만 마당에서 보는 낙동강은 물이 넓고 평온하며 탁 트인 경치가 아름답다.

정면 4칸, 측면 2칸 규모로 가운데 전면 2칸은 대청이고 배면에 2칸 온돌을 들였다. 좌우 협칸의 전면은 온돌, 배면에는 마루를 깔았다. 온돌 전면에는 폭이 매우 작은 전퇴가 있으며 전체적으로 좌우대칭의 평면구성이다. 일반적인 정자나 별당 건물에서 볼 수 없는 매우 독특한 평면구성이다. 정면의 일각문에는 '개양문(開陽門)'이라는 편액이 걸렸고 정자에는 '이노정(二老亭)'과 '제일강산(第一江山)'이라는 두 가지 편액이 걸려 있다. 가운데 온돌 전면에는 불발기분합문을 달아 모두 들어 걸면 대청과 온돌 4칸을 하나의 공간으로 시원하게 사용할 수 있다. 구조는 3평주 5량가이며 홑처마 팔작지붕이다. 대청과 마루부분은 기둥 위에 주두가 있고 창방이 있는 소로수장으로 치장했고 나머지는 민도리 형식으로 단순화해 격식을 달리한 것이 특징이다.

다른 정자들은 마루가 중심이고 비상시를 위해 온돌을 부속으로 들이는 것이 일반적인데 이 정자는 양통으로 구성한 것도 이채롭지만 대청 배면에도 온돌을 들여 온돌이 중심인 정자로 꾸민 것이 특징이다. 정자에 좀 더 오래 머물기 위한 방편이라고 생각된다. 부속채를 거느리고 있는 것으로 미루어 별당과 같이 사용했을 것으로 추정된다.

1

5

7

6

1 담장 밖에서 본 낙동강의 모습은 조용하고 넓어 마음을 평온하게 한다.

2 양통평면으로 가운데 기둥을 세우고 맞보를 건 다음 그 위에 동자주와 종보를 걸어 5량가를 가구했다.

3 공포는 민도리를 기본으로 하지만 마루가 있는 부분은 소로수장으로 치장했다.

4 일각문 형태의 작은 출입문은 담장 안 공간을 가둬 아늑하게 하는 효과가 있다.

5 목재의 생김새를 그대로 활용해 투박하고 자연스런 분위기가 나는 정자이다.

6 배면은 중앙에 온돌이 있고 양쪽에 마루가 있는 독특한 평면구성이다.

7 중앙 2칸에 걸친 대청의 모습. 대청 뒤로는 온돌을 들였는데 다른 정자에서는 볼 수 없는 독특한 평면구성이다.

8 정자에서 내려다본 풍경. 넓고 수평선이 주는 평온함이 있다.

대구 관수정

[위치] 대구 달성군 구지서로 706-20 (구지면, 관수정) **[건축 시기]** 1866년 중건
[지정사항] 대구광역시 문화재자료 제36호 **[구조 형식]** 3량가 팔작기와지붕

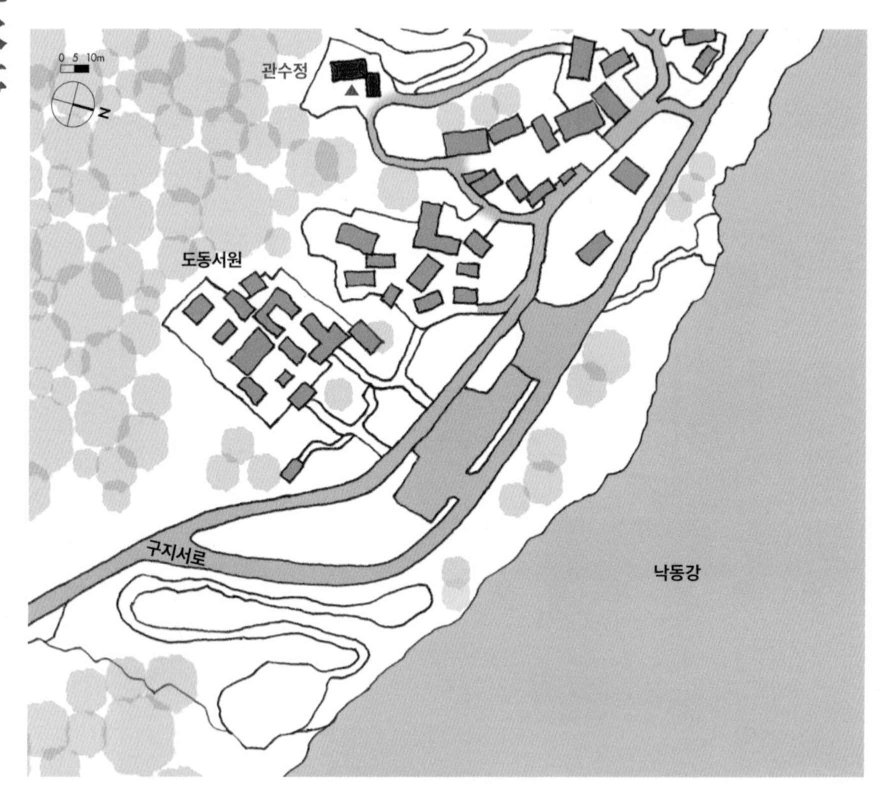

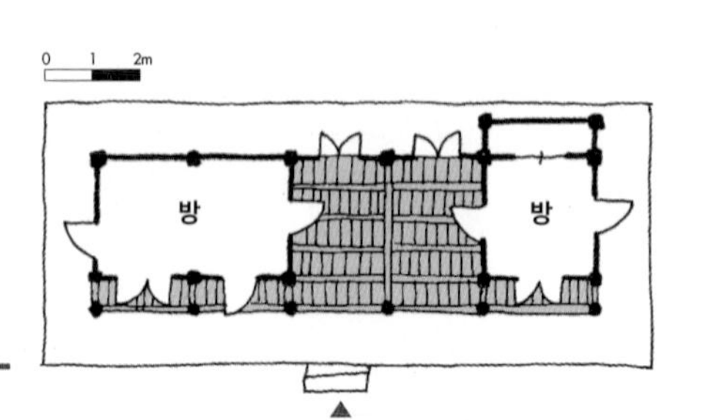

관수정의 초창은 1624(인조2)년으로 알려져 있으나 1721(경종1)년 소실되고 1866(고종3)년 사우당 김대진(四友堂 金大振, 1571~1644)의 후손인 김규한(1810~1887)이 중건한 것이 남아있다. 건물의 상량 묵서 기록인 "동치5년 병인정월십팔일무인갑인시입주상량(同治五年 丙寅正月十八日戊寅甲寅時立柱上樑)"에서 알 수 있다. 동치5년은 1866년을 말한다. 정자의 이름인 '관수(觀水)'는 맹자의 말로 '물은 반드시 그 흐름을 보아야 한다'는 의미로 물을 통해 본말이 전도된 상황을 비유한 것이다.

관수정은 도동서원 바로 옆, 도동리마을 뒷산에서 북쪽으로 약간 치우친 서향으로 자리하고 있다. 마을 위쪽으로 약간은 깊숙한 곳에 떨어져 있고 지형이 높아 마을 건너 낙동강이 은은히 내려다보인다. 관수정의 '관수'의 의미를 새겨볼 수 있는 자리이다.

관수정은 정면 5칸, 측면 1칸의 3량 구조인데 전면에 좁은 툇마루를 설치하기 위해 보조기둥을 모든 칸에 세웠다. 그래서 평면적으로는 전퇴가 있는 5량가처럼 착각하게 한다. 왼쪽 2칸과 오른쪽 1칸에 온돌을 들였고 가운데 2칸은 대청이다. 3량가로 만들면서 대들보로 곡보를 사용해 미적으로 역동성을 가지며 대공의 높이를 낮출 수 있었다.

대청의 대공은 판대공인데 원형으로 만든 것이 특징이며 대공과 수직으로 행공을 사용한 것은 건물의 품격을 높이는 역할을 하고 있다. 기둥은 원주이고 보조 기둥은 벽체를 들이기 위해 방주를 사용했다.

대청과 좌우 방으로 구성된 일자형 평면으로 부엌만 없을 뿐 살림집 모습을 갖춘 정자이다. 건넌방 외짝세살문 옆에 판문으로 만든 눈꼽째기창이 있어서 겨울철에도 사용했음을 시사하고 있다.

한적한 오솔길로 만들어진
정자 진입로

大邱 觀水亭

1 건축의 품격을 높여주는 원형대공과 행공의 결구

2 겨울에도 사용했음을 짐작케하는 눈꼽째기창의 모습

3 관수정에서는 낙동강이 시원하게 내려다 보인다. 너머에 들과 마을이 있고 조산이 보인다.

4 3량가로 만들면서 대들보로 곡보를 사용해 역동적으로 보인다.

5 정면 5칸, 측면 1칸 규모로 살림집 모습을 갖추고 있다.

3

5

대구 소계정

[위치] 대구 달성군 옥포면 옥포로57길 25-14 (기세리)
[건축 시기] 1923년 **[지정사항]** 대구광역시 문화재자료 제31호
[구조 형식] 3량가 팔작기와지붕

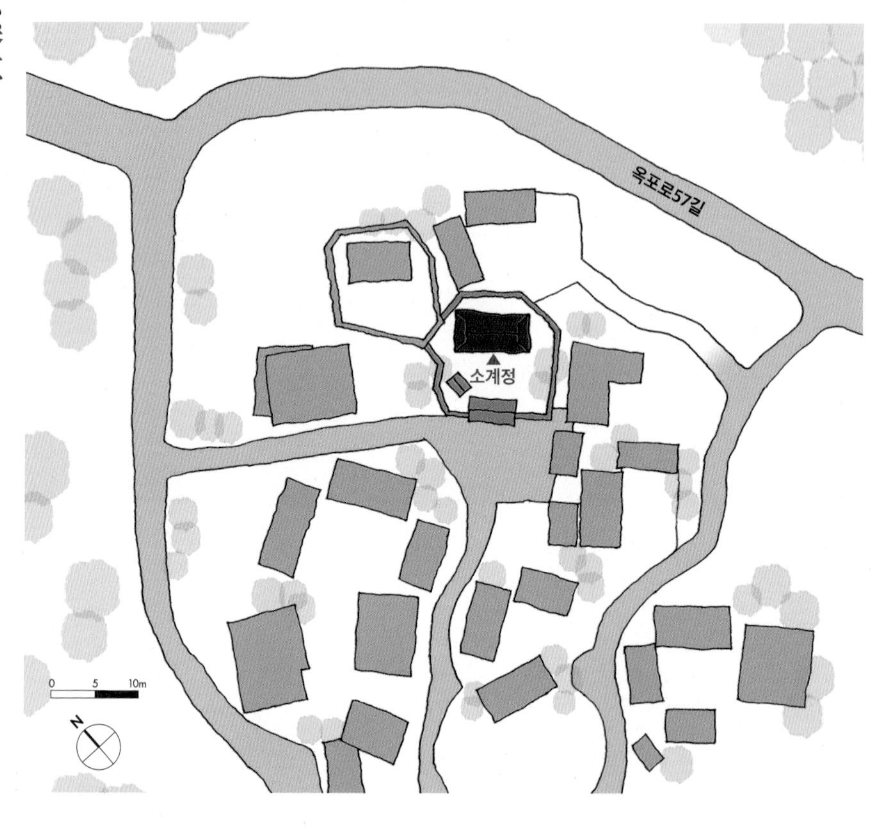

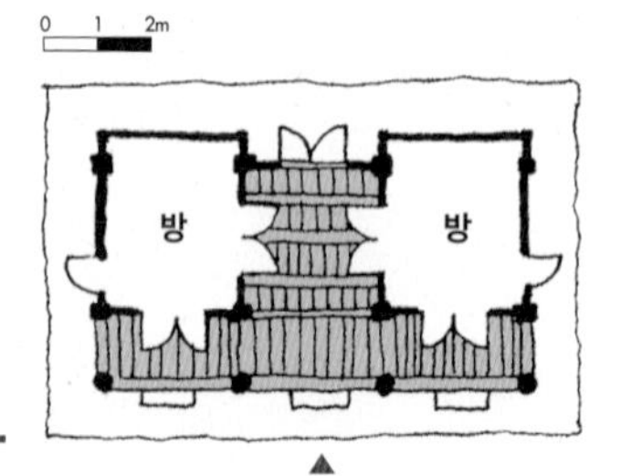

1 정자 바로 옆에 있는 소계 석재준의 영당

2 1995년에 지은 진도문은 양쪽에 창고가 있는 3칸 집이다.

건물에 남아있는 상량 묵서에 '상원계해구월팔일(上元癸亥九月八日)'이라고 쓰여 있는 것을 보아 1923년에 상량하였음을 알 수 있다. 그러나 "소계정중건기"에는 1931년에 성균관부관장 이수락(李壽洛)과 함안 조양제(趙良濟)가 지었다고 기록하고 있어서 상량묵서와 차이를 보이고 있다. 이후 건물이 퇴락해 1990년에 대대적으로 해체 수리했다.

소계정은 대구 서남쪽 15km 거리, 기세마을 한복판에 민가와 섞여 있다. 기세마을은 동쪽에 달도산이라는 주산이 있어서 정자와 집들이 대부분 서향하고 있다. 일제강점기라는 어려운 시절에 소계 석재준(小溪 石載俊, 1866~1945) 문하의 제자들이 건립하고 강학지소공간으로 사용했다고 하니 여느 정자와 달리 주변 경관을 고려하지는 않았다고 판단된다.

소계정은 정면 3칸, 측면 1칸 반 규모로 간살도 크지 않은 민도리 홑처마 팔작지붕집이다. 가구는 3량가인데 전퇴가 있어서 5량가처럼 보인다. 방과 전퇴 사이의 기둥은 고주가 아니라 대들보 밑에 세운 평주로 구조역할을 하는 기둥이라기보다는 벽체를 구성하기 위한 보조기둥 성격이 강하다.

기둥은 원주이며 기둥머리에서는 직절익공과 행공을 사개맞춤으로 하고 기둥 위에는 주두를 놓고 도리와 보아지를 직교하여 맞춤했다. 직절익공과 보아지가 두 단으로 걸려 있는 모습이 특징이다. 부재들이 얇고 소박하며 장식 없이 단순 간결한 것이 특징이다.

정자 앞의 진도문은 1995년에 지은 것으로 양쪽에 창고가 있는 3칸집이다. 정자 왼쪽에는 소계의 영당이 있어서 전체적으로 정자보다는 사당과 재실의 분위기이다.

1

2

1

5

1 소계정 왼쪽에는 소계의 영당이 있어서 전체적으로 정자보다는 사당과 재실의 분위기이다.

2 3량가로 얇은 대들보 밑에 보조기둥을 세워 방을 구획했다.

3 원기둥 위의 직절익공이 단순하면서도 강직한 분위기를 준다.

4 정갈한 가구구성이 돋보이는 정자이다.

5 작고 아담한 서당에 가까운 소계정의 모습

6 1칸 대청. 우물마루를 깔고 배면에는 머름을 설치하고 판문을 달았다.

대구 동계정

[위치] 대구 동구 옻골로 204 (둔산동) **[건축 시기]** 1910년
[지정사항] 대구광역시 문화재자료 제45호 **[구조 형식]** 3량가 팔작기와지붕

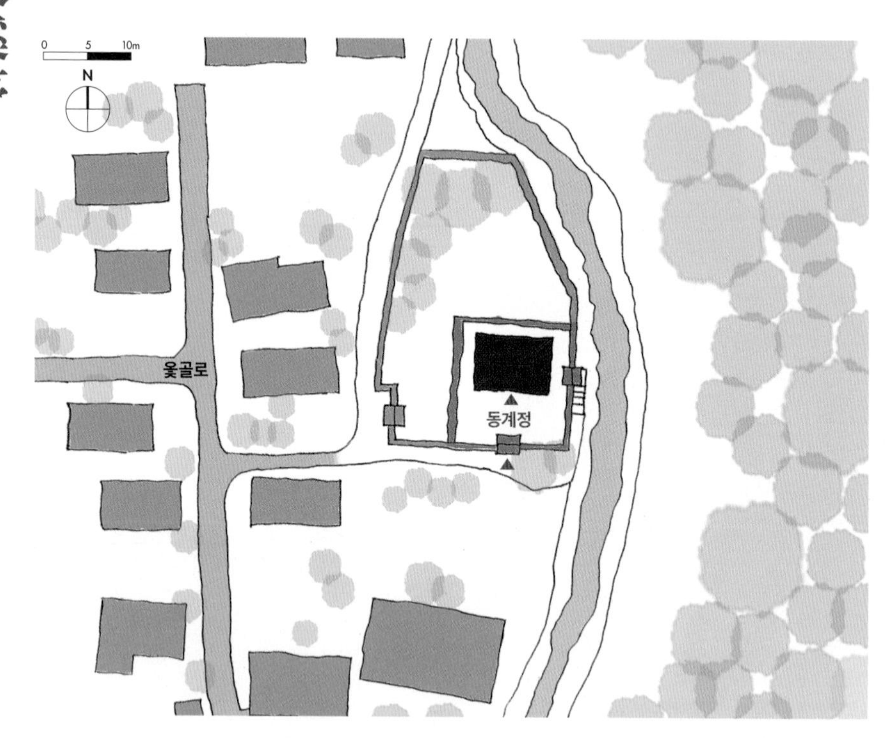

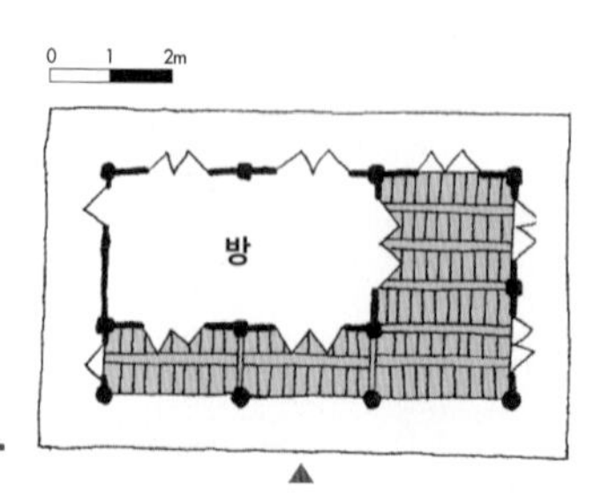

동산서원의 철거 자재를 활용해 1910년에 지은 것으로 알려져 있다. 경주 최씨의 집성마을인 옻골마을에 있다. 동계 최주진(東溪 崔周鎭, 1724~1763)을 기리기 위해 짓고 후손들의 강학공간으로 사용했다고 한다. 정자의 이름은 최주진의 호를 딴 것이지만 실제로 정자 동쪽에 계곡물이 흐르고 있어서 의미상으로도 일치한다.

동계정은 경주최씨 종가 동쪽으로 계곡과 면해 자리하고 있다. 옻골마을은 좌우로 높은 산이 있는 협곡 사이에 있는데 마을 앞쪽인 남쪽만 열려 있다. 마을 앞으로는 안산이 없어서 느티나무 군락으로 비보 숲을 조성해 안산을 대신하도록 했다.

정자는 전면 3칸, 측면 2칸 규모인데 2칸 가운데 전면 반 칸에는 퇴를 두었다. 가구는 3량으로 툇보 없이 대들보를 걸고 대들보 중앙에 판대공을 세워 서까래를 걸었다. 따라서 고주는 없으며 대들보 아래에 보조기둥을 세워 퇴를 구성했다. 기둥은 전면 평주만 원주이고 나머지는 모두 각주이다. 공포는 민도리집으로 전면은 소로수장으로 장식했다. 좌우 3칸 중에서 서쪽 2칸은 온돌이고 동쪽 1칸이 대청이다. 평면구성으로 보았을 때 정자의 개념보다는 종가의 부속 별당으로 지어 서당과 같은 기능을 한 것으로 판단된다.

기둥 단면 형태를 고려해 전면 초석은 원형의 사다리꼴 초석을 사용하고 나머지는 자연석 초석을 사용한 것이 이채롭다. 또 기둥머리의 두공을 초각이나 직절하지 않고 아랫단을 반원으로 접어 화려하지 않다. 그렇다고 직절익공처럼 밋밋하지도 않게 장식 효과를 주었다.

규모와 형식에서 매우 소박하지만 두공의 모양과 전면을 소로수장으로 장식해 최소한의 조형성을 고려했음을 알 수 있다.

1 툇보 없이 3량 가구에 보조기둥을 세워 퇴를 만들었다.

2 방형의 정돈된 앞마당이 정갈하다.

1 동계정의 이름에 부합하듯이 정자의 동쪽에는 계곡이 흐르고 있어서 수경과 어우러진 경치가 아름답다.

2 대공 위에 홍예형 충량을 걸고 외기 없이 추녀를 건 모습이 역동적이다.

3 물건 거는 용도로 사용하는 외줄 시렁

4 화려하지는 않지만 원기둥을 사용하고 익공의 말구를 반원으로 조각해 최소한의 장식 효과를 주었다.

5 마루보다는 방의 비율이 높은 서당의 성격을 갖는 정자로 규모가 작고 아담하지만 완성도가 높다.

6 반듯하고 정연한 모습이다.

대구 봉무정

[위치] 대구 동구 팔공로 327-7 (봉무동) **[건축 시기]** 1875년
[지정사항] 대구광역시 유형문화재 제8호 **[구조 형식]** 2평주 5량가+1고주 5량가 맞배+내림기와지붕

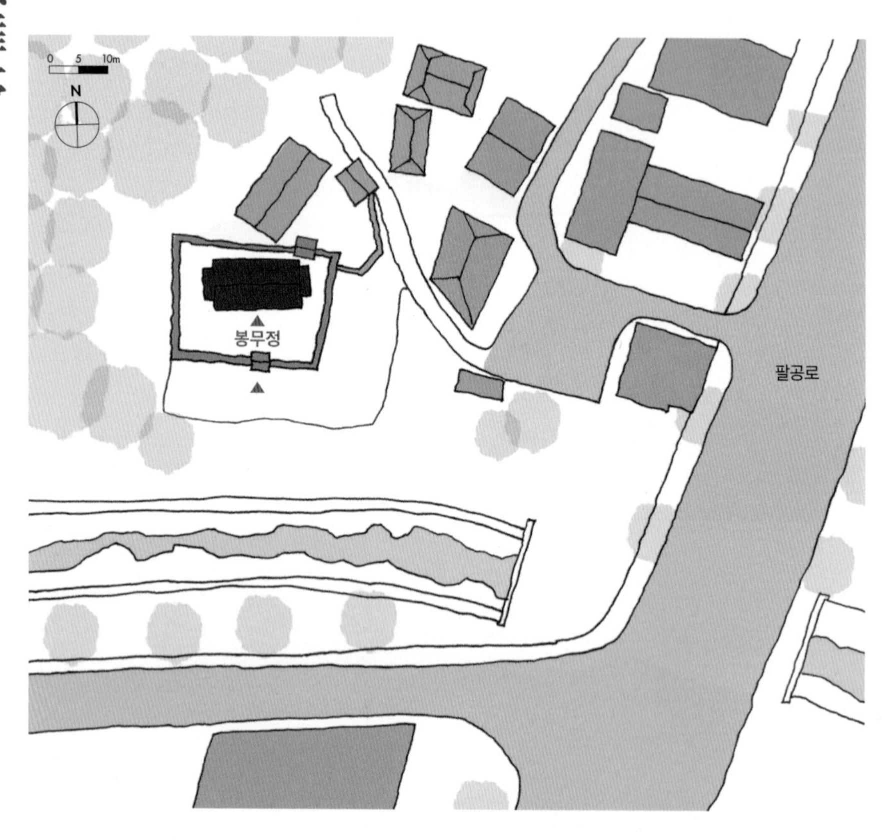

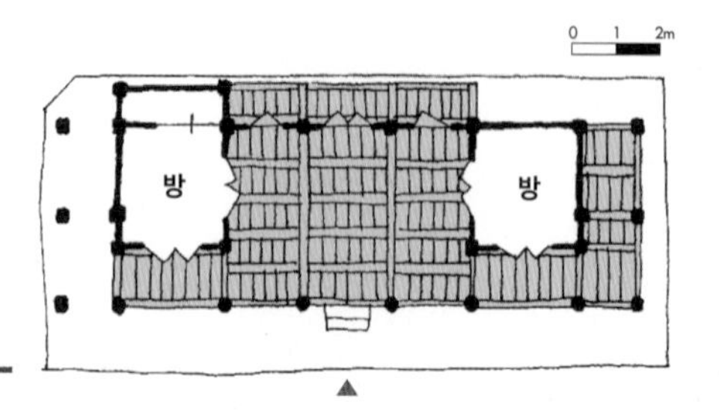

1875(고종12)년에 봉촌 최상룡(鳳村 崔象龍, 1786~1849)이 행정사무를 보기 위해 지은 정자라고 전한다. 대구 북쪽을 휘감아 흐르는 금호강과 가까운 곳에 자리한다. 정자에 걸려 있는 "봉무정기(鳳舞亭記)"에 따르면 정자 뒷산이 마치 봉황이 춤을 추는 것과 같은 형상이어서 봉무정이라고 이름붙였다고 한다.

정면 5칸, 측면 2칸 규모인데 양쪽 끝에 가퇴를 달아내 마치 7칸처럼 보인다. 평면형식은 가운데 넓은 3칸 마루를 중심으로 양쪽에 온돌을 두었는데 서원의 강당과 유사하다. 동쪽 방을 덕교재(德教齋), 서쪽 방을 예용재(禮用齋)라 하고 대청을 강당으로 했다. 강당에서는 마을의 규약 등을 가르치고 방에서는 시를 짓고 풍류를 즐겼다. 원주를 사용하고 공포는 창방과 두공이 직교하는 직절익공 형식이며 기둥머리에는 두주를 올리고 보를 받도록 했다. 창방 위에는 소로를 얹어 장혀와 도리를 받도록 했다. 평면은 가운데 3칸은 대청이고 양쪽에 1칸 온돌을 들였다. 가구는 대청 부분은 2평주 5량가이지만 방 부분은 1고주 5량가로 했다. 그러나 엄밀한 의미에서 고주는 사용되지 않았으며 퇴의 경계지점에 평주를 세우고 그 위에서 대들보와 툇보를 걸었는데 이 기둥과 동자주의 위치는 일치하지 않는다. 약간의 거리 차이인데 고주를 사용하지 않고 동자주를 툇기둥과 열을 맞추지 않은 이유를 이해하기 어렵다.

중앙 5칸은 홑처마 맞배지붕으로 처리하고 동쪽 측면 가퇴는 마루로 했고 서쪽 측면은 토방으로 했는데 내림지붕으로 처리했다. 경상도 지역에서 많이 보이는 지붕 처리법이다.

양쪽 가퇴까지 합하면 7칸으로 일반 정자와 비교하면 규모가 배 이상 큰 편이지만 부재가 소박하고 장식이 없어 화려하지 않으며 고졸한 느낌을 준다. 건립 목적도 여느 정자와 다른데, 정자가 선비들이 시를 짓고 풍류를 즐기던 곳이었다면 이곳은 마을의 공공건물로 행정 기능이 주였다.

1

5

6

7

8

9

1 마을 뒷산 한적한 곳에 홀로 자리한다.

2 공포는 직절익공으로 하고 주두와 소로를 사용해 격식을 갖추었다.

3 맞배지붕 아래 가퇴를 들이고 내림지붕으로 마감했다.

4 고주를 사용하지 않고 내부 기둥과 동자주열을 맞추지 않고 가구한 특별한 사례이다.

5 대청부분은 2평주 5량가로 대들보의 자연스런 모습이 역동적이고 인상적이다.

6 온돌부분은 퇴가 있는 1고주 5량가의 모습이지만 엄밀히 따지면 고주가 아닌 평주를 사용한 독특한 가구이다.

7 비교적 잘 다듬은 원형초석을 사용했다. 평면이 원형이면서 입면이 살아 있는 형태의 초석은 그리 흔하지 않다.

8 대청 양쪽으로 온돌을 갖춘 마치 서원의 강당과 같은 평면구성을 엿볼 수 있다.

9 마루귀틀의 하단은 목재 표피부분의 자연스러운 곡선이 살아 있다.

10 여느 정자에 비해서 건물의 규모가 큰 편인데 양쪽에 가퇴까지 부설한 관영건축의 모습이다.

용어 해설

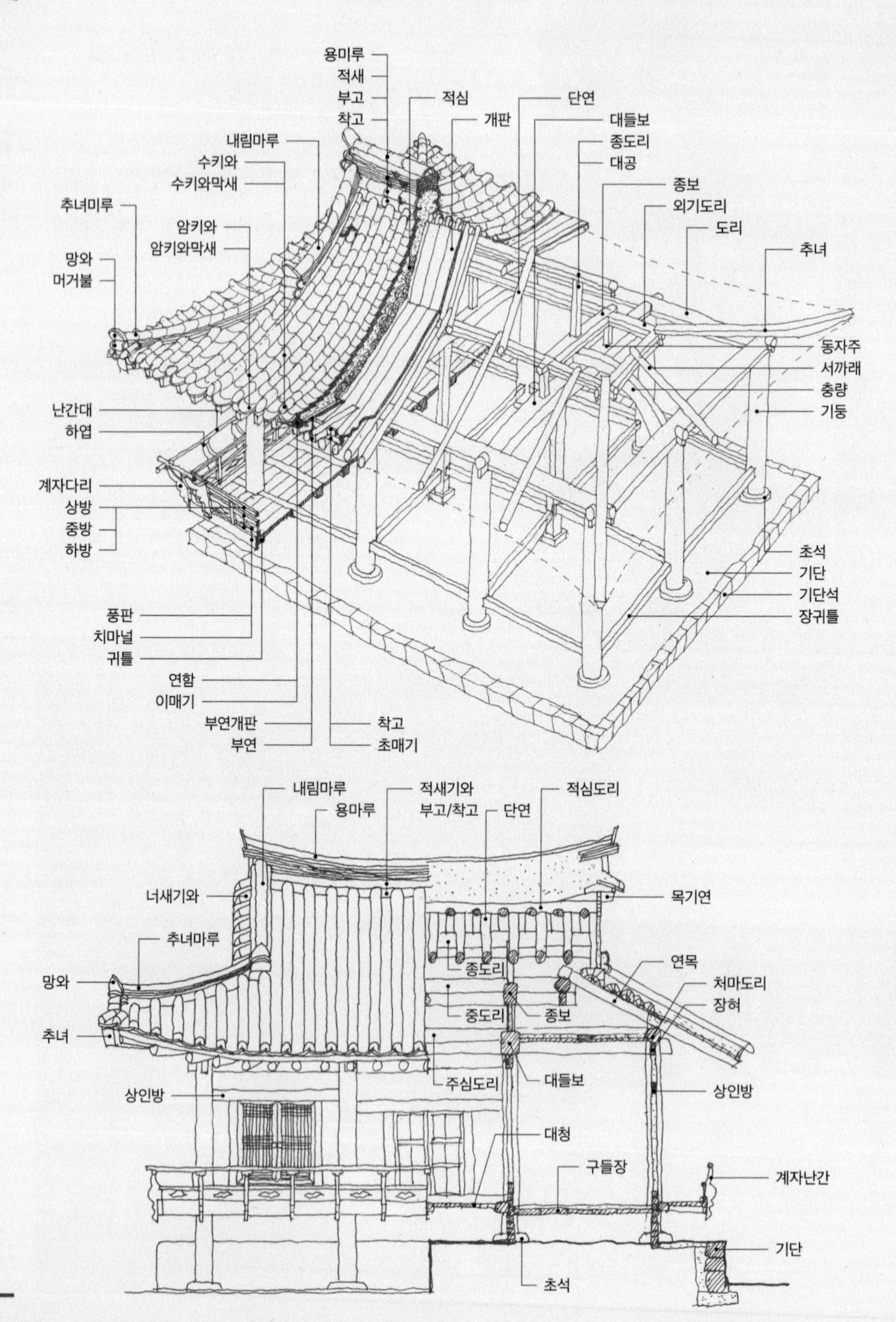

용미루
적새
부고
착고
적심
개판
단연
대들보
종도리
대공
내림마루
수키와
수키와막새
추녀미루
종보
외기도리
도리
암키와
암키와막새
망와
머거불
추녀
동자주
서까래
충량
기둥
난간대
하엽
계자다리
상방
중방
하방
초석
기단
기단석
장귀틀
풍판
치마널
귀틀
연함
이매기
부연개판
부연
착고
초매기
내림마루
용마루
적새기와
부고/착고
단연
적심도리
너새기와
목기연
추녀마루
종도리
연목
망와
처마도리
장혀
중도리
종보
추녀
주심도리
대들보
상인방
상인방
대청
구들장
계자난간
기단
초석

구조

대들보, 종보, 중보: 보는 앞뒤로 기둥을 연결하는 부재로 3량가에서는 대들보 하나만 건다. 5량가에서는 대들보 위에 동자주를 세우고 보를 하나 더 걸어야 하는데, 위에 거는 보가 종보이고 아래 있는 보가 대들보이다. 대들보는 종보나 중보에 비해 길고 단면 또한 굵다. 7량가에서는 대들보와 종보 사이에 보가 하나 더 걸리는데 이것을 중보라고 한다.

도리: 서까래 바로 아래 가로로 길게 놓이는 부재로 놓이는 위치에 따라 종도리 또는 마루도리, 처마도리 또는 주심도리, 중도리 등으로 구분할 수 있다. 종도리는 가장 높은 용마루 부분에 놓이는 도리로 마루도리(마룻대)라고도 한다. 처마도리는 건물 외곽의 평주 위에 놓이는 도리로 주심도리라고도 한다. 3량가에서는 종도리와 처마도리만으로 구성되는데 5량가 이상에서는 동자주 위에도 도리가 올라간다. 이 도리를 중도리라고 한다.

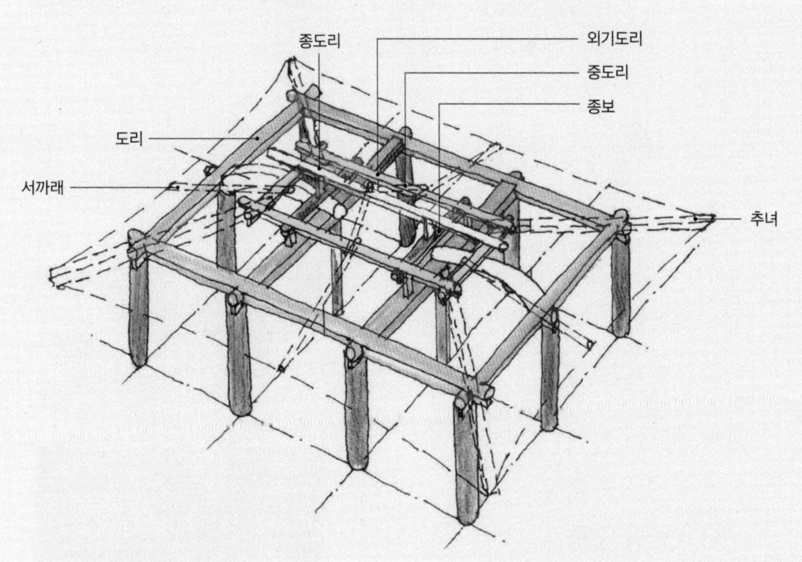

외기도리: 팔작지붕에서 중도리가 추녀를 받기 위해 내민 보 형식으로 빠져나와 틀을 구성한 부분을 말한다.

장혀: 도리 밑에 놓인 도리받침 부재로 도리와 함께 서까래의 하중을 분담하는 역할을 한다. 도리보다 폭이 좁다. 장혀 밑에 또 하나의 장혀를 보내는 경우가 있는데 이를 뜬장혀라고 한다.

충량: 한쪽은 대들보에 다른 쪽은 측면 평주에 걸리면서 대들보와 직각을 이루는 보로 측면이 2칸 이상인 건물에서 생긴다. 평주보다 대들보 쪽이 높기 때문에 대개 굽은 보를 사용한다.

대공: 종보 위 종도리를 받는 부재로 화반과 함께 가장 다양한 형태로 나타난다. 3량가나 부속 건물에서 주로 볼 수 있는 짧은 기둥을 세운 동자대공, 판재를 사다리꼴로 여러 겹 겹쳐서 만든 판대공, 첨차를 이용해 마치 공포를 만들듯 만든 포대공 등이 있다.

동자주: 대들보와 중보 위에 올라가는 짧은 기둥

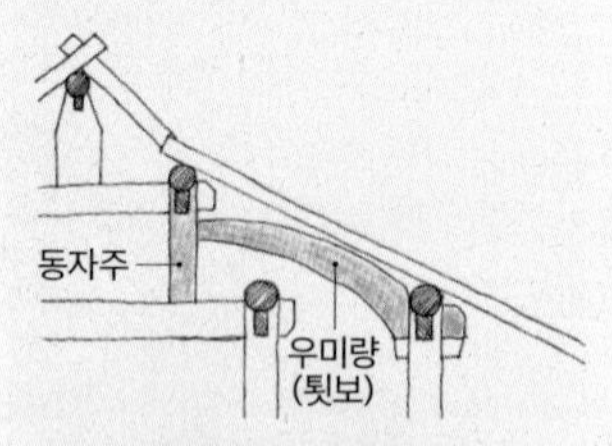

보아지: 건물의 수평구조 부재인 보의 전단력을 보강하고 기둥의 처짐 방지를 고려해 받치는 받침목이다.

소로: 소로는 첨차와 첨차, 살미와 살미 사이에 놓여 상부 하중을 아래로 전달하는 역할을 한다. 주두와 모양은 같고 크기는 작다. 도리와 장혀 밑에 소로를 받쳐 장식한 집을 소로수장집이라고 한다.

주두: 공포 최하부에 놓인 방형 부재로 공포를 타고 내려온 하중을 기둥에 전달하는 역할을 한다. 주두는 공포 하나에 하나만 사용하는 것이 보통이지만 이익공 형식에서는 초익공과 이익공 위에 각각 주두를 놓기도 한다. 아래 놓이는 주두는 위의 주두보다 커서 대주두 또는 초주두라고 하고 위에 있는 것은 소주두 또는 재주두라고 한다.

화반: 주심포 형식 건물에서 포와 포 사이에 놓여 장혀를 받는 부재로 장혀나 도리가 중간에서 처지는 것을 방지해 준다. 어떤 부재보다 형태가 다양하다.

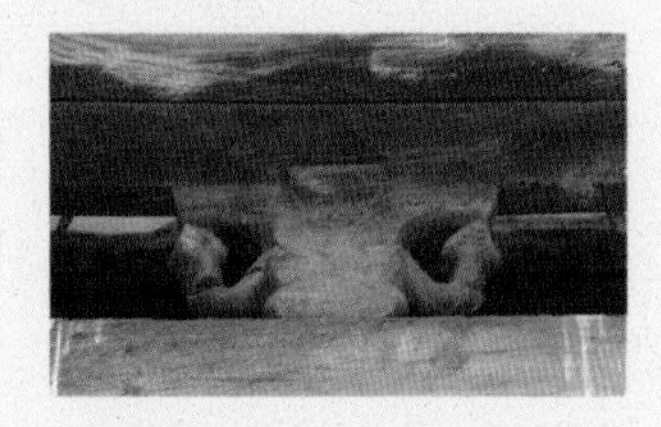

도랑주: 원목의 껍질 정도만 벗겨 거의 가공 없이 자연 상태의 모양을 그대로 살려 사용한 기둥

활주: 추녀가 건물 안쪽으로 물린 길이보다 바깥으로 빠져나간 길이가 길 경우 추녀가 처지게 된다. 추녀의 처짐을 방지하기 위해 추녀 안쪽 끝을 무거운 돌로 눌러주거나 철띠로 고주에 잡아매기도 하며 강다리를 이용해 지붕 가구와 묶어준다. 그래도 부족하기 때문에 추녀 끝에 보조기둥을 받쳐주는데 이를 활주라고 한다.

기단과 초석

기단: 지면의 습기를 피하고 집안에 햇빛을 충분히 받아들여 밝게 하기 위해 지면으로부터 집을 높여주는 역할을 한다. 대개 처마보다 짧게 내밀어 빗물이 기단 위로 떨어지지 않게 한다.

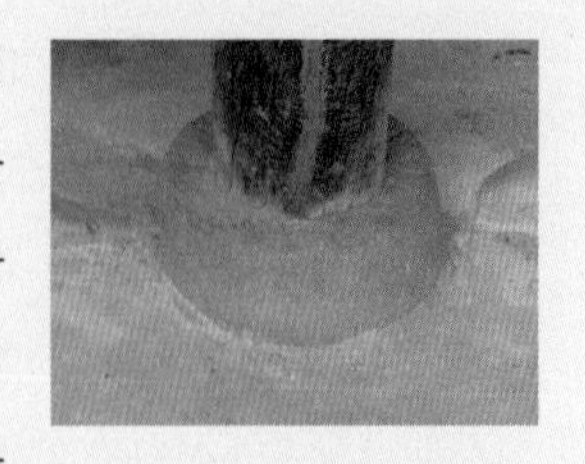

초석: 기둥 밑에 놓여 기둥에 전달되는 지면의 습기를 차단해 주고 건물 하중을 지면에 효율적으로 전달하는 역할을 한다. 주초라고도 한다. 자연석을 그대로 사용한 것은 자연석 초석 혹은 덤벙주초라고 한다. 돌을 가공한 초석은 가공석 초석인데 모양에 따라 원형, 방형, 다각형 등으로 구분된다. 또한 사용 위치에 따라 평주초석, 고주초석, 심주초석 등으로 구분된다.

난간

난간에는 계자난간과 평난간이 있는데 조선시대에는 계자난간이 널리 사용되었다. 계자난간은 당초문양을 조각해 만든 계자다리가 난간대를 지지하는 난간을 말한다. 계자다리는 올라갈수록 밖으로 튀어나오게 만들어 난간 안쪽에서 손에 스치지 않게 했다. 평난간은 계자다리가 없는 난간을 말한다. 평난간은 난간 상방 위에 바로 하엽을 올리고 하엽 위에 난간대를 건다.

계자다리: 난간대를 지지하는 부재로 측면에서 보면 선반 까치발처럼 생겼다.

돌난대: 돌난간의 난간대를 지칭한다.

치마널: 난간의 머름하방이 놓이는 마루귀틀에 붙인 폭인 넓은 판재를 말한다. 넓은 치마널을 붙이면 난간하방이 두껍게 보여 난간이 안정돼 보인다.

풍혈: 계자난간의 난간청판에 낸 연화두형의 바람구멍으로 허혈이라고도 한다. 풍혈의 작은 구멍을 통과하는 바람은 풍속이 빨라지기 때문에 난간에 기대앉은 사람에게 시원한 바람을 제공하는 선풍기 효과가 있다.

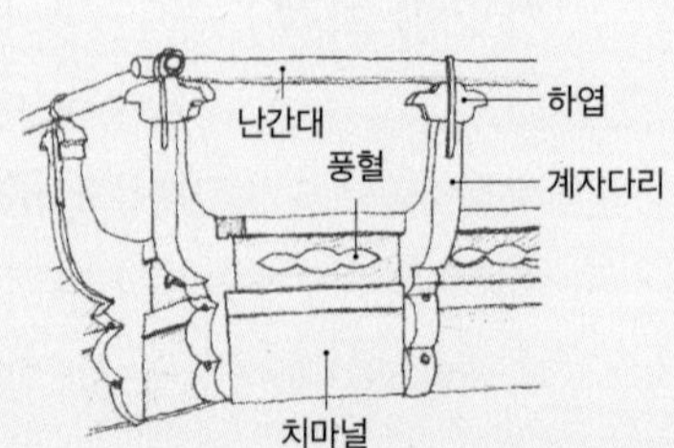

하엽: 계자난간의 난간대와 계자다리가 만나는 부분에 주두를 엎듯 끼운 연잎 모양의 조각 부재를 말한다.

마루

마루는 짜는 방법에 따라 장마루와 우물마루로 구분할 수 있다. 장마루는 기둥 사이에 장선을 일정한 간격으로 걸고 그 위에 폭이 좁고 긴 마루널을 깔아 만든 마루를 일컫는다. 우물마루는 장귀틀과 동귀틀을 '井'자 모양으로 깐 데서 붙인 이름이다.

동귀틀: 장귀틀 사이에 일정한 간격으로 보낸 짧은 장선

마루청판: 얇고 넓은 마루판재로 동귀틀과 동귀틀 사이에 끼워 고정한다.

장귀틀: 기둥과 기둥 사이에 건너지른 긴 장선

마루가 놓이는 위치에 따라 툇마루, 고상마루, 쪽마루 등으로 구분한다.

고삽마루: 회첨이나 모서리에 삼각형 모양으로 만들어진 마루

고상마루: 다른 마루보다 높게 설치한 툇마루로 아래에는 대개 아궁이를 들인다.

쪽마루: 툇간이 없는 부분에서 툇마루 역할을 할 수 있도록 평주 바깥쪽에 덧달아낸 마루이다. 평주 안쪽에 만들어지는 툇마루와 혼동하는 경우가 많다.

툇마루: 고주와 평주 사이 툇간에 놓인 마루를 말한다. 외부에 개방되어 있으면서 방과 방 사이를 연결하는 동선 역할과 함께 안팎의 완충공간 역할도 한다.

헌함: 누각에서 기둥 밖으로 귀틀뺄목에 깐 마루부분을 가리킨다.

맞춤과 이음

반턱이음: 부재 두께의 반씩을 걷어내 맞대어 이음하는 것을 말한다. 반턱이 위로 열려 있고 밑에 깔린 부재를 받을장, 반턱이 아래로 열려 있고 위에 놓이는 부재를 업힐장이라고 한다.

장부이음: 두 부재를 부재의 반 정도 두께로 서로 길게 장부를 내어 이음하는 것을 말한다. 부재 끝부분을 일정 길이만큼 반씩 살을 제거해 서로 맞대 연결하는 반턱이음과 비슷하지만 장부걸이가 있는 것이 다르다. 장부이음은 하부 받침이 튼튼하지 않은 수평재의 이음이나 수직력만 받는 기둥의 이음에 주로 사용한다.

사개맞춤(사갈맞춤): 기둥머리에서 창방과 보가 직교해 만나기 때문에 기둥머리는 '+'자형으로 트는데 이를 사갈이라고 한다. 사갈을 기본으로 결구되는 기둥머리 맞춤으로 기둥머리 맞춤에서 가장 많이 이용한다.

쌍장부맞춤: 이음과 맞춤을 위해서는 부재에 암수가 있어야 하는데 수놈 역할을 하는 것이 장부, 암놈 역할을 하는 것이 장부구멍이다. 쌍장부맞춤은

장부의 모양이 '凹'자 모양인 것으로 인방을 기둥에 연결할 때 주로 사용한다. 장부의 모양이 '凸'자 모양인 것은 외장부맞춤이라고 하며 툇보를 고주에 연결할 때 주로 사용한다.

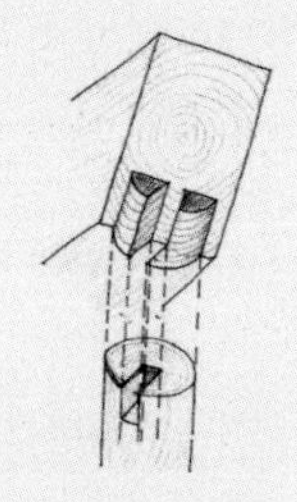

연귀맞춤: 액자 틀처럼 모서리 부분을 45도로 맞춤하는 것으로 주로 문얼굴의 맞춤에 사용된다.

제혀쪽매이음: 쪽매이음은 얇은 판재를 연결하는 이음법을 말하는데 두 판을 그냥 맞대 놓는 맞댄쪽매이음, 반턱이음처럼 살을 반씩 덜어낸 다음 겹쳐 놓는 반턱쪽매, 맞댄 면이 45도 정도로 비스듬하게 연결한 빗쪽매이음 등이 있다. 제혀쪽매이음은 맞댄 면이 요철(凹凸)형으로 연결된 이음법으로 고급스러운 쪽매이음 방식이다.

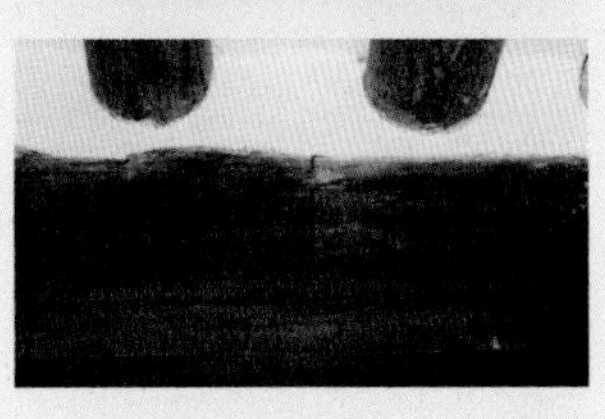

주먹장맞춤: 서로 맞댄 면에 암수로 주먹장을 내어 끼워 잇는 맞춤법이다.

지붕

지붕마루의 아랫단부터 착고, 부고, 적새, 숫마룻장이 놓여 용마루를 구성한다.

착고: 지붕의 수키와 암키와가 놓이면서 생긴 요철에 맞는 특수기와로 지붕마루의 가장 아래에 놓인다.

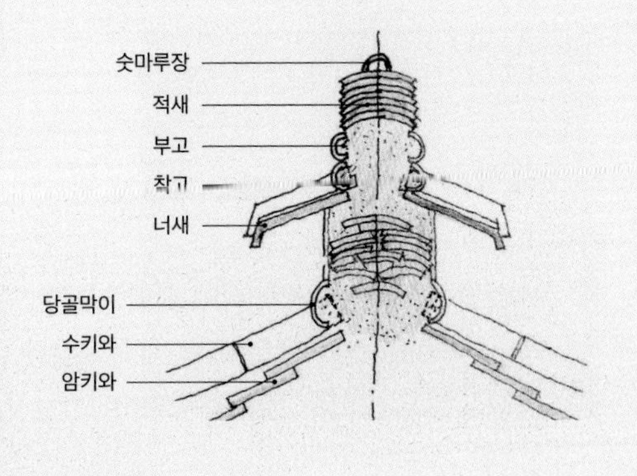

부고: 착고 위에 수키와를 옆으로 눕혀 한 단 더 올린 것을 말한다.

적새: 부고 위에 암키와를 뒤집어 여러 장 겹쳐 쌓은 것을 말한다.

숫마룻장: 적새 위에 수키와를 한 단 더 놓는데 이것이 숫마룻장이다.

개판: 서까래나 부연 사이에 까는 판재로 서까래와 같이 길이방향으로 깐다.

적심: 서까래를 눌러주고 지붕 물매를 잡아주기 위해 중도리 부근에 잡목이나 치목 후 남은 목재 또는 해체한 구부재를 채워주는데 이를 적심이라고 한다.

막새: 기와 끝에 드림새를 붙여 마감이 깔끔해 보이게 하는 역할을 하는 기와로 암막새와 수막새가 있다.

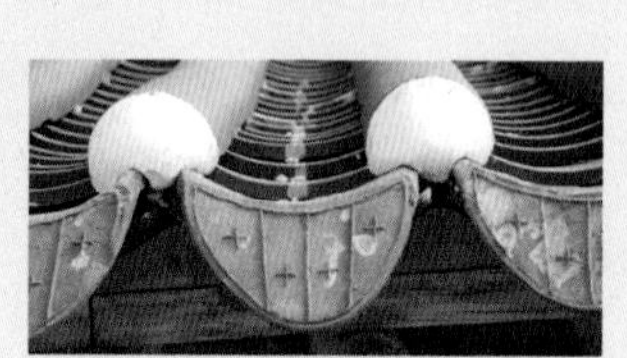

망와: 지붕마루 끝에 올리는 장식기와로 마치 암막새를 뒤집어놓은 것과 같은 모양인데 암막새에 비해 드림새가 높다.

머거불: 지붕마루 양 끝에서 착고와 부고의 마구리 부분을 막아주는 수키와

풍판: 맞배지붕에서 박공 아래로 판재를 이어대고 그 사이를 쫄대목으로 연결해 비바람을 막을 수 있도록 한 것이다.

처마

부연: 겹처마에서 서까래 끝에 걸어주는 방형의 짧은 서까래인데 처마를 깊게 할 목적과 함께 장식 효과도 있다.

서까래: 도리 위에 건너지르는 긴 부재로 놓

이는 위치에 따라 달리 부른다. 3량가에서는 처마도리와 종도리에 한 단만 걸쳐지는데 서까래 또는 연목이라고 한다. 5량가에서는 처마도리에서 중도리까지와 중도리에서 종도리까지 두 단의 서까래가 걸리는데 하단 서까래를 장연, 상단 서까래를 단연이라고 한다. 7량가 이상에서는 장연과 단연 사이에도 서까래가 걸리는데 이것을 중연이라고 한다.

이매기: 부연 끝에 걸린 평고대

초매기: 서까래 끝에 걸린 평고대

연함: 기와골에 맞춰 파도 모양으로 깎은 기와 받침부재로 평고대 위에 올린다. 단면은 삼각형 모양이다.

굴도리와 납도리: 도리는 서까래 바로 아래 가로로 길게 놓인 부재이다. 단면 형태와 놓인 위치에 따라 명칭이 다른데 단면이 원형인 도리가 굴도리, 단면이 네모난 도리가 납도리이다.

굴도리

납도리

천장

반자라고도 하는데 모양에 따라 우물천장, 연등천장, 빗천장 등이 있다.

고미반자: 고미받이와 고미가래로 구성한 천장이다. 고미가래 위에 산자를 엮고 흙을 깔아 마감한다. 고미받이는 보와 보 중간에 도리방향으로 건너지른 것을 말한다. 고미받이와 양쪽 도리에 일정 간격으로 서까래를 걸 듯이 건 것이 고미가래이다. 더그매천장이라고도 한다.

눈썹천장: 중도리가 추녀를 받기 위해 내민 보 형식으로 빠져나와 틀을 구성한 부분인 외기의 보방향 도리에 측면 서까래가 걸리고 도리의 왕지맞춤 부분에는 추녀가 걸리면서 외기 안쪽이 깔끔하지 못하다. 이것을 가리기 위해 설치한 천장이 눈썹천장이다. 면적이 매우 작아 붙은 이름이다.

빗천장: 수평이 아닌 서까래 방향을 따라 비스듬하게 설치된 천장. 대개 외곽 쪽은 평주 높이에 맞추고 안쪽은 고주 정도의 높이에 맞춰 만들어진다.

연등천장: 천장을 만들지 않아 서까래가 그대로 노출된 천장으로 대청 천장으로 많이 사용했다.

우물천장: 천장의 모양이 우물 정(井)자 모양인데서 붙은 이름이다. 살림집보다는 궁궐이나 사찰에서 주로 볼 수 있는데 장엄 효과가 있기 때문이다.

함실아궁이: 조리용 부엌이 필요 없는 공간에 부뚜막 없이 아궁이만 만들거나 벽체에 구멍만 내 아궁이로 사용하는 것을 말한다. 고래가 시작되는 부넘기 앞에 만들어지는 불을 지피는 공간을 함실이라고 하는데 함실에서 바로 불을 지핀다고 해서 붙은 이름이다.

※ 용어 설명은 목심회, 《우리옛집》(도서출판 집, 2015), 《알기쉬운 한국건축 용어사전》(동녘, 2007)에서 발췌 재구성했다.

참고문헌

고연미, 〈고려 원림을 통해 본 이자현과 이규보의 차문화 공간〉, 《한국예다학》 제6호, 2018년 4월

김규순, 《조선시대 상경 재지사족의 본원적 공간형성 연구》, 강원대학교 박사논문, 2017년 8월

김성아 외2인, 〈茶詩를 통해 본 한국 茶亭의 원형에 관한 연구〉, 《한국정원학회지》 15권 2호, 1997년 2월

김세호, 《17-18세기 장동김씨 청음파의 원림 문화 연구》, 성균관대학교 박사논문, 2017년 4월

김용선 외1인, 〈중재실형 정자 형성과 경제사회적 배경 고찰〉, 《한국건축역사학회 춘계학술대회논문집》, 2014

林義堤, 〈조선시대 서울 누정의 조영특성에 관한 연구〉, 《서울학연구》 제3호, 1994

박언곤 외5인, 〈사류정기 고찰에 의한 정자건축 연구〉, 《대한건축학회학술발표논문집》 제9권 2호, 1989년 10월

손희경 외1인, 〈중재실형 정자건축의 분포 지역과 지역성〉, 《한국건축역사학회 춘계학술대회논문집》, 2016

윤일이, 〈농암 이현보와 16세기 누정건축에 관한 연구〉, 《대한건축학회논문집》 제19권 6호, 2003년 6월

윤일이, 〈조선중기 호남사림의 누정건축에 관한 연구〉, 《대한건축학회논문집》 제22권 7호, 2006년 7월

이상식 외4인, 〈전북지역 누정 조사보고〉, 《호남문화연구》 제23집, 1995

이재현 외1인, 〈울산지역 누정의 공간구성과 형태특성 분석〉, 《한국콘텐츠학회논문지》 11권, 2011년 11월

이진수, 〈고려시대 차문화 공간 연구-《고려도경》을 중심으로〉, 《차문화산업학》 제29집, 2015

이찬영 외1인, 〈상주 지역 누정의 건축적 특성에 관한 연구〉, 《대한건축학회논문집》 32권 11호, 2016년 11월

이현우, 〈16-18세기 영호남 누정에 깃든 문화경관의 의미론적 해석〉, 《문화재-국립문화재연구소》, 제45권 1호, 2012년 2월

임영배 외3인, 〈누정의 건축적 특성에 관한 의미론적 고찰〉, 《호남문화연구 24집》, 1996

임한솔, 〈《여지도서》에 기록된 조선후기 감영의 누정〉, 《한국건축역사학회 추계학술발표논문집》, 2019

전봉희, 〈전남지역의 茅亭에 관한 연구〉, 《대한건축학회논문집》 제10권 5호, 1994년 5월

정서경, 〈고려시대 제도권 차문화의 의례적 기능〉, 《남도민속연구》 제25집, 2012

천득염, 〈누정에 관한 기존의 연구〉, 《한국건축역사학회 창립10주년기념 학술발표대회》, 2001

최재율, 〈전북지방 누정 그 실태와 전망〉, 《호남문화연구》 제25집, 1997

《('98~2001年度) 부산광역시 지정문화재 수리 보고서》, 부산광역시 문화예술과, 2003

《('98年度) 文化財 修理 報告書》, 광주광역시 문화예술과, 2003

《('98年度) 文化財 修理 報告書: 도지정 문화재》, 경상북도, 2002

《('99年度) 文化財 修理 報告書: 도지정 문화재》, 경상북도, 2002

《(2000年度) 文化財 修理 報告書》, 경기도, 2000

《(2000年度) 文化財 修理 報告書: 국가지정문화재 上卷》, 문화재청, 2004

《(2000年度) 文化財 修理 報告書: 국가지정문화재 下卷》, 문화재청, 2004
《(2000年度) 文化財 修理 報告書: 도지정문화재》, 강원도, 2004
《(2001년도) 문화재 수리 보고서: 국가지정문화재(상권)》, 문화재청, 2007
《2001年度 文化財 修理 報告書: 도지정문화재 강원도》, 강원도, 2005
《(2001年度) 文化財 修理 報告書: 도지정문화재》, 경상북도 문화예술과 문화재보수담당, 2004
《(2002~2003년도) 문화재 수리 보고서: 국가지정문화재(상권)》, 문화재청, 2008
《(2002~2003년도) 문화재 수리 보고서: 국가지정문화재(하권)》, 문화재청, 2008
《2002~2003年度 文化財修理報告書: 도지정문화재 경상북도》, 경상북도, 2005
《2003年度 文化財 修理 報告書: 도지정문화재 강원도》, 강원도, 2006
《(2003) 文化財 修理 報告書》, 광주광역시 문화예술과, 2004
《(2004年度) 文化財修理報告書: 도지정문화재 강원도》, 강원도, 2007
《2005~2006年度 文化財 修理報告書》, 대구광역시, 2009
《(2005年度) 文化財 修理 報告書: 國家指定》, 군위군청 새마을과, 2007
《(2005年度) 文化財 修理 報告書: 도지정문화재 강원도》, 강원도, 2008
《(2006~2007년) 문화재 수리 보고서 국가지정문화재 [국보·보물](상권)》, 문화재청, 2010
《(2006~2007년) 문화재 수리 보고서 국가지정문화재 [국보·보물](하권)》, 문화재청, 2010
《2006年度 文化財 修理 報告書: 도지정문화재 강원도》, 강원도, 2009
《2007年度 文化財 修理 報告書: 도지정문화재 강원도》, 강원도, 2010
《2008年度 文化財 修理 報告書: 도지정문화재 강원도》, 강원도, 2011
《2009~2010年度 文化財 修理報告書 대구광역시》, 대구광역시, 2010
《2010年度 文化財 修理 報告書 강원도》, 강원도, 2013
《2010~2012년 문화재수리보고서 국가지정문화재(국보, 보물), 상·하》, 문화재청, 2015
《2011年度 文化財 修理 報告書 강원도》, 강원도, 2014
《2013~2014년 문화재수리보고서 국가지정문화재(국보, 보물), 상·하》, 문화재청, 2016
《文化財 修理 報告書 1986》, 文化財管理局, 1988
《文化財 修理 報告書 1987》, 文化財管理局, 1989
《文化財 修理 報告書 1988(상)》, 文化財管理局, 1990
《文化財 修理 報告書 1988(하)》, 文化財管理局, 1990
《文化財 修理 報告書 1989(상)》, 文化財管理局, 1991
《文化財 修理 報告書 1989(하)》, 文化財管理局, 1991
《文化財 修理 報告書 1990(상)》, 文化財管理局, 1991
《文化財 修理 報告書 1990(중)》, 文化財管理局, 1992
《文化財 修理 報告書 1990(하)》, 文化財管理局, 1992
《文化財 修理 報告書 1991(상)》, 文化財管理局, 1993
《文化財 修理 報告書 1991(하)》, 文化財管理局, 1993
《文化財 修理 報告書 1992(상)》, 文化財管理局, 1994
《文化財 修理 報告書 1992(하)》, 文化財管理局, 1994
《文化財 修理 報告書 1993(상)》, 文化財管理局, 1995
《文化財 修理 報告書 1993(하)》, 文化財管理局, 1995

《文化財 修理 報告書 1994(상)》, 文化財管理局, 1996
《文化財 修理 報告書 1995(상)》, 文化財管理局, 1997
《文化財 修理 報告書 1996(상)》, 文化財管理局, 1997
《文化財 修理 報告書 1996(하)》, 文化財管理局, 1997
《文化財 脩理 報告書 1997(상)》, 문화재청, 1999
《文化財 脩理 報告書 1997(하)》, 문화재청, 1999
《文化財 修理 報告書 2011年度》, 대구광역시청 문화예술과, 2011
《文化財 修理 報告書》, 충청남도 문화관광과 편, 2002
《文化財 修理 報告書》, 충청남도 문화예술과, 2003
《文化財 修理 報告書: '98年度~'00年度》, 전라북도, 2003
《文化財 脩理 報告書: 국가지정문화재 1998(상)》, 문화재청, 2001
《文化財 脩理 報告書: 국가지정문화재 1998(하)》, 문화재청, 2001
《文化財 修理 報告書: 국가지정문화재 1999(상)》, 문화재청, 2002
《文化財 修理 報告書: 국가지정문화재 1999(하)》, 문화재청, 2002
《문화재수리보고서: 도지정문화재 2012년도》, 강원도청 문화관광체육국 문화예술과, 2015
《文化財 修理 報告書: 지방 지정 문화재 지방지정 '97년도(상)》, 문화재청, 2000
《文化財 修理 報告書: 지방 지정 문화재 지방지정 '97년도(하)》, 문화재청, 2000
《지방지정 97년도 문화재수리보고서 상·하》, 문화재청, 1999

《동국이상국전집 권23: 사륜정기》
《한국의 건축문화재-강원편》, 기문당, 1999
《한국의 건축문화재-경기편》, 기문당, 2012
《한국의 건축문화재-경남편》, 기문당, 1999
《한국의 건축문화재-서울편》, 기문당, 2001
《한국의 건축문화재-전남편》, 기문당, 2002
《한국의 건축문화재-충남편》, 기문당, 1999
《한국의 건축문화재-충북편》, 기문당, 2012
강영환, 《한국의 건축문화재, 경남편》, 기문당, 1999
中村昌生, 《圖說 茶室の歷史》, 淡交社, 2000
담양군 편, 《소쇄원 및 주변 시가문화원 누정 보전 정비계획 연구보고서》, 담양군, 2005
대한건축사협회, 《한국전통건축(누정건축)》, 대한건축사협회, 1996
박경립, 《한국의 건축문화재, 강원편》, 기문당, 1999
박기용, 《거창의 누정》, 거창문화원, 1998
박언곤, 《한국의 정자》, 대원사, 1989
박준규, 《달관과 관용의 공간 면앙정》, 태학사, 2000
박준규, 《속세를 털어버린 식영정》, 태학사, 2000
상주문화원 편, 《상주 문화 유적》, 상주문화원, 1997
안동군, 《(國譯)永嘉誌》, 1991
예천문화원, 《예천누정록》, 예천군, 2010
이왕기, 《한국의 건축문화재, 충남편》, 기문당, 1999
전북향토문화연구회 편, 《전북의 누정》, 전북향토문화연구회, 2000

조인철, 《우리시대의 풍수》, 민속원, 2008
주남철·장순용·김동욱·이응묵, 《한국전통건축 제3편, 루정건축》, 대한건축사협회, 1996
지역문화연구소 편, 《경기 누정 문화》, 전국문화원연합회 경기도지회, 2003
창녕문화원 편, 《창녕누정록》, 창녕문화원, 1995
천득염, 《소쇄원》, 심미안, 2017
천득염·전봉희, 《한국의 건축문화재, 전남편》, 기문당, 2002
충북향토문화연구소, 《충북의 누정》, (사)충북향토문화연구소, 2010
허균, 《한국의 정원-선비가 거닐던 세계》, 다른세상, 2007
홍승재, 《한국의 건축문화재, 전북편》, 기문당, 2005

문화재청 국가문화유산포털 http://www.heritage.go.kr
소재지 시군 홈페이지
유교넷 http://www.ugyo.net
한국향토문화전자대전 http://www.grandculture.net

경상남도의 정자

지역	명칭	전체 규모	평면 간살	평면 구성	온돌 규모	주 구조	건립 시기	건립 주체	성격	입지	기타
거창	건계정	6	일자양통	마루	0	5량	1905	문중	추모, 강학	천변산간	
거창	만월당	4	일자홑집	좌우온돌	2	5량	1666	문중	추모	호안	
거창	망월정	8	일자양통	좌온돌	2	5량	1813	개인	추모	마을	
거창	모현정	6	일자양통	중앙온돌	1	5량	1898	문중.유림	추모	천변	
거창	심소정	8	일자양통	우온돌	3	5량	1489	개인	강학	강변	
거창	요수정	6	일자양통	중앙온돌	1	5량	1805	문중	강학	천변	
거창	용암정	6	일자양통	중앙온돌	1	5량	1801	개인	-	천변평야	
거창	원천정	4	일자홑집	우온돌	2	3량	1587	문중	강학	마을천변	
거창	인풍정	8	일자양통	중앙온돌	2	5량	1923	개인	-	천변산간	
거창	일원정	8	일자양통	우온돌	2	5량	1905	문중	추모, 강학	강변산간	
고성	소천정	8	일자양통	배면온돌	4.5	3량	1872	문중	추모	천변평야	
밀양	곡강정	6	일자양통	중앙온돌	1	5량	1806	문중	추모	강변	
밀양	금시당	8	일자양통	우온돌	2	5량	1743	개인	추모	강변산간	
	백곡서재	8	일자양통	좌온돌	2	5량	1860	개인	추모	강변산간	
밀양	모선정	12	일자양통	좌우온돌	3	5량	조선중기	개인	추모	천변	
밀양	박연정	6	일자양통	배면온돌	2.5	5량	1864	개인	은거	강변평야	
밀양	반계정	6	일자양통	우온돌	3.5	3량	1775	개인	별서	천변산간	
밀양	서고정사	6	일자전퇴	우온돌	2	3량	1898	개인	강학, 수련	마을호안	
밀양	어변당	3	일자홑집	좌온돌	1	3량	1440	개인	수련	마을호안	
밀양	영남루	20	일자겹집	마루	0	7량	-	관영	관영	강변	객사누각
밀양	월연대	9	3×3칸	중앙온돌	1	5량	1520	개인	은거	강변	
밀양	칠산정	8	일자겹집	좌우온돌	2	5량	1863	문중	추모	산간	
밀양	혜남정	16	ㄱ자양통	좌우온돌	3	5량	1931	문중	추모	호안	
산청	수월정	8	일자양통	중앙온돌	4	5량	1915	개인	추모	산간천변	
산청	오의정	6	일자양통	중앙온돌	1	5량	1872	개인	-	강변	
산청	용강정사	8	일자겹집	좌우온돌	2	5량	조선말기	개인	모임	마을	독립운동
	임리정	6	일자양통	좌온돌	3	5량	조선말기	개인	모임	마을	독립운동
산청	읍청정	10	일자양통	배면온돌	5	5량	1919	개인	휴식	강변	
산청	이요정	10	일자양통	좌우온돌	3	5량	1874	개인	은거	천변	
양산	우규동별서	1	1×1칸	마루	0	3량	1920	개인	별서	천변	
울산	이휴정	6	일자전퇴	좌우온돌	2	5량	-	문중	-	마을강변	
의령	상로재	6	일자전퇴	좌우온돌	3	5량	1722	문중	추모	호안	
의령	의동정	6	일자양통	배면온돌	3.5	5량	1928	문중	추모, 강학	마을산간	
의령	임천정	7	ㄷ자홑집	좌우온돌	3	3량	1928	개인	강학	산간	
의령	청금정	6	일자양통	좌온돌	2	5량	1916	개인	추모	천변산간	
의령	칠우정	10	일자양통	좌우온돌	3	5량	1914	문중	강학	마을	
진주	고산정	8	일자양통	중앙온돌	2	5량	17세기초	개인	은거	산간	
진주	부사정	8	일자양통	중앙온돌	2	5량	17세기	유림	추모,강학	마을	
진주	비봉루	6	일자양통	마루	0	5량	1939	문중	추모	마을	

진주	수졸재	6	일자양통	중앙온돌	1	5량	1916	문중	추모	마을호안	
진주	용호정원	1	팔각	마루	0	무량	1927	개인	구휼	호안중앙	마을구휼
창녕	문암정	6	일자전퇴	좌온돌	2	5+3량	1836	문중	추모	천변	
창녕	부용정	11	ㄱ자전퇴	좌우온돌	4	5량	1582	개인	강학	천변호안	
창원	관술정	8	일자양통	좌우온돌	2	5량	1726	문중	추모	산간	
창원	관해정	6	일자전퇴	좌우온돌	2	3량	조선중기	유림	강학	천변	서원
창원	이승만정자	1	육각	마루	0	3량	일제강점	개인	별서	해변	초정
하동	악양정	8	일자겹집	좌우온돌	3	5량	15세기말	개인	강학.은거	마을	
함안	광심정	4	일자양통	배면온돌	2	5량	1569	문중	강학	강변마을	
함안	동산정	8	일자양통	중앙온돌	2	3량	1459	개인	은거.휴식	천변	
함안	무진정	6	일자양통	마루	0	3량	1542이전	개인	-	호안	
함안	악양루	3	일자홑집	마루	0	3량	1857	개인	-	천변	
함양	거연정	6	일자양통	마루	0	5량	1872	개인	-	강변	중앙온돌 추정
함양	광풍루	10	일자양통	마루	0	5량	1412	관영		강변	
함양	교수정	6	일자양통	좌온돌	2	5량	1398	개인	강학	천변	
함양	군자정	6	일자양통	마루	0	5량	1802	문중	추모	강변	
함양	동호정	6	일자양통	마루	0	5량	1895	개인	-	강변	중앙온돌 추정
함양	심원정	6	일자양통	마루	0	5량	1845	개인	-	천변	
함양	학사루	10	일자양통	마루	0	5량	-	관영	관영	마을	객사누각
합천	가남정	6	일자전퇴	좌온돌	2	3량	1919	개인	추모	천변	
합천	관수정	4	2×2	배면온돌	2	5량	조선후기	-	-	강변	
합천	광암정	12	일자3통	마루	0	5량	조선고종	개인	추모	이건	
합천	농산정	5	1.5×1.5	마루	0	5량	-	개인	-	천변	사방퇴
합천	뇌룡정	10	일자양통	좌우온돌	4	5량	1548	개인	강학수련	천변	서원부속건물
합천	벽한정	6	일자양통	우온돌	2	5량	1639	개인	은거수련	천변	
합천	사의정	12	일자겹집	중앙온돌	2	5량	1922	문중	접객	이건	
합천	수암정	6	일자양통	우온돌	3	5량	1917	개인	-	이건	
합천	임강정	6	일자양통	우온돌	2.5	5량	1865	-	-	마을	
합천	춘우정	6	일자전퇴	좌우온돌	3	3량	1911	문중	추모.강학	천변	
합천	함벽루	6	일자양통	마루	0	5량	1321	개인	-	강변산간	
합천	현산정	11.5	ㄱ자양통	배면온돌	6	5량	1926	개인	추모	이건	
합천	호연정	6	일자양통	우온돌	2	5량	16세기	개인	강학	마을	

경상북도의 정자

지역	명칭	전체 규모	평면 간살	평면 구성	온돌 규모	주 구조	건립 시기	건립 주체	성격	입지	기타
경산	구연정	4	2x2	배면온돌	2	5량	1848	개인	강학	천변	
경주	귀래정	12	육각	배면온돌	2	5량	1755	문중	강학	마을호안	
경주	덕봉정사	9.5	ㄱ자전퇴	좌우온돌	3	5량	1905	개인	강학.추모	호안	
경주	삼괴정	12	T자양통	좌우온돌	4	5+3량	1815	문중	추모	마을천변	
경주	수운정	6	일자양통	우온돌	2	5량	1582	개인	-	마을	

경주	수재정	3	일자홑집	좌우온돌	2	3량	1636	개인	-	천변	
경주	심수정	10.5	ㄱ자전퇴	우온돌	3	5+3량	1560	문중	추모	마을천변	
경주	안락정	7.5	일자전퇴	좌우온돌	2	3량	1776	문중	강학	마을	
경주	유연정	6	일자양통	우온돌	2.5	5량	1811	문중	추모	마을천변	서원부속 위패 봉안
경주	종오정	8	일자홑집	좌우온돌	2	3량	1745	개인	강학	호안	
고령	벽송정	6	일자양통	마루	0	5량	1930	유림	추모강학	천변평야	
구미	대야정	4.5	일자전퇴	좌우온돌	2.5	3량	1770	개인	강학	이건	
구미	동암정	4.5	일자전퇴	좌온돌	2	5량	1796	개인	수양강학	마을	
구미	만령초당	6	일자양통	좌우온돌	3	5량	1680	개인	강학	이건	
구미	매학정	8	일자양통	마루	0	5량	1533	문중	수양	강변마을	
구미	삼가정	8	일자양통	좌우온돌	2.5	5량	1674	개인	강학	마을	
구미	채미정	9	3x3	중앙온돌	1	5량	1768	문중	추모	천변	
군위	양암정	4.5	일자전퇴	중앙온돌	1	3량	1612	개인	수양	천변	
김천	방초정	6	일자양통	중앙온돌	1	5량	1625	개인	-	호안	
김천	봉황대	9	3x3	마루	0	5량	1771이건	관영	관영	이건	
김천	율수재	8	일자양통	좌우온돌	3	5량	1686	문중	강학수양	호안	
대구	관수정	7.5	일자전퇴	좌우온돌	3	3량	1624	개인	수양	마을강변	
대구	동계정	4.5	일자전퇴	좌온돌	2	3량	1910	개인	추모강학	천변마을	
대구	봉무정	8.5	일자양통	좌우온돌	2	5량	1875	개인	별서	천변마을	
대구	소계정	4.5	일자전퇴	좌우온돌	2	3량	1923	유림	강학	마을	
대구	이노정	10	일자양통	분산온돌	4	5량	1885	유림	추모	천변	
봉화	경체정	4	2x2	배면온돌	2	5량	1858	개인	추모	천변호안	
봉화	뇌풍정	4.5	일자전퇴	좌우온돌	2	5량	1907	개인	추모	산간	
봉화	도암정	4.5	일자전퇴	좌우온돌	2	5량	1650	개인	별서	천변호안	
봉화	몽화각	6	일자양통	좌우온돌	3	5량	18세기	개인	추모	마을	
봉화	사덕정	4.5	일자전퇴	중앙온돌	1	5량	1641	개인	-	천변호안	
봉화	사미정	4.5	일자전퇴	좌우온돌	2.5	5량	1727	개인	-	천변	
봉화	석천정사	9	양통+홑집	좌온돌	2	5+3량	1535	개인	-	산간천변	
봉화	옥류암	4.5	일자전퇴	좌우온돌	2.5	5량	1637	개인	은거	호안	
봉화	와선정	4	일자양통	마루	0	5량	17세기	개인	수양	천변산간	
봉화	이오당	4	2x2	배면온돌	2	5량	1679	문중	추모	천변	
봉화	장암정	6	일자양통	좌온돌	2.5	5량	1724	문중	추모강학	마을호안	
봉화	종선정	6	일자양통	우온돌	2	5량	1554	문중	추모	마을	
봉화	창랑정사	10	일자양통	좌우온돌	3	5량	1901	문중	추모	천변	
봉화	창애정	7	ㄱ자전퇴	좌우온돌	2.5	5+3량	18세기	개인	휴식수양	천변	
봉화	청간당	6	일자양통	우온돌	2	5량	19세기	개인	추모강학	호안	
봉화	청암정	9	T자양통	마루	0	5량	1526	개인	수양	호안천변	연못중앙
	충재	3	일자양통	우온돌	2	3량	1526	개인	수양	호안천변	연못중앙
봉화	한수정	11	T자양통	전후온돌	4	5량	1608	문중	-	호안천변	연못중앙
상주	대산루	18	T자양통	중앙온돌	3	5량	1602	개인	-	천변	
	계정	2	일자홑집	우온돌	1	3량	1603	개인	-	천변	

상주	용산정사	6	일자전퇴	좌온돌	3	5량	1849	-	-	호안
상주	천운정사	5	ㄱ자홑집	좌온돌	2	3량	18세기	개인	-	마을호안
상주	청간정	4.5	일자전퇴	우온돌	2	5량	1650	개인	강학	천변
상주	쾌재정	6	일자양통	마루	0	5량	18세기후반	개인	은거	산간
성주	기국정	3	일자홑집	좌온돌	2	3량	1795	개인	강학	천변평야
성주	만귀정	8	일자양통	좌우온돌	2.5	5량	1851	개인	강학수양	천변
안동	경류정	6	일자양통	우온돌	2	5량	16세기중엽	개인	민가별당	마을천변
안동	고산정	6	일자양통	좌우온돌	3	5량	1564	개인	은거휴식	천변
안동	광풍정	6	일자양통	좌온돌	2.5	5량	1630년대	개인	강학	마을
안동	귀래정	8	丁자양통	배면온돌	4	5+3량	1513	개인	은거휴식	마을
안동	낙강정	4.5	일자전퇴	좌우온돌	2	5량	16세기초	개인	-	강변
안동	낙암정	6	일자양통	우온돌	1.5	5량	1451	문중	추모	강변
안동	만대헌	6.5	ㄱ자양통	좌온돌	2	5+3량	1587	개인	강학	마을
안동	만우정	6	일자양통	좌온돌	2	5량	1885	개인	수양	천변
안동	만휴정	6	일자양통	좌우온돌	2	5량	1500	개인	수양	천변
안동	명옥대	4	2×2	마루	0	5량	1665	사림	추모	산간천변
안동	백운정	6	일자양통	좌온돌	2	5량	1568	개인	수양강학	천변
안동	부나원루	6	일자양통	마루	0	5량	17세기	관영	역원시설	이건
안동	산수정	6	일자양통	좌우온돌	2	5량	1610년경	개인	수양강학	마을
안동	삼귀정	6	일자양통	마루	0	5량	1496	개인	경로	천변호안
안동	삼산정	6	일자양통	좌우온돌	3	5량	1760	개인	강학	마을
안동	석문정	7	ㄱ자양통	배면온돌	3	3+5량	1588	개인	수양	산간
안동	송은정	3	일자전퇴	좌온돌	1	5량	1664	개인	은거	이건
안동	송정	6	일자양통	우온돌	2	5량	1679	개인	추모	산간
안동	수운정	6	일자전퇴	좌우온돌	3	5량	1585	개인	수양강학	마을
안동	시북정	6	일자양통	우온돌	2	5량	조선중기	개인	주택별당	마을
안동	애일당	6	일자전퇴	좌우온돌	2	5량	1512	개인	경로별당	강변
안동	약계정	6	일자양통	좌우온돌	2	5량	1897중건	개인	수양	이건
안동	용암정	6	일자양통	마루	0	5량	1913	개인	은거	이건
안동	청원루	11.5	ㄷ자홑집	좌우온돌	2	5+3량	1618중건	개인	은거,모임	마을
안동	체화정	6	일자양통	중앙온돌	1	5량	1761	개인	수양	호안
안동	침락정	8	일자양통	좌우온돌	4	5량	1672	개인	강학	이건
안동	탁청정	6	일자양통	좌온돌	2	5량	1541	개인	-	이건
안동	태고정	4.5	일자전퇴	좌우온돌	2	5량	미상	문중	-	이건
안동	함벽당	5	丁자홑집	좌온돌	3	3량	17세기	개인	은거	마을
영덕	괴정	6	일자전퇴	좌우온돌	2	5량	1766	개인	추모	마을
영덕	명서암	6	일자양통	좌우온돌	2	5량	1733	개인	강학	호안
	우헌정	6	일자전퇴	좌우온돌	2	5량	19세기말	개인	수양	마을
영덕	모고재	8	일자양통	중앙온돌	2	3량	1520	개인	강학	천변
영덕	입천정	8	일자겹집	좌우온돌	3	5량	1680	문중	수양	산간
영덕	침수정	4	2×2	배면온돌	2	5량	1609	개인	은거	천변

영양	가천정	6	일자전퇴	좌우온돌	3	5량	1794	개인	-	마을천변	
영양	남악정	4.5	일자전퇴	좌우온돌	2	5량	1676	개인	-	마을	
영양	만곡정사	4.5	일자전퇴	좌우온돌	2	5량	1790	개인	강학	마을천변	
영양	망운정	8	일자양통	좌우온돌	4	5량	1826	개인	추모강학	평야천변	
영양	사정	4.5	일자전퇴	우온돌	2	5량	1934	개인	-	천변	
영양	삼구정	9	3×3	좌우온돌	4	5량	17세기	개인	-	천변마을	
영양	숙운정	8	일자양통	좌우온돌	4	5량	1624	개인	추모	천변마을	
영양	약천정	4.5	일자전퇴	좌우온돌	2	3량	1900년대	문중	추모	천변마을	
영양	청계정	6	일자양통	좌온돌	2	5량	17세기중반	개인	은거	마을호안	
영양	취수당	6	일자양통	우온돌	2	5량	17세기중반	개인	추모	마을	
영주	군자정	6	일자양통	우온돌	2	5량	1711	서원	휴식	호안천변	
영주	반구정	6	일자양통	우온돌	2	5량	1780	문중	추모	마을	
영주	일우정	6	일자전퇴	좌온돌	2	5량	1868	개인	-	마을호안	
영주	천운정	4.5	일자전퇴	좌온돌	2	3량	1588	개인	-	호안	
영천	강호정	4.5	일자전퇴	좌우온돌	2	3량	1599	개인	은거	이건	
영천	귀애정	9	ㄱ자겹집	좌우온돌	3	5+3량	1877	개인	추모	호안마을	
영천	모고헌	9	3×3	중앙온돌	1	5량	1701	서당	휴식	천변	횡계서당
영천	삼휴정	6	일자전퇴	좌우온돌	2	3량	1635	개인	수양	이건	
영천	양계정사	7	ㄱ자홑집	좌우온돌	3	3량	1770	개인	추모	마을	
영천	오회당	4	일자홑집	좌온돌	2	3량	1727	개인	별서	이건	
영천	옥간정	7.5	ㄱ자전퇴	좌우온돌	3	3량	1716	개인	강학	천변	
영천	조양각	10	일자겹집	우온돌	2	5량	1368	유림	_	강변	
영천	함계정사	4.5	일자전퇴	좌우온돌	2	3량	1702	개인	강학	천변	
예천	삼수정	6	일자양통	마루	0	5량	1829	개인	-	강변	
예천	선몽대	8	일자겹집	좌우온돌	4	5량	1563	개인	-	천변	
예천	청원정	4.5	일자전퇴	중앙온돌	2	5량	14세기	-	-	천변	
예천	초간정	6	일자양통	우온돌	2	5량	1582	개인	별서	천변	
의성	만취당	11	丁자양통	우온돌	3	5량	1584	개인	수양,강학	마을	
의성	영귀정	6	일자전퇴	좌우온돌	4	5량	16세기	개인	은거,강학	천변	
의성	이계당	4	2×2	배면온돌	2	5량	1651	개인	강학	천변	
청도	삼족대	4.5	일자전퇴	우온돌	2	5량	1519	개인	은거	천변	
청송	낙금당	6	일자전퇴	배면온돌	2.5	5량	1880	유림	추모	마을	사당
청송	방호정	8	ㄱ자양통	좌온돌	4	3+5량	1619	개인	추모	천변	
청송	오체정	8	일자양통	중앙온돌	4	5량	1734	문중	추모	천변	
청송	찬경루	12	일자겹집	전면온돌	2	5량	1428	관영	관영	천변	객사누각
청송	침류정	6	일자양통	중앙온돌	1	5량	17세기초	개인	은거,수양	천변	
청송	풍호정	4.5	일자전퇴	좌우온돌	2	5량	15세기말	개인	은거	천변	
포항	분옥정	5	丁자홑집	전면온돌	2	3량	1820	개인	추모	천변	
포항	용계정	10	일자양통	좌우온돌	4	5량	1546	개인	별서	천변	
포항	칠인정	6	일자양통	좌우온돌	2.5	5량	1409	개인	은거	마을천변